轮式装甲车设计

THE DESIGN OF WHEELED ARMORED VEHICLE

毛明 等 编著

国防工业出版社

·北京·

内容简介

本书系统论述了轮式装甲车总体设计、总体性能指标与计算、发动机选型与辅助系统设计、传动系统设计、行驶系统设计、转向系统设计、制动系统设计、装甲车体与防护系统设计、电气系统设计等，主要内容包括典型结构、设计计算理论与方法和设计案例，融合了轮式装甲车设计所需要的理论与工程技术知识。

本书可作为轮式装甲车相关专业本科生及硕士研究生教材，也适合从事轮式装甲车、防暴车、特种车设计开发的相关工程技术人员作为设计参考资料。

图书在版编目(CIP)数据

轮式装甲车设计/毛明等编著. —北京：国防工业出版社，2018.11
ISBN 978-7-118-11781-3

Ⅰ. ①轮… Ⅱ. ①毛… Ⅲ. ①装甲车–设计 Ⅳ. ①TJ811

中国版本图书馆 CIP 数据核字(2018)第 293976 号

※

国防工业出版社出版发行
(北京市海淀区紫竹院南路23号　邮政编码100048)
三河市腾飞印务有限公司印刷
新华书店经售

开本 787×1092　1/16　印张 35½　字数 822 千字
2018 年 11 月第 1 版第 1 次印刷　印数 1—3000 册　定价 135.00 元

(本书如有印装错误，我社负责调换)

国防书店：(010)88540777　　发行邮购：(010)88540776
发行传真：(010)88540755　　发行业务：(010)88540717

PREFACE 前言

随着冷战的结束,世界各国都将国防战略重点从准备打大规模战争转变为准备打局部战争和应付随时可能出现的、尤其可能发生在城市的局部武装冲突,因此,机械化武装部队的快速反应能力、远程投送能力越来越受到关注。轮式装甲车以其成本低、重量轻、空运方便的优势以及无可比拟的公路机动性、城市道路通过性得到了前所未有的青睐,尤其在海湾战争、伊拉克战争以及在索马里、波黑、海地等维和行动中的辉煌战绩,更是证明了轮式装甲车在局部武装冲突中的重要作用。

20世纪70年代由西方各军事强国掀起的研制与装备轮式装甲车的热潮,在90年代末期及21世纪初达到了一个新的高峰。美国陆军提出"陆军转型"的构想,北约确定的"全面改造北约"的战略目标,均将新型轮式装甲车的研制与装备作为重点内容之一;21世纪以来在每两年举行一次的法国萨托利防务展上,履带式装甲车越来越少,而轮式装甲车却越来越多,占比超过了90%。目前,我国国防建设正处在机械化、信息化复合式发展的关键时期,尤其陆军以轻型装甲车为主要内容的机械化更是迫在眉睫。

轮式装甲车是融合汽车底盘技术与火力、火控、防护和信息等多种军用车辆专业技术于一身的产品,其技术人才的培养、产品的设计与制造往往以汽车工业为依托,但在其人才的培养上,缺少专业的教材与培养渠道。为了适应轮式装甲车发展的需要,满足专业技术人员对相关理论知识以及工程技术知识的渴求,本书编写组集多年项目研制及研究生培养的经验,以轮式装甲车设计与研制为主线,将所需要的理论与工程技术知识相融合,编写了《轮式装甲车设计》硕士研究生教材,并于2009年由中国北方车辆研究所内部试用。本书是在吸收试用时各方面提出的修改意见和过去近10年来轮式装甲车技术的研究开发成果基础上重新组织编写,增加了AT/AMT、动力分配与管理、中央充放气、隐身、防地雷、防电磁等新技术系统的设计内容,更加突出了全书系统性以及轮式装甲车有别于一般商用汽车的高机动性、防护性以及火力、信息、综合机电管理等特点。

毛明研究员负责拟定全书编写大纲,起草前言,参与编写第一章、第二章,全书初稿审查、修改和终稿审定。李而康牵头编写第一章、第二章、第三章;李玉刚牵头编写第四章;衣超牵头编写第五章;李玉牵头编写第六章;刘广征牵头编写第七章;周伟牵头编写第八章;杨桂玲、李楠牵头编写第九章;郑洁牵头编写第十章。

本书编写过程中得到了中国北方车辆研究所有关方面及人员的大力支持,程瑞廷研究员前期收集、整理了大部分基本资料,吴玉峰、周丽、贾爽、王福鹏、杨立宁、周丽、王东杰、王建东、李翠芬、吕庆军、邢庆坤、陈泳丹、闫智洲、桂鹏、郭晓燕、房加志、杨克萍、陶治国、焦丽娟、李继山、宋克岭、李怡麒、尹中明、倪永亮、刘胜利、张思宁、李申、王坤等参与了相关章节的编写,冯付勇、靳雁松、赵春伟、卢进军、王叶、尹顺良、刘胜利等审校了部分章节,杜甫完成了书稿的整理以及排版工作。在人员组织、文稿出版方面,刘勇、雷强顺、赵晨给予了大力支持,在此一并表示衷心感谢。

由于水平有限,同时编写过程中增加了一些新的内容,书中难免有错误和不当之处,恳请读者批评指正。

毛　明

二〇一八年三月

CONTENTS 目录

第一章 绪论 ... 1

第一节 轮式装甲车的作用与分类 ... 1
一、轮式装甲车的地位与作用 ... 1
二、轮式装甲车的定义与分类 ... 3

第二节 轮式装甲车发展简史 ... 4
一、国外轮式装甲车发展概述 ... 4
二、我国轮式装甲车发展历程 ... 11

第二章 总体设计 ... 13

第一节 总体设计的概念、任务和要求 ... 13
一、总体设计的概念 ... 13
二、总体设计的任务 ... 13
三、总体设计的主要要求 ... 14

第二节 总体设计的一般进程与主要工作 ... 14
一、方案论证阶段 ... 15
二、方案设计阶段 ... 15
三、样车研制阶段 ... 19
四、设计定型阶段 ... 20

第三节 总体方案设计 ... 21
一、几种典型方案分析 ... 21
二、总体方案选择 ... 28
三、总体布置 ... 33

第三章 总体性能指标与计算 ... 50

第一节 轮式装甲车的受力和载荷计算 ... 50
一、轮式装甲车的受力 ... 50

二、多轴车辆轴荷计算 ·· 56
第二节　轮式装甲车软路面通过能力计算 ················· 57
一、平均最大压力（MMP）法 ······································· 61
二、车辆圆锥指数（VCI）法 ·· 62
第三节　轮式装甲车硬路面上的越障能力计算 ············ 63
一、离地间隙 ··· 65
二、4×4 车辆跨越垂直障碍的性能 ································· 65
三、轮式车辆越壕性能 ·· 68
第四节　牵引计算 ··· 68
一、车辆驱动力平衡图 ·· 68
二、动力特性图 ·· 72
三、装有液力变矩器车辆的动力性能 ······························ 73
第五节　操纵稳定性计算 ··· 76
一、静稳定性 ··· 76
二、动稳定性 ··· 76
第六节　燃油经济性计算 ··· 87
一、燃油经济性的评价指标 ·· 87
二、燃油经济性计算 ··· 88

第四章　发动机选型与辅助系统设计 ·············· 92

第一节　发动机选型 ·· 92
一、发动机基本型式的选择 ·· 92
二、发动机主要参数的选择 ·· 94
第二节　发动机安装设计 ··· 96
一、动力总成悬置系统的功用 ······································· 96
二、发动机的振动特性 ·· 97
三、悬置系统的隔振原理 ··· 100
四、动力总成悬置系统优化设计方法 ······························ 102
五、动力总成悬置系统的固有特性分析 ·························· 103
六、动力总成悬置系统固有频率的匹配 ·························· 104
七、悬置系统的布置 ··· 104
八、悬置元件的选择与设计 ·· 105
第三节　冷却系统设计 ·· 106
一、冷却系统的功用 ··· 106
二、冷却系统的分类和构成 ·· 106
三、冷却系统的设计 ··· 108
四、系统部件的选型设计 ··· 112

五、风冷型冷却系统 ……………………………………………… 122
　　六、冷却系统的评价 ……………………………………………… 126
　　七、冷却系统的发展趋势 ………………………………………… 126
第四节　空气供给系统设计 …………………………………………… 127
　　一、空气供给系统的功能 ………………………………………… 127
　　二、空气供给系统的组成 ………………………………………… 128
　　三、空气滤清器的性能 …………………………………………… 128
　　四、设计空气供给系统时应注意的问题 ………………………… 130
　　五、叶片环式空气滤清器设计案例 ……………………………… 131
第五节　燃油供给系统设计 …………………………………………… 134
　　一、柴油滤清器 …………………………………………………… 135
　　二、输油泵 ………………………………………………………… 135
　　三、燃油箱 ………………………………………………………… 135
第六节　冷起动系统设计 ……………………………………………… 136
　　一、发动机起动过程 ……………………………………………… 136
　　二、液体加温装置结构与工作原理 ……………………………… 139

第五章　传动系统设计 …………………………………………… 142

第一节　轮式装甲车传动系统总论 …………………………………… 142
　　一、传动系统的功用 ……………………………………………… 142
　　二、传动系统的使用要求 ………………………………………… 143
　　三、传动系统的类型及其组成 …………………………………… 144
　　四、传动系统方案设计 …………………………………………… 146
第二节　传动系统的性能匹配 ………………………………………… 159
　　一、动力传动系统自由振动计算 ………………………………… 160
　　二、动力传动系统扭转强迫振动计算 …………………………… 161
　　三、动力传动系统动载计算 ……………………………………… 163
　　四、实例分析 ……………………………………………………… 165
第三节　变速器选型及设计 …………………………………………… 169
　　一、变速器的设计要求 …………………………………………… 169
　　二、变速器的结构分析及选型 …………………………………… 169
　　三、典型机械变速器及其操纵装置结构 ………………………… 170
　　四、变速器重要零件的强度校核 ………………………………… 178
　　五、电控机械式自动变速器选型与设计 ………………………… 183
　　六、液力机械式自动变速器（AT）的选型与设计 ……………… 196
第四节　驱动轴设计与选型 …………………………………………… 214
　　一、驱动轴使用要求 ……………………………………………… 214

二、驱动轴选型 …………………………………………………………………… 215
　　三、驱动轴的结构 …………………………………………………………………… 215
　　四、主减速器选型 …………………………………………………………………… 217
　　五、主减速器基本参数选择与计算 ………………………………………………… 218
第五节　其他主要部件设计及选型 …………………………………………………… 227
　　一、离合器设计及选型 ……………………………………………………………… 227
　　二、万向传动装置的设计及选型 …………………………………………………… 239
第六节　驱动力分配与管理系统 ……………………………………………………… 251
　　一、概述 ……………………………………………………………………………… 251
　　二、驱动力分配和管理系统的型式及发展状况 …………………………………… 252
　　三、驱动力分配与管理系统的原理 ………………………………………………… 254
　　四、ASR(TRC)、ADM 的主要控制方式及典型应用 ……………………………… 255
　　五、驱动力分配与管理系统的设计方法 …………………………………………… 262
　　六、设计实例——TCS 系统制动控制的执行机构和控制逻辑 …………………… 267

第六章　行驶系统设计 …………………………………………………………… 270

第一节　概述 …………………………………………………………………………… 270
第二节　多轴车辆的振动特性 ………………………………………………………… 270
　　一、多轴车辆振动数学模型 ………………………………………………………… 270
　　二、振动的固有频率与轴数及布置的关系 ………………………………………… 273
　　三、多轴车辆振动衰减特性与轴数及其布置关系 ………………………………… 275
　　四、多轴车辆振动与轴数及其分布的关系 ………………………………………… 276
第三节　悬架设计 ……………………………………………………………………… 279
　　一、悬架及其结构 …………………………………………………………………… 279
　　二、悬架主要参数的选取 …………………………………………………………… 284
　　三、独立悬架导向机构 ……………………………………………………………… 288
　　四、弹性元件 ………………………………………………………………………… 297
第四节　轮胎选择 ……………………………………………………………………… 309
　　一、概述 ……………………………………………………………………………… 309
　　二、轮胎 ……………………………………………………………………………… 310
　　三、中央充放气系统设计 …………………………………………………………… 317

第七章　转向系统设计 …………………………………………………………… 327

第一节　概述 …………………………………………………………………………… 327
　　一、转向系统的分类 ………………………………………………………………… 327

二、转向系统的组成 …………………………………………………… 327
　　三、转向系统的要求 …………………………………………………… 328
　　四、转向系统的主要性能参数 ………………………………………… 329
　第二节　转向系统总体设计 ……………………………………………… 333
　　一、设计要求 …………………………………………………………… 333
　　二、设计步骤 …………………………………………………………… 333
　第三节　动力转向系统设计 ……………………………………………… 335
　　一、动力转向系统的组成和功能 ……………………………………… 335
　　二、对动力转向系统的要求 …………………………………………… 335
　　三、动力转向系统的评价指标 ………………………………………… 336
　　四、动力转向系统的布置方案 ………………………………………… 337
　　五、动力转向系统的工作原理 ………………………………………… 338
　　六、动力转向器的选型 ………………………………………………… 340
　　七、转向泵的选型 ……………………………………………………… 341
　　八、转向油罐 …………………………………………………………… 342
　　九、转向油管 …………………………………………………………… 343
　　十、液压油的选择 ……………………………………………………… 343
　第四节　转向传动机构设计 ……………………………………………… 344
　　一、转弯半径及转向轮的理想转角关系 ……………………………… 344
　　二、转向梯形机构设计 ………………………………………………… 349
　　三、转向传动机构零部件设计 ………………………………………… 356
　第五节　电动助力转向技术介绍 ………………………………………… 358
　　一、助力位置的选择 …………………………………………………… 359
　　二、电机减速机构的类型选择 ………………………………………… 360
　　三、循环球式 EPS 系统参数的匹配设计 ……………………………… 360
　第六节　多轮转向系统设计 ……………………………………………… 365
　　一、几种多轮转向方案特性比较 ……………………………………… 366
　　二、多轮随动转向 ……………………………………………………… 368

第八章　制动系统设计 …………………………………………………… 371

　第一节　概述 ……………………………………………………………… 371
　　一、制动系统的功能及分类 …………………………………………… 371
　　二、车辆制动系统应满足的要求 ……………………………………… 372
　第二节　制动动力学基础 ………………………………………………… 372
　　一、制动过程动力学 …………………………………………………… 372
　　二、车辆制动力的轴间分配 …………………………………………… 373
　　三、理想的制动力分配特性 …………………………………………… 375

四、制动器制动力分配系数与同步附着系数的选择 …………………………… 377
　　五、制动强度和附着系数利用率 ………………………………………………… 379
　　六、制动器最大制动力矩确定 …………………………………………………… 380
　　七、多轴轮式车辆制动力的分配 ………………………………………………… 381
　　八、应急制动和驻车制动所需的制动力矩 ……………………………………… 382
第三节　制动器 ……………………………………………………………………… 383
　　一、制动器的结构型式及选择 …………………………………………………… 383
　　二、制动器的主要参数与评价指标 ……………………………………………… 389
　　三、盘式制动器的设计与计算 …………………………………………………… 391
第四节　制动驱动机构的设计 ……………………………………………………… 392
　　一、动力制动系统 ………………………………………………………………… 393
　　二、伺服制动系统 ………………………………………………………………… 398
　　三、驻车驱动机构 ………………………………………………………………… 400
　　四、辅助制动装置 ………………………………………………………………… 403
第五节　制动驱动机构设计计算 …………………………………………………… 406
第六节　车辆制动防抱死系统（ABS） …………………………………………… 410
　　一、防抱死制动系统的组成和功能 ……………………………………………… 411
　　二、防抱死控制过程 ……………………………………………………………… 415
　　三、防抱死制动系统类型及特点 ………………………………………………… 418
第七节　制动液 ……………………………………………………………………… 420
　　一、制动液的作用及性能要求 …………………………………………………… 420
　　二、制动液类型及质量划分 ……………………………………………………… 421
　　三、制动液使用与保养 …………………………………………………………… 422

第九章　装甲车体与防护系统设计 ……………………………………………… 423

第一节　概述 ………………………………………………………………………… 423
第二节　穿甲现象和抗弹性能 ……………………………………………………… 424
　　一、穿甲现象 ……………………………………………………………………… 424
　　二、抗弹能力计算 ………………………………………………………………… 426
　　三、倾斜装甲抗弹能力计算 ……………………………………………………… 428
第三节　装甲材料 …………………………………………………………………… 430
　　一、对装甲材料的要求 …………………………………………………………… 430
　　二、装甲材料分类 ………………………………………………………………… 431
第四节　装甲车体设计 ……………………………………………………………… 435
　　一、装甲车体的要求 ……………………………………………………………… 435
　　二、车体的设计步骤 ……………………………………………………………… 436
　　三、车体的结构型式 ……………………………………………………………… 437

四、车体坐标图 ··· 438
　　五、焊缝的结构型式 ··· 439
　　六、车体各总成结构设计特点 ··· 441
　　七、车体设计的尺寸基准 ·· 448
　　八、计算机辅助装甲车体设计 ··· 448
　　九、车体的刚度、强度、模态有限元计算 ·· 448
第五节　防地雷设计 ·· 454
　　一、地雷威胁 ··· 454
　　二、车辆地雷防护等级 ·· 455
　　三、装甲车辆防地雷系统组成 ··· 455
第六节　车体的隐身设计 ··· 461
　　一、雷达隐身 ··· 461
　　二、红外隐身 ··· 461
　　三、可见光隐身 ·· 461
第七节　防护系统总体设计 ·· 462
　　一、防护策略设计 ··· 463
　　二、防护能力需求分析及防护系统战技指标分解 ······························· 467
　　三、防护系统体系结构构建及防护系统总体方案设计 ··························· 467
　　四、轮式装甲车战场生存力量化评估 ··· 474
第八节　强电磁脉冲防护 ··· 475
　　一、电磁脉冲武器的概述 ·· 475
　　二、轮式装甲车对强电磁脉冲武器的防护 ······································· 477
　　三、轮式装甲车电磁脉冲分层防护理念 ·· 479

第十章　电气系统设计 ·· 480

第一节　概论 ·· 480
　　一、电气系统的基本功能与组成 ··· 480
　　二、电气系统的工作环境及设计要求 ··· 481
　　三、电气系统工作状态及电气性能参数 ·· 482
　　四、电气系统技术的发展趋势 ··· 483
第二节　电源系统 ··· 484
　　一、发电系统 ··· 484
　　二、储能电源 ··· 493
第三节　配电控制及负载管理系统 ··· 500
　　一、轮式装甲车电网布局 ·· 500
　　二、配电控制及保护 ··· 502
　　三、负载管理 ··· 510

四、电缆的设计 …………………………………………………………… 517
　第四节　仪表控制与传感器 ……………………………………………………… 523
　　一、仪表控制 ……………………………………………………………… 524
　　二、传感器 ………………………………………………………………… 529
　第五节　供耗电平衡计算 ………………………………………………………… 539
　　一、轮式装甲车用电设备工作剖面分析 ………………………………… 539
　　二、用电设备的分类与统计 ……………………………………………… 541
　　三、用电设备的分析 ……………………………………………………… 552
　　四、发电机功率计算 ……………………………………………………… 553
　　五、蓄电池容量的计算 …………………………………………………… 554

参考文献 ……………………………………………………………………… 555

第一章 绪 论

第一节 轮式装甲车的作用与分类

一、轮式装甲车的地位与作用

陆军能够将空军和海军夺取的短暂优势转化为永久优势,在军事行动的全部范围和冲突的所有阶段上,提供及时持续的地面控制,因此地面战车仍是取得战争关键胜利的重要装备。未来战争是陆、海、空、天一体化战争,战场情况瞬息万变,战争的突然性、立体性、连续性、速决性是空前的,突击与反突击,机动与反机动的争夺将异常激烈。因此,无论是核战争还是常规战争,无论是进攻还是防御,没有坦克装甲车辆参战,取得战争的关键胜利是不可能的。未来地面战争,包括海军陆战队的登陆战和空降兵的突击战在内,主战坦克仍然是地面战场上的主要突击力量,但是坦克部队面临着地面与空中、近程与远程、常规与非常规的各种反装甲武器的威胁,要实现大纵深、宽正面、多方面、多波次的冲击和完成各种复杂战斗任务,必须诸兵种协同作战。坦克本身不能提供足够的火力来压制对方各种各样的反装甲火力,尤其是各种分散而又隐蔽的敌步兵反装甲小组。对于大量轻型车辆和直升机的攻击,坦克也难单独应对,特别是坦克武器射程以外的半主动/主动制导反装甲武器。因此,坦克部队离不开其他兵种的支援和步坦协同。步坦协同的关键是步兵的机动和防护问题,为使步兵能在无防护条件下伴随坦克作战,步兵必须乘坐步兵战车或装甲输送车,乘车或下车作战,消灭敌有生力量和反装甲武器。同时自行火炮为坦克提供压制火力,自行高炮和防空导弹发射车能有效对付敌低空飞机或武装直升机,己方反坦克导弹发射车消灭敌坦克。坦克只有在步兵战车、装甲输送车、自行火炮和自行高炮、防空导弹发射车、反坦克导弹发射车等装甲车辆的配合下,才能充分发挥在战场上的突击作用,因此各国都研制并大量装备了各种装甲车辆。

虽然随着卫星和电子技术的发展,侦察手段不断增加,但是装甲侦察车一直发挥着极其重要的作用,在许多方面它仍然是进行近战或遭遇战的营、团级指挥员的"眼睛"和"耳朵",能及时提供有关敌人兵力和调动的准确信息。因此许多国家的军队都装备装甲侦察车。

装甲车辆采用轮式机动还是采用履带式机动一直是人们非常关注的问题。一个普遍的错觉是,轮式装甲车的越野机动性总是比履带式差。试验表明,当 6×6 轮式车辆的质量保持在14t(4×4为11t,8×8为18t)以下时,轮式装甲车和履带式装甲车在松软路面上的越野机动性几乎是相同的。一般来说,履带式装甲车在道路条件极差和松软地带的机动性要更好些,而轮式装甲车在公路上具有履带式装甲车无可比拟的机动性。在乘员防护方面,对于小口径武器、榴弹或爆炸碎片及手雷的防护性能,轮式装甲车和履带式装甲车是相同的。在机动性方面,先进的防弹轮胎使轮式装甲车在中弹后仍能保持足够的机动性,至少可以行驶较短的距离去寻找一个相对安全的地方;而履带式装甲车的行动部分中弹受损后就立即失去了机动性。在噪声方面,轮式装甲车比履带式装甲车具有明显的优势,轮式装甲车乘员室的噪声要比履带式低17%~23%,其车外噪声是履带式的60%~80%。在费用方面,轮式装甲车制造成本为履带式的90%,每年单车使用费用为履带式的30%,燃料和润滑油平均费用是履带式的50%,平均保养费用是履带式的30%,平均维修费用是履带式的60%,平均故障里程是履带式的2倍。使用经验和试验表明,轮式装甲车的战备完好率为92%,而履带式装甲车只有76%。

综上所述,作为装甲车辆,为完成步坦协同、侦察、反装甲作战、战斗指挥及勤务保障等,采用轮式不仅是可行的,而且还具备履带式所没有的优点。如果不是主要在格外松软的地面或沟渠纵横地带作战,为什么要用更高的费用来装备履带式装甲车呢? 此外,轮式装甲车可以依托雄厚的汽车工业,便于实现"军民融合"和"平战结合"以及技术改进更新,利于部队的管理、训练、使用、维护和后勤保障等。因此,世界各国对轮式装甲车与履带式装甲车采取并重的发展与装备方针。目前有110多个国家和地区的军队装备了轮式装甲车,主要装备机械化部队和摩托化部队,还可装备边防、警察和防暴部队,也有将轮式装甲车与履带式装甲车混编或轮式装甲车单独编配的。轮式装甲车在步坦协同、侦察、警戒、突袭、防空降、抗登陆、临时防御、紧急增援等战斗中都发挥了重要的作用,是装甲部队大规模作战中不可缺少的武器装备。

20世纪70年代,由于世界各国公路网进一步完善,轮式装甲车的战术机动性能获得了极大的提高,它比履带式装甲车更适合在人口众多、公路发达的城市进行常规作战、反恐维和行动等。而且轮式装甲车小巧灵活、重量轻,更适宜于部队的快速部署,应付突发事件,执行特种作战。美国海军陆战队LAV轮式装甲车曾参加过3次重大海外部署行动,1989年的巴拿马战争、1990年—1991年的海湾战争和1992年在索马里的维和行动,都有出色的表现。法国的VAB轮式装甲车和轮式导弹发射车在海湾战争中也有良好的战绩。特别值得一提的是在科索沃战争中,俄罗斯的特种作战部队乘轮式装甲车快速挺进到科索沃首府,突然占领普里什蒂纳机场,使科索沃战局发生了巨大改变。这些都进一步地证明轮式装甲车在现代局部战争中的战略与战术使用价值和不可替代的作用。

随着冷战的结束,全球化趋势愈加明确,大规模战争的可能性越来越小,各国将其战略重点从准备大规模战争转向局部战争和应对随时可能出现的突发事件、执行反恐和维和任务上。现代战争的模式正在改变,装甲部队大兵团正面对抗已成历史,未来战争越来越趋向于局部化、小型化、快速化和城市化。在今后相当长一段时间内,全球快速部署作战将是世界主要国家军队的主要作战模式,反恐作战行动也将成为一种特殊性质的战争。快速部署强调的是战略机动性,要在远离基地的地方快速部署相当规模的部队,为此必须建立人员更少、装备更轻、灵活性更强、所需费用较少,能够在全球任何地方快速部署的部队。美军认为未来的陆军将是"一支反应更迅速、部署更便捷、行动更灵活、能力更全面、生存能力更强和耐力更持久的部队"。为实现这一目标,同时为了解决目前重型师过重,轻型师火力不足,无法有效应对突发事件的问题,美军已组建数支全部装备轮式装甲车的过渡型战斗旅(即"斯特赖克"轮式装甲车旅)。北约在 2002 年 11 月确定了"全面改造北约"的战略目标,以使北约"更精干、更有效、更灵活、更易部署"。师改编为旅的整编工作也在多个国家进行。英国正在研制自己的"未来快速反应系统",其装备发展思路是以 17～25t 的中型装甲战斗平台系列为主。德国陆军拟将重型师改编成轻型师,主战装备也将从以坦克等重型装备为主改为以便于机动和易于空运的轻型轮式装甲车为主。

轮式装甲车已经成为近十年来装甲装备发展的主流。新型轮式车辆的研制受到各国的高度重视,新列装、已研制成功和在研的车型种类非常多。瑞士"锯脂鲤"、俄罗斯 BTR、奥地利"劫掠者"等几大系列的轮式装甲车中都有多种新车型,德国、芬兰、日本、美国、法国等均已经或正在研制着新型轮式装甲车。

综上所述,轮式装甲车在战争中的地位和作用正在逐步发生大的变化,轮式装甲车正在由协同作战向独立作战转变,以保障任务为主向以执行战斗任务为主转变,正在由过去的配角向未来的主角转变。轮式装甲车必将在未来战争中发挥举足轻重的作用。

二 轮式装甲车的定义与分类

轮式装甲车是泛指以轮式机动平台为底盘,配备装甲防护的车辆,是综合高性能越野汽车技术、火力与火控技术、装甲防护技术和信息技术等于一身的复杂武器系统。轮式装甲车一般分为轮式装甲战斗车、轮式装甲战勤车和轮式装甲保障车。

(一)轮式装甲战斗车

轮式装甲战斗车是装有武器直接用于战斗的轮式装甲车,是集信息、火力、机动和防护于一体的武器系统,轮式装甲载运平台和不同武器系统的模块化结合以适应不同战斗任务的需求,从而形成步兵战车、战术突击车、人员输送车、侦察车、自行火炮、突击车、反坦克导弹发射车、防空导弹发射车等不同车型。如步兵战车是供步兵机动作战用的装甲车,主要用于协同坦克作战,也可独立执行任务,步兵可乘车战斗,也可下车作战。战术突击车是具有强大机动力但几乎没有防护的步兵战车;人员输送车是用于战场第一线输送士兵,伴随与协同坦克作战的轮式装甲车;侦察车是装有侦察设备的轮式装甲车,主要用于实施战术侦察;自行火炮是装有加农炮、迫击炮等武器的轮式装甲车,主要用于较远距离压制敌人;突击车是装有坦克炮的反坦克轮式装甲车,主要承担反坦克的作战任务;反坦克导弹发射车是发射反坦克导弹的轮式装甲战车,用于消灭坦克和装甲车辆;防空导弹发射车是发射防空导弹的轮式装甲车,用于对付来袭飞机、导弹等。

(二)轮式装甲战勤车

轮式装甲战勤车是指用于指挥作业、通信联络、搜索跟踪地面或空中目标和探测沾染区的沾染程度,以便于指挥诸兵种协同作战的各种车辆。

(三)轮式装甲保障车

轮式装甲保障车又细分为技术保障车、工程保障车和勤务保障车。技术保障车是用于战地抢救、抢修、检测的车辆；工程保障车是指承担修路、架桥、阵地施工作业、排雷等任务的车辆；勤务保障车指承担物质运输、补给和人员生活保障、伤员救护等任务的各种车辆。

第二节　轮式装甲车发展简史

一、国外轮式装甲车发展概述

随着战略与战术的发展和现代战争对装甲车机动性要求的增长，轮式装甲车的发展经历了一个高潮与低潮迭起，探索与提高，创新与发展的曲折过程。归纳起来，大致可以分为：第二次世界大战前的初创阶段、冷战时期的多元快速发展阶段和冷战结束后的成熟阶段。

（一）第二次世界大战前的初创阶段

20世纪初当汽车一出现，各国军事专家纷纷给它周身披甲，装上机枪或火炮，企图制造出集防护、火力与机动于一身的新型武器。英、俄、德、法、意等欧洲国家几乎同时开始轮式装甲车的研究开发，以载货汽车底盘或轿车底盘为基础将其改装为各种各样的装甲车。英国人在1899年—1902年的英布战争中，首次使用装甲汽车来对付布尔人。在1911年—1912年的意土战争中，意大利人首次在战场上使用汽油发动机汽车。当时汽车工业最发达的法国，由卡龙－吉啦尔多－沃伊宇（Automobiles Charron, Girardot & Voigt SA）公司于1902年展出世界上第一辆装甲汽车，曾少量装备法军试用，之后由于价格昂贵、越野性能差而被军方淘汰，而俄国人对这种具有6mm厚的装甲和配备一挺机枪的装甲汽车很满意，定购了几辆于1906年7月参加了步兵演习。1904年—1905年，澳大利亚研制出全轮驱动的装甲车，两年后德国也研制出反飞艇装甲车，但都没有装备部队。1914年，第一次世界大战爆发，各参战国迅速掀起了生产和装备轮式装甲车的高潮。比利时在几个星期内就装备了在Minerva旅游车底盘上临时改装的装甲车；法国也临时改装装甲车，并订购了136辆；英国也改装装甲车，投入欧洲的各战场，并在侦察和袭击战斗中建立了卓越的功勋。1915年，俄国使用了自己生产的装甲车，主要用于机动火力支援或偶尔作为突击力量。

正当欧洲各国大量装备轮式装甲车时，欧洲战场却转入阵地战，德军凭借战壕与铁丝网阻挡了轮式装甲车的行动，机枪与大炮相结合的巨大威力给盟军造成了极大的杀伤，这导致了坦克的诞生和轮式装甲车的冷落。随着坦克性能的改进和轻型坦克的出现，当时轮式装甲车的战斗职能完全被轻型坦克代替，因此在20世纪30年代和第二次世界大战期间，轮式装甲车在战争中的地位逐渐下降，坦克在期间出尽了风头，成为陆战之王。

第一次世界大战后，由于轮式装甲车制造方便，仍然激发了人们对其进行改进的热情。20世纪20年代至30年代初，各国的设计者提出了许多轮式装甲车的改进方案，其中具有重要实用价值的有两个方案：一个是将后驱动轮改装为橡胶履带，类似履带驱动；第二方案是增加一个后驱动轴。法国人采用第一个方案研制出半履带式轮式装甲车，英国采用第二个方案研制出6×4装甲车；这两种方案都是采用载货汽车底盘，前轮不驱动，越野性能提高不大。另一种是4×4装甲车采用类似坦克的车体,可前后驾驶。1927年,德国国防部武器局提出了高性能轮式战车的需求,戴姆勒-奔驰等公司分别研制了3种高越野性能的轮式装甲车,包括2种8×8和1种10×10,均采用全轮驱动、独立悬挂和承载式车体,其性能优于同期的其他轮式装甲车。但它们只是样车,由于费用的原因,当时德军仍然装备用卡车底盘改装的装甲车。1935年,戴姆勒-奔驰又设计了1种新的8×8装甲车,1938年开始装备部队,作为重型装甲侦察车,其越野性能可以与轻型坦克媲美。1934年,澳大利亚与奔驰合资的公司也研制了8×8 ADKZ装甲车,共生产52辆,之后还研制了6×6ADKZ和4×4ADKZ装甲车。1935年,法国研制了发动机后置、4×4全轮驱动的"潘哈德"178型装甲侦察车和装有双人炮塔的轮式装甲车。

第二次世界大战爆发时,拥有坦克、半履带式装甲车和轮式装甲车的德国装甲部队发动闪电战,横扫欧洲,再一次唤起了人们对装甲车辆的兴趣。各国纷纷利用战前的轮式装甲车研制成果,大量生产轮式装甲车并投入战斗。在1940年的战役中,法军动用了约350辆"潘哈德"178型装甲车,德军动用了600辆装甲车。在法国沦陷后,英国为防止德国侵犯,生产了轻型轮式装甲车2800辆。1940至—1942年,英军在利比亚的作战经验进一步推动了轮式装甲车的发展和生产。在中东战场,英军投入了1473辆轮式装甲车伴随2671辆坦克作战。美军的轮式装甲车研制起步较晚,1934年前只有M2履带式装甲车装备部队,非洲之战才唤起了美军发展轮式装甲车的兴趣,其先后研制了T13、T17E1、T18E2和T19等多种轮式装甲车,直到第二次世界大战结束,共生产并装备了M8轮式装甲车8523辆。但到1943年,当英美转战到路况差和地形复杂的意大利时,轮式装甲车作用受限,其使用大量减少,受到冷落。

第二次世界大战后美军放弃了发展轮式装甲车,认为轮式装甲车越野性能太差,跟不上坦克。但英、法没有接受这个观点,认为轮式装甲车在战争中还能继续起作用,至少轮式装甲车在第二次世界大战中使用的经验可以说明:

(1)轮式装甲车行动迅速,作战半径大,行驶时噪声小,适于担任侦察巡逻和通信联络,也可作为步兵的支援武器。

(2)坦克是战场上的主要突击力量,但是没有步兵协同作战,也不能取得战斗胜利。步坦协同的关键问题是步兵的机动性和防护性,因此步兵必须乘坐装甲输送车或步兵战车伴随坦克战斗。而轮式装甲车成本低,使用维修简便,提高越野性能后,亦可伴随坦克战斗。

(3)在战斗中坦克面临着地面和空中各种反坦克武器的威胁,而坦克本身又不能提供足够多的压制火力,因此必须有反坦克武器的支援。1942年,德国生产了Sd. kfz. 233 8轮重型装甲侦察车,它装有75mm炮,验证了轮式装甲车装大口径炮的可能性。

(二)多元快速发展阶段

第二次世界大战后英、法等国出于殖民战争的需要和经济上的考虑,不断改进旧的和研制新的轮式装甲车。

英国于1949年成功研制了"白鼬"轮式装甲侦察车,代替第二次世界大战中使用过的"戴姆勒-奔驰"装甲车,并于1952年生产了"白鼬"MK2 4×4轮式装甲车,车体由钢板焊接而成,其前部为驾驶室,中央为战斗室,后部为动力舱,装有汽油发动机和传动装置,传动装置由带液力耦合器的5挡变速器和有反向机构的分动箱组成。其战斗室为可

360°旋转的炮塔,其上装有一挺7.62mm机枪。3个烟幕弹发射器安装在车辆前部的两侧,可从车内电动发射。到1971年,各种型号的"白鼬"侦察车已生产了4409辆。该系列装甲车曾用于阿尔及利亚战场。1953年,英军又研制了"萨拉逊"6×6轮式装甲车,其三轴等距分布,采用纵向布置的扭杆独立悬挂,H型传动。该车通过性好,能涉水和浮渡内河。1954年,改装为"萨拉丁"6×6轮式装甲战车,该车炮塔上装有一门76mm加农炮和两挺7.62mm机枪。

法国从1945年起就投入了印度和阿尔及利亚的殖民主义战争,笨重而又需要复杂后勤供应的武器系统迫使法国从1950年就改装旧装甲车和大力设计新装甲车。1951年,生产了"巴拿尔"EBR-75-54-Ⅱ型8×8轮式装甲车。采用平顶摇摆炮塔,装有一门75mm加农炮,1954年又将摇摆炮塔改为坦克炮塔。1957年,取消炮塔改为轮式输送车,除驾驶员外可乘坐14人。这些车都采用8轮驱动,中间两对车轮沿轮缘有斜齿型防滑筋,在恶劣道路行驶时将其放下,能显著提高越野通过性。该车采用H型传动,降低了整车高度。

战后西德军队主张步兵部队和兵团主要装备轮式装甲输送车,而坦克部队和兵团则装备履带式装甲输送车,以便平衡坦克与摩托化步兵的通行能力。1957年,"戴姆勒—奔驰"公司生产了"乌尼莫格"多用途轮式装甲输送车,并以此为基础改装为轮式装甲战车、轮式装甲防空车和反坦克自行火炮。

1950年,苏联开始研究二轴和三轴的轮式装甲输送车,以GAZ-63汽车底盘为基础,研制出BTR-40 4×4轮式装甲输送车,重5.3t,载员8人,装有一挺7.62mm机枪,后改装为指挥车、通信车和防空车,1954年起装备部队。以JIR-151汽车底盘为基础,研制出BTR-152 6×6轮式装甲输送车,1958年起装备部队,用来代替非装甲输送车,它还被改装为双管自行高炮、指挥车等。这两种车都装有轮胎中央充放气系统,有较好的通过性。1958年,苏联又研制了BRDM水陆两用轮式装甲侦察车,装有喷水推进器,采用4×4全轮驱动,另外在两轴之间还装有一对辅助车轮,它们由分动箱后面的链轮传动驱动,由液压系统控制其放下或收起,在越壕或恶劣道路行驶时,放下辅助轮可显著地提高越野机动性。该车陆上最大速度80km/h,水上最大速度9km/h。1960年,BTR-60 8×8轮式装甲输送车研制成功,该车采用船形车体,敞开式车顶。其采用汽车部件,重新设计了动力传动系统,用两台动力传动装置分别驱动1、3轴和2、4轴,共同推动喷水推进器;采用纵向布置的扭杆独立悬挂,双轴动力转向,装有轮胎中央充放气系统,使该车越野机动性显著提高。1963年车体被改为密闭式,命名为BTR-60A;1965年又安装了焊接的锥形炮塔,命名为BTR-60B。

1957年,瑞士"莫瓦格"公司研制了"莫瓦格"4×4轮式装甲战车,采用密闭车体,装甲倾斜角大,防护性好,四轮驱动,四轮转向,越野机动性好,有的当时安装了90mm无后坐力炮,实现了小车装大炮。后改为装甲输送车、反坦克自行火炮等。

这些轮式装甲车不仅保持了成本低、维修使用方便和使用费用低廉等优点,而且具有与履带式装甲车相当的越野机动性和较强大的火力。第二次世界大战后,轮式装甲车的研究成果使人们认识到:要提高轮式装甲车的越野机动性,必须使其具有独特的越野底盘结构,问题是如何将这种需求与依靠汽车工业所获得的经济性结合起来。20世纪50年代至60年代初,西欧各国和苏联的研究成果解决了这个问题,他们采用汽车工业大批量生产的部件,设计与装甲车功能相适应的专用底盘与专用部件,使轮式装甲车既具有较高的越野机动性,又保持了较低的成本,适合大批量生产。

由于各国积极发展公路网,为轮式装甲车的使用提供了良好的环境,再加上轮式装甲车的性能显著提高,从20世纪70年代起,欧美各国掀起了研制与装备轮式装甲车的高潮。瑞士莫瓦格公司于70年代针对国内外市场的需要研制了"锯脂鲤"系列装甲人员输送车,有4×4、6×6和8×8型3个基本车型,1972年出样车,1976年批量生产。该车采用驾驶室与动力舱并列前置,I型传动系统,独立悬架,前轴装螺旋弹簧,后轴装扭杆弹簧,这成为后来的8×8型装甲人员输送车的标准配置。1977年,6×6型"锯脂鲤"被加拿大陆军选中,随后加拿大通用汽车公司柴油机分部同莫瓦格公司签订合同,特许生产了491辆。1982年,8×8型装甲车赢得了美国LAV轻型装甲车的竞标,加拿大通用汽车公司为美国海军陆战队生产了759辆不同车型的"锯脂鲤"/LAV装甲车。LAV-25轻型装甲车是生产数量最多的车,它配备了美国德尔科防务系统公司的双人炮塔,其上装有一门美国波音公司生产的M242型"大毒蛇"链式机关炮和一挺7.62mm机枪。机关炮能有效对付其他装甲车,但载员舱只能乘6人。LAV-25装甲车现已成为最流行的"锯脂鲤"轻型装甲车,并装备多国军队。1996年推出"锯脂鲤"Ⅲ的样车,采用了较大的12.00R20轮胎和中央充放气系统、可调液气悬架和防抱死制动系统,而且加大了载员舱,使车内空间达11m3,除炮塔组乘员和驾驶员外还能容纳7~8名载员。该车装甲可以抵御14.5mm重机枪的穿甲弹,战斗全重为18.4t。"锯脂鲤"Ⅰ只能抵挡7.62mm普通弹,战斗全重12.5t。"锯脂鲤"Ⅱ也只能抵御7.62mm穿甲弹,战斗全重为14t。截至1996年年底,"锯脂鲤"系列装甲车的生产总量已超过3500辆。

1970年,法国陆军提出了VAB 4×4、6×6轮式装甲车的设计要求,1976年4×4装甲车批量生产并装备部队,后由于出口需要,6×6装甲车也投入生产。截至1996年年中,VAB 4×4、6×6轮式装甲车系列的产量已超过5000辆。它可变型为步兵战车、侦察车、迫击炮车、反坦克导弹发射车、指挥车、电子战车、工程车和救护车等二十几种车型。

苏联1972年研制了BTR-70 8×8装甲人员输送车,生产了3000辆。1984年开始装备改进型BTR-80 8×8装甲人员输送车。其采用一台发动机,设计了一个分动箱,通过轴间差速器将动力分两路传给1、3轴和2、4轴,联接齿套接合时为8×8驱动,分离时为8×4驱动。1994年年底又展出了由高尔基汽车厂研制的BTR-90 8×8装甲人员输送车,它采用了BMP-2步兵战车的炮塔,安装了30mm2A42机关炮,双向单路供弹,射速200~500发/分,对轻型装甲车的有效射程为2000m,对非装甲目标和人员的有效射程为4000m,对直升机的有效射程达2000~2500m,火力大大加强。

德国于20世纪70年代中期开始生产TPz-1轮式装甲车,截至1996年年其总产量已超过1300辆。该车有几十种变型车,除装备德国陆军之外,还出口荷兰、沙特、英国、美国及委内瑞拉。

意大利陆军80年代提出研制4种新型装甲车,其中2种为轮式。1984年又提出轮式坦克歼击车的技术要求,并于1987年年初试制出第一台样车,1990年年底投入批量生产,装备陆军400辆。该车安装了105mm坦克炮,能发射包括尾翼稳定脱壳穿甲弹在内的北约制式105mm坦克弹药。火控系统与"公羊"主战坦克上的相同。采用H型传动,液气独立悬挂,前4轮和后2轮为转向轮,采用液压助力转向。采用轮胎中央充放气系统,轮胎气压可在0.12~0.45MPa内调节。炮塔尾舱内装有超压型NBC防护系统,车内还装有空调系统。1992年底意大利将8辆"半人马座"8×8坦克歼击车部署到索马里执行维和行动。以此为基础,变型为"半人马座"VBC 8×8装甲人员输送车,1996年6月在巴黎首次亮相。该车采用双人电动炮塔,装有一门25mm机关炮和一挺7.62mm并列机枪。此外意大利还研制了"美洲狮"4×4、6×6轮式装甲人员输送车。

对轮式装甲车一直持否定态度的美国,1970年开始生产LAV-150系列轮式装甲车,截至1996年,LAV-100/LAV-150/LAV-200系列轮式装甲车的总产量已超过2400辆。它可改装为81mm自行迫击炮、导弹发射车、指挥车、救护车和防空车等。在LAV-150 4×4系列轮式装甲车的基础上,1979年又研制出LAV-300 6×6轮式装甲车,并出口巴拿马12辆,科威特62辆,菲律宾24辆。

这一阶段轮式装甲车的发展经验表明:

(1)轮式装甲车通过采用汽车通用部件不仅保持了成本低、维修使用方便和使用费用低等优点,而且通过发展4×4、6×6、8×8多轴驱动,可以使其具有与履带式装甲车相当的越野机动性和承载多种任务载荷的能力。

(2)要提高轮式装甲车的越野机动性和承载能力,必须使其具有独特的越野底盘结构,并将这种要求与依靠汽车工业所获得的经济性结合起来,如发展轮胎中央充放气技术、高减振性能的独立悬架技术和多轮驱动、多轮转向等技术。

(三)成熟阶段

冷战结束后世界战争形势发生了重大变化,战争朝着低强度、多元化等方向发展。当前和未来陆军应对的城市作战、反恐、防暴、维和等低强度和快速机动作战将越来越多,"更加轻便、更加机动、更加灵活"的建军思想已成为主流。各国军队都不同程度地确定和实施了快速部署战略。北约在2002年11月确定了"全面改造北约"的战略目标,以使北约部队能"更精干、更有效、更灵活和更易部署"。2014年美军发布的《2025陆军部队构想》白皮书中提出,到2025年建成一支更精干、更具杀伤力与远征能力、敏捷的陆军部队。师改编为旅的整编工作正在多个国家进行,新型轮式装甲车的研制受到各国的高度重视,美国、法国、芬兰、德国等均已或正在研制新型轮式装甲车。

为了解决重型师过重,轻型师火力、防护不足,无法有效应对突发事件的问题,美国陆军已组建一支"轮式化"中型部队——"斯特赖克"旅。"斯特赖克"旅既不同于重型装甲师与机械化步兵师,也不同于轻型步兵部队(空降师/轻型步兵师),是一种处于轻重型之间的旅一级装甲机动部队。该旅既具有重型装甲部队所没有的高机动能力,也具有轻型步兵部队所没有的强大火力与广阔的作战范围。为了适应"斯特赖克"旅各兵种的需要,"斯特赖克"装甲车已形成了一个完整的车族,衍生出10余种车型,包括装甲人员输送车、侦察车、指挥车、迫击炮车、机动火炮系统、救护车、反坦克导弹发射车、工兵车、火力支援车、三防车等。

GM/GDLS防务集团根据美国陆军提出的各种要求,在通用汽车公司加拿大分公司的LAVⅢ装甲车底盘基础上,研制出了"斯特赖克"装甲车,有4轮驱动和8轮驱动两种型式。LAVⅢ装甲车的原型车是瑞士莫瓦格公司1972年独资开发的"锯脂鲤"装甲车。"斯特赖克"装甲车的外形与美国海军陆战队1982年装备的LAV装甲车极其相似,只是车体更大了一些。随着长度和宽度的增加,车内的容积明显增大。该车采用了卡特匹勒公司的功率为257kW的3126型柴油发动机,艾里逊公司生产的MD3066型变速箱,有6个前进挡和1个倒挡。悬挂装置为独立液气悬挂,装有轮胎中央充放气系统。

为了提高装甲防护能力,该车采用了3种防护措施:①高硬度防弹钢板焊接车体,可抵御7.62mm机枪和152mm榴弹碎片;②根据各种"斯特赖克"装甲车外型的不同,安装一种硬度很高的陶瓷装甲块,可抵御14.5mm重机枪穿甲弹;③在车体内壁上加装"凯芙拉"防弹衬层,以防外部装甲被毁后弹片在车内飞散对车内人员造成的伤害。

"斯特赖克"装甲车配备了全新的综合信息系统——C^4ISR系统。搭载的设备主要有全球定位系统、增强型定位报告系统、21世纪旅及旅以下部队战斗信息系统、单信道地面及机载无线电系统。全球定位系统确定出"斯特赖克"装甲车的位置,位置信息输入到增强型定位报告系统后,再经过单信道地面及机载无线电系统传送给其他"斯特赖克"装甲车和上级指挥所。指挥员将各种情报汇总和处理,通过21世纪旅及旅以下部队战斗信息系统分发给各兵种部队。

21世纪旅及旅以下部队战斗信息系统通过战术互联网,与情报系统、先进野战炮兵战术数据系统、防空指挥控制系统以及机动指挥控制系统等相连接,可使各车之间数据互联,及时获取战场情报、战场态势、后勤、气象、地形环境等信息。另外,通过该系统还可以快速请求友军的各种火力支援。

20世纪90年代初,法国、德国和英国合作生产符合现代战争要求的多用途装甲车,用于代替在本国已服役多年的老旧装甲车。1995年法国退出了这项合作后,英、德两国继续合作,并于2001年迎来了荷兰的加入。最初,德国称这项多功能装甲车计划为GTK,荷兰称之为PWV,英国称之为MRAV;后来,三国将其统一命名为"拳击手"。德国负责柴油机、动力传动系统和电力系统的研制;英国负责底盘和任务模块的研制;荷兰负责其他子系统的研制。2003年英国也宣布退出,德、荷两国仍继续研制工作。2003年10月,荷兰制造的第一辆"拳击手"装甲指挥车驶下生产线。

这种多用途装甲车采用了当时最先进的模块化设计理念,由制式驱动模块和专用任务模块组成。制式驱动模块主要由车辆的驾驶、驱动和行动部分组成;不同的专用任务模块安装在制式驱动模块上,组成了可以执行不同作战任务的模块化装甲车。驱动模块可尽量采用民用组件,如"斯堪尼亚"DI12型柴油机、ZF公司的7HP902型全自动变速器、带闭锁机构的差速器和制动器等成熟的组件。传动系统采用8×8全轮驱动的传统中央传动轴布置。转向系统采用前4轮转向,轮胎为14.00R20型泄气保用轮胎,有轮胎中央充气系统。与普通装甲车不同的是独立悬架系统和动力传动系统不直接安装在车体上,而是安装在辅助支架上,这使车体结构简化从而动力传动装置的维修更方便。车体为多层高强度钢制结构,外部安装有模块化装甲,正前面能抵御30mm尾翼稳定脱壳穿甲弹,车底还可抵御10kgTNT当量地雷的攻击。

模块化装甲车总体布置是动力舱与驾驶室并列前置,后部为载员舱或战斗室与载员舱。模块化装甲车有3种类型:

(1)战斗车辆,包括步兵战车、装甲人员输送车、侦察车、维和车、迫击炮车、反坦克导弹发射车等。装甲人员输送车可选用配备12.7mm机枪的PNL127顶置武器站或"防御者"摇摆武器站或HITROLE遥控炮塔,该炮塔不仅可安装12.7mm机枪,也可换装40mm自动榴弹发射器。步兵战车可选"重拳"25/30炮塔、LAV-25/30炮塔或安装105mm火炮。

(2) 系统平台型,如指挥车具有宽敞的后舱,可安装指挥、控制、通信和情报系统,以供诸如一个大的指挥所、通信中心、机动工作间、传感器载体等使用。

(3) 后勤支援车,包括救护车、货物运输车和战场抢修车等。

1990 年,法国陆军制定了一个 8 轮装甲车系列计划,即 20～30t 的 VBM 模块化装甲车。VBM 基本车型为步兵班用装甲人员输送车。

根据 VBM 模块化装甲车方案,法国地面武器工业集团在 1994 年研制出了一种战斗全重 27t 的精巧传动系统的 8×8 型"维克斯特拉"Vextra 轮式装甲车。一年后,雷诺公司推出了一种价格比较低廉的战斗全重 24t 的 X8A 轮式装甲人员输送车,但是这两个项目都没有继续下去。

法国陆军的主要要求是取代其履带式 AMX—10P 步兵战车。预算紧缩阻碍了法国陆军研制新的履带式和轮式装甲车,而且法国陆军认为轮式装甲车能被有效地用于与"勒克莱尔"主战坦克协同作战以及承担支援任务,因此法国陆军将轮式车辆纳入了 VBM 模块化装甲车计划,并在 1996 年年后全力研制 VBCI 轮式步兵战车。

2000 年,法国国防部与该国地面武器工业集团和雷诺公司签订了研制 VBCI 战车合同。雷诺公司负责车辆推进系统,包括发动机、传动装置、悬挂装置、驱动轴等;法国地面武器工业集团负责装甲车体,以及炮塔、观瞄系统、指挥控制系统、武器、防护系统,同时负责车辆的装配和集成。

VBCI 步兵战车集中了地面武器工业集团"维克斯特拉"装甲车和雷诺公司 X8A 车的全部优点,其车体布局与"维克斯特拉"装甲车类似,而悬挂和动力传动装置则采用了 X8A 装甲车的设计。

VBCI 步兵战车的车体为铝合金焊接车体,并配备防崩落衬层和附加装甲护板,可抵御 14.5mm 穿甲弹和 25mm 尾翼稳定脱壳穿甲弹的攻击,车内还有空调、NBC 三防装置等。

VBCI 步兵战车的总体布置为动力舱与驾驶室并列前置于车体前部,其后部是单人炮塔,而在驾驶室后部,炮塔前面是车长站。剩余的车体空间为一个大型载员室,能容纳 8 名全副武装的步兵,载员室后部设有一扇大型跳板式尾门。为了满足车辆承载能力的需要,该车车体的内部空间(含驾驶室)不小于 13m³。

VBCI 步兵战车采用了"沃尔沃"D126 水冷涡轮增压柴油机(最大功率 405kW),ZF 7HP 902 自动变速箱(7 个前进挡和 2 个倒挡)、雷诺公司研制的 4 个驱动轴模块、液气悬挂装置和盘簧式减振器。VBCI 步兵战车战斗全重为 28t,能够使用 A400M 大型运输机进行空运,最大公路速度为 100km/h,最大行程为 750km。

单人炮塔装有一门双向供弹的 M811 型 25mm 机关炮,能够在 1000m 距离上击穿 85mm 厚的均质钢装甲。炮塔采用电驱动并为水平稳定,而机关炮的 EADS 炮控系统为垂直方向稳定。除机关炮外,在机关炮右侧还安装了一挺带防护的 7.62mm 并列机枪。

VBCI 步兵战车安装了 SIT 终端信息系统,它是以法国"勒克莱尔"主战坦克上使用的 FINDERS 战场管理系统为基础,由法国地面武器工业集团和 EADS(欧洲航空防务和航天集团)的防卫电子系统公司合作研制的。SIT 终端信息系统连接武器系统,而 VPC 指挥车的 SIT 终端信息系统与指挥系统连接,它允许数字化数据的交换,包括战场态势和一个在一幅背景地图上图解式命令显示系统。VBCI 步兵战车具有高速率保密数据/声音通信能力和一套 BIFU 战斗目标识别系统。

这一阶段轮式装甲车的发展经验表明：

(1) 轮式装甲车虽然不能也不会取代主战坦克，但随着陆军朝着"更精干、更有效、更灵活和更易部署"的方向发展，轮式装甲车将会成为陆军装备的主体。

(2) 轮式装甲车的成熟设计是将高机动的越野底盘技术与汽车驱动技术结合，并按模块化的设计思想进行集成。

二、我国轮式装甲车发展历程

我国轮式装甲车走过了由引进、仿制、仿研到自主研发的历程。

1945 年，我人民解放军根据党中央的命令，大举挺进东北战场，配合东北抗日联军建立巩固的东北解放区，8 月 8 日日本投降，我人民解放军收缴了日军遗弃的坦克，于 1945 年 12 月 1 日在沈阳成立了东北坦克大队。1946 年，蒋介石发动内战，我人民解放军在战斗中缴获了国民党军队的美式坦克装甲车辆，当年 7 月改为战车大队，拥有坦克 20 辆，装甲车和汽车 30 辆。9 月，晋冀鲁豫野战军缴获 8 辆坦克，在河南兰封县成立了晋冀鲁豫坦克队，1948 年 2 月又在河北石家庄成立了晋察冀坦克区队，同年 7 月合并为华北坦克队。1947 年 1 月，华东野战军在鲁南战役中，缴获了国民党军队的一些坦克和装甲车，3 月在山东省沂水县成立了华东坦克队。这些坦克部队装备了日本或美国生产的坦克和轮式装甲车，它们在解放战争中发挥了重要的作用，东北坦克大队于 1946 年参加了解放长春的战斗，1947 年 10 月在黑龙江安彰县扩建为坦克团，1948 年 10 月参加锦州战斗，1949 年参加天津战斗并扩建为坦克师。1948 年 9 月，华东坦克队参加了解放济南战役，11 月参加淮海战役，1949 年 3 月扩建为坦克团，11 月在上海扩建为坦克师。1949 年，华北坦克队在北京扩建为坦克 8 师。1950 年 9 月 1 日在北京成立了装甲兵，接着将原来的坦克部队进行了整编和扩建，装备了苏联的 T-34 坦克，并建立了坦克学校和坦克编练基地。1953 年于哈尔滨成立了军事工程学院，内设装甲兵工程系。并与北京工业学院和有关工厂一起，于 1958 年开始掀起了水陆坦克、轻坦克和履带装甲输送车的研制热潮。1960 年年底，装甲兵工程系的学员在北京 815 厂做毕业设计，以解放牌汽车底盘为基础，设计轮式装甲输送车。以此为基础，装甲兵科学技术研究院（中国北方车辆研究所前身）于 1963 年又开展了轮式装甲车的工程设计工作，1964 年生产了 5 台样车，同年完成了设计定型试验，10 月国务院军工产品定型委员会正式批准定型。当年 12 月装甲兵司令部下文，将它命名为"一九六四年式轮式装甲输送车"，但未投入生产。1970 年 2 月 4 日，装甲兵和第五机械工业部联合成立了"五种新车型会战领导小组"，五种新车型中有 522 轮式装甲输送车，后又增加了 523 轮履合一的装甲输送车。当年 10 月前试制出 6 台样车，在北京南口射击场进行了汇报表演。523 装甲输送车由中国北方车辆研究所（当时称为后字 411 部队）设计，在北京 815 厂试制。522 装甲输送车由中国北方车辆研究所与长春汽车研究所联合设计，在江西拖拉机厂试制。到 1975 年 4 月会战结束，几种新车型都未能设计定型，但经过这几轮的设计和试制，培养了一批我国轮式装甲车的研制人才。

1984 年，中国北方车辆研究所开始研制 WZ551 装甲车，以铁马(TM)牌 SC2030 型越野汽车的、发动机、变速器、主减速器、轮边减速器、轮毂、制动系统部件与转向器等底盘部件为依托，总体布置、转向系统、悬架和水上推进系统等采用全新设计。该车为全轮驱动

(6×6),三轴等轴距布置,采用双横臂独立悬挂,防弹轮胎,全封闭结构车体,车体顶部中央装有 WA314T 车载 25mm 机关炮通用炮塔,其上有一挺 25mm 双向供弹机关炮。车体由前向后分别布置有驾驶室、动力舱和战斗舱,并采用道依茨 F8L413 风冷柴油机、5S111GP 9 挡变速器、分动箱和轴间差速器,主减速器装有带差速锁的轮间差速器。该车单位功率 12.29kW/t,最大车速 85km/h,水上最大航速大于 8km/h。该车有较强的火力,合理的装甲防护,良好的越野机动性,已批量生产并装备部队。后来,以 WZ551 装甲车为基础,改装为 WZ901 轮式装甲安全车,取消了水上推进系统、防浪板和车体外的登车扶手及不必要的工具,增加了车内外通信设备和乘员生活用品,并将炮塔改为机枪塔,可安装 7.62mm 机枪或 12.7mm 机枪,顶上有一个可俯仰的强光灯,两侧装有催泪弹发射器;在此基础上又变型为 WZ901F 轮式装甲巡逻车,这两种车都已装备部队。

WZ551 于 1992 年定型后,研制人员在其基础上开发了许多变型车。其中,减掉一轴变型为 WZ550,作为 4×4 基型底盘,在该底盘上研制成功 HJ-9 重型反坦克导弹发射车和 WJ94 武警用防暴车。1997 年起,在 WZ551 底盘上开发研制 100mm 轮式突击炮,是我国第一次将大口径火炮安装在轮式底盘上,该突击炮于 2002 年定型,批量装备部队,多次参加中俄"和平使命"联合军演。随后,应外贸市场的需要,将 105mm 坦克炮火控系统安装在该底盘上,实现了大批量出口。

20 世纪 70 年代参加会战的另一部分人于 80 年代初在西南金属结构厂以国产 EQ245 型军用越野汽车底盘为基础,加以改装研制出 523 轮式装甲输送车。驱动型式为 6×6,三轴不等距分布;车体采用全密闭结构,其顶部中间偏后有一机枪塔,其上装有一挺 12.7mm 高平两用机枪;底盘采用不等长双横臂纵置扭杆独立悬挂,调压轮胎,动力转向。该车装有道依茨直列 6 缸风冷发动机,功率为 141kW,战斗全重 11t,可乘 3+9 人,最大车速为 80km/h,水上最大航速 4km/h(轮胎滑水)或 8km/h(喷水推进器)。该车称为 ZSL92 式装甲人员输送车,已批量生产并装备部队,它的变形 ZFB91 型装甲车(防暴车)已装备驻港部队。

进入 21 世纪后,国内相关单位开展了 8×8 轮式装甲车的研制,包头 617 厂研制出 ZBL08 型 8×8 轮式装甲车。该车引入模块化等先进设计理念,动力室左前布置,驾驶室与动力室并置,战斗室位于动力室和驾驶室后部,载员室位于战斗室后部。ZBL08 在火力、防护等方面实现了较大进步,上装有 30mm 车载自动炮双人炮塔,选装 7.62mm 或 5.8mm 车载并列机枪,炮塔顶置"AFT07C"反坦克导弹,配装 85 式 76mm 抛射式烟雾发射装置,炮塔两侧各 4 具发射筒,可实现单侧 4 发齐射或两侧 8 发齐射。采用全自动超压式集体防护,配备自动灭火抑爆系统,可自动完成对动力舱和载员舱普通灭火,对载员舱的 2 次有效灭火和 1 次有效抑爆。该车基型底盘重 17.5t,战斗全重 21t;驱动型式可转化为 8×4 或 8×6;可乘 3+7 人,最大车速 100km/h,水上最大航速 8km/h。该车及其众多变型车已经大批量装备部队。

当前,我国轮式装甲车的发展呈现"百花齐放、百家争鸣"的局面,但主要技术路线都是依托汽车工业的动力、传动、驱动轴、制动器等核心部件,开发高越野性能部件,构成高机动载运平台,再通过集成装甲车体、火力火控技术、防护技术和信息技术。虽然具备自主开发能力,也开发出了具有国际先进水平的轮胎中央充放气系统、油气悬挂技术等,但动力、传动等核心部件仍然依托汽车工业的外资品牌产品,技术水平相对国际先进水平还有较大差距,通用化、系列化、模块化不够。

第二章 总体设计

第一节 总体设计的概念、任务和要求

一、总体设计的概念

总体设计是轮式装甲车整车设计工作中重要的一环。车辆的战术技术性能、结构组成、可靠性、维修性、保障性、测试性、安全性和环境适应性与总体设计均密切相关。战车整体性能的优劣不仅取决于各部件性能的好坏,而且在很大程度上取决于总体设计人员对战车"研制总要求"的理解,取决于乘员与战车之间的任务规划、分配,取决于车辆各部件的协调和匹配,即取决于总体设计的优劣。如果各部件布置不当或型式和参数选择匹配不好,即使各部件性能很好,整车性能也不一定理想。

总体设计对产品的性能和质量优劣具有决定性的意义,因此在车辆开始设计阶段应该有一个优秀的总体技术策划方案或研制大纲,使整车有一个统一的目标、统一的协调与处理问题的依据。在全面开展工程设计时,部件与整车之间、部件与部件之间经常会发生各种矛盾,这就需要总体设计人员从整车的设计目标、技术合理性和全局出发很好地予以协调,并与部件设计人员密切合作,找出妥善的解决办法。总体设计人员既要考虑设计与制造,又要考虑技术先进性、可行性、进度与成本,还要考虑整个系列变型车的性能、尺寸和所选部件是否满足系列化与通用化的要求。总体设计是涉及面广而且复杂的技术工作,需要将很多人组织起来分工协作有计划地进行,既包含技术工作,也包含组织管理工作。在总体设计中,技术工作与组织管理工作不是孤立的,而是互相依存的,有时很难严格划分。

总体设计贯穿于方案论证、工程设计、样车研制直到定型的全过程,涉及到国家政策、战术使用、市场需求、技术发展和进度、成本等多项约束和目标要求,是对装甲车辆全面规划、设计、试制、试验和技术协调,使整车系统优化的全局性工作。

二、总体设计的任务

总体设计的任务主要是根据国际上的相关先进技术、"研制总要求"中的主要战术技术要求和国内已有部件及工业水平,进行人—机任务规划,选择主要部件并明确其研制任

务和交验方案,对整车性能进行估算和控制、权衡取舍,提出最佳方案;根据方案,以保证整车性价比最优为原则,协调各部件之间的技术接口关系,组织和指导各部件与分系统的设计,并参与样车的试制、总装与试验。根据试制、总装与试验过程中发现的问题提出改进方案,直至完成满足"研制总要求"中的研制任务。

三、总体设计的主要要求

(1) 在确保满足战术技术指标的条件下,使机动性、火力、防护性能达到最佳匹配,并能充分满足乘载员与战车协同高效完成作战任务的要求和战车上一级系统对通信指挥、协同作战的要求。

(2) 基型车的设计需要有很好的包容性,便于车辆系列化、车族化发展。

(3) 总布置应紧凑合理,在尽可能小的外形尺寸条件下获得尽可能大的车内空间,同时要保证各系统能够充分发挥其功能,并且较好地满足人机工程要求。

(4) 合理地选择与布置底盘部件和武器系统,控制车辆质心、浮心和弹性中心的位置,使车辆具有良好的越野机动性、操纵稳定性以及水上机动性能。

(5) 严格控制外形尺寸,保证车辆的越野机动性和战略机动性(包括空运和铁路运输);尽可能降低火线高和减小车辆外形,以利于降低质量并提高隐身和防护性能。

(6) 一般要求具有分级防护的功能,包括防地雷能力,以适应不同的作战需求。要协调处理好防护能力、重量和机动性之间的矛盾关系。

(7) 满足"可靠性、维修性、保障性、测试性、安全性、环境适应性"等六性设计要求。

第二节 总体设计的一般进程与主要工作

我国坦克装甲车辆的开发包含方案论证、方案设计、工程研制和设计定型4个阶段。方案论证一般由军方牵头完成,有时要求总体设计人员参加。方案论证是根据下达的任务和战略战术使用要求,广泛地调查国内外同类车辆的战技性能、发展趋势、部件水平,国内生产水平和使用情况,提出整车设想,再进行可行性论证,最后提出整车的战术技术指标和论证报告,经有关部门批准后交给设计部门作为设计的依据。

总体设计除了参与方案论证过程外,还包括车辆研制进程中的方案设计和工程研制。总体设计的进程随具体车辆和设计任务的不同而不同,但都可简要地归纳为如图2-1所示的方案论证过程、图2-2所示的方案设计过程、图2-3所示的样车研制过程。

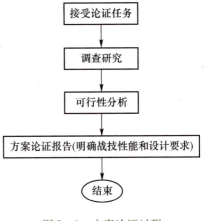

图2-1 方案论证过程

一、方案论证阶段

方案论证过程如图 2-1 所示。整车总体方案论证工作由论证部门主持,总体设计人员要积极参与,必须广泛深入地调查研究,包括用户调研、技术调研和社会环境调研三部分。其内容包括用户对车辆的作战使命、具体用途、编配环境、质量、使用维护及价格等方面的要求;国内外车辆技术的现状及发展趋势;新技术、新材料、新型元器件的发展动态;国内外同类车辆及其部件的结构、性能、参数和有关新技术;了解国内生产水平、可采用部件的性能及结构;调查部队战术使用,了解国家的国防方针及战略战术等;了解可能投入的经费及开发时间限制,现有条件下开发的可能性。

经过综合分析后提出合理的研制要求和战技指标,编写研制总要求。研制总要求中各项要求应尽可能量化,并且按重要程度,将设计要求进行分级,明确哪些是必须满足的要求,哪些是最低要求和在可能的条件下希望达到的要求。反映基本功能性能要求的列为必达要求,制约条件列为最低要求,而希望能达到的列为附加要求。对要求进行分级是便于评价时给予相应的加权系数。总之,总体设计人员在总体方案设计开始前要尽可能参与总体方案论证过程,全面收集有关信息,确切理解用户要求,为下一步总体方案设计工作做好充分准备。

二、方案设计阶段

方案设计阶段一般包括如图 2-2 所示的过程。

(一) 提出设计的指导思想和原则

总体方案设计之初,首要任务是根据用户的研制总要求和战技指标提出总体设计指导思想与原则,编写研制大纲。

研制大纲是技术系统开展技术工作的纲领性文件,主要包括:研制依据,指导思想,原则,总体方案及主要分系统方案,关键技术及解决技术途径,标准法规,主要技术节点。总体方案设计通常贯彻如下原则:

1. 系列化、车族化设计

在系列化、车族化发展方面,轮式比履带式有更明显的优势。虽然 4×4 至 10×10 各车型的承载能力及用途不同,但许多底盘分系统零部件能够实现通用,车辆的总体设计构思在车族中也有类同的体现。在系列化基型底盘规划的同时,根据用户的需求,通盘考虑上装设备的适应性要求,实现以点到面的车族化设计思想。

2. 通用化设计

主要总成件应尽量借用现有商用汽车的制式部件,这样可以大幅度降低研制及生产成本,保证可靠性,并简化后勤保障体系和减少保障工作量。上装设备也应充分借用或改造成熟可靠的系统或部组件。

3. 模块化设计

模块化设计原则已成为现代轮式装甲车设计指导思想的重要组成部分。在综合化、一体化的总体设计思想指导下将各分系统划分为相对独立的模块。既可以使设计、制造、

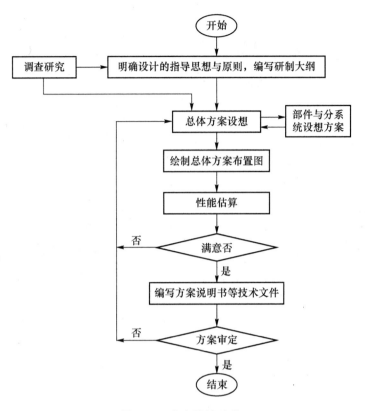

图2-2 方案设计过程

使用和维修均易于进行,而且为改善单个模块结构及性能从而提高车辆总体性能留出充足余地,促使车族化发展日臻完美。

4. 火力、机动与防护三大性能的适应性设计

降低后坐力的坦克炮正逐渐成为轮式战车的重要上装武器。由于结构原因,轮式车载武器的后坐力应控制在车重以下(履带车上限可达车重的1.5倍);应在满足全系统射击稳定性与车辆行驶平顺性要求的约束前提下优化出悬挂系统的阻尼与刚度的最佳匹配值;对机关炮,尤其对多管高炮系统而言,要注意车辆的固有频率与武器系统射速的适应性问题。

对机动性而言,吨功率应在14kW/t以上,应尽可能实现大的车轮跳动行程(X8A达1m以上)来保证越野能力;通过轮胎中央充放气系统可以改善轮式车辆的软地通过能力。

强调正面扇形60°范围防大口径机枪和小口径机关炮的能力;应尽可能降低车高,改善隐身性能;要采取措施提高抗地雷能力。

5. 人机工程设计

战斗人员保持良好的精神状态是提高作战效率和充分发挥武器系统效能的重要前提,为此首先要尽量降低乘员的作业负荷,包括生理负荷和心理负荷。其次要在充分保证乘坐舒适性、操作和观察方便性的前提下,还要设法使噪声低、温度适宜、通风良好、光线充足、车内布置整洁等。

6. 经济性设计

经济性设计除了以上提到的系列化、模块化设计之外,还需考虑简化设计。轮式装甲车的设计应能以最简单的结构来满足功能要求、预定的寿命期限以及工作条件。

7. 专用化设计

与履带车相比,轮式车的武器安装位置约高 20%,主要是因为轮舱所占空间(由悬挂、转向系统等决定)及底甲板与地板间空间(受传动型式和制动型式影响)等影响。为弥补此缺陷,轮式装甲车的一些专有部件技术如"H 型传动"等在不断发展。

8. 两栖设计

两栖设计不仅包括对车辆的浮力储备、水上(动/静)稳态、水上阻力、推力、动力传动链设计的综合考虑,还要有效解决动力舱水上散热系统及进排气等动力辅助系统的水陆两套装置的转换问题。

对战斗车辆而言,总重 20～21t 应是实现浮渡的上限。超过 21t 后,实现浮渡则需付出很大的代价,但以水上性能为主的车辆例外。

9. 信息化设计

充分综合车内的信息采集、传输、处理设备,做到信息资源共享,同时充分利用信息技术发展的成果,使得车内、车际间信息交联更加方便快捷。为满足轮式装甲车在战场上协同作战的需求,要将 C^4ISR 系统融入总体设计思想中。

10. "六性"设计和实用化设计

装备的设计要以实用化为原则,并贯彻"六性"要求,除满足作战使用要求外,还要充分考虑训练、日常维护以及可靠性、维修性、保障性、测试性、安全性和环境适应性等方面的要求,尽量将训练模拟,系统状态监测与故障诊断等嵌入到系统中。

(二)正确处理好方案设计过程中的几个重要关系

总体设计是使整车实现战技指标和用户使用要求的过程,在这一过程中需要解决诸多的矛盾,因此总体设计也是解决矛盾的一个过程,需要正确处理火力、机动与防护的关系,先进性与可行性的关系,继承与创新的关系,全局与局部的关系等。

1. 火力、机动与防护三者的关系

火力、机动与防护是坦克装甲车辆必须具备的性能。正确处理好三者的关系是车辆保持先进性的重要因素,是总体设计师必须仔细研究的问题。三者的关系取决于所设计的车辆在战争中的地位、作用和作战的对象。如装甲人员输送车的主要用途是将步兵安全快速地送到阵地,作战对象是步兵,装甲是防御步兵的机、步枪和手榴弹,火力主要是消灭妨碍输送车前进的敌人步兵,因此装甲人员输送车应具有优良的越野机动性和适当的防护与火力。步兵战车要伴随坦克行进间作战,除应具有如装甲人员输送车相同的越野机动性和防护之外,还要有比装甲人员输送车更强的火力。而设计自行火炮则应将火力放在第一位。快速部署部队与维和部队配备的装甲车主要是应付突发事件,作战的对象是小股叛匪或恐怖分子,使用的地区是城市及其郊区地带,机动性是最重要的,火力与防护是次要的,甚至有时为了适应空运的需要,而不得不削弱防护性。

2. 先进性与可行性的关系

先进性是设计装甲车辆时所追求的主要目标之一,但先进性是一个相对的概念,必须有对比,才能分辨先进与落后。只有就事物的某一特性、某一指标才有可比性,而且还必须在一定的时间内、一定的条件下,在同一类车辆或装置中对比才有意义。抽象的、绝对的、永久的先进性是没有的。例如某车设计的最高车速很高,可能被认为比其他的车先进,但如果该车主要在山区行驶,不但高速性能得不到发挥,而且由于发动机经常低速低效运转,燃料消耗较高,使车辆在经济性上变为不先进。

新车或新部件的研制是需要一定时间的,在此期间市场需求、战术要求和使用条件往往会有所变化,同时还会出现新的技术和同类高性能的车辆。因此方案论证和工程研制时,必须估计到在研制期间同类车辆未来可能发生的变化,确保该车方案和设计既是可实现的,又是先进的,而且在其使用的全寿命期内仍保持一定的先进性。

总之,总体设计时既不能不顾生产和使用条件的可行性,盲目、片面地追求先进性,或者在实际使用中先进性得不到发挥,或者使研制难关久攻不克;也不能过分强调可行性,忽略先进性,使产品的寿命短,很快就被淘汰,甚至是定型之日就是落后之时。

3. 继承与创新的关系

设计是创造性的劳动,设计的本质是创新。设计必须探求创新的方案和结构,做到有所创造,有所进步。任何新部件或结构的诞生都不是一帆风顺的,只有在开发、生产、使用的全过程中经过多次改进才能取得成功,都有一个由量变到质变的过程。从萌芽到成熟需要一个成长过程。一代代的新车型取代旧车型,新旧之间虽然有一定数量上的创新,但继承的方面一般比创新的方面更多。正是因为有这种继承性,设计者才能够保持大部分原有的基础,而不至于全面陷入未知的领域,这样,才能够集中力量去解决少数新的、陌生的设计方面的问题。完全抛弃原有的全部基础,搞彻底的新发明,不仅难度大,风险高,而且很难取得成功。在这方面我国有过很多的教训,如 20 世纪 70 年代研制"三液车",液力传动、液压操纵和空气液压悬挂都是陌生的设计领域,久攻不克,最后不得不以失败告终。一般来说,要求设计者在进行设计时,从已有的设计出发,作有限度的创新,这样,不成熟的部分较少,新车研制的风险也较小。如俄罗斯的 BTR-80 装甲人员输送车是以 BTR-70 装甲人员输送车为基础,将两台汽油发动机改为一台柴油发动机,传动系统采用原有部件,只进行了少量的改进设计。

设计人员在开始设计时,不仅要明确设计目标,而且要做到事先心中有数。哪些可直接继承既有方案,哪些设计任务只需对既有方案略加改进便可使用,哪些方案需要设计人员重新设计或创新。只有这样,设计人员才能集中主要精力去解决设计中的主要问题,在继承的基础上创新。

4. 全局与局部的关系

坦克装甲车辆是由许多部件和分系统组合而成的。先进的部件或分系统是设计高性能车辆的基础,但先进的车辆不是先进部件或分系统的堆积产品,它是由一些先进的部件或系统与其他不怎么先进的部件或系统良好地匹配而获得的。因此,总体设计师要从设计的目标、生产、使用条件和研制周期等全局观点出发,不盲目、片面地追求部件或分系统的先进性,力求整车各部件、分系统的良好匹配,追求整车性能优化。

(三) 提出总体方案

首先按火力、防护与机动性要求,将研制要求和战技指标细化,并分解到部件和分系统,作为整车总体和部件及分系统方案构思的依据;然后提出整车总体方案、部件和分系统设想,拟定研制大纲和计划,提出对部件和分系统技术要求、部件选型或与部件、分系设计师一起拟定部件和系统方案;最后综合为几个总体方案,绘制总布置图,并完成动力舱、驾驶室和战斗室等的布置。

(四) 整车性能估算

对各个方案的质量、质心等物理参数进行计算,并尽量利用一些 CAE 或其他仿真分析软件对整车各种性能进行仿真。有条件的,应尽量运用 CAD 软件绘制动力舱总成、驾驶室、战斗室的三维布置图,并进行运动、拆装大部件过程的模拟。

(五) 方案筛选

对各个方案进行自我评价审定,若没有满意的方案,则重新设计方案。经多次反复后优选出 2~3 个较好的方案,编写设计说明书、方案论证报告等技术文件,报请上级部门组织专家审定。方案审批后即转入工程研制阶段,即样车研制阶段。必要时可进行一轮原理样机研制,以便为工程研制打下更为坚实的基础。

三、样车研制阶段

样车研制阶段的一般进程如图 2-3 所示。在这个阶段中,总体设计的主要工作包括分解战技指标及绘制整车尺寸控制图,对各分系统下达设计任务书和协调卡片,组织部件研制攻关,样车试制及性能试验,样车质量评审等。

(一) 提出部件和分系统的设计指标、要求及交付实物与验收方法

对批准的方案进一步细化,开始绘制整车尺寸控制图,正式确定对部件、分系统和组件设计指标和要求,下达分系统或部件的设计任务书,包括技术指标、功能要求、外形尺寸、重量限制、接口结构与参数,以部件分系统的交验方案作为部件和分系统设计的原始依据。

(二) 协调和审定部件方案及其接口关系

在部件设计过程中,要随时将部件设计的结果反映到尺寸控制图上,做出细致的布置和校核,及时发现问题和处理矛盾,控制部件的尺寸、重量和技术指标;及时协调部件与总体、部件与部件之间的设计。根据设计方针和原则,决定需要修改设计的部件或部件需要修改的部位,或是总体布置需要修改。部件设计审定后,转入部件试制,对难度较大的部件需要组织力量专门攻关,其结果应及时反映到总布置图上。

(三) 协调与处理试制过程中的矛盾

在部件攻关和样车试制过程中,总体设计人员应及时了解部件在制造和试验中的问题,协调和处理矛盾,把握整车总体性能。

(四) 组织车辆总装和调试

绘制总装配图和编写总装技术条件,设计整车信息系统动态集成仿真方案,协调和处理总装和调试过程中出现的问题,从整车出发决定哪些部位作修改及如何修改,以确保获得好的整车战技性能。

(五) 参加样车试验

及时处理试验中出现的问题和故障,做好记录,作为下轮样车修改设计的依据。

(六) 协助组织样车质量评审

整理图纸和编写文件,协助组织样车质量评审。若未通过,返回方案细化,重复上述

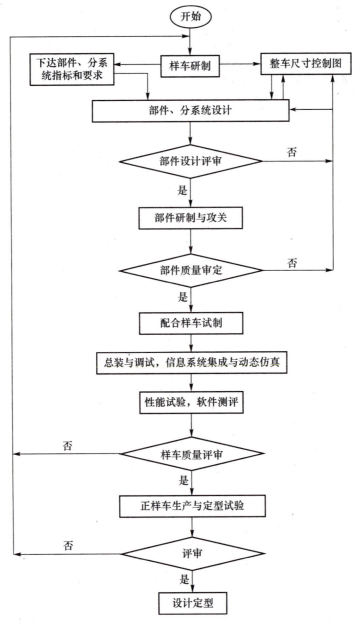

图 2-3 样车研制过程

过程。若样车通过质量评审,则转入正样车研制阶段。

四、设计定型阶段

通过样车研制、试验和质量评审,明确了样车存在的问题。在正样车的研制中必须全面解决这些问题并验证,为了避免颠覆性的问题发生,原则上不进行大的技术状态改动,要及时固化技术状态。通过正样车方案评审、研制以及定型试验。最后进行整车的设计定型工作,主要是编写设计定型文件和整理图纸,申请设计定型等。

第三节　总体方案设计

总体方案设计主要是指在性能设计的基础上,确定车辆整车布置形式、部件相对位置及尺寸大小、部件接口类型和输入输出。总体方案设计是研制的基础,一份优秀的总体方案首先应保证满足研制总要求提出的技术指标;其次对各分部件下达的设计指标和要求做到协调统一,避免出现各部件空间位置干涉、接口不匹配等问题;最后协调处理各部件之间的矛盾,从整车出发决定哪些部件需要修改以及如何修改,把握整车总体性能。

一、几种典型方案分析

轮式装甲车的总体布置有多种型式,但其主要区别表现在动力传动装置部分和操纵部分之间的相对位置上。

（一）以汽车底盘为基础改装的方案

动力传动装置位于车体前部,驾驶室紧跟其后,任务舱(战斗室或载员室)位于车后。第二次世界大战期间生产的轮式装甲车多采用这种方案。20世纪50年代,苏联装甲人员输送车曾采用过这种方案,如图2-4所示。

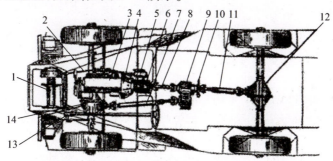

图2-4　BTR-40装甲人员输送车动力传动装置

1—绞盘；2—绞盘传动轴；3—发动机；4—离合器；5—传动箱；6—变速箱；7—前桥传动轴；8—传动轴；9—分动箱；10—手制动器；11—后桥传动轴；12—后桥；13—转向器；14—前桥。

除轻型侦察车之外,一般轮式装甲战车不采用此方案。只有少数轮式装甲战勤车辆和保障车辆采用该方案。

这种方案的优点：

（1）可直接采用民用越野汽车底盘,改装工作量少；

（2）在行驶中发动机散热条件好,因为散热器与发动机布置在车体前部,车辆行驶时可获得迎风冷却,此外还可降低风扇功率要求,有利于提高发动机的净输出功率,并简化结构；

（3）操纵装置容易布置,结构简单。

这种方案的缺点：

（1）驾驶员工作条件差,发动机废气易污浊车内空气,动力室的蒸气、温度、噪声易影响驾驶员；

(2) 发动机在前,迫使驾驶员后移,使视角盲区增大,为改善视野而升高驾驶员位置,又提高了车体高度,不利于隐身与防护;

(3) 火炮或机枪的射击俯角受限制,否则会进一步增加整车高度,车轴位于车体之下,像载货车一样车体要抬高,使整车高度增加。

(二) 动力传动装置后置方案

借鉴大多数坦克总体布置的经验,动力装置部分位于车后,操纵装置位于车前,任务舱位于中间。第二次世界大战后生产的轮式装甲车大都采用此方案,而且有的装甲人员输送车也采用这种方案。如南非"大山猫"轮式装甲车(见图2-5)、苏联的BTR 80(见图2-6)、俄罗斯的BTR-90均采用了动力舱后置型式。

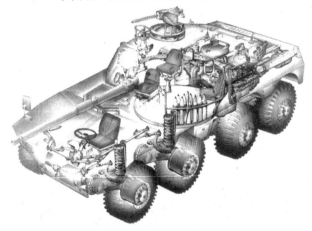

图2-5 南非"大山猫"轮式装甲车

如图2-5所示,驾驶室位于车体前部,操纵空间大,驾驶员位于1、2轴之间的车体中心线上,其上有1个向左开启的舱盖,驾驶员既可通过这个舱口也可经过战斗室进入驾驶室。闭窗驾驶时驾驶员可通过设在舱盖前面的3具潜望镜进行观察,视线良好。动力舱位于车体后部,装有V形10缸水冷柴油机、5挡自动变速箱、传动箱、分动箱,发动机、传动装置及冷却系统作为一个整体45min可以吊出车体。战斗室位于中间,装有3人电动炮塔。车长位于炮塔左侧,右侧为炮手,其后为装填手。车长和装填手上方各装有1个舱盖。炮塔座圈下面垂直存放有9发待发弹。

如图2-6中所示,BTR-80装甲人员输送车车体前部为驾驶室,驾驶员位于左侧,车长位于右侧,各有1个观察窗口,其外装有可开闭的装甲护板。车长和驾驶员各配有3具前视和1具侧视潜望镜,车长侧视潜望镜下方设有1个射孔。驾驶员上方有1个向右后开启的舱盖,而车长的顶舱盖是向前开的。他们的后面为两名面向前坐的载员。机枪塔位于第2轴上方车体顶部中央,装有1挺14.5mm机枪和1挺7.62mm机枪。载员舱位于机枪塔之后,6名载员背靠背坐在一条长凳上,载员舱侧面上方各开有3个射孔并配有1具观察镜,用于行进间进行射击。在车体两侧的下方位于第2、3轴之间各设有1个向前开的小侧舱门。动力舱位于尾部。BTR-80与早期的BTR-60、BTR-70不同,采用1台V形8缸柴油机(输出功率为260马力)代替早期车型上的2台并列汽油机。同样装有喷水推进器及其传动装置。发动机进气口位于车体顶部,其后为出气口。车体后部左、右各开有2个检修用的侧门,以便维修动力传动装置。

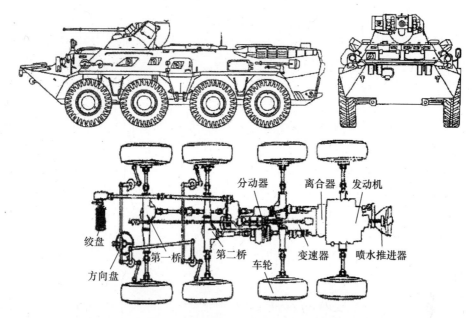

图 2-6 BTR-80 装甲人员输送车

与 BTR-80 不同,BTR-90 采用楔型车首,动力舱仍在车体后部,发动机采用 510 马力的水冷增压柴油机,其动力在变速箱内通过差速机构被分解成两路沿车体两侧向后传送。驾驶室后部装有与 BMP-2 履带式步兵战车相同的武器系统:双向供弹的 30mm 链式双人炮塔。

动力舱后置方案的优点:

(1) 在相同的外廓尺寸下,有利于增大战斗部分空间。

(2) 可以较好地与乘员隔离,发动机与传动装置的温度、油料蒸气和废气、振动和噪声对乘员的影响减小。驾驶室宽敞,可合理地布置操纵件。由于驾驶员的位置靠前,使驾驶员便于观察和驾驶;易于布置多名乘员,有利于减轻乘员的心理负荷。

(3) 对于装甲车来说,发动机后置有利于减轻前桥载荷和转向阻力,提高机动性。

(4) 可以增大车体前装甲板倾角,而且车体前部窗口少,提高防护性。

(5) 有利于动力舱密闭,较易保证驾驶室和战斗室的密封,有利于"三防"。

(6) 有利于水上传动装置的布置。

(7) 车体尾部可开门窗有利于发动机的维修。

动力舱后置方案的缺点:

(1) 乘载员上下车不便且不安全;

(2) 使变速箱、离合器和油门的操纵距离远、操纵机构复杂,调整维修不便;

(3) 给散热增加了困难。

(三) 动力传动装置前置方案

这一方案有两种布置形式:动力舱与驾驶室并列前置方案和动力传动装置单独前置方案。

1. 动力舱与驾驶室并列前置

动力舱与驾驶室后面留下了宽敞的完整空间,可容纳较多的人员和设备,车体后部开门,乘载员可隐蔽上下车。该方案广为多用途轮式装甲车采用,适于改装为轮式装甲人员输送车、步兵战车、自行火炮、指挥车和救护车等,如美国的"斯特赖克"(采用瑞士的"皮兰哈—Ⅲ"改进)、意大利"半人马"坦克歼击车等。

如图2-7所示为"斯特赖克"装甲人员输送车总体布置图,驾驶员位于车体前部左侧,他的前面配有3具潜望镜,中间的潜望镜可换成被动式夜间潜望镜,顶上有个向后开启的舱门。动力舱位于驾驶员的右侧,用隔板与驾驶室和战斗室隔开,是一个密闭的空间。动力舱顶部是进排气百叶窗,排气管在车体右侧。动力舱内装有卡特皮勒350马力柴油机、阿里逊公司MD3066型自动变速箱。载员舱位于车体后部,顶部设有2个向外侧开启的舱盖,车体尾部开有后大门,乘载员上下车很方便。根据需要可在载员舱的两侧各安装2个球形射击孔,在后门上安装1个球形射击孔,每个射击孔上方各配1具观察镜,以便载员能够从车内向外射击。车体中部右侧为战斗室,其上装有炮塔,炮塔上装有1挺M2型12.7mm机枪或1具MK19型40mm榴弹发射器。这些武器可由车长/炮长在车内进行遥控操纵。

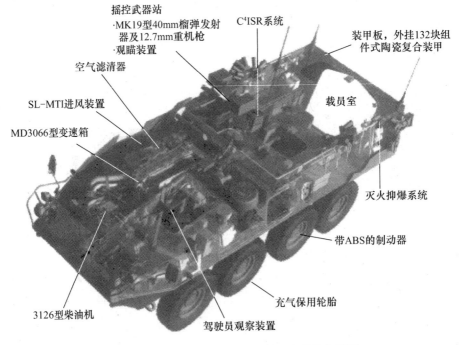

图2-7 "斯特赖克"装甲人员输送车总体布置图

这种方案的优点:

(1) 车体长度一定,动力舱和驾驶室并列可获得较短而轻的车体;

(2) 可用空间在后,便于改装成各种变形车,成为系列车族(见图2-8),有利于通用化和系列化,降低制造成本和维修保障费用;

(3) 驾驶员位于车体前部,视野好;

(4) 便于人员在车内检查发动机、传动装置和冷却系统,战场排除故障时可不下车。

这种方案的缺点:

(1) 发动机和传动装置产生的热辐射、噪声、油气污染和振动等对驾驶员有较大不利

机动火炮系统

装甲人员输送车

迫击炮车

反坦克导弹发射车

火力支援车

三防侦察车

装甲侦察车

装甲指挥车

战地救护车

装甲工程车

图2-8 "斯特赖克"装甲车族

影响,使驾驶员容易疲劳;

(2) 动力舱须隔离的空间大且形状复杂,不利于密封,降低了三防效果;

(3) 为拆卸动力传动装置,前装甲须开大窗盖,冷却系统的百叶窗也在前面,削弱了车体刚强度和防护性能;

(4) 动力传动装置集中在前侧,整车重心易靠前靠右,对水陆两用车辆的总体布置带来困难。

2. 动力传动装置单独前置

动力传动装置位于车体前部,驾驶室在中部,车体尾部为战斗室或载员舱。该方案与汽车改装方案不同,它是根据第二次世界大战的经验,以选用汽车部件为主设计的专用底盘总体方案。如法国潘哈德公司研制的VBR4×4轮式装甲车和意大利设计的"美洲狮"装甲人员输送车。

如图2-9所示,潘哈德VBR4×4轮式装甲车动力舱位于车体前部,驾驶员的前面,并与乘载员舱室用装甲隔板相隔开。前斜上装甲上设有1个大的动力舱舱盖,以便于对动力传动装置进行维修。MTU 4R106型柴油机,匹配ZF全自动变速箱。车辆采用ZF闭锁差速器以及车轴和车轮减振器,始终为4轮驱动。

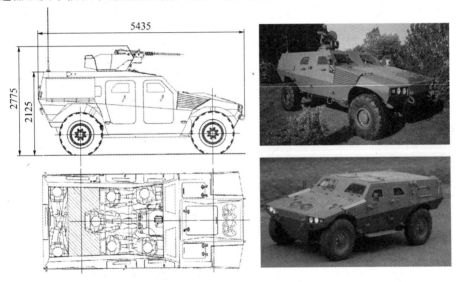

图2-9 潘哈德VBR4×4轮式装甲车

排气口百叶窗位于车体前上部,而进气口百叶窗位于前轮后面的车体两侧上部。驾驶员位于车体左侧,车长位于右侧,前方都配备了防弹玻璃窗,两侧各有1个向前开启的车门,上部有防弹玻璃窗。车长和驾驶员后是为其他2名乘载员设置的2个单独座椅,两侧也各有1个向前开启的车门,上部也有防弹玻璃窗。2名乘载员后方是可搭载更多载员或装载更多物资的空间。车尾1个向左开启、上部有防弹玻璃窗的大车门可以进入。车上共有3个顶舱盖。车长和驾驶员的上方各有1个圆形顶舱盖,朝后开启。车顶中央的舱盖上可以安装各种武器。如遥控12.7mm机枪以及安装在武器底座两侧、朝前发射的三联装电控烟幕弹发射器。

制式装备还包括前轮助力转向装置、闭锁差速器、防抱死制动系统、中央充放气系统、泄气保用轮胎、空调系统、加温器以及三防系统。

该方案具有前述动力舱与驾驶室并列前置方案相同的优缺点,但是它改善了驾驶员的工作环境,却增加了车体长度和整车重量。该方案多为轻型装甲车采用。

(四) 动力传动装置中置方案

动力传动装置中置方案是为了给驾驶员提供一个良好的工作环境,将驾驶室置于车体前部。并且为了载员能从车尾隐蔽上下车和便于改装为其他车辆,将载员舱放在车体尾部。这种方案多为装甲人员输送车和步兵战车采用,如法国的 VAB 轮式装甲车(图2-10)、我国的 ZSL92 轮式装甲车(图2-11)和 WZ551 轮式装甲车、德国的 TPz-1 装甲人员输送车等。

图2-10 VAB 轮式装甲车

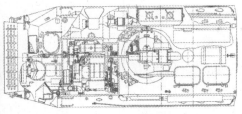

图2-11 ZSL92 轮式装甲车

如图2-10所示,VAB 6×6 轮式装甲车驾驶员位于车体内前部左侧,车长兼机枪手位于其右侧。在2名乘员位置的两侧车体上各设有1个向前开启的侧门,侧门上半部分有1个防弹玻璃窗,防弹玻璃窗铰连于顶部,可向外打开,并能够用装甲护板进行保护;2名乘员的前面各设有1个具有加热除霜功能的防弹挡风玻璃窗,驾驶员位置的上方设有1个向前开启的顶部舱盖,车长位置的上方也有1个类似舱盖,但法国陆军装备的车辆则是在车长位置上方安装了1个 CB127 型旋转枪塔,枪塔可360°回转,武器为1挺12.7mm 机枪。

动力舱位于驾驶员的后面,舱内装有灭火系统。进/排气百叶窗位于车体顶部,排气管沿车体顶部右侧向后一直延伸到车体尾部。动力装置采用雷诺公司 MIDS 06—20—45型220马力6缸水冷涡轮增压柴油机。传动装置为液力机械式,位于发动机前方,包括液力变矩器和具有1个离合器、5个前进挡、1个倒挡的机械变速箱。

动力舱的右侧是一条通道,将车体内前部乘员室与车体内后部的载员舱连接起来。载员舱可搭载10名全副武装的士兵,舱内左、右两侧各设有1条长凳,搭载士兵分两排面对面乘坐。车体尾部设有1个双扇式大门,搭载士兵通过此门上下车。大门的左、右两部分分别向外开启,且没有中央门柱,大门的左、右部分上各有1个可向外开启的观察窗,观察窗的外侧有装甲护板进行保护。另外,载员舱车体两侧还各设有3个可向外打开并且可用装甲护板进行保护的观察窗,观察窗打开后能够锁定,以使士兵可从窗口利用轻武器向外进行射击。在基型 VAB 6×6 轮式装甲车上,载员舱的顶部设有 3 个舱盖,1 个在车体顶部中央,2 个在车体顶部的后部。载员舱内的 2 条长凳可迅速折叠起来,以便装载货物。由于设在载员舱尾部的大门没有中央门柱,可利用叉车方便快速地将 2000kg 的货物装上车。

这种方案的优点:

(1) 驾驶室宽敞舒适,驾驶员位于前方,视野开阔。动力舱的热气、油气和废气以及振动和噪声对驾驶员的影响小,给驾驶员提供了良好的工作环境;

(2) 车体前面窗口少,前装甲可倾斜布置,增强了防护能力;

(3) 后部空间完整宽敞,便于改装成各种变形车;

(4) 动力传动装置在中间,易于调整整车重心位置,处理好水陆两用车辆的浮心与重心的关系。

这种方案的缺点:

动力舱热源集中,温度高,且动力舱布置紧凑,可用空间小,散热器面积又受限,冷却系统布置和风道组织困难,使散热系统设计困难度加大。

二、总体方案选择

(一) 底盘方案

1. 轴数和轮胎选择

轮式装甲车的轴数是根据车辆的战斗全重、使用条件、公路车辆的法规限制和轮胎负荷能力等来确定的。轴数增加,在总重不变的条件下,轮胎接地单位压力降低,在松软路面上通过性提高;越壕能力增强;车辆重心和整车高度可降低;车辆前悬和后悬可缩短,可获得较大的接近角和离去角;但传动系统和转向系统更复杂。

轮式装甲车在松软路面上的通行能力主要取决于轮胎接地的单位压力,即取决于轮胎的数量、轮胎尺寸及车重。根据美国在泰国雨季的试验表明,当车辆的驱动形式和轮胎规格型式确定后,若保持车辆有较高的通行能力,战斗全重有个临界值,超过此值车辆通过性急剧下降。

轮胎的尺寸是绘制总体布置图和进行各种性能计算的原始数据之一,所以在总体设计一开始就要选择轮胎型号。它主要根据装甲车在松软路面应具有的通行能力、轮胎的额定负荷以及车辆的行驶速度来选择,此外还要考虑到车辆距地高和整车高等因素。目前在轮式装甲车上应用最广泛的轮胎如表 2-1 所列。

表 2-1 目前应用最广泛的轮胎种类

轮胎类型	承载范围/t	单轴载荷/t		
		8×8	6×6	4×4
14.00×20	4.7~6.3	4.87~7.0	4.5~6.17	3.65~4.9
11.00×16	2.6~3.9	3.07~3.22	2.3~2.7	2.5~3.75
13.00×18	2.6~3.7	2.46~3.63		
12.00×20	3.7~5.8			
14.50×20	4.2~6.2			

2. 发动机的选择

轮式装甲车采用的发动机有柴油机和汽油机两种,柴油机燃料经济性好(比油耗低),在相同的行驶路程下油箱容积小,便于布置且占用车内空间小,无点火系统,故障少,又不易发生火灾,因此在轮式装甲车上得到了广泛应用。一般根据装甲车辆的战斗全重、使用条件、总布置形式、发动机的动力特性及经济性和生产成本,选用国内已经批量生产的发动机。如何选择详见第四章发动机及动力辅助系统。

3. 传动系统方案

传动系统是发动机与车轮之间的动力传递装置,它是车辆中最复杂的系统之一,目前在轮式装甲车上应用的传动系统有3种。传统的传动系统称为I型传动,它由每个驱动轴上的差速器与传动轴连接而成,形成I字形,这种结构如放在车体外会导致车辆底甲板提高,如布置在车体内会使地板上移,这些都使车辆高度增加。为了降低整车高度出现了H型传动系统,这种结构将传动轴和侧减速器分装在车体内的两侧,形成H字形的两个纵臂,主差速箱放在车体中部,形成H字形的横臂,使车体中部的地板降低,可使整车高度下降。如法国的EBR75装甲车和AMX-10RC装甲车、意大利的"半人马座"B1装甲车和日本96式装甲人员输送车都采用了H型传动系统。第三种是介于两者之间的传动系统,它由前面一个或数个驱动轴的I型传动与后面一个或数个驱动轴的H型传动组成。车辆传动系统的选择应根据装甲车的使用要求、动力装置的类型、特性及其布置上的特点,对可能采用的各类传动在尺寸、重量、效率、总传动比、可靠性和可维修性等方面反复进行对比,统筹考虑,选择最优的方案。具体内容详见第五章传动系统设计。

(二) 车体与防护

装甲车体除保护人员免受枪弹的伤害之外,在核战争条件下还具有很好的三防作用。在车体上要安装各种部件,承受射击和行驶时的负荷,保证各部件可靠地工作,同时也为乘载员提供活动的空间。车体结构比较复杂,与总体设计密切相关。在整车方案设计时,根据对驾驶室、动力舱、战斗室或载员室的布置,来确定车体的纵横断面的形状,初步确定车体外形尺寸。轮式装甲车的横断面形状多为菱形和T字型组成。纵断面外形可根据车辆类型(坦克歼击车、步兵战车、人员输送车等)和总体布置形式来选择。装甲车体与防护系统设计详见第九章。

对轮式装甲车的防护性能、伪装性能要求一般如表2-2和表2-3所列。

表2-2 轮式装甲车防护性能

	坦克歼击车	步兵战车	人员输送车
正面	1000m 距离上 12.7~25mm 穿甲弹	100m 距离上 7.62~12.7mm 穿甲弹	100m 距离上 7.62~12.7mm 穿甲弹
侧面	0~200m 距离上 12.7mm 穿甲弹	0~200m 距离上 12.7mm 穿甲弹	1000m 距离上 20~25mm 穿甲弹
尾部	0~100m 距离上 7.62mm 穿甲弹	7.62mm 普通弹	7.62mm 普通弹
顶部	榴弹破片	榴弹破片	榴弹破片
底部	最好有防地雷设计	最好有防地雷设计	最好有防地雷设计

表2-3 轮式装甲车伪装性能

伪装器材	一般迷彩	好的迷彩	遮障	烟幕
被发现概率/%	30~40	10~30	20~30	25~30

(三)武器系统

1. 武器系统选型

轮式装甲车可配装多种武器系统,实现不同的作战使命。

执行火力突击任务的步兵战车,其武器系统通常选用坦克炮、中小口径自动炮及反坦克导弹等作为主要武器,发射角较小,弹道低平,可直瞄射击,炮弹初速高,常用于一线攻坚战。作为直射武器通常在1500~2500m距离上进行精确打击,用来歼灭和压制敌人的坦克装甲车辆,消灭敌人的有生力量和摧毁敌人的火器与防御工事。

协同一线突击作战的火力支援车的武器系统以榴弹炮、迫榴炮、火箭炮及多用途导弹等武器为主要武器,在前沿侦察车、观察员和火力指挥站的辅助下,作为具有高射角的火力支援武器支援突击部队,增强作战体系的攻击力和控制能力。通常可实现18~30km的远程精确打击能力。

装甲人员输送车、侦察车等机动突击/作战支援车的武器系统可以大小口径机枪为主要武器,能够打击1500m内的轻型装甲目标、简易火力发射点和有生力量,具备目标搜索、识别、跟踪、瞄准和行进间稳定射击的能力。

针对反恐、防暴及城市作战等场合使用时,可以考虑声、光、电、液等各种非杀伤性武器的安装及使用。

由于未来轮式装甲车对车辆有效载荷和车内有效可用空间有着非常高的要求,因此,开发能够在满足威力要求的同时又能够节省车内空间和降低车辆载荷的武器系统将是今后车载武器系统的发展趋势。

装甲战斗车辆的火力及机动性能包括主要武器、辅助武器及其弹药和观瞄、控制系统等的结构性能及参数,它们标明了战斗车辆对目标的毁伤能力,反映出战斗车辆根据战场出现的情况,灵活改变火力使用的方向和高低射界,快速、准确地捕捉和跟踪目标的能力。这些参数包括:火炮威力方面的性能指标、炮弹类型、弹药基数、火炮射击精度、首发命中率、穿(破)甲威力、战斗射速、射界、直射距离、火控系统的参数以及夜间作战能力等。

影响火炮威力因素有火炮口径、身管的长度、药室的形状与容积、火药的性能、装药量、装药结构、点传火方式等。

炮弹类型一般有穿甲弹(包括尾翼稳定脱壳穿甲弹)、破甲弹、杀伤爆破榴弹、碎甲弹、多用途榴弹等。主要弹种是指装甲车辆主要武器所配用的弹药种类。装甲车辆配备的主要弹种由其所担负的任务和需要打击的目标来决定:自行榴弹炮的主要任务是压制和毁伤地面目标,所以配备杀伤爆破榴弹;步兵战车的任务是打击轻型装甲车辆和空中半硬质目标以及对付步兵软目标等,一般配有穿甲弹和榴弹;自行反坦克炮及坦克歼击车一般以对付主战坦克等硬质装甲目标为主,兼有其他类型战斗车辆如火力支援车和轻坦克的功能,配备的弹种较多。而随着技术的发展,为了便于作战使用,多用途榴弹正逐渐替代除穿甲弹以外的其他弹种。

弹药基数及配比是指装甲车辆携带主要弹种的额定量及各种弹药的分配比例。一般说来,100mm口径以上主炮的弹药基数在30~60发之间;25~40mm步兵战车机关炮的一个弹药基数约300~1300发;自行高炮一般要求弹药数量较多,20~40mm口径高炮的一个弹药基数常达500~2200发。

轮式装甲车对武器系统有如下特殊要求:

(1) 考虑大口径火炮后坐力的影响,如安装155mm榴弹炮,针对射击时较大的后坐力可增加驻锄等辅助机构。

(2) 冲击振动特性。武器系统及各部件满足冲击振动特性要求。

(3) 采用连发射击武器时,需要考虑底盘悬挂特性对射击的影响。

2. 武器系统设计

1) 武器系统方案设计的一般流程

武器系统方案设计的主要工作包括:

(1) 根据作战任务规划确定武器系统形式、主辅武器配置及观瞄驱动等主要分系统方案,明确主要性能指标。

(2) 根据轮式装甲车对承载重量及外形尺寸的要求确定底盘与武器系统的安装接口。

(3) 根据防护、隐身要求,结合造型设计确定塔体及外露部件的外形、材料及厚度。

武器系统方案设计流程如图2-12所示。

由于本书主要介绍轮式装甲车的总体和底盘系统的设计,这里简要介绍与总体有关的炮塔设计、座圈选型、炮耳轴位置的确定和火控系统、观瞄系统选型与设计的一般原则。

2) 炮塔设计

塔体在外形美观的前提下进行以下优化设计:

(1) 尽量减小整体外形尺寸,减小正面迎风/受弹面积,具有较小的着弹角度。

(2) 在确定外形时考虑塔内乘员的观瞄视界。

(3) 确定塔体各装甲板倾角最优值,以满足在防护性能和塔内空间两方面要求。

3) 座圈选型

炮塔座圈尺寸的选择,首先根据总体设计的要求确定尺寸,除总体设计有特殊要求外,座圈尺寸的选择应按照GJB 1250—1991《装甲车辆炮塔座圈尺寸系列》选择标准座圈,以便于毛坯及零部件采购及生产;进而根据总体布置分析其受力情况并验算强度。

炮塔座圈的设计有如下要求:

(1) 炮塔回转的阻力尽量小,滚子与座圈滚道间尽量保证纯滚动摩擦。

(2) 有足够的强度,以承受火炮射击及炮塔被命中时的冲击负荷,防止炮塔被掀翻。

(3) 密封可靠,密封机构应耐油、耐磨、耐潮湿;三防和潜渡要求能在车内迅速密封和启封,此时不一定要求炮塔能回转,但最好在增大的回转阻力下仍能回转。

(4) 在总体布局的限制下尽量保证直径大、断面小、质量小、制造简单、拆装方便等。

4) 炮耳轴位置的确定

炮耳轴用于将摇架内的俯仰部分安装在炮塔内,其位置的确定不仅严重影响炮的平衡、火炮射界,而且严重影响战斗室的空间布置,进而严重影响车体的高度。

炮耳轴位置确定参照下一节"战斗室的总体布置"。

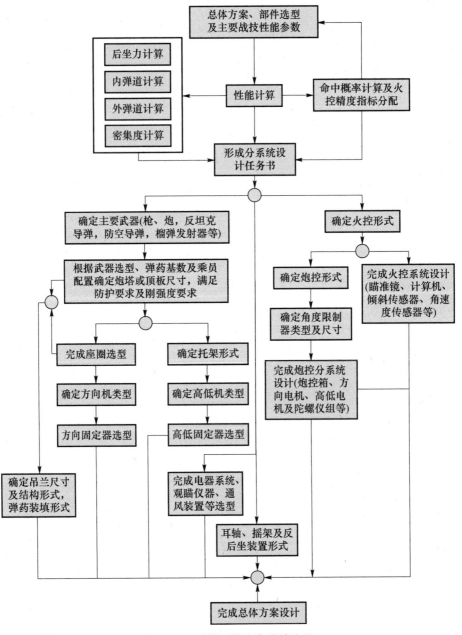

图 2-12 武器系统方案设计流程

5）火控系统、观瞄系统选型与设计

现代坦克装甲车辆的火控系统和观瞄系统已基本融为一体，是复杂的光机电系统。其选型与设计需要根据战术技术指标要求、主要武器的性能，并充分考虑车辆的振动特性和装甲车体的模态等确定。乘载员的观瞄仪器应满足：在任何行驶条件下，能够方便清晰地进行观察，视界盲区小；光学系统透光率高；光学性能及结构性能稳定可靠，结构形式便于安装。

（四）信息系统

信息系统是轮式装甲车核心组成部分，面向轮式装甲车实现各任务剖面功能和提高综合作战效能,采用系统工程方法,将战场信息、轮式装甲车平台信息、乘载员操控信息等各类信息的采集、传输、处理、存储、显示、控制等功能及相应的电子设备,通过车载总线/网络和软件等技术集成为一个分布式、开放式的有机整体。信息系统的设计是轮式装甲车总体设计的一部分,又为轮式装甲车其他各子系统提供信息传输、处理、存储、显示、控制等通用服务,以达到系统资源高度共享和整体效能大幅提高的目的。

信息系统的设计主要包括两个方面[1,2]:一方面是以任务综合、功能综合、信息综合,总线拓扑结构设计,人机信息交互即显示综合与操控综合为主的"信息化总体"层面上的工作;另一方面是信息系统作为提供信息服务的通用电子平台(包括软硬件)的总体设计和该系统各电子信息部件研制单位之间的技术协调。

轮式装甲车信息系统总体设计一般按照"V"模式设计验证流程(图2-13)。V的左半部分为设计流程,包含需求分析与方案论证、方案设计和工程设计3个阶段,完成系统的功能定义、架构设计、信息详细设计和接口设计等,为分系统/部件的设计提供设计规范和约束;V的右半部分是仿真验证流程,利用动态综合集成技术,为信息系统各个阶段的设计成果进行仿真、验证和测试,从而为信息系统设计提供支撑。

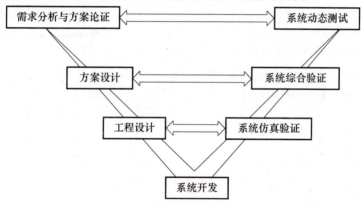

图2-13 轮式装甲车信息系统基于"V"模式的总体设计验证流程

信息系统研制总体设计的3个阶段:需求分析与方案论证阶段主要是通过需求分析分解车辆的能力需求,包括功能要求和性能要求等,与各功能子系统同步开展方案论证;方案设计阶段包括顶层设计和乘员操作程序设计,在完成顶层设计和乘员操作程序设计以后,提出建立系统规范和验收测试规范的依据;工程设计阶段包括详细设计和接口控制文件设计。

在完成信息系统的总体设计以后,各功能子系统可以依照系统规范、接口控制文件等开展各系统/部件的设计和开发。子系统/部件完成方案设计后,即可以开展软硬件的设计和开发。在软硬件完成开发以后,即可以进行系统的集成和综合,从而完成验收测试和实车试验。

三、总体布置

(一)整车布置形式的选择

轮式装甲车的总体布置形式主要根据其用途和战斗全重来选择。

轻型轮式装甲车：主要用于巡逻、侦察、搜索以及其他类似任务，轻型轮式装甲车的基本要求是"小、轻、快"，故选驱动型式 4×4。整车布置形式主要选动力传动前置，如法国潘哈德公司研制的 VBR4×4 轮式装甲车、意大利设计的"美洲狮"装甲人员输送车；也有采用后置方案的，如苏联 BRDM-2 水陆两用侦察车；但极少选用汽车底盘改装。

多用途轮式装甲车：多用途轮式装甲车的驱动型式有 4×4、6×6、8×8 和 10×10。它的基本要求是形成一个车族，包括轮式装甲侦察车、装甲人员输送车、导弹发射车、自行火炮和装甲指挥车等勤务保障车辆。整车布置形式主要选用动力舱和驾驶室并列置于车体前方的方案，如美国的"斯特赖克"车族。

装甲人员输送车和步兵战车：轮式装甲人员输送车基本职能是输送机械化步兵下车作战，而步兵战车是机械化步兵部队步兵班的基本武器装备。步兵可乘车作战，也可在其自身火力支援下下车作战。它们的基本要求是载员舱宽大，乘坐较舒适，步兵上下车安全方便，多采用 6×6 和 8×8 的驱动型式，少数为 4×4。整车布置多采用动力传动中置和载员舱后置，以便能后开门，载员可安全方便上下车，如法国的 VAB 轮式装甲车、我国的 ZSL92 轮式装甲车和德国的 TPz-1 装甲人员输送车。为了在相同车体外形尺寸下，获得较大的载员舱空间，减少动力舱对乘载员的影响，也有采用动力传动后置的，如俄罗斯的 BTR-60、BTR-70、BTR-80 装甲人员输送车等。

装有大口径火炮的重型轮式装甲车：为减少火炮悬置于车体外的长度，以利车辆山地行驶，一般都采用炮塔后置。如南非的 G6 自行火炮装有 155mm 榴弹炮，战斗全重 46t，炮塔后置，动力传动中置，火炮向前时车长仅 10.335m，火炮外悬仅 1.135m，采用大直径轮胎，驱动型式为 6×6。捷克的 Dma155mm 自行火炮战斗全重 29t，驱动型式 8×8，全长为 11.156m，也采用动力传动中置和炮塔后置。美国 V-600(6×6) 自行反坦克炮和巴西的 EL18 轮式坦克歼击车，战斗全重都为 18.5t，装有 105mm 低后坐力火炮，驱动型式为 6×6，采用动力传动与驾驶室并列前置，炮塔后置。法国的 AMX-10RC 侦察车，战斗全重 15.88t，装有 105mm 低后坐力火炮，驱动型式 6×6，采用动力传动后置，车体长 6.357 m，火炮向前时车长 9.15 m，火炮外悬 2.793m。

（二）主要尺寸的确定

主要尺寸是指轴距、轮距、车辆总长、总宽和总高。轴距（多轴车指前后轴之距）直接影响车辆的长度、重量和许多使用性能。轮式装甲车的车体长是由总轴距加上前悬和后悬长度构成的。轴距减短，车辆长度就短，自重就轻，最小转向半径和纵向通过半径就小。若轴距过短，会使车体长度不足，总布置困难。车辆行驶时的纵摆和横摆较大，车辆制动或上坡时重量转移也大，使操纵性和稳定性变坏。轴距与车辆的战斗全重也有密切关系，重量越大，轴数越多，前后轴距越大。轮距与车体宽和战斗全重有关，一般战斗全重较重，车宽较大，轮距也较大。我国的国标规定，经常在公路上行驶的车辆其车宽应不大于 2.5m。轮距增大，车辆的横向稳定性好，但转向半径增大。轮距减小，可获得较大的横向通过角。此外，轮距还受车内外布置的限制。现代轮式装甲车的轮距、轴距与外形尺寸如表 2-4 所列。

轮式装甲车轴距与车体长之比多数在 0.49～0.66 之间，8×8 的轴距与车体长之比多数在 0.55 以上，4×4 的轴距与车长之比多数在 0.625 以下。车体宽与长之比多数在 0.40～0.44 之间。轮距与车体宽之比多数在 0.78～0.85 之间，8×8 的比值多数偏大，

4×4的比值多数偏小。

表2-4 轮式装甲车轮距、轴距与车体外廓尺寸

国别	型号	驱动型式	战斗全重/t	轮距/m	轴距/m	车体长×宽×高/(m×m×m)
意大利	半人马座	8×8	24	2.505	1.6+1.45+1.45	7.4×3.05×1.747
南非	大山猫	8×8	28	2.5	1.55+2.032+1.625	7.09×2.8×1.76
瑞士	皮兰哈Ⅰ	8×8	12.3	2.18/2.2	1.1+1.135+1.04	6.365×25×1.85
瑞士	皮兰哈Ⅱ	8×8	16.5	2.268	1.22+1.4+1.22	6.93×2.66×1.985(2.17后部)
瑞士	皮兰哈Ⅲ	10×10	20	2.268	1.22+1.4+1.22	7.45×2.66×1.985(2.17后部)
捷克	OT-64A SKOT	8×8	14.3	1.86	1.3+2.15+1.3	7.44×2.55×2.06
美国	V-600	6×6	18.5	2.24	2.209+1.524	6.3×2.68×1.8
日本	82式	6×6	14.0		1.5+1.5	5.72×2.48×2.38
西班牙	BMR-600	6×6	14	2.08	1.65+1.65	6.15×2.5×2.0
法国	AMX-10RC	6×6	15.88	2.425	1.55+1.55	6.35×2.95×1.565
法国	VBC90	6×6	13.5	2.035	1.5+1.5	5.63×2.5×1.737
法国	VAB	6×6	14.2	2.035	1.5+1.5	5.98×2.49×2.06
德国	Tpz-1	6×6	17.0	2.54/2.56（后）	1.75+2.05	6.8×2.98×2.48
巴西	EE-9	6×6	13.4	2.1	2.343+1.414	5.2×2.64×1.75
巴西	EE-11	6×6	14.0	2.2	2.343+1.415	6.1×2.65×2.125
英国	FV603	6×6	10.17	2.083	1.524+1.524	5.233×2.539×2.0
比利时	SIBMAS	6×6	18.5	2.07	2.8+1.4	7.32×2.5×2.24
意大利	FIAT6633	4×4	9.8	2.06	3.0	6.098×2.5×1.9
意大利	FIAT6634	4×4	4.2	1.74	2.8	4.75×2.5×1.67
意大利	美洲狮	4×4	5.5	1.745	2.8	4.65×2.085×1.67
俄罗斯	Брдм-2	4×4	7.0	1.84	3.1	5.75×2.35×2.13
法国	VAB	4×4	13.0	2.035	3.0	5.98×2.49×2.06
法国	VXB-170	4×4	12.7	2.04	3.0	5.99×2.5×2.05
法国	VBL	4×4	3.59	1.69	2.45	3.7×2.02×1.7
英国	Fox	4×4	6.12	1.753	2.464	4.166×2.134×1.981(炮塔)
巴西	EE-3	4×4	5.8	1.71	2.6	4.16×2.235×1.56
美国	康曼多	4×4	7.2	1.66	2.743	5.003×2.057×2.159
美国	康曼多V-150	4×4	9.888	1.914/1.943	2.667	5.689×2.26×1.981
德国	Thfl70	4×4	11.2	1.84	3.25	6.14×2.47×2.32
德国	UR-416M	4×4	7.6	1.78	2.9	5.1×2.25×2.25
西班牙	BLR	4×4	12.0	1.96/2.135	3.15	5.65×2.5×2.0

车辆的外廓尺寸要受到交通、运输条件及法规的限制[3]，公路车辆总高限制不高于3000mm，限宽(不包括突出物如后视镜)2500～3000mm，总长单车不长于12m；我国铁路运输标准宽度限为3400mm，高度限为5500mm(含运输工具高度)；我国桥、涵、隧道的高度一般在3000～4500mm的范围内。

由于轮式装甲车在坦克装甲车辆系列中基本属于轻型车辆，在设计中应尽可能考虑其空运适应性。飞机舱门的高度一般在2400～2900mm之间，舱内有效宽2800～3400mm。

因此轻中型轮式装甲车的车宽一般不超过2500mm，重型的不超过3100 mm，车高(至炮塔顶)一般不高于3000mm。

轮式装甲车的车高由车底距地高、车体高和炮(枪)塔(或顶置武器)高度3个环节构成，车底距地高由轮胎大小、悬挂型式及参数、驱动轴(或轮边传动箱)的结构与参数来确定，一般在300～450mm之间。车体的高度受人体高度和动力装置高度的限制；炮塔的高度取决于火炮外形尺寸和对火炮高低射界的要求。

车高是非常重要的外廓尺寸，降低车高可减少车辆被发现和被命中的概率，从而提高车辆在战场上的生存力。当车高减少约1/10时，整个车体炮塔总的被命中发数可减少1/3～1/4。

(三) 绘制总布置草图

绘制总布置草图的目的是将整车设想变成具体的设计方案，同时也是为了校核初步选定的各部件结构和尺寸能否符合整车尺寸和参数的要求，寻求较好的总体布置方案。

1. 确定基准面或零线

在绘制总布置草图时通常用下列平面作为基准面或称为零线：

(1) 装甲车体下平面线——以此作为标注各部件垂直方向安装尺寸的基准或零线。

(2) 前轮中心线——通过左右前轮中心的连线，并垂直于车体基准面的平面在侧视图上的投影称为前轮中心线。它是标注各部件纵向安装尺寸和车辆轴距及前悬的基准线(零线)。

(3) 车体中心线——装甲车纵向垂直对称平面在俯视图和正视图上的投影线。它是标注横向尺寸的基准线。

(4) 地面线——以此标注装甲车的高度、接近角、离去角和离地间隙。

轮式装甲车布置草图一般是从侧视图开始的。首先，在侧视图上画出地面线(见图2-14)。在该线上取 A、B 两点，使 $AB = L$ (轴距)。通过 A、B 两点分别作地面的垂直线，即前、后轮垂直线。沿铅垂线以轮胎的滚动半径 r_{r1}、r_{r2} 找出前后轮中心 O_1、O_2，再以轮胎的自由半径 r_{01}、r_{02} 为半径画出轮胎外圆。接着，确定装甲车体下平面线的位置，为此要确定车体下平面线上处于前后轮中心正上方两点 A' 和 B' 的离地高度 a 和 b。尺寸 a 和 b 也可参考同类型车辆初步确定。两者只要确定一个即可，另一个尺寸可根据两者之间的关系 $a = b + L\tan\alpha_F$ 求出。在前轮和后轮垂直线和上分别取 $AA' = a$，$BB' = b$。连接 A'、B' 两点即得车体下平面线。通过 O_1 点作车体下平面线的垂直线，即为前轮中心线。它与车体下平面线相交得到 A'' 点。俯视图上的前轴中心线可按投影关系画出。

对于多轴轮式装甲车，还要确定各轴的相对位置。三轴轮式装甲车车轮的布置有3种形式，如图2-15所示。四轴轮式装甲车的车轮布置有3种形式，如图2-16所示。

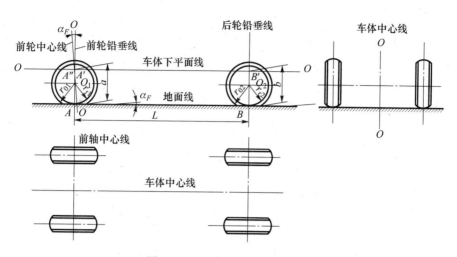

图 2-14　总布置图上的基准线

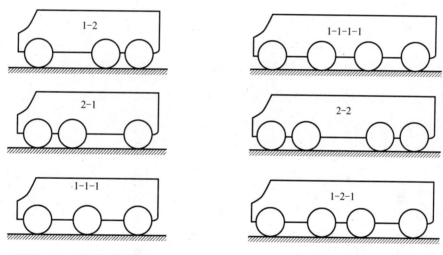

图 2-15　三轴轮式装甲车　　　　图 2-16　四轴轮式装甲车

图 2-15 的 1-2 布置形式的装甲车辆后两轴轴距较小,结构最简单,可较多采用汽车的部件。仅前轮转向,转向机构简单,后两轴靠近,可采用载货汽车的简单平衡悬挂,后两轴之间可不装差速机构,也简化了传动系统的结构。这种布置形式的缺点是车辆越野性能差(越壕宽小,纵向通过半径大),与两轴车辆相比,在松软路面上的转向阻力增大了 1 倍,显著降低了机动性。2-1 布置形式的装甲车辆前两轴轴距较小,这种布置形式被采用的原因是车辆重心太靠前,转向轴负荷太大,为了改善转向性能采用前两轴转向。与 1-2 布置形式相比,转向时形成 6 条车辙,在松软路面上阻力大,而在硬路面上阻力减小,转向机构复杂。1-1-1 布置形式的装甲车辆等轴距,这种布置形式的优点是可增大装甲车的越壕宽,采用前、后轴转向时可减小转向半径,转向阻力比其他布置形式小。其缺点是转向机构复杂,减少了采用现有汽车部件的可能性。

现代轮式装甲车多采用四轴驱动(8×8),如图 2-16 所示,可降低轴荷,提高车辆在松软路面上的通过性和越野机动性。但是车辆结构复杂,制造成本较高。2-2 的布置形式允许获得结构最简单的四轴轮式装甲车,如俄罗斯的 BTP-70/80/90 系列装甲输送车。因为4个轴两两靠近,可采用前两轴转向,操纵机构相对比较简单;可用贯通式主减速器来代替差速装置,简化传动系统,能获得好的直线行驶稳定性和最小的轴间载荷再分配。这种布置形式的缺点是越壕宽小,纵向通过半径大,转向时形成6条车辙,在松软路面上的转向阻力增大到双轴车的1.5倍。1-2-1的布置形式使车辆跨越的壕宽比其他的布置形式都大,同时采用前、后轴转向,改善了越野机动性,转向时仅形成4条车辙,减小了在松软路面上的转向阻力。这种布置的缺点是直线行驶稳定性和平顺性比2-2布置形式的差,行驶时载荷再分配增大,中间或前、后车轮可能出现悬空,引起传动系统、悬架和车轮过载,车辆结构也较复杂。1-1-1-1的布置形式即均匀布置,它既可采用前两轴转向也可采用前、后轴转向,这种布置的特点是轴荷比较均匀,如瑞士的"皮兰哈"装甲车族。

2. 驾驶室的布置

驾驶室的布置是以保证驾驶员合理的人机工程为首要任务来进行设计。要求在开窗和闭窗两种情况下,驾驶员对外视野要开阔,死角或盲区小,对内观察仪表方便,两种姿态驾驶都要便于操纵。驾驶员的位置应有利于降低车体高度和获得有良好防护能力的车体外形。驾驶室的布置涉及人机工程学,即涉及人体尺寸、运动范围、不同姿态下人的作用力、能忍受条件和反应时间等[4]。我国装甲车辆乘员人体基本尺寸测量数据如表2-5所列。

表2-5 我国装甲车辆乘员人体基本尺寸

序号	项目	平均值	5%点	95%点
1	体重(质量)/kg	60.8	52.0	69.6
2	身高/mm	1680	1603	1757
3	眼高/mm	1569	1493	1644
4	肩高/mm	1369	1298	1440
5	髂嵴高/mm	986	928	1044
6	会阴高/mm	780	720	840
7	大转子点高/mm	851	796	906
8	挠骨头高/mm	1066	1007	1125
9	手功能高/mm	730	679	781
10	中指点高/mm	630	583	677
11	髌骨中点高/mm	456	424	489
12	头最大宽/mm	154	144	163
13	头全高/mm	226	211	241
14	瞳孔间距/mm	62	59.6	64.4
15	头最大长/mm	188	177	199
16	胸宽/mm	275	254	296
17	胸围/mm	877	817	937
18	胸厚/mm	216	198	234
19	腿肚厚/mm	107	97	117

(续)

序号	项目	平均值	5%点	95%点
20	上肢功能前伸长/mm	707	666	748
21	足宽/mm	103	95	111
22	足长/mm	253	238	268
23	坐高/mm	903	858	948
24	枕后点高/mm	793	747	839
25	颈椎点高/mm	653	613	693
26	腰点高/mm	200	171	229
27	两肘间宽/mm	411	374	448
28	肩宽/mm	373	348	398
29	坐姿臀宽/mm	320	298	342
30	坐姿肘高/mm	258	219	297
31	坐姿大腿厚/mm	140	124	156
32	坐姿膝高/mm	496	462	530
33	前臂加手功能前伸长/mm	344	322	366
34	臀膝距/mm	561	526	596
35	坐姿下肢长/mm	972	915	1029
36	手宽/mm	88	81	95
37	手长/mm	186	175	197
38	最大握径/mm	98	88	109
39	手握径/mm	44	39.3	48.7

表中的 5% 点和 95% 点,是指 5% 和 95% 的被测量者身体尺寸不超过的数值。这是舍弃极端大和极端小以后的大多数人的尺寸范围,车体内部空间以及驾驶员座椅尺寸和操纵机构的布置等参数都可以此统计数据为依据,以均值来决定基本尺寸,根据此项数据来设计上述参数就能照顾到大多数人的身材。

设计人员可根据表 2-5 所列人体基本尺寸,制作人体外形样板(侧面),如图 2-17 所示。在外形样板各段连接处装有铰链,以便于使样板在相同比例的图样上能处于各种不同姿态,如操纵方向盘的坐姿、背靠座椅的坐姿、开窗驾驶的坐姿等,借以在图纸上校核内部布置是否适合。现代设计已经有标准的数字人体供设计师使用。

轮式装甲车驾驶室的布置可根据它在车体内的位置分为两种类型。当驾驶室位于车首时,驾驶员坐在前轴之上,如瑞士的皮兰哈轮式装甲车族。驾驶室布置可参考平头货车或大客车的驾驶室的布置,如图 2-18 所示。

图 2-18 所示为座椅处于中间位置的情况,水平方向位移的调整量应为 ±45mm,垂直方向的位移量最好不小于 ±30mm。座垫高度可在 400~500mm 范围内选取,其他角度参考尺寸推荐:靠背倾角为 98°,方向盘倾角为 5°~30°。在此种座椅尺寸情况下,驾驶员可能施加在踏板上的作用力可达 820N。驾驶员座椅的宽度为 560~650mm。图中给出的方向盘至靠背和座垫的尺寸已考虑到驾驶员穿上冬装的情况,当采用较柔软的座垫和靠

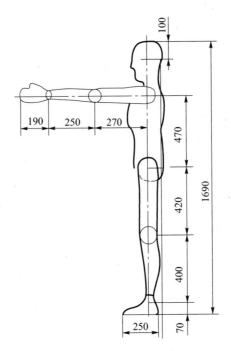

图 2-17 人体样板尺寸

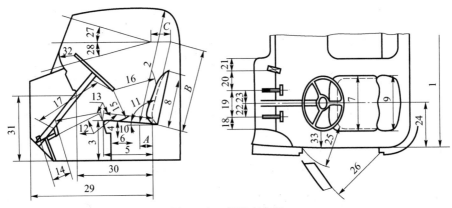

图 2-18 驾驶室布置

1—驾驶室内部宽度(单人),≥850mm;2—座垫上表面到顶棚高,≥960mm;3—座垫上表面至地板距离,370±70mm;4—座椅上下最大调整范围,±20mm;5—座椅深度,420±40mm;6—座椅前后最大调整范围,±50mm;7—座垫宽度,≥450mm;8—靠背高度,480±30mm;9—靠背宽度,≥450mmm;10—座垫角度,2°~10°;11—靠背与座垫夹角,90°~100°;12—靠背下缘到油门踏板距离,900~1000mm;13—靠背下缘至离合器、制动器踏板距离,800~900mm;14—离合器、制动器行程,≤200mm;15—方向盘至座垫上表面距离,≥180mm;16—方向盘至靠背距离,≥360mm;17—方向盘至离合器、制动器踏板距离,≥600mm;18—离合器踏板中心至侧壁距离,≥80mm;19—离合器踏板中心至制动器踏板中心距离,≥150mm;20—制动器踏板中心至油门踏板中心距离,≥110mm;21—油门踏板中心至最近障碍物距离,≥60mm;22—离合器踏板中心至座椅中心面距离,50~100mm;23—制动器踏板中心至座椅中心面距离,50~150mm;24—座椅中心至车后门支柱内侧距离,360±30mm;25—车门完全打开后,门把手距座垫左边缘距离,≥290mm;26—车门完全打开后,车门距门框后缘距离,≥490mm;27—上视觉,≥120°;28—下视觉,≥120°;29—靠背距仪表盘前缘距离,≥1035mm;30—靠背至仪表盘距离,≥650mm;31—仪表盘下缘至地板距离,≥550mm;32—方向盘至前面及下面障碍物最小距离,≥80mm;33—方向盘至侧面障碍物最小距离,≥100mm。

背时,该项尺寸可以适当减小(一般可减少 20~30mm)。

在布置操纵杆时,变速手柄在所有工作位置,应位于方向盘下面和驾驶员座椅右边,不低于座垫表面,距靠背的距离不小于 100mm,在投影平面上距 a 点的距离不大于 600mm,如图 2-19 所示。

试验研究表明在座垫高度选定的情况下,随着方向盘倾角的减小,驾驶员作用在方向盘上的力随之增大。因此,为了减轻驾驶员的劳动强度,应尽可能减小方向盘的倾角。此外,还应合理选择其他参数,以保证驾驶员的乘坐舒适性。在载质量大的车上,应布置倾角很小的方向盘。

驾驶员作用在踏板上的力也随座垫与靠背的倾角和座椅高度而变化。座椅越高以及座垫与靠背的倾角越小,则此作用力也越大。当座垫倾角很小时,驾驶

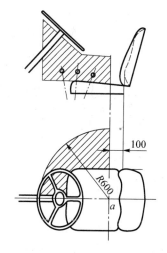

图 2-19 操纵杆的布置

员几乎是将腿伸直来踩踏板,当靠背倾角减小时(即靠背与座垫的夹角接近于 90°时),驾驶员的背部就获得了可靠的支承,当座椅很高时,驾驶员的腿和踏板支杆几乎可形成一条直线,因此,在离合器或制动器传动机构沉重的车上,就应升高座椅,而座垫和靠背倾角则宜选取较小值。

图 2-20 所示为踏板位置相对于座椅的高度和相对于座椅对称平面的横向位置对踏板力的影响,可供布置时参考。显然,使驾驶员可以施加最大作用力的踏板位置同时也是最舒适的位置。

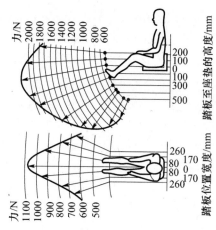

图 2-20 踏板位置对驾驶员作用力的影响

油门踏板要求操纵轻便,由于在行驶过程中需要经常踩它,驾驶员通常总是习惯于将脚掌搁在它上面。因此,脚后跟应支撑在地板上,而只靠改变小腿和脚掌的角度来进行操纵。为此,油门踏板均做成鞋底板形状,其摆动轴在下端。为了适应人的脚掌外张的特点,油门踏板上端也应适当向外张开。在相当于发动机怠速的油门踏板位置,人体样板脚掌踩在踏板上,应使之大致垂直于小腿。

当驾驶室位于动力舱之后时,为了降低车体高度也可采用一般轿车的布置方式,如图

2-21 所示为土耳其 AKREP 装甲人员输送车车内布置形式。

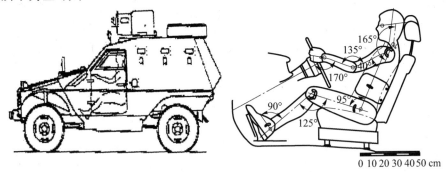

图 2-21　土耳其 AKREP 装甲人员输送车车内布置形式

一般驾驶员头顶至顶装甲的距离不小于 100mm，距车体侧壁的距离不小于 70mm。驾驶员人体工程数据如图 2-22 所示。

3. 动力舱的布置

动力舱主要由发动机及其辅助系统、变速箱和分动箱等组成。布置时应保证动力舱占用较小的空间，布置散热器、风扇、空气滤清器、进气口、排气口以及风道时，应保证消耗于冷却系统的功率最小。动力舱前置以及动力舱后置时多采用发动机与变速箱串联，动力舱中置时多采用发动机与变速箱并列，以减小动力舱的长度。

轮式装甲车的发动机的冷却水和机油、传动装置的润滑油、发动机增压中冷器、风扇传动等都需要冷却，而动力舱实际是在半封闭状态下工作，给动力舱的散热带来极大困难，因此动力舱冷却系统的布置和风道组织是很重要的。

冷却系统采用的风扇有离心式、轴流式和混流式 3 种风扇。离心式风扇：由离心力形成空气的静压头，风扇周围的蜗形风道内的空气动能也转换为静压力，总的气压可达 1500～3000Pa。其特性在较大程度上取决于叶片弯曲形式与角度。叶片前弯的风扇的空气压头高，但效率低。后弯叶片的效率较高，压头较低，为提高压头，需要提高转速。径向直叶片的性能介乎两者之间。轴流式风扇：空气流量大，效率较高，但空气压头一般低于 1800Pa。用风扇罩管可引导空气，使部分切向分量速度转换为静压头，风量大体与压力成正比，从而提高了效率。混流式风扇：它可产生轴向和径向气流分量，兼有轴流风扇流量大和离心风扇压头高的优点，效率较高。

风扇与主要散热器的布置可以相邻近，特别是静压头较高的离心式风扇，两者之间的距离有严格要求，以减少旁通漏风（不通过散热器）。相距较远时，应该有密封的风道或隔板，保证空气有效经过散热器。风扇最好布置在主要散热器之前，保证通过散热器的风是冷风，效率较高。若在散热器之后，通过散热器的风都是升温膨胀后的空气，需要较大的风扇才能保证同样的风量。不同情况的布置如图 2-23 所示。

主要散热器如果在冷却空气的进口处，散热效果好，但进入动力舱的是热空气，不利于其他部件热量的散发。理想的排列情况：温度低、热量小的散热体在前，而高温、大热量的应该安排在冷却气流的后段，按温度梯度顺序排列，否则，难以都达到冷却的目的。但实际布置往往不能达到最佳效果，发动机的空气滤清器不能在热的动力室内吸气，必要时应在装甲上专门设窗口和吸气道，以保证发动机具有较高的进气密度。

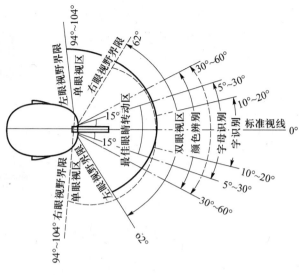

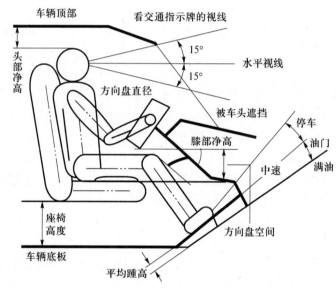

图 2-22 驾驶员的人体工程数据

风扇布置在动力舱进风窗处对动力舱进行鼓风,动力舱的气压高于环境大气压,称为正压动力舱。当风扇布置在排风窗处抽风时,则形成负压动力舱。由于在三防状态下战斗室乘员呼吸用气不允许污染,而动力室的燃烧和冷却用气量很大,又不能经过三防系统进行滤毒,因此,战斗室和动力舱之间如果不可能确保良好密封,或它们之间的隔板变形和损坏时,正压动力舱通过隔板漏气会威胁战斗室乘员安全,而负压动力室能较好地解决这个问题。

整个风道应该没有狭窄的断面、急拐弯和过长、过多的曲折以减少阻力,使风扇所需功率小而风量大。风道布置不好时,总阻力可能达到5000Pa以上。总布置中的一个重要措施是利用车辆前进时的自然气流帮助通风,即进风窗在前而排风窗在后,这也可以防止冷却用气的再循环,至少应该两个窗口并列,而不能后进前出。窗口最好在顶上,有时排风窗口开设于后甲板或两侧,但应注意防护和防尘土,并且不得影响涉水或水上性能。进

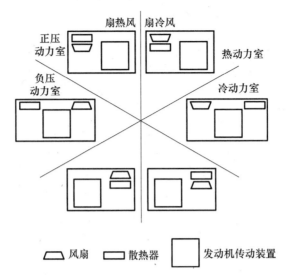

图 2-23 不同压力和温度动力舱的布置形式

风窗口应选择在车辆前进时尘土少的位置。

4. 战斗室的布置

战斗车辆的主要任务是消灭敌战斗车辆和有生力量,其动力舱(动力和传动)、驾驶室在一定意义上是为战斗室服务的。在战斗室中乘员在通信联络、指挥车辆前进、观察战场、搜索目标、测定目标距离等工作之外,关键的是围绕武器进行供弹装填、瞄准修正射击等战斗活动,战斗室的布置方案主要也是由此决定的。

1) 车体宽度和炮塔座圈直径

为了使乘员能向四周进行俯仰瞄准,机动地射击所有方位的目标,并能得到可靠的防护,需要将火炮和机枪安装在位于车体座圈上面的回转炮塔上。为避免火炮射击后坐时座圈承受大负荷,火炮常布置在座圈中心线上,这样,乘员的位置常在炮塔座圈内火炮两侧的空间处。这是一直以来采用的基本布置方案。

车辆战斗室最基本的两个尺寸是车体宽度和座圈直径。火炮要在耳轴支点上前后平衡,炮尾在车内既要随火炮俯仰而上下,又要随炮塔的回转而运动,在射击时炮尾还有一个后坐距离,而且开栓装弹也需要空间。因此,车体宽度和座圈尺寸应该尽量允许在炮塔转向任何方向和火炮在所要求的任何俯仰角度时都能装弹和射击。美国 LAV-600(6×6) 自行反坦克炮装有以 L7A3 型 105mm 坦克炮为基础研制而成的低后坐力炮,后坐力为 16t,后坐距离为 762mm,炮塔座圈直径为 1854mm,车体宽为 2641mm。奥地利"潘德"(6×6)装甲车最大座圈直径可为 1600mm,允许最大吊篮直径为 1500mm,允许最大吊篮深为 1000mm。

2) 炮塔最小尺寸的决定

为了加强防护和减小质量,炮塔应该在保证火炮高低射界和乘员观察及操作方便的条件下,力求外形矮小。炮塔的尺寸控制强调炮塔的正投影面积要做到最小,特别是火线以上的正投影面积要小。

炮塔最小尺寸主要由火炮耳轴的高度 h、耳轴到座圈中心的距离 L、座圈最小直径 D_{min}、座圈中心到塔前和塔后的长度 L_1 和 L_2、塔体的高度 H 和炮塔宽度 B、塔裙部最小回

转半径 R_{min} 等决定,如图 2-24 所示。

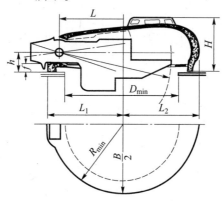

图 2-24 炮塔最小尺寸控制

(1) 耳轴位置和座圈最小直径的关系。

决定炮塔尺寸时,已知条件是火炮尺寸及要求的高低射界。为了得到尽可能低矮的炮塔,根据火炮绕耳轴俯仰的需要,座圈前断面理论上最好的位置在耳轴的正下方,往前偏离这个位置,耳轴高度会增大到 h',往后偏离,由于仰角比俯角大,耳轴高度 h'' 会增大得更多,如图 2-25 所示。

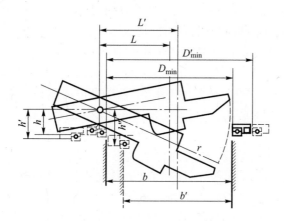

图 2-25 耳轴与座圈相对位置对炮塔的影响

由于座圈与炮塔底板有螺钉等可拆装的联接结构,炮塔体开口下缘也需要一定的高度 p,即保证一定的横向联接刚度和强度,来承受巨大的射击后坐力,因此在确定耳轴下方所有结构后,才能决定座圈前断面与耳轴的最佳相对位置。

如果从耳轴到炮尾防危板末端俯仰圆弧最大半径为 r,据此可以得到理论上的最小座圈直径 D_{min}。当座圈中心线位于车体宽的中心线上时,若车内宽 b 不小于 D_{min},这个耳轴位置及 D_{min} 可以采用。如果车内宽 b 小于 D_{min},不能保证炮尾向下运动,就需要加大 D_{min}。为了保持座圈中心位于车宽的中心,同时保持耳轴与座圈前断面的相对位置,耳轴位置就随 D_{min} 的加大而前移,直到炮尾运动圆弧离开侧装甲板为止。最小的 h 可以保证最低矮的炮塔。当然,最大俯角时炮管与车体顶部之间还应保持间隙,或在一定方位限制火炮的俯角。最小的 L 可以得到最小的整个回转体的重心偏心距(一般偏于座圈中心之前)。最小的 D_{min} 也可得到最小最轻的炮塔。当然,D_{min} 需要满足乘员和各种装置的布置要求。

为了减小这些尺寸,还可以采取许多措施。例如,要求炮的后坐距离小,要求耳轴在炮身上尽量偏后,即耳轴后的炮尾尽量短。为此要尽量减小耳轴之前的质量,防盾尽量后移,炮尾增加配重等。

(2) 确定炮塔体的基本长度和高度。

从火炮出发,塔顶高度应满足最大俯角时塔顶内壁与火炮间至少有 20mm 以上的间隙,其值不能太小是因为要保证塔体等大件的较大制造公差。若考虑到装填手两脚在转盘上分开、身体向后斜靠在座圈上的非完全站直的姿态,塔体高一般也应该大于 1550mm。若将弹药布置在便于取弹的位置,可考虑半坐姿装填。

塔顶之后的塔形有各种各样的设计。西方国家的坦克多数向后扩展为一个大的平衡舱,用以相对平衡支承在耳轴上的火炮质量。否则在坡道上时,炮塔难以向上坡方向转动。而俄罗斯 T-62 和 T-72 坦克炮塔几乎完全取消了平衡舱,相应地炮塔向前突出也很少,防盾也较轻。这也有利于耳轴相对于炮身后移,即减小炮尾运动圆弧半径。炮塔前部应不妨碍开设驾驶窗,而后部不要遮住动力室的进出空气窗口。特别是在炮塔回转时所扫过的车体顶部要妥善处理,不能干涉。

为保证乘员能观察战场,指挥塔顶还应比炮塔其他部位的塔顶最高处高一个适当距离。这个距离视光学仪器以及指挥塔门等的设计而定。

(3) 确定塔体宽度 B 和最小回转半径 R_{min}。

从俯视图上布置塔裙应适当地大于座圈,以便联接和保护座圈。炮塔在俯视图顶视往往不全呈圆形,最小半径不一定在塔体宽 B 处。因此有的炮塔的最小半径小到往往难以安装座圈螺钉。由于当炮塔以最小半径 R_{min} 处转到动力舱顶盖板时,应保证不先拆炮塔就能吊出动力组件。因此 R_{min} 是可能与车体或全车长度有关的一个特殊尺寸。

以上是获得炮塔最小回转半径的布置原则。当然,适当扩大炮塔的任何部分都是可以的。例如扩大炮塔的后部,作为使炮塔前后平衡的平衡舱;也可以在炮塔的四周扩大外廓,形成多面体炮塔;还可以局部缩小,形成狭长炮塔;除保证火炮背部和指挥塔的高度外,炮塔两侧降得很低,而且炮塔的 B 和 R_{min} 都很小,前投影面积小,有利于防护等。

3) 战斗室内乘员、装备的布置

根据以上确定的战斗室空间,可以分为形状不太规则、可回转的炮塔内空间和基本呈方形、固定的车体内空间两部分。座圈以下的车体内空间,又可分为以座圈内径为直径的圆柱形回转用空间和这个圆柱形之外四角空间。战斗室内,既有若干乘员和火炮,其他装备也多而复杂,其功能、形状和数量各异。它们一部分随火炮俯仰运动,多数还随炮塔在回转。因此,布置是比较困难的。

在战斗中,乘员精神高度紧张,很容易疲劳。保证乘员具有便于工作的位置和空间,包括观察、战斗操作、出入等,是充分发挥乘员作用的重要条件。

轮式装甲车战斗室内的乘员人数一般有 2 人或 3 人。他们分布在火炮的两侧,大多数是装填手单独在火炮一侧,以便搬取和装填既大又重的炮弹,而车长、炮长同居另一侧,如法国的 AMX-10RC(6×6)轮式装甲侦察车和南非的"大山猫"装甲车。意大利的"半人马座"(8×8)坦克歼击车将炮长和装填手布置在火炮的右侧,而车长在左侧。当没有装填手而采用的自动装弹机构在座圈的后部或车底部时,车长和炮长应各在火炮的一侧。法国的VBC90(6×6)装甲车战斗室为2人,车长和炮长各居火炮两侧。

在战斗室的平面布置中,每个乘员的活动直径应不少于550mm。乘员着冬季服装后肩宽在400mm以上,这个尺寸对抬肘姿势工作不算宽敞。车长、炮长同居一侧的前后距离最小为450~500mm。现代大中径火炮的弹长达到900mm以上,装填手需要的空间较大。若取弹以后要在手上颠倒炮弹的头尾才符合装弹入膛的方向,空间将更紧张。通常驾驶员所需空间约 $0.6m^3$,车长、炮长各需约 $0.55 \times 0.55 \times 1.4 = 0.4m^3$,而装填手约需 $0.55 \times 0.9 \times 1.6 = 0.8m^3$,如果火炮起落部分的宽度为500mm左右,座圈内径不达到1800mm以上,乘员活动将有困难。

火控系统各部件的布置按照乘员分工而定,常用设备的高度应在肘与肩之间。费力的火炮高低机和方向机的摇把到肩部的距离应该是400~650mm,最得力的工作条件是肘关节弯曲约成直角,手轮直径应该做成140~200mm,握把尺寸约为35×90。不常用和不重要的开关、把手等可以布置在稍远的地方。

乘员座位直径或边长约为300~380mm,靠背宽约为140~300mm,长为350~650mm,座椅平面高距脚踏板高最好为450~500mm,其高低和方向应能调整。座位的位置应能便于观察光学仪器,并使身体保持自然稳定而不能依赖所设置的扶手。

稳定器和观察仪器、电台、风扇及各种仪表设备等在炮塔内的布置应遵循以下原则:

(1)操作要方便,不常操作的设备可以远一些;

(2)尽量利用空间,特别是炮塔的四周,凡是随同炮塔回转的物体,尽量不向下突出超过座圈平面;

(3)较重设备应尽量布置在炮塔的后部,可以作为炮塔的平衡质量;

(4)保养和修理时便于接近;

(5)炮塔前尽量少开口或开小口,以提高防护性。

由于车体内部空间很紧凑,现代轮式装甲战车的火炮口径日益增大,炮弹又长又重,40~60发炮弹及其存放或固定装置的体积约需 $1.6 \sim 2.4 m^3$,加以弹药布置的要求较多,因此它们在车内的布置是一个突出的难题。随着火炮口径的增加,炮弹的质量随弹的体积增加而增加。炮弹布置的原则如下:

(1)炮弹位置尽量低和向车尾方向靠,以免被命中后出现"二次效应"毁伤。要能可靠、安全地固定放置,不容易和其他物体碰撞。

(2)取弹方便、迅速、省力。距装填手最好在一手臂远处,炮塔转到不同方位时也能取到不同的弹种,取出后最好不需换手或颠倒头尾就能装弹入膛。

(3)允许少部分炮弹布置在需要先搬动其他部件或设备才能取出的位置。这要求在战斗间歇中倒换一次位置。

(4)不妨碍火炮俯仰、炮塔吊篮回转和人员的操作。

因此,当动力、传动装置前置时,最好炮弹的布置位置是在战斗室之后的车尾。当动力、传动装置后置时,最好的布置位置是战斗室和动力舱之间,特别是其下部。战斗室的下部装填手一侧,也可以布置一些弹药,而车内前部驾驶员侧则不是很好的地方,只有对于具有灵敏的防火抑爆装置和弹架油箱时,才可以储存一些。炮塔后部平衡舱内储存炮弹很普遍,可以对炮塔起平衡作用,取用也很方便。

4) 自动装弹机的布置

与炮弹储存有关的是取弹和装弹的自动化问题。自动装弹机方案的确定不只是一个部件设计问题,它与整车总体布置密切相联,需要在总体设计时进行。自动装弹的优点是省去立姿工作的装填手,节省车内空间。车长和炮长可不在火炮一侧前后排列,要求的座圈较小,可以降低炮塔高度缩小炮塔正面积和减轻质量。它为隔舱设计创造条件,增加乘员安全。采用自动装弹机有可能提高射速,提高行进间射击的能力,但对自动装弹机要求有更高的可靠性。

对自动装弹机的性能要求可初步归纳为:

(1) 装弹机上安装好的待发弹要尽可能多。若不能将全部弹药基数安装在装弹机上,应能进行机械动力补充弹,以便再次连续自动装弹发射。

(2) 可以选择发射的弹种,至少两种。入膛后的弹未发射时应能退换,或退出"哑弹";弹壳应能处理;如抛出车外,同时不能严重影响战斗室环境空气质量。

(3) 火炮在任意方位都能装弹,最好也能在任意俯仰角度下装弹。

(4) 每发弹从弹舱到入膛的运动次数尽可能少,机构运动迅速、可靠和简便,损坏后可以人工装弹。

(5) 体积小,弹舱之外的装弹机占用空间不大于装填手活动范围。

(6) 最好是电动,但不能耗电太大,例如不超过 5~10kW。

从弹舱布置及弹的移动来讨论自动装弹机的布置,有下列一些可能方案,如图 2-26 所示。

图 2-26(a)中,火炮设计成自动炮,炮尾可以有各方向的弹舱,或包围炮尾,或以后侧下方为主。这种方案的炮弹输送简单可靠并且迅速,在任何方位和俯仰角都可连续装填射击。由于炮尾质量增大,火炮耳轴在炮身上的相对位置可以大量后移,即在炮塔上耳轴不动而火炮相对前移,可以缩小座圈,而且塔体也可以矮小。这种方案的弹舱布置不很安全,实现任选弹种和退换有困难。装弹机上待发弹的发数不太多,需要输弹机或人力补充,所以不一定能省去装填手。

图 2-26(b)是以炮塔尾舱为自动装弹的弹舱,它的质量有利于炮塔平衡。弹在舱内可以有各种排列方式,如直排、两侧斜排、扇形排列等。输弹简单、可靠、迅速,任何方位及高角可连续射击,但连射发数不多。这种方案最大问题是弹舱位置不安全,储弹发数也有限。

图 2-26(c)中,分装的弹药在转盘上作放射形排列,弹药在上,以免地雷引爆。按电子记忆装置选择弹种,转盘转动到位后,塔上的机构提弹再推弹入膛。T-72 坦克采用的是这种方案。弹舱储弹发数多,位置安全。但其上为乘员座位而使弹药不能与乘员隔离,机构动作复杂,不太可靠。

图 2-26(d)是 BMP 步兵战车和 T-64 坦克所用方案。弹药竖列在战斗室转盘的圆周位置上,容易实现在任何方位装弹。但弹长占去整个车体内高度,使乘员空间狭小,且接触吊篮以外的设备有困难,可能阻断与驾驶室的交通,弹舱位置的安全性较差。

图 2-26(e)是弹舱平置于战斗室底部转盘上,位置较安全。如果乘员座椅在弹舱上而脚在前方,弹药发数将减少。

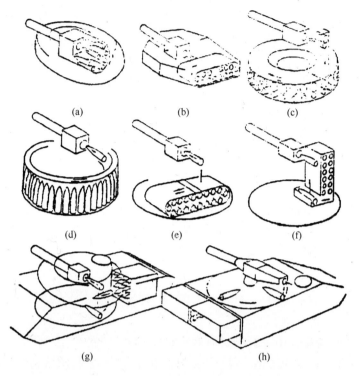

图 2-26 各种装填弹舱布置及送弹方案示意图
(a)炮身弹舱(自动坦克炮);(b)炮塔为弹舱;(c)分装弹的战斗室转盘弹舱;
(d)竖直圆周排列的战斗室转盘弹舱;(e)战斗室转盘上的平列弹舱;
(f)战斗室转盘上侧面竖列弹舱;(g)战斗室之后或前隔板外的弹舱;(h)车体外的弹舱。

图 2-26(f)是弹舱竖放在转盘上,这样将占去一侧空间。车长和炮长仍需前后排列于火炮的一侧,座圈难以减小。

图 2-26(g)是车体内、战斗室之后或之前的隔板外的弹舱,可以安全密闭,与乘员隔离。但这样布置的输弹步骤多,复杂不可靠而且输弹时间长。为能在任何方位装弹,战斗室下方需要有一个中间的回转输弹机构,将弹送到炮塔上的提弹机构的正下方。

图 2-26(h)的弹舱更进一步布置在车外,输弹进入车体后。需要一个绕座圈中心的回转机构,将弹药送到火炮所在方位,再提弹到入膛之前的位置,这种方案和(g)的一样复杂,并且还增加了车体密封困难。而且回转机构在战斗室顶部,需避免运动中与乘员头部干涉。

以上自动装弹的不同布置方案互有优缺点,各适用于不同情况。估计在将来相当长的时间内都会有几种方案并存。经过实践和深入认识,才会在一定条件下统一到较好的方案上。

第三章 总体性能指标与计算

整车性能计算是整车方案设计中部件选择和优化匹配的依据,其计算结果是整车方案评价的重要依据。整车性能估算贯穿于整车总体方案设计之中,而且随着方案设计的深入,计算工作逐步细化,直至完成方案设计。

第一节 轮式装甲车的受力和载荷计算

在汽车动力性能研究中一般将单轴驱动的汽车动力学的模型简化为单个车轮与地面相互作用,使计算工作大为简化。对于多轮驱动的装甲车,它与土壤的相互作用是通过多个车轮实现的,与车轮的个数及其布置、轮胎特性及其负荷有关。在软土路面行驶时,驱动轮对地面施加向后的水平力,地面随之发生剪切变形,相应的剪切力便构成土壤对车辆的推力;车轮滚过后,土壤被压实,形成车辙而产生阻力。而且,每个车轮与地面的相互作用是不同的,使轮式装甲车——地面系统模型更为复杂。

车辆—土壤力学已对土壤与车辆的相互作用进行了大量的研究,提出了各种各样的模型和经验公式,但至今未形成共识。阿格金(АГЕЙКИН)[5]提出了一个多轴汽车在土路上行驶的模型,根据车辆—土壤力学原理,给出了车辆行驶阻力和附着力等的简便计算方法,提供了一种在方案设计阶段,评价轮式装甲车在土路上行驶性能的方法。

一、轮式装甲车的受力

(一) 轮式装甲车的运动方程

在软路面上坡加速行驶时装甲车所受外力按车轴进行简化,如图 3-1 所示。
力平衡方程:

$$\sum_{i=1}^{n} F_{Zi} L_i = (G\sin\alpha + F_W + F_j) H_G + G\cos\alpha L_0 + \sum_{i=1}^{n} M_{fi} \quad (3-1)$$

$$\sum_{i=1}^{n} F_{Zi} = G\cos\alpha \quad (3-2)$$

$$\sum_{i=1}^{n} F_{ti} = G\sin\alpha + F_W + F_j \quad (3-3)$$

式中 G——车辆重量;
         F_{ti}——i 轴驱动力;

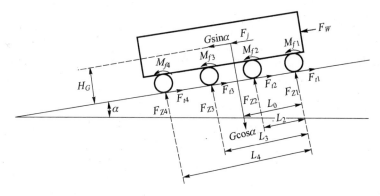

图 3-1 轮式装甲车受力图

F_W——空气阻力；

F_j——惯性力；

F_{Zi}——i 轴地面法向反作用力；

M_{fi}——i 轴阻力矩；

α——斜坡角度；

H_G——车辆重心高；

L_0——车辆重心到一轴中心距；

L_i——i 轴到一轴中心距；

i——轴数，$i = 1, 2, 3, 4$。

（二）驱动力的计算

车辆发动机产生的转矩，经传动系统传至驱动轮上。此时作用于驱动轮上的转矩 T_t 产生一对地面的圆周力 F_0，地面对驱动轮的反作用力 F_t（方向与 F_0 相反）即是驱动车辆的外力，如图 3-2 所示，此外力称为车辆的驱动力，可表示为

$$F_t = \frac{T_t}{r} \qquad (3-4)$$

式中 T_t——作用于驱动轮上的转矩；

r——车轮半径。

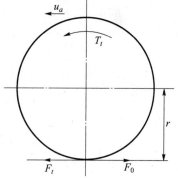

图 3-2 车辆驱动力

作用于驱动轮上的转矩 T_t 是由发动机产生的转矩经传动系统传至车轮上的。若令 T_{tq} 表示发动机转矩，i_g 表示变速箱的传动比，i_0 表示主减速器的传动比，η_T 表示传动系统的机械效率，则有

$$T_t = T_{tq} i_g i_0 \eta_T \qquad (3-5)$$

轮式装甲车一般都装有分动器、轮边减速器、液力传动等装置，上式应该计入相应的传动比的机械效率。

故驱动力为

$$F_t = \frac{T_{tq} i_g i_0 \eta_T}{r} \qquad (3-6)$$

(三) 车辆在软路面上的行驶阻力

1. 滚动阻力

车轮滚动时,轮胎与路面的接触区域产生法向、切向的相互作用力以及相应的轮胎和支承路面的变形。车辆在行驶过程中,轮胎受到径向载荷发生变形,而在加载变形过程中对轮胎做的功和卸载变形过程中对轮胎做的功并不相等,加载过程中对轮胎做的功要大,两者之差即为加载与卸载过程的能量损失。此能量是消耗在轮胎各组成部分相互间的摩擦、帘线等物质分子间的摩擦,最后转化为热能而消失在大气中,这种损失称为弹性物质的迟滞损失。

进一步分析,可知这种迟滞损失表现为阻碍车轮滚动的一种阻力偶。当车轮滚动时,地面对车轮的法向反作用力的分布是前后对称的,如图3-3所示,在法线前后相对应点 d 和 d' 的变形虽然相同,但由于弹性迟滞现象,使得处于压缩过程的 d 点的地面法向反作用力就会大于处于恢复过程中 d' 点所受的地面法向反作用力,就使得地面法向反作用力的分布前后并不对称,而使它们的合力 F_Z 相对于法线向前移动了一个距离 a,如图3-4(a)所示,它随弹性迟滞损失的增大而变大。合力与法向载荷 W 大小相等,方向相反。

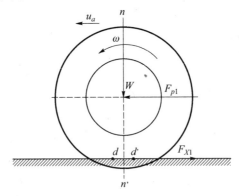

图 3-3 弹性车轮在硬路面上的滚动

如果将法向反作用力 F_Z 平移至与通过车轮中心的垂线重合,则从动轮在硬路面上滚动时的受力情况可简化为图3-4(b)的形式,即滚动时有滚动阻力偶矩 $T_f = F_Z a$ 阻碍车轮滚动。

由图3-4可知,为使从动轮在硬路面上等速滚动,必须在车轮中心加以推力 F_{p1},它与地面切向反作用力构成一力偶矩来克服上述滚动阻力偶矩。由平衡条件可知:

$$F_{p1} r = T_f \tag{3-7}$$

$$则\ F_{p1} = \frac{T_f}{r} = F_Z \frac{a}{r} \tag{3-8}$$

若令 $f = \dfrac{a}{r}$,且考虑到 F_Z 与 W 的大小相等,常将 F_{p1} 表示为

$$F_{p1} = Wf\ 或\ f = \frac{F_{p1}}{W}$$

式中 f——滚动阻力系数。

可见,滚动阻力系数是车轮在一定条件下滚动时所需推力与车轮负荷之比,即单位汽

车重力所需推力,即

$$T_f = Wf$$

且 $F_f = \dfrac{T_f}{r}$。

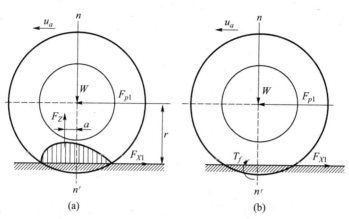

图 3-4　从动轮在硬路面上滚动时的受力情况

2. 空气阻力

车辆直线行驶时受到的空气作用力在行驶方向上的分力称为空气阻力。在车辆行驶速度范围内,空气阻力的数值通常都总结成与气流相对速度的动压力 $\dfrac{1}{2}\rho u_r^2$ 成正比的形式,即

$$F_W = \dfrac{1}{2} C_D A \rho u_r^2 \qquad (3-9)$$

式中　C_D——空气阻力系数,一般来讲是雷诺数 Re 的函数,在车速较高、动压力较高而相应气体的黏性摩擦较小时,C_D 将不随 Re 而变化;

　　　ρ——空气密度,一般 $\rho = 1.2258 \mathrm{N \cdot s^2 \cdot m^{-4}}$;

　　　A——迎风面积,即为车辆行驶方向的投影面积($\mathrm{m^2}$);

　　　u_r——相对速度,在无风时即车辆的行驶速度($\mathrm{m/s}$)。

在此讨论无风条件下车辆的运动,u_r 即为车辆行驶速度 u_a。如 u_a 以 km/h、A 以 $\mathrm{m^2}$ 计,则空气阻力(N)为

$$F_W = \dfrac{C_D A u_r^2}{21.15}$$

3. 坡道阻力

当车辆上坡行驶时,车辆重力沿坡道的分力为车辆坡道阻力,即

$$F_i = G\sin\alpha$$

道路坡度是以坡高与底长之比来表示的(见图 3-5),即

$$i = \dfrac{h}{s} = \tan\alpha \qquad (3-10)$$

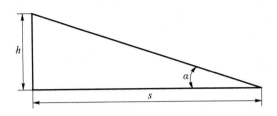

图 3-5 道路坡道

根据我国的公路设计规范,高速公路平原微丘区最大坡度为 3%,山岭重丘区为 5%;一级汽车专用公路平原微丘区最大坡度为 4%,山岭重丘区为 6%;一般四级公路平原微丘区为 5%,山岭重丘区为 9%。所以,一般道路的坡度均较小,此时

$$\sin\alpha = \tan\alpha = i$$

故 $\quad F_i = G\sin\alpha = G\tan\alpha = Gi \quad$ (3-11)

4. 加速阻力

车辆加速行驶时,需要克服其质量加速运动时的惯性力,就是加速阻力 F_j。车辆的质量分为平移质量和旋转质量两部分。加速时,不仅平移质量产生惯性力,旋转质量也要产生惯性力偶矩。为了便于计算,一般把旋转质量的惯性力偶矩转化为平移质量的惯性力,对于固定传动比的车辆,常以系数 δ 作为计入旋转质量惯性力偶矩后的车辆旋转质量换算系数,因而车辆加速时的阻力可表示为

$$F_j = \delta m \frac{\mathrm{d}u}{\mathrm{d}t} \quad (3-12)$$

式中 δ ——车辆旋转质量换算系数,$\delta > 1$;

m——车辆质量;

$\dfrac{\mathrm{d}u}{\mathrm{d}t}$——行驶加速度。

δ 主要与飞轮的转动惯量、车轮的转动惯量以及传动系统的传动比有关。当车辆速度为 u 时,车辆的动能为

$$E = \frac{1}{2}mu^2 + \frac{1}{2}\sum I_W \left(\frac{u}{r}\right)^2 + \frac{1}{2}I_f\left(\frac{i_g i_0 u}{r}\right)^2 \quad (3-13)$$

车辆受到外力的功率为

$$P = -(F_f + F_w + F_i)u \quad (3-14)$$

车辆内力的功率,主要是发动机汽缸内气体推动活塞的功率,可写作

$$P_e = T_{tq}\omega_e \quad (3-15)$$

式中 ω_e——发动机飞轮的角速度。

这一驱动功率还可以写作

$$P_e = \frac{T_{tq}i_g i_0}{r}u \quad (3-16)$$

再则就是传动系统中的摩擦损耗功率。用 F_r 表示传动系统各部分摩擦阻力转换到车轮周缘的总阻力,则传动系摩擦阻力的负功率为

$$P_e = -F_r u \qquad (3-17)$$

车辆加速时,发动机的旋转质量(主要为飞轮)也相应的有角加速度 $d\omega_e/dt$,它们之间的关系可由下式求得

$$\omega_e = i_g i_0 \omega = \frac{i_g i_0 u}{r} \qquad (3-18)$$

式中 ω——车轮角速度;
i_g——变速箱传动比。

忽略变速箱齿轮、传动轴与主减速箱齿轮的转动惯量,加速时半轴施加于驱动轮的转矩为

$$T'_t = \left(T_{tq} - I_f \frac{d\omega_e}{dt}\right) i_g i_0 \eta_T \qquad (3-19)$$

若设传动系统无任何摩擦阻力,则施加于驱动轮的转矩为

$$T''_t = \left(T_{tq} - I_f \frac{d\omega_e}{dt}\right) i_g i_0 \qquad (3-20)$$

故传动系统中各处摩擦转换到驱动轮处的摩擦阻力转矩为

$$T_r = T''_t - T'_t = \left(T_{tq} - I_f \frac{d\omega_e}{dt}\right) i_g i_0 (1 - \eta_T) \qquad (3-21)$$

显然,传动系统中各处摩擦转换到车轮周缘的总摩擦阻力为

$$F_r = \frac{T_r}{r} = \frac{T_{tq} i_g i_0 (1 - \eta_T)}{r} - \frac{I_f i_g^2 i_0^2 (1 - \eta_T)}{r^2} \frac{du}{dt} - \frac{I_f i_0^2 i_g u (1 - \eta_T)}{r^2} \frac{di_g}{dt} \qquad (3-22)$$

所以传动系统中的摩擦损耗功率为

$$P_r = -\left[\frac{T_{tq} i_g i_0 (1 - \eta_T)}{r} - \frac{I_f i_g^2 i_0^2 (1 - \eta_T)}{r^2} \frac{du}{dt} - \frac{I_f i_0^2 i_g u (1 - \eta_T)}{r^2} \frac{di_g}{dt}\right] u \qquad (3-23)$$

依据动力学中的功率方程可列出下式

$$\frac{d}{dt}\left[\frac{1}{2} m u^2 + \frac{1}{2} \frac{\sum I_w}{r^2} u^2 + \frac{1}{2} \frac{I_f i_g^2 i_0^2}{r^2} u^2\right]$$

$$= -\left[F_f - F_w - F_i + \frac{T_{tq} i_g i_0}{r} - \frac{T_{tq} i_g i_0 (1 - \eta_T)}{r} + \frac{I_f i_g^2 i_0^2 (1 - \eta_T)}{r^2} \frac{du}{dt} + \frac{I_f i_0^2 i_g u (1 - \eta_T)}{r^2} \frac{di_g}{dt}\right] u$$

从而

$$\left[m + \frac{\sum I_w}{r^2} + \frac{I_f i_g^2 i_0^2}{r^2}\right] u \frac{du}{dt} + \frac{I_f i_g^2 i_0^2}{r^2} \frac{di_g}{dt}$$

$$= \left[F_t - F_f - F_w - F_i + \frac{I_f i_g^2 i_0^2 (1 - \eta_T)}{r^2} \frac{du}{dt} + \frac{I_f i_0^2 i_g u (1 - \eta_T)}{r^2} \frac{di_g}{dt}\right] u \qquad (3-24)$$

因此得出车辆行驶方程式如下

$$F_t = F_f + F_w + F_i + \left(m + \frac{\sum I_w}{r^2} + \frac{I_f i_g^2 i_0^2 \eta_T}{r^2}\right) \frac{du}{dt} + \frac{I_f i_g^2 i_0^2 (1 - \eta_T)}{r^2} \frac{du}{dt} + \frac{I_f i_0^2 i_g u \eta_T}{r^2} \frac{di_g}{dt}$$

由此可知车辆的加速阻力为

$$F_i = \left(m + \frac{\sum I_w}{r^2} + \frac{I_f i_g^2 i_0^2 \eta_T}{r^2}\right)\frac{du}{dt} + \frac{I_f i_0^2 i_g u \eta_T}{r^2}\frac{di_g}{dt} = \delta m \frac{du}{dt} + \frac{I_f i_0^2 i_g u \eta_T}{r^2}\frac{di_g}{dt} \quad (3-25)$$

式中：$\delta = 1 + \dfrac{\sum I_w}{mr^2} + \dfrac{I_f i_g^2 i_0^2 \eta_T}{mr^2}$。

二、多轴车辆轴荷计算

设 i 轴的轮胎和悬挂的刚度为 C_i，车体上相对点的位移为 f_i，则

$$Z_i = C_i f_i \quad (3-26)$$

车体上一点相对 i 轴的位移可用相对于车体上第一轴的位移 f_1 和车体倾角 β 来表示：

$$f_i = f_1 + l_i \tan\beta \quad (3-27)$$

联立解方程式(3-1)、式(3-26)和式(3-27)，并用 A 表示方程式(3-1)的右边，得

$$\tan\beta = \frac{A\sum_1^n C_i - G\cos\alpha \sum_1^n C_i l_i}{\sum_1^n C_i l_i^2 \sum_1^n C_i - \left(\sum_1^n C_i l_i\right)^2} \quad (3-28)$$

联立解方程式(3-26)、式(3-27)和式(3-28)，并令

$$m_1 = \frac{\sum_1^n C_i l_i}{\sum_1^n C_i}, \quad m_2 = \sum C_i l_i^2 - \frac{\left(\sum_1^n C_i l_i\right)^2}{\sum_1^n C_i}$$

得

$$Z_i = C_i \left\{A\frac{l_i - m_1}{m_2} + G\cos\alpha - R_z\left[\frac{1}{\sum_1^n C_i} - \frac{(l_i - m_1)m_1}{m_2}\right]\right\} \quad (3-29)$$

由式(3-29)可以看出，多轴全轮驱动车辆的各轴负荷是不同的，它取决于车辆所受的阻力、轴的刚度、重心位置和轴数及其布置。假设：各轴的刚度相等，车辆在水平路面上匀速运动，空气阻力很小，能忽略不计。则式(3-29)可简化为

$$Z_i = \frac{1}{n}\left[G + \frac{nl_i - \sum_1^n l_i}{n\sum_1^n l_i^2 - \left(\sum_1^n l_i\right)^2}\left(nGl_0 + n\sum_1^n F_{ri} r - G\sum_1^n l_i\right)\right]$$

$$\sum_1^n F_{ri} r = \sum_1^n f_i Z_i r = fGr$$

$$Z_i = \frac{G}{n}\left[1 + \frac{nl_i - \sum_1^n l_i}{n\sum_1^n l_i^2 - \left(\sum_1^n l_i\right)^2}\left(nl_0 + nfr - \sum_1^n l_i\right)\right] \quad (3-30)$$

由式(3-30)可以看出，对于总质量相同的车辆，轴荷决定于车辆重心位置、车轮半

径、轴数及其分布。文献[5]中指出：

（1）车辆行驶时轴的负荷发生再分配，并随着行驶阻力增大而增大。

（2）随着轴数的增加，相邻两轴的法向反力之比变小，首尾两端的法向反力之比增大。

（3）为了减小在松软路面上的阻力，对于轮距相同的车辆，希望轴荷由前向后成几何级数分布。

（4）轴数相同时，当轴向底盘中心靠拢，则在纵向平面内车辆弹性系的角刚度减小，行驶时轴的法向负荷再分配加大。

（5）在同一路面行驶时，由于各轴负荷不同，使各轴的附着力不等，一般附着力小的前轮先开始打滑；为了充分利用地面的附着能力，必须合理的选择轴数及其布置，使其与传动系统的扭矩分配相适应，才能获得良好的动力性能。

第二节　轮式装甲车软路面通过能力计算

轮式装甲车的通过性是指能通过各种坏路及无路地带如松软地面（松软的土壤、沙漠、雪地、沼泽等）和克服各种障碍（陡坡、侧坡、壕沟、垂直墙）的能力。它的通过性不仅与车辆的结构和外形尺寸有关，而且还与地面的几何形状及土壤的物理性能密切相关。为了设计出具有优良越野机动性的装甲车辆，我们必须研究车辆在软路面上的通过性和在硬路面上的几何通过性，以便根据它所在地区的土壤物理特性，地面几何特性，决定轮式装甲车的总体参数并选取最佳设计方案。

评价车辆在松软路面上的通过性有理论分析法和实验分析法。由于不可能保证每次试验中土壤的力学性能相同，而且又不可能提供很多个别参数不同的样车，所以实验法不可用来分析车辆参数对车辆通过性能的影响。只有理论分析法可用于评价不同车辆在同一松软路面上的通过性，而且在设计阶段只能用理论分析法来评价总体方案关于软路面通过性的优劣。

由于土壤物理状态的多变性和复杂性，很难提出一个简单而又被公认的评价车辆在软路面上的通过指标。苏联的阿格金采用单位负荷的后备附着力来评价轮式车辆在松软土路上的通过性。

车辆在困难地面行驶时，车速低，$F_w = 0$，行驶阻力分为土壤变形阻力和轮胎变形阻力，可用下列方程评价其运动的可能性：

$$\sum_1^n F_{ti} \geq \sum_1^n F_r + \sum_1^n F_\omega + R_q + R_x + F_j,$$

令 $f_k = \varphi_k \dfrac{R_z}{G_a}$，$f_q = \dfrac{R_q}{G_a}$，则有

$$k_\phi \phi G \cos\alpha \geq G f_{tu} \cos\alpha + (1 - k_l) G f_{lt} \cos\alpha + G(f_k + f_q)\cos\alpha + G\sin\alpha$$

用 $G\cos\alpha$ 除各项得

$$k_\phi \phi \geq f_{tu} + (1 - k_l) f_{lt} + f_k + f_q + \tan\alpha \tag{3-31}$$

令 $\psi_p = f_{tu} + (1 - k_l) f_{lt} + f_k + f_q$，则上式（3-31）为

$$k_\varphi \varphi - \psi_p \geq 0 \tag{3-32}$$

式中 k_φ——附着力利用系数；

f_{tu}——土壤阻力系数；

f_{lt}——轮胎变形阻力；

f_k——车体阻力系数；

f_q——推土阻力系数；

k_l——车辆重量利用系数。

为了简要评价车辆在具体土壤条件下的通过性可采用下式作为评价指标：

$$\Phi = k_\varphi \varphi - \psi_{rp} \tag{3-33}$$

车辆是在土壤和空气介质中运动的，车辆行驶性能决定于它与其接触介质之间的相互作用，尤其是与土壤的相互作用。在新车研制中为了评价总体方案的优劣，就必须预测车辆与土壤间相互作用的结果，为此，必须确定与车辆行驶有关的土壤力学参数。土壤的力学参数值在不同的时间和地点都可能有很大变化，具有统计学特性，也可进行多次测量，取其平均值。

在车辆地面力学中基本的力学参数有土壤变形模量（E）、土壤厚度（H_1）、土壤内摩擦角（φ_0）、土壤黏聚力（c_0）、橡胶与土壤的摩擦系数（φ_p）和钢与土壤的摩擦系数（φ_k）。

轮胎与常遇路面的摩擦系数如下：

（1）柏油路：

干燥的 0.7～0.9

潮湿的 0.4～0.6

表面有油泥 0.25～0.45

（2）干鹅卵石路：0.5～0.7

（3）碎石路：

干燥的 0.5～0.7

潮湿的 0.3～0.5

（4）土公路：

干燥的 0.5～0.7

潮湿的 0.2～0.4

过度潮湿的 0.15～0.25

（5）沙地：

干燥的 0.3～0.5

潮湿的 0.3～0.4

（6）沙质黏土：

干燥的 0.4～0.6

塑性状态 0.2～0.4

流体状态 0.15～0.25

（7）泥土：

干燥的 0.4～0.6

塑性状态 0.15~0.35

流体状态 0.05~0.15

（8）泥灰土：0.1~0.2

（9）松散的雪：

干燥的 0.2~0.3

潮湿的 0.1~0.2

（10）压实的雪：0.1~0.2

（11）光滑的冰：0.05~0.15

软层土壤的厚度取决于土壤的流动或软塑性状态（相对湿度 0.8~1.1），对于这些土壤的厚度春季 $H_1=10\sim50\mathrm{cm}$；夏季 $H_1=5\sim10\mathrm{cm}$；秋季 $H_1=15\sim30\mathrm{cm}$。

砂土和黏土的土壤力学参数 E、φ_0、c_0、p_s 可在图 3-6 中查找。

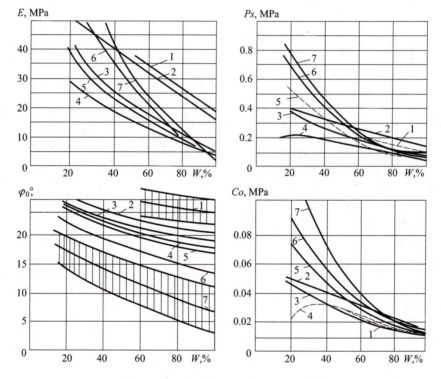

图 3-6　土壤力学参数与湿度的关系

1—细晶粒砂；2、3—粗砂土壤；4—砂土壤；5—砂质黏土；6—细黏土；7—泥土和困难的细黏土。

土壤（黏土、砂土）应力衰减系数 a 主要决定于土壤的分层特性，可按下式计算：

$$a = 0.64\left(1 + \frac{b}{H_r}\right)$$

土壤的密度可按下式计算：

$$\gamma = \frac{\gamma_{TB}(1+W)}{(1+\gamma_{TB}W)} \tag{3-34}$$

式中　W——土壤的绝对湿度；

γ_{TB}——固体颗粒土壤湿度。

土壤的弹性模量(E)、剪切模量(E_1)与黏聚力(c_0)成线性关系,如图3-7所示。也可按下式计算:

$$E = 570c_0 \tag{3-35}$$

$$E_1 = \nu_1 c_0 + E_{01} \tag{3-36}$$

式中:$\nu_1 = 22.5\text{MPa}$;$E_{01} = 0.25\text{MPa}$。

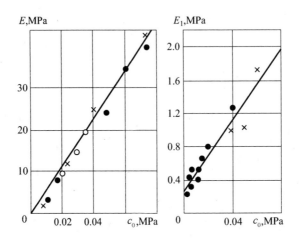

图3-7 土壤力学参数之间的关系

沼泽地的力学参数可在表3-1中选择。

表3-1 沼泽地的力学参数

沼泽地	草土覆盖特点	草土覆盖厚度/cm	$\varphi_0/(°)$	c_0/kPa	E/kPa
泥炭沼	无灌木多泥炭沼泽	33.5~38.5	12~14	5~8	26~29
	有灌木多泥炭沼泽	35~36	13~16	10~17	360~430
	无灌木多沼泽	27~28	11~15	8~14	290~340
青草地	无灌木多青草	35~42	18~20	16~45	1050~1580
	无灌木少青草	10~11	3~8	4~14	143~244
林间地	有灌木	5~5.5	17~19	4~10	86~143
干涸地	无灌木多干土	38~42	16~20	30~50	650~1400

雪地的力学参数主要取决于它的密度和温度,如表3-2所列。

表3-2 雪地力学参数

| 参数 | 温度/(°) | 雪的密度/(g/cm³) | | | | | |
		0.15	0.2	0.3	0.4	0.5	0.6
c_0	-5	0.04	0.05	0.05	0.07	0.09	0.19
	-10	0.05	0.06	0.052	0.09	0.12	0.22
	-20	0.06	0.09	0.08	0.105	0.27	0.47

(续)

参数	温度/(°)	雪的密度/(g/cm³)					
		0.15	0.2	0.3	0.4	0.5	0.6
$\tan\varphi_0$	−5	0.25	0.33	0.35	0.40	0.42	0.6
	−10	—	0.35	0.40	0.43	0.45	0.5
	−20	—	0.4	0.4	0.48	0.5	0.55
E	−5	0.2~0.3	0.4~0.6	1.0	1.5~2.0	4.0	7.5
	−10	—	0.6~0.8	1.5	2.5~3	5.5	10.0
	−20	—	1.0	2.0	4.0	8.0	13.0
φ_P	+2~−1	0.14	0.097	0.08	0.065	0.035	0.02
	−4	0.1	0.05	0.07	0.055	0.025	0.015
	−16~−30	0.18	0.01	0.09	0.075	0.045	0.028

自然状态雪的密度在 $\gamma=0.1\sim0.4\mathrm{g/cm^3}$ 内变化,随着埋藏时间和温度增加而增大;对下陷的雪 $\gamma=0.1\sim0.2\mathrm{g/cm^3}$;被风压实沉积下来的雪 $\gamma=0.2\sim0.4\mathrm{g/cm^3}$;公路上被压实的雪 $\gamma=0.5\mathrm{g/cm^3}$。

一、平均最大压力(MMP)法

平均最大压力法是最简单实用的评定车辆通过性的方法,车轮平均最大压力(MMP):

$$\mathrm{MMP}=\frac{KG}{2nb^{0.85}d^{1.15}(\delta/h)^{0.5}}(\mathrm{kPa}) \qquad (3-37)$$

式中　n——车辆轴数;
　　　d——轮胎直径(m);
　　　b——轮胎宽(m);
　　　δ/h——硬路面上轮胎变形率;
　　　K——常数,取值见表3-3。

表3-3　常数 K 取值

轴数	其中驱动轮所占的比例						
	1	3/4	2/3	3/5	1/2	1/3	1/4
2	3.65				4.4		
3	3.9		4.35			5.25	
4	4.1	4.4			4.95		6.05
5	4.32			4.97			
6	4.6		5.15		5.55	6.2	

当轮间、轴间差速器锁止时,平均最大单位压力按下式修正:
4×2型　　　　　　　MMP×0.98
4×4或6×6型　　　　MMP×0.97

与圆锥指数相比,平均最大压力计算公式中的参数更真实地描述了被测车辆的状况,因此得到广泛应用,并积累了许多的经验和数据(见表3-4)。目前英国国防部已广泛采用它作为评价战车和越野车辆的通过性。

表3-4 典型军用车辆平均最大单位压力(MMP)值

名称	MMP/kPa	总质量/t	轮胎规格
"兰得罗"1/2t4×4	278	2.1	6.50×16
贝得福 MK4t 卡车	525	9.5	12×20
贝得福 TM8t 卡车	692	16.3	15.5/80R20
福登 FH70 火炮牵引车	620	26.6	16×20
LAV8×8 步兵战车	439	11.95	11.0×16
M998"汉马"	272	3.87	36×12.5-16.5
斯泰尔 Pandur 装甲车	421	11.2	12.5×20
BTP60П 装甲输送车	320	13	13.00×18
"潘哈德"M11 型装甲车	276	3.54	9.00×16
VAB4×4 装甲输送车	576	13	14×20
VAB6×6 装甲输送车	392	14.2	14×20
AMX10RC6×6 装甲车	437	15.8	14×20
SaxonAT105 装甲车	540	11.66	14.75/80R20
"狐"8×8 装甲车	427	195	14×20
恩接萨 EE1l6×6	428	14	13×20
M113 装甲输送车	121	11.6	履带
FV432 步兵战车	205	15.28	履带
MCV80 步兵战车	198	25.3	履带
БМП-2 步兵战车	178	14.6	履带
AMX10 装甲输送车	168	14.5	履带

二、车辆圆锥指数(VCI)法

多年来美国陆军采用车辆圆锥指数来预测车辆在软路面上的通过性。该指数对轮式和履带车辆均适用。该法是通过车辆在一些土壤上试验,测出各土壤的圆锥指数,记录具有不同圆锥指数土壤上车辆的运动状况:顺利通过/行驶困难/不能通过。将测定土壤的圆锥指数与已做过车辆试验的土壤圆锥指数相比较,来预测车辆在测定土壤上的通过能力。一般来说,土壤的圆锥指数是随深度变化的,而车辆常常是在同一车辙内重复行驶,使土壤产生"重塑",力学性能发生变化。为此提出了额定圆锥指数(RCI)和重塑系数(RI)。额定圆锥指数是表示经过重塑后该土壤的最小承载能力。车辆在同一车辙中通过50次所需的最小额定圆锥指数称为车辆圆锥指数。

一定的车辆圆锥指数相当于一定的车辆通过性指数,如图3-8所示的关系。影响车辆通过性指数的因素有传动型式、车辆重量、功率密度,车轮载荷、宽度、轮胎花纹及间隙等。

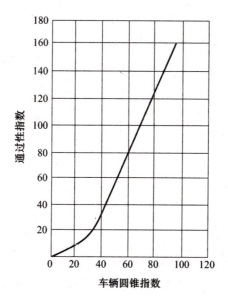

图 3-8 车辆圆锥指数与通过性指数的关系

对于黏性土壤,轮式车辆通过性指数可按下式计算:

$$\text{VPI} = 0.6\left[\left(\frac{Y_j K_w}{K_l K_h} + G_k - L_j\right)k_f K_t\right] + 20 \qquad (3-38)$$

式中 VPI——车辆通过性指数。

Y_j——接地压力系数,$Y_j = G/(bDn)$,G 为车辆总重,b 为轮胎宽,D 为轮辋直径,n 为轮胎数。

K_w——重量系数,155kN 以上:$K_w = 1.1$;66.7~155.7kN:$K_w = 1.0$;66.7kN 以下:$K_w = 0.9$。

K_l——轮胎系数,$K_l = 1.25b/100$。

K_h——花纹系数,有防滑链取:1.05;无防滑链取:1.0。

G_k——车轮载荷,$G_k = G/100n$(以磅计)。

L_j——间隙系数,$L_j = L(间隙)/10$(以英寸计)。

K_f——发动机系数,每吨马力 10 以上取:1.0;10 以下取:1.05。

K_t——传动系数,液力式取:1.0;机械式取:1.05。

将车辆参数(英制单位)代入上述系数计算出通过性指数,再从图 3-8 查出车辆圆锥指数(VCI)。

当 VCI < RCI 时车辆能通过,反之车辆不能通过。车辆圆锥指数相当于车辆的接地压力,表示该车需要的土壤承载能力,但它不只考虑接地面积一个因素,还考虑了车辆的许多因素,因此比较接近实际情况,得到广泛应用。

第三节 轮式装甲车硬路面上的越障能力计算

轮式装甲车的越障能力是指在不规则地面越野行驶时,它不仅要跨越垂直障碍和壕沟,而且不因车辆首尾及底部与地面相碰而失去通过性。车身顶起而失去通过性的参数是车辆纵向通过半径、横向通过半径、最小离地间隙。车辆通过由两个相交平面形成的凸起障碍时,它与障碍之间相对位置的变化如图 3-9 所示。

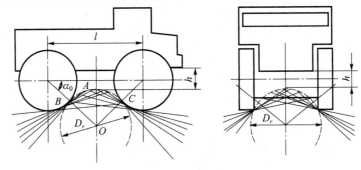

图 3-9 轮式装甲车离地间隙

此时障碍的顶点轨迹为与车轮相切的圆,其直径等于 D_r,切点 B、C 的位置由 α_0 决定,α_0 又由车辆的一个车轮刚好滚过障碍顶点时的极限位置所确定。BO 与 CO 和车辆轴距中心线的交点即为该圆的圆心,当障碍的尺寸使图上所示的间隙量 $h<0$,即该圆和车辆底部零件相交时,即发生顶起失效。当 $h=0$ 时,即该圆和车辆底部零件相切时,则是车辆通过障碍的极限尺寸。这时,BAC 所对的圆周角即为车辆的纵向通过角。

直径 D_r 可按图 3-10 中的几何关系确定,由图可知:

$$(D+D_r)\cos\alpha_o = l \tag{3-39}$$

$$\frac{\cos\delta - \sin\alpha_o}{\left(\dfrac{2l}{D}\right) - \cos\alpha_o - \sin\delta} = \tan\delta \tag{3-40}$$

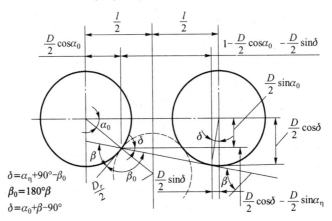

图 3-10 地隙圆与车辆的几何关系

解上述两式得

$$(D+D_r) = \frac{2l^2 D(\cos\beta - \cos^2\beta)}{4l^2\sin^2\beta - D^2(\cos^2\beta - 2\cos\beta + 1)} + \sqrt{\left[\frac{2l^2 D(\cos\beta - \cos^2\beta)}{4l^2\sin^2\beta - D^2(\cos^2\beta - 2\cos\beta + 1)}\right]^2}$$

$$+ \frac{4l^2}{4l^2\sin^2\beta - D^2(\cos^2\beta - 2\cos\beta + 1)} \quad (3-41)$$

由上式可以看出,纵向通过半径($D_r/2$)是轴距(l)、轮胎直径(D)和坡角(β)的函数。

一、离地间隙

由图 3-11 可以看出,车辆失去通过性的条件为

$$h_g + h_1 - D/2 \leqslant D_r/2 \quad (3-42)$$

式中　h_g——离地间隙。

$$h_1 = 0.5(D + D_r)\sin\alpha_o \quad (3-43)$$

解上述两式:

$$h_g \leqslant 0.5(1-\sin\alpha_o)(D + D_r) \quad (3-44)$$

解式(3-39)和式(3-44)得到车辆失去纵向通过性的条件为

$$h_g \leqslant 0.5\left[(D + D_r) - \sqrt{(D + D_r)^2 - l^2}\right] \quad (3-45)$$

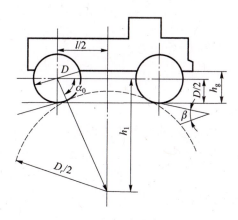

图 3-11　离地间隙与通过性的关系

二、4×4 车辆跨越垂直障碍的性能

轮式车辆爬垂直障碍的能力主要由它所能克服的垂直障碍的高度来表示。影响轮式车辆跨越垂直障碍的能力的因素有车辆重心高度及位置、轴距、车轮半径和悬挂弹性刚度等。为了简化计算作如下假设:
(1) 地面平坦坚硬,不变形;
(2) 车轮为刚体且直径相同;
(3) 左右侧车轮与车体中心线对称且各车轴的轮距相等;
(4) 不考虑车体的弹性变形;
(5) 4×4 独立悬挂车辆的车体倾斜时,忽略随之产生的悬挂弹簧挠度。

（一）前轮越障

4×4 车辆跨越垂直障碍瞬间的受力状态如图 3-12 所示。

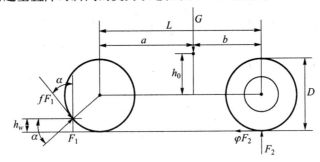

图 3-12　4×4 车辆跨越垂直障碍瞬间的受力状态

其平衡方程式如下：

$$F_1\cos\alpha + f\sin\alpha - \varphi F_2 = 0 \quad (3-46)$$

$$F_1\sin\alpha + F_2 - fF_1\cos\alpha - G = 0 \quad (3-47)$$

$$F_2 L + fF_1\frac{D}{2} - Ga - \varphi F_2 L\frac{D}{2} = 0 \quad (3-48)$$

式中　G——车辆总重力；

F_1——台阶作用于前轮的反作用力；

F_2——后轴负荷；

φ——附着系数；

f——滚动阻力系数。

将上列方程中的 G、F_1、F_2 消去，可得如下方程式：

$$\left(\frac{\varphi+f}{\varphi}\frac{a}{L} - \frac{f}{\varphi} + \frac{fD}{2L}\right)\sin\alpha - \left(\frac{1}{\varphi} - \frac{1-f\varphi}{\varphi}\frac{a}{L} - \frac{D}{2L}\right)\cos\alpha = \frac{fD}{2L} \quad (3-49)$$

由图 3-12 中的几何关系可知：

$$\sin\alpha = \frac{0.5D - h_w}{0.5D} = 1 - 2\frac{h_w}{D} \quad (3-50)$$

将式(3-50)代入式(3-49)中，得到

$$\left(\frac{h_w}{D}\right)_1 = \frac{1}{2}\left\{1 - \left\{\left[1 + \left(\frac{\varphi a/L}{1 - a/L - \varphi D/2L}\right)\frac{\varphi a/L}{1 - a/L - \varphi D/2L}\right)^2\right]1 + \left(\frac{\varphi a/L}{1 - a/L - \varphi D/2L}\right)^2\right\}^{-\frac{1}{2}}\right\}$$

式中　$\left(\frac{h_w}{D}\right)_1$——前轮单位车轮直径可克服的台阶高，它表示车辆前轮越过台阶的能力。

（二）后轮越障

后轮攀登垂直障碍时作用在车辆上的力和几何尺寸关系如图 3-13 所示。其平衡方程如下：

$$N_1 + N_2(\sin\alpha + \mu\cos\alpha) = W \quad (3-51)$$

$$\mu N_1 + N_2(\mu\sin\alpha + \cos\alpha) = 0 \quad (3-52)$$

$$N_1[l\cos\beta + \mu(r - l\sin\beta)] + \mu r N_2 = W[(l - a)\cos\beta - h_0\sin\beta] \quad (3-53)$$

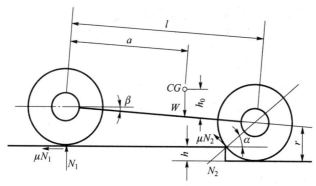

图 3-13 后轮开始跨越垂直障碍时受力状态

从式(3-51)、式(3-52)解得

$$N_1 = \frac{(\cos\alpha - \mu\sin\alpha)W}{(1 + \mu^2)\cos\alpha}$$

$$N_2 = \frac{\mu W}{(1 + \mu^2)\cos\alpha}$$

将 N_1、N_2 代入式(3-53)解得

$$\left\{\mu\frac{\gamma}{l} + \left[-\mu^2 + (1+\mu^2)\frac{a}{l}\right]\cos\beta + \left[\mu - (1-\mu^2)\frac{h_o}{l}\right]\sin\beta\right\}\cos\alpha$$
$$= \mu\left[\left(\mu\frac{\gamma}{l} + \cos\beta - \mu\sin\beta\right)\sin\alpha - \mu\frac{\gamma}{l}\right] \quad (3-54)$$

再将 a/l、r/l、μ 和 h_0/l 代入,用计算机迭代计算可求出 h/r 值。其计算结果如图 3-14 所示。

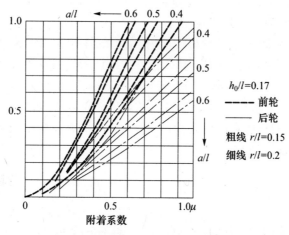

图 3-14 跨越垂直障碍性能与附着系数的关系

由上述分析可得出:
(1) 前轮跨越垂直障碍的能力与重心高度比(h_0/l)无关,而后轮随它的增大而变坏。
(2) 重心高度比一定时,重心位置越向后,前轮跨越垂直障碍的能力越好,相反后轮性能越差。

(3) 轴距一定时,车轮直径越大其前轮性能越好,而后轮性能越差。

(4) 从图 3-14 可看出,对于该车选择适当的重心位置 ($a/l=0.49$),($r=0.15$) 可以获得较好的跨越垂直障碍的能力。

三、轮式车辆越壕性能

对于 4×4 轮式车辆,越壕宽度 L_d 和轮胎直径 D 一般成比例关系：

$$L_d = 0.7D$$

对于 6×6 轮式车辆,越壕宽度为

$$L_d = 0.7D + l_{\min}$$

式中　$l_{\min}$——车辆最小轴距。

对于 8×8 轮式车辆,越壕宽度为

$$L_d = 0.7D + l_{12/34}$$

式中　$l_{12/34}$——车辆一二轴间距和三四轴间距的最小值。

第四节　牵 引 计 算

轮式装甲车的动力性能是其最重要的战技性能之一,是装甲车辆机动性的重要标志。车辆动力性能是指车辆的最高速度、加速能力和爬坡能力。最高速度是指车辆在无风条件下,在水平、良好的路面上所能达到的最高行驶速度;加速能力是指车辆在行驶中迅速增加速度的能力,通常用加速到某一速度的时间或距离来评价车辆的加速能力;爬坡能力是指车辆以最低前进挡所能爬行的坡度。

车辆动力性能主要决定于发动机性能、传动系统性能和动力传动系统的优化匹配。因此在车辆总体设计中必须作牵引计算。在方案设计中只要有了发动机外特性、变速器传动比、分动箱传动比、主减速器传动比、传动系统效率、车轮半径、整车质量和迎风面积,就可以进行牵引计算,分析车辆的动力性能,估算出最高速度、加速能力、爬坡能力以及发动机不同转速下各挡的车速和最高速度。牵引计算方法有图解法或解析法,因为图解法较简便,故一般应用较普遍。

一、车辆驱动力平衡图

轮式装甲车在公路面上行驶时 $R_q = R_x = 0$。整车所受外力：

总驱动力　　　　　　　$F_T = \sum_1^n F_{Ti} = \dfrac{M_e i_T \eta_T}{r}$

总行驶滚动阻力　　　　$F_f = \sum_1^n F_{ri} = \sum_1^n f_i = fG\cos\alpha$

坡度阻力 $$F_i = G\sin\alpha$$

空气阻力 $$F_w = 0.047 C_D A_D V \quad (3-55)$$

则轮式装甲车运动方程式(3-3)改写为

$$F_T = F_f + F_i + F_w + \delta \frac{G}{g}\frac{dV}{dt} \quad (3-56)$$

式中 δ——车辆旋转质量换算系数,$\delta = 1 + 0.04(1 + i_T^2)$;

G——车辆全重(N);

V——车辆速度(m/s),$V \approx 0.377 \frac{rn_e}{i_T}$;

g——重力加速度(m/s^2);

f——摩擦系数;

t——时间(s);

M_e——发动机扭矩(N·m);

n_e——发动机转速(r/min);

r——车轮滚动半径(m);

i_T——传动系统传动比;

η_T——传动系统效率;

C_D——空气阻力系数;

A_D——迎风面积,按 $A_D = BH$ 计算,B 为轮距(m),H 为整车高(m)。

这个方程式被称为牵引平衡方程式。在车辆设计中常用它来选择发动机功率和传动系统各部件的传动比,评价各个设计方案动力性的优劣。

为了形象地表示轮式装甲车行驶时受力状况及其平衡关系,将车辆行驶时车辆所受外力函数 $F_T(V)$、$F_f(V)$、$F_i(V)$、$F_w(V)$ 画在同一个图中,就构成了装甲车驱动力—行驶阻力平衡图,如图 3-15 所示。

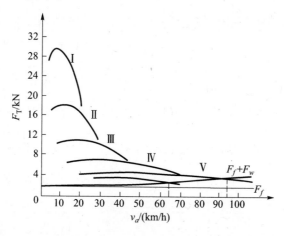

图 3-15 车辆驱动力—行驶阻力平衡图

(一)车辆最高速度

从图上可清晰地看出不同车速时驱动力与行驶阻力之间的关系。显然,轮式装甲车

在良好的路面以 V 挡行驶时,其行驶阻力 F_f 曲线与 V 挡驱动力曲线的交点便是车辆的最高速度(图 3-15 中 $V_{max} \approx 91 km/h$)。若发动机油门全开,车辆以低于最高速度行驶,则驱动力大于行驶阻力,剩余的驱动力可用来加速或爬坡。若需要以 67km/h 的速度行驶,驾驶员可以减小油门,使发动机在部分负荷下工作,驱动力曲线(虚线)与行驶阻力曲线在 67km/h 处相交。

(二) 车辆加速能力

车辆的加速能力是以在水平良好道路上的加速度来评价的,因此,$F_i = 0$,式(3-56) 改写为

$$\frac{dV}{dt} = \frac{g}{\delta G}[F_T - (F_f + F_w)] \tag{3-57}$$

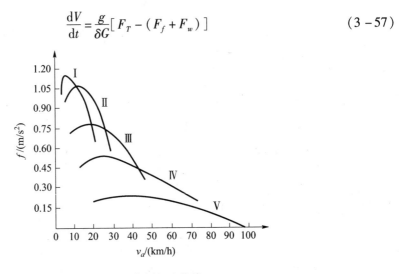

图 3-16 车辆加速曲线

在图 3-15 中找出同一速度的 F_T 曲线与 $(F_f + F_w)$ 曲线的差值,按式(3-57)可计算出各挡的加速度曲线,如图 3-16 所示。

由加速度公式可知:$j = \frac{dV}{dt}, dt = \frac{dV}{j}$,则得

$$t = \int_{V_1}^{V_2} \frac{1}{j} dV \tag{3-58}$$

式(3-58)为车辆由 V_1 加速至 V_2 所需的时间,为此,先根据加速度曲线图画出加速的倒数 $\frac{1}{j}$ 随速度变化的曲线(见图 3-17(a)),用图解积分法求出曲线下的面积,即为所求加速过程的时间。为了简便起见,仅取Ⅳ挡的 $\frac{1}{j}$—V 曲线,如图 3-17(b)所示。作图时选择比例尺为 $1km/h = a mm$(或 $1m/s = 3.6b mm$),$1m/s = b mm$。则

$$\Delta t = \frac{\Delta}{3.6ab}(t)$$

式中 Δ——由 V_1 至 V_2 间隔内 $\frac{1}{j}$ 曲线下的面积(mm^2)。

在进行图解积分时,将加速过程的速度区间分为若干间隔(常取为 km/h),并分别定出面积 Δ_1、Δ_2、Δ_3 等,如图 3-17(b)所示。则

$$t_1 = \frac{\Delta_1}{3.6ab}(s), t_2 = \frac{\Delta_1 + \Delta_2}{3.6ab}(s), \cdots, t = \frac{\Delta_1 + \Delta_2 + \cdots + \Delta_n}{3.6ab}(s)$$

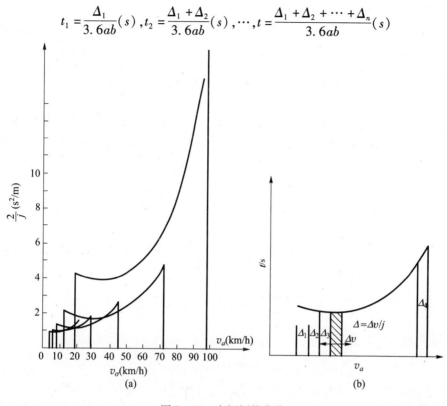

图 3-17 车辆倒数曲线

将所得的加速时间按相应的速度坐标表示在 t—V 坐标系内,就可得到加速时间,如图 3-18(a)所示。同样可求出自 1 挡开始连续换挡加速至最高挡的加速时间,如图 3-18(b)所示。

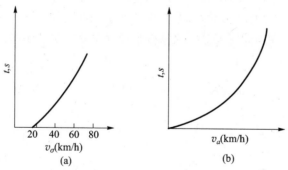

图 3-18 车辆加速时间图

(三)车辆爬坡能力

车辆爬坡能力指在良好路面上车辆剩余驱动力全部用来克服坡度阻力时能爬上的坡度,此时 $\frac{dV}{dt} = 0$,由式(3-56)和式(3-57)得

$$\sin\alpha = \frac{F_T - (Gf\cos\alpha + F_w)}{G} \tag{3-59}$$

当坡度不大时,$\cos\alpha \approx 1$,上式可近似写为

$$\sin\alpha = \frac{F_T - (Gf + F_w)}{G}$$

或

$$\alpha = \arcsin\left(\frac{F_T - (F_f + F_w)}{G}\right) \tag{3-60}$$

利用图 3-15 求出剩余驱动力 $F_T - (F_f + F_w)$，按式（3-60）可计算出车辆在各挡时能爬上的坡度角，再根据 $i = \tan\alpha$，换算为坡度（i）。车辆的最大爬坡度 i_{max} 为 1 挡的最大爬坡度。

二、动力特性图

为了方便评价车辆的动力性能，通常用一个与车辆总重和空气阻力无关的参数作为车辆动力性指标。它被称为动力因素 D，因此，方程式（3-56）改写为

$$D = \frac{F_T - F_w}{G} = f\cos\alpha + \sin\alpha + \frac{\delta}{g}\frac{dV}{dt} \tag{3-61}$$

当 α 角度不大时，则

$$D = f + i + \frac{\delta}{g}\frac{dV}{dt} = \psi + \frac{\delta}{g}\frac{dV}{dt} \tag{3-62}$$

式中：$i = \frac{h}{s} = \tan\alpha$，为道路坡度，一般道路的坡度较小，此时，$i = \sin\alpha = \tan\alpha$。

由于坡度阻力和滚动阻力均属于与道路有关的阻力，而且均与车辆重力成正比，因此可以将这两种阻力的和在一起称为道路阻力，令 $\psi = f + i$，称为 ψ 道路阻力系数。

由式（3-62）可知，不论轮式装甲车的重量等参数有什么不同，只要具有相等的动力因素 D，就能克服同样的坡度，δ 值相同时，就能产生同样的加速度。按式（3-62）可绘制车辆的动力特性图。利用此图可方便地分析车辆的动力性能。如图 3-19 所示。

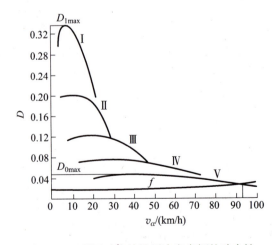

图 3-19 利用动力特性图决定车辆的动力性

利用式(3-62)和动力特性图 3-19,可以很方便地求出车辆的最高速度、加速能力、爬坡能力。

1. 最高速度

车辆以最高速度行驶时,$\dfrac{\mathrm{d}V}{\mathrm{d}t}=0$,$\psi=f$,在图 3-19 上作 $D=f$ 线与最高挡 $D-V$ 曲线的交点处所对应的车速即为最高速度。

2. 加速能力

车辆在水平良好路面上加速时,$i=0$,则式(3-62)改写为

$$D = f + \frac{\delta}{g}\frac{\mathrm{d}V}{\mathrm{d}t}$$

或

$$\frac{\mathrm{d}V}{\mathrm{d}t} = \frac{g}{\delta}(D-f) \tag{3-63}$$

式(3-63)表明,曲线 D 与曲线 f 间距离的 $\dfrac{g}{\delta}$ 倍就是车辆各挡的加速能力。粗略判断直接挡的加速度时,可取 $g \approx 10\mathrm{m/s}^2$,$\delta \approx 1$,因此加速度值为 D 曲线与 f 曲线之间距离的 10 倍。显然,车辆以各挡最大动力因素行驶时,具有各挡的最大加速度。

3. 爬坡能力

车辆等速上坡时,$\dfrac{\mathrm{d}V}{\mathrm{d}t}=0$,当爬坡角度不大时,由式(3-62)可得

$$i = D - f \tag{3-64}$$

因此,曲线 D 与曲线 f 间距离就是车辆各挡的爬坡能力。

车辆在 1 挡时的爬坡能力最大,一般当爬坡角较大时,$\cos\alpha \neq 1$,$\sin\alpha \neq i$,此时,式(3-61)可写为

$$D_{1\max} = f\cos\alpha + \sin\alpha$$

解此三角函数方程,求得

$$\alpha_{\max} = \arcsin\frac{D_{1\max} - f\sqrt{1 - D_{1\max}^2 + f^2}}{1 + f^2} \tag{3-65}$$

三、装有液力变矩器车辆的动力性能

目前在轮式装甲车中广泛应用了带液力变矩器的自动传动装置。变矩器的性能以及它与发动机和变速器之间的匹配,直接影响车辆的性能,特别是车辆的动力性能和燃油经济性。这些性能都取决于发动机与液力变矩器的共同工作性能是否良好,以及机械变速器挡数和传动比的选择是否合适。

带有液力变矩器的车辆作牵引计算时,首先要求出发动机与液力变矩器共同工作的输入特性和输出特性,然后再按上述方法作牵引计算。获得发动机与液力变矩器共同工作输入特性和输出特性的方法与过程如下[6]:

(1) 计算发动机传至液力变矩器的净扭矩：

$$M_{fj} = (M - M_{fs} - M_{fb})\eta_{fb}i_{fb} \tag{3-66}$$

式中　M_{fj}——发动机传至液力变矩器的净扭矩（N·m）；
　　　M——发动机输出扭矩（N·m）；
　　　M_{fb}——发动机本身及其附件所消耗的扭矩（N·m）；
　　　M_{fs}——发动机驱动各种泵所消耗的扭矩（N·m）；
　　　η_{fb}——中间传动的效率；
　　　i_{fb}——发动机至液力变矩器之间的中间传动比。

(2) 依据液力变矩器的原始特性、循环圆有效直径和工作液的密度，计算泵轮的负荷抛物线。

首先在液力变矩器的原始特性上，选取典型工况点（传速比i_c）。对单级变矩器来说，可选择：起动工况$i_c = 0$；高效区（$\eta = 0.75$ 或 0.8）的传动比i_1 和 i_2；最高效率工况点（i_c^*），偶合器工况点（i_M）和最大转速比（空载工况）i_{max}，如图3-20所示。

在原始特性曲线图3-20的$\lambda_B = f(i)$曲线上，根据选定的工况点找出各对应的λ_{B0}、λ_{B1}、λ_B^*、λ_{BM}、λ_{B2}、λ_{Bmax}值，按下式计算泵轮扭矩：

$$M_B = \rho g \lambda_B n_B^2 D_b^5 \tag{3-67}$$

式中　ρ——工作油的密度（kg/L）；
　　　g——重力加速度（m/s）^{2}；
　　　λ_B——泵轮扭矩系数；
　　　n_B——泵轮转速（r/min）；
　　　D_b——泵轮直径（m）。

即获得一组泵轮负荷抛物线，将其与发动机的净扭矩曲线以相同的坐标绘制在同一个图上，即得到发动机与液力变矩器共同工作的输入特性，如图3-21所示。发动机油门全开时净输出扭矩与变矩器各工况负荷抛物线的交点，为共同工作点，其对应的扭矩和转速，是泵轮的扭矩和转速。

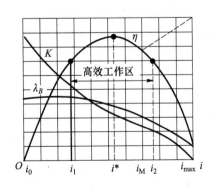

图3-20　液力变矩器原始特性

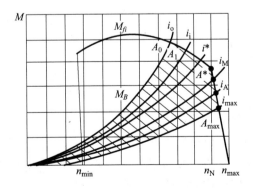

图3-21　发动机与变矩器共同工作输入特性

(3) 在液力变矩器的原始特性图3-21上，找出典型工况点所对应的变矩比（k）和效率（η），按选定工况工作点，用下式计算出涡轮轴上相应的参数：

$$n_T = in_B$$
$$M_T = kM_B$$
$$N_T = \eta N_B = \frac{M_T n_T}{716.2}$$
$$g_e = \frac{G_T}{N_T} \tag{3-68}$$

式中　　n_T——涡轮转速(r/min)；

　　　　M_T——涡轮扭矩(N·m)；

　　　　N_T——涡轮功率(kW)；

　　　　g_ε——发动机与变矩器共同工作的比油耗量；

　　　　G_T——发动机与变矩器共同工作的油耗量(mL)。

将上述计算数据列表，以 n_T 为横坐标，其他参数为纵坐标绘制曲线，即得发动机与液力变矩器共同工作输出特性。

当变矩器带闭锁离合器时，需多作一条闭锁工况点的泵轮负荷抛物线，在闭锁工况点以后，直至发动机最大转速，按下式计算输出特性：

$$n_T = n_B = n_e$$
$$M_T = \eta M$$
$$N_T = \eta N_B = \eta N_e$$
$$g_e = \frac{G_T}{N_T} \tag{3-69}$$

即得发动机与带闭锁离合器的液力变矩器共同工作的输出特性，如图3-22所示。

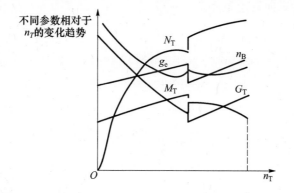

图3-22　发动机与闭锁式液力变矩器共同工作的输出特性

η_B 为液力变矩器闭锁后的效率，一般取 $\eta_B \approx 0.97$。在闭锁工况涡轮轴转速 n_T 处，由于效率和转速比的变化，引起 M_T、N_T、g_e 的跳跃。有了发动机与液力变矩器共同工作的输出特性，就可进行车辆的牵引计算。

但是由于液体在变矩器中沿泵轮、涡轮、导轮组成的循环圆流道流动一周，流体经过导轮时没有能量交换。但液体在循环圆中具有黏性，必然有摩擦损失，且损失大小与其速度有直接关系。工作轮流道为非圆形断面且有弯曲、扩展等，因此，其摩擦损失比圆管流道要大得多。另外在非设计工况,在涡轮及导轮进口处要产生冲击损失,因此一般液力变矩器的效率较低,它只是在车辆需要爬大坡的 1 挡以及换挡时使用。

第五节 操纵稳定性计算

轮式装甲车的稳定性包括静稳定性和动稳定性。静稳定性是指车辆停放或在坡道上等速行驶时抗倾翻的能力;动稳定性是指车辆受到外界扰动后,维持或迅速恢复原状态的能力。

一、静稳定性

当整车的重力作用线正好通过一侧车轮的支承点时,如图 3 – 23 所示,则车辆处于临界的倾翻状态,此时的坡度称为最大倾翻稳定角:

$$\tan\beta_{max} = B/2h_g \tag{3-70}$$

若附着力不足,车辆发生下滑,最大滑移角仅取决于车轮和地面间的附着系数。

$$\tan\alpha_{max} = \psi \tag{3-71}$$

由于侧翻是一种危险的工况,因此为避免侧翻发生,应使侧滑先于侧翻。即

$$\frac{B}{2h_g} \geq \psi \tag{3-72}$$

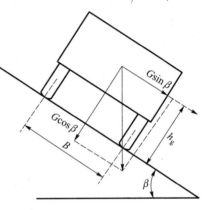

图 3 – 23 车辆侧向稳定性

同理,可得车辆纵向稳定条件:
(1) 若 $a > b$,上坡时

$$\frac{b}{h_g} \geq \phi \tag{3-73}$$

(2) 若 $a < b$,下坡时

$$\frac{a}{h_g} \geq \phi \tag{3-74}$$

式中 B——轮距;
h_g——整车质心至地面高度;
b——整车质心至后轴中心线的水平距离;
a——整车质心至前轴中心线的水平距离。

二、动稳定性

动稳定性主要是研究车辆的侧向、横摆和侧倾运动,简化起见,把车辆看成是投影在地面上不计高度的刚体,而且不考虑车辆急加速急减速的过渡现象和大幅度急转方向盘

的情形。

如图 3-24 所示,设固定于地面上水平面内的坐标系为 $X-Y$,取固定于车辆的坐标系为 $x-y$,取投影于运动面的车辆质心 P 为原点,车辆的纵向为 x,与之垂直的方向为 y,绕铅直轴的角度均以逆时针转向为正。设车辆以一定的行驶速度在水平面内运动,相对于 $X-Y$ 坐标系,P 点的位置向量为 R,其速度向量表示如下:

$$\dot{R} = ui + vj \qquad (3-75)$$

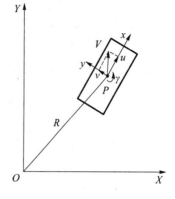

i、j 分别为 x、y 方向的单位向量,u、v 为 P 点的 x、y 方向速度分量。对时间求导,可写出 P 点的加速度向量为

$$\ddot{R} = \dot{u}i + u\dot{i} + \dot{v}j + v\dot{j} \qquad (3-76)$$

图 3-24 车辆在固定坐标系中的运动

由于 $x-y$ 坐标系被固定于车辆上,车辆绕过 P 点的铅直轴有横摆角速度 γ,现设 i、j 在 Δt 秒内的变化为 Δi、Δj,则由图 3-25 得

$$\Delta i = \gamma \Delta t j, \Delta j = -\gamma \Delta t i$$

故

$$\dot{i} = \lim \frac{\Delta i}{\Delta t} \gamma j$$

$$\dot{j} = \lim \frac{\Delta j}{\Delta t} = -\gamma i$$

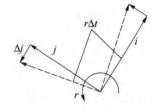

图 3-25 单位向量的时间微分

因此,P 点的加速度向量为

$$\ddot{R} = (\dot{u} - v\gamma)i + (\dot{v} + u\gamma)j \qquad (3-77)$$

另外,如图 3-24 所示,车辆的行驶方向和纵向所成的角 β 可用 $\arctan(v/u)$ 表示,称为车辆质心的侧偏角。因为在通常的车辆运动中,$u \gg v$,所以可以认为 $|\beta| \ll 1$,另一方面,车辆的行驶速度一定,即

$$V = \sqrt{u^2 + v^2} = 常数$$

这时,用侧偏角 β 来描述 P 点的运动比,若 β 很小,则有

$$u = V\cos\beta \approx V, v = V\sin\beta \approx V\beta$$

$$\dot{u} = -V\sin\beta\dot{\beta} \approx V\beta\dot{\beta} \approx V\dot{\beta}$$

将上式代入式(3-77)和式(3-75):

$$\ddot{R} = -V(\dot{\beta} + \gamma)\beta i + V(\dot{\beta} + \gamma)j$$

$$\dot{R} = Vi + V\beta j$$

则

$$\ddot{R} \cdot \dot{R} = 0$$

即 $\ddot{R}$ 正交于 $\dot{R}$。

若 β 很小,则可认为 P 点具有垂直于车辆行驶方向、其大小为 $V/(\beta + \gamma)$ 的加速度,如图 3-26 所示。

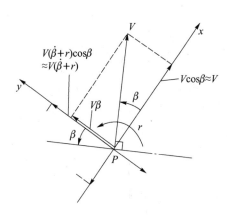

图 3-26 β 很小时 P 点的速度和加速度

若 β 很小,则可认为与车辆行驶方向相垂直的方向几乎和车辆的侧向(y 方向)一致,所以可认为车辆在水平面内以一定速度行驶时,具有侧向(y 方向)的加速度,其大小为 $V(\dot\beta+r)$。另外,在水平面内运动的车辆,具有侧向的速度分量,在其质心会产生侧偏角,与此同时,如果还以一角速度绕过质心的铅直轴旋转,则车轮上也会产生侧偏角,相应于该侧偏角,车轮上将产生侧偏力。这样,由于车辆运动才产生的侧偏力成为约束车辆运动的力。

如图 3-27 所示,左右前轮转角为 δ,左右前后轮轮胎的侧偏角为 β_{f1}、β_{f2}、β_{r1}、β_{r2},作用于这些轮胎上的侧偏力为 Y_{f1}、Y_{f2}、Y_{r1}、Y_{r2},它们垂直作用于各车轮的行驶方向。若前轮的转角和各轮的侧偏角都很小,则可认为这些力与车辆的侧向相一致,并假定所有侧向力的作用点均位于前后轴上。因此,车辆的侧向运动和横摆运动可由下式描述:

$$mV\left(\frac{d\beta}{dt}+\gamma\right)=Y_{f1}+Y_{f2}+Y_{r1}+Y_{r2} \qquad (3-78)$$

$$I\frac{d\gamma}{dt}=l_f(Y_{f1}+Y_{f2})l_r(Y_{r1}+Y_{r2}) \qquad (3-79)$$

式中　I——车辆的横摆转动惯性;
　　　l_f——车辆质心至前轴的距离;
　　　l_r——车辆质心至后轴的距离。

一般来说,轮胎的侧偏角被定义为轮胎行驶方向相对于车轮的方向,即车轮旋转面的夹角。但如前所述,视为刚体的车辆,沿 x 方向,即车辆的纵向以速度分量 V,沿 y 方向,即车辆的侧向以速度分量 $V\beta$ 作平动,同时,还绕质心作角速度 γ 的转动。因此,车辆各轮胎将具有因质心速度及绕质心转动而产生的速度的合成速度。这样的 x 向、y 向速度分量如图 3-28 所示。另一方面,前轮的旋转面,即轮胎的方向相对于车辆的纵向(x 方向)角位移为 δ,该角度为前轮的前轮转角,而后轮的方向和车辆的纵向相一致。因此,各轮胎的侧偏角可表示为

$$\beta_{f1}\approx\frac{V\beta+l_f\gamma}{V-d_f\gamma/2}-\delta\approx\beta+\frac{l_f\gamma}{V}-\delta$$

$$\beta_{f2}\approx\frac{V\beta+l_f\gamma}{V+d_f\gamma/2}-\delta\approx\beta+\frac{l_f\gamma}{V}-\delta$$

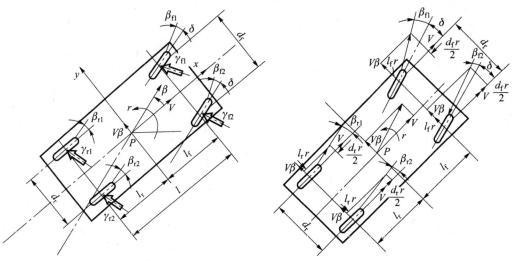

图 3-27 车辆的运动　　　　图 3-28 各轮的侧偏角

$$\beta_{y1} \approx \frac{V\beta - l_y\gamma}{V - d_y\gamma/2} \approx \beta - \frac{l_y\gamma}{V}$$

$$\beta_{y2} \approx \frac{V\beta - l_y\gamma}{V + d_y\gamma/2} \approx \beta - \frac{l_y\gamma}{V}$$

可见,前后轮的左右轮胎侧偏角分别相等,若设其分别为 β_f、β_r,则有

$$\beta_f = \beta_{f1} = \beta_{f2} = \beta + \frac{l_f\gamma}{V} - \delta \qquad (3-80)$$

$$\beta_r = \beta_{r1} = \beta_{r2} = \beta - \frac{l_r\gamma}{V} \qquad (3-81)$$

这样,忽略车身的侧倾运动、在水平面内以一定速度行驶的车辆运动时,其左右轮胎的侧偏角相等且其值很小,前轮转角也很小,就相当于前后的左右轮分别被等价集中于车辆前后轴与车轴交点处的一假想两轮车,如图 3-29 所示。从而可通过考察该假想两轮车的运动来研究原四轮车的运动。

设前后侧偏力分别为 Y_f、Y_r,则有

$$2Y_f = Y_{f1} + Y_{f2}$$

$$2Y_r = Y_{r1} + Y_{r2}$$

而且,可认为该力沿 y 方向作用,故车辆运动式成为

$$mV\left(\frac{\mathrm{d}\beta}{\mathrm{d}t} + \gamma\right) = 2Y_f + 2Y_r \qquad (3-82)$$

$$I\frac{\mathrm{d}\gamma}{\mathrm{d}t} = 2l_f Y_f + 2l_r Y_r \qquad (3-83)$$

设前后轮轮胎的侧偏刚度分别为 K_f、K_r。如前所述,若侧偏角很小,则 Y_f、Y_r 与侧偏角 β_f、β_r 成正比。如图 3-27 所示,在 $x-y$ 坐标系中侧偏角为正时(逆时针方向为正)

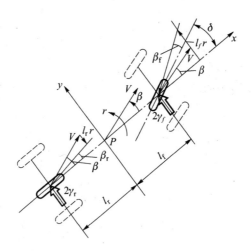

图 3-29 两轮车的等价模型

Y_f、Y_r 沿 y 的负方向作用。可得

$$Y_f = -K_f\beta_f = -K_f\left(\beta + \frac{l_f\gamma}{V} - \delta\right) \tag{3-84}$$

$$Y_r = -K_r\beta_r = -K_R\left(\beta - \frac{l_r\gamma}{V}\right) \tag{3-85}$$

由此可知，作用于车辆的力 Y_f、Y_r，仅取决于自身的运动状态 β、γ 及前轮转角 δ，而不受车辆相对地面固定坐标系的位置和姿势的影响。将式(3-84)、式(3-85)整理后可得

$$mV\frac{d\beta}{dt} + 2(K_f + K_r)\beta + \left[mV + \frac{2}{V}(l_fK_f - l_rK_r)\right]\gamma = 2K_f\delta \tag{3-86}$$

$$2(l_fK_f - l_rK_r)\beta + I\frac{dr}{dt} + \frac{2(l_f^2K_f + l_r^2K_r)}{V}\gamma = 2l_fK_f\delta \tag{3-87}$$

上式为描述水平面内运动的基本运动方程式。其左边表示车辆的运动。相应于右边可任意给定的前轮转角 δ，车辆将按其固有特性运动。由式(3-86)、式(3-87)可知，系数 $l_fK_f - l_rK_r$ 对车辆运动的影响很大。如果 $l_fK_f - l_rK_r = 0$，则车辆的侧向运动和横摆运动不完全耦合，与 β 无关。若 $l_fK_f - l_rK_r \neq 0$，则侧向运动和横摆运动的耦合形式将受其值的影响。

若车辆作等速圆周运动，则质心的侧偏角不变，横摆角速度也一定。因此，将稳定状态的条件 $d\beta/dt = 0$、$dr/dt = 0$ 代入式(3-86)、式(3-87)，则车辆的等速圆周运动可表示为

$$2(K_f + K_r)\beta + \left[mV + \frac{2}{V}(l_fK_f - l_rK_r)\right]\gamma = 2K_f\delta \tag{3-88}$$

$$2(l_fK_f - l_rK_r)\beta + \frac{2(l_f^2K_f + l_r^2K_r)}{V}\gamma = 2l_fK_f\delta \tag{3-89}$$

关于 β、γ 求解该式，得

$$\beta = \left[\frac{1 - \dfrac{m}{2ll_rK_r}l_fV^2}{1 - \dfrac{m}{2l^2}\dfrac{l_fK_f - l_rK_r}{K_fK_r}V^2}\right]\frac{l_r}{l}\delta \tag{3-90}$$

$$\gamma = \left[\frac{1}{1 - \frac{m}{2l^2}\frac{l_f K_f - l_r K_r}{K_f K_r}V^2}\right]\frac{V}{l}\delta \qquad (3-91)$$

由于车辆以行驶速度 V 作角速度 γ 的等速圆周运动,所以等速圆周运动的半径为

$$\rho = \frac{V}{\gamma} = \left(1 - \frac{m}{2l^2}\frac{l_f K_f - l_r K_r}{K_f K_r}V^2\right)\frac{l}{\delta} \qquad (3-92)$$

上述三式表示车辆以前轮转角 δ、行驶速度 V 作等速圆周运动时,相对于前轮转角 δ、侧偏角 β 及回转角速度(横摆角速度)r,改变行驶速度时,转向半径 ρ 是如何变化的。

设前轮转角为 δ_0,则有:

$$\rho = \left(1 - \frac{m}{2l^2}\frac{l_f K_f - l_r K_r}{K_f K_r}V^2\right)\frac{l}{\delta_0} \qquad (3-93)$$

上式表示车辆以前轮转角为 δ_0 作圆周运动时,其转向半径 ρ 是如何随行驶速度 V 的变化而变化的。若取纵轴为 ρ,横轴为 V,定性地来看 ρ 和 V 的关系,则可按 $l_f K_f - l_r K_r$ 的正负号,得到图 3-30 所示的关系。

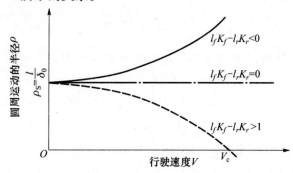

图 3-30 转角一定时速度和转向半径的关系

由式(3-93)和图 3-30 可知,若前轮转角一定,则满足 $l_f K_f - l_r K_r = 0$ 的车辆的转向半径 ρ 将与 V 无关,即不论速度如何变化,转向半径总是保持一定值 l/δ_0。与此相对应,满足 $l_f K_f - l_r K_r < 0$ 的车辆转向半径随速度的增加而增大,满足 $l_f K_f - l_r K_r > 0$ 的车辆转向半径随速度的增加而减小。图 3-30 形象地表示了上述结果,即车辆以一定的前轮转角和一定的速度作圆周运动时,若速度增加,具有 $l_f K_f - l_r K_r < 0$ 特性的车辆将从原来的回转圆驶出去而描绘出更大半径的回转圆;而 $l_f K_f - l_r K_r > 0$ 的车辆则相反地将描绘出比原来半径小的回转圆。

$l_f K_f - l_r K_r < 0$ 时,若保持前轮转角一定而增加车速时,则要继续以原半径作圆周运动就显得前轮转角不足,像这样相对于行驶速度的增加前轮转角不足的特性称为不足转向(Under - Steer,以下记为 US)特性,而在 $l_f K_f - l_r K_r > 0$ 时,若保持前轮转角一定而增加车速时,则要继续作原半径的圆周运动,前轮转角就会过多,像这样相对于速度的增加,前轮转角过多的特性称为过度转向(Over - Steer,以下记为 OS)特性。另,在 $l_f K_f - l_r K_r = 0$ 时,转向半径与行驶速度的增减无关的特性称为中性转向(Neutral - Steer,以下记为 NS)特性。

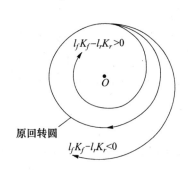 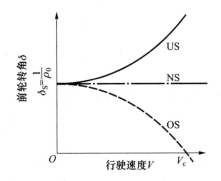

图 3-31 速度增大时回转圆的变化　　图 3-32 转向半径定时车速与前轮转角的关系

令 $\rho = \rho_0$，式(3-92)可改写为

$$\delta = \left(1 - \frac{m}{2l^2}\frac{l_f K_f - l_r K_r}{K_f K_r}V^2\right)\frac{l}{\rho_0} \qquad (3-94)$$

上式描述了以一定的半径作等速圆周运动所需的前轮转角 δ 和车速 V 的关系，如图 3-33 所示。即要使车辆作一定半径的圆周运动，在 $l_f K_f - l_r K_r < 0$ 时必须随速度的增加而增大前轮转角 δ，相反地，在 $l_f K_f - l_r K_r > 0$ 时，则应随速度增加而减小 δ，若 $l_f K_f - l_r K_r = 0$，则 δ 的大小与速度无关。

以某一定的前轮转角 δ_0 作等速圆周运动时，γ 和速度 V 的关系由下式给出：

$$\gamma = \left(\frac{1}{1 - \frac{m}{2l^2}\frac{l_f K_f - l_r K_r}{K_f K_r}V^2}\right)\frac{V}{l}\delta_o \qquad (3-95)$$

由图 3-33 或式(3-95)具有 NS 特性的车辆以一定的前轮转角作等速圆周运动时，横摆角速度随速度的增加而呈线性增大。如果具有 US 特性，则虽然横摆角速度也随速度的增加而增大至某值，但不会增大至该值以上。在 OS 的场合，横摆角速度随速度的增加而急剧地增大，在 $V = V_c$ 处其值达无穷大。

质心侧偏角 β 由式(3-90)给出。设式中 $\delta = \delta_0$，则以某一定的前轮转角作等速圆周运动的车辆的质心侧偏角和速度的关系为

$$\beta = \left(\frac{1 - \frac{m}{2l}\frac{l_f}{l_r K_r}V^2}{1 - \frac{m}{2l^2}\frac{l_f K_f - l_r K_r}{K_f K_r}V^2}\right)\frac{l_r}{l}\delta_0 \qquad (3-96)$$

按车辆的转向特性，可定性地表示 β 和 V 的关系，如图 3-34 所示。

由式(3-96)和图 3-34 可知，不管车辆的转向特性如何，β 都随速度 V 的增加而减小，在某速度以上，其值变负，绝对值增大。如果车辆呈现 US 特性，则 β 随速度的增加而趋近于某一定值；如果呈现 OS 特性，则在 $V = V_c$ 处成为 $-\infty$。如同前面所述，车辆在 NS 特性时，转向半径和前轮转角的关系及相应于前轮转角的横摆角速度，将不依赖于速度而保持准静态圆周运动的条件。但只有质心侧偏角 β，即使在 NS 特性，即 $l_f K_f - l_r K_r = 0$ 时也有

$$\beta = \left(1 - \frac{m}{2lK_F}V^2\right)\frac{l_r}{l}\delta_0$$

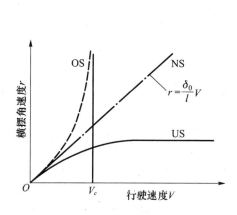

图 3-33 横摆角速度和行驶速度

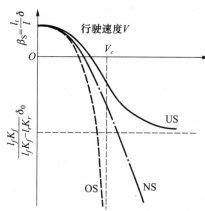

图 3-34 质心侧偏角和速度的关系

并不保持准静态等速圆周运动的值 $\beta = (l_r/l)\delta_0$,像这样不论车辆的转向特性如何,车辆的侧偏角都随速度变化而变化的原因是因为车辆必须得到侧向力以平衡相应于行驶的离心力。质心侧偏角是车辆纵向和车辆质心行驶方向之间所成的角。β 随速度增加而变负,其绝对值增大,即车辆速度越高,车头侧向回转圆内侧的倾向就越强。并且,车辆的 OS 特性越强,这种倾向就越大。也就是说,车辆呈 OS 特性时,在车辆行驶速度 $V = V_c$ 的点上,相对于一定的前轮转角,转向半径 ρ 为 0,或者要得到一定的转向半径,前轮转角为 0,横摆速度 γ 和质心侧偏角度则趋于无穷大。而在 $V = V_c$ 时,则所得的 β 将无物理意义。速度 V_c 是满足下式的 V 值:

$$1 - \frac{m}{2l^2}\frac{l_fK_f - l_rK_r}{K_Fk_R}V^2 = 0 \tag{3-97}$$

如果 $l_fK_f - l_rK_r > 0$,即车辆具有 OS 特性,则存在正实数 V,有

$$V_c = \sqrt{\frac{2K_fK_r}{m(l_fK_f - l_rK_r)}l} \tag{3-98}$$

即存在稳定极限速度 V_c,使得速度大于 V_c 时不能作圆周运动。

由上式可知,$l_fK_f - l_rK_r$ 越小,则稳定极限速度 V_c 越大。另外,车辆的惯性质量 m 越小,前后轮轮胎的侧偏刚度 K_f、K_r 越大,轴距 l 越大,则稳定极限速度就越高。

需要注意的是,车辆呈现 OS 特性且当 $V \geq V_c$ 时,其运动会处于不稳定状态。这一结果终究是在前轮转角固定的条件下从理论上导出的结果,并不表示如果速度大于 V_c,则不管驾驶员如何操纵,车辆都不能行驶。只是由于存在这样的稳定极限速度 V_c,所以现实中一般是避免设计出呈现 OS 特性的车辆。

令

$$A = -\frac{m}{2l^2}\frac{l_fK_f - l_rK_r}{K_fK_r} \tag{3-99}$$

则式(3-97)成为:$1 + AV^2 = 0$。

则

$$V_c = \sqrt{-\frac{1}{A}} \tag{3-100}$$

称 A 为稳定性因子(Stability Factor)。

若用稳定性因子 A 写出等速圆周运动的 ρ、γ、β 和 δ 的关系,则有

$$\beta = \frac{1 - \frac{m}{2l}\frac{l_f}{l_r K_r}V^2}{1 + AV^2}\frac{l_r}{l}\delta \tag{3-101}$$

$$\gamma = \frac{1}{1 + AV^2}\frac{V}{l}\delta \tag{3-102}$$

$$\rho = (1 + AV^2)\frac{L}{\delta} \tag{3-103}$$

这样,稳定性因子就成为一个重要的指数,其正负影响着车辆的转向特性,有时也称 A 为 US/OS 梯度(Gradient)。

由式(3-89)可知,虽然 $l_f K_f - l_r K_r$ 的正负基本上决定了速度的影响程度,但除此以外,车辆的质量 m 越大,轴距 l 越小,且前后的侧偏刚度 K_f、K_r 越小,则速度的影响就越大。

由于某种原因若车辆在 $\delta = 0$ 的条件下产生了质心侧偏角 β,则前后轮轮胎上也产生同样的侧偏角,并在轮胎上产生侧向力。而且,该侧向力形成绕车辆质心的横摆力矩。此力矩所产生的横摆运动可由车辆基本运动式(3-87)表示为

$$I\frac{d\gamma}{dt} + \frac{2(l_f^2 K_f + l_r^2 K_r)}{V}\gamma = -2(l_f K_f - l_r K_r)\beta$$

若 β 为正,则由上式可知,当 $l_f K_f - l_r K_r$ 为正时,绕车辆质心作用着使 γ 减少的力矩;当 $l_f K_f - l_r K_r$ 为 0 时,无力矩作用;当 $l_f K_f - l_r K_r$ 为负时,作用着使 γ 增大的力矩。即,若 $l_f K_f - l_r K_r$ 为正,则侧偏角 β 在前后轮上发生的侧向力的合力作用点位于车辆质心的前方;若 $l_f K_f - l_r K_r$ 为 0,则与质心重合;若 $l_f K_f - l_r K_r$ 为负,则位于质心后方。这个前后轮侧偏力的合力作用点称为中性转向点(Neutral-Steer-Point,以下记为 NSP)。

如图 3-35 所示,设车辆质心产生了侧偏角 β,则作用于前后轮的侧向力为 $2K_f\beta$ 和 $2K_r\beta$,NSP 和车辆质心间的距离为 l_N,则 $2K_f\beta$、$2K_r\beta$ 绕 NSP 的力矩必须平衡,即

$$(l_f + l_N)2K_f\beta = (l_r - l_N)2K_r\beta$$

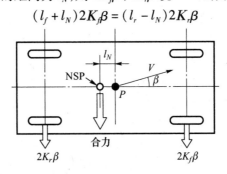

图 3-35 由质心侧偏角引起的侧向力和力作用点

由上式得

$$l_N = -\frac{l_f K_f - l_r K_r}{K_f + K_r} \tag{3-104}$$

即,NSP 在 $l_f K_f - l_r K_r$ 为正时位于质心的前方,在 $l_f K_f - l_r K_r$ 为负时位于后方,在 $l_f K_f - l_r K_r$ 为 0 时与质心相重合。

称用轴距 l_N 与 l 的比值为静态储备系数(Static Margin,以下记为 SM)。

$$\text{SM} = \frac{l_N}{l} = -\frac{l_f K_f - l_r K_r}{l(K_f + K_r)} \tag{3-105}$$

$$\text{SM} = -\frac{l_f}{l} + \frac{K_r}{K_f + K_r}$$

由上所述,左右车辆转向特性的 $l_f K_f - l_r K_r$ 可以用静态储备系数 SM 替代,车辆的转向特性可用 SM 定义如下:

$$\text{SM} > 0, \text{US}$$
$$\text{SM} = 0, \text{NS}$$
$$\text{SM} < 0, \text{OS}$$

将式(3-105)代入式(3-88),则得

$$V_C = \sqrt{\frac{2l K_f K_r}{m(K_f + K_r)}\left(-\frac{1}{\text{SM}}\right)} \tag{3-106}$$

若用 SM 表示稳定性因子 A,则有

$$A = \frac{m}{2I}\frac{K_f + K_r}{K_f K_r}\text{SM} \tag{3-107}$$

车辆作等速圆周运动时由几何关系可导出转向半径 ρ 和前轮转角 δ 的关系式:

$$\rho = \frac{l}{\delta - \beta_f + \beta_r} \tag{3-108}$$

由该式可知,根据相应于车辆速度而产生的前后轮侧偏角 β_f、β_r 的大小关系,ρ 和 δ 的关系如下:

$$\beta_f - \beta_r > 0 \text{ 时}, \rho > \frac{l}{\delta} \text{ 或 } \delta > \frac{l}{\rho}$$

$$\beta_f - \beta_r = 0 \text{ 时}, \rho = \frac{l}{\delta} \text{ 或 } \delta = \frac{l}{\rho}$$

$$\beta_f - \beta_r < 0 \text{ 时}, \rho < \frac{l}{\delta} \text{ 或 } \delta < \frac{l}{\rho}$$

若 $\beta_f > \beta_r$,与一定前轮转角相对应的转向半径将变大,要保持相同的转向半径会使前轮转角不足,因此,需要有更大的前轮转角;若 $\beta_f = \beta_r$,转向半径和前轮转角的关系就与速度无关;若 $\beta_f < \beta_r$,与一定前轮转角相对应的转向半径将变小,要保持相同的转向半径就会使前轮转角过多,因而必须减小前轮转角。因此,可以根据前后轮的侧偏角而定义车辆的转向特性如下:

$$\beta_f > \beta_r \text{ 时}, \quad \text{US}$$
$$\beta_f = \beta_r \text{ 时}, \quad \text{NS}$$

$\beta_f < \beta_r$ 时, OS

这个定义与等速圆周运动时前后轮上是否作用着轮胎侧偏力以外的侧向力,或者侧偏力是否和侧偏角 β_f、β_r 成正比等无关。

图 3-36 表示相对于一定的前轮转角,车辆圆周运动是如何随 β_f、β_r 大小关系的变化而变化的。可以定性地理解,若 $\beta_f > \beta_r$,车辆呈 US 特性,则转向半径就大于 $1/\delta$;若 $\beta_f = \beta_r$,车辆呈 NS 特性,则转向半径就等于 $1/\delta$;若 $\beta_f < \beta_r$,车辆呈 OS 特性,则转向半径就小于 $1/\delta$。又,不论车辆有怎样的转向特性,随着车辆行驶速度的增加,β_f、β_r 都增大,所以其回转中心将向车辆的前方移动。

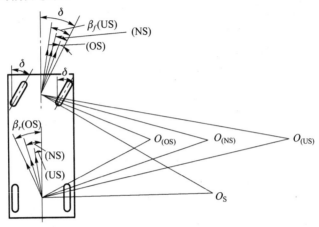

图 3-36 车辆转向特性与前、后轮侧偏角的关系

这样,从几何学角度,由 $\beta_f - \beta_r$ 的正负来考察车辆的 US、OS 特性,可更好地理解式(3-93)和式(3-94)由 $l_f K_f - l_r K_r$ 正负定义的转向特性的物理意义。又,等速圆周运动时,若作用于前后轮上的侧向力只有正比于 β_f、β_r 的侧偏力,则由式(3-91)、式(3-108),得

$$\frac{\rho}{l}(\beta_f - \beta_r) = -\frac{m}{2l^2}\frac{l_f K_f - l_r K_r}{K_f K_r}V^2 = AV^2 \tag{3-109}$$

因此,基于 $\beta_f - \beta_r$ 和 $l_f K_f - l_r K_r$ 的转向特性定义是一致的,$\rho(\beta_f - \beta_r)$ 相当于稳定性因子 A。

归纳上述车辆转向特性和等速圆周运动的关系,可得表 3-5。

表 3-5 车辆转向特性和等速圆周运动的关系

转向特性	SM = $\dfrac{-(l_f K_f - l_r K_r)}{l(K_f + K_r)}$	NSP 和质心 P 的位置关系	行驶速度对圆周运动的影响				
			转向半径 (ρ 为一定)	前轮转角 (δ 为一定)	横摆角速度 r	前后轮侧偏角 β_f、β_r	极限速度
US	>0	前 后 P NSP	随速度增大而增大	随速度增大而增大	随速度增大至某处后再减小	$\beta_f > \beta_r$	无

(续)

转向特性	$SM = \dfrac{-(l_f K_f - l_r K_r)}{l(K_f + K_r)}$	NSP 和质心 P 的位置关系	行驶速度对圆周运动的影响				
			转向半径（ρ 为一定）	前轮转角（δ 为一定）	横摆角速度 r	前后轮侧偏角 β_f、β_r	极限速度
NS	$=0$	P●○ NSP	一定 $\rho = \dfrac{l}{\delta}$	一定 $\delta = \dfrac{l}{\rho}$	与速度成正比增大	$\beta_f = \beta_r$	无
OS	<0	NSP○ P●	随速度增大而减小	随速度增大而减小	随速度增大而急剧增大	$\beta_f < \beta_r$	$V_c = \sqrt{\dfrac{2K_f K_r l^2}{m(l_f K_f - l_r K_r)}}$

第六节　燃油经济性计算

一、燃油经济性的评价指标

在保证动力性的条件下，车辆以尽量少的耗油量经济行驶的能力称为车辆的燃油经济性。

车辆的燃油经济性常用一定运行工况下车辆行驶百公里的燃油消耗量或一定燃油量能使车辆行驶的里程来衡量。

在我国及欧洲，燃油经济性指标的单位为 L/100km，即行驶 100km 所消耗的燃油升数。美国采用 MPG（Mile Per Gallon）或 mile/USgal，指每加仑燃油能行驶的英里数。日本采用 km/L，即每升燃油能行驶的公里数。

实际工作中常用等速行驶百公里燃油消耗量来评价，即车辆在额定载荷下，以最高挡在水平良好路面上等速行驶 100km 的燃油消耗量。常测出每隔 10km/h 或 20km/h 速度间隔的等速百公里燃油消耗量，然后在图上连成曲线，称为等速百公里燃油消耗量曲线。

但是等速行驶工况没有全面反映车辆的实际运行情况。各国都制定了一些典型的循环工况来模拟实际车辆运行状况，并以其百公里燃油消耗量来评定相应行驶工况的燃油经济性。

我国根据不同的试验车型制定了不同的试验工况。对总质量在 3500～14000kg 的载货汽车按六工况进行试验，对城市客车按四工况进行试验，对轿车按十五工况进行试验。还规定以等速百公里燃油消耗量和最高挡全油门加速行驶 500m 的加速油耗作为单项评价指标，以循环工况燃油消耗量作为综合性评价指标。

欧洲经济委员会（ECE）规定，要测量车速为 90km/h 和 120km/h 的等速百公里燃油消耗量和按 ECE—R. 15 循环工况的百公里燃油消耗量，并各取 1/3 相加作为混合百公里燃油消耗量来评定车辆的燃油经济性。美国国家环境保护局（EPA）规定，要测量城市内循环工况(UDDS)及公路循环工况(HWFET)的燃油经济性,并按下式计算综合燃油经济性(mile/gal)。

$$综合燃油经济性 = \frac{1}{\dfrac{0.55}{城市循环燃油经济性} + \dfrac{0.45}{公路循环燃油经济性}}$$

二、燃油经济性计算

(一) 车辆燃油消耗方程式

在设计阶段常根据发动机台架试验得到的万有特性图及车辆功率平衡图,对车辆的燃油经济性进行估算。

等速百公里燃油消耗量 Q_s 可由发动机每小时耗油量 Q_t (kg) 和平均车速 V (km/h) 确定:

$$Q_s = \frac{Q_t}{V} \times 100 \, (\text{kg/100km}) \tag{3-110}$$

由发动机原理可知,发动机的有效耗油率 g_e 为

$$g_e = Q_t / P_e \times 1000 \, (\text{g/(kW·h)}) \tag{3-111}$$

将上式代入(3-110)得

$$Q_s = \frac{g_e P_e}{10V} \times 9.8 = \frac{g_e P_e}{1.02V} (\text{N/100km})$$

或

$$Q_s = \frac{P_e g_e}{1.02 V \gamma} (\text{L/100km}) \tag{3-112}$$

式中 γ——燃油重度,柴油取 $\gamma = 7.96 \sim 8.13 \text{N/L}$;

P_e——发动机功率(kW)。

由车辆功率平衡可知:

$$P_e = \frac{1}{\eta_T}(P_f + P_i + P_w + P_j)$$

所以

$$Q_s = \frac{g_e}{1.02 v \gamma}\left(\frac{G_f V}{3600} + \frac{G_i V}{3600} + \frac{C_D A V^3}{3600 \times 21.15} + \frac{\delta G V}{3600}\frac{1}{g}\frac{dV}{dt}\right)$$

$$= \frac{g_e}{3672 \eta_T \gamma}\left(G_f + G_i + \frac{C_D A V^2}{21.15} + \frac{\delta G}{g}\frac{dV}{dt}\right) \text{L/100km} \tag{3-113}$$

式(3-113)全面反映了车辆燃油消耗量与发动机经济性、传动系统结构参数及行驶条件间的关系,称为车辆燃油消耗量方程式。它对于分析车辆的燃油经济性有重要的指导意义。

（二）燃油经济性图表

在实际计算中，根据车辆功率平衡图及发动机负荷特性曲线用作图法求出等速百公里油耗。

若车辆以速度 v' 在水平路面上行驶（图 3-37 中的(a)），此时相应的发动机部分负荷曲线与功率曲线平衡于 b 点，由此找出该车速下的负荷率 $U = bc/ac$ 及发动机功率 P'_e，再求出与 v' 相对应的 n'_e，然后在图(b)上根据已得到的 v' 和 n'_e 找出相应的 g'_e，代入式(3-112)中即得到车速为 v' 的等速百公里油耗 $Q'_s\left(Q'_s = \dfrac{P'_e g'_e}{1.02 \gamma v'}\right)$。若每隔 10km/h 求出相应的百公里油耗，便可以得到图(c)所示的等速百公里油耗曲线。

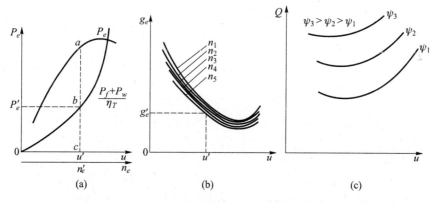

图 3-37　等速百公里油耗作图法

（三）循环试验的平均百公里油耗计算

循环试验中的车辆行驶工况有加速、减速及停车、怠速等。对减速及停车、怠速的油耗量可根据试验得到的怠速油耗量来估算。

车辆加速时，发动机发出的功率除要克服滚动阻力和空气阻力外，还要克服惯性力。研究表明，加速过程中，惯性阻力功率远大于等速行驶阻力功率，有效油耗率比稳定工况时大。

这里介绍一种车辆由 v_1 等速加速至 v_2 的燃油消耗量计算方法。把加速过程分隔为若干区间，如按速度每增加 1km/h 为一小区间，每个区间的燃油消耗量可根据其平均的单位时间燃油消耗量与行驶时间之积求得。各区间起始和终了车速所对应时刻的单位时间燃油消耗量 Q_t（mL/s）可根据相应的发动机发出的功率与燃油消耗率求得：

$$Q_t = \frac{P g_e}{367.1 \gamma}$$

而车辆行驶速度每增加 1km/h 所需时间为

$$\Delta t = \frac{1}{3.6 \dfrac{dv}{dt}}$$

车辆从初速 v_1 加速至 $v_1 + 1$ 所需燃油量为

$$Q_1 = \frac{1}{2}(Q_{t0} + Q_{t1})\Delta t$$

式中 Q_{t0}——初速 v_1 时,即 t_0 时刻的单位时间燃油消耗量(mL);

Q_{t1}——车速 v_1+1 时,即 t_1 时刻的单位时间燃油消耗量(mL)。

同理,车速从 v_1+1 再增加 1km/h 所需的燃油消耗量为

$$Q_2 = \frac{1}{2}(Q_{t1}+Q_{t2})\Delta t$$

式中 Q_{t2}——车速 v_1+2 时,即 t_2 时刻的单位时间燃油消耗量(mL)。

依次可求出各个时刻的单位时间燃油消耗量。整个加速过程的燃油消耗量为

$$Q_a = \sum_{i=1}^{n} Q_i = Q_1 + Q_2 + \cdots + Q_n \qquad (3-114)$$

加速区段内车辆行驶的距离为

$$S_a = \frac{v_2^2 - v_1^2}{25.92 \dfrac{\mathrm{d}v}{\mathrm{d}t}} \qquad (3-115)$$

车辆减速行驶时,发动机处于强制怠速状态,其油耗量即为正常怠速油耗。所以减速工况燃油消耗量等于减速行驶时间与怠速油耗的乘积。减速时间为

$$t = \frac{v_2 - v_3}{3.6 \dfrac{\mathrm{d}v}{\mathrm{d}t_d}}$$

式中 v_2、v_3——起始及减速终了的车速(km/h);

$\dfrac{\mathrm{d}v}{\mathrm{d}t_d}$——减速度($\text{m/s}^2$)。

减速过程燃油消耗量为

$$Q_d = \frac{v_2 - v_3}{3.6 \dfrac{\mathrm{d}v}{\mathrm{d}t_d}} Q_i$$

式中 Q_i——怠速燃油消耗量(mL)。

最后,再加上等速、停车等各种行驶工况下的油耗量,就可估算出循环试验车辆的燃油经济性:

$$Q_s = \frac{\sum Q}{S} \times 100 \qquad (3-116)$$

式中 $\sum Q$——所有过程耗量之和(mL);

S——整个循环的行驶距离(m)。

(四) 影响燃油经济性的因素

由车辆燃油消耗量方程式可以看出影响燃油经济性的因素。

(1) 车辆总质量:总质量影响加速阻力和滚动阻力,影响的程度随行驶条件不同而有所不同。在平均车速较低、加速减速较多的行驶工况,总质量的影响程度大;反之,影响程度小。

(2) 变速器:一般自动变速器比机械变速器费油;在同一道路条件下,虽然发动机发

出的功率相同，但挡位越低，燃油消耗率就越大。

（3）车速：车辆低速时发动机机械损失所占比例较大；而高速时空气阻力迅速增加。轮式装甲车的经济性与动力性匹配较好的最佳车速区一般为 40~60km/h。

（4）行驶阻力：行驶阻力由滚动阻力和空气阻力组成。滚动阻力受轮胎滚动阻力系数和车辆总质量的影响较大；空气阻力受空气阻力系数和迎风面积的影响较大。改善低速时的油耗，主要是降低滚动阻力，而改善高速时的油耗，最有效的措施是降低空气阻力。

第四章 发动机选型与辅助系统设计

第一节 发动机选型

发动机是一种将不同工质的热能转化为机械能的作功机械。在车辆上,发动机是动力源,是车辆最重要的部件之一。对于轮式装甲车,发动机的重要性不仅在于提供驱动功率、决定车辆的机动性,而且其外形尺寸、燃油经济性以及在车辆上的安装位置等都与战车的性能有着密切关系。

发动机的选择是车辆设计中的一项重要工作,需要考虑很多因素,例如:车辆的用途、总重、总体布置型式,动力性和经济性要求,使用条件,材料和燃料资源,排放和噪声方面的要求或法规限制,现有的发动机系列,生产成本和生产条件以及技术发展趋势等。最终的选择通常需要经过多方案比较,甚至要通过先行试验和研究才能选定发动机。

一、发动机基本型式的选择

在车辆发动机的型式选择中首先应决定的是采用汽油机还是柴油机,然后是汽缸的排列型式和发动机的冷却方式。

(一)柴油机和汽油机

目前车辆上最常用的动力装置是往复活塞式内燃机(柴油机和汽油机)。轮式装甲车一般采用柴油机。

柴油机与汽油机相比有下列优点:

(1)燃料经济性好,比油耗较低,尤其在部分负荷时能节省更多的燃料;
(2)工作可靠,耐久性好,无点火系统,故障少,而且大部分零件使用寿命较长;
(3)可采用较高的增压比和较大的缸径来提高功率,易于设计成大功率发动机;
(4)排气污染较低;
(5)在同样的续驶里程下油箱容积小,便于布置;
(6)柴油不易蒸发,不易发生火灾。

但柴油机的工作比较粗暴,振动和噪声较大,尺寸和重量大,造价较高,起动比较困难,易产生黑烟。

(二)直列式和V型

直列式发动机结构简单,工作可靠,成本低,维修方便,发动机的宽度也小,在大梁式结构的车辆中布置比较方便灵活,因而在小型和轻型装甲车上得到了应用。但是,当发动机排量较大时,直列式发动机的缺点就比较突出:不是缸径过大影响工作性能,就是缸数过多,发动机过长和过高,重量也大。因此,世界各国的重型装甲车和越野汽车上采用V型发动机的日益增多。

V型发动机与直列式相比有不少优点:

(1) 长度显著缩短(约短25%～30%),高度较低,重量可减轻20%～30%;

(2) 曲轴箱和曲轴的刚度较大,扭振特性可能有所改善;

(3) 容易设计出尺寸紧凑的高转速和大功率发动机;

(4) 通过缸数变化容易形成功率范围很大的发动机系列,如V6、V8、V10和V12,而车用直列一般到6缸为止,最多8缸。

对于长度和高度受到严格限制的装甲车辆来说,V型发动机的优点比较突出。V型发动机的缺点是宽度大,采用动力舱前置方案时,布置起来比较困难;在缸心距相同时,主轴承宽度(支承面积)受到一定的限制;对缸体的铸造技术要求较高,加工比较困难,造价较高。

(三) 水冷式和风冷式

水冷式发动机的优点:

(1) 冷却均匀可靠,散热好,因而缸盖、活塞等主要零件的热负荷较低,可靠性高;同时,汽缸变形也小,活塞与汽缸的间隙可以减小,机油消耗少;

(2) 噪声较低;

(3) 平均有效压力比风冷式可以高5%～10%,比油耗较低;

(4) 车内供暖易于解决;

(5) 制造成本较低,这是由于风冷式发动机的缸盖一般是用铝合金,价格贵,且铸造费工;

(6) 能较好地适应增压后散热的需要,如加大水箱散热面积,增加泵量,而风冷机在加大风量和加大散热面积时会受到风扇安装空间和缸心距的限制。

由于上述优点,绝大多数军用车辆采用水冷式发动机。

水冷式发动机的缺点:

(1) 冷却系统的使用和维护不够方便;

(2) 冷却性能受大气温度影响大,夏天易过热;冬天汽缸温度低,腐蚀性磨损较大。

风冷式发动机则正好相反,冷却系统简单,维修简便,在沙漠和缺水地区以及异常的气候(酷暑和严寒)下使用适应性好,不会发生"开锅"和冻结等故障,腐蚀性磨损少;此外,还可节省制造水箱所用的铜或铝材。风冷式发动机在重型越野汽车和军用越野车上有一定的应用,因为风冷式发动机对军用车辆而言,由于没有水冷系统,可靠性好,也不致由于冷却系统被子弹打穿而被迫停驶。当风冷式发动机缸径很大时,散热效率降低,冷却也不均匀,故缸盖等零件热负荷高,可靠性较差;油耗较大,噪声大;散热器翅片易被尘土堵塞而产生过热造成缸体损坏。大型风冷式发动机虽然也能达到较高的性能指标,但需采用较多的结构措施,成本较高。

二、发动机主要参数的选择

在车辆设计中,发动机主要参数的初步选择通常有两种方法:一种是按最高车速或最大爬坡度,选择发动机应具有的功率,选择的发动机功率应大体上等于且不小于以最高车速行驶时行驶阻力功率之和;另一种是根据现有的车辆统计数据,初步估计车辆单位功率,以此来确定发动机应有的功率。

(一)发动机最大功率及其相应的转速

发动机功率越大则装甲车的动力性能一般会越好,但功率过大会使发动机功率利用率下降,燃油经济性降低,而且使传动系统负荷增大,增加整车重量。因此必须根据车辆动力性能需要合理地选择发动机功率。

按要求的最高车速计算发动机功率:

$$P_e = \frac{1}{\eta_T}\left(\frac{fG}{3600}u_{a\max} + \frac{C_D A}{3.6^2}u_{a\max}^3\right) \tag{4-1}$$

式中　P_e——发动机功率(kW);

　　　η_T——传动效率;

　　　f——滚动阻力系数;

　　　G——车辆重力(N);

　　　u_a——车辆速度(km/h);

　　　C_D——空气阻力系数;

　　　A——车辆正面投影面积(m^2)。

由上式算出的发动机最大功率为净输出功率,即在发动机装有全部附件情况下应输出的最大有效功率。它比一般发动机外特性上的最大功率通常低12%~20%。

在实际工作中,还利用现有车辆统计数据初步估计车辆比功率来确定发动机应有功率。车辆比功率是整车单位总质量具有的发动机功率,比功率的常用单位是kW/t,可由下式求得车辆比功率为

$$\frac{P_e}{m} = \frac{fg}{3.6\eta_T}u_{a\max} + \frac{C_D A}{76.14 m\eta_T}u_{a\max}^3$$

式中　P_e——发动机功率(kW);

　　　η_T——传动效率;

　　　f——滚动阻力系数;

　　　m——车辆质量(kg);

　　　g——重力加速度(m/s^2);

　　　u_a——车辆速度(km/h);

　　　C_D——空气阻力系数;

　　　A——车辆正面投影面积(m^2)。

在车辆方案设计时,可参考同类型装甲车辆的比功率和动力性能,如表4-1所列,用来初步确定发动机功率。

表4-1 轮式装甲车的发动机型号与性能

车型	国别	单位功率（kW/t）	发动机	最大功率 kW(r/min)	最大扭矩 N·m(r/min)	外形尺寸 长×宽×高/（mm×mm×mm）	发动机质量/kg
Бтр-60	俄罗斯	数据不详	2xгаз49БВ,6缸直列汽油机	132(3400)	数据不详	数据不详	数据不详
Бтр-70	俄罗斯	14.7	2X3My4905,8V汽油机	169(3200)	数据不详	数据不详	数据不详
Бтр-80	俄罗斯	14.0	9MZ-238A,8V柴油机	191(2100)	905(1500)	数据不详	数据不详
V150	美国	15.3	V504,8V柴油机	151(3300)	数据不详	数据不详	数据不详
V-300	美国	14.0	VT504,8V增压柴油机	201(3000)	数据不详	数据不详	数据不详
LAV-25	加拿大	17.1	6VDI,6V增压柴油机	224(2800)	863(2100)	1180×914×965	612
龙骑兵300	美国	17.6	6V531,6V增压柴油机	224(2800)	863(2100)	1180×914×965	612
AT-150	乌克兰	12.5	贝特福特500,6缸直列柴油机	122(2800)	502(2200)	数据不详	数据不详
FS-100	英国	15.7	TV8.540,8V增压柴油机	157(2500)	706(1600)	数据不详	数据不详
M3	法国	12.4	帕奇特XD31,4缸柴油机	72	数据不详	数据不详	数据不详
VXB-170	法国	9.84	V800M,8V柴油机	125(3000)	数据不详	数据不详	数据不详
BLR-600	西班牙	16.3	毕加索9157/8型增压柴油机	228(2200)	1138(1300)	数据不详	数据不详
BLR	西班牙	10.8	毕加索9100/41型直列柴油机	125(2000)	数据不详	数据不详	数据不详
523	中国	13.1	BF6L913C,6直中冷增压柴油机	141(2500)	610(1650)	1012×711×990	510

在初步选定发动机功率之后，还需进一步分析计算车辆的动力性与燃油经济性，最终确定发动机主要性能参数。在发动机选型阶段，除了要确定发动机的最大功率外，还要对最大功率时的转速（额定转速）n_p 提出一定要求（大致范围），因为它不仅影响发动机的排量、尺寸、性能和使用寿命，而且影响车辆传动系统的寿命、最大车速和主传动比 i_o 的选择。总的来说，最大功率转速 n_p 高一些比较有利。

提高转速是提高发动机功率和减轻其重量的有效措施之一，但转速高了，活塞的平均速度和热负荷增高，曲柄连杆机构的惯性负荷增大，因而磨损加剧，寿命下降；发动机的振动和噪声也大；配气机构的工作可能不协调。因此，额定转速 n_p 不宜过高。一般根据车辆的类型、最大功率、最高车速、适用的活塞平均速度、发动机的缸径、冲程、缸数和制造水平等因素确定。

（二）发动机最大扭矩及其相应转速

发动机最大扭矩 M_{emax} 及其相应转速 n_M 对车辆的动力性能（如动力因素、加速性能、爬坡性能等）影响很大。因此，在总体设计时应对这两个参数提出一定的要求。同时，发动机最大扭矩 M_{emax} 对最大功率时的扭矩 M_p 之比值也是一个重要的性能参数，即扭矩适应性系数 $\alpha = M_{emax}/M_p$，它标志着车辆行驶阻力增加时发动机沿着外特性曲线自动增加扭矩的能力,反映了不换挡时车辆牵引力能增加多少倍,这个系数大一些,换挡次数可减少,车辆耗油量也能减少。因此,对这个系数应有一定的要求。汽油机的扭矩适应性系数 α 多在 1.2~1.35 之间。柴油机的 α 大多在 1.1~1.25。对于轮式装甲车和经常行驶在山区的车辆扭矩适应性系数 α 大一些较好。

当发动机最大功率 P_{emax} 及相应转速 n_p 选定以后,发动机最大扭矩 M_{emax} 也就基本上定下来了,它们之间存在下列关系

$$M_{emax} = \alpha M_p = \alpha \times 7026 \times \frac{P_{emax}}{n_p} (\mathrm{N \cdot m}) \qquad (4-2)$$

在计算时,扭矩适应性系数 α 可参考同类型发动机的试验数据选取。根据式(4-2)可初步确定所需的 M_{emax}。此外,M_{emax} 的数值也可根据同吨位级的车辆的比扭矩值预先估算。

发动机最大扭矩转速 n_M 与最大功率转速 n_p 要保持适当的关系。如果 n_M 过于接近 n_p,则直接挡稳定,车速偏高,换挡次数会增加,变速器的挡数一般也要增多,此外车辆冲坡性能也会变坏。因此,n_p/n_M 之比(也称转速适应性系数)不宜小于 1.4。现代车用汽油机与柴油机的这一比值大多在 1.4~2.0 之间(取决于配气系统和供油系统的设计)。在总体设计时,可参考同类结构发动机的试验数据选择一个适当的转速比值,借此初步确定最大扭矩转速 n_M 的大致数值,作为设计要求。

(三) 发动机适应性系数

扭矩适应性系数 α 与转速适应性系数 n_p/n_T 之乘积,称为发动机总适应性系数,能表示发动机适应车辆行驶工况的能力。可表示为

$$\varphi = \frac{M_{emax}}{M_p} \times \frac{n_p}{n_M} \qquad (4-3)$$

这个比值越大,则发动机的适应性越好。从总体设计来看,采用总适应性系数较大的发动机比较有利,因为可减少换挡次数、减轻驾驶员的疲劳、减少传动系统磨损和降低油耗。现代汽油机的适应性系数 φ 一般在 1.4~2.4 之间,而柴油机的 φ 一般在 1.6~2.6 之间,而 1.7 以上较多。

第二节 发动机安装设计

一、动力总成悬置系统的功用

轮式装甲车通常将发动机与变速箱联结而成的动力总成使用弹性支承安装在车体上,该弹性支承被称为动力总成悬置系统。设置动力总成悬置系统的目的是由于悬置系统能起到隔离振动的作用,从而控制动力总成与车体之间的振动传递,而隔振性能的优劣是影响车辆乘坐舒适性和零部件寿命的重要因素。动力总成悬置系统的主要功用和要求可以归纳为以下几个方面[7]:

(1) 支承作用,悬置元件(即弹性支承)须考虑动力总成的重量及驱动反力矩引起的

悬置变形,合理地分配每个悬置所承受的静载,使其不至于产生过大的位移而影响工作;

（2）隔振作用,隔振是悬置系统最主要的功能,一方面要尽可能降低动力总成（主要是发动机）的振动向车体的传递,同时还必须隔离由道路不平引起的车体的振动向动力总成的传递;

（3）限位作用,动力总成须承受各种动态负荷和冲击负荷（如制动、加减速、转弯等）,悬置系统在起到缓冲减振作用的同时应能有效地限制其最大位移,避免发生与相邻零件的碰撞,以确保动力总成正常工作。

二、发动机的振动特性

轮式装甲车所用发动机多为往复式内燃机,动力总成既是激励源又是受迫的振动体。作为激励源的发动机,其振动是整车的重要振源之一。在车辆的正常行驶过程中,来自发动机汽缸内的燃气压力和运动部件产生的不平衡惯性力与力矩的作用,激励着车辆不断地产生振动。如果这些力和力矩与整车的其他子系统或来自路面的激励发生耦合时,那么整车的振动将会大大加剧,影响乘坐的舒适性与安全性,甚至无法正常工作。因此,正确分析发动机的振动激励源及其特性,是动力总成安装和动力总成悬置系统设计和优化的一项极其重要的工作。

（一）发动机激振频率

发动机汽缸内混合气燃烧,曲轴输出脉冲转矩,由于转矩周期性地发生变化,导致发动机上反作用力矩的波动。这种波动使发动机产生周期性的扭转振动,其振动频率实际上就是发动机的发火频率,计算公式[8]:

$$f_1 = \frac{2in}{60\tau} \tag{4-4}$$

式中　f_1——点火干扰频率（Hz）;

　　　τ——发动机冲程数;

　　　i——发动机汽缸数;

　　　n——曲轴转速（r/min）。

由不平衡的旋转质量和往复运动的质量所引起的惯性激振力和力矩的激振频率为

$$f_2 = \frac{1}{60}Qn \tag{4-5}$$

式中　f_2——惯性力激振频率（Hz）;

　　　Q——比例系数（一阶不平衡力或力矩 $Q=1$,二阶不平衡力或力矩 $Q=2$）。

不平衡惯性力的激振频率与发动机的缸数无关,但惯性力的不平衡量与发动机缸数和结构特征有着密切的关系。

（二）单缸曲柄连杆机构运动分析[9]

发动机工作时曲柄匀速转动,活塞往复变速运动,连杆作复合平面运动,因此曲柄连杆机构的零件由于变速运动而产生惯性力。计算曲柄连杆机构惯性力时一般将连杆分为两部分：一部分随活塞作往复运动;另一部分与连杆轴颈一起作旋转运动。将整个曲柄连杆机构简化为一个双质量系统,如图 4-1 所示。

曲柄连杆机构的旋转惯性力为

$$P_r = m_1 r\omega^2 \quad (4-6)$$

式中　m_1——集中在连杆轴颈中心作旋转运动的质量(kg)；

　　　r——曲柄半径(m)；

　　　ω——曲轴角速度(rad/s)。

旋转惯性力 P_r 是一个大小不变，而方向随曲柄转动的径向力。P_r 作用到主轴承上，并且通过它传出机体外作用在发动机支架上。

往复惯性力作用在活塞销上，假定集中在活塞销中心的往复质量 m_2 及其加速度 a，则往复惯性力为

$$P_j = m_2 a \quad (4-7)$$

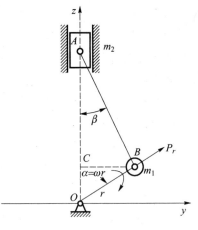

图 4-1　曲柄连杆机构的双质量系统模型

式中　m_2——集中在活塞销中心的往复质量(kg)；

　　　a——加速度(m/s²)。

将加速度代入上式并忽略高次项之后，往复惯性力可表示为

$$\begin{aligned}P_j &= -m_2(r\omega^2\cos\alpha + r\omega^2\lambda\cos2\alpha)\\&= -m_2 r\omega^2\cos\alpha - m_2 r\omega^2\lambda\cos2\alpha\end{aligned} \quad (4-8)$$

式中　λ——曲柄半径与连杆长度之比；

　　　α——角度(°)。

若令 $P_{j1} = -m_2 r\omega^2\cos\alpha$，$P_{j2} = -\lambda m_2 r\omega^2\cos2\alpha$，则往复惯性力可表示为

$$P_j = P_{j1} + P_{j2} \quad (4-9)$$

式中　P_{j1}——一阶惯性力(N)；

　　　P_{j2}——二阶惯性力(N)。

（三）活塞上总作用力的分解与传递

曲柄连杆机构上的力和力矩如图 4-2 所示。

对直列发动机来说，作用在曲柄连杆机构上的主动力为

$$P_G = (P_{气} - 1)\frac{\pi D^2}{4} \quad (4-10)$$

式中　$P_{气}$——活塞顶面上气体的爆发压力(MPa)；

　　　D——活塞直径(mm)。

P_G 与往复惯性力 P_j 均沿着汽缸轴线的方向，其合力 P 的值等于它们的代数和：

$$P = P_G + P_j \quad (4-11)$$

系统加上移动质量 m_2 和转动质量 m_1 的惯性力 P_j 和 P_r 后，可利用平衡条件来分析受力情况。

通过分析可以得出如下结论：

发动机缸体对主轴承的铅垂压力 N'_z 中，只有往复惯性力 P_j 和离心惯性力的铅垂分量

$-P_r\cos\alpha$ 才通过悬置传到车体上,引起整车的铅锤振动。而铅锤压力 N'_x 中的气体压力部分 P_G 与作用在汽缸顶部的气体压力 P'_G 等值反向,互相平衡,此力只能使汽缸受到拉伸或压缩,而不会传到发动机外引起车体振动。

作用在活塞上的气体压力和往复惯性力产生使曲轴旋转的主动力矩,那么根据作用力与反作用力定律,必有一反力矩,使发动机缸体绕曲轴轴线做反向转动。它将通过发动机悬置传到车体上,使车体产生横向摆动。

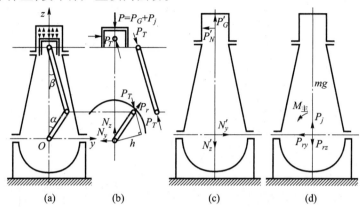

图4-2 曲柄连杆机构上的力和力矩

(四) 多缸柴油机惯性力及离心力

表4-2给出了一些常见四冲程发动机曲柄排列方式的惯性力及离心力。

表4-2 四冲程发动机惯性力及离心力

缸数	曲柄图	发火顺序	外力			外力矩			内力矩	
			离心力	一阶惯力	二阶惯力	离心力	一次力矩	二次力矩	离心力矩	一次力矩
1	1	1	$1.0P_r$	$1.0P_{j1}$	$1.0P_{j2}$	0	0	0	0	0
2	1-2	1 2	$2.0P_r$	$2.0P_{j1}$	$2.0P_{j2}$	0	0	0	$0.5P_rL$	$0.5P_{j1}L$
2	1,2	1 2	0	0	$2.0P_{j2}$	$1.0P_rL$	$1.0P_{j1}L$	0	$0.5P_rL$	$0.5P_{j1}L$
3	1,2,3	1 3 2	0	0	0	$\sqrt{3}P_rL$	$\sqrt{3}P_{j1}L$	$\sqrt{3}P_{j2}L$	$0.5P_rL$	$0.5P_{j1}L$
4	1,3,4,2	1 3 4 2				$\sqrt{2}P_rL$	$\sqrt{2}P_{j1}L$	$4.0P_{j2}L$	$0.745P_rL$	$0.745P_{j1}L$

(续)

缸数	曲柄图	发火顺序	外力			外力矩			内力矩	
			离心力	一阶惯力	二阶惯力	离心力	一次力矩	二次力矩	离心力矩	一次力矩
4	1-4 / 2-3	1 3 4 2	0	0	$4.0P_{j2}$	0	0	0	$1.0P_r L$	$1.0P_{j1}L$
6	1-6 / 3-4 2-5	1 5 3 6 2 4	0	0	0	0	0	0	$\sqrt{3}P_r L$	$\sqrt{3}P_{j1}L$
8	1-8 / 4-5 3-6 / 2-7	1 4 2 6 8 5 7 3	0	0	0	0	0	0	$\sqrt{2}P_r L$	$\sqrt{2}P_{j1}L$

表中 L——每缸间距(m);

P_r——每缸旋转惯性力(N);

P_{j1}——每缸一阶往复惯性力(N);

P_{j2}——每缸二阶往复惯性力(N)。

三、悬置系统的隔振原理[8,9]

动力总成悬置系统隔振的效果好坏主要看传递率(即传递系数)或隔振效率的大小。轮式装甲车的发动机周围一般没有刚性限制,因此发动机可以做六自由度的运动,为了说明隔振原理,下面将六自由度的发动机简化为简单的单自由度模型(见图4-3),以此来说明发动机总成悬置系统的隔振原理及其应满足的条件。

在激振力 $f(t) = F_0 \sin\omega t$ 作用下,动力总成传到车体上的交变力由两部分组成,一是通过弹簧传到车体上的力 kx,另一个是通过阻尼器传到车体上的力 $c\dot{x}$。根据在简谐激振力作用下的单自由度强迫振动可知系统的响应为 $x = X\sin(\omega t - \psi)$,其一阶导数为 $\dot{x} = \omega X\sin(90° + \omega t - \psi)$。以上弹簧力和阻尼力的相位相差90°,所以激振力从动力总成传给车体的力是两个力的矢量和:

$$F(t) = kx + c\dot{x} = kX\sin(\omega t - \psi) + c\omega X\sin(\omega t - \psi + 90°) \tag{4-12}$$

式中:力的幅值 $F_T = \sqrt{(kX)^2 + (c\omega X)^2} = kX\sqrt{1+(2\xi\lambda)^2}$，$X = \dfrac{F_0/k}{\sqrt{(1-\lambda^2)^2 + (2\xi\lambda)^2}}$。

将实际传递的力的幅值 F_T 与激励力幅值的比值称为力传递率(或隔振系数)，以 η_α 来表示

$$\eta_\alpha = \frac{F_T}{F_0} = \frac{\sqrt{1+(2\xi\lambda)^2}}{\sqrt{(1-\lambda^2)^2 + (2\xi\lambda)^2}} \tag{4-13}$$

式中　ξ——阻尼比，阻尼系数 c 跟临界阻尼系数 c_0 的比值；
　　　λ——激励频率与固有频率之比。

图4-4所示的是上述单自由度振动系统的幅频响应曲线。每条曲线表示在不同阻尼比下，该单自由度系统的传递率曲线。图中:s 表示阻尼比 ξ。因此由图可知，只有当隔振系数 $\eta_\alpha < 1$ 时，才有隔振效果。而且，从图4-3中可以看出，当频率比值越大，放大因子 η_α 就越小，隔振效果越好，也就是只有 $\lambda > \sqrt{2}$ 时，才有隔振效果。这就需要计算动力总成悬置系统的固有频率，使得固有频率小于激励频率的 $1/\sqrt{2}$。对于动力总成悬置系统来说，只要改变悬置元件的刚度、安装位置、安装角度以及改变阻尼系数，就可以改变系统的固有频率，从而可以改变悬置系统的传递率，但同时还要校核发动机动力总成的振幅，使发动机动力总成正常工作，不致于和周围的部件发生碰撞。

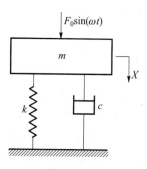

图4-3　单自由度振动模型

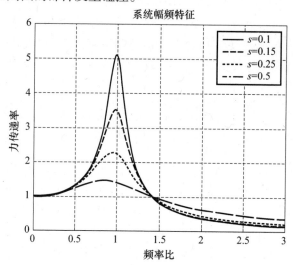

图4-4　频率比与力传递率

由于发动机的工作范围转速很宽，要求在全部转速范围内不出现共振是不可能的，根据发动机的工作特点，其工作转速由低到高大致可分为:起动过程区、怠速运转区、加速过渡区以及常用工作转速区。由于怠速运转区与常用工作转速区是常用区段，所以，一般都希望尽可能把发动机的固有频率安排在起动过程区内，使其有较低的固有频率，可以根据这些原则对悬置系统进行设计计算。

四、动力总成悬置系统优化设计方法

对动力总成悬置系统,一方面为了限制动力总成有过大振幅,避免与整车其他零部件之间发生干涉,这就要求悬置系统要有足够大的刚度;另一方面为了尽可能减小动力总成的振动向车体传递,以降低整车的振动与噪声,则需要有足够"软"的悬置系统。因此在悬置系统设计整个过程中要兼顾这两个方面。设计动力总成悬置系统一般包括以下几方面的工作:悬置系统六自由度解耦或部分解耦;悬置系统固有频率的匹配;悬置系统振动力传递率或支承处的动反力最小。

使动力总成悬置系统解耦的常用方法有弹性中心法、刚度矩阵解耦法和能量解耦法。

1. 弹性中心法

该方法是靠巧妙地布置悬置元件来实现的,是以动力总成悬置系统的主惯性轴为坐标系来布置悬置元件,消除系统的惯性耦合,使悬置的弹性中心位于动力总成悬置系统的质心处,消除弹性耦合。这样动力总成悬置系统的6个刚体模态完全解耦。但是在绝大部分情况下,动力总成的安装位置受到动力舱极大的限制,很难保证悬置元件的弹性中心位于动力总成的主惯性轴上或质心处,因此这种完全解耦在工程应用上是很难实现的。

2. 刚度矩阵解耦法

动力总成悬置系统的刚体模态反映出系统的耦合程度,与动力总成的惯量矩阵 M 和刚度矩阵 K 有直接关系。在发动机主惯性轴坐标系中,发动机的惯量矩阵 M 是解耦的,如果系统的刚度矩阵 K 也为对角矩阵,那么悬置系统在主惯性轴坐标系中6个刚体模态振动解耦。系统的刚度矩阵是由悬置元件的安装位置、安装角度和刚度决定的,因此可以通过优化设计,合理选择悬置元件的安装位置、安装角度和刚度,使得动力总成悬置系统振动解耦。该方法完全从振动学的角度来分析动力总成悬置系统的振动解耦问题,有很强的针对性。

3. 能量解耦法

上述两个方法有个共同点:动力总成悬置系统在系统的主惯性轴坐标系中振动解耦,这在某种程度上使动力总成悬置系统的解耦设计失去了灵活性。而能量解耦法则可以在原坐标系中对悬置系统进行解耦设计,更加灵活,因而具有较普遍的适用性。能量解耦法是从能量的角度来解释悬置系统的振动解耦。如果动力总成悬置系统作某个自由度的振动,而其他自由度是解耦的,那么系统的振动能量只集中在该自由度上。

从能量角度来说,耦合就是沿着某个广义坐标方向的力(力矩)所作的功,转化为系统沿多个广义坐标的动能和势能。系统沿某个广义的坐标振动的动能和势能可以互相转换,但其总和不变。因此,系统沿某一个广义坐标的总能量可用最大动能(或势能)来表示。

当系统以第 j 阶模态振动时,定义能量分布矩阵为

$$KE(k,l) = \frac{1}{2}M(k,l)\varphi(k,j)\varphi(l,j)\omega_j^2 \qquad (4-14)$$

式中：$\varphi(k,j)$，$\varphi(l,j)$ 分别为第 j 阶振型的第 k 个和第 l 个元素，$M(k,l)$ 为系统质量矩阵的第 k 行、第 l 列元素；ω_j 为第 j 阶固有频率（这里 $k,l,j = 1,2,\cdots,6$）。

当系统以第 j 阶模态振动时，第 k 个广义坐标分配的能量占系统总能量的百分比：

$$\mathrm{dig}(k,j) = \frac{(KE_k)_{\omega_j}}{(KE)_{\omega_j}} \tag{4-15}$$

式中　　$(KE_k)_{\omega_j} = \sum_{j=1}^{6} KE(k,l) = \frac{1}{2}\omega_j^2 \sum_{j=1}^{6}[M(k,l)\varphi(k,j)\varphi(l,j)]$；

$(KE)_{\omega_j} = \sum_{k=1}^{6}\sum_{j=1}^{6} KE(k,l) = \frac{1}{2}\omega_j^2 \sum_{k=1}^{6}\sum_{j=1}^{6}[M(k,l)\varphi(k,j)\varphi(l,j)]$；

$\mathrm{dig}(k,j)$ 为第 j 阶模态振动下，第 k 个广义坐标占系统总能量的百分比。

可以据此确定系统各阶模态的解耦程度：当沿着一定广义坐标的最大振动动能达到 100% 时，系统在该频率下是解耦的。也就是说上述能量矩阵中某列向量的对角线元素为 1，其余为 0。而具有非零的量的元素即为振动耦合部分。

五、动力总成悬置系统的固有特性分析

固有特性分析包括分析系统的固有频率、振型以及各自由度间的能量耦合。在进行动力总成的固有特性分析时，一般都将振动系统简化为一个无阻尼的自由振动系统，因为系统的结构阻尼对于系统的固有特性影响较小，阻尼的作用只是降低系统的共振峰值。自由振动系统的振动微分方程可以表示为

$$\boldsymbol{M}\{\ddot{q}\} + \boldsymbol{K}\{q\} = 0 \tag{4-16}$$

式中　$\boldsymbol{M}$——动力总成质量矩阵；

$\{\ddot{q}\}$——系统广义坐标阵列，$\{q\} = \{x,y,z,\theta_x,\theta_y,\theta_z\}^{\mathrm{T}}$；

$\boldsymbol{K}$——悬置系统刚度矩阵。

质量矩阵根据动力总成实际测量的数据列成：

$$\boldsymbol{M} = \begin{bmatrix} m & 0 & 0 & 0 & 0 & 0 \\ 0 & m & 0 & 0 & 0 & 0 \\ 0 & 0 & m & 0 & 0 & 0 \\ 0 & 0 & 0 & J_x & -J_{xy} & -J_{zx} \\ 0 & 0 & 0 & -J_{xy} & J_y & -J_{yz} \\ 0 & 0 & 0 & -J_{zx} & -J_{yz} & J_z \end{bmatrix} \tag{4-17}$$

悬置系统刚度矩阵由各支承位置和各支承刚度求得。第 j 个支承的位置矩阵为

$$\boldsymbol{F}_j = \begin{bmatrix} 1 & 0 & 0 & 0 & z_j & -y_j \\ 0 & 1 & 0 & -z_j & 0 & x_j \\ 0 & 0 & 1 & y_j & -x_j & 0 \end{bmatrix} \tag{4-18}$$

而第 j 个支承的刚度矩阵为

$$\boldsymbol{k}_j = \begin{bmatrix} k_{xj} & 0 & 0 \\ 0 & k_{yj} & 0 \\ 0 & 0 & k_{zj} \end{bmatrix} \quad (4-19)$$

则悬置系统刚度矩阵为

$$\boldsymbol{K} = \sum_{j=1}^{l}(\boldsymbol{F}_j^{\mathrm{T}}\boldsymbol{k}_j\boldsymbol{F}_j) \quad (4-20)$$

设式(4-16)的解为 $X = X\sin(\omega t + a)$，代入式(4-16)化简后得 $KX = \omega^2 MX$。令 $M^{-1}K = A$，则：$AX = \omega^2 X$，ω^2 即为 A 阵的特征值，X 为其特征向量。由于 M 对称正定，K 也是对称阵，因而式(4-16)是广义特征值问题。可用广义特征值的方法求得特征值及特征向量，所求特征值即为系统的固有频率[7]。

六、动力总成悬置系统固有频率的匹配

1. 发动机垂向振动的固有频率 f_z

发动机的垂向固有频率 f_z 与发动机的二阶垂向惯性力的激励频率 $f''_{惯}$ 之间应满足 $f''_{惯}/f_z > \sqrt{2}$；f_z 还应避开靠近发动机的车轮垂向振动的固有频率，避开车体相关固有频率；另外考虑到由于路面不平会引起车辆上、下过大的振动载荷，f_z 也不宜太小。

2. 发动机绕 x 轴转动的固有频率 $f_{\theta x}$

$f_{\theta x}$ 应尽量低于怠速下的激励频率，但也应高于车体相关固有频率，同时应考虑到使悬置系统不致于太软。

3. 发动机绕 y 轴转动的固有频率 $f_{\theta y}$

考虑到不要引起怠速转速下的激振力共振，避开车体相关振动频率。

4. 发动机横向振动固有频率 f_y

需要考虑车辆在极限工况下发动机动力总成系统不发生过大移动，且有限制加速或制动时前后窜动量的作用。

5. 发动机纵向振动固有频率 f_x

考虑转向工况下这个方向的位移不致太大。

6. 发动机绕 z 轴转动时的固有频率 $f_{\theta z}$

由于整车转向盘的转角激励是低频的，$f_{\theta z}$ 的值应避开这一转向振动频率。

七、悬置系统的布置

悬置点的个数根据动力总成的长度、质量、用途和安装方式等决定，悬置系统可以有 3、4、5 个支承悬置点。一般在车辆上采用三点式或四点式支承。因为在振动比较大时，如果悬置点的数目增多，当车体变形时，有的悬置点会发生错位，使发动机或悬置支架受力过大而造成损坏。

三点式悬置与车体的顺从性最好，因为三点决定一个平面不受车体变形的影响，而且固有频率低，抗扭转的效果好。值得推荐的方案是：前悬置采用左、右两点斜置式，后端一

点紧靠住惯性轴。这种布置方案具有较好的隔振功能,在4缸机动力总成上得到广泛的应用。

四点式悬置的稳定性好,能克服较大的转矩反作用力,不过扭转刚度较大,不利于隔离低频振动。

八、悬置元件的选择与设计

悬置元件大多用天然橡胶、丁腈橡胶或氯丁胶制成。天然橡胶与其他合成橡胶做成的弹性元件相比具有较好的综合物理机械性能,如强度、延伸性、耐磨性、耐寒性等性能均较好,且能与金属牢固粘合。缺点是耐油性及耐热性较差。近年来由于高分子材料的发展,随着天然橡胶的耐油涂层性能的改善使天然胶耐油性差的缺点越来越不明显。丁腈橡胶的主要优点是耐油性好,耐热性也好,阻尼也较大并能与金属牢固粘合。氯丁胶对各种使用环境的兼容性好,缺点是易发热[8]。

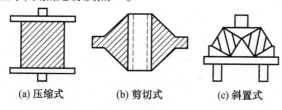

图4-5 胶垫结构

在设计悬置元件的时候,必须充分考虑悬置的使用目的,例如支承的质量和限制的位移等,选择合理的形状。悬置的基本形式有3种,即压缩式、剪切式、斜置式,如图4-5所示。各种形式的基本特性及用途如表4-3所列。

表4-3 悬置基本形式的基本特性及用途

悬置形式	弹性特性	主要用途
压缩式	压缩刚度大、剪切刚度小	用于振动输入小,支承质量大的场合
剪切式	压缩刚度小、剪切刚度大	用于振动输入大,支承质量小的场合
斜置式	压缩、剪切特性均好	用于振动输入大、支承质量大的场合

橡胶垫的弹性与其结构自由表面形状、橡胶本身硬度有关,一旦结构设计完毕,如果需要改变弹性,可通过改变橡胶本身硬度达到。通常橡胶件的硬度范围在30~75(邵氏硬度)之间,初选时采用邵氏硬度55为宜。

为了保证橡胶件的使用寿命,不允许橡胶件处于拉伸工作状态。因此,它的静态工作位置最好有一定的预压变形量,其容许的剪切和压缩应力及变形见表4-4。

表4-4 容许应力

方向	容许应力/MPa	容许变形
压缩	1~1.5	15%~20%
剪切	0.1~0.2	20%~30%

第三节 冷却系统设计

一、冷却系统的功用

发动机工作时,与高温燃气接触的受热部件温度升高,机械强度和刚度下降,甚至可能出现热变形,破坏零部件之间的配合间隙,引起零部件强烈磨损,严重时还可能发生零部件断裂事故。高温可能导致机油结焦、变质,还会引起发动机充气系数下降,功率降低。以上情形使发动机的动力性、经济性、可靠性和耐久性全面恶化。此外,车辆传动装置工作时,因摩擦热而使受热零件和组件的温度升高,如不加以冷却同样会失去可靠性,其他如电器设备、空调系统和附件分系统产生的热量也需散发出去。综上所述,冷却系统的功用可以归纳为以下几个方面:

(1) 将发动机的工作温度控制在许可范围内;
(2) 将传动装置、变矩器、离合器、液力制动器等的温度控制在许可范围内;
(3) 耗散电器设备、空调系统、其他附件及分系统产生的热量。

现代完善的冷却系统可以使发动机和传动装置在各种不同的环境温度和运转工况下具有最佳的热状态,即不过热也不过冷,既有良好的动力性和经济性,又有良好的工作可靠性。

二、冷却系统的分类和构成

按传热介质分,冷却系统可分为以水为传热介质的水冷型冷却系统,以油为传热介质的油冷型冷却系统,以空气为传热介质的风冷型冷却系统。现今汽车、拖拉机和军用车辆大都采用水冷型冷却系统,部分轮式军用车辆、豪华型大客车及部分工程车辆采用风冷型冷却系统。

(一) 风冷型冷却系统

风冷型冷却系统采用直接冷却方法,将热量从汽缸冷却肋片直接传给在汽缸肋片之间强制流动的空气。因此,风冷型冷却系统要求发动机有相应的特殊结构,即发动机汽缸、汽缸盖及其他冷却部件都有散热肋片和合理的风道布置,以引导冷却空气流经这些肋片,完成热量交换,带走所需的散热量。肋片可以与汽缸体制成一体,也可以用适当方法安装上去。肋片使用的材料一般是钢或铝,由于铝的导热系数大约是钢的 4 倍,因此铝制肋片比钢制肋片的导热能力高得多。采用风冷型方案,整个发动机冷却系统的设计工作应由发动机制造者承担,其生产的风冷发动机,必须包括发动机的冷却风扇,车辆动力舱设计者的责任是保证有足够的通风口,以满足供给和排出冷却空气的需要,避免热风回流,防止动力传动装置出现局部热点。

(二) 水冷型冷却系统

水冷型冷却系统是一种间接冷却系统。系统通过传热介质——水和机油在热源处吸收热量,然后通过液—风式热交换器(即液—风式散热器,或油—风式冷却器)把热量传给冷却空气。其中水仅用于冷却,而机油在用于冷却的同时还用于减少部件之间的摩擦。通常采用一种强制通风的液—气式散热器,把水的热量散发给大气。机油则是通过一种称为油冷器的油—水式热交换器或油—气式热交换器得到冷却。在油—水型冷却器内,热量传递给传热介质——水,然后通过散热器,散发给大气。散热器与油冷器是水冷型冷却系统中的主要换热装置。

1. 水冷型冷却系统分类

现代车辆水冷型冷却系统可分成开式水系统和闭式水系统两种。开式水系统其系统与大气相通,系统内工作介质的工作温度通常在80℃~90℃之间,一般不超过95℃。由于开式水系统热效率低,工作介质易流失,补水频繁,在车辆冷却系统中已基本不再采用。闭式水系统由于系统不与外界大气相通,系统中由压力盖,即蒸汽活门来保持系统所需的高于当地大气的系统压力,所以闭式水系统也叫加压系统,闭式水系统的工作介质——水的工作温度可超过100℃,通常在105~115℃之间,最高可超过130℃。

闭式水系统的优点是:

(1) 能够提高冷却水的工作温度而不使冷却水沸腾,发动机在相当高的温度下工作,有较高的热效率。散热器在较高的冷却水温下工作,相应地具有较高的传热能力。

(2) 系统的加压阻止了冷却水泵出现气穴现象的倾向,在水泵入口处的冷却水压减少了气穴现象,防止了冷却水泵处于气封状态,从而避免冷却系统产生"气堵"。

(3) 能够防止冷却水的后沸腾损失,也能防止冷却水的溢流和气化损失。

(4) 系统的加压,可使冷却系统的工作实际上不受海拔高度的影响。从冷却系统的性能来看,闭式水系统是较完善的冷却系统,因此,它在现代车辆上得到最广泛的应用。

2. 系统的循环

水冷型冷却系统包括两个循环系统:水循环系统和除气循环系统。

(1) 水循环系统

水循环系统主要由发动机水套、热交换器、调温器、水泵、通风装置(风扇或引射型通风装置)、进排气百叶窗、循环管路及各种控制阀门等组成,如图4-6所示。冷却水在水泵的驱动下,流经油冷器、发动机,经调温器,由调温器控制流入散热器的冷却水流量,然后回到水泵,如此周而复始,形成冷却水系统的水循环,亦称为水循环系统。另外一股液流是从发动机和水散热器的蒸汽管进入膨胀水箱,然后再进入水泵,这是一个补偿回路,可以排除水路中的蒸汽,保障冷却液的顺利循环。

(2) 除气循环系统

冷却系统在加注冷却水的过程中,空气会进入到系统内,此外,高温下汽化而产生的蒸汽或因汽缸壁密封不严而渗入的燃气也可能进入系统,这些残存在系统冷却液中的气体,在系统不断循环中由于高温膨胀会产生大量气泡,它时而滞留在水套内的某一死角,因空气的导热性很差,形成局部高温,热应力剧增,进而会损坏机件;时而会形成"气堵",使水泵流量突然下降,给系统的可靠性带来极大的危害,因此,设计一套强制的除气循环系统对于水冷型冷却系统是十分必要的。

除气循环系统也叫补偿回路,主要由蒸汽空气管路、膨胀水箱(也叫副水箱)、水泵补偿管路组成,除气循环系统与水循环系统大都并联,如图4-6所示。

蒸汽空气管路将蒸汽空气的聚集区域(发动机汽缸盖顶部、散热器上集水槽的顶部)

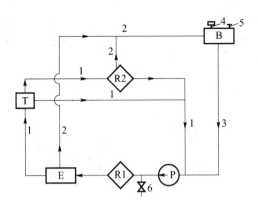

图4-6 水系统原理

B—膨胀水箱；R2—散热器；T—调温器；E—发动机；R1—油冷器；P—水泵；
1—水循环管路；2—除气循环管路；3—补偿管路；4—蒸汽空气阀；5—加水口；6—放水阀。

与膨胀水箱相连,将聚集在这些地方的水汽混合物引出,输入膨胀水箱,让它们在水箱内充分膨胀、冷凝分离,分离后的冷却液回到膨胀水箱,再从其底部的回水管进入水泵的进口处,形成一个小循环,亦称除气循环系统。

三、冷却系统的设计

冷却系统的设计包含着丰富的内容,涉及多门学科,一般应遵循以下设计步骤,如图4-7所示。

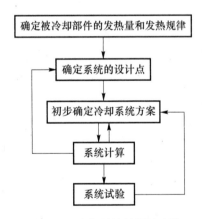

图4-7 冷却系统的设计步骤

(一) 确定被冷却部件的发热量和发热规律

冷却系统应散发出去的热量即散热量(Φ)主要是指动力传动装置的发热量,它与发动机、传动装置的型式有关,还与动力装置的功率有关。对于活塞式发动机,进入冷却系统的散热量(Φ_1)约为燃料燃烧时所释放热量的15%~20%,装甲车辆的传动装置进入冷却系统的散热量(Φ_2)约为发动机进入冷却系统热量的20%~25%,即$\Phi_2 = (0.2 \sim 0.25)\Phi_1$,冷却系统的总散热量$\Phi = \Phi_1 + \Phi_2$。由于冷却系统应散发出去的散热量$\Phi$受到许多复杂因素的影响,很难精确计算,因此,这部分数据一般由动力传动装置的供方提供。

(二) 确定系统的设计点

系统设计点的选择既是一个理论问题,更是一个工程实际问题。选低了,系统散热能力不足,选高了,就要加大系统的尺寸、重量和成本。根据理论分析和经验可以得出:

(1) 对于坦克装甲车辆,其经常在越野条件下工作,由于路面崎岖,车辆经常处于强烈的冲击、振动、颠簸、侧倾和俯仰状态,很难在发动机的额定工况下工作;而且自20世纪70年代以后,坦克装甲车辆的传动装置由机械型逐渐向液力机械综合型过渡,因此,宜把其发动机的最大扭矩工况作为冷却系统的设计工况点,而把发动机的额定工况作为校核工况点。

(2) 对于采用机械型传动装置的车型,仍可以将其发动机的额定工况作为冷却系统的设计工况点,以发动机的最大扭矩工况点作为校核工况点。但当车辆的吨功率指标大于 10~13kW/t 时,由于体积有限,可以发动机工作负荷为最大功率的 70%~80% 作为系统的设计点。

需要指出的是,上述系统设计点的选择只是在对冷却系统进行初始设计时应遵循的原则,设计点的最终确定应根据冷却系统全工况的仿真结果进行调整。

(三) 初步确定冷却系统方案

设计冷却系统方案时,必须满足以下三点要求:
(1) 匹配合理、有效、实用、经济;
(2) 能满足设计要求;
(3) 能在给定的狭小空间内安装。

系统方案的设计原则是:
(1) 将整个车辆的最佳性能和冷却系统作为统一体来考虑;
(2) 当冷却系统中任一部件受其他部件干涉时,首先要考虑的是不要影响整个系统的性能;
(3) 当冷却系统与车辆其他系统干涉时,必须以整车获得最佳性能作为出发点;
(4) 冷却系统的布置必须保证操作、维修方便。

在冷却系统设计过程中,常常会出现冷却系统布置或部件设计不理想,但必须服从实现系统的最佳设计和最理想的车辆性能的情况。

一般来说,满足要求的系统方案有多个,最终的选择可以根据系统评价指标来决定。

(四) 系统设计

系统设计流程如图 4-8 所示。

1. 确定冷却风量

冷却空气的流量,即冷却装置的通风量,对于采用风扇通风的冷却系统就是风扇的供风量;对于采用引射装置通风的冷却系统就是被引射的风量。冷却风量通常是在综合考虑散热系统的最大散热量、最高环境温度、冷却介质最高允许温度及散热器允许的最大迎风面积等因素,经过多次调整后确定。

过去,冷却风量的确定往往是根据经验选定一个空气温升值 Δt_a,再按式(4-21)计算出冷却风量:

$$q_{v,a} = \frac{\Phi}{3600 \times \rho_a \times C_{p,a} \times \Delta t_a} \quad (4-21)$$

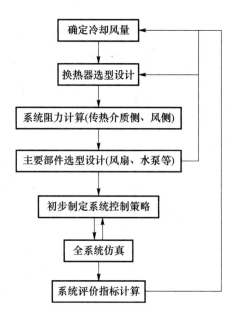

图 4-8 系统设计流程

式中 Δt_a——冷却空气进、出散热器的温升（对于风冷发动机，则是冷却空气进、出发动机缸体和缸头散热翅片的温升），一般民用车辆取 20~40℃，军用车辆取 50~70℃；

$q_{v,a}$——系统所需风量；

Φ——冷却系统需散走的总热量；

ρ_a——35℃时的空气密度；

$C_{p,a}$——空气的定压比热。

显然，这种计算带有很大的经验性，结果也不甚精确，特别是没有考虑到散热器的结构及传热系数 K 的匹配。

下面介绍一种根据温度效率 ε 确定冷却风量的方法。温度效率 ε 定义为

$$\varepsilon = \frac{\Delta t_a}{t_{w1} - t_{a1}} = \frac{\Delta t_a}{\Delta t} \tag{4-22}$$

式中 t_{w1}, t_{a1}——散热器热侧和冷侧的进口温度；

Δt_a——散热器风侧进出口温差。

通过推导，得到

$$\varepsilon = 1 - \left(1 - \frac{\Delta t_w}{\Delta t}\right) \times e^{-c_3 \times \left(1 - \frac{\Delta t_w}{\Delta t_a}\right) \times u_a^{n-1}} \tag{4-23}$$

式中 $c_3 = \dfrac{a \times A}{3600 \times \rho_a \times c_{p,a} \times A_{fr}}$

Δt_w——散热器热侧介质进出口温差；

A——散热器的风侧传热面积；

A_{fr}——散热器的正面面积；

u_a——散热器的正面风速；

a, n——根据散热器试验测定,传热系数 $K = a \times u_a^n$。

通过式(4-23)确定温度效率 ε 后,再根据下式即可求出冷却风量:

$$q_{v,a} = \frac{\Phi}{3600 \times \rho_a \times C_{p,a} \times \varepsilon \times (t_{w1} - t_{a1})} \quad (4-24)$$

从上述推导可看出,通过引入温度效率 ε,把冷却风量的确定与散热器的结构及传热系数 K 联系了起来,从而提高了计算的科学性和计算精度。

2. 系统阻力计算

系统阻力计算分为系统冷侧阻力计算和热侧阻力计算。

1) 冷侧阻力计算

冷侧阻力计算即通常所说的冷却风道阻力计算。风道阻力,在有些文献中也称为全气路阻力,是指冷却空气流经风道和散热器所产生的阻力(压降)。表示为

$$\Delta P_o = \Delta P_1 + \Delta P_2 \quad (4-25)$$

式中　ΔP_o——风道的总阻力,即全气路阻力;
　　　ΔP_1——风道内的空气阻力;
　　　ΔP_2——散热器内空气侧阻力。

风道内的空气阻力 ΔP_1 由沿程阻力和局部阻力构成,局部阻力包括空气在流动过程中突然收缩或膨胀、气流转向受阻产生的阻力,以及气体受热膨胀引起速度增加所形成的附加阻力。风道内的空气阻力(压降)可按下式计算:

$$\Delta P_1 = \xi_1 \frac{\rho u_a^2}{2} \quad (4-26)$$

式中　ρ——空气密度;
　　　u_a——散热器的正面风速;
　　　ξ_1——局部阻力的阻力系数。

局部阻力的阻力系数包括以下几项:进口阻力系数 ξ_{in},流经百叶窗时的阻力系数 ξ_c、膨胀或收缩的阻力系数 ξ_p,空气拐弯时的阻力系数 ξ_w、气体受热所引起的阻力系数 ξ_h、风道出口处的阻力系数 ξ_{out}。上述的阻力系数均由试验来测定。

散热器的阻力 ΔP_2 是指冷却空气通过散热器时由于气流的碰撞、拐弯、受热膨胀所引起的阻力(压降),可按式 $\Delta P_2 = \xi_2 \frac{\rho u_a^2}{2}$ 表示。因此,冷却风道的总阻力也可表示为

$$\Delta P = (\xi_1 + \xi_2) \frac{\rho u_a^2}{2} \quad (4-27)$$

在实际工程设计中,散热器的阻力系数 ξ_2 可以通过散热器部件或元件的台架试验数据获得,但风道内阻力的阻力系数 ξ_1 则很难获得。由于装甲车辆冷却风道极不规则,长期以来 ξ_1 都无法被精确的计算,这成为制约系统精确设计的关键问题之一。因此,应将 CFD 计算引入到风道阻力计算中,采用仿真与试验相结合的方法来提高设计的准确性。

在进行冷却风道 CFD 计算时,应注意以下四点:

(1) 系统仿真应在部件模型进行了校核计算的基础上进行;

(2) 由于有无冷却风扇对整个冷却风道流场的影响较大,因此计算风道阻力时必须

加入风扇模型；

(3) 为了更接近实际情况，在计算中应考虑热交换；

(4) 进、排气百叶窗的阻力与空气流量有较明确的关系，在计算中可考虑简化处理。

2) 热侧阻力计算

热侧阻力计算是指传热介质(发动机冷却液、机油、增压空气，以及传动油等)侧的阻力计算，其中一部分数据由部件供方提供，另外一部分数据则可通过试验或计算(理论公式、CFD)获得。

3. 全系统仿真

为了准确预测冷却系统在车辆全工况下的性能，在系统初步设计完成后应通过一维系统仿真软件(Flowmaster、kuli 等)，结合三维 CFD 软件(Fluent、Star – CD 等)进行全系统仿真，从而了解散热系统的全工况适应性。

通过全系统仿真，也可为确定散热系统的设计点及散热系统的控制策略提供依据。

四、系统部件的选型设计

(一) 换热器选型设计

换热器选型设计注重的是换热器的部件参数与散热系统总体的匹配。设计时，除散热系统对换热器设计要求都已经确定之外，还要求有可供选用的换热元件的传热与阻力特性曲线。

换热器选型设计的步骤如下，如图 4 – 9 所示。

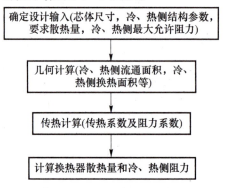

图 4 – 9　换热器选型设计流程图

在计算中应遵循以下 3 点：

(1) 考虑热辐射的因素，计算时换热器风侧进口温度应比环境温度高 5℃左右；

(2) 换热器选型设计的结果，一般应使其散热量比设计要求的散热量大 10% ~ 15%，这主要是考虑到散热器的焊接质量、使用中形成的污垢、堵塞及其他不可预见因素所造成的散热能力的下降；

(3) 为了减轻换热器风侧的堵塞，一般换热器风侧的翅片间距离应不小于 2mm。

车辆常用的散热器，通常有管片式、管带式和板翅式 3 种基本形式，如图 4 – 10(a)、(b)和(c)。管片式结构是散热片直接套在水管上，该结构整体强度好、耐高压，但传热系数低，主要应用于工程机械及重型越野车上。管带式结构和板翅式结构也是将已成型的散热带焊在水管或水室之间,由于水室中可焊接散热带进行散热强化,因此可大大提高总传热系数,是管片式的 3~5 倍。另外,提高散热性能的关键在于降低空气侧热阻,在气流通过传热表面时不断减小和破坏气流边界层,来提高局部换热系数,从而达到提高平均换热系数的目的。实践证明,具有锯齿形、百叶窗形的散热带是高效能的散热元件,可以有效缩小散热器面积。

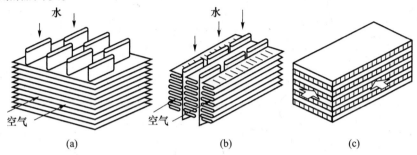

图 4-10 常用散热器
(a)管片式;(b)管带式;(c)板翅式。

下面以板翅式散热器为例,介绍其设计计算过程。

首先根据选定的发动机和传动箱等散热部件来确定散热器的输入参数,通常包括:
(1)需要散热器散走的热量(kW), Φ
(2)热侧流体(水或油)的流量(L/min), $q_{v,w}$
(3)热侧流体(水或油)的入口温度(℃), t_{w1}
(4)水侧允许的阻力损失(kPa), Δp_w
(5)热冷却空气入口温度(℃), t_{a1}
(6)空气侧允许的阻力损失(kPa), Δp_a

具体设计计算步骤如下:

1. 确定空气流量 $q_{v,a}$

先假定空气侧出口温度为 t_{a2},空气侧进出口温差一般控制在 40~50℃。由空气侧热平衡方程可求出空气流量:

$$q_{v,a} = \phi \Phi / (C_{p,a} \times (t_{a2} - t_{a1}) \times \rho_{aw}) \tag{4-28}$$

式中 $C_{p,a}$ 和 ρ_{aw}——空气侧平均温度 $t_a = (t_{a1} + t_{a2})/2$ 下的定压比热容和密度。

2. 求热侧流体的出口温度

根据热侧热平衡方程可求出热侧流体的出口温度:

$$t_{w2} = t_{w1} - \Phi / (C_{p,w} \times q_{v,w} \times \rho_{ww}) \tag{4-29}$$

式中 $C_{p,w}, \rho_{ww}$——热侧平均温度 $t_w = (t_{w1} + t_{w2})/2$ 下的定压比热容和密度。

3. 求对数平均温差

根据热侧流体和空气侧流体的 4 个进出口温度可求出对数平均温差:

$$\Delta t_m = (\Delta t_{max} - \Delta t_{min}) / \ln(\Delta t_{max} / \Delta t_{min}) \tag{4-30}$$

式中 Δt_{max}——$t_{w1} - t_{a2}$ 和 $t_{w2} - t_{a1}$ 中的绝对值较大者;
Δt_{min}——$t_{w1} - t_{a2}$ 和 $t_{w2} - t_{a1}$ 中的绝对值较小者。

4. 几何计算

先假定散热器芯体的外形尺寸，如长度 L，宽度 W 和高度 H。则

(1) 热侧流道数为

$$N_w = (W - b_a - 2\delta_p)/(b_w + b_a + 2\delta_p) \tag{4-31}$$

式中　b_w——热侧翅片高度；
　　　b_a——空气侧翅片高度；
　　　δ_p——隔板厚度。

(2) 气侧流道数为

$$N_a = N_w + 1 \tag{4-32}$$

(3) 热侧流通面积为

$$A_w = (s_w - \delta_w) \times (h_w - \delta_w) H N_w / s_w \tag{4-33}$$

式中　s_w——热侧翅片间距；
　　　δ_w——热侧翅片厚度；
　　　h_w——热侧翅片高度。

(4) 空气侧流通面积为

$$A_a = (s_a - \delta_a) \times (h_a - \delta_a) L N_a / s_a \tag{4-34}$$

式中　s_a——热侧翅片间距；
　　　δ_a——热侧翅片厚度；
　　　h_a——热侧翅片高度。

(5) 热侧传热表面积为

$$F_w = 2(s_w - \delta_w + h_w - \delta_w) H L N_w / s_w \tag{4-35}$$

(6) 热侧二次传热表面积为

$$F_{f,w} = (h_w - \delta_w) F_w / (s_w - \delta_w + h_w - \delta_w) \tag{4-36}$$

(7) 空气侧传热表面积为

$$F_a = 2(s_a - \delta_a + h_a - \delta_a) H L N_a / s_a \tag{4-37}$$

(8) 空气侧二次传热表面积为

$$F_{f,a} = (h_a - \delta_a) F_a / (s_a - \delta_a + h_a - \delta_a) \tag{4-38}$$

5. 计算热侧和空气侧的对流换热系数

热侧对流换热系数：

$$h_w = j \times Re_w \times Pr_w^{1/3} \times \lambda_w / d_w \tag{4-39}$$

式中　j——为传热因子，由经验公式得出，本书选取日本神户制钢所用的如下公式：

平直翅片（$Re = 400 \sim 10000$）

$\ln j = 0.103109(\ln Re)^2 - 1.91091(\ln Re) + 3.211$；

锯齿翅片（$Re = 300 \sim 7500$）

$\ln j = -2.64136 \times 10^2 (\ln Re)^3 + 0.555843(\ln Re)^2 - 4.09241(\ln Re) + 6.21681$；

Re_w——雷诺数，$Re_w = u_w d_w / v_w$，

$u_w = q_{v,w}/A_w$，$d_w = 2(s_w - \delta_w) \cdot (h_w - \delta_w)/(s_w - \delta_w + h_w - \delta_w)$；

v_w —— $= (t_{w1} + t_{w2})/2$ 定性温度下的运动黏度；

Pr_w —— $t_w = (t_{w1} + t_{w2})/2$ 定性温度下的普朗特数；

λ_w —— $t_w = (t_{w1} + t_{w2})/2$ 定性温度下的导热系数。

同理可求得空气侧对流换热系数 h_a。

6. 计算总传热系数 K

忽略污垢系数，总传热系数 K 由下式计算：

$$1/(KF) = 1/(h_w F_w \eta_{o,w}) + \delta_p/(\lambda_p F_p) + 1/(h_a F_a \eta_{o,a}) \qquad (4-40)$$

式中 F ——总传热面积，$F = F_w + F_a$；

$\eta_{o,w}$ ——热侧传热表面总效率，$\eta_{o,w} = 1 - F_{f,w}(1 - \eta_{f,w})/F_w$，$\eta_{f,w} = \text{th}(m_w h_w)/(m_w h_w)$，$m_w = (2h_w/(\lambda_w \delta_w))^{1/2}$；

$\eta_{o,a}$ ——空气侧传热表面总效率，$\eta_{o,a} = 1 - F_{f,a}(1 - \eta_{f,a})/F_a$，$\eta_{f,a} = \text{th}(m_a h_a)/(m_a h_a)$，$m_a = (2h_a/(\lambda_a \delta_a))^{1/2}$；

λ_p ——隔板材料的导热系数；

F_p ——传热壁的表面积，$F_p = 2N_a HL$。

7. 求换热量 Φ_j

$$\Phi_j = KF\Psi\Delta t_m \qquad (4-41)$$

式中 Ψ ——对数平均温差的修正系数，表示特定流动型式在给定工况下接近逆流的程度。

8. 校核

若 $|\Phi_j - \Phi|/\Phi < 5\%$，则认为计算达到要求，否则重新设定空气侧出口温度为 t_{a2} 和外形尺寸 H, L, M。

9. 阻力计算

经验表明，芯体内流体黏性摩擦所引起的压力损失是主要的，占芯体内整个压力损失的 98%，而在进出口处的压力损失很小，仅占 1% 左右，故可略去不计。

热侧压力损失为

$$\Delta p_{w,j} = 2f_w\left(\frac{L}{d_w}\right)u_w^2 \rho w_w \qquad (4-42)$$

式中：f_w 为摩擦因子，本书选取日本神户制钢所引用的如下公式计算：

平直翅片（$Re = 400 \sim 10000$）

$\ln f_w = 0.106566(\ln Re)^2 - 2.12158(\ln Re) + 5.82505$；

锯齿翅片（$Re = 300 \sim 7500$）

$\ln f_w = 0.132856(\ln Re)^2 - 2.28042(\ln Re) + 6.79634$。

同理可得空气侧压力损失 $\Delta p_{a,j}$。

将计算所得的热侧和空气侧压力损失分别与要求的压力降值进行比较，如果在要求范围内，则认为计算合格，如果超出了要求值，则需重新设定初始值进行计算。

（二）风扇的选型设计

冷却风扇的选型设计是根据冷却系统总体要求来选用已有的风扇。所选用的风扇在性能、尺寸、传动、噪声、功率及可靠性等方面要满足冷却系统的要求，并与系统内的冷却风道和散热部件匹配。

选择风扇的一般程序如下:

(1) 确定系统的散热量,即动力传动系统进入冷却系统的热流量;

(2) 确定带走此热量所必需的空气流量;

(3) 根据空气流量及系统配置情况,确定风道全气路阻力,亦即风扇需提供的静压力;

(4) 根据给定的驱动功率、风扇工作转速或允许的最大外径,确定冷却风扇的数目;

(5) 根据可利用空间、入口和出口流动通路特性及相对成本等因素,确定最合适的风扇类型:离心式、轴流式还是混流式;

(6) 按(5)确定风扇类型后,比较已有的该类型风扇的性能曲线,找出由系统阻力决定的静压力之下能提供要求风量的风扇。系统阻力特性曲线与风扇性能曲线的交点应处于最高效率区,并且应处于所选风扇类型的稳定工作区。在实际设计计算中,系统阻力曲线应按系统阻力最大的工况建立,为系统部件堵塞或能力下降而引起系统阻力增加留下余地。

图 4-11 是一台混流风扇的特性及其与冷却系统匹配的曲线。图中,$p = f(q_{v,a})$ 是压力与流量的关系,$P = f(q_{v,a})$ 是风扇的驱动功率与流量的关系,虚线 R 是冷却风道的全气路阻力曲线,A 点是所选定的工况点。该点的工作参数是:流量 $q_{v,a} = 9.6 \text{m}^3/\text{s}$,压力 $p \approx 3.3 \text{kPa}$,转速 $n = 5000 \text{r/min}$,风扇耗功 $P \approx 59 \text{kW}$(图中 B 点)。

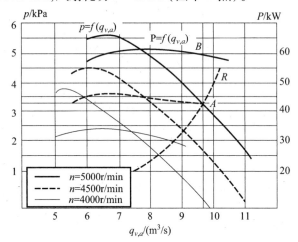

图 4-11 混流风扇的特性及其与冷却系统匹配曲线

有的冷却系统为了满足流量和压头的要求,可选用两台风扇串联或并联使用。要注意的是,串联时风扇的总压头并不等于两台风扇压头的简单相加。同样,并联时风扇的总风量也不等于两台风扇风量的简单相加。选用两台风扇工作时,最好选用两台工作特性完全相同的风扇,以利于系统的稳定工作。

由于风扇在系统实际工作中与台架性能试验有一定出入,因此应将选用的风扇在系统中进行实际的阻力、流量校核,以验证选用的正确性。

车辆上使用的风扇均属于低压型的通风机,包括离心式、轴流式和混流式。军用车辆上大多采用离心式或混流式,普通汽车上绝大多数采用轴流式。

(三）膨胀水箱的设计

1. 膨胀水箱的功能

对于闭式循环的冷却系统来讲,膨胀水箱是一个必不可少的部件,它是整个水系的压力调节器,对保证水系的稳定至关重要,它的主要功能如下：

（1）为水系提供膨胀和蒸汽凝结空间；

（2）调节系统内的压力,并建立起防气蚀压力机制,确保系统工作稳定；

（3）保证车辆在倾斜和俯仰状态时,水系被充满；

（4）与蒸汽空气阀一起,保证系统达到设计规定的最高工作水温,防止系统早沸,并确保系统强度安全。

2. 膨胀水箱容积的确定原则

膨胀水箱的容积是由安全容积、储备容积、膨胀容积、气腔容积等参数而确定。

1）安全容积 V_a

安全容积是为了安全起见,防止冷却液在循环中吸入空气而设置的。

安全容积与冷却液循环流量、车辆最大爬坡角度、最大侧倾角度以及总体初步协调后的膨胀水箱外形、位置及补水口的位置等因素有关。一般可通过简单绘图对此容积进行计算,如图 4-12 所示。

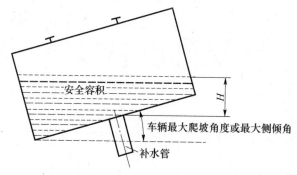

图 4-12 安全容积确定方法示意图

注：H 是为防止冷却液在循环中吸入空气而设置的,一般取 30~35mm。

2）储备容积 V_c

储备容积是为了确保冷却系统在冷却液微量泄漏和蒸发后仍能保持系统内正常的水压,能及时补充冷却液,延长补液周期而设置的。

储备容积可根据车辆空间布置的情况灵活确定,应考虑到整车及系统两方面的要求,在条件允许的情况下尽量取大些。

3）膨胀容积 V_p

膨胀容积是指由于温度变化导致的冷却液容积的变化量。

$$V_p = V_{zg} - V_{zd} = V_{zd} \times \left(\frac{\rho_{zd}}{\rho_{zg}} - 1 \right) \tag{4-43}$$

式中 V_p——冷却液的膨胀容积；

V_{zg}——最高温度时冷却液的体积；

V_{zd}——最低温度时冷却液的体积；

ρ_{zg}——最高温度时冷却液的密度;
ρ_{zd}——最低温度时冷却液的密度。

4) 气腔容积 V_q

气腔容积是为了保证蒸汽能顺利进入膨胀水箱而设置的,它与膨胀水箱上蒸汽管的位置有关。一般 $V_q \geq$ 蒸汽管底部至膨胀水箱顶部的容积。

由以上分析可知,膨胀水箱总容积为

$$V = V_a + V_c + V_p + V_q \tag{4-44}$$

3. 膨胀水箱的布置原则

在过去的车辆中大多数膨胀水箱多布置在冷却系统的最高处,在加注冷却液时,散热器加满冷却液,膨胀水箱留出膨胀空间即可,如图 4-13 所示。

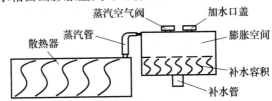

图 4-13 膨胀水箱空间摆放位置示意图

现在装甲车辆的动力舱布置越来越紧凑,高度也越来越低,致使膨胀水箱在布置时,不能高出散热器太多,甚至与散热器齐平或者略低于散热器,这时如果把散热器加满冷却液,那么膨胀水箱的剩余体积就不够冷却液的膨胀,甚至没有膨胀空间,因此上述布置方法就不能适应紧凑动力舱的要求,这时要进行新的空间布置设计。此时的空间布置如图 4-14 所示。

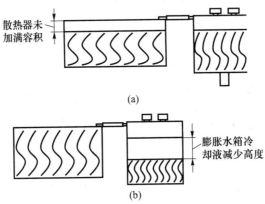

图 4-14 加注完冷却液发动机状态
(a)加注完冷却液发动机没有工作时的状态;(b)加注完冷却液发动机工作时的状态。

从图 4-14(a)可以看到,在加注冷却液时,散热器并没有被加满,而是留有一部分容积,我们不妨设这部分容积为 V_1。发动机没有工作,此时膨胀水箱液面与散热器的液面平齐,并且膨胀水箱留有一定的容积,我们设为 V_2。

发动机工作后,由于水泵的运转使散热器被水充满,而膨胀水箱的液面开始下降(图 4-14(b)),膨胀水箱内冷却液减少,我们不妨设减少的这部分容积为 V_3,而膨胀空间加大,很明显 $V_1 = V_3$,膨胀空间容积变为 $V_2 + V_3$,而这部分容积刚好等于冷却液的膨胀容积。即 $V_p = V_2 + V_3$。这样膨胀水箱就可以布置在水系统比较低的位置上。使动力舱的布置更加紧凑。

4. 蒸汽空气阀开启压力的确定

蒸汽空气阀由蒸汽活门和空气活门组成,蒸汽活门是水系统的高压开关,依靠它能够建立起系统的最高压力,以确保水系统的最高温度,同时为系统加压,建立防气蚀压力。空气活门则是水系统的低压开关,它可以保护水系统内的上述部件不致因低压而被压扁。

蒸汽阀的开启压力与水泵的防气蚀压力和冷却液的最高允许温度有关。下面先简单介绍水泵的防气蚀压力。

水泵运转时,在其进水口将会出现低压,从而引起水的低压沸腾,产生气泡,严重时将阻塞水路,使水泵的流量陡降,导致系统因水的循环流量不足而过热。同时,气泡在流动过程中,随时可能破裂而产生很高的压力,使水泵叶轮和发动机水套表面产生不规则分布的小坑,这就是气蚀,或称点蚀。气蚀现象的存在,是水系统工作不稳定和水泵早期损坏的重要原因。防止和消除气蚀的有效措施,就是向水泵进口处补压,以消除水泵进口处的低压沸腾。

研究表明,水泵进口处的低压程度与水泵的运转状态有关。在工程设计中,水泵的气蚀系数 ξ 和理论防气蚀压力 P_Q 分别用下式来计算:

$$\xi = 20.30 \times \xi_1 \times n \times \frac{\sqrt{q_{v,w}}}{H^{0.75}} + \xi_2 \quad (4-45)$$

$$P_Q = \xi \times H \quad (4-46)$$

式中 $q_{v,w}$——水泵的体积流量(m^3/s);

   H——水泵的扬程(kPa);

   n——水泵的转速(r/min);

   ξ_1、ξ_2——由试验确定的常数。

当水泵入口处的实际防气蚀压力 $P'_Q \geq P_Q$ 时,水泵就不会发生气蚀。统计资料表明,当系统的实际防气蚀压力 $P'_Q > 40\text{kPa}$ 时,一般就可保证系统稳定正常工作。

下面我们具体来分析一下蒸汽阀的开启压力 P_k 与水泵实际防气蚀压力 P'_Q 之间的关系。由于水泵实际防气蚀压力 P'_Q 在数值上等于水泵进口处的压力 P_{in} 与水泵进口处水的饱和压力(P_{sj})之差,因此水泵进口处的压力 P_{in} 可用下面两式来表示:

$$P_{in} = P_{sj} + P'_Q \quad (4-47)$$

$$P_{in} = P_w + \rho \times g \times h - \Delta P \quad (4-48)$$

式中 P_{in}——水泵进口处的压力;

   P_w——膨胀水箱自由空腔中的压力;

   ρ——冷却液的密度;

   g——重力加速度;

   h——膨胀水箱上液面到水泵进口处的垂直高度;

   ΔP——膨胀水箱到水泵进口处的压力损失。

从式(4-47)、式(4-48)可以推出:

$$P_w = P_{sj} + P'_Q - \rho \times g \times h + \Delta P \tag{4-49}$$

此外,膨胀水箱自由空腔中的压力 P_w 也可用下式表示:

$$P_w = P_s + P_h \tag{4-50}$$

式中　P_s——膨胀水箱内水的饱和压力;
　　　P_h——膨胀水箱内的空气分压。

因此,为了获得足够的防气蚀能力并保证系统的最高工作温度,蒸汽阀的开启压力 P_k 可通过下式确定:

$$P_k = \max(P_{sjmax} + P_Q - \rho \times g \times h + \Delta P, P_{smax} + P_h) \tag{4-51}$$

式中　P_{sjmax}——当系统水温达到最高水温时水泵入口处的饱和压力;
　　　P_{smax}——系统最高水温对应的饱和压力。

需要注意的是上述蒸汽阀的开启压力是在海拔1000m以内计算的,随着海拔高度的不同蒸汽阀的开启压力要做适当调整。以海拔1000m以内计算开启压力为150kPa的蒸汽阀为例,开启压力与海拔高度关系如表4-5所列。

表4-5　开启压力与海拔高度关系

海拔高度/m	1000	2000	3000	4000	5000
开启压力/kPa	150~170	160~180	170~190	180~200	190~210

空气阀的开启压力没有固定数值,一般取值范围在5~13kPa之间,要保证冷却系统部件不被大气压扁即可。

5. 膨胀水箱的结构设计

图4-15、图4-16为两种典型膨胀水箱的结构,主要由箱体、蒸汽空气阀、加水口盖、水汽分离器、蒸汽管、水位指示器、补水管等组成。

图4-15　膨胀水箱的典型构造

与图4-15相比,图4-16的膨胀水箱采用了水室、气室和蒸汽空气阀分离的设计,各室之间仅通过一根连接管相连。当系统温度上升时,冷却液面膨胀升高,冷却液就会通过水室与气室连接管路进入到气室里;当系统温度下降后,水室液面下降,同时产生负压,这时冷却液又会从气室被压回到水室里。同时,蒸汽空气阀与气室之间又有分离措施,并

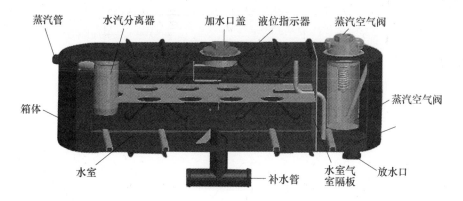

图 4-16 水室、气室分离的膨胀水箱结构示意图

通过连接管相连。这种迷宫式的结构,使冷却液很难溢出,确保了水系工作的稳定性。

(四)调温器的选型设计

调温器也叫节温器。其主要用途是调节冷却液的流量,以维持冷却液的恒定温度,并使发动机的温升时间尽可能地缩短。

调温器的位置在发动机水套和散热器之间。民用发动机常常自身就带有调温器。而一些军用发动机并不带有调温器。如果冷却系统需要调节冷却液温度时,设计者应进行调温器的选型设计。调温器由恒温阀和调温器壳体两大部分组成,设计可分两步进行。

1. 恒温阀的选型

恒温阀是调温器的核心部件,主要由三部分组成:控制冷却液流量的阀;开启阀的动力作动元件;用来关闭阀的回位弹簧。根据冷却系统的流量、调温器的开启温度及通过调温器允许的最大流阻(压降)等选用合适的恒温阀。

2. 调温器壳体的设计

调温器壳体是安装恒温阀的一个组件。壳体上有进水、出水、旁通3个接口,它们分别与发动机出水口、散热器进水口、旁通管路连接。壳体应有足够的强度和刚度,内部流通阻力尽可能小,且安装维护方便。一般是一个壳体安装一个恒温阀,如图 4-17 所示。

但有时为了满足水泵的流量和流阻的要求,也可以在一个壳体内安装两个或两个以上的恒温阀,如图 4-18 所示,几个恒温阀的额定流量可以相同也可以不同,不同流量恒温阀的搭配可以设计不同流量的调温器。

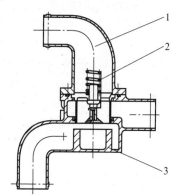

图 4-17 单阀调温器结构示意图
1—上壳体;2—恒温阀;3—下壳体。

根据选用的恒温阀,在设计壳体时应考虑来流的流体通过恒温阀的流量需均衡,即通过两个调温阀的流阻基本相等。例如:当两个恒温阀型号相同,则通过两个恒温阀的流量要相等;当一个恒温阀的流量是另一个恒温阀流量的 2 倍时,则通过恒温阀的流量应该是 2:1。这样设计可使整个调温器处于最佳工作状态。

调温器壳体的材料可以是铝材或钢材等。

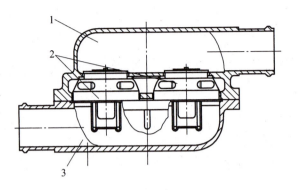

图4-18 多阀调温器结构示意图
1—上壳体;2—恒温阀;3—下壳体。

五、风冷型冷却系统

风冷型冷却系统主要由汽缸盖和汽缸体上的散热片(肋片)、机油散热器、传动油冷却器、空气导流罩(导流罩和导风板)及冷却风扇等组成。按引风方式的不同,风冷型冷却系统可以分为吹风式冷却(图4-19(a))和吸风式冷却(图4-19(b))两种类型。不同的引风方式主要由车辆动力舱布置和冷却气流等因素决定。吹风式冷却与吸风式冷却比较,吹风式冷却有以下优点:

(1)风扇消耗功率可以降低5%~20%;
(2)汽缸盖、汽缸体上的散热片表面的传热系数高0.5%~3.5%;
(3)汽缸盖、汽缸体的温度低4~6℃;
(4)散热片比较干净,有利于保证冷却效果。

所以,风冷型冷却系统一般都采用吹风式冷却。

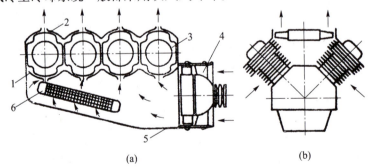

图4-19 风冷形式
(a)吹风式;(b)吸风式。
1—导风罩;2—挡风板;3—带有散热片的汽缸;4—冷却风扇;5—引风罩;6—机油散热器。

风冷发动机的风扇可以用轴流式,也可以用离心式。当发动机要求风量大而气道阻力又低时,多用轴流式风扇。

(一)风冷系统总体布置方案

风冷系统总体布置方案有多种多样,在布置风道时,需特别注意减小风道内的阻力,应精心安排进、排气气道口的相对位置,以免热风短路。

图4-20所示为直列式多缸风冷式发动机冷却系统总体布置的常用方案。曲轴皮带轮通过三角皮带驱动风扇工作,冷却空气进入气道,经冷却机油散热器和汽缸套、汽缸盖而流出。

V形多缸风冷发动机的总体布置特点是充分利用V形夹角中的空间组成风压室。风扇可以用一个或两个,布置在V形夹角空间的前面或上部。风扇由液力偶合器驱动,以便能自动调节冷却空气流量。

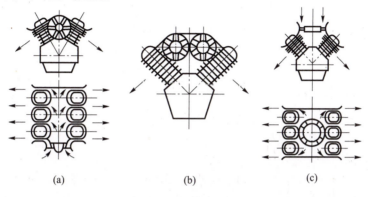

图4-20 V形多缸风冷发动机的总体布置

机油散热器在风道中的布置形式有两种:一种是冷却风流经机油散热器后再冷却气缸,如图4-21(a)或(b)所示;另一种是从冷却风中分一股风单独冷却机油散热器,如图4-21(c)所示。

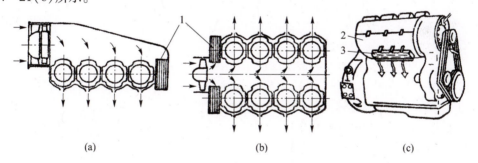

图4-21 机油散热器的分股冷却形式
(a)在引风罩后端;(b)在引风罩前段;(c)在引风罩底部
1、3—机油散热器;2—引风罩。

(二)导风罩

为保证冷却系统可靠而有效地工作,不仅需要一定的风量,而且各冷却部位需要有一定的风量分配,以满足各零部件不同程度的散热需要,使之尽可能均匀冷却,温差减小。因此,风冷发动机大都装有导风罩,利用导风罩来控制和调节被冷却部件所需要的风量。

图4-22所示是汽缸周围导风罩的基本形式。一般多采用图4-22(a)和图4-22(b)所示的布置形式。其进口很宽,这样可以减少进风侧的冷却强度和阻力,使冷却均匀,汽缸圆周温差较小,但散热效率较低。

当缸径较大时,采用图4-22(c)所示形式较合理,其进口狭小,使冷却空气获得充分

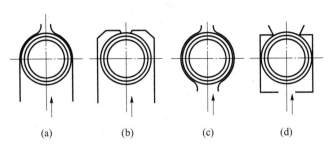

图 4-22 汽缸导风罩的基本形式

利用,散热效果好。但风道阻力和汽缸圆周温差都较大。图 4-22(c)所示形式的性能介于前三种形式之间。

以上都是对简单的汽缸体而言。若将汽缸盖和汽缸体作为一个整体,导风罩的形式就更复杂些。在多缸机中,要做到每个汽缸周围均匀冷却,则更加困难。这就需要根据汽缸的排列及风扇的安装位置等,对导风罩和挡风板的安装做相应的改变。

1. 冷却风量与冷却风道的流动阻力计算

1) 冷却风量

风冷型冷却系统的冷却风量取决于系统应散走的热量,对于非增压风冷发动机来说,就是发动机应散走的热量,一般占燃料燃烧总发热量的 20%～25%。一些小型风冷柴油机可以达到 35%,其大小可以通过发动机的热平衡试验来确定,具体参数一般由制造厂提供。

已知冷却空气应带走的热量为 Φ,冷却空气的质量流量可以由下式确定:

$$Q = \frac{\Phi}{C_p(t_2 - t_1)} \tag{4-52}$$

式中　Q——空气质量流量;

　　　C_p——空气的定压比热;

　　　t_1, t_2——冷却空气的进出口温度。

由式(4-52)可知,当风冷发动机工况不变(Φ 不变)时,冷却风量与空气温升 $\Delta t(t_2 - t_1)$ 成反比,即温升越高,所需风量越小。

风冷发动机的冷却风量常按单位功率所需的冷却风量来表示。统计资料表明,车用柴油机为 $60\sim70\mathrm{m}^3/(\mathrm{kW}\cdot\mathrm{h})$。

2) 冷却风道的流动阻力

冷却空气由风扇驱动,通过风道和导风罩进入汽缸(汽缸盖、汽缸体)散热肋片间的通道,然后从另一端流出。这种带导风罩的汽缸相邻两肋之间的通道与矩形弯管相似。在整个流动过程中,空气流动的阻力可以分为 4 个部分:沿程阻力 ΔP_1,因进气通道流通加大或减小而引起的阻力为 ΔP_2、ΔP_3,气流偏转引起的阻力为 ΔP_4。风道的总阻力为 $\Delta P = \Delta P_1 + \Delta P_2 + \Delta P_3 + \Delta P_4$。冷却风道的总阻力可以引用一些经验公式进行估算,但必须进行实际的试验验证。这些工作均由发动机研制和制造方完成。

2. 风冷系统的调节

风冷发动机的风冷系统应能对冷却风量进行调节,使发动机在不同工况下及各种环境条件下均能得到合理的冷却。风冷系统的调节方法主要有:

(1) 调节风扇转速。机械传动的风扇,可通过变换风扇的皮带轮或传动齿轮来改变风扇的传动比,从而改变风扇的转速和风量。这种方法虽然结构简单,但操作不便,更难实现自动无级变速,所以较少应用。液力偶合器传动的风扇,当发动机运行时,由安装在缸套出风口上(图4-23(a))或排气管上(图4-23(b))的调温器,根据发动机的工况来控制流向液力偶合器的油量,以调节风扇的转速和风量。

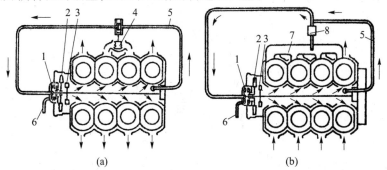

图4-23 液力偶合器调节风扇转速装置
1—液力偶合器;2—风扇;3—辅助风扇;4—调温器油间;5—进油管;
6—回油管;7—排气管;8—金属棒式调温器油阀。

调节风扇转速的方法可避免风量和风压的损失,能节省风扇功率,降低噪声,是一种比较理想的调节法。

(2)节流冷却空气。当发动机工况变化时,通风节流装置控制流向汽缸盖、汽缸体的冷却空气量。节流装置一般是装在风扇前面的百叶窗或节流环,如图4-24所示。用这种方法调节时,风扇转速不变,只是改变冷却风道的阻力,风扇功率的消耗比调节风扇转速时大。

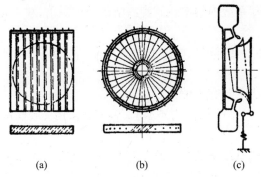

图4-24 冷却空气调节装置
(a)主式百叶窗;(b)辐射形百叶窗;(c)圆形百叶窗。

(3)旁通冷空气。通过风道壁上的旁通阀放出部分冷却空气来实现冷却风量的调节。这种调节方法有冷却风量损失,降低发动机的经济性。

(4)暖风回流法。在出风侧装设旁通阀,其开启程度由处在热风中的调节器控制,使部分冷却汽缸后的热风引回到风扇进口,来调节冷却程度,以保持发动机的热状态基本不变。这种调节方法,因管道布置复杂而很少采用。

此外,也有一些风冷发动机利用调节风扇叶轮安装角或改变涡壳截面等方法来调节冷却系统,因其结构较复杂,未能得到广泛应用。

六、冷却系统的评价

为了评价冷却系统的优劣,必须建立起能够反映冷却系统性能的量化指标。这些指标一般指以下4项:

1. 功率系数

功率系数是指冷却风扇的驱动功率与发动机额定功率之比 $\zeta_p = \dfrac{P_C}{P}$。式中:P_C 为冷却风扇的驱动功率;P 为发动机的额定功率。功率系数是反映冷却风扇与散热器匹配程度指标,匹配越好,其值越小。先进水平的坦克装甲车辆散热系统 $\zeta_p = 0.07 \sim 0.15$。

2. 体积系数

体积系数是指冷却水的容积与发动机额定功率之比 $\xi_v = \dfrac{V_w}{P}$。式中:V_w 为冷却水容积(L);P 为发动机额定功率(kW)。体积系数是反映冷却系统的综合设计水平、先进水平的冷却系统,$\xi_v = 0.1 \sim 0.18$,军用车辆趋于上限,民用车辆趋于下限。

3. 有效阻力系数

有效阻力系数是散热器空气侧(冷侧)的阻力(压降)与冷却风道总阻力(压降)之比,$\xi_x = \dfrac{\Delta P_a}{\Delta P}$。式中:$\Delta P_a$ 为散热器空气侧的阻力;ΔP 为冷却风道的总阻力。有效阻力系数是反映冷却风道及散热器设计与匹配完善程度的指标。对于军用车辆的冷却系统 $\xi_x = 0.4 \sim 0.6$。

4. 沸腾环境温度(ATB)

沸腾环境温度指冷却系统内的水达到沸腾时的环境温度,对于军用车辆ATB取 $35 \sim 55$℃。

此外,系统的可靠性、可维修性、可接近性及可操作性应良好,加水和放水时间需短,且易于操作。

评价冷却系统的方法主要有3种:

(1) 野外实车试验(包括战场使用试验)。这是最直接、最权威的方法,但是试验周期长、耗资大。

(2) 全系统的台架热态模拟试验。欧美等西方国家的坦克装甲车辆冷却系统的研制大都采用这种方法进行评价。此方法的优点是全面、量化、准确和可靠,但对试验设备的要求苛刻。

(3) 计算机仿真。它的优点是直观、简明、可控、周期短和投资小,但需要大量的资料和试验数据。对于一些数据的取舍,要求操作的工程技术人员有丰富的实践经验。随着计算机技术、仿真技术的飞跃发展,以及坦克装甲车辆冷却系统数据库的建立,这种方法有着广阔的开发和应用前景。

七、冷却系统的发展趋势

目前,大部分车辆的冷却系统仍属于传统的被动冷却系统,其只能有限地调控车辆动力舱的热流分布状态。随着动力舱更加紧凑的设计和更高的单位体积功率,动力传动系统产生的热流密度也随之明显增大。传统的冷却系统存在的问题变得更加突出。因此,引进先进的冷却系统设计理念,应用现代设计技术与方法,开发高效可靠的冷却系统势在必行。目前,车辆冷却系统的发展呈现如下趋势。

(一) 冷却系统的自动化和智能化

随着电子技术和计算机技术的飞速发展,以及电子元器件技术的成熟,采用电子控制的冷却水泵、风扇、节温器等部件,可以根据实际工况条件下的动力、传动系统温度自动调节,以提供最佳的冷却介质流量和风扇的冷却风量,实现冷却系统部件的自动化和智能化。

(二) 系统内冷却介质的合理组织

1999年英国Bath大学的Robinson等倡导精确冷却技术,该技术可以加速暖机、减少热应力、改善爆震、减少冷却散热量等。"精确冷却"理念,即利用最少的冷却液达到最佳的温度分布,保证系统的散热能力能够满足动力、传动系统关键区域工作温度的需求。

"分流式冷却"即发动机汽缸盖和汽缸体采用不同的冷却策略,使汽缸盖和汽缸体具有不同的工作温度。分流式冷却的优势在于使发动机各部分在最优的温度点工作,达到较高的冷却效果。

无论是精确冷却还是分流式冷却,都要求对发动机的水套进行必要的改造以优化冷却液流动,精确冷却和分流式冷却更有利于形成理想发动机的温度分布,以满足发动机高效可靠工作的要求。

(三) 动力传动系统的热管理技术

热管理技术就是充分考虑冷却系统对动力传动系统及整车的性能影响,将冷却系统的效率提高至最理想值,最大限度地发挥冷却系统的功用。

热管理技术的目标是提高燃料的经济性,降低能耗和减少排放,增加功率输出,降低起动阻力和车辆维护费用,提高车辆的可靠性及对环境的适应能力。

为了实现上述目标,热管理主要从以下几个方面来实现:采用计算机控制动力传动装置的温度分布;应用强迫对流和核态沸腾传热相结合的换热机制;使用先进高效传热介质、采用更加轻巧的高导热铝材料制造换热元件,增加换热能力;对动力舱底部空气流动实施管理,进行余热储存;优化散热器和风扇的布置和匹配设计;废热循环及再利用等。

热管理技术的研究手段和方法势必会逐渐成为冷却系统研究与开发的主要方法,对全面提高车辆的总体性能意义重大。

第四节　空气供给系统设计

一、空气供给系统的功能

空气供给系统是用来从大气中吸取空气,经滤清,然后将洁净的空气送入发动机汽缸中。滤掉尘土的空气进入发动机可减少发动机主要零件的磨损,能够使它的各项有效指标在给定的寿命时间内保持稳定。

二、空气供给系统的组成

空气供给系统包含空气取气装置(百叶窗、可伸缩的取气器)、空气管道、空气滤清器(单级的、多级的)、除尘装置,以及与发动机相连接的连接部件。空气滤清器是空气供给系统的重要组成部分,它的常用结构一般分为叶片环式空气滤清器(图4-25)和逆转管式多级空气滤清器(图4-26)。

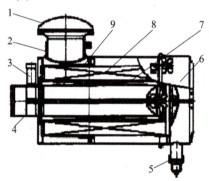

图4-25 叶片环式空气滤清器
1—进气罩;2—进气口;3—阻力指示器;4—出气口;5—排尘袋;
6—集尘盒;7—安全滤芯;8—主滤芯;9—叶片环。

一般轮式装甲车使用的空气虑清器多为叶片环式空气滤清器。典型叶片环式空气滤清器结构如图4-25所示。它主要由叶片环、滤芯、排尘袋组成。空气经进气罩1通过进气口2进入叶片环9,在叶片环的叶片作用下气流产生旋转,灰尘颗粒在离心力的作用下进行分离,分离出来的灰尘进入集尘盒6通过排尘袋5自动排出空气滤清器,较干净的空气经过滤芯(7、8)进行精滤,干净的空气通过出气口进入发动机或增压器。叶片环式空气滤清器具有结构简单、紧凑和进气阻力较低的特点。

灰尘负荷大的空气滤清器一般采用逆转式旋流管+纸滤芯结构的逆转管式多级空气滤清器,其构造如图4-26所示。发动机工作时,在吸力作用下,空气被进气管口处的滤网去掉大的杂物(如树叶等)后,从进气口10进入空气滤清器下壳体内的各旋流管11。在通过旋流管时,其内的导流片使空气产生旋流运动,然后再反向向上流过通气管,进入滤芯2,然后通过出气口8,进入增压器或发动机。含尘空气在经过逆转式旋流管时灰尘颗粒在旋转气流惯性力的作用下,较大颗粒的尘土被甩向旋流管壁并下落,最后由旋流管的出口落入集尘室14中。逆转式旋流管效率较高(90%~98%),从而可以减小滤芯的灰尘负荷,延长滤芯的保养周期。

三、空气滤清器的性能

空气滤清器的性能指标主要有额定空气流量、原始进气阻力、原始滤清效率、保养周期等。

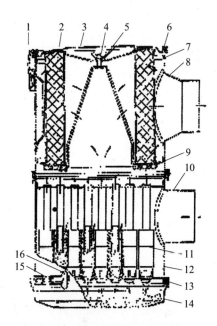

图4-26 逆转管式多级空气滤清器

1—别扣；2—滤芯；3—顶盖；4—翼形螺母；5—密封垫；6、9、13—密封环；7、12—壳体；8—出气口；10—进气口；11—逆转式旋流管；14—集尘室；15—卡箍；16—手螺杆。

1. 额定空气流量[10]

通过空气滤清器出口的最大空气流量，一般由发动机给定。没有给定时一般按照下面公式计算：

$$Q_{ve} = k \times P \tag{4-53}$$

式中 Q_{ve}——额定体积空气流量（m^3/min）；

k——每1kW的功率需要的空气流量，取值范围为 0.081~0.098（$m^3/min(kW)^{-1}$）；

P——发动机额定功率（kW）。

2. 原始进气阻力

原始进气阻力是指新的没有使用过的空气滤清器的进气阻力。空气滤清器的进气阻力严重影响着发动机的功率损失（可达5%），它与随着使用时间推移而增加的空气滤清器的脏污程度有密切关系。空气滤清器原始进气阻力设计值一般为2.5~3.5kPa，保养时的进气阻力一般小于6kPa，也可根据车辆使用情况和空气滤清器的结构适当提高1~2kPa。

3. 滤清效率

滤清效率是空气滤清器滤除特定试验灰尘的能力。

空气滤清器总成原始滤清效率是指在额定空气流量下，装有新滤芯的空气滤清器总成的滤清效率，总成原始滤清效率最小为99.5%，一般在99.8%左右。

粗滤效率是在额定空气流量下，测得的粗滤器的滤清效率。

滤清效率（η_o）可由下面公式计算：

$$\eta_o = (1 - \phi_1/\phi_2) \times 100 \tag{4-54}$$

式中 η_0——滤清效率(%)；

ϕ_1——空气滤清器出口的含尘量(g/m^3)；

ϕ_2——空气滤清器进口的含尘量(g/m^3)。

发动机零件的磨损与进入发动机的灰尘量有密切关系。进尘量用透尘系数 ε_{sep} 来评价：

$$\varepsilon_{sep} = (\phi_1/\phi_2) \times 100 \tag{4-55}$$

显然，在透尘系数 ε_{sep} 和滤清效率(η_0)间有如下关系：

$$\varepsilon_{sep} = 100 - \eta_0 \tag{4-56}$$

4. 保养周期

保养周期是指空气滤清器达到保养条件时的工作时间。空气含尘量的大小与道路状况、行动部分的结构和车辆行驶速度有关，还与进气口距地面的距离和空气滤清器的位置有关。在设计时取气点应选取空气含尘量小的位置和部位。因此一般规定试验室保养周期(寿命)。由于装甲车辆空气滤清器设计的不确定性(非标设计)，保养周期一般参照民用汽车产品，且比民用产品的保养周期要短。《汽车用干式空气滤清器总成技术条件》QC/T 770—2006 规定：在额定空气体积流量下，当总成达到试验终止条件，即进气阻力达到 6kPa 或滤清效率下降到 99% 时，叶片环式空气滤清器试验室寿命不应小于 10h。

四、设计空气供给系统时应注意的问题

(1) 合理安排取气点，减小进入系统的灰尘浓度。

在以汽车底盘为基础改装的轮式装甲车上，像普通汽车一样，一般设有专用的进气口，空气滤清器往往紧连在发动机进气管的上方。而对于发动机布置在车体后部的车辆，其后部的空气含尘量往往较高，据统计，对于履带车辆，最高时可以达到 $3 \sim 7g/m^3$，平均空气含尘量为 $2 \sim 2.5 g/m^3$。另外，空气滤清器在车上所处的高度与含尘量也有很大关系，高度越高，含尘量越少。因此，空气滤清器所处的位置原则上应该是靠前和尽量高些，以便减少空气滤清器进气的含尘量。这样不仅可以减少空气滤清器的保养次数，还可以延长发动机的使用寿命。

(2) 尽量采用车外进气，降低进气温度。

应避免经过散热器等部件之后的热空气进入空气滤清器，以免造成发动机的功率损失。根据 l2V150 发动机的试验，当进气温度由 25℃ 升至 60℃ 时，发动机功率损失约为 8%。

(3) 合理布置管路走向，减小系统阻力。

合理设计管路和进气窗，使系统管路阻力尽量小，系统管路阻力一般应小于 1kPa。

(4) 进气口到排气口的距离要远些，防止排出的废气重新吸入空气滤清器。

车辆发动机使用的空气滤清器种类很多，按其过滤原理，大致可分成过滤式和惯性式；按其是否装有油液，又可分成干式和湿式。目前所使用的空气滤清器绝大多数是采用几种滤清方法的综合式滤清器。

五、叶片环式空气滤清器设计案例

(一) 计算依据

(1) 发动机额定进气量 1200kg/h;
(2) 额定进气流量下空气滤清器原始进气阻力≤3.0kPa;
(3) 空气滤清器滤清效率≥99.8%;
(4) 空气滤清器直径应不大于 $\phi 292$mm,长度应不大于 490mm。

(二) 旋风叶片环式粗滤器设计[12]

对于叶片环的设计,其叶片倾角 α、叶片数 N,气流通道面积 F,切向气流速度 V 等参数是决定叶片环性能的主要参数。叶片环的结构型式如图 4-27 所示。

考虑到注塑工艺的要求,叶片厚度 e,一般取 $e = 1.5$mm。

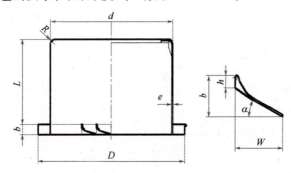

图 4-27 叶片环的结构型式

设计程序:
(1) 已知额定空气流量 Q,根据经验和类比假定切向气流速度 V,叶片倾角 α;
气流通道面积 F:

$$F = \frac{Q/3600}{V/\cos\alpha} \tag{4-57}$$

式中　F——气流通道面积(m^2);
　　　Q——额定空气流量(m^3/h);
　　　V——切向气流速度(m/s)。

(2) 由结构设计可确定叶片环内径 d_1,根据下述公式求出叶片环外径 D_1:

$$F = \left[\frac{\pi}{4}(D_1^2 - d_1^2) - (D_1 - d_1)/2Ne\right]\sin\alpha \tag{4-58}$$

式中　F——气流通道面积(m^2);
　　　D_1——叶片环外径(m);
　　　d_1——叶片环内径(m);
　　　N——叶片数;
　　　e——叶片厚度;
　　　α——叶片倾角。

(3) 计算出叶片的轴向高度 b，至此叶片环粗滤器各参数（倾角 α、叶片数 N、内径 d_1、外径 D_1、轴向高度 b 等）都已确定。

(4) 按已确定的上述参数，重新验算气流的通道面积 F，切向气流速度 V 等，检查和设计意图是否相符。

（三）二级滤清器设计

纸滤芯基本上属于表面过滤，表面积越大它的通过能力就越大，使用寿命越长，过滤阻力越小，所以力求在有限的空间内，增大过滤面积。滤芯通常采用摺扇形圆滤芯，其制造工艺简单，滤芯的机械强度好。

滤芯过滤面积 A：

$$A = 2n \times H \times b \times 10^{-6} \quad (4-59)$$

式中　A——滤芯过滤面积（m^2）；
　　　n——滤芯折数；
　　　b——滤芯折宽（mm）；
　　　H——滤芯高度（mm）。

滤芯折数 n

$$n = \frac{\pi(D-2b)}{t} \quad (4-60)$$

式中　D——滤芯外径（mm）；
　　　t——折距（纸折在内接圆上的距离）（mm）。

折距通常在 2.5~3.5mm 之间，折距受纸的厚度 δ 限制，t 最小值为 2δ，因此 t 必须大于 2δ，通常 t≥3δ 以上。设计中应注意折宽的尺寸一般不大于 55mm，主要为保证滤芯有足够的风度。

在一级滤和二级滤的设计计算中可以根据经验确定一些关键的数值和系数。

（四）计算过程和结果

空气滤清器总成计算结果见表 4-6。

表 4-6　空气滤清器总成计算结果

名称		内容
叶片环数据	叶片倾角 α	26°
	叶片数 n	28
	切向气流速度 V	20.95m/s
	气流通道面积 F	0.084m^2
	叶片环内径 d_1	242mm
	叶片环外径 D_1	290mm
纸滤芯数据	滤芯外径 D	235mm
	滤芯内径 d	125mm
	滤芯高 H	452mm
	内折距 t	1.8mm
	折数 n	220
	过滤面积 A	9.9m^2

(五) 对设计计算结果的分析和说明

通过计算,得到了一级滤和二级滤的结构尺寸,如表 4-6 所列。利用 CAD 软件进行三维建模得到空气滤清器总成的三维模型,如图 4-28 所示。

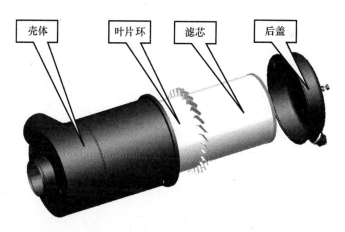

图 4-28　空气滤清器总成三维模型

利用 Fluent 进行流场仿真计算,得到进气阻力,如表 4-7 所列,性能曲线如图 4-29 所示,流场的流速如图 4-30 所示。

表 4-7　空气滤清器仿真计算进气阻力结果

空气流量/(m³/h)	550	660	770	880	990	1100	1210
总成原始进气阻力仿真值/Pa	764	1094	1489	1937	2448	3000	3651

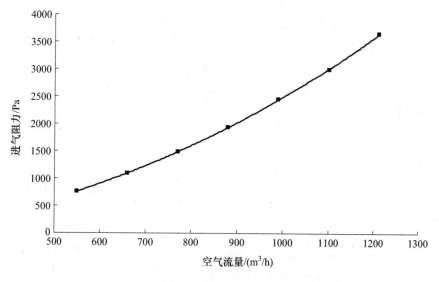

图 4-29　空气滤清器总成仿真计算性能曲线

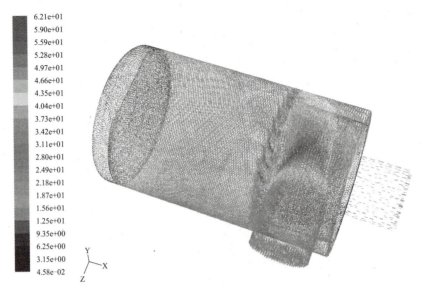

图4-30 空气滤清器总成额定点流速图

第五节 燃油供给系统设计

柴油机燃油供给系统的功用是完成燃料的储存、滤清和输送工作,按柴油机各种不同工况的要求,将燃油定时、定量、定压并以一定的喷油质量喷入燃烧室,使其与空气迅速而良好地混合和燃烧。

柴油机的燃油供给系统由柴油箱、输油泵、燃油滤清器、喷油泵、喷油器、高压油管、低压油管和回油管等组成,如图4-31所示。

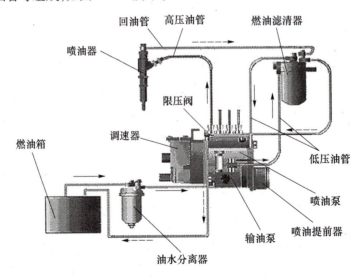

图4-31 柴油机燃油供给系统

燃油供给系统可以分为低压油路、高压油路和多余的燃油回流油路:

（1）低压油路：从柴油箱到喷油泵入口，油压一般为 0.15～0.3MPa；

（2）高压油路：从喷油泵到喷油器，油压在 10MPa 以上；

（3）多余的燃油回流油路：输油泵的供油量比喷油泵的最大喷油量大 3～4 倍，大量多余的燃油经喷油泵进油室的一端限压阀和回油管流回输油泵的进口（需要配置燃油冷却器）或直接流回柴油箱。喷油器工作间隙泄漏的极少数柴油也经回油管流回柴油箱。

在这里不讨论由喷油泵、喷油器和高压油管组成的高压油路，如果对高压油路部分感兴趣的读者可以学习内燃机原理的相关课程。

一、柴油滤清器

柴油滤清器的作用是除去柴油中的尘土、水分、金属杂质以及从柴油中析出的石蜡，以降低对精密偶件的磨损，从而提高发动机的功率，降低油耗。

柴油滤清器一般分为油水分离器（很多油水分离器和粗滤合二为一）、柴油粗滤器（也叫柴油预滤器）、柴油细滤器。图 4-32 为一种典型的柴油滤清器的结构示意图。

一般情况下，柴油粗滤器安装在低压输油泵的前边，柴油细滤器安装在低压输油泵的后边。

滤清器分为可拆卸式滤清器和一次性滤清器，须自行设计的滤清器多为可拆卸式，而市场上选购的多为一次性滤清器。滤芯可由绸布、毛毡、金属丝及纸等制成。

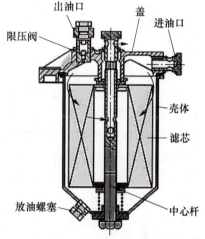

图 4-32 柴油滤清器的结构

二、输油泵

输油泵能够保证低压油路中柴油的正常流动，克服柴油滤清器和管路中的阻力，并以一定的压力向喷油泵输送足够量的柴油。输油量约为柴油机全负荷最大耗油量的 3～4 倍。输油泵的形式有活塞式、转子式、滑片式、齿轮式等。一般发动机本体上会带一个由发动机自身驱动的输油泵，该输油泵和手打泵结合在一起，既用于发动机正常工作时的输油，也用于喷油泵的排气。

当系统管路过长或者油箱布置较低时，单靠发动机自身的输油泵无法满足发动机需求的油量和压力，这时需要在系统内再增加一个输油泵。这个泵可以布置在管路上也可以直接布置在油箱里。有些车辆由于布置的需要，发动机自身所带的泵难于接近，这种情况下就需要在易于接近的位置布置一个额外的手打泵用来排气。

三、燃油箱

燃油箱的主要功能是储存燃油，燃油箱的数目和容量根据不同的车型及使用要求而定。燃油箱的材料一般为金属或塑料。油箱一般通过专门设计的油箱盖或者通气管与大气连通。为了向驾驶员提供燃油箱内燃油的剩余状况,在燃油箱内需安装对油箱内液面的变化进行检测计算的油量传感器。

第六节 冷起动系统设计

一、发动机起动过程

(一)概述

发动机由静止状态进入稳定运转状态的过程称为起动过程。发动机起动时,起动机的主动齿轮与发动机飞轮齿圈相啮合,将蓄电池的电能转化为机械能,产生驱动力矩,克服发动机的起动阻力矩,带动发动机曲轴旋转。发动机被起动机带动时曲轴的转速称为起动转速。

下面着重介绍柴油发动机(柴油机)的起动过程。

起动机带动柴油机起动初期,柴油机起动转速较低,由曲轴带动的活塞的运动速度也较低,一方面造成压缩行程中工质因对流传热及辐射换热而热损失增加,另一方面造成汽缸内工质质量损失增大,导致压缩终了工质温度低于柴油着火温度,工质不能着火燃烧。随着曲轴循环转动次数增加,压缩终了工质温度逐渐提高,一旦某缸内压缩终了工质温度满足着火条件,便可以实现柴油机第一次着火。柴油机出现第一次着火后,产生的高温燃气将加热汽缸盖、活塞、气门及汽缸,使这些零部件温度迅速升高并积蓄一定热量,在下一进气行程中将热量传递给进入的空气以实现进气加温。同时缸内残余的高温废气与进入的空气混合,进一步加热进气,提高压缩终了的空气温度,有利于第二次着火。第一次着火出现后,柴油机转速将迅速增加,为其余各缸着火创造了条件,进而各缸依序着火,发动机转速不断提高。图4-33所示为发动机起动特性曲线。

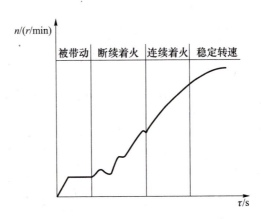

图4-33 发动机起动过程转速特性曲线

(二)柴油发动机低温起动困难的原因

柴油发动机起动应具备以下几个条件,对于民用6缸机而言:

(1) 起动转速一般不低于 80r/min；

(2) 压缩终了的工质压力不低于 3MPa；

(3) 压缩终了的工质温度不低于 200℃。

一般说来，影响柴油机低温起动的因素有以下 3 方面。

(1) 低温工况下柴油机起动阻力矩及缸内工质热损失增加明显。发动机及传动装置内的润滑油在低温条件下黏度过高，造成起动时阻力矩远远大于常温起动阻力矩，图 4 - 34 所示为 M520B 发动机起动阻力与环境温度关系曲线，由冷态发动机起动阻力矩与环境温度关系曲线可以看出，随着环境温度的降低，发动机起动阻力矩增加的幅度不断扩大。较大的起动阻力矩降低了活塞的运动速度，同时低温工况下环境因素导致工质与缸体及活塞之间的温度梯度增加，造成压缩过程中工质的热损失与质量损失增加，压缩终了的工质温度与压力较常温工况明显下降，柴油无法着火燃烧。

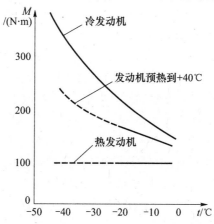

图 4 - 34　M520B 型发动机起动阻力与环境温度的关系

(2) 低温工况下柴油机雾化质量变差。低温工况下，柴油黏度增加，表面张力增大，喷油压力不变的情况下，喷油时柴油雾化质量变差，延长了滞燃期，偏离了柴油着火燃烧的最佳位置，使柴油机起动困难。

(3) 低温工况下蓄电池的放电能力变差。随着温度下降，蓄电池电解液黏度增加，电阻率增大，由表 4 - 8 可见，当电解液温度由 30℃ 下降到 - 40℃ 时，电解液的电阻率增加了 6.36 倍，放电时蓄电池内部耗能增加。同时，随着温度的降低与放电电流的增加蓄电池的容量急剧下降（表 4 - 9），因此蓄电池在低温下可输出的总容量及大电流放电的持续时间大大降低。

表 4 - 8　温度对硫酸溶液的电阻率的影响

温度/℃	30	20	10	0	-10	-20	-30	-40
电阻率/(Ω·cm)	1.140	1.334	1.602	1.998	2.600	3.570	5.290	8.390

表 4 - 9　蓄电池容量与温度及放电率的关系

温度/℃	27	15	4	-7	-18	-29	-40	-51
20h 放电率	100	90	77	63	49	35	21	9
20min 放电率	46	39	31	24	16	9	1	

(三) 解决柴油发动机低温起动困难的途径

目前,解决柴油发动机冷起动困难的方法有很多,例如:
(1) 在一定低温环境下,改用低温动力黏度小的机油;
(2) 使用放电能力强的蓄电池或采用蓄电池保温措施;
(3) 采用进气预热装置;
(4) 使用冷却液加温装置为柴油机低温起动服务。

上述前 3 种方法在一定温度范围内可以解决柴油发动机低温起动问题,但是都有一定环境温度使用限制。

1. 使用低温动力黏度小的机油

在一定低温环境下,可以改用低温动力黏度小的机油以改善发动机的润滑条件,但是,此种机油的高温承载能力仍需着重考虑。因此需从机油的黏温特性出发,兼顾各种使用环境,正确选用合适的机油。机油通常用黏度比来评价,即 VR 值。

$$VR = 50℃运动黏度/100℃运动黏度$$

VR 值小的机油黏温特性好,黏度指数高,对应的发动机可以正常起动的最低环境温度低。因此,要保证发动机能够在较低的温度条件下起动及在常温下正常运行,应选用黏温特性好的低黏度比机油。但在极限低温环境下仅采取使用黏温特性好的低黏度机油的措施仍无法满足某些军用车辆的起动要求。

2. 增强蓄电池的放电能力

为了增强蓄电池的放电能力,现有技术途径包括增加蓄电池数量与采用电池电加温措施,采取增加蓄电池数量的方案将会增加车辆的质量,而军用车辆的质量指标受到严格控制;采用电加温措施,势必消耗大量电能,对车辆冷起动产生不利的影响。因此这两种方式不是最佳解决方案。

3. 采用进气预热装置

采用进气预热装置可以提高进入汽缸的空气温度,增加柴油机点火的成功率,但无法实现柴油机运动件的润滑、降低机件的磨损、改善柴油机的工作环境,因此,采用进气预热装置无法对柴油机机体实现润滑保护,不利于柴油机低温起动。

4. 液体加温装置

液体加温装置(加温器)主要用于发动机起动前的加温预热,其工作原理如图 4-35 所示,在液体加温装置内部,柴油燃烧释放的热量传递给发动机冷却系统内的冷却液,并由液体加温装置自带的水泵驱动冷却液循环,从而将热量转移给发动机机体和润滑油。经过一段时间的加温工作,发动机与润滑油温度指标达到起动要求时,关闭液体加温装置,加温过程结束。

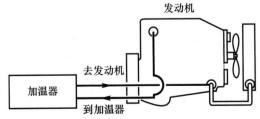

图 4-35 使用燃油加温器对发动机进行起动前预热加温工作的工作原理

使用液体加温装置对柴油发动机相关部件及油液进行预热，可以使发动机在-45℃环境下顺利起动，这主要是因为发动机经预热后，其机体内的零部件温度、润滑油温度等影响发动机起动的因素在不同程度上得到改善，使发动机在营造出的常温环境下起动，提高起动成功率，减小发动机起动时活塞环、汽缸等机件的磨损。低温条件下采用液体加温装置对发动机进行加温预热，其优点在于以下几个方面。

1）降低柴油机起动阻力

发动机加热升温后，汽缸、活塞、活塞环及各轴承的温度升高，存在于这些摩擦副之间的机油温度升高、黏度下降，降低了柴油机的起动阻力。

2）减少机件磨损

发动机起动磨损主要由分子—机械磨损和腐蚀—机械磨损而引起，发动机冷态起动时，机油黏度大，润滑条件差，形成润滑油膜时间长，使分子—机械磨损增加。在发动机低热状态下（低于78℃），水蒸气凝结在汽缸壁上，其中溶有酸气所引起的磨损就会产生。因此在冷态条件下使用液体加温装置预热可以明显缩短发动机在冷态环境下的使用时间，降低腐蚀—机械磨损危害，延长发动机使用寿命。

3）避免零件损坏

在低温条件下，由于冷缩效应，原有机械零件之间的配合间隙和配合关系发生了改变。在极低的温度下，原有的动配合可能改变为过渡配合甚至过盈配合，原有的过渡配合可能变为过盈配合，同时低温环境还会造成发动机零部件材料脆化，在此状况下强行起动发动机将对零件造成不可逆的损害，因此通过液体加温装置对发动机预热，使发动机进行热态起动，可以有效避免机件损坏。

4）其他方面

通过液体加温装置对发动机加温预热后执行起动过程，可以有效避免冷态起动时出现的发动机水温过低需无负载运转升温的现象发生，有效缩短起动时间，可快速进入负载工况运转。

二、液体加温装置结构与工作原理

液体加温装置一般由供风系统、供油系统、燃烧系统、控制系统、循环系统、换热系统等组成。供风系统内的风扇电机驱动风扇转动，将外界空气供入加温器燃烧系统，为柴油燃烧提供所需空气（氧气）；供油系统通过高压喷射或高温蒸发等方式，为燃烧系统提供燃烧所需要的雾化燃油（柴油）；燃烧系统组织燃油—空气的混合与燃烧，实现油—气混合气的点火燃烧，为燃烧过程提供空间；控制系统控制加温器供风系统及供油系统工作时序，并监测加温器工作状态，使其按设计工作流程运转；循环系统带动发动机冷却系统内的冷却液循环流动，将吸收的加温器燃烧热量传递给发动机及润滑油；换热系统用于燃油燃烧产生的高温燃气与冷却液之间的热量交换，实现热量的高效传递。

液体加温装置工作时，根据程序设定，分系统依次介入加温器工作流程，实现加温器的燃烧与换热，将柴油的化学能转化为热能并传递给需加温部件。

用于柴油发动机低温起动的液体加温装置，一般应满足以下技术要求：

（1）良好的低温点燃性。液体加温装置的低温点燃性是指燃烧系统在低温条件下将燃油点燃并形成火焰的能力,一般用加温器可以将柴油点燃的最低环境温度来评价。低温环境越低,液体加温装置的点燃性越好。

(2) 良好的低温续燃性。液体加温装置的低温续燃性是指燃烧系统在低温条件下点燃后能够持续燃烧的能力。影响低温续燃性的几个关键因素是:低温条件下燃油—空气的混合流动与空燃比情况、燃油的持续供给能力、燃油的雾化效果。低温条件下,柴油黏度增加导致雾化效果变差,燃油颗粒尺寸增大,燃烧速率降低,完全燃烧所需时间延长,火焰核心后移,不利于后期喷入燃油的着火燃烧,容易造成燃烧断续、后燃严重、燃烧不充分、冒黑烟的现象,甚至加温器自行熄灭,低温续燃性差。

(3) 单位体积放热量及总放热量大。军用车辆空间、质量及低温起动所用时间有严格的限制,体积小、重量轻、放热量大的液体加温装置成为军用车辆的首选,因此单位体积放热量、总放热量成为评价加温器的重要指标。

(一) 液体加温装置分类及选型

液体加温装置根据点火及燃烧组织方式的不同可以分为蒸发预混燃烧式燃油加温器和喷雾扩散燃烧式燃油加温器两大类。蒸发预混燃烧式燃油加温器点火过程所需燃油量少,加温器的结构简单、体积较小,是小型柴油机低温起动的首选;喷雾扩散燃烧式燃油加温器点火时间短、燃烧效率高、放热量大,适用于大功率发动机。发动机低温起动所需液体加温装置的功率由发动机质量、冷却液质量、温度指标等因素决定。

目前,车辆低温起动所需加温器的功率计算公式有很多,其中普遍采用的公式是:

$$W_{加温器} = 1/z \times (W \times C_p + (SHC \times \% \times M)) \times (t_e - t_a) \times f \qquad (4-61)$$

式中 $W_{加温器}$——加温器功率(kW);

z——低温起动限定时间(s);

W——需加温的发动机冷却液质量(kg);

C_p——冷却液的定压比热容(273~367K之间的最大值)(kJ/(kg·K));

M——发动机质量(kg);

SHC——发动机机体的比热容(kJ/(kg·K));

%——冷却液和发动机的接触比(一般取0.36);

f——传热系数,一般低温预热状态取1,高温循环状态取1.2;

t_a——冷却液起始温度(K);

t_e——冷却液最终温度(K)。

以我国某型号战车发动机为例,低温起动限定时间为50min,发动机冷却液质量为80kg,冷却液起始温度为 -43℃,加温终了要求冷却液温度不低于50℃。计算所得该车应使用的加温器功率为31.58kW,目前该车现使用的是35kW级别的加温器,经过环境试验室低温起动试验证明,该型加温器可以保证车辆在(-43±2)℃低温环境下与限定时间内经加温一次起动成功,且发动机起动后冷却液循环温度最低不小于30℃。

(二) 蒸发预混燃烧式燃油加温器

蒸发预混式燃油加温器点火时,首先通过加温器上的预热塞将燃油蒸发雾化,然后通过供风系统将空气与燃油混合并点火,点火过程结束后,通过燃油雾化蒸发方式将燃油雾化,雾化燃油与空气进行混合,在进入燃烧过程之前已基本形成燃烧所需的混合气体,燃烧时燃油颗粒小而且分布均匀,此种燃烧组织相对简单,仅需要将燃油泵送到高温燃油雾化装置即可。其缺点是加温器预热塞耗电量大,且加温器放热量受到燃油雾化装置表面积与喷油量的双重制约,另外,在极限低温环境下燃油雾化装置表面温度低,燃油蒸发效果较差,燃烧效率较低。

(三) 喷雾扩散燃烧式燃油加温器

类似汽油机的点火方式,喷雾扩散式燃油加温器在供油系统内建立高压,采用专用喷嘴对燃油进行喷射雾化,由电热塞或高压电弧将燃油—空气混合气点燃的方式点火。点火成功后通过燃烧火焰与喷入的燃油维持燃烧过程。随着技术的发展,加温器的喷油压力达到1MPa,雾化后的燃油颗粒可以达到微米量级,保证了燃油与空气的充分混合,提高了加温器燃烧质量;高压点火装置可以瞬间建立3万V高压、温度达400℃的连续电弧,耗电量仅有40W,从放电到油—气混合气点燃所用时间不足1s,点火过程所消耗电量大大下降。由于喷雾扩散式燃油加温器燃烧效率高、放热量大、消耗电能少,已逐渐成为大功率柴油发动机低温起动的首选设备。

(四) 液体加温装置使用中应注意的事项

液体加温装置一般自带泵组装置,用于驱动冷却液循环流动,为保证加温器顺利抽取到冷却液,加温器进水口位置应低于动力装置冷却液循环系统最高点,最好与循环系统底部管路连接。同时,加温器与被加温装置间的管路长度应尽可能的短,以减少散热损失和冷却水循环时的流动阻力,管路走向不应有大幅度的起伏,以防止气体积聚、冷却液流量降低导致加温器热负荷过高而烧毁的现象发生。

第五章 传动系统设计

第一节 轮式装甲车传动系统总论

一、传动系统的功用

轮式装甲车广泛采用活塞式内燃机,在其工作范围内,扭矩和转速变化的范围都较小,而车辆实际使用时道路阻力与车速变化大,因此必须安装传动系统。传动系统的功能是为车辆产生运动提供所需的推力和牵引力,使车辆实现起步、变速、减速、差速等功能,为车辆提供良好的动力性和燃油经济性。

图5-1为某轮式装甲车的传动系统简图。

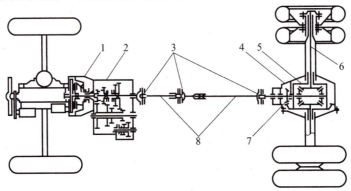

图5-1 轮式装甲车的传动系统简图
1—离合器;2—变速器;3—万向节;4—驱动轴;5—差速器;6—半轴;7—主减速器;8—传动轴。

(一)变速器的功用

变速器的功用是改变发动机输出扭矩和转速,在车辆起步、加速、行驶以及克服各种路障时,使车轮获得合适的牵引力和速度,并尽可能使发动机工作在最经济的工况。为使车辆能倒车,发动机与传动系统能够分离,变速器应有倒挡和空挡。若还有其他动力输出需要,还应有功率输出装置。

(二)离合器的功用

在以内燃机为动力的轮式车辆机械传动系统中,离合器用来切断和实现对传动系统的动力传递,以保证:在起步时将发动机与传动系统平顺地接合,使车辆能平稳起步;在换挡时将发动机与传动系统迅速彻底分离,减少变速器中齿轮之间的冲击,便于换挡;在工作中受到过大载荷时,靠离合器打滑保护传动系统,防止零件因过载而损坏。

(三) 万向传动装置的功用

万向(节)传动装置由万向节和带花键轴或不带花键的传动管轴组成。它也常被称为万向传动或简称为传动轴,主要用于在工作过程中两轴线不重合,且其相对位置不断改变的两轴之间传递动力。如在轮式装甲车中变速器(或分动器)固定在车体上,而驱动轴通过弹性悬架与车体连接,因车辆在行驶过程中悬架的弹性元件的弹性变形,使驱动轴与变速器(或分动器)之间的距离与轴线之间夹角都经常发生变化。为了使变速器(或分动器)的动力正常地传给驱动轴,就必须采用万向传动装置。

(四) 驱动轴

驱动轴又称驱动桥,它是轮式装甲车传动系统中的主要总成之一,其功用是将变速器的输出动力传给左、右驱动轮,这样既能使车辆在良好道路上以最大车速行驶,又能在车辆转弯时使两侧驱动轮具有差速功能,不产生滑移。此外驱动轴还要承受作用于地面与车体之间的垂直力、纵向力和横向力。

二、传动系统的使用要求

从功能观点出发,无论何种型式的传动系统都是功率转换器,因此传动系统应满足下列基本要求:

(1) 理想的能量转换过程无能量损失,即传动系统效率 $\eta = 100\%$。但任何一个实际的转换过程不可避免将伴随着能量损失,即 $\eta < 100\%$。但是要求 η 接近于 100%。

(2) 与发动机最佳配合,在任何工况下能使发动机按其最大功率点工作,或在相对经济的燃料消耗量下工作。

(3) 传动系统输出力矩应能够克服当量阻力矩,小于或等于驱动轮与路面摩擦产生的附着力矩。

(4) 确保发动机与传动系统能分离彻底,接合平稳。

(5) 根据使用要求合理分配车轮间扭矩,减少车轮间运动的不协调,避免产生有害的功率循环。

对于任何车辆(已知发动机功率、车轮半径和整车质量)和使用道路(行驶阻力),传动系统的理想输出外特性可以形象地用图 5-2 表示。图中 α 曲线表示发动机油门的不同开度,发动机处于某一个油门开度时输出功率为常数,输出扭矩(驱动力)与转速(车速)的关系为双曲线。i 曲线表示传动装置的不同排挡,为一斜线,两者的交点是发动机油门开度为 α、传动系统传动比为 i 时传动系统的输出外特性。

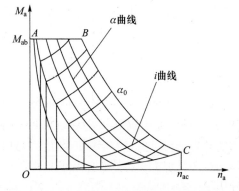

图 5-2　理想传动系统的输出外特性

三、传动系统的类型及其组成

车辆传动系统的基本功能就是把发动机的输出功率转换为适合使用要求的形式。它可采用各种不同的功率转换装置,如机械传动、电力传动、液力传动和液压传动。车辆常用的传动类型有机械传动、液力机械传动、液压机械传动和电传动。

(一) 机械传动系统(MT)

机械传动系统简图如图5-1所示。它通常由离合器、机械变速器、传动轴和驱动轴组成。离合器用来实现发动机与变速器的分离或平顺接合,以便使车辆能平稳起步,减少换挡时变速器中齿轮之间的冲击,便于换挡。变速器用来改变发动机的输出扭矩和转速,以便发动机在最经济的工况下使车辆获得所需要的牵引力和速度。驱动轴(含主减速器、差速器等)改变扭矩方向,将动力传给车轮,同时根据车辆行驶的要求实现驱动轮间或驱动轴间的差速和扭矩分配。这种机械传动系统结构简单、成本低、工作可靠,而且与其他传动系统相比效率最高(图5-3)。

但是机械变速器也存在致命的缺点,与理想变速器外特性相比就可看出:

(1) 机械变速器排挡有限,不能充分利用发动机功率。图5-4中阴影小三角形区域表示不能利用的功率。排挡数越多,则阴影小三角形面积越小,一般车辆变速器大都只有3~8个排挡,发动机功率不能被充分利用。

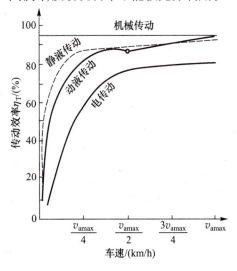

图5-3 各类传动系统的效率曲线

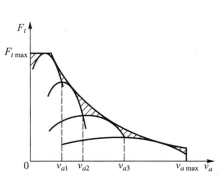

图5-4 车辆理想牵引特性与实际牵引特性(4个前进挡)

(2) 当车辆行驶阻力增加时必须及时换挡。从理论上讲在某一时刻(相邻排挡曲线的交点)可以不切断动力实现换挡,但实际上由于驾驶水平限制,换挡必须在一段时间内切断动力进行,这就使车辆加速性与经济性下降。在恶劣道路上行驶时,如换挡不及时,发动机还会熄火,导致被迫停车。所以换挡技术将严重影响装有机械变速器的车辆的性能。

(3) 换挡操纵复杂费力,换挡时必须在很短时间内完成分离、换挡、接合、加油等操作。据统计资料,在起伏路面行驶时车辆平均每分钟换挡2、3次,换挡的操纵力一般需20~30kg。

(二)液力机械传动系统(AT)

从广义上来说,由液力传动与机械传动组合而成的传动系统称为液力机械传动系统,两者组合而成的装置称为液力机械传动装置。液力机械传动系统就是用液力机械传动装置代替机械传动系统中离合器和变速器的传动系统。一般来说,现有车辆的液力机械传动装置都是由动液传动(变矩器)与齿轮变速器组合而成的传动装置,其结构简图如图5-5所示。

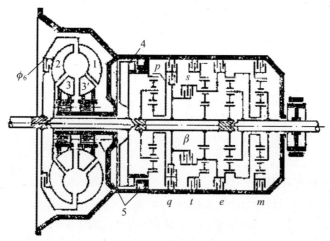

图5-5 液力机械传动装置简图

1—液力变矩器泵轮;2—液力变矩器涡轮;3、3′—液力变矩器导轮;
4—液力缓速器动轮;5—液力缓速器定轮;p、s—离合器;
q、t、e、m—制动器;Φ_6—闭锁离合器。

图5-5所示的传动装置由带闭锁离合器的液力变矩器和三自由度六速行星变速箱组成,发动机飞轮连接液力变矩器泵轮1,液力传动下动力由泵轮1经导轮3、3′传递至液力变矩器涡轮2,继而由与2连接的行星变速齿轮组的输入轴进入变速机构,完成发动机的降速增扭、直接挡传递及增速降扭,以适合路况及驾驶员的行驶意图,达成输出。机械工况下,液力变矩器的泵轮1和涡轮2直接闭锁使动力直接进入行星变速齿轮组完成动力输入。

行星变速齿轮组由4个简单行星排(从左至右分别为PG1,PG2,PG3,PG4)组成,换挡元件包括两个离合器(p、s)及4个制动器(q、t、e、m),为三自由度行星变速机构,即每实现一个挡位需要同时操纵两个换挡元件。PG1的齿圈直接与涡轮轴相连,离合器p的外圈与PG1的太阳轮相连,内圈与PG2的框架相连;离合器s的接合会使得PG2的框架与太阳轮等速旋转,由于行星排的二自由度特性,离合器s接合时PG2行星排整体旋转,不实现变速功能;制动器q、t、e、m的接合会导致PG1的太阳轮、PG2的齿圈、PG2的框架、PG3的齿圈及PG4的太阳轮旋转速度为零,从而通过行星变速机构整体的运动与合成实现速比变化,达成符合驾驶员意图的车速。该传动装置兼有动液传动和机械传动的优点。动液传动有液力变矩器和偶合器,变矩器具有无级变速能力,当外界阻力变大时,自动使输出速度降低,扭矩增大。这种良好的自动适应性既提高了操纵方便性,又提高了车辆在坏路面上的通过性,因而变矩器在装甲车辆上获得了广泛应用。在道路阻力超过发动机的适应能力的地段,使用变矩器可以减少换挡次数。变矩器必须能闭锁,以提高车辆的经济性,变矩器仅用于车辆起步和在困难路面行驶,齿轮箱用于一般路面行驶,这种传动装置由变矩器和一个多挡齿轮箱组成,常采用电液自动操纵系统,实现换挡自动化,目前该系统在军用车辆上获得了广泛应用,如瑞士的"皮兰哈"轮式装甲车族采用了 Allison 公司的 AT-545 和 MT-653 自动变速箱,德国的虎式装甲输送车采用了 ZF 公司的 6HP500 自动变速箱。

(三) 液压传动(HT)

液压传动由油泵、液压马达和液压系统组成。油泵将发动机输出的扭矩变为工作油的压力,压力油经管道和各控制元件,输入液压马达,它再把工作油压转换为扭矩驱动车轮。液压传动的优点是:可连续地在正、倒行驶工况下平稳地进行无级变速,而且性能非常接近理想的输出特性;传动系统零部件大为减少,不仅布置方便,且可提高车辆的离地间隙和越野通过能力;可利用增加液流循环阻力的方法进行动力制动;发动机工况可自动调节以保持在最佳工况;用操纵阀控制变速,操纵很方便。其缺点是传动效率低,液压元件制造精度高、成本高。

(四) 电力机械传动系统

以机械和电力驱动为特点的电力机械传动系统(EMT)能够适应新技术条件下车辆驱动的需求,具有广阔的应用前景,是目前混合动力传动的发展方向之一,由于该系统集成了机械驱动和电机驱动两者的优点,可以减小电机的功率要求,且传动效率较高,因此其广泛适用于民用轿车与军用车辆。

一种轮毂驱动式 8×8 轮式车辆电力机械传动装置的示意图如图 5-6 所示。其主要由发动机、发电机、轮毂电机、减\变速排、制动器等组成。为保证系统正常工作,还包括动力电池组、电机控制器、一体化电源、综合控制系统、综合冷却系统等。驱动过程中可实现机械能与电能之间的相互转化,具有多种工作模式以适应车辆不同工况,满足车辆的驱动需求,实现高机动性、静音行驶、良好的燃油经济性,同时满足行进中车载用电设备和武器装备对电能的需求。

图 5-7 所示为一种集成摇臂轮悬挂与轮毂电驱动轮的电力机械传动装置,其中集成了单纵臂式悬架、轮毂电机、变速器、制动器与中央充放气等部件。

美国通用公司于 2003 年推出的电力机械耦合装置,集成了机械传动和电传动两者的优点。该装置完全替代了原有的液力机械变速器,由 3 个行星机构耦合器、一个湿式制动器和离合器、两台发电/电动机组成,如图 5-8 所示。耦合装置为行星排结构,两台电动机/发电机均为盘式电动机。通过两台电动机/发电机转速调节(POWER UNIT 60 和 POWER UNIT 62),可以在保持发动机转速(INPUT 18)恒定情况下实现车辆无级传动输出(OUTPUT 88),如图 5-9 所示。

四、传动系统方案设计

目前常用的传动系统是机械传动系统或液力机械传动系统,两者的区别只是变速器

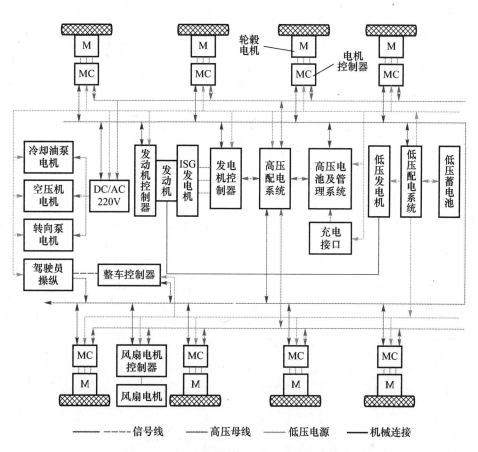

图 5-6 8×8 轮式车辆电力机械传动示意图

图 5-7 一种集成摇臂轮悬挂与轮毂电驱动轮的电力机械传动装置

是机械变速器还是液力机械传动装置,因此,这里仅讨论机械传动系统的方案设计,并将机械传动系统称为传动系统。

车辆动力性、燃油经济性的好坏,在很大程度上取决于发动机的性能和传动系统方案

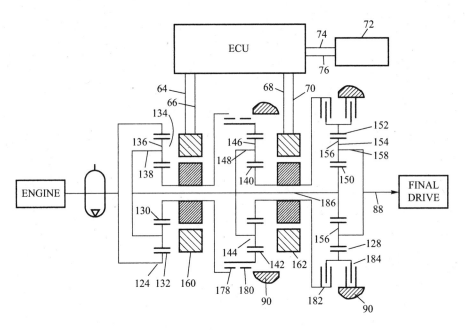

图 5-8　美国通用电传动装置组成示意图

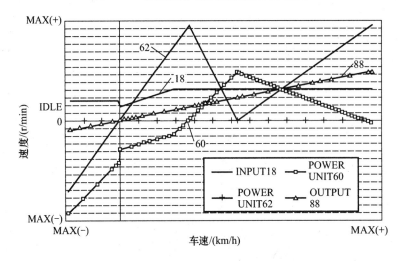

图 5-9　美国通用电传动装置输出特性

设计,即取决于车辆动力传动系统是否合理匹配。能与发动机合理匹配的传动系统可以使发动机经常在其理想工作区附近工作,这样不仅可以使车辆获得良好的动力性能,减少燃料消耗,减轻发动机磨损,提高发动机的使用寿命,而且减少废气排放。

传动系统方案设计是随着总体方案的逐步细化,不断反复修改,逐渐完善的设计过程。首先根据装甲车的战技指标和总体方案粗略布置,初步确定传动系统的布置型式;确定哪些部件可以采用汽车通用部件,哪些部件必须采用新设计专用部件。经过反复修改后,随着总体方案论证的通过,传动系统初步方案也随之确定。

有了初步方案后,即可确定传动系统的优化设计,确定变速器及分动箱的传动比、主减速器及轮边减速器的传动比。再根据这些参数对部件进行选型和设计。

(一) 传动系统传动比的选择

1. 传动系统最小传动比的选择

传动系统的传动比 i_t 是传动系统各部件传动比的乘积，即

$$i_t = i_g i_c i_0 \tag{5-1}$$

式中　i_g——变速器传动比；
　　　i_c——分动器传动比；
　　　i_0——主减速器传动比。

轮式装甲车一般都尽量使用高速挡行驶，此时传动系统传动比为最小传动比。若 $i_g = i_c = 1$，则传动系统最小传动比为主减速器传动比。当传动系统最小传动比或主减速器传动比为 i_0'' 时，如图 5-10 所示，N_ψ 为克服道路总阻力所消耗的功率，N_w 为克服空气阻力所消耗的功率，η 为传动系统效率，发动机输出功率曲线（N_e）与车辆行驶阻力消耗功率曲线（$\left(\dfrac{N_\psi + N_w}{\eta}\right)$）相交于发动机最大功率点（$N_{e\max}, N_{N_{e\max}}$），此时发动机功率为发动机的最大功率，发动机的转速为其最大功率时的转速，车辆最大速度（$V_{a\max}$）为发动机最大功率时的车速（$V_{N_{e\max}}$），即 $V_{a\max} = V_{N_{e\max}}$，这样能充分地利用发动机的功率。若传动系统传动比减小，则发动机功率曲线（N_e）向右移。当传动系统传动比减小到 i_0''' 时，发动机功率曲线（N_e）与 $\dfrac{N_\psi + N_w}{\eta}$ 曲线交点为（$N_e < N_{e\max}, n_e < n_{N_{e\max}}$），此时车辆在经常行驶的道路上不能利用发动机最大功率，最大车速也远低于主减速比为 i_0'' 时的最大车速，而且车辆储备功率也减小，车辆动力性能变差。若传动比增大到 i_0'，两曲线相交点为（$N_e < N_{e\max}, n_e > n_{N_{e\max}}$），虽然最大车速低于 i_0'' 时的最大车速，即 $V_{a\max} < V_{N_{e\max}}$，但车辆储备功率有较大的增加。故选择传动系统最小传动比或主减速器传动比时，必须使车辆在经常行驶的道路上的最大速度小于或等于发动机最大功率点能提供的最大车速，即 $V_{a\max} \leq V_{N_{e\max}}$。同时还要考虑车辆在最小传动比时应具备一定的上坡、加速能力，即应有足够大的最高挡的最大动力因素（$D_{0\max}$）。一般传动系统（变速器没有超速挡）最小传动比 $i_{t\min} = i_0$（因为 $i_g = i_c = 1$），可按下式计算车辆此时的最大动力因素：

$$D_{0\max} = \dfrac{\dfrac{M_{e\max} i_0 \eta}{r} - \dfrac{C_D A}{21.15} V_a^2}{G} \tag{5-2}$$

一般要求车辆总质量为 2t 以下时 $D_{0\max} = 0.06 \sim 0.10$；2~6t，$D_{0\max} = 0.05 \sim 0.08$；6~12t，$D_{0\max} = 0.04 \sim 0.06$；12t 以上，$D_{0\max} = 0.02 \sim 0.04$。

综上所述，传动系统最小传动比的选择原则是：满足最高车速要求，具有一定的动力因数。

2. 最大传动比选择

传动系统的最大传动比 $i_{t\max}$ 是变速器 I 挡传动比 i_{g1} 与主减速器传动比 i_0 的乘积。它应根据车辆的最大爬坡度、附着能力和车辆最低稳定速度等综合考虑。前面已选定 i_0，因此选择传动系统最大传动比就是选择变速器的 I 挡传动比 i_{g1}。

车辆爬坡时车速低，空气阻力可忽略，车辆的最大驱动力应为

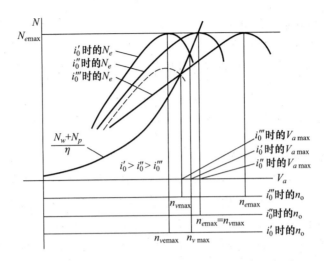

图 5-10 不同主减速比 i_0 对应的车辆功率平衡图

$$\frac{M_{emax}i_{g1}i_0\eta}{r} = Gf\cos\alpha_{max} + G\sin\alpha_{max} \tag{5-3}$$

令 $\psi_{max} = f\cos\alpha_{max} + \sin\alpha_{max}$，则爬坡所需变速器的 I 挡传动比为

$$i_{g1} = \frac{G\psi_{max}r}{M_{emax}i_0\eta} \tag{5-4}$$

式中　G——车辆总重量(N)；

　　　ψ_{max}——道路最大阻力系数；

　　　r——驱动轮滚动半径(m)；

　　　M_{emax}——发动机最大扭矩(N·m)；

　　　i_0——主减速比；

　　　η——车辆传动系统效率，采用机械变速器传动系统的车辆，其传动效率可取 90%~92%。

根据驱动轮与道路的附着条件：$\frac{M_{emax}i_{g1}i_0\eta}{r} \ll Z_\varphi\varphi$，求得的变速器 I 挡传动比为

$$i_{g1} = \frac{Z_\varphi\varphi r}{M_{emax}i_0\eta} \tag{5-5}$$

式中　Z_φ——驱动车轮给地面的载荷(N)；

　　　φ——地面附着系数。

为了减少由于土壤剪切损坏而造成车轮滑移或滑转的概率，i_{g1} 还应满足轮式装甲车的最低稳定车速 V_{amin} 的要求：

$$i_{g1} = 0.377\frac{rn_{emin}}{V_{amin}i_0i_{c1}} \tag{5-6}$$

式中　n_{emin}——发动机最低稳定转速(r/min)；

　　　i_{c1}——分动器低挡传动比。

最低稳定车速可按表 5-1 选取。

表 5－1　最低稳定车速与车辆总重的对照选取表

车辆总重/t	≤2	≤6.5	≤8	≥8
最低稳定车速/(km/h)	≤5	≤2～3	≤1.5～2.5	≤0.5～1

3. 中间传动比的选择

传动系统的挡数多可增加发动机发挥最大功率的机会，提高车辆的加速和爬坡能力，但挡数多会使变速器结构和操纵机构变得复杂。若挡数太少使挡与挡间的速差过大，会造成换挡困难。装甲车辆使用条件很复杂，所以 $i_{t\max}/i_{t\min}$（传动比范围）的比值很大，因此一般传动系统的挡数较同吨位的汽车要多一倍左右。总重 3.5t 的装甲车多采用 4 挡变速器和两挡分动器，即 8 挡；总重 3.5t 以上的多采用 5 挡或 6 挡变速器和两挡分动器或带副变速器，即 10 或 12 挡。

对于重型车辆 1 挡通常作为爬坡挡，与 2 挡的间比（即 i_{g1}/i_{g2}）稍大，一般为 1.7 左右。2 挡以上的间比通常取为 1.4 左右，各挡间比可以相同，也可以不同，随着挡位的升高，各挡间比应逐渐变小，以利于换挡。

（二）差速器的选择

在行驶过程中，轮式车辆左右（或前后）车轮在同一时间内所滚过的行程往往是不相等的。为了消除各驱动轮之间由于运动不协调而引起的问题，在多轴车辆驱动轴之间或驱动轮之间，必须装差速器实现两驱动轴或两驱动轮之间的差速旋转。对于经常在泥泞、松软土路或无路地区行驶的越野车辆，为了防止某一驱动轮与地面附着条件不好而产生滑转，而能利用其他驱动轮与地面的良好附着条件，获得较大的牵引力，以提高车辆的通过性，必须采用防滑差速器。

轮式车辆常用差速器有普通对称式差速器、强制锁止式差速器、摩擦片式差速器、滑块—凸轮式差速器、蜗轮式差速器和牙嵌式自由轮差速器。

1. 普通对称式差速器

图 5－11 为普通对称式差速器的结构原理示意图。差速器壳 3 与行星齿轮轴 5 连成一体，构成行星架，因它又与主减速器的从动齿轮 6 固定连接，故为主动件；半轴齿轮 1 和 2 为从动件，半轴齿轮中心孔有花键与半轴连接，半轴又与两侧驱动轮固定连接在一起，所以半轴和驱动轮也成从动件。A、B 两点分别为行星齿轮 4 与左、右半轴齿轮 1 和 2 的啮合点，C 为行星齿轮中心点，A、B、C 三点与左、右半轴旋转轴线的距离均为 r。

当差速器工作时，如图 5－11(b)所示，行星轮除公转外，还绕轴心 C 以角速度 ω_4 自转，啮合点 A、B 的圆周速度分别为

$$\omega_1 r = \omega_0 r + \omega_4 r_4 \qquad (5-7)$$

$$\omega_2 r = \omega_0 r - \omega_4 r_4 \qquad (5-8)$$

将两式相加，即得差速器工作时左、右半轴转速的关系：

$$\omega_1 + \omega_2 = 2\omega_0 \qquad (5-9)$$

上式表明，当差速器工作时，行星轮除公转之外还自转，一侧驱动轮转速增加多少，另一侧驱动轮转速就减少多少，使两侧驱动轮能以不同的转速在地面上纯滚动。

当 $\omega_4 = 0$ 时，$\omega_1 = \omega_2 = \omega_0$，也就是说，行星轮不自转时两半轴齿轮等速同向旋转。此时行星齿轮相当于一个等臂杠杆，总是将扭矩 M_0 平均分配给左、右半轴齿轮，即 $M_1 =$

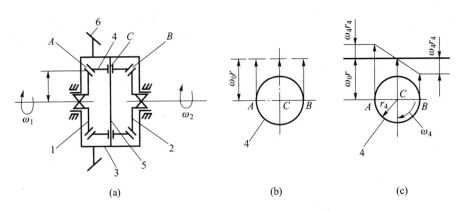

图 5-11 普通对称式差速器的结构原理

1,2—半轴齿轮；3—差速器壳；4—行星齿轮；5—行星齿轮轴；6—主减速器从动齿轮。

$M_2 = \frac{1}{2} M_0$。

当两半轴以不同转速同向转动时，如图 5-11(c) 所示，当 $n_1 > n_2$ 时，行星轮将按图 5-11(c) 上实线箭头 n_4 方向自转，此时行星轮孔与十字轴轴颈间以及齿轮背部与差速器壳之间都产生摩擦。作用于行星轮上的摩擦力矩 (M_T) 方向与其转速 (n_4) 方向相反，如图 5-11(c) 中虚线箭头所示。摩擦力矩 (M_T) 使行星轮分别对左、右半轴齿轮附加一个大小相等方向相反的力 $(F_1、F_2)$，使左半轴齿轮上的扭矩减小，右半轴齿轮上的扭矩增大，即

$$M_1 = \frac{1}{2}(M_0 - M_T), M_2 = \frac{1}{2}(M_0 + M_T)$$

两侧半轴扭矩可能相差的最大倍数 $K = \frac{M_2}{M_1}$，称为差速器的锁紧系数。由于摩擦力矩 M_T 较小，因此普通对称式差速器的锁紧系数 K 一般在 $1.1 \sim 1.5$ 之间。

由上述分析可知，普通对称式差速器有如下特点：

(1) 普通对称式差速器内摩擦力小，只要车辆左右两边的附着系数相等，无论直线行驶还是转向，车辆都能获得良好的通过性和经济性。

(2) $K = 1.1 \sim 1.5$，发动机扭矩基本平均地分配给左右驱动轮。若车辆在泥泞或冰雪路上行驶，由于普通对称式差速器具有平分扭矩的特点，使得两侧驱动轮只能获得同样大小的牵引力，导致整车附着力减小，车辆通过性和经济性变坏，甚至出现陷车而不能前进的危险。

(3) 普通对称式差速器结构简单，工作平稳，制造方便，成本低廉，一般多用于经常在公路上行驶车辆的轮间差速器。

2. 强制锁止式差速器

强制锁止式差速器是在普通差速器上增设了锁止机构的差速器。其特点如下：

(1) 当一个驱动轮打滑时，用差速锁把差速器锁住，使差速器失去差速作用，将全部扭矩传到其他驱动轮上，可充分利用附着力来驱动车辆。

(2) 若差速锁在车轮打滑停车之后接合，则车辆已失去原有的冲力，再起步就需要克服比行驶时大得多的阻力，而因滑转被破坏的地面往往又不能提供这样大的附着力，车辆

将无法起步和行驶。当车辆进入较好路面时差速锁必须及时解脱,否则转向时左右车轮将发生运动不协调,降低了车辆的通过性和经济性。因此为了使车辆获得良好的通过性、经济性和转向性能,驾驶员必须适时和正确地控制差速器锁止与解脱,但这是很难做到的,因此现代轮式装甲车安装有自动操纵装置来控制差速器锁止与解脱。

3. 摩擦片式差速器

摩擦片式差速器是在普通差速器的结构中加装摩擦元件,以增加内摩擦力,提高锁紧系数的差速器。该差速器具有如下特点:

(1) 锁紧系数视摩擦片数量而异,锁紧系数取值一般大于或等于5。它对提高车辆通过性有明显效果。

(2) 摩擦片式差速器工作平稳,结构简单。它与普通差速器的通用性较好,可利用普通差速器的许多零件。

(3) 摩擦片式差速器在正、反两个方向传递扭矩的效果相同。因此,不论车辆前进或倒退差速器都能正常发挥作用。

4. 滑块—凸轮式差速器

滑块—凸轮式差速器是利用滑块与凸轮之间产生较大的内摩擦力来提高锁紧系数的差速器。它具有如下特点:

(1) 滑块—凸轮式差速器的锁紧与凸轮表面的摩擦系数和倾角有关,锁紧系数一般可达3.5~6,用它代替普通差速器可显著提高车辆通过性。

(2) 通过选择不同的凸轮倾角,可做成对称式或非对称式滑块—凸轮式差速器,因此它既可用作轮间差速器也可作为轴间差速器。

(3) 随着锁紧系数的增大,摩擦表面的接触应力增大,会使差速器的寿命下降。

(4) 左右驱动轮与道路的附着系数之比值不超过差速器的锁紧系数时,它可以自动防止车轮的滑转。

(5) 这种差速器制造比较困难,成本较高。

5. 蜗轮式差速器

蜗轮式差速器是利用蜗杆与蜗轮来提高内摩擦力的差速器,它具有如下特点:

(1) 蜗轮式差速器的锁紧系数可达6~15,因此,车辆在非道路、荒地和雪地上行驶时能较好地防止车轮滑转。

(2) 它可以自动及时地锁紧,而且工作平稳。

(3) 车辆在良好道路上行驶时转向灵活性稍有下降。

(4) 这种差速器结构复杂,制造困难。

6. 牙嵌式自由轮差速器

牙嵌式自由轮差速器是根据左右车轮的转速差工作的,即左右半轴力矩互不影响,每个驱动轮的牵引力可以在它与道路的附着力变化范围之内变化。它具有如下特点:

(1) 当车辆转向时它可自动地将快转车轮的半轴与差速器分开,并将全部力矩传给慢转驱动轮,充分利用车轮与地面的附着力。

(2) 差速器工作时能确保左右驱动轮正常滚动而无滑动或滑转。

(3) 牙嵌式差速器能获得很大的锁紧系数,可显著提高车辆通过性。

(4) 由于锁紧系数不受零件磨损的影响,其工作稳定可靠,使用寿命长。

(5) 它既可以作为轮间差速器，又可作为轴间差速器，且制造相对简单，被广泛应用于越野车上。

为了充分利用车轮与地面的附着能力，并提高车辆的越野行驶能力，又能使车辆在起伏地或转向行驶时，各驱动轮运动协调，不产生有害的功率循环，可根据车辆用途、行驶条件和差速器型式及其特性参数选择差速器：

(1) 锁紧系数增加，附着力的利用程度会增大，车辆通过性会提高。但是随着锁紧系数的增加，转向阻力增大，转向时的功率损失增大，转向半径加大。为了提高车辆的通过性似乎是锁紧系数越大越好，但是过大的锁紧系数将会破坏车辆的经济性、行驶稳定性和转向稳定性。

(2) 对经常在公路上行驶的车辆，由于路况较好，各驱动轮与路面的附着系数变化不大，可采用结构简单、成本低的普通差速器作为轮间差速器使用。对于经常行驶在松软土路或无路地区的越野车辆，为了防止某一侧驱动轮滑转而陷车，一般可根据行驶条件恶劣的程度，选用强制锁止差速器、摩擦片式差速器、滑块—凸轮式差速器、蜗轮式差速器和牙嵌式差速器。

(3) 选择轴间差速器时应考虑轴间的运动不协调性。轴间的运动不协调性取决于轴间的距离，轴间距离越接近，运动不协调性越小，这时锁止连接并不会破坏车辆的操纵性和经济性，却能使车辆获得最大的通过性。

（三）传动系统的部件选用原则

确定了变速器、分动器和主减速器等部件的传动比，就可根据这些参数选用参数接近的汽车部件，或在现有汽车部件上做修改设计（如调整传动比），或选用现成部件只对个别零件进行适应性设计。

传动系统部件选用与适应性设计的一般原则：

(1) 各部件的传动比等于或接近传动系统方案确定的传动比。装甲车的最大车速、最大爬坡度和加速度等动力性能都必须达到战技指标的要求。

(2) 结构复杂、成本高的部件一般采用现有汽车部件，如变速器。当变速器不能完全满足传动比或动力输出的要求时，尽量对副变速器或分动器进行适应性修改。

(3) 传动系统部件设计要尽量采用现有汽车的零件，以降低成本和方便维修。如驱动轴和传动轴。

(4) 不能因采用现有汽车部件而降低整车性能，但新设计的专用部件也应尽可能满足通用化要求。

(5) 与汽车相比，轮式装甲车的使用条件恶劣，冲击负荷大且频繁，选用部件的额定负荷必须大于装车后的最大负荷，重要的零件必须做强度校核。

（四）传动系统的布置方案

传动系统对车辆通过性的影响取决于对车轮与附着力的利用程度、传至车轮力矩的平顺性和滑转时的功率损失。这些因素取决于传动系统的布置方案和差速器在传动系统中的位置及其特性。

为了消除两驱动轮间的运动不协调，就必须加装一个差速器，则 n 个驱动轴的车辆就需安装 $(2n-1)$ 个差速器。即 4×4 车辆需 3 个差速器，6×6 车辆需 5 个差速器，8×8 车辆需 7 个差速器。

越野汽车和轮式装甲车的传动系统布置按其形式可分为 I 型、H 型和混合型（又称 Y 型）。

在 I 型传动系统中发动机的功率首先通过变速器、分动器分给驱动轴，驱动轴中的差速器再将功率分给该驱动轴的左、右车轮。对于 4×4 的车辆来说，传动系统形成一个"I"字，因此称为 I 型传动系统。

I 型传动系统有如下特点：

（1）该传动系统是全轮驱动越野汽车的传动系统，可采用越野汽车传动系统的全套部件，使得轮式装甲车成本低，维修使用方便。

（2）装有该传动系统的车辆既可以采用独立悬挂，也可采用非独立悬挂。

（3）为了完全消除多轮驱动时可能发生的运动不协调，在这种传动系统中每两个驱动轮需要一个差速器，对于有 n 个驱动轴的传动系统所需差速器可达 $(2n-1)$ 个，而且所需传动轴也多。因此该系统占用车辆底部空间多，减少了车内可利用的空间，增加了整车的高度。

（4）若采用非独立悬挂，则驱动轴和传动轴都是非簧载质量，且都在车体外部。这使车辆平顺性变差，车体底甲板凹凸不平，结构复杂，若作为水陆两栖车辆，其水上阻力增大。

在 H 型传动系统中发动机功率首先通过一个中置传动箱分给两侧的侧传动箱，侧传动箱再沿车体两侧将功率传给同侧的驱动轮。转动路线形成一个"H"字，故称为 H 型传动系统。H 型传动系统有如下特点：

（1）为了完全消除驱动轮间的运动不协调，H 型传动系统也应安装 $(2n-1)$ 个差速器。由于 H 型传动系统采用一个差速器实现两侧驱动轮差速连接，消除了所有两侧驱动轮可能产生的运动不协调。且纵向驱动轮刚性连接产生的运动不协调量小，可以忽略，故 H 型传动系可以只装一个差速器。

（2）采用 H 型传动系统的车辆只能安装独立悬挂。传动部件为簧载质量，提高了车辆平顺性，增大了车辆距地高度。

（3）在 H 型传动路线中的所有部件都装在车体内两侧，既使车体底甲板平滑，为车体中部提供可利用的宝贵平坦空间，又能降低车辆总高度。对于两栖车辆还能极大减小车辆水上行驶阻力。

（4）H 型传动系统的部件与汽车部件不通用，都需要重新研制。这使得轮式装甲车成本高，维修使用不便。

1. 4×4 车辆传动系统布置方案

1) I 型布置方案

此方案主要用于 4×4 轮式装甲车，适合的战斗全重一般为 4~10t。如图 5-12 所示，发动机功率经由变速箱传递到分动器，分动器再将功率分配给前、后轴。前、后轴内都装有普通对称式差速器，使得轮间实现了差速连接。前、后轴之间通过分动器内的前驱动轴接合套实现刚性连接或分离，这样既能利用前轴车轮与地面的附着力，也可避免轴间功率循环。显然该传动系统不能使车辆获得良好的通过性。唯一的优点是可以直接采用现有汽车的传动系统，甚至整个底盘，使装甲车研制周期短，成本低。例如第二次世界大战后苏联利用 гaз-63 汽车的底盘（传动系统和非独立悬挂），改装成了 втр-40 装甲输送车,很快就装备了部队。

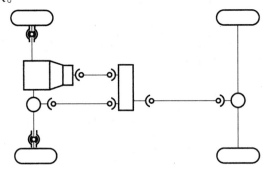

图 5-12　双轴驱动的传动系统 I 型布置方案

2）H 型布置方案

1954 年英国生产的"费列特"轮式装甲车的传动系统采用 H 型布置方案(图 5-13),发动机功率经液力偶合器、5 挡机械变速箱到分动器、反向机构、中心差速器,再将功率分给两侧,经传动轴、轮边减速器传给驱动轮。左右轮通过中心差速器可实现差速,两侧前后轮为刚性连接。这种方案必须采用独立悬架。该车所有传动部件位于车体两侧,为车体提供了宽广的内部空间。

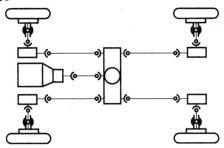

图 5-13　双驱动轴传动系统 H 型布置方案

2. 6×6 车辆传动系统的布置方案

1）I 型布置方案

图 5-14 所示为苏联在第二次世界大战后生产的装甲输送车 BTP-125 传动系统的布置方案。该车的发动机功率经变速箱到分动器,再通过 3 根传动轴将功率分配给前、中、后轴。在驱动轴间和同一驱动轴的轮间都装有带强制锁止的差速器,通过拨动接合套可分离前、后轴和同驱动轴的左、右驱动轮,避免产生有害的功率循环。该传动系统方案是普通越野车的传动系统方案,具有 I 型传动系统的所有优缺点。

2）H 型布置方案

图 5-15 是英国 1953 年生产的"萨拉逊"轮式装甲车,传动系统采用 H 型布置方案,纵向车轮比较接近,可忽略它们之间的运动不协调,只装一个差速器。该车的发动机功率经变速箱、分动器、反向机构转到差速器,差速器将功率分配到左右两侧传动轴,经轮边减速器传给驱动轮。该传动系统部件都装在车体内,减小了非簧载质量,改善了车辆平顺性,且为车体后部留出了宽广的空间,便于改装成各种不同用途的车辆。该方案传动系统部件很难借用汽车传动部件,需重新研制,且锥齿轮多,成本高。

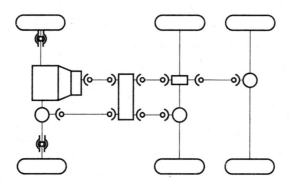

图 5-14　6×6 车辆 I 型传动系统的布置方案

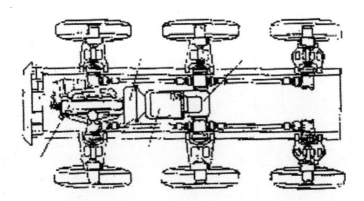

图 5-15　英国"萨拉逊"轮式装甲车传动系统

3. 8×8 车辆传动系统的方案

1) I 型布置方案

一个发动机驱动 4 个驱动轴,要完全消除车辆的运动不协调,必须安装 7 个差速器。图 5-16 为俄罗斯 МАЖ-537 越野车(8×8)传动系统布置方案。

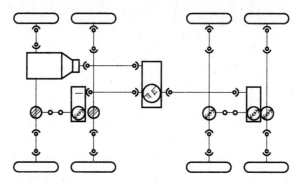

图 5-16　俄罗斯 МАЖ-537 越野车传动系统布置方案

俄罗斯 МАЖ-537 越野车采用了 4 个驱动轴配独立悬挂的传动系统。发动机功率经变速器转到前驱动轴(1、2 轴)与后驱动轴(3、4 轴)的主分动器,主分动器将功率分给前驱动轴分动器与后驱动轴分动器,前驱动轴分动器将功率分给驱动轴 1、2,后驱动轴分动器将功率分给驱动轴 3、4。主分动器装有带接合套的差速器,1、2 驱动轴装有高摩擦式差速器,3、4驱动轴和前、后驱动轴分动器安装了自由轮式差速器。这样既消除了车辆行驶时可能产生的运动不协调,又提高了车辆的通过性。

2) H型传动系统布置方案

H型传动系统布置方案如图5-17所示。纵向车轮比较接近,可忽略它们之间的运动不协调,只装一个差速器。发动机功率经变速箱、分动器、反向机构转到差速器,差速器将功率分配给左右两侧传动轴,经轮边减速器传给驱动轮。该传动系统置于车体两侧,为总体设计提供了宽阔的车内空间。虽然该传动系方案拥有H型传动系统的所有缺点,但为了总体设计的需要仍有许多现代轮式装甲车采用H型传动系统方案。如意大利"半人马座"8×8坦克歼击车、装甲输送车和日本装甲输送车等8×8装甲车都采用了H型传动系统。

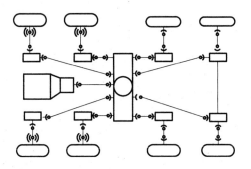

图5-17 8×8车辆H型传动系统布置方案

若上述H型传动系统采用两台发动机,可以不装差速器,如图5-18所示。由于应用了两台发动机,其燃油经济性显著下降。同样由于两台发动机之间无刚性运动连接,当与发动机相连的驱动轴附着重量不同时,发动机功率不能得到充分利用。

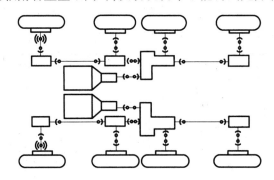

图5-18 双发动机H型传动系统布置方案

3) 混合型传动系统布置方案

根据总体设计的需要,为了合理地利用车体内部空间,尽可能地采用汽车部件和简化结构,可采用混合型传动系统布置方案,如图5-19(a)所示,两个驱动轴采用H型传动系统,另两个驱动轴利用汽车的部件。该方案差速器减为3个。

如图5-19(b)所示,采用H型传动系统并将发动机置于中部可降低整车高度,采用I型传动系统可利用两个驱动轴及其非独立悬架的汽车部件,而且差速器减为3个。

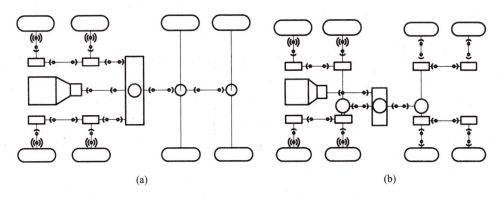

图 5-19 混合型传动系统布置方案

第二节 传动系统的性能匹配

随着计算机的应用和测试手段的提高,通过模拟计算与试验相结合的方法来研究轮式装甲车动力传动系统的匹配已成为可能。目前国外大的汽车公司相继用各自开发的模拟程序,在样车制造前就能准确地对汽车动力性、燃料经济性进行预测,找到能与所选发动机合理匹配的传动系统,这样就可以节省试验经费,缩短研制周期。

传动系统的总体性能匹配主要是动力性、经济性和扭振特性的匹配。动力性、经济性匹配计算在第三章总体设计与性能估算、整车性能估算中已经叙述,这里只介绍扭振匹配特性。

传动系统作为整车的子系统之一,是整车振动和噪声的主要激励源,而传动系统的扭转振动是其主要的表现形式。发动机的扭矩波动是传动系统扭振的主要激励来源。当发动机激励频率与传动系统扭振频率相近或重合时,传动系统会发生扭转共振,这是影响整车舒适性的罪魁祸首,除此之外还会造成如下危害:

(1) 曲轴、传动轴发生扭转性疲劳断裂;
(2) 齿轮传动箱或齿轮传动部位发生齿击、点蚀、噪声以致轮齿折断;
(3) 连接部件减振器、连接法兰等发生损坏,以致断裂;
(4) 局部发生过热现象;
(5) 通过振动表面向外界环境辐射出强烈的噪声。

发动机与传动系统扭振匹配研究的任务包括:

(1) 计算系统固有特性,得到系统在外部激励下的共振频率,以此指导驾驶员操作;
(2) 计算系统各部件在简谐激励下的振动附加扭矩和轴的附加扭转应力,为系统部件强度设计提供依据;
(3) 对扭振模型中刚度、阻尼等参数的精确化和动力传动系统外激励进行深入研究,同时对扭振测试技术进行进一步的研究,提高计算结果和试验测试结果的吻合程度,为全面研究动力传动系统各部件的扭振提供条件;
(4) 寻求合理、有效的减振、隔振手段,提高车辆行驶平顺性,延长车辆的使用寿命。

一、动力传动系统自由振动计算

自由振动计算的目的是求出系统的固有频率和振型,定性地了解系统振动特性。通过振型,可确定系统的结点位置。结点是指结构在某阶固有频率下,振型与原来形状的交汇点,结点处振幅为0。通过固有频率,结合车辆动力传动系统激励分析,可确定发动机工作转速范围内的临界转速,为整车试验和制订驾驶规范提供依据。自由振动计算由于其精度高,因此受到人们的普遍重视。

有阻尼自由振动微分方程可写为

$$J\ddot{\varphi}(t) + C\dot{\varphi}(t) + K\varphi(t) = 0 \qquad (5-10)$$

令 $C=0$,得到系统无阻尼自由振动微分方程:

$$J\ddot{\varphi}(t) + K\varphi(t) = 0 \qquad (5-11)$$

式(5-10)、式(5-11)中参数意义同前。

(一) 无阻尼自由振动计算

式(5-10)的解也可以写成

$$\varphi_j(t) = u_j g(t) \quad (j=1,2,\cdots,n) \qquad (5-12)$$

式中 u_j——系统第 j 阶实模态振型。

由于自由振动是简谐振动,将式(5-12)代入式(5-11),即可得系统的实模态线性广义特征值方程:

$$(K - \lambda_j J)u_j = 0 \qquad (5-13)$$

式中 λ_j——系统实模态特征值,相应的系统自由频率为 $\omega_j = \sqrt{\lambda_j}$(单位为 rad/s)。

需要指出,由于零结点振动(对应 $j=1$)为刚体模态,因此实际只关心系统从单结振动(对应 $j=2$)开始的共 $n-1$(对应 $j=n$)阶振动的情况。

求解固有频率的方法一般采用二分法、矩阵迭代法和雅可比法。二分法首先形成一个实对称矩阵,对该矩阵进行 Householder 变换,化为3个对角矩阵,求出其特征值;矩阵迭代法主要指 QR 法,对矩阵分解获得一个相似的原矩阵的矩阵序列,使此矩阵序列收敛到一个易于求得特征值的简单形式;雅可比法首先形成一实对称矩阵,用一系列平面旋转矩阵对该矩阵作相似变换,使之对角化,此对角矩阵的特征值即是原矩阵特征值。求解特征向量一般采用逆迭代法和 LR 分解法等。

本书采用 Matlab 提供的命令直接求系统的特征值和特征向量。Matlab 计算特征值和特征向量的算法取自 EISPACK 程序库,命令格式为

$$[U \quad \lambda] = \mathrm{eig}(\mathrm{inv}(J) * K) \qquad (5-14)$$

式中 U——n 阶方阵,其每一列均为系统的特征向量(即振型);
λ——n 阶方阵,其对角元素为系统的特征值;
eig,inv——Matlab 提供的计算特征值和矩阵逆的函数。

(二) 阻尼自由振动计算

阻尼自由振动的微分方程见式(5-10)。

实际计算中,根据阻尼矩阵 C 的特征,分为一般黏性阻尼系统和比例黏性阻尼系统两种情况。对于比例黏性阻尼系统,可将阻尼矩阵 C 分解后直接转化成 n 维状态空间中的可解耦形式。对于一般黏性阻尼系统,实模态矩阵不能使 C 解耦,需要在 $2n$ 维的状态空间中建立新的增广状态方程,将 n 自由度的二阶系统转化为 $2n$ 个一阶系统来处理,使其为可解耦形式,对系统进行复模态分析。式(5 – 8)在 $2n$ 维状态空间中的可解耦形式为

$$\begin{bmatrix} C & J \\ J & 0 \end{bmatrix} \begin{Bmatrix} \dot{\varphi} \\ \ddot{\varphi} \end{Bmatrix} + \begin{bmatrix} K & 0 \\ 0 & -J \end{bmatrix} \begin{Bmatrix} \varphi \\ \dot{\varphi} \end{Bmatrix} = 0 \tag{5-15}$$

记 $X = \begin{bmatrix} \varphi & \dot{\varphi} \end{bmatrix}^{\mathrm{T}}$,$A = \begin{bmatrix} C & J \\ J & 0 \end{bmatrix}$,$B = \begin{bmatrix} K & 0 \\ 0 & -J \end{bmatrix}$,则式(5-15)可写为

$$A\dot{X} + BX = 0 \tag{5-16}$$

式(5-16)为特征值问题,求解特征方程

$$(A\omega_j + B)X_j = 0 \tag{5-17}$$

即求解

$$(A\omega_j + B)\begin{Bmatrix} \varphi_j \\ \varphi_j \omega_j \end{Bmatrix} = 0 \tag{5-18}$$

利用 Matlab 提供的求解特征值和特征向量的命令求解式(5-18),可得 $2n$ 个复模态特征值,经过简单计算可得 $2n$ 个固有频率:$\omega_1, \omega_2, \cdots, \omega_n, \overline{\omega}_1, \overline{\omega}_2, \cdots, \overline{\omega}_n$ 和 $2n$ 个复模态特征向量(振型):$X_1, X_2, \cdots, X_n, \overline{X}_1, \overline{X}_2, \cdots, \overline{X}_n$。

$2n$ 个复模态特征向量即为

$$\begin{Bmatrix} \varphi_1 \\ \varphi_1\omega_1 \end{Bmatrix}, \begin{Bmatrix} \varphi_2 \\ \varphi_2\omega_2 \end{Bmatrix}, \cdots, \begin{Bmatrix} \varphi_n \\ \varphi_n\omega_n \end{Bmatrix}, \begin{Bmatrix} \overline{\varphi}_1 \\ \overline{\varphi}_1\overline{\omega}_1 \end{Bmatrix}, \begin{Bmatrix} \overline{\varphi}_2 \\ \overline{\varphi}_2\overline{\omega}_2 \end{Bmatrix}, \cdots, \begin{Bmatrix} \overline{\varphi}_n \\ \overline{\varphi}_n\overline{\omega}_n \end{Bmatrix},$$

式中 $\overline{\omega}_j$、$\overline{\varphi}_j (j = 1, 2, \cdots, n)$——$\omega_j$、$\varphi_j$ 的共轭复数。

系统的阻尼自由振动频率为 $|\omega_j|$,各质量点的相对振幅为 $|\varphi_j|$。第 1 阶($j = 1$)为刚体模态,所以主要关心 $j = 2, 3, \cdots, n$ 的固有频率和振型。需要指出,由于阻尼的存在,使各质量点的扭振角位移存在相位差,系统振型为立体振型。

二、动力传动系统扭转强迫振动计算

强迫振动计算的目的是求出系统对外界激励的响应,确定系统各部件的动载情况,在自由振动基础上进一步得到系统的扭转振动特性。这里介绍采用系统矩阵法直接求解传动系统强迫振动问题。

(一)质量点扭振幅值的计算

建立以 $\varphi(t)$ 为坐标的系统强迫振动数学模型为

$$J\ddot{\varphi}(t) + C\dot{\varphi}(t) + K\varphi(t) = M(t) \tag{5-19}$$

设发动机模型质量点个数为 m,则车辆动力传动系统激励力矩可表示为

$$M(t) = [M_1(t) \quad M_2(t) \cdots M_m(t) \cdots M_n(t)]^T$$

若只考虑发动机简谐激励,则系统激励力矩可简化为

$$M(t) = [M_1(t) \quad M_2(t) \cdots M_j(t) \cdots M_m(t) \quad 0 \cdots 0]^T$$

第 j 个质量点上的第 r 谐次激励力矩为

$$M_j^r(t) = a_j^r(t)\cos r\omega t + b_j^r(t)\sin r\omega t \tag{5-20}$$

式中 a_j^r、b_j^r——发动机第 j 个质量点上的第 r 次激励力矩 $M_j^r(t)$ 的余弦和正弦分量。

系统第 r 次激励力矩为

$$M^r(t) = [M_1^r(t) \quad M_2^r(t) \cdots M_j^r(t) \cdots M_m^r(t) \quad 0 \cdots 0]^T \tag{5-21}$$

上式又可以写为

$$M^r(t) = A^r(t)\cos r\omega t + B^r\sin r\omega t \tag{5-22}$$

式中 A^r 和 B^r——发动机第 r 次激励力矩的余弦、正弦分量,均为 n 维列向量。

系统在发动机第 r 次激励力矩作用下,式(5-20)解的形式为

$$\varphi_r(t) = X^r(t)\cos r\omega t + Y^r\sin r\omega t \quad (r = 1, 2, \cdots, n) \tag{5-23}$$

式中 X^r 和 Y^r——发动机第 r 次激励力矩的余弦、正弦分量,均为 n 维列向量。

将式(5-22)、式(5-23)代入式(5-20),有

$$\begin{bmatrix} K - \omega_r^2 J & -\omega_r C \\ \omega_r C & K - \omega_r^2 J \end{bmatrix} \begin{bmatrix} X^r \\ Y^r \end{bmatrix} = \begin{bmatrix} A^r \\ B^r \end{bmatrix} \tag{5-24}$$

由式(5-24)可解得

$$\begin{bmatrix} X^r \\ Y^r \end{bmatrix} = \begin{bmatrix} K - \omega_r^2 J & -\omega_r C \\ \omega_r C & K - \omega_r^2 J \end{bmatrix}^{-1} \begin{bmatrix} A^r \\ B^r \end{bmatrix} \tag{5-25}$$

将式(5-25)代入式(5-23),可确定系统在激励力矩 $M^r(t)$ 下第 k 质量点的角位移响应:

$$\varphi_k^r(t) = X_k^r(t)\cos r\omega t + Y_k^r(t)\sin r\omega t = |\varphi_k^r|\sin(r\omega t + \xi_k^r) \quad (k=1,2,\cdots,n) \tag{5-26}$$

第 k 质量点第 r 谐次扭振角位移响应 $\varphi_k^r(t)$ 的振幅为 $|\varphi_k^r| = \sqrt{(X_k^r)^2 + (Y_k^r)^2}$,相位为

$$\xi_k^r = \arctan\frac{Y_k^r}{X_k^r}$$

根据线性叠加原理,在激振频率 ω 下,系统各质量点的综合扭振角位移响应为

$$\varphi_k(t) = \sum \varphi_k^r(t) = \sum \sqrt{(X_k^r)^2 + (Y_k^r)^2}\sin(r\omega t + \xi_k^r) \quad (k=1,2,\cdots,n) \tag{5-27}$$

第 k 个质量点的综合扭振角位移振幅为

$$|\varphi_k| = \frac{\max(\varphi_k) - \min(\varphi_k)}{2} \tag{5-28}$$

(二)各轴段附加扭矩和附加扭转应力的计算

在扭转振动的作用下,车辆动力传动系统除承受平均扭转应力外,还需承受附加扭矩

引起的附加扭转应力。附加扭矩和附加扭转应力呈周期性变化,通过轴段两端质量点的相对角位移可求得。根据前面求得的系统各质量扭转振幅,由材料力学公式可得系统各轴段的附加扭矩。忽略轴段阻尼时,第 h 轴段($k=1,2,\cdots,n-1$)的附加扭矩为

$$M_h^A = K_h \sum_r (\varphi_{h+l}^r - \varphi_l^r) = K_h \sum_r \left[\sqrt{(X_{h+l}^r - X_l^r)^2 + (Y_{h+l}^r - Y_l^r)^2} \sin(r\omega t + \xi_h^r) \right] \quad (5-29)$$

式中　K_h——第 h 轴段的当量刚度;

　　ξ_h^r——第 h 轴段第 r 谐次附加振动扭矩的初相角,$\xi_h^r = \arctan(X_{h+l}^r - X_l^r)/Y_{h+l}^r - Y_l^r)$

　　　　为系统第 h 轴段的两端点中较小的编号。

对于无分支结构扭转力学模型,$l=h$;对于分支结构扭转力学模型,若 K_h 为分支点处的分支轴段刚度,则 l 为分支点的编号;若 K_h 为其他轴段刚度,有 $l=h$。

附加扭矩幅值为

$$|M_h^A| = \frac{\max(M_h^A) - \min(M_h^A)}{2} \quad (5-30)$$

第 h 轴段的附加扭转应力为

$$\tau_h = \frac{M_h^A}{W_h} \quad (5-31)$$

式中　W_h——第 h 轴段的抗扭截面模量。

附加扭矩幅值为

$$|\tau_h| = \frac{|M_h^A|}{W} \quad (5-32)$$

(三) 振幅、扭矩及应力转换

在扭振计算中,一般将实际车辆动力传动系统转化成当量系统,转化前后系统能量保持不变。上文计算的振幅、附加扭矩和附加扭转应力皆是系统当量模型的物理量,需要再还原到实际系统相应处。用 i_g 表示齿轮啮合处传动比(主动齿轮与从动齿轮转速之比),当量系统与实际系统的振幅、扭矩和应力的转换关系如表 5-2 所列。

表 5-2　当量系统与实际系统的参数转化关系表

	振幅 A	扭矩 M	应力 τ
当量系统			
实际系统	A/i_g	$i_g M$	$i_g \tau$

由式(5-27)、式(5-29)和式(5-31)可绘制各质量点的综合扭振角位移、轴段附加弹性扭矩和附加扭转应力在时域上的波形,还可绘制各谐次分量的时域波形。利用时域波形可以方便地与扭振试验中采集的时域信号波形进行比较、模型验证等。

三、动力传动系统动载计算

(一) 发动机动载计算

用发动机输出轴上的扭矩变化表示发动机动载,对于发火间隔均匀的多缸发动机,发动机输出扭矩是将各缸的扭矩曲线错开一个相当于发火间隔角 θ 后进行迭加的结果。对

于各缸发火间隔不均匀的发动机,必须根据各缸的发火间隔 $\theta_j(j=1,2,\cdots,z$。其中 z 为发动机缸数)将各缸的扭矩曲线进行迭加。随着发动机缸数的增加,扭矩的不均匀性降低。

根据发动机的总扭矩曲线图,便可求出发动机的平均指示扭矩。用扭矩不均匀度 μ 来评价发动机总扭矩变化的均匀程度[11]:

$$\mu = \frac{(M_e)_{\max} - (M_e)_{\min}}{M_{e0}} \quad (5-33)$$

式中　$(M_e)_{\max}$——发动机总扭矩的最大值;
　　　$(M_e)_{\min}$——发动机总扭矩的最小值;
　　　M_{e0}——发动机总扭矩的平均值。

忽略发动机内部的摩擦阻力,全油门开度时发动机输出扭矩 M_{out} 可由下式计算:

$$M_{out} = M_e - \sum_{p=1}^{m} J_p \ddot{\varphi}_p \quad (5-34)$$

式中　m——发动机模型中质量点个数;
　　　J_p、φ_p——发动机模型中各质量点的惯量和扭振角位移。

φ_p 可由下式计算:

$$\ddot{\varphi}_p = \sum_r \ddot{\varphi}_p^r = -\sum_r r^2 \omega^2 \sqrt{(X_p^r)^2 + (Y_p^r)^2} \sin(r\omega t + \xi_p^r) \quad (5-35)$$

将式(5-35)代入式(5-34),有

$$M_{out} = M_e + \sum_r r^2 \omega^2 \sqrt{(X_p^r)^2 + (Y_p^r)^2} \sin(r\omega t + \xi_p^r) \quad (5-36)$$

(二)轴段上动载计算

轴段上的动载由两部分组成:轴段附加扭矩和平均扭矩。轴段附加扭矩可由式(5-29)计算,平均扭矩可由发动机外特性得到。第 p 个轴段的扭矩为

$$(M_S)_p = (M_0)_p + (M_A)_p \quad (5-37)$$

式中　$(M_0)_p$——第 p 轴段的平均扭矩,由发动机平均扭矩产生;
　　　M_p^A——第 p 轴段的附加扭矩,由发动机各谐次的激励产生。

忽略轴段阻尼,M_p^A 可由下式计算:

$$M_p^A = K_p \sqrt{(X_p^r - X_{p+1}^r)^2 + (Y_p^r - Y_{p+1}^r)^2} \sin(r\omega t + \xi_p^r) \quad (5-38)$$

(三)齿轮动载计算

齿轮啮合副的波动扭矩超过其上承受的发动机平均输出扭矩时,齿轮上会出现负扭矩。齿轮承受负扭矩时,齿轮副、花键副处可能发生敲击,产生噪声,同时也会破坏油膜,影响接触面的正常工作。由于目前还没有关于车辆齿轮动载的规范,这里根据我国《钢质海船建造与入级规范》,$n/n_e = 0.9 \sim 1.05$ 范围内齿轮啮合处变动扭矩不得超过40%的平均扭矩。设主动齿轮为系统第 q 个质量点(即编号为 $q,q>1$),齿轮动力学方程为

$$J_q \ddot{\varphi}_q = (M_S)_{q-1} - (M_G)_q \quad (5-39)$$

式中　$(M_S)_{q-1}$——主动齿轮输入扭矩,即系统第 $q-1$ 轴段的扭矩,可由式(5-37)计算;

$(M_G)_q$ ——主动齿轮传递扭矩；

J_q ——主动齿轮转动惯量；

φ_q ——主动齿轮扭转角位移。

$\ddot{\varphi}_q$ 由下式计算：

$$\ddot{\varphi}_q = \sum_r \ddot{\varphi}_q^r = -\sum_r r^2\omega^2 \sqrt{(X_q^r)^2 + (Y_q^r)^2}\sin(r\omega t + \xi_q^r) \qquad (5-40)$$

将式(5-37)、式(5-38)和式(5-32)代入式(5-31)，得到$(M_G)_q$:

$$(M_G)_q = (M_0)_{q-1} + K_{q-1}\sum_r \sqrt{(X_q^r - X_{q-1}^r)^2 + (Y_q^r - Y_{q-1}^r)^2}\sin(r\omega t + \xi_{q-1}^r)$$
$$+ J_q^r r^2\omega^2 (X_q^r)^2 + (Y_q^r)^2 \sin(r\omega t + \xi_q^r) \qquad (5-41)$$

记 $(M_V)_q = K_{q-1}\sum_r \sqrt{(X_q^r - X_{q-1}^r)^2 + (Y_q^r - Y_{q-1}^r)^2}\sin(r\omega t + \xi_{q-1}^r) + J_q\sum_r r^2\omega^2 \sqrt{(X_q^r)^2 + (Y_q^r)^2}\sin(r\omega t + \xi_q^r)$

则

$$(M_G)_q = (M_0)_{q-1} + (M_V)_q \qquad (5-42)$$

当$(M_G)_q < 0$时，即$-(M_V)_q > (M_0)_{q-1}$时齿轮承受负扭矩。对于给定转速值，$(M_0)_{q-1}$在时域内为一常值，因此只要$|\min(M_V)_q| > (M_0)_{q-1}$即可判断有负扭矩存在。

四、实例分析

这里以全质量26t装备额定功率360kW柴油机的轮式越野汽车所列装的AT为研究对象来说明扭振匹配计算。此AT的传动简图如图5-20所示。

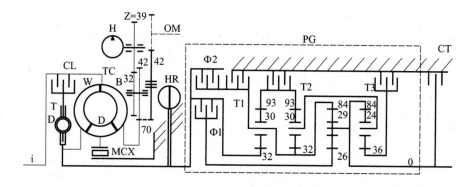

图5-20 某360kW液力机械传动装置简图

i—输入轴；O—输出轴；TC—液力变矩器；B—液力变矩器泵轮；W—液力变矩器涡轮；D—液力变矩器导轮；MCX—导轮单向离合器；TD—扭振减振器；H—两组机油泵；HR—液力减速器；OM—取功率器；CL—液力变矩器闭锁摩擦离合器；PG—变速箱；Φ1、Φ2—变速箱摩擦离合器；T1、T2、T3—变速箱制动器；CT—停车制动器。

液力变矩器特性如表5-3所列。

表 5-3 液力变矩器特性

变矩器传动比 i_{TT}^{-1}	变矩器变矩比 K	变矩器效率 $\eta/\%$	泵轮扭矩系数 $\lambda_1 \gamma 10^3$
0	2.010	0	45.2
0.50	1.445	72.2	44.1
0.58	1.382	81.5	42.0
0.70	1.258	88.0	37.0
0.75	1.200	90.0	34.4
0.80	1.135	90.8	31.3
0.85	1.060	90.1	27.5
0.89	1.00	88.3	23.7
0.95	1.00	95.0	13.3

扭转减振器参数如表 5-4 所列。

表 5-4 扭转减振器参数

弹簧组数量	8
弹簧安装半径/m	0.11
弹簧行程工作长度/mm	7.7
减振器扭转角度/(°)	4.0
弹簧预压缩力/N	6864
行程终端弹簧压缩力/N	24000
预压缩力矩/(N·m)	755
到限制器的力矩/(N·m)	2640
弹性特性的柔度/($N^{-1}·m^{-1}$)	37×10^{-6}
碟形弹簧接触直径/m	0.186
碟形弹簧平均摩擦半径/m	0.090
碟形弹簧压紧力/N	7500
摩擦系数	0.08
摩擦副数量	2
摩擦力矩/(N·m)	108

变速箱行星排参数如表 5-5 所列。

表 5-5 变速箱行星排参数

行星排	构件	齿数 Z	齿宽 b/mm	变位系数 χ	中心距 a_w/mm	行星轮数 n_c	行星轮轴承 内径×外径×宽 $(d \times D \times l)$/mm
第1个	太阳轮	32	25	0.20	95.73	5	$45 \times 53 \times 20$
	齿圈	93	18	1.23			
	行星轮	30	20	0.80			
第2个	太阳轮	32	40	0.20	95.73	5	$45 \times 53 \times 28$
	齿圈	93	32	1.23			
	行星轮	30	28	0.80			

(续)

行星排	构件	齿数 Z	齿宽 b/mm	变位系数 χ	中心距 a_w /mm	行星轮数 n_c	行星轮轴承 内径×外径×宽 $(d \times D \times l)$/mm
第3个	太阳轮	26	36	0.50	85.20	5	45×53×28
	齿圈	84	32	1.50			
	行星轮	29	30	0.50			
第4个	太阳轮	36	33	0.50	92.72	6	45×53×28
	齿圈	84	30	1.50			
	行星轮	24	28	0.50			

共振计算结果列于表5-6,表中只列出了主要危险的激励共振的数据。

表中 f——共振频率;

ν——扰动力矩的谐波分量次序;

n_{pe3}——发动机轴共振转速;

A_1——运动计算图第一个点质量的谐振振幅(第一个发动机曲柄连杆质量);

M_a——液力机械传动装置涡轮轴动载谐波计算振幅。

表5-6 共振计算结果

挡号	f/Hz	ν	n_{pe3}/(r/min)	A_1/rad	M_a/(kN·m)
1	24.24	1.5	968	0.054	2.97
	29.0	1.5	1159	0.00033	0.23
	100.0	3.0	2000	0.00008	0.48
		4.5	1333	0.00007	0.42
2	21.6	1.5	864	0.0774	3.70
	29.6	1.5	1183	0.0020	0.84
	95.2	3.0	1904	0.00012	0.53
		4.5	1269	0.00010	0.43
3	20.7	1.5	827	0.0865	3.90
	30.8	1.5	1233	0.00309	0.30
	94.6	3.0	1892	0.00012	0.54
		4.5	1261	0.00010	0.45
4	13.8	1.5	552	0.313	7.40
	32.5	1.5	1301	0.00019	0.20
	76.9	3.0	1538	0.00033	0.58
		4.5	1025	0.00025	0.43

(续)

挡号	f/Hz	ν	n_{pe3}/(r/min)	A_1/rad	M_a/(kN·m)
5	17.1	1.5	686	0.143	4.86
	32.6	1.5	1303	0.0015	0.60
	91.0	3.0	1820	0.00017	0.63
		4.5	1214	0.00014	0.51
6	18.3	1.5	733	0.115	4.36
	31.5	1.5	1261	0.00186	0.21
	92.6	3.0	1851	0.00015	0.61
		4.5	1234	0.00012	0.50
倒挡	23.4	1.5	934	0.0584	3.08
	29.6	1.5	1182	0.0027	0.30
	99.1	3.0	1983	0.00009	0.49
		4.5	1322	0.00008	0.42

因为柔性扭振减振器将所有最危险的共振引到了 $n<1000$r/min 的发动机轴转速的非工作区,而在发动机低转速时均为液力工况。

在发动机轴转速的工作范围内,只出现1个各挡频率在76.5～100.0Hz范围内的第三种振动形式的 $\nu=3.0$ 的次序谐波共振。各挡上的共振动载计算振幅水平在0.48～0.61kN·m之间。在评价变速箱部件的载荷量、强度及寿命时应该要考虑这些附加载荷。

图5-21直观地表示出了最具代表性的4个挡位——2、4、5、6挡上强迫扭振引起的液力机械传动装置涡轮轴的动载总(所有扰动力矩谐振)振幅的计算曲线。

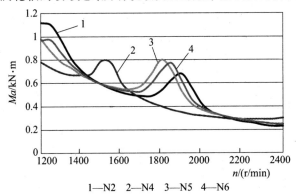

1—N2 2—N4 3—N5 4—N6

图5-21 发动机轴转速工作范围内由强迫扭振引起的
液力机械传动装置涡轮轴的动载总振幅计算曲线

正如图中所表明的,在可以使用闭锁的液力变矩器工作的所有发动机轴的转速范围内,变速箱中所有挡位上由发动机激励的扭振引起的涡轮轴上的最大动载振幅值都不超过0.80kN·m。

第三节 变速器选型及设计

一、变速器的设计要求

为保证变速器具有良好的工作性能,对变速器的主要设计要求是:
(1) 应保证车辆具有高的动力性和经济性指标;
(2) 工作可靠,操纵轻便;
(3) 重量轻、体积小;
(4) 传动效率高,工作平稳,噪声小;
(5) 成本低廉、维修方便。

轮式装甲车一般采用机械变速器。机械变速器结构简单,造价低廉,且传动效率高。因此在各种类型的汽车和轮式装甲车上获得了广泛应用。对于轻、中型车辆一般采用具有 3~5 个前进挡的变速器,对于重型车辆则采用多挡变速器,其前进挡位数多达 6~16 个。

变速器的挡位数增多可提高发动机的功率利用率,改善车辆的动力性和燃料经济性。但挡位数增多使变速器结构复杂,制造成本提高,换挡操纵机构复杂化。当前进挡位数大于 5 时一般采用组合变速器,即在 5 挡变速器上加装具有独立操纵机构的副变速器。

二、变速器的结构分析及选型

(一)变速器传动机构的结构分析和型式选择

在选择变速器前,首先应根据车辆的使用条件及要求确定变速器的传动比范围、挡位数及各挡传动比。

传动比范围是变速器低挡传动比与高挡传动比之比值。变速器必须有一个足够大的传动比,以保证车辆在道路条件恶劣的情况下能够起步和爬过规定的最大坡度;变速器还有一个最小传动比,它和驱动轴减速比一起,可使车辆达到设计的最高车速。变速器最小传动比通常为 1,有超速挡的则为 0.7~0.9 之间。在确定了变速器的最大传动比和最小传动比之后,中间各挡的速比一般按等比级数分配。

根据上面对变速器选择的原则,首先考虑从各个厂家现有和正在同步研发的变速器中初步选择一些适合目标车型条件的变速器,再和选择的发动机、驱动轴匹配进行整车动力性—燃油经济性仿真计算,优选后再确定。

(二)变速器的操纵机构选型

按动作原理,变速器操纵机构除常用的机械式外,还有液压式、气动式、电动式以及它们的组合型式。液压式是目前应用较多的执行机构,它换挡速度快、适用扭矩范围大、控制精度高。气动式由于气体有可压缩性、执行速度慢且控制精度低,一般主要应用于有气源的车辆上。电动式响应较快且成本低,控制调整也相对容易,在没有液压油源与气源的情况下也可以采用。

一些轮式装甲车、重型汽车上有时采用换挡助力器。副变速器常采用预选气动式换挡机构,利用装在变速杆上的按钮开关,预选副变速器挡位,待踩下离合器踏板或主变速器位于空挡时,由压缩空气通过换挡阀按选定的挡位换挡。常见的有"机械—气动"和"电控—气动"两种方式。

电控机械式自动变速器(简称AMT)是在不改变原变速箱主体结构的基础上,通过加装微机控制的自动操纵系统,取代原来由人工操作完成的离合器的分离、接合及变速器的选挡、换挡动作,实现换挡全过程的自动化。目前,国内开发的AMT技术,主要倾向于带液压系统的车辆。由于轮式装甲车大部分采用了液压助力转向技术,本身带有液压油泵,故现存的AMT技术可直接沿用。

三、典型机械变速器及其操纵装置结构

(一)普通齿轮式变速器

轮式装甲车常采用齿轮式变速器,如БТР-70装甲输送车采用了两台机械3轴式4速变速器,其结构如图5-22所示。

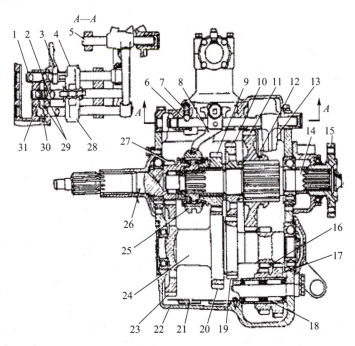

图5-22 БТР-70装甲输送车的变速器

1—2挡拨叉轴;2—2、4挡拨叉轴;3—保险挡铁;4—挂1挡和2挡的拨叉轴头;5—轴;6—弹子;7—弹簧;8—3挡和4挡拨叉;9、20—3挡齿轮;10、19—2挡齿轮;11、16—1挡和倒挡齿轮;12—挂1挡和2挡的拨叉;13—挂倒挡的拨叉;14—第二轴;15—结合盘;17—倒挡齿轮组;18—衬套;21—收泥器;22—壳体;23—常啮合齿轮;24—中间轴;25—同步器;26—第一轴;27—第一挡齿轮;28—挂倒挡拨叉轴头;29—柱塞;30—倒挡轴;31—固定销。

该变速器有3根轴,第一根轴又称输入轴(26),前端借离合器与发动机曲轴相连,第二轴后端与万向传动装置相连。齿轮27与第一轴制成一体,与齿轮23构成常啮合传动

齿轮副。

齿轮16、19、20和23都固定在中间轴24上,而齿轮9和10则空套在第二轴上。齿轮11与第二轴用花键连接,可沿花键部分轴向移动。拨动齿轮11可得2、1或倒挡。右变速器与左变速器只有3处不同:倒挡齿轮是对称布置的;连接喷水推进器的取力器的窗口位置不同;变速器上盖和第二轴的后盖不同。变速器采用飞溅润滑。

变速器的操纵机构如图5-23所示。

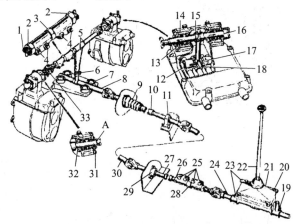

图5-23 变速器操纵机构

1—万向节接头叉的螺纹端;2、26—锁紧螺帽;3、28—调整联轴器;4、25—紧固螺栓;
5—带万向节的连接轴;6—箍;7—滑轮;8—后轴;9—密封套;10—后拉杆;
11、29—中间支座;12—保险装置;13、31—侧盖;14—上盖;15—拉臂;16、32—轴;
17—1、2挡的轴头;18—3、4挡变速拨叉头;19—注油嘴;20—壳体固定螺栓;21—变速杆壳体;
22—变速杆;23—壳体支架;24—前轴;27、30—中间拉杆;33—螺栓;A—环形槽。

在变速器盖上装有轴16和32,以及固定在两个轴上的拉臂15。右和左变速器是用连接轴5通过万向节和调整联轴器3连接的。调整联轴器3用螺栓4紧固。螺栓4和锁紧螺帽2总是拧紧的。

用中间的万向传动轴系统的后轴8和前轴24,将连接轴5与变速杆22连接起来。借助调整联轴器28使变速杆22的空挡固定位置与变速器盖上拨叉轴的空挡位置一致,而且拉臂15应位于变速器盖上相同轴头的槽内。注意,调整联轴器28的紧固螺栓25的螺帽和锁紧螺帽6应当总是拧紧的。

为了驱动喷水推进器,在左、右变速器上分别装有取力器。左、右取力器结构基本相同。只是左取力器装有一个液压泵,以便给转向助力系统、防浪板和喷水推进器等操纵系统提供能源。左取力器结构如图5-24所示。主动齿轮1用两个圆柱轴承和一个球轴承支承在轴3上,它与中间轴齿轮组13常啮合。液压泵直接由中间轴驱动。前进、倒挡齿轮组与第二轴花键连接,拨动该齿轮组可实现前进挡或倒挡。

取力器的操纵装置如图5-25所示。变速杆11在空挡位置时,变速杆的定位销应进入支架梳形板的中间槽内,拉杆8两端的调整叉孔心距应在157～161mm范围内,支架成垂直状态,调整叉口和轴7拉臂的孔完全重合,调整叉6和拉臂5的孔也完全重合。

(二) 多挡组合式变速器

Benz2026A的变速器由具有5个前进挡(其中一个为爬行挡)及一个倒挡的齿轮式主

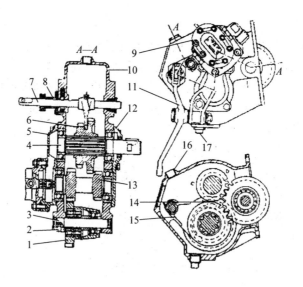

图 5-24 左取力器

1—主动齿轮；2—螺钉；3—主动齿轮轴；4—第二轴；5—前盖；6—前进挡和倒挡齿轮组；7—拨叉杆；8—拨叉杆盖；9—液压泵；10—箱体；11—拉臂；12—后盖；13—中间轴齿轮组；14—螺栓；15—拨叉；16—螺塞。

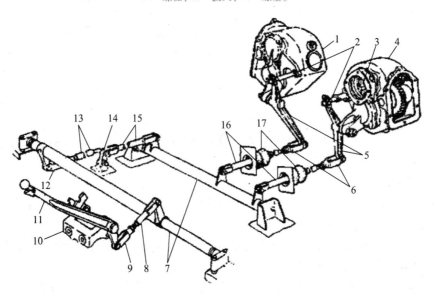

图 5-25 取力器操纵装置

1—右取力器；2—推杆；3—驱动液压泵的主动轴；4—左取力器；5—拉臂；6、9、12—调整叉；7—横轴；8、13、15、16—拉杆；10—支架；11—变速杆；14—支柱；17—橡皮护罩。

变速器和具有两个挡位的后置行星齿轮式副变速器两部分组成。该副变速器与分动器组合在一起，经统一的箱体与主变速器连成一个整体，动力由行星架斜齿轮传给分动器。主、副变速器之间用螺栓连接成一体。其具体结构如图图 5-26 所示。

主变速器的变速传动机构与一般常啮合齿轮式变速器类似，由 4 根轴和若干齿轮、轴承等机件组成。第一轴 4 经两个圆锥滚子轴承分别支承于前轴承盖 3 和主变速器箱体 31 上，在两轴承之间装有一个内啮合齿轮油泵 5。在第一轴的后轴段钻有中心油道，通过

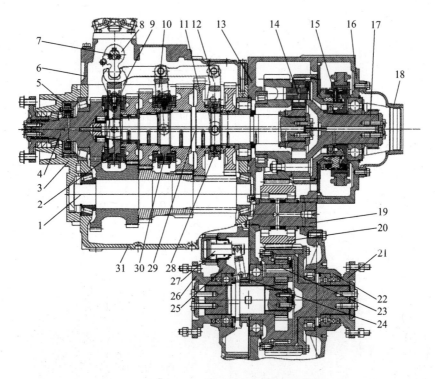

图 5-26 多挡组合式变速器

1—中间轴(主变速器);2—3、4 挡(即 7、8 挡)同步器;3—前轴承盖;4—第一轴;5—油泵;
6—主变速器盖;7—换挡轴;8—驱动臂;9—3、4 挡(即 7、8 挡)拨叉;10—1、2 挡(即 5、6 挡)拨叉;
11—爬行挡齿轮(第二轴);12—倒、爬挡拨叉;13—副变速器—分动器壳;14—行星排(副变速器);
15—同步器(副变速器);16—换挡壳(副变速器);17—转速计传动齿轮;18—盖;19—中间轴(分动器);
20—中间齿轮(分动器);21—向后轴的输出凸缘;22—轴承座;23—行星排(分动器);24—差速锁滑动接合套;
25—差速锁操纵壳;26—向前轴的输出凸缘;27—差速锁控制缸;28—爬-倒挡滑动接合套;
29—第二轴(主变速器);30—1、2 挡(即 5、6 挡)同步器;31—主变速器箱体。

油道插管与第二轴 29 中心油道相连。

中间轴 1 经两端的圆锥滚子轴承支承于主变速器箱体上。前轴承盖与轴承外圈端面之间的调整垫圈用以调整中间轴的轴向移动量。双联斜齿轮与中间轴 1 静配合,而倒、爬挡直齿轮与中间轴 1 为一体,其尾端有动力输出键齿。

第二轴 29 前端用无外圈的滚柱轴承支承于第一轴驱动齿轮的中心孔内,在倒挡齿轮之后用向心短圆柱滚子轴承支承于主变速器箱体上。第二轴后端固定有副变速器行星排的太阳齿轮。除倒、爬挡为直齿轮以外,其余齿轮均为斜齿轮。各挡齿轮均处于常啮合状态。第二轴上各挡常啮合齿轮用双排、无套圈、带保持架的滚针轴承支承于轴颈,而 3 挡和倒挡齿轮支承于轴上的止推衬套上,该止推衬套与轴颈静配合。

除倒挡与爬行挡齿轮之间采用滑动接合套之外,其他各挡齿轮之间都用同步器换挡。

第二轴上有轴向贯通的中心油道以及与各润滑部位相对应的径向油道。中心油道的两端经油管分别与第一轴、副变速器行星架轴的中心油道相通。

该副变速器由单排行星机构组成,具有两个挡位,用锁环式惯性同步器换挡,其动力由太阳轮(即中心轮)输入,行星架输出。副变速器与分动器组成一体,用螺栓与主变速器连接。

行星架与其输出齿轮组合成一个整体,前端的向心短圆柱滚子轴承和后端的向心球轴承,分别支承于副变速器—分动器的箱体13和副变速器的换挡壳16上。副变速器将动力经行星架上的斜齿轮传给分动器。5个行星齿轮分别通过滚针轴承及行星轮轴沿圆周均匀地支承于行星架上。行星轮轴与行星架上的轴孔静配合。行星齿轮两侧端面分别装有铜质和钢质止推垫圈以限制行星齿轮的轴向移动。行星齿轮同时与齿圈和太阳轮相啮合。齿圈用向心球轴承支承于行星架的轴颈上。

在行星架轴及行星轮轴上均钻有中心油道及径向油道。太阳齿轮上也钻有径向油道,以向行星轮轴油道提供润滑油。行星架轴中心油道前端经油管与主变速器第二轴中心油道相连通。在行星排的齿圈与同步器毂上亦钻有径向润滑油道。

该变速器采用压力—飞溅复合式润滑系统。整个压力润滑系统主要由内啮合齿轮式油泵、吸油管、喷油管、滤网以及位于壳体及各轴上的油道组成,如图5-27所示。

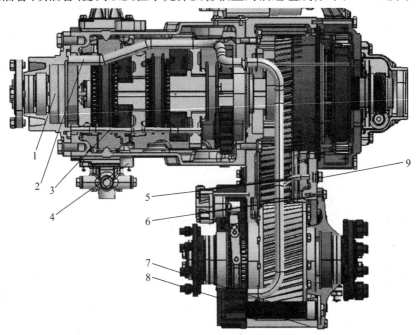

图5-27 变速器压力润滑系统示意图

1—油泵;2—吸油管;3—喷油管;4—放油螺塞;5—量油尺;
6—加油螺塞;7—滤网;8—放油螺塞;9—加油螺塞。

油泵为内啮合齿轮油泵,位于第一轴的两轴承之间。油泵工作时,润滑油经滤网过滤后,沿吸油管2进入油泵吸油腔,将润滑油压入第一轴径向油道,继而沿第一轴中心油道以及第二轴及行星架轴的中心油道和径向油道到达各润滑部位。

第一条润滑油路主要保证主变速器的第二轴各常啮合齿轮的支承轴承以及副变速器行星排各齿轮与轴承的润滑。

第二条润滑油路主要保证第二轴与中间轴有关齿轮以及倒挡轴、取力器等轴承及其有关机件的润滑。油路主要由位于主变速器上的喷油管3和倒挡轴上的中心、径向油道以及位于副变速器上的油管等组成。喷油管3前端与油泵压油腔出油口相通,其后端插入倒挡轴中心油道。油泵将润滑油压入喷油管3,经其上若干小孔将润滑油喷射到齿轮和轴承等机件上。一部分润滑油经油管上的喷孔润滑换挡壳内有关机件外,另一部分润滑油沿油管后到达转速计传动齿轮壳内。当该润滑油超过一定油面高度后随即经相应的回油孔道流回到副变速器—分动器壳底部油池。

第三条润滑油路是润滑油经前轴承盖出油槽上的节流孔进入与第一轴上两轴承之间的空间相通的油路,以润滑第一轴上前、后轴承,再经前轴承盖上的回油槽及中间轴前轴承流回主变速器壳体的油池。

为维持主变速器壳体内一定的液面高度,在主变速器壳下部固定着回油管。该油管的下端插入主变速器壳后壁通孔内,且管口与副变速器壳壁上相应通孔衔接,以便该油管与副变速器下部的油池相通。当主变速器油池液面超过回油管上端孔口的高度时,多余的润滑油随即经回油管流回到副变速器壳油池。

变速器的操纵机构由两部分组成,其中主变速器为机械传动,而副变速器为气压传动。

副变速器的气压操纵机构主要由高低挡气阀1、工作缸4、摇臂6及油管3、接头等机件组成,如图5-28所示。

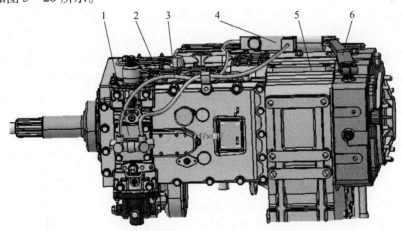

图5-28 副变速器气压操纵传动机构
1—高低挡气阀;2—主变速器;3—油管;4—工作缸;5—副变速器;6—摇臂。

工作缸为常用的双向作用活塞式汽缸,其缸盖上的销孔与主变速器上的支座相连,另一端以活塞杆上的叉形接头与摇臂6铰接,摇臂以细齿花键孔与拨叉轴的端部连接。工作缸内腔由活塞分隔成左、右两腔,通过腔室内压缩空气的作用,使活塞及其推杆移动,以操纵摇臂摆动,使副变速器换挡装置进行换挡动作。

为了提高工作缸的操作灵敏度,使工作缸另一侧腔室内的压缩空气迅速地排入大气,该工作缸的两腔室都装有快放阀,其阀体与工作缸缸体或缸盖制成一体。快放阀的结构如图5-29所示。阀体上的气道G与工作缸腔室相通,气道F通向大气。橡胶阀2贴紧阀体腔壁,并且其摩擦力将阀保持在最高位置,使阀中间的柱体与排气道F的孔口保持一定间隙,阀的下腔及工作缸的腔室经G、F气道与大气相通。橡胶阀的顶部E气道与区间变换阀1的单向阀相连。

当区间变换阀单阀的压缩空气气路接通时,压缩空气自该单阀经连接气管进入快放

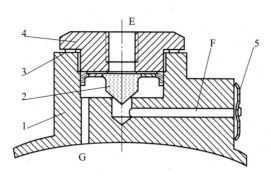

图 5-29 快放阀示意图

1—缸体；2—橡胶阀；3—通气活塞；5—护罩；E—与区间变换阀相连；
G—通工作腔气道；F—通大气气道。

阀的 E 气道,气压的作用将首先使橡胶阀 2 的阀柱部分向下拱曲,封闭排气道 F 的孔口,使工作缸的腔室与大气隔绝,继而压缩空气挤过橡胶阀的边缘而进入快放阀下腔及工作缸的腔室,以推动活塞运动。当区间变换阀单阀的压缩空气气路断路时,即与快放阀 E 气道相通的气管内压缩空气排入大气时,由于橡胶阀 2 边缘的密封作用,阀下腔的压缩空气不能沿该阀边缘向 E 气道回流,只能迫使橡胶阀 2 上升,开启排气道 F 的孔口,使阀下腔及工作缸腔室与大气沟通,原存于腔内的压缩空气随即经 G、F 气道就近迅速地排入大气,以便活塞能在另一腔内的压缩空气作用下,迅速退让,从而提高了活塞移动的灵敏性。

区间变换阀由两个如图 5-30 所示的单阀组成,经连接底座用螺栓固定在主变速器盖上,通过连接气管及接头分别与四管路保护阀的第四供气管路及工作缸前、后两腔的快放阀连通。该阀的工作由固定在换挡轴上的控制凸轮来操纵。当单阀的压缩空气气路处于接通状态时,挺杆 15 在弹簧 12 的作用下处于如图所示的最低位置,其与阀壳之间由密封圈 10 密封,且以阀盖 16 上的轴孔导向,其锥形端部位于控制凸轮表面的凹槽内。活塞 3 在弹簧 7 的作用下以端面密封垫和径向密封圈 8 封闭 A、B 腔至 C 腔的通道,而 A、B 腔之间经活塞的中间孔道沟通。自四管路保护阀来的压缩空气经 A、B 气道及连接气管、快放阀进入工作缸腔室。当控制凸轮随换挡轴轴向移动(区间发生变化时)而迫使挺杆锥形端部离开该凸轮表面的凹槽时,挺杆将克服弹簧 12 的张力而上移,其上端面首先封闭活塞 3 的中间孔道口,使 A、B 腔的通路隔绝,即压缩空气气路处于断路状态,继而推动活塞使其端面密封垫离开阀壳中心孔口凸台,B、C 腔之间通道沟通。自工作缸快放阀 E 气道以前的气管内的压缩空气即经单阀 B、C 腔排入大气,而工作缸腔室内的压缩空气随即经工作缸上的快放阀就近排入大气。

当主变速器处于空挡位置时,区间变换阀的两个单阀挺杆的锥形端与控制凸轮表面的相对位置如图 5-31 所示,总是一个处于控制凸轮表面的凹槽内,而另一个处于控制凸轮的圆柱表面上,亦即一个单阀的压缩空气气路处于接通状态,而另一个处于断路状态。

当挡位的区间(高速挡或低速挡)发生变化时,控制凸轮将随换挡轴一起轴向移动,两单阀挺杆所处的状态也发生相应变化。由于有换挡轴空挡位置定位装置的保证,控制凸轮与区间变换阀的相对位置不是处于图示 A—A 位置(即 3、4 挡空挡位置),就是处于图示 B—B 位置(即 5、6 挡空挡位置),二者必居其一。至于换挡轴带动控制凸轮至高速挡区间的其他空挡位置时,例如 7、8 挡的空挡位置,区间变换阀两单阀压缩空气气路的接

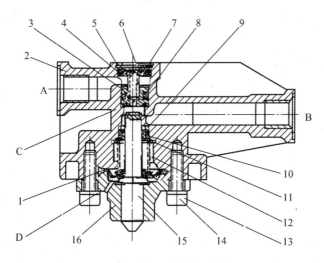

图 5-30 区间变换阀的单阀

1—膜片；2—阀体；3—活塞；4、8、10—密封圈；5—弹性挡圈；6—挡垫；7、12—弹簧；
9—垫圈；11—上弹簧座；13—螺栓；14—下弹簧座；15—挺杆；16—阀盖；
A—压缩空气进气腔；B—与工作缸快放阀相通；C—通大气；D—通气口。

通方向不会变化，如上单阀挺杆仅在凸轮表面的凹槽内相对地向右轴向移动，始终处于接通状态，而下单阀始终处于断路状态。类似地，控制凸轮在低速挡区间内移动时，区间变换阀两单阀始终保持 3、4 挡空挡时的压缩空气气路接通方向，即下单阀接通，上单阀断路。

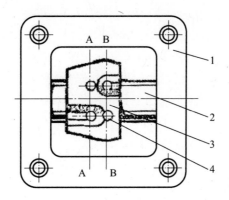

图 5-31 控制凸轮与区间变换阀挺杆的相对位置示意图

1—主变速器盖；2—主变速器换挡轴；3—控制凸轮；4—区间变换阀挺杆；
A—A 换挡轴处于 3、4 挡空挡位置时的情形；B—B 换挡轴处于 5、6 挡空挡位置时的情形。

由上可见，当主变速器处于空挡位置时，通过控制凸轮保证工作缸的两腔室中总是有一腔充有压缩空气而另一腔与大气沟通，亦即主变速器在空挡位置时，副变速器总是可靠地保持一定的挡位（即高速挡或低速挡）。当主变速器挂入某挡位时，控制凸轮随换挡轴已转过一定角度，区间变换阀的挺杆锥形端都已离开控制凸轮的表面凹槽，两单阀的压缩空气气路均处于断路状态，不会引起副变速器的挡位变化。

四、变速器重要零件的强度校核

(一) 齿轮强度计算

在变速器中,常见的损坏形式是齿面点蚀和轮齿折断。由于过高的脉动接触应力的反复作用,在齿轮表层内产生疲劳裂纹,挤进裂纹中的润滑油形成高压,使裂纹扩大。当齿轮工作一定时期后,工作齿面上将出现小块金属剥落即点蚀。点蚀多发生在节线附近的齿根面上。为使轮齿在规定的使用寿命内不出现齿面点蚀,应进行齿面接触疲劳强度计算。

在过大的载荷作用下,硬齿面齿轮会产生硬层齿面压碎,软齿面齿轮会出现齿面压溃变形,为防止这种破坏,应进行齿面接触静强度计算。

轮齿折断有两种情况:一是在多次重复脉动弯曲应力作用下引起的齿根疲劳折断;二是因短时过载或冲击过载而引起的齿根折断。前者按弯曲疲劳强度计算,后者按弯曲静强度计算。

接触应力 σ_j 按下式计算:

$$\sigma_j = 0.418\sqrt{\frac{FE}{b}\left(\frac{1}{\rho_z}+\frac{1}{\rho_b}\right)} \tag{5-43}$$

式中　F——齿面上的法向力;$F = F_1/\cos\alpha\cos\beta$,$F_1$ 为圆周力,$F_1 = 2T_g/d$;

　　　T_g——计算载荷(N·mm);

　　　d——节圆直径(mm);

　　　α——节点处的压力角(°);

　　　β——齿轮螺旋角(°);

　　　E——齿轮材料的弹性模数(MPa),$E = 21 \times 10^4$;

　　　b——轮齿接触的实际宽度,斜齿轮用 $b/\cos\beta$ 代替(mm);

　　　ρ_z、ρ_b——主动齿轮和被动齿轮节点处的曲率半径(mm);

对直齿轮:$\rho_z = r_z\sin\alpha$,$\rho_b = r_b\sin\alpha$;

对斜齿轮:$\rho_z = r_z\sin\alpha/\cos^2\beta$,$\rho_b = r_b\sin\alpha/\cos^2\beta$;

　　　r_z——主动齿轮的节圆半径(mm);

　　　r_b——被动齿轮的节圆半径(mm)。

当计算载荷按 $T_g = T_{emax}/2$ 计算时,变速器齿轮许用接触应力 σ_j 如表 5-7 所列。

表 5-7　变速器齿轮许用接触应力

齿轮	σ_j/MPa	
	渗碳齿轮	氧化齿轮
1挡和倒挡	1900~2000	950~1000
常啮合和高挡	1300~1400	650~700

齿轮弯曲强度按下式计算:

直齿轮:

$$\sigma_w = \frac{F_1 K_\sigma K_f}{bty} \tag{5-44}$$

式中 K_σ——应力集中系数,可近似取 $K_\sigma = 1.65$;

K_f——摩擦力影响系数,主动齿轮和被动齿轮在啮合点上摩擦力方向不同,对弯曲应力的影响也不同:主动齿轮 $K_f = 1.1$,被动齿轮 $K_f = 0.9$;

b——齿宽(mm),$b = k_c m$;

t——齿轮端面齿距(mm);$t = \pi m$,m 为模数;

y——齿形系数,见图(5-32)。

当齿高系数 f_0 相同,$\alpha \neq 20°$ 时,可按以下关系式计算 y:

$y_{14.5} \approx 0.79 y_{20°}$;

$y_{17.5} \approx 0.89 y_{20°}$;

$y_{22.5} \approx 1.1 y_{20°}$;

$y_{25} \approx 1.23 y_{20°}$。

当 α 相同时,齿高系数 $f_0 = 0.8$ 时,

$Y_{f_0 = 0.8} \approx 1.14 Y_{f_0 = 1}$

斜齿轮:

$$\sigma_w = \frac{F_1 K_\sigma}{b t_n y K_\varepsilon} \tag{5-45}$$

式中 F_1——圆周力,$F_1 = 2T_g/d$;

K_σ——应力集中系数,$K_\sigma = 1.5$;

d——节圆直径(mm);对斜齿轮来说,$d = m_n z / \cos\beta$,m_n 为法相模数(mm),z 为齿数,β 为斜齿轮螺旋角;

K_ε——重合度影响系数,$K_\varepsilon = 2$;

t_n——法向齿距,$t_n = \pi m_n$;

y——齿形系数,可按 $Z_n = Z/\cos^3\beta$ 在图 5-32 中查找。

通过整理,把参数带入式(5-45),得到斜齿轮弯曲应力:

$$\sigma_w = \frac{2T_g K_\sigma \cos\beta}{\pi z m_n^3 y K_c K_\varepsilon} \tag{5-46}$$

当计算载荷 $T_g = T_{emax}$ 时,按式(5-44)计算出的 1 挡、倒挡直齿轮弯曲应力在 400~850MPa,轮式装甲车偏下限。按式(5-45)计算常啮合齿轮和高挡齿轮,其应力范围对轮式装甲车而言为 100~450MPa。

(二)**轴的强度计算**

由变速器结构布置并考虑到加工和装配而确定的轴的尺寸,一般来说强度是足够的,仅对其危险断面进行验算即可。

求出不同挡位的各支承反力后,可作出轴所承受的最大弯矩图和扭矩图,然后计算出危险断面的弯曲应力 σ_w 和扭转应力 τ_n:

$$\sigma_w = \frac{W_w}{0.1 d^3} \tag{5-47}$$

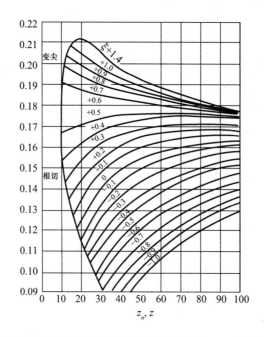

图 5-32 齿形系数图(假定载荷作用在齿顶,$\alpha = 20°$、$f_0 = 1$)

$$\tau_n = \frac{W_n}{0.2d^3} \qquad (5-48)$$

式中 W_w、W_n——轴所承受的弯矩和扭矩(N·m);

d——危险断面直径,对于花键取花键内径。

危险断面的合成应力 σ_h 为

$$\sigma_h = \sqrt{\sigma_w^2 + 4\tau_n^2} \qquad (5-49)$$

当以发动机最大扭矩计算轴的强度时,轴的安全系数(按金属的屈服极限计)在 1.3~2.5 范围内选取,第一轴取上限,中间轴和第二轴取下限。

一般情况下,带齿轮的轴的材料采用 18CrMnTi 或 20Mn2VB,第二轴常用 40Cr,采用氧化或高频淬火。

(三) 轴的刚度计算

变速器轴刚度不足会使其产生较大的挠度和转角,从而影响齿轮的正确啮合,产生噪声并降低齿轮的使用寿命。

轴的挠度和转角可按《材料力学》公式计算。按发动机最大扭矩计算时,第二轴齿轮所在平面的总挠度,对于高挡不得大于 0.13415mm,对于低挡不得大于 0.15425mm。齿轮所在平面的转角限制在 0.001~0.002rad 内,两轴的分离不超过 0.20mm。

(四) 花键的计算

变速器轴上的花键尺寸可以根据初选的轴径,视花键的工作条件按标准选取。渐开线花键和矩形花键的强度计算与啮合齿一样,主要计算其挤压应力 σ_j:

$$\sigma_j = \frac{2M}{KZhLd_2} \qquad (5-50)$$

式中 M——所传递的扭矩(N·mm);

K——扭矩在花键上分配不均匀系数,取 0.75;
Z——花键齿数;
h——键的工作高度(mm);$h = D - d/2$;
L——键工作长度(mm);
d_2——花键平均直径(mm),$d_2 = (D + d)/2$;
D——花键外径(mm);
d——花键内径(mm)。

对于有载荷的滑动连接,使用条件良好时取 $\sigma_j = 100 \sim 120\text{MPa}$。

(五) 轴承的计算

变速器的轴承一般是根据结构布置并参考同类车型的相应轴承以后,按国家规定的轴承标准选定,再进行其使用寿命的验算。变速器轴承是在传动系统扭矩变化曲线所决定的非稳定工况下工作,因此也像齿轮计算那样,作为变速器第一轴的计算扭矩 T_j,应取发动机最大扭矩 $T_{e\max}$ 和驱动车轮与地面的最大附着力矩 $T_{\varphi\max}$ 的换算值中 $T_{\varphi\max}/(i_g i_0 \eta_T)$ 的较小值。

轴承的名义寿命 L(以 10^6 转为单位):

$$L = \left(\frac{C}{P}\right)^\varepsilon \tag{5-51}$$

式中 C——轴承的额定动载荷或承载容量(N),可以根据选定的轴承型号查轴承手册;
P——轴承的当量动载荷(N);
ε——轴承寿命系数,对球轴承取 $\varepsilon = 3$;对圆锥轴承、圆柱轴承 $\varepsilon = 10/3$。

轴承的使用寿命也可按车辆以平均车速 v_{am} 行驶至大修前的总行驶里程 S(一般为 40000km)来计算:

$$L_h = \frac{S}{v_{am}} \tag{5-52}$$

式中:$v_{am} \approx 0.6 v_{a\max}$。

L 和 L_h 之间的换算关系为

$$L = 60 n L_h / 10^6 \tag{5-53}$$

式中 n——轴承的转速(r/min)。

径向和径向止推球轴承的当量动载荷,可按下式对每个挡位进行计算:

$$\left.\begin{array}{ll} P = (XVF_r + YF_a)k_\sigma k_T & \text{当} \dfrac{F_a}{YF_r} > e \\ P = VF_r k_\sigma k_T & \text{当} \dfrac{F_a}{YF_r} > e \end{array}\right\} \tag{5-54}$$

式中 X, Y——径向系数和轴向系数,按轴承标准规定由轴承手册查出;
V——考虑轴承内圈或外圈旋转的系数,内圈旋转取 $V = 1.0$,外圈旋转取 $V = 1.2$。
F_r, F_a——径向和轴向载荷,可以根据计算扭矩 T_j 计算各挡的支承反力后求得;
k_σ——考虑路面不平度引起的动载荷的影响系数,对变速器轴承可以取 $k_\sigma = 1.0$;
k_T——温度系数;

e——轴向加载参数,可以通过轴承手册查出。

对第i挡来说,其当量循环次数L_i'为

$$L_i' = \frac{60 L_h f_{gi} K_{xji} n_i}{10^6} \tag{5-55}$$

在轴承的整个运行时间有

$$L = L_i = \sum \frac{60 L_h f_{gi} n_i}{10^6} \tag{5-56}$$

式中　n_i——第i挡的轴承旋转次数,$n_i = n_M / u_i$,n_M为第一轴的旋转次数(以车辆的平均速度计算),u_i为第一轴至计算轴的传动比;

f_{gi}——变速器处于第i挡时的相对工作时间,即变速器第i挡的使用率(%),如表5-8所列。

K_{xji}——第i挡的行驶状况系数,如图5-33所示。图中:F_{yji}为该挡的计算牵引力,K_{tai}为该挡的平均牵引力。

表5-8　变速器各挡的相对工作时间或使用率f_{gi}

车型	挡位数	最高挡传动比	f_{gi}							
			变速器挡位							
			I	II	III	IV	VI	VII	VIII	IX
载货汽车	4	1	1	3	21	75				
	4	<1	1	4	35	60				
	5	1	1	3	5	16	75			
	5	<1	1	3	12	64	20			
	6	1	1	2	4	8	15	70		
	6	<1	1	2	4	8	70	15		
	8	<1	0.5	1	3	5.5	10	15	45	20
越野汽车	4	<1	5	15	55	25				
	5	<1	3	12	30	40	15			
	6	<1	3	5	20	40	20	12		

考虑到变速器各挡工作时轴承的当量动载荷P_i及相应的当量循环次数,则轴承的总当量动载荷$P_{d\Sigma}$为

$$P_{d\Sigma} = \sqrt[\varepsilon]{\frac{P_I^\varepsilon L_I' + P_{II}^\varepsilon L_{II}' + \cdots + P_N^\varepsilon L_N'}{L_I + L_{II} + \cdots + L_N}} = \sqrt[\varepsilon]{\frac{\sum_1^N P_i^\varepsilon L_i'}{\sum_1^N L_i}} \tag{5-57}$$

则要求的轴承额定动载荷C为

$$C = P_{d\Sigma} L^{\frac{1}{\varepsilon}} \tag{5-58}$$

算出轴承的额定动载荷C后则可由轴承样本或手册选择轴承。对轮式装甲车来说,轴承寿命的要求为40000km。

第一轴前轴承仅在离合器分离时其内外圈才有相对运动,因此按静载荷计算,所选轴

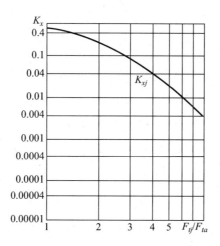

图 5-33 行驶状况系数 K_{xj} 与 F_{tj}/F_{ta} 的关系

承的额定静载荷 C_o 应大于 $2F_{ro}$，此处 F_r 是当计算载荷取 T_{emax} 时的 I 挡输出扭矩产生的轴承径向载荷。

变速器第二轴与齿轮间的滚针轴承，未挂挡时滚针与内外滚刀间有相对转速差，但滚针仅承受使齿轮滑转的摩擦力矩和惯性力矩，载荷极小。挂挡时，滚针、轴及齿轮一同转动而无转差，滚针仅承受径向载荷。由于经常换挡，每挡连续工作时间不长，故极少有表面点蚀损坏情况，多由于间隙不当或润滑不良而卡住或烧坏。

作为第二轴的前支承和固定式中间轴与连体齿轮间的滚针轴承，承受径向载荷需要验算。

滚针轴承的承载容量可按下式近似计算：

$$C = 250 l d^{0.7} \tag{5-59}$$

式中　l——滚针工作面长度（mm）；
　　　d——滚针内滚道表面直径（mm）。

滚针轴承常采用满针结构以提高其负荷能力。设计时应保证合理的间隙，以利其正常工作并延长使用寿命。一般推荐滚针间的最小间隙为 0.025mm，总间隙量的最大值为 $0.5d_z \sim 0.7d_z$，d_z 为滚针直径，两项不能同时满足时应保证后者。

五、电控机械式自动变速器选型与设计

(一) 总体设计

电控机械自动变速器（Automated Mechanical Transmission，AMT）是在传统的定轴变速器上加装微机控制的自动操纵系统。AMT 主要由离合器、带同步器的齿轮式变速器、微电子控制系统组成，它是以传动电控单元（TCU）为核心，通过电动、液压或气压执行机构来控制离合器的分离与接合、选/换挡操作以及发动机节气门的调节（对电控发动机则可直接控制）。TCU 根据车辆的运行状况（发动机转速、变速器输入轴转速、车速）、驾驶员意图（油门开度、制动踏板行程）和道路路面状况（坡道、弯道）等因素，选择预先设定的适用于不同工况的换挡规律和离合器接合规律，借助于相应的执行机构对发动机、离合器和

变速器进行协调操纵,从而实现自动换挡。其基本原理如图 5-34 所示。

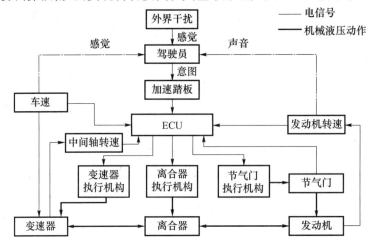

图 5-34　AMT 控制原理框图

　　1986 年,马瑞利的 AMT 技术第一次被应用在 F1 法拉利赛车上,其促进了法拉利赛车性能的大步提升。从 1992—2007 年,使用马瑞利 AMT 的法拉利赛车总共 15 次赢得 F1 冠军。如今的 F1 赛场上,马瑞利是法拉利、雷诺和红牛等车队的供应商。马瑞利公司还为欧洲和南、北美洲及亚洲地区许多著名的整车制造商提供系统产品。马瑞利公司开发的电控—液压式 AMT 系统如图 5-35 所示。

图 5-35　马瑞利 AMT 系统

　　ZF 公司的 AMT 技术多用于中重型商用车。在西欧,超过 50% 的新款长距离商用车都配备了 ZF 公司的 AS Tronic 变速器,如图 5-36 所示。这款产品广受赞誉的主要原因是其具有极高的燃油经济性。其已有 10 年量产。

　　目前,国内开发的 AMT 技术,主要倾向于带液压系统的车辆。由于重型货车大部分采用了液压助力转向技术,本身带有液压油泵,现存的 AMT 技术可以直接沿用。对于中型货车,则大多采用了气压制动,已有气源可使用气动方案来驱动选、换挡和离合器执行机构。对于轻型货车,大都没有液压油泵或气源,这时要加装 AMT 系统,可选用电液式或纯电式。本节以某轮式装甲车为例,介绍 AMT 总体设计。

　　某轮式装甲车,具有 9 前 1 倒变速箱,其中主变速箱为 5 前 1 倒定轴变速箱,副变速

图 5-36　ZF 公司的 AS Tronic 变速器

箱为行星排结构,具有高低两个挡位。

图 5-37 所示为自动操纵系统的方案,其主要部件包括:

(1) 离合器执行机构;
(2) 选、换挡执行机构;
(3) 液压动力单元(电动油泵);
(4) 液压蓄能器;
(5) 传动电控单元(TCU)。

离合器执行机构为单作用油缸形式。其动作通过电磁阀控制,当电磁阀通电时,压力油通过电磁阀进入到执行机构的活塞分离侧,使活塞向分离方向运动,带动离合器拨叉转动,使离合器主、从动盘分离。当电磁阀断电时,活塞分离侧压力油通过电磁阀卸荷,使离合器主、从动盘结合。

选、换挡执行机构采用双作用油缸形式。以选挡执行机构为例,当换挡活塞两端液压控制阀同时供油时,换挡活塞在两个换挡阀套的推动下运动到中间位置可实现空挡。当换挡活塞一端液压控制阀供油,另一端液压控制阀卸油时,换挡活塞在供油端换挡阀套的推动下运动到另一端,交换供油、卸油电磁阀的工作状态,可推动换挡活塞运动到另外一端,这样分别实现奇数挡或偶数挡。

(二) 执行机构设计

AMT 执行机构包括离合器执行机构、换挡执行机构、选挡执行机构和高低挡执行机构,分别如图 5-38、图 5-39、图 5-40、图 5-41 所示。

离合器执行机构为单作用油缸,如图 5-38 所示。它由缸体、活塞等组成。通过活塞

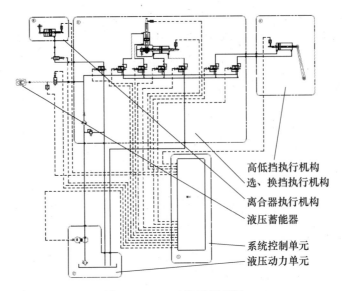

图 5-37 AMT 液压原理图

运动可实现离合器的分离和接合。当离合器分离指令到达时,电磁阀供电,在系统主压的作用下,活塞向左移动,推动离合器分离拉臂向左运动,实现离合器的分离动作。当电磁阀推动活塞向右移动时,在离合器回位弹簧的作用下,推动离合器分离拉臂向右运动,实现离合器的接合动作。

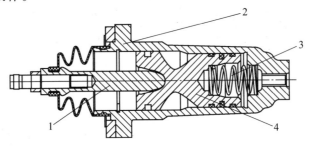

图 5-38 离合器执行机构

1—球头;2—离合器缸体;3—回位弹簧;4—离合器活塞。

选、换挡执行机构采用两端带阀套的双作用油缸。图 5-39 为变速箱换挡执行机构结构图,它主要由缸体、换挡活塞、两个换挡阀套和两个端盖组成。通过换挡活塞和两个换挡阀套的配合运动可实现 3 个换挡位置,即奇数挡位置、偶数挡位置和空挡位置。图 5-40 为变速箱选挡执行机构结构图,通过一对选挡电磁阀控制可实现 3 个选挡位置,即倒—爬挡、1—2 挡和 3—4 挡位置,3—4 挡位置为变速箱的选挡轴初始位置。

高低挡执行机构部件的油缸形式也为双作用式,如图 5-41 所示。油缸在两个选挡电磁阀的作用下可实现两个位置,即高挡位置和低挡位置。

(三) 控制系统设计

电控系统由换挡手柄、控制单元和传感器等部件组成。电控系统 TCU 在智能软件的指挥下,把来自外界的输入信号,其中包括发动机转速信号,输入轴转速信号、车速信号、刹车信号、离合器行程及选换挡位置信号等,在微处理器中进行比较、运算后,根据换挡规

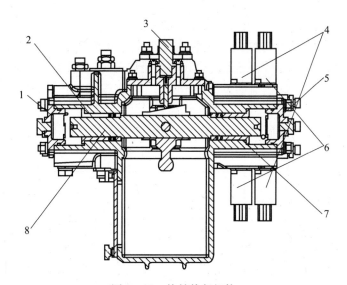

图 5-39　换挡执行机构

1—左端盖；2—左侧阀套；3—位移传感器；4—换挡电磁阀；
5—右端盖；6—选挡电磁阀；7—右侧阀套；8—换挡轴。

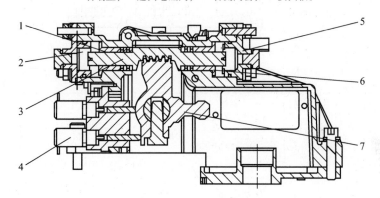

图 5-40　选挡执行机构结构图

1—左侧阀套；2—左端盖；3—选挡轴；4—位移传感器；5—右端盖；6—右侧阀套；7—选换挡拨叉。

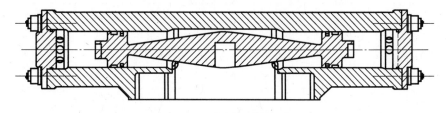

图 5-41　高低挡执行机构

律,控制离合器电磁阀和选换挡电磁阀动作,使车辆运行在最佳挡位,同时把挡位信号通过 CAN 传送到仪表板,显示车辆当前运行挡位。与此同时,TCU 还通过对各传感器信号进行采集,来判断整车的工况。

驾驶员通过对加速踏板和选挡手柄(包括选挡范围、换挡模式、巡航控制等)的操纵,选定变速器挡位和发动机节气门状态。各种传感器将车辆行驶状态参数传给 TCU,它根据存储器中的程序(换挡规律、离合器结合规律和发动机节气门调节规律等)对节气门开度、离合器接合和变速器进行控制,以实现车辆平稳起步和自动换挡。

TCU 由电源、CPU 及存储器、输入电路与输出电路几部分组成,如图 5-42 所示。输入电路连接各种传感器,各种传感器的型式和功能如表 5-9 所列。输出电路通过电磁阀分别与发动机、离合器和变速器的操纵装置连接,构成各自的执行机构。CPU 将由各传感器采集的参数进行处理,根据控制程序对离合器、发动机和变速器发出操纵指令,使其执行机构协同动作,实现对离合器、发动机节气门和变速器换挡的控制,使车辆平稳起步或适时地平稳换挡。

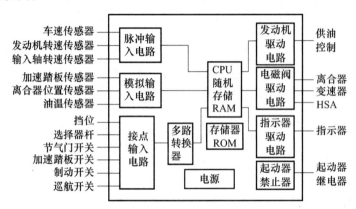

图 5-42 TCU 的控制单元组成框图

表 5-9 机械式自动变速器的传感器的型式和功能

传感器类别	信号形态	方式	主要功能
车速传感器	脉冲	模拟仪表:开关 数字仪表:光电元件	检测停止状态、换挡规律条件
发动机转速传感器	脉冲	点火脉冲	起动、换挡时,发动机调速的接合控制
输入轴转速传感器	脉冲	电磁传感器	离合器接合点的检测、挡位脱离判断,车速传感器发生故障时的冗余功能
加速踏板传感器	模拟	电位计	节气门开关信号
离合器位置传感器	模拟	电位计	离合器断、接控制,对离合器磨损的调整功能
水温传感器	模拟	热敏电阻式	发动机状态监测
油温传感器	模拟	热敏电阻式	修正离合器控制
挡位开关	接点	加压式接点	挡位,确认换挡终了指示器的显示
选择器开关	接点	折动式接点	自动换挡及人工换挡的切换指示
制动开关	接点	接点	自动巡航的暂时解除条件
巡航开关	接点	接点	自动巡航控制(固定车速、加速、减速以及解除)

(四) AMT 控制难点

1. 离合器控制

AMT 控制的核心和难点是起步过程中离合器控制,因为控制要求不但需要提高起步过程离合器接合的平顺性,减少离合器滑摩,延长离合器使用寿命,而且要保证发动机稳定运转。如果离合器接合过猛,虽可以减少离合器的磨损,但起步的平稳性将降低,而且引起发动机转速波动较大,甚至导致发动机抖动或熄火。反之,为了改善起步而过分降低离合器的接合速度,滑摩功将大大增加,从而降低离合器的使用寿命。起步的平稳性和离合器滑摩是两个矛盾的指标,如何使这两个指标都能达到令人满意的效果是起步控制的关键。

车辆冲击度 j 是以加速度的变化率来表征的,即

$$j = \frac{\mathrm{d}a}{\mathrm{d}t} = \frac{\mathrm{d}^2 v}{\mathrm{d}t^2} = \frac{i_0 i_g \eta}{\delta M_0 r} \cdot \frac{\mathrm{d}T_c}{\mathrm{d}t} \tag{5-60}$$

式中　δ——不同挡位的旋转质量换算系数;
　　　i_0——主减速比;
　　　i_g——变速器传动比;
　　　M_0——车辆总质量(kg);
　　　r——车轮半径(m);
　　　η——传动效率;
　　　T_c——离合器传递的扭矩(N·m)。

式(5-60)表明,离合器输出扭矩的变化率越大,即接合速度越快,则换挡冲击越大,故 j 较好地反映了换挡过程的动力学本质:冲击度小,车辆速度变化过程柔和;冲击度大,则车辆速度变化过程粗暴。德国推荐冲击度最佳值为 $j = 10 \mathrm{m/s^3}$,我国推荐冲击度最佳值为 $j = 17.64 \mathrm{m/s^3}$。

由于离合器输出扭矩变化 $\mathrm{d}T_c/\mathrm{d}t$ 与离合器接合速度 v_c 成一定的比例关系,故上式可转化为

$$j = k_1 v_c \tag{5-61}$$

式中　v_c——离合器接合速度(m/s);
　　　k_1——综合系数。

而离合器接合过程对冲击度的约束条件为

$$|j| \leqslant j_{max} \tag{5-62}$$

式中　j_{max}——冲击度的许用值。

即

$$\left|\frac{\mathrm{d}T_c}{\mathrm{d}t}\right| \leqslant j_{max} \frac{\delta M_0 r}{i_0 i_g \eta} \tag{5-63}$$

比滑摩功 $W_{c,s}$ 是滑摩功 W_c 与离合器磨擦面积 A 之比,即

$$W_{c,s} = W_c/A = \left[\int_0^{t_{c1}} T_c(t) \omega_e(t) \mathrm{d}t + \int_{t_{c1}}^{t_{c2}} T_c(t) \Delta\omega_{e,c}(t) \mathrm{d}t\right]/A \tag{5-64}$$

式中　$T_c(t)$——离合器传递的扭矩(N·m);
　　　$\omega_e(t)$——发动机角速度(rad/s);
　　　t_{c1}——汽车开始运动的时刻;
　　　t_{c2}——发动机角速度与离合器从动片角速度 ω_c 达到同步的时刻 $\Delta\omega_{e,c}(t)$ 为离合器主、从动片角速度之差, $\Delta\omega_{e,c}(t) = \omega_e(t) - \omega_c(t)$。

从式(5-64)可以看出滑摩功的大小与接合过程的时间长短有关,接合过程长,滑摩

功大;接合过程短,滑摩功小。滑摩功越小,车辆的功率损失越小,离合器的温升越低,离合器的磨损越小;滑摩功越大,车辆的功率损失越大,离合器的温升越高,离合器的磨损越大。

1) 起步时离合器接合规律的分析以及控制方法的确定

离合器在起步时的工况(假设油门不变、发动机转速高于离合器接合时所需的最低转速)如图5-43所示。

(1) $0 \sim t_1$ 为自由行程段:离合器虽然在接合,但主从动盘并未接触,没有产生转动力矩,发动机转速仍处于高速运转状态。

(2) $t_1 \sim t_3$ 为离合器滑摩段:这是离合器主从动盘从半接合状态至完全接合状态的阶段,也是需要重点分析冲击度,并通过合理控制以减少冲击度的阶段。这里是从车辆运动方程入手,分析冲击度受哪些因素影响。

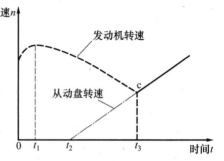

图5-43 离合器起步过程示意图

在车辆运动方程中,加速阻力 F_a 为

$$F_a = \delta M_0 \frac{dv}{dt} = F_t - F_w - F_f - F_i \quad (5-65)$$

式中 δ ——不同挡位的旋转质量换算系数;
M_0 ——汽车总质量(kg);
v ——车速(m/s);
F_w ——空气阻力(N);
F_f ——滚动阻力(N);
F_i ——坡度阻力(N);
F_t ——牵引力(N)。

发动机输出的扭矩在离合器接合的过程中,一部分用于驱动车辆起步,另一部分用于发动机加速,即

$$T_e = T_c + I_e \frac{d\omega_e}{dt} \quad (5-66)$$

式中 T_e ——发动机净输出扭矩(N·m);
I_e ——发动机转动惯量(kg·m²);
ω_e ——发动机角速度(rad/s)。

在离合器接合过程中车辆运动方程为

$$T_c i_0 i_g \eta / r = F_w + F_a + F_f + F_i \quad (5-67)$$

由于起步时车速很低,空气阻力 F_w 可忽略不计,路面状况在起步中变化不大,F_f、F_i 可作为常量。将式(5-65)代入式(5-67),并对两边微分,再根据冲击度定义得出此时的冲击度 j。离合器在接合过程中所传递的扭矩变化率为 dT_c/dt。从式(5-60)可以看出冲击度取决于离合器传递的扭矩变化率 dT_c/dt。在离合器半接合状态,行程 L 与所传递力矩关系为 $T_c = k_c \cdot L$(k_c 为离合器膜片弹簧刚度),扭矩的变化率与行程变化率成正比,而行程变化率就是离合器的接合速度,因此扭矩变化率与离合器的接合速度成正比。要减小冲击度就需要离合器接合速度配合。在 $t_1 \sim t_3$ 滑摩阶段中,至 t_2 时,随着离合器主从动盘摩擦力矩的增大,离合器的输出力矩可以克服车辆行驶阻力,车辆开始运动,并随从动盘转速增加车速逐步增加;当达到 t_3 时,主从动盘完全接合,没有滑摩存在。$t_1 \sim t_3$ 段发动机转速是逐步下降的,但未下降到可能导致发动机熄火的工况,在这一阶段,由以上分析可知,要减小冲击度,往往需踩油门进行配合。

(3) t_3 以后(对应于 c 点):车辆起步成功,车速随发动机转速稳步提高。

应注意的是:

(1) $t_1 \sim t_3$ 为滑摩段:设 $t_1 \sim t_3$ 段用时 Δt,由式(5-64)可考虑到 Δt 时间内离合器的滑摩功为

$$W_c = \int_t^{t+\Delta t} T_c(t) \omega_{e,c}(t) \mathrm{d}t \qquad (5-68)$$

在离合器接合过程中产生的滑摩功绝大部分被离合器压盘所吸收,导致其温度上升。被压盘吸收的热量为 $Q = \eta W_c$(η 为压盘吸收热量的效率)。

由于接合阶段压盘的表面温度远高于其平均温度,故只需确定其表面温度即可。根据运动热源理论,在 Δt 时间内压盘表面温升为

$$\Delta T = Q c_1 / \sqrt{\Delta \omega_{e,c}} \qquad (5-69)$$

虽然在 $t_1 \sim t_3$ 段接合离合器所用时间越长,起步就越平稳,但离合器滑摩功越大,并且由式(5-69)可知,压盘表面温升就越高,发热就越严重,从动盘磨损加快,起动油耗损失越大;反之,若 $t_1 \sim t_3$ 段接合离合器所用时间短,则起步就较快,冲击度较大,但离合器发热减轻,从动盘磨损减缓。因此,要控制 $t_1 \sim t_3$ 段的长短,在减轻冲击度和减少滑摩功之间寻找一个合适的折衷点,即在满足舒适冲击度的前提下,尽量提高离合器的接合速度。

(2) 发动机的转速在离合器接合过程中有一个下降再上升的过程,但它不能低于一个可能导致发动机熄火的转速。

对应于起步工况,可以做离合器释放行程与传递扭矩之间关系的分析,如图 5-44 所示,离合器释放行程 L 指的是分离轴承的行程,即离合器接合的行程。从离合器分离到接合为止,其行程经历 3 个阶段:Ⅰ——无扭矩传递区;Ⅱ——扭矩增长区;Ⅲ——扭矩不再增长区。

显然,因第一阶段(Ⅰ)无扭矩传递,所以接合速度应尽可能快,以实现快速起步和减少换挡时功率中断的时间。第二阶段(Ⅱ)要放慢接合速度,以获得平稳起步或换挡,提高乘客的乘坐舒适性和减少传动系统冲击载荷。但为了防止滑摩时间过长,离合器发热而严重影响寿命,亦需控制在一定时间内尽快完成。第三阶段(Ⅲ)是接合完成阶段,这时压紧力增加到最大,为了维持最大压紧力,此阶段还应该使分离轴承与分离叉之间的间隙恢复常态(即恢复到未踩离合器踏板时的间隙)。这个阶段,离合器释放行程的变化已经不影响压紧力的变化,所以应以尽可能快的速度释放。

由此可知,对于 AMT 起步过程中离合器的控制,快—慢—快(即第一和三阶段快接合,第二阶段慢接合)是一种较为理想的接合规律,且简单明了,容易实现。至于快—

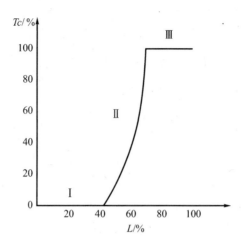

图 5-44 离合器释放行程与传递扭矩的关系图

慢—快 3 种接合速度的速率应根据各种车辆的自身条件分别调试得到。

2）换挡时离合器接合规律的分析以及控制方法的确定

与起步要求一样，AMT 换挡过程要求平稳、无冲击。但是，由于动力传动系统是多转动惯量系统，换挡过程并非瞬间可以完成，因此，换挡过程同起步过程一样，也会产生不同程度的冲击，冲击严重时将大大增加传动系统的动载荷，降低换挡平顺性。降低离合器分离和接合速度可以减轻换挡冲击，但是，过分降低离合器的分离和接合速度，势必会增加离合器的磨损，降低离合器的使用寿命。冲击度与滑摩功之间的矛盾同样也反映在换挡过程中的离合器上，处理好两者之间的关系也同样是换挡过程中离合器控制的重要前提。

图 5-45 中，B 点接收到换挡指令，离合器开始分离，BC 段是离合器的自由间隙段，在 C 点主从动盘开始分离，到 D 点主从动盘完全分离，DE 段是产生分离间隙段，此段是为了保证离合器彻底分离，EF 段离合器彻底分离，离合器行程最大，F 点离合器开始回程，FG 段是消除离合器分离间隙段，G 点主从动盘开始接合，H 点离合器接合完毕。

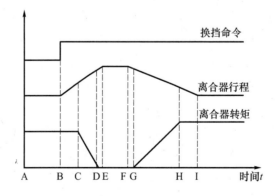

图 5-45 升挡时离合器行及扭矩扭矩变化示意图

图 5-45 中 CH 阶段，离合器滑转或完全分离，CH 段离合器摩擦扭矩 T 等于离合器传递扭矩 T_c。其他阶段，离合器完全接合，离合器可提供摩擦扭矩 T 大于离合器传递扭矩 T_c。

离合器的分离应尽快完成，所以 BE 段应以最快速度分离。

在离合器接合过程中,FG 段是消除离合器分离间隙段,所以可以快合。在 GH 段,主从动盘有转速差,将产生冲击,所以要慢合。在 H 点后可快合。所以在换挡过程中离合器的接合规律也是快—慢—快。但是要注意,换挡过程中的快—慢—快的"慢"的这段(GH)的转速差,要比起步过程中的快—慢—快的"慢"段的转速差要小,所以在换挡过程中的"慢"段时离合器的接合速度大于起步过程中的"慢"段的离合器的接合速度。

由式(5-63)可知,在不同的换挡情况下,只要它们的离合器传递扭矩 T_c 相同并且冲击度的限定值 j_{max} 相同,挡位越高的工况,其传动比越小,则离合器的接合速度可以越快[12]。

2. 换挡规律设计

换挡规律就是指两挡位间换挡时机随控制参数的变化规律,是自动变速控制技术的核心之一。换挡规律应是单值的,即对于输入量的每一个组合,有且只有唯一的输出状态——要么升挡,要么降挡,要么维持现状。

换挡规律中控制参数和换挡时刻的选择对于车辆的动力学、燃油经济性和舒适性影响很大。按照控制参数数目的不同可划分为三类:单参数换挡规律、两参数换挡规律、三参数换挡规律。另外,按照其遵循的不同特性目标,又有最佳动力性换挡规律和最佳经济性换挡规律之分。当前的 AMT 车辆上都录入了多条换挡规律以保证在不同的道路条件下能够充分满足不同的驾驶风格需要。

在进行换挡规律的制定时,更多的研究与智能控制理论应用联系起来,引入了能够反映具体工作状态和环境状态的参数,对传统的"两参数"或"三参数"换挡规律进行了修正,使得换挡时机的选择更加合理,减少了换挡次数,大大提高了车辆的燃油经济性和工作效率,提高了换挡品质。

图 5-46 即为智能换挡策略原理示意图。图中,根据车辆的实时工作过程和行驶状态选取控制规则集,然后在不同的状态下,根据系统的偏差变化率来确定控制规则,以此来适应车辆操作过程中各种不同作业状态和环境状态的要求。以"两参数换挡规律"为基础,引入更多的信息来修正不同环境下的换挡策略,并在此基础上建立一种小运算量、易实现实时控制的智能控制算法。试验证明,模糊换挡策略在继承两参数换挡优点的基础上,还具有一定的智能性,能避免一些意外的换挡,以保证车辆的动力性和燃油经济性。

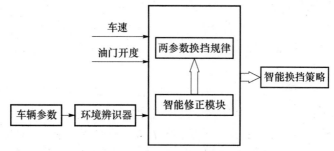

图 5-46 智能换挡策略示意图

3. 换挡时序设计

车辆的主变速箱为 5 前 1 倒变速箱,通过上下移动变速箱内的换挡杆,可以实现选挡动作。通过旋转变速箱内的换挡杆,可以实现换挡动作。在系统设计时,在选挡方向上设计了倒—爬挡、1—2 挡、3—4 挡 3 个选挡位置;在换挡方向上分别设计有奇数挡位置、偶数挡位置和空挡位置。

以 2 挡换 3 挡为例,如图 5-47 所示,在换挡过程中,分为 6 个工况:

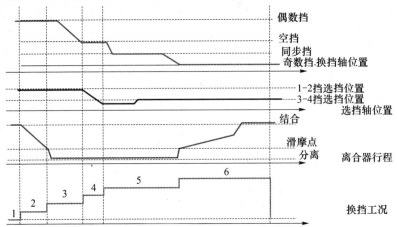

图 5-47　AMT 系统的换挡时序

1) 换挡前动作

该模块是控制系统准备接受新挡位需求。

2) 换挡时电磁阀预载

在有新挡位需求时,在离合器到达 PIS 点之前,需给电磁阀预载电流,防止换挡过程中的延迟。

3) 摘挡

在这个阶段,2 挡摘挡,且移动执行机构到空挡位置。

4) 选挡

在这个阶段,1—2 挡摘挡,且移动执行机构到空挡位置。

5) 挡位同步

在这个阶段,驱动电磁阀,按照一定的规律实现同步器结合,直到换挡执行机构到达与 3 挡相对应的目标位置。

6) 换挡

当同步过程结束时,继续提供换挡力确保完全挂入 3 挡。

4. 发动机控制

换挡过程中的发动机控制主要是针对发动机转速进行控制,通常采用的方式是控制电子油门。在离合器分离阶段,减小油门开度,控制发动机转速不会因为负载的降低而急剧上升;在离合器接合阶段,控制油门开度,使发动机转速和变速器输入轴之间的转速差减小,让离合器能够平稳接合;等到离合器的接合量逐渐增大后,发动机负载增大,此时需加大发动机油门开度至稳定状态,使接合平顺,恢复车辆动力传动。

在电控发动机方案中,将发动机和 AMT 控制系统分别用 ECU、TCU 进行控制,两者之间通过 SAE1939 协议进行通信,发动机向 AMT 控制系统发送发动机转速、扭矩、油门踏板开度、起动允许、故障等级、排气制动信号,通过总线上传到仪表板。AMT 控制系统向发动机发送目标转速、车速、巡航指令、解除循环指令信号。电控系统总图如图 5-48 所示。

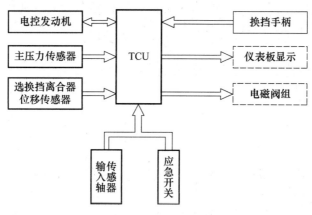

图 5-48　电控系统总图

整个控制过程分为怠速工况、起步工况、换挡工况、非换挡工况,其中 AMT 系统只在起步工况和换挡工况计算出发动机目标转速,并将此目标转速发送给发动机 ECU 进行动力传动一体化控制,怠速工况和非换挡工况由发动机 ECU 根据油门踏板信号对发动机转速进行控制。

5. 坡道辅助起步装置

为了防止车辆在坡道上起步时,因节气门跟不上而发生溜车,或者由于制动器动作不当时,发动机熄火,而设有坡道辅助起步装置(Hill Starting Aid,HSA)。

坡道辅助起步装置的系统由 TCU、主液压缸、HSA 阀、压力调整装置和制动器组成,如图 5-49 所示。HSA 阀内装有电磁止回阀,如图 5-50 所示,当电磁线圈无励磁时,HSA 阀处于开放状态,制动器按通常情况工作[图 5-50(a)]。当电磁线圈通电时,电磁力推动芯杆将阀门关闭,以保持车轮轮缸内的制动油压不会降低[图 5-50(b)]。如果压力不够,可踩下节气门使制动油压进一步上升,通过单向止回阀向轮缸输入高压油[图 5-50(c)]。

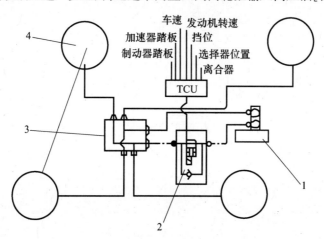

图 5-49　坡道辅助起步装置的组成
1—主油缸;2—HSA 阀;3—压力调整装置;4—前、后、左、右制动器。

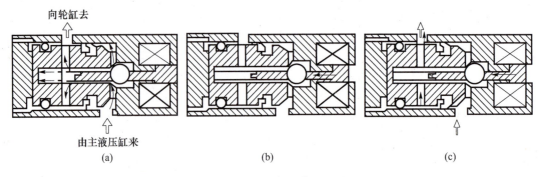

图 5-50 HSA 阀工作原理图

当节气门踏板放松,离合器分离,或制动踏板踩下时,HSA 阀保持制动状态,以防止发生误操作而进行强制制动。而发动机正常运转或选挡手柄置于行驶位置时,HSA 阀保持制动状态,这是为了防止将 HSA 作为驻车制动器使用。

当离合器已进入接合状态,开始传递驱动力,或节气门踏板被踩下,车速达 3km/h 以上时,则认为车辆已起步,HSA 可以松开。

若通电开关断开,或选挡手柄置于空挡位置,HSA 自动解除。

六、液力机械式自动变速器(AT)的选型与设计

(一)概况

变速器是车辆动力总成中的两大核心部件之一,而液力机械式自动变速器(Automatic Transmission,AT)是变速器领域中市场需求最大的一种自动变速器。AT 自动变速器的两个核心竞争优势是操作简单和换挡平顺。装备 AT 自动变速器的轮式车辆在换挡时取消了离合器踏板和换挡杆的操作,减轻了驾驶员的驾驶负担;同时 AT 自动变速器车辆在起步和换挡时没有突然的冲击,传动平稳,由此可以提高整车的乘坐舒适性,减少对发动机的损伤。

作为传动系统自动变速箱的一种类型,AT 的主要功能是根据驾驶员的意图和路面负载情况自动地选择合适挡位以将发动机的动力传至驱动轴和车轮来驱动车辆行驶,实现车辆的平稳起步和自动换挡。AT 变速器主要组成部件有:带闭锁离合器和扭转减振器的液力变矩器、行星变速机构、液力缓速器、液压操纵和润滑系统及 TCU 电控装置,如图 5-51所示。

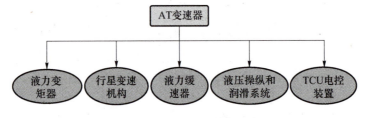

图 5-51 AT 变速器结构组成

国内 AT 变速器技术尚处于起步阶段,各汽车厂商主要集中关注对小功率产品的研制,由于技术能力和开发条件所限,短时间内无法形成自主开发的产品,也不可能实现产

品的系列化,因此更多的是走引进国外生产线,与国外厂商进行合作生产的商业化道路。

没有基础技术研究,就不具有原始创新能力,也就无法研发具有完全自主知识产权的产品。中国北方车辆研究所作为坦克装甲车辆总体研制单位,在国家几十年来强力支持下,完成了履带装甲车辆和轮式装甲车的整车和传动部件的多个型号的研制,设计定型了具有完全自主知识产权的履带装甲车辆自动变速传动系统——Ch 系列综合传动装置,形成功率覆盖 500 hp~1500 hp 的自动变速综合传动装置系列化产品——Ch500、Ch700 和 Ch1000,以此积累了雄厚的自动变速基础技术,具备了原始创新能力[13]。"十一五"期间完成了轮式车辆传递功率 300kW 的 6 挡 AT 变速器 HMT300 和传递功率 330kW 的 6 挡 AT 变速器 HMT330 原理样机的研制,如图 5-52、图 5-53 所示。

图 5-52 大功率 6 挡 AT 变速器 HMT300 样机

图 5-53 大功率 6 挡 AT 变速器 HMT330 样机

两种样机分别通过了台架试验和实车试验的验证,由此我国初步建立了轮式车辆大功率 AT 变速器的产品研发体系,突破了部分关键技术,具备了开发轮式装甲车大功率 AT 变速器产品的技术基础。

国外大功率 AT 变速器技术和产品的发展已经非常成熟,其产品已实现模块化设计、通用化生产和系列化发展,功率基本覆盖总重 100t 以下的轮式车辆(含军用和民用)。研制和生产企业兼顾军民两用,形成了系列化成熟产品型谱。国外研制和生产中、重型轮式车辆用 AT 变速器的公司主要有德国 ZF 公司和美国 Allison 公司。目前,ZF 公司所提供的产品主要有 Ecomat 系列 AT 变速器,Allison 公司在 20 世纪 80 年代开发的 WT 系列 AT 变速器,广泛应用于各种轮式车辆;大功率 AT 变速器也适用于中、重型轮式装甲车,如:Allison 公司的 6 挡产品 HD4560PR 和 7 挡产品 HD4070PR、ZF 公司的 6 挡产品 6HP602S 和 7 挡产品 7HP902S,如图 5-54~图 5-57 所示。

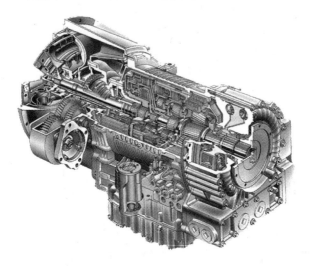

图 5-54　美国 Allison 公司 6 挡 AT 变速器 HD4560PR

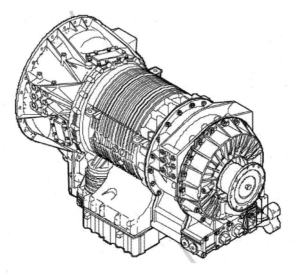

图 5-55　美国 Allison 公司 7 挡 AT 变速器 HD4070PR

(二) 原理

AT 变速器的工作原理是:驾驶员根据感知到的外界信息和自身感觉等采取驾驶动作,AT 变速器的 TCU 控制器接收到各种采集信号,按照控制策略和控制方法向变速器发出指令,变速器在电控系统和液压操纵系统的共同作用下进行动作,完成 AT 变速器的功能,并实现预计的性能,如图 5-58 所示。

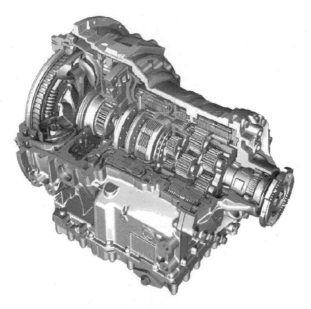

图5-56　德国ZF公司6挡AT变速器6HP602S

图5-57　德国ZF公司7挡AT变速器7HP902S

AT变速器的主要关键技术有：

(1) 传动方案优选技术；

(2) 总体匹配技术；

(3) 结构集成与优化技术；

(4) 控制策略制定技术；

(5) 自动换挡控制技术；

(6) 电控系统标定和调试技术。

AT变速器可简化驾驶员的操作，极大地降低驾驶员的劳动强度，提高司乘人员的工作效率，因而其被广泛应用于城市道路车辆、长途运输车辆、非公路车辆、工程机械、轨道交通和军用装甲车辆等领域。对于城市车辆，AT变速器可使驾驶员将注意力集中在拥挤

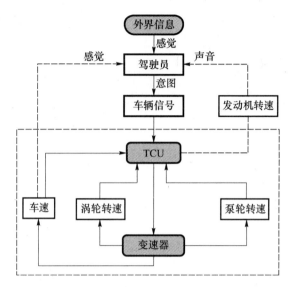

图 5-58 AT 变速器工作原理

而复杂的城市道路上,以减少交通事故的发生,提高车辆和行人的安全;AT 变速器装有液力缓速器,用于车辆的无磨损制动,对于起停频繁的城市道路车辆,可减少制动器的磨损,显著提高制动器的寿命。对于轮式装甲车,AT 变速器可极大地减化驾驶员的操作,同时显著提高车辆的加速性能,进而提升整车和参战人员的作战效能。

(三) 总体设计

在 AT 变速器总体开发阶段,总体匹配技术决定了 AT 变速器实现目标车辆总体性能的能力,通过调整 AT 变速器的设计,使整车性能达到最优;在 AT 变速器产品定型后,总体匹配技术用于检验产品是否适合目标车辆,同时,根据总体匹配结果,调整液力变矩器参数、减振器参数、电控系统标定参数和控制策略等,以保证目标车辆的性能。总体匹配技术主要包括发动机与液力变矩器共同工作特性匹配、整车牵引特性匹配、稳态制动特性匹配、AT 变速器发热特性匹配、加速特性匹配和扭振特性匹配等。

结构集成与优化技术基本决定了 AT 变速器的结构尺寸、整机重量、加工和装配的工艺性、批量生产的效率和成本以及整机可靠性。在给定空间尺寸条件下,通过总体集成和优化各零部件之间相互位置的布局关系,使总体刚度、强度达到最优,优化各零部件寿命的匹配使寿命分散性尽量小,优化动态特性使系统对同等振动/噪声激励(如齿轮传动不平稳性)的响应降到最低。

借鉴先进 AT 自动变速器的总体设计思路,结合所选传动方案,开展总体集成和结构优化技术研究。运用传动系统专业分析软件开展各部件的载荷特性分析,确定边界条件,在此基础上,进行部件和整机的刚度、强度分析,完成结构优化设计。同时,综合考虑系列化传动方案和结构方案,完成模块化、通用化零部件设计技术研究。通过减少或替换部分功能模块,可变形为系列化 AT 自动变速器,为将来形成系列化产品奠定结构基础。

1. 箱体

自动变速器箱体是整个变速器的骨架,对内可用于安装变速器上的各种零部件,并提供润滑油和冷却剂所需的通道及相应的运动空间;对外则封装换挡机构且与整机进行连接。

变速器箱体的工作环境比较恶劣,一方面,受箱体内气体、液体的压力,离心惯性力以及各种运动机构往复惯性力的作用,使得箱体处于弯、扭、拉、压,以及因振动而导致的复杂应力状态。而与此关联的强度、刚度、振动及噪声等问题,也在一定程度上影响了箱体上部件工作的可靠性;另一方面,箱体作为变速器总成中重量和尺寸较大的零件,对整机的重量指标和外形尺寸都有着直接的影响,对自动变速器箱体强度和刚度的设计就尤为重要。

相关资料表明,国内对变速器箱体的强度和模态分析并不多见。以多段式复杂箱体为对象,利用有限元前处理软件建立有限元模型并利用求解器软件进行变速器箱体的强度和模态分析,并对结果进行后处理,以得到箱体的受力情况及动态特性。

自动变速器箱体设计的主要内容有:根据使用功能对箱体进行建模,实现其基本的支撑、包络、油道成型功能,在此基础上对箱体进行优化分析,其主要技术路径为:

(1) 受力分析。在低速前进挡中,由于来自发动机的扭矩经过齿轮不同传动比的传递,使得变速器1挡时传递的扭矩最大,工作环境最为恶劣,所以,着重对低速挡位进行受力分析。

(2) 箱体三维实体模型的简化及有限元模型的建立。在保证对变速器箱体结构影响不大的前提下,对箱体结构进行必要的简化处理。利用三维建模软件,建立箱体的三维模型。采用有限元前处理软件,对箱体进行网格划分。

(3) 箱体的强度和刚度计算。在变速器低速1挡工况下,利用有限元软件对箱体进行强度和刚度计算,获得箱体的应力及位移云图,并确定箱体的受力情况。

(4) 箱体的模态分析。利用有限元软件对箱体进行模态分析,得到箱体前阶模态频率及振型,并将得到的模态频率与外界激励源进行对比,研究箱体的动态特性。由于各箱体结构复杂且非对称,细小特征繁多,没有必要来考虑这些细节。同时,这些特征对箱体的受力影响也不大,但却会给有限元模型的建立造成很大的困难,也会使计算规模更为庞大。为了合理地降低工作量,只需考虑箱体的主要结构,因而在考虑分析的需要及现有硬件条件的基础上,有必要对箱体进行相应的简化处理。如忽略箱体上小的螺纹孔、换挡开关安装孔和其他细小孔以及箱体上存在的各种凸台、标牌等特征。由于箱体均为铸件,因而存在着大量半径不等的圆角,这些圆角对有限元模型的建立会造成困难,同时这些圆角在导入有限元软件中也会造成实体模型的缺失,产生错误的模型,因而也需要忽略箱体各处的过渡圆角。

根据受力分析和结果确定优化后的箱体,然后再考虑工艺特性,最终形成产品,如图5-59所示。

2. 变矩器

通常AT均由液力变矩器、辅助变速器与自动换挡控制系统这三大部分组成。液力变矩器是通过流经工作轮叶片的流体的相互作用,引起机械能与液体能的相互转换来传递动力,通过液体动量矩的变化来改变扭矩的传动元件,具有无级连续改变速度与扭矩的能力,它对外部负载有良好的自动调节和适应性能,从根本上简化了操作;它能使车辆平稳起步,加速迅速、均匀、柔和;由于用液体来传递动力进一步降低了尖峰载荷和扭转振动,延长了动力传动系统的使用寿命,提高了乘坐舒适性和车辆平均行驶速度以及安全性

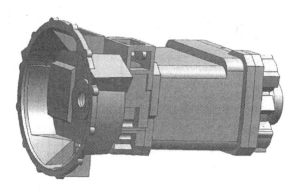

图 5-59　简化后的箱体实体模型

和通过性。

液力变矩器在结构上与偶合器的区别是在泵轮与涡轮之间增加了单向离合器和固定在壳体上的导轮。液体在各工作轮组成的闭合的循环流道内传递动力,发动机带动泵轮旋转,其离心力使液体在泵轮中向半径大的方向流动,封闭的循环圆迫使液体冲进涡轮,推动叶片转动,以驱动车辆。为了提升涡轮上的扭矩,一般叶片是空间曲面,使液体离开涡轮时,方向与流入涡轮时的方向相反,以产生尽可能大的动量矩,从而提供最有效的扭矩传递。导轮的作用是再将液体回流至泵轮,且使流动方向再次反向。液体回流至泵轮后,推动其叶片的后表面,促使泵轮旋转,故在来自发动机扭矩的基础上,再加上从导轮回流动扭矩,将合成的扭矩传递至涡轮,从而实现变矩功能。

德国 ZF 公司 Ecomat 系列和美国 Allison 公司 HD 系列均提供适用于重型轮式装甲车的大功率 AT 变速器,其液力变矩器均为 3 元件三相液力变矩器。ZF 公司 HP 系列液力变矩器结构如图 5-60 所示,美国 Allison 公司 HD 系列液力变矩器结构如图 5-61 所示。

图 5-60　ZF 公司 7HP902 系列液力变矩器结构

发动机与变矩器的匹配是自动变速器的设计重点。发动机与液力变矩器的稳态匹配是指发动机稳态净外特性与液力变矩器稳态原始特性的匹配,是进行动力传动系统牵引计算的基础。稳态匹配过程中,发动机处于外特性状态,当液力变矩器泵轮扭矩和转速与发动机输出相同时,其处于稳定的共同工作状态。

1) 匹配目的

以发动机工作在外特性状态下,获得发动机与液力变矩器共同工作的输入、输出特

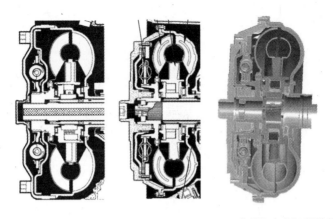

图 5-61 美国 Allison 公司 HD2000、3000、4000 系列液力变矩器结构

性,评价液力变矩器与发动机共同工作的动力性、经济性及合理性。

2) 匹配方法

获得发动机与液力变矩器共同工作输入特性的方法如下:

(1) 已知参数:

① 发动机传至液力变矩器泵轮端的净特性数据,包括扭矩特性、油耗特性;

② 液力变矩器原始特性;

③ 循环圆有效直径;

④ 工作油特性。

(2) 在液力变矩器原始特性上,选择典型工况点。一般来说有起动工况点(i_0)、高效区工况点(i_1、i_2)、最高效率工况点(i^*)、偶合器工况点(i_M)和最大转速比(i_{max})。

(3) 在原始特性曲线上获得对应工况点的泵轮扭矩系数值。

(4) 根据下式,作泵轮负荷曲线。

$$M_B = \rho g \lambda_B n_B^2 D^5 \tag{5-70}$$

式中 M_B——泵轮扭矩(N·m);

ρ——工作油液密度(kg/m³);

g——重力加速度(m/s²);

n_B——泵轮转速(r/min);

g——循环圆有效直径(m)。

(5) 将发动机传至液力变矩器泵轮端的净扭矩特性与液力变矩器泵轮负荷特性绘制于同一个图上,即可获得发动机与液力变矩器共同工作输入特性曲线。

图 5-62 中液力变矩器负荷曲线与发动机扭矩特性曲线的交点即为发动机外特性稳态工作时其与液力变矩器共同工作点,图中阴影部分扇形面积表示在发动机不同油门情况下与液力变矩器稳态共同工作的范围。

获得发动机与液力变矩器共同工作输出特性的方法如下:

(1) 在发动机与液力变矩器共同工作输入特性基础上,获得典型工况点下稳定工作点对应的泵轮转速、泵轮扭矩、功率、燃油消耗量。

(2) 根据液力变矩器原始特性,获得典型工况点对应变矩比 K 和效率 η。

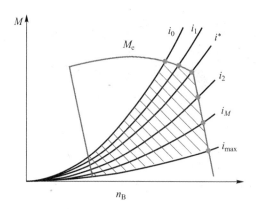

图 5-62 发动机与液力变矩器共同工作输入特性

（3）根据下式,获得输出轴(涡轮轴)上相应转速、扭矩、功率及油耗参数。

$$n_T = i \times n_B \tag{5-71}$$

$$M_T = K \times M_B \tag{5-72}$$

$$N_T = \eta \times N_B \tag{5-73}$$

$$g_{eT} = \frac{G_T}{P_T} \tag{5-74}$$

式中　i——液力变矩器速比；

　　　K——变矩比；

　　　η——效率；

　　　n_T——涡轮转速(r/min)；

　　　M_T——涡轮扭矩(N·m)；

　　　N_B——泵轮功率(kW)；

　　　N_T——涡轮功率(kW)；

　　　G_T——燃油消耗量(L)；

　　　P_T——涡轮输出功率(kW)；

　　　g_eT——换算到涡轮端比油耗(g/(kW·h))。

（4）将上述涡轮端特性以 n_T 为横坐标,获得发动机与液力变矩器共同工作输出特性曲线,如图 5-63 所示。

3. 缓速器

行车制动器的制动能力由于受到多种因素限制,下长坡长时间持续制动和高速转动时,制动摩擦副极易磨损或烧损,降低制动器寿命,影响到行车安全,而液力缓速器能够吸收制动能量,最高能吸收制动能量的 90%,可保持车辆以高的平均车速行驶,有效辅助行车制动器,提高车辆运营效率,降低维修成本,使行驶更安全。

液力缓速器由定子、转子、壳体和一个控制阀模块构成,转子与变速器输出轴通过花键连接,因此其与输出轴同速旋转,如图 5-64 所示。缓速器定子、转子和壳体都有整体式叶片,转子在固定的定子和缓速器壳体间转动。当缓速器壳体充入液油并加压时,缓速器开始作用。此时,加压的液油就会阻碍并减缓转子、输出轴和车辆的速度。缓速器腔体

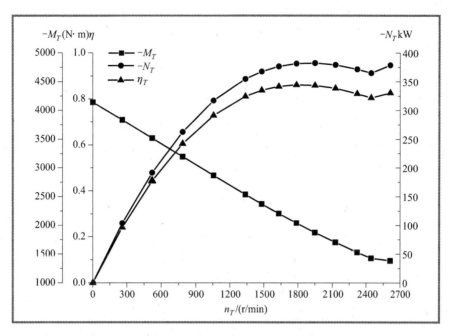

图 5-63 发动机与液力变矩器共同工作输出特性

中的液油一开始由外部储能器储存,当缓速器不工作时,液油重又从缓速器排出并储存在储能器中。

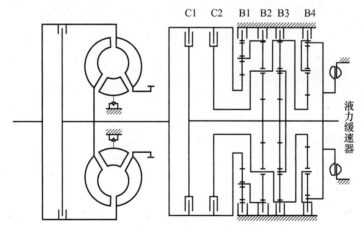

图 5-64 某 AT 液力缓速器安装位置示意图

液力缓速器基于能量转换原理,与其他制动方式一样,都是将车辆的动能转换为热能,然后耗散到大气中。车辆制动对于液力缓速器来说,随冷却系统散热能力的提高,其缓速能力也随之增强,液力缓速器通过发动机冷却系统散热。由于液力缓速器和发动机不同时工作,因此在正常情况下,其不会增加发动机热负荷。

4. 变速机构

液力变矩器虽能在一定范围内自动的、无级的改变扭矩比,但由于存在着变扭能力与效率之间的矛盾,目前应用的液力变矩器一般变矩系数都不够大,其扭矩比的变化范围难以满足车辆使用要求,故在轮式车辆上广泛采用的是液力变矩器与齿轮式变速器组成的液力机械式变速器。由于行星齿轮机构变速器具有体积小、操纵容易、变速比大等优点,故被广泛地应用于液力机械式变速器上。

行星齿轮式变速器比较复杂,通常由行星齿轮机构及其必要的换挡执行元件构成。操纵元件是指行星齿轮变速器中用于换挡的多片摩擦式离合器、制动器及换挡单向离合器。

采用行星齿轮机构变速器不仅可以满足传动比可变、旋向可变和切断动力传递的要求,而且还有以下优点:所有行星齿轮均参与工作,都能承受载荷,行星齿轮工作更安静,强度更大;行星齿轮机构工作时,齿轮产生的作用力由齿轮系统内部承受,不传递到自动变速器壳体,所以变速器壳体可以设计得更薄、更轻;行星齿轮机构采用内啮合与外啮合相结合的方式,与单一的外啮合相比,减少了变速器尺寸;行星齿轮系统的齿轮处于常啮合状态,不存在摘挂挡时的齿轮冲击,工作平稳性好,寿命长[19]。

变速机构的传动方案对其性能、结构和攻关难易程度有着重要影响,同时,决定着产品知识产权的归属,因此,对 AT 变速器开发而言,如何选择一个适宜的传动方案就成为关键技术之一。

中国北方车辆研究所从 20 世纪 60 年代就开始了行星传动方案优选理论与方法的研究,前期工作主要是消化苏联的优选理论,到 80 年代逐渐开始进行理论和方法的创新研究。在最近 30 年内,先后突破了 3 自由度和 4 自由度的传动方案优选理论和方法,自主编制了传动方案优选软件,达到了世界领先水平。

中国北方车辆研究所于 20 世纪 70 年代优选了 2K03 传动方案,80 年代初创立了 3 自由度方案优选方法——组合求解法,并于 80 年代中期编制完成了"3 自由度传动方案优选程序"。在"八五"期间突破了 3 自由度方案优选技术,并选取了主战坦克车辆 Ch1000 综合传动装置用 6 前 3 倒行星变速机构的传动方案。

在"十一五"期间,中国北方车辆研究所开展了 4 自由度方案优选与方法的研究,突破了 4 自由度方案优选技术,编制了"4 自由度传动方案优选程序"。选取了 4 自由度 7 挡行星变速机构的传动方案,用于 HPT1000 综合传动装置。

拥有完全自主知识产权的 AT 变速器传动方案是研制 AT 变速器产品的先决条件,没有完全自主知识产权的产品是无法规避知识产权问题的,也无法进入市场。仿制和引进只能解决产品的有、无问题,无法解决产品的长远发展。

图 5 - 65 即为某 7AT 的结构原理图及结构图。

7AT 各挡传动比如表 5 - 10 所列,可以看出此款变速器的挡间比设置合理,并且总传动比的变化范围较目前市场上的 4、5、6 挡自动变速器更大一些。表 5 - 11 是 7AT 的换挡逻辑表。从表中可以看出,在每个挡位中,有两个湿式离合器闭锁,两个湿式离合器打开,这有利于降低带排损失,提高传动效率。为了提高换挡品质和换挡响应速度,自动变速器换挡时,最好能实现"简单换挡",即只需要打开一个离合器、闭合一个离合器,就可以实现换挡。在表 5 - 11 中可以看出,7AT 的换挡逻辑不仅能够保证两个相邻挡位间的换挡都可以实现"简单换挡",而且隔一个挡位之间的跳挡也可以实现"简单换挡",这是这款自动变速器的特点之一,其换挡逻辑还可以实现其他多种情况下的"简单换挡",这是目前市场上的自动变速器难以做到的。

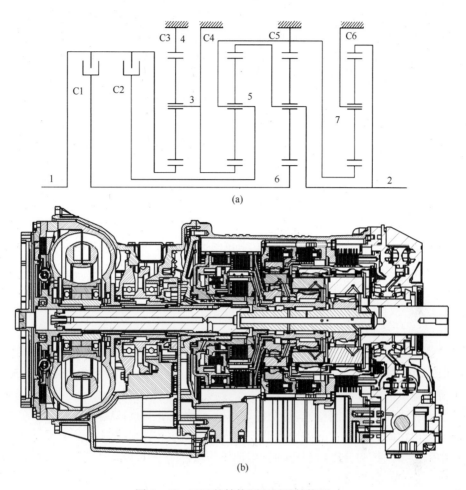

图 5-65　7AT 的结构原理图及结构图

表 5-10　7AT 传动比

1	2	3	4	5	6	7	N	R
7.63	3.51	1.92	1.43	1	0.73	0.63	N	-4.70

表 5-11　换挡逻辑操纵表

换挡元件						
离合器和制动器	C1	C2	C3	C4	C5	C6
1 轴	1	1	4	3	5	7
2 轴	6	5	0	0	0	0
换挡逻辑						
挡位	1	2	3	4	5	6	7	N	R
结合的元件	C1	C1	C1	C1	C1	C2	C2	NO	C3
结合的元件	C6	C5	C4	C3	C2	C3	C4	C3	C5

5. 液压系统

AT 的换挡过程就是离合器的接合和分离过程,而离合器的接合或分离都是通过离合器的液压操纵系统来实现的。湿式离合器的液压操纵油路是复杂的油路组合。AT湿式离合器液压操纵的设计工作不但包括对液压油路、控制阀体的分析,还包括自动变速箱油(Automatic Transmission Fluid,ATF)的参数分析以及ATF油液与湿式离合器的匹配分析。

1)功能要求

湿式离合器液压操纵系统是AT实现正确换挡和安全保护的关键执行和控制部分,它应满足以下最基本的要求:

(1)自动换挡功能:为湿式离合器提供正确的油压,以保证湿式离合器在准确的时刻进行接合和分离来实现自动换挡。

(2)失效保障功能:当电子控制系统出现故障、电磁阀失效时,车辆仍可通过手动阀操纵来实现安全回家挡位,在电控系统失效情况下继续行驶。一般来说,电磁阀失效时,车辆应保持一至两个前进挡和一个倒挡。

(3)互锁功能:为防止过多或错误的湿式离合器接合而造成AT传动系统的过约束或传动比混乱,不仅要依靠电子控制系统的控制保证,还要在液压操控上实现关键离合器间的互锁。因此当AT自动变速器挂上某个挡位时,必须对与之无关的离合器进行锁止,否则会出现挂"双挡"现象。

2)组成和工作原理

AT换挡操控系统首先要保证正确的换挡逻辑,确保正确地实现操纵件的接合和分离,实现正确的自动换挡功能。图5-66所示为8AT换挡操控系统的结构原理图,它采用5个换挡电磁阀进行自动换挡控制。用5个湿式离合器实现8个前进挡和1个倒挡,换挡控制系统采用5个控制单元,每个控制单元控制一个湿式离合器。控制5个湿式离合器的5个电磁阀是先导式电磁压力调节阀,电磁压力调节阀控制每一个湿式离合器接合过程中的压紧油压和分离过程中的分离油压。每升降一个挡位时,有一个离合器分离,同时也有一个离合器接合。

该湿式离合器的液压操纵系统由以下元件组成:5个电磁阀(C1_PV、C2_PV、C3_PV、C4_PV、B1_PV),用来控制换挡阀的换向,从而控制湿式离合器的分离和接合;5个换挡阀(C1_CV、C2_CV、C3_CV、C4_CV、B1_CV),用于油路的切换,保证换挡时湿式离合器的分离和接合;一个安全回家挡阀(LH_AV),保证在电控系统失效时,液压控制系统仍能实现一个前进挡和一个倒挡;一个手动阀(ML_SV),保证手动操纵实现相应挡位,同时保证在电控系统失效时,实现安全回家挡;5个压力开关,保证5个湿式离合器之间的互锁;两个补偿阀(蓄能器),其作用主要是减缓控制压力的升、降速度,使压力保持在一个稳定的状态。

3)换挡阀功能分析

在8AT液压换挡操纵系统中,采用电磁阀的控制压力来操纵换挡控制阀的打开和关闭,实现离合器的接合或分离。由于离合器B1/C1/C2/C4换挡阀的原理相同,这里以B1为例进行说明。如图5-67所示,当换挡电磁阀油道常开时,换挡阀处于初位,主油路g与离合器油路a不连通,这时离合器处于打开状态。当换挡电磁阀通电关闭时,管路k中将建立起控制油压,推动换挡阀阀芯运动,阀芯处于左位,这时油路g与油路a连通,此时主油路将为此执行元件油缸进行充油,离合器接合。在此接合过程中,通过电磁阀的控制油压变化和本身换挡阀自身截面差产生的油压来控制充油过程中油缸内的油压变化。

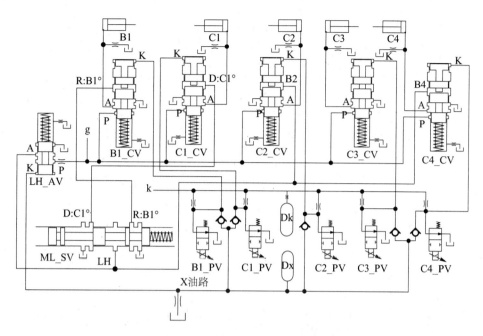

图 5-66　8AT 换挡操控系统结构原理图

C1_PV、C2_PV、C3_PV、C4_PV、B1_PV—电磁阀；C1_CV、C2_CV、C3_CV、C4_CV、B1_CV—换挡阀；LH_AV—安全回家挡阀；ML_SV—手动阀。

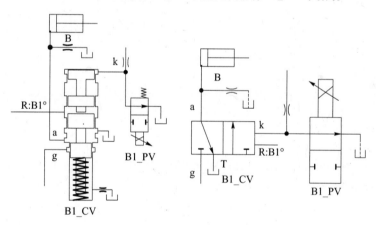

图 5-67　B1 换挡系统结构与符号原理图

在 AT 湿式离合器的液压操纵系统中，没有单独设置换挡品质的控制油路，但在实现换挡时，通过控制电磁阀的信号曲线，可以控制湿式离合器油压的变化曲线，从而有效地降低换挡冲击。另外，在换挡控制阀的设计时，利用阀芯的截面差产生的作用力来控制最大闭合压力，这也可以减小换挡冲击，如图 5-68 所示。

在 B1_CV 阀上还有一条 R:B1°控制油路，此油路与手动换挡阀的 R 油路连通，此控制油路设置的目的是为了实现安全回家挡功能。除了 C3_CV 外，其他的 4 个离合器的控制阀都具有此控制油路。当换挡电磁阀失效时，整个电控系统将全部被停用。这种情况下，主油路液压油通过手动阀的连接油路经过油道 R:B1°进入换挡阀的控制截面，并通过主油路控制压力来改变换挡阀的阀位。其中 B1_CV 和 C1_CV 安全回家挡控制油路与手动换挡阀出口油路相连,需要通过改变手动阀阀位来实现与主油路 LH 的连通;而 C2_CV 和 C4_CV 安全回家挡控制油路与 LH 油路直接相连通,当 LH_AV 阀处于打开位置时,将直接控制 C2_CV 和 C4_CV 的换向,从而使离合器接合。通过离合器 B1、C2、C4 的结合实现应急倒挡,通过离合器 C1、C2、C4 的结合实现应急前进的第 5 挡。

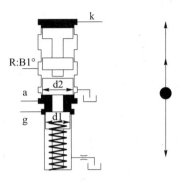

图 5-68 换挡控制阀的受力示意图

离合器 C3 的液压操纵系统和其他 4 个离合器的不同之处在于换挡控制阀只有一个控制油路,这是因为离合器 C3 在安全回家挡中不需要使用。离合器 C3 的液压操纵系统的其他功能与离合器 B1 液压操纵系统完全一样,离合器 C3 的液压操纵系统结构图及符号原理图,如图 5-69 所示。

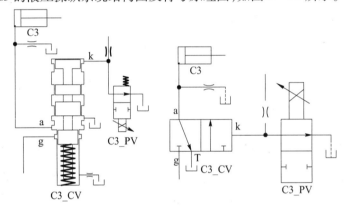

图 5-69 C3 换挡系统结构图及符号原理图

(四)控制系统设计

1. 控制策略制定

动力传动一体化控制策略是 AT 变速器的核心技术,它直接影响着车辆的安全性、动力性、经济性和变速箱的可靠性、耐久性,只有有效地协调发动机和 AT 变速器的控制系统,才能降低换挡冲击度,提高驾驶舒适性,进而提高整车的安全性、动力性和经济性,AT 变速器总体级控制策略如图 5-70 所示。

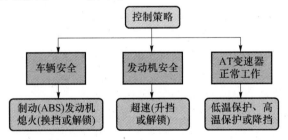

图 5-70 AT 变速器控制策略

随着车辆性能指标和总体指标要求的不断提高,AT 变速器的控制功能越来越复杂、控制精度要求越来越高,在通常的起步控制策略、换挡控制策略、制动控制策略的基础上需完善发动机保护控制策略、下坡时避免发动机超速控制策略、高低温保护控制策略和困难路面控制策略等功能要求。

2. 自动换挡控制技术

自动换挡控制技术主要针对电液转换元件的液压特性和电液特性进行研究,为换挡过程控制系统控制规律的实现提供准确的控制参数,提高控制精度,实现较高的换挡品质。

AT 变速器换挡过程为一动态过程,受车速、发动机转速、变速箱油温、系统操纵压力、电磁阀热衰减状态等多参数影响,如何采集、分析各影响参数,自适应地进行换挡过程调节,直接影响着系统的换挡品质。自动换挡控制技术包括:

(1) 液压操纵系统压力随动控制技术。通过系统级仿真分析,确定各种工况下系统压力特性,实现液压操纵系统压力随动控制,根据车辆工况自动调节系统压力。

(2) 液压控制系统动态温度补偿技术。通过比例电磁阀的细致建模,仿真分析比例电磁阀的温度特性,确定温度补偿函数,动态调节比例阀缓冲特性。

(3) 换挡过程中接合元件的搭接控制,即控制分离元件分离和接合元件接合的最佳时机。若搭接过早,会造成动力干涉;搭接过迟,会造成动力中断。

(4) 换挡过程相关接合元件的油压控制,按实际需要制定与实现操纵件油缸的充、放油压力变化控制,使接合元件按特定的规律缓慢平稳地接合,使所产生的摩擦力矩平稳地增长,从而达到控制传动装置输出轴上的扭矩扰动,以实现获得良好换挡品质的目的。

3. 电控系统标定

TCU 电控装置包括传感器、线束、控制器和控制软件,控制系统开发流程如图 5-71 所示,控制软件模型如图 5-72 所示。通过设计控制系统策略和控制规律,完成电控系统的软件设计,再进行虚拟仿真和硬件在环调试,在台架和实车上进行标定,完成功能和性能的试验验证。

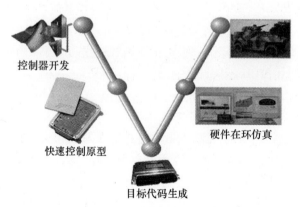

图 5-71 电控系统开发流程

4. AT 变速器自动换挡和控制策略

通过总体匹配初步确定总体级自动换挡策略和控制策略。将总体级控制策略分为车辆安全、发动机安全和 AT 变速器安全 3 种,以满足不同的需要,见图 5-70。

1) 车辆安全类控制策略

该类控制策略主要用于保证车辆行驶和人员的安全。包括:

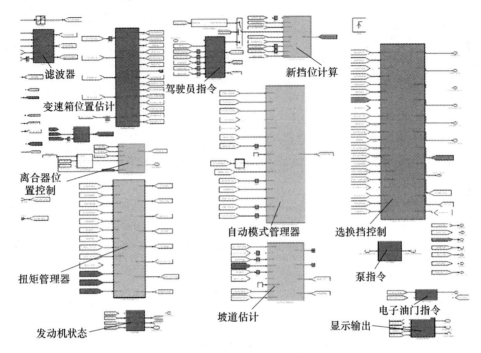

图 5-72 电控系统软件模型

（1）TCU 上电后，若手柄式选挡器的手柄置于非空挡位置，则不允许发动机点火，而按键式选挡器初始信号为空挡。

（2）在缓速器工况，为防止车辆侧滑或方向失控，当 ABS 开始工作，TCU 应解除液力缓速器制动，或进一步取消低挡发动机辅助制动。

（3）为防止发动机熄火而造成转向系统失去助力，在非起步挡工况，当发动机转速较低时，TCU 应采取降挡动作，或在起步挡工况，将液力变矩器解锁。

（4）车辆在变速器 N（空挡）挡滑行时，将因失去发动机制动而可能失控，为避免人员伤害和财产损失，TCU 通过检测车速，防止车辆 N 挡滑行。

（5）冰雪路面模式，TCU 不执行缓速器制动。

（6）水上推进时，TCU 不执行手柄 N→D 或 N→R 的起步换挡指令。

2）发动机安全类控制策略

该类控制策略主要用于防止发动机出现超速工况造成损失。包括：在发动机接近或超过最高转速时，TCU 应升挡或将液力变矩器解锁，以降低发动机转速，使其工作在正常转速范围。

3）AT 变速器安全类控制策略

该类控制策略主要用于防止或减少整机工作于恶劣工况。包括：

（1）N 挡。变速器在非 N 挡、输出轴不转时，发动机以最大油门持续工作时间不得大于 10s。

（2）R 挡。变速器 R 挡怠速工作时间不可大于 5min，否则，可能会导致变速器过热或损坏。如需怠速超过 5min，需使变速器工作于 N 挡。

（3）在挡。

① 低温启动后,TCU 应尽量工作在低挡解锁工况,以利用较大的功率损失来提高油液的温度,使油温尽快升至正常范围。

② 高温情况下提前闭锁液力变矩器,提高传动效率,减少功率损失和发热,以降低油温。

③ 涡轮轴转速较高时,TCU 采取升挡动作,以降低涡轮轴转速,达到保护整机的目的。

④ 车辆在变速器 N 挡滑行时,可能造成变速器严重损坏,TCU 通过检测车速,防止车辆 N 挡滑行。

(4) 起步。

① 低温起步:在油温低于 -7℃时,车辆以 3 挡起步。

② 发动机转速高于 900r/min 时,TCU 不执行手柄 N→D 或 N→R 的起步换挡指令;TCU 保持原挡位——N 挡,同时,手柄"挡位显示"闪烁当前位置对应的最高挡——7 或 R。只有当发动机转速低于 900r/min 时,手柄再次选挡后,手柄"挡位显示"停止闪烁,TCU 执行手柄 N→D 或 N→R 的起步换挡指令。

③ 车速大于 3km/h 时,TCU 不执行 R→D 或 D→R 的换挡指令;TCU 保持原挡位——R 挡或 D 挡,同时,手柄"挡位显示"闪烁当前位置对应的最高挡——7 或 R(R2 挡为 r)。只有车速小于 3km/h 时,手柄再次选挡后,手柄"挡位显示"停止闪烁,TCU 执行 R→D 或 D→R 的换挡指令。

(5) 液位。变速器油液用于冷却、润滑和传递液力功率,应始终保持合适的液位。若液位太低,则变矩器和离合器无法得到充足的油液供应,变速器就会过热;若液位太高,则油液混入空气,从而引起变速器换挡不稳定和过热。

(6) 低温。

① 在油温低于 -25℃时,不起步,可采取如下操作:

a. 发动机怠速并保持 N 挡 20min;

b. 用加温器为油底壳加热。

② 油底壳油温低于 -7℃时,变速器以 3 挡和 4 挡起步。

③ 在油温低于 10℃时,前进挡与 R 挡之间切换需先停经 N 挡,再进入目标挡位。

a. 前进挡换倒挡,手柄置于 N 挡,再置于 R 挡;

b. 倒挡换前进挡,手柄置于 N 挡,再置于 D 挡或 1 挡。

(7) 高温。油底壳油温正常值为 95℃以下,变速器过热阈值如表 5-12 所列。

表 5-12 变速器过热阈值

油底壳油温	120℃
散热器入口油温	150℃
缓速器出口油温	165℃

若发动机温度显示高温,也可能是变速器过热。停车检查冷却系统,如冷却系统工作正常,则变速器换 N 挡,发动机转速调至 1200~1500r/min,可在 2 或 3min 内将变速器和发动机的温度降至正常水平。若变速器和发动机的温度没有降低,则继续调低发动机转速。若发动机温度仍然显示高温,则发动机或散热器故障。若发动机或变速器持续高温,

发动机需停机并请维修人员检查高温情况。

油底壳油温高于 120℃ 达 15min 或高于 128℃ 达 1min 或高于 132℃ 时,变速器过热灯点亮,并记录过热故障码。

缓速器出口油温高于 143℃ 时,变速器降挡,提高发动机转速,以增加冷却流量。

缓速器出口油温高于 150℃ 或油底壳油温高于 115℃ 时,调低缓速器制动能力,持续降至最大制动能力的 27%。若输出轴转速高于能力降低点 300r/min,则缓速器恢复最大制动能力。

缓速器出口油温高于 165℃ 时,缓速器温度指示灯点亮以报警;当缓速器出口油温低于 160℃ 时,缓速器温度指示灯熄灭。若缓速器出口油温高于 165℃ 持续 10s,则 TCM 显示故障码;当缓速器出口油温低于 165℃ 持续 10s 时,故障码存入内存后清屏。

(8) 拖车。车辆被牵引时,需断开车轮与变速器输出轴之间的连接。

第四节　驱动轴设计与选型

一、驱动轴使用要求

驱动轴又称驱动桥,它是轮式装甲车传动系统中的主要总成之一。驱动轴一般由主减速器、差速器、驱动轮的传动装置和桥壳等主要部件组成。主减速器用于改变传来的扭矩的方向和增大其数值。差速器将扭矩分给左、右车轮,并使两侧车轮具有差速功能。驱动轮的传动装置用于将差速器分配的扭矩传给车轮。

驱动轴的结构型式与其车轮的悬挂型式(独立悬挂与非独立悬挂)密切相关,驱动轮采用非独立悬挂时驱动轴一般都为非断开式,非断开式轴为一个整体,主减速器、差速器和半轴(驱动轮驱动装置)被装于其内。而车轮采用独立悬挂时驱动轴必须断开,主减速器(含差速器)被装在车体上,两侧车轮可独立地相对车体作上下摆动,这就要求驱动轮传动装置随车轮摆动,且与悬挂杆系无运动干涉。

轮式装甲车一般都采用多轴驱动,它在转向行驶过程中左右车轮在同一时间内所滚过的行程是不相等的,即使在直线行驶时由于轮胎外径制造误差、胎面磨损、轮胎气压或负荷不等以及路面不平的原因,在同一时间内车轮滚动行程也不相等。如果采用一个自由度的机构将动力传给各车轮,则会由于各驱动车轮的转速虽相等而行程却又不同的这一运动学上的矛盾,必将引起某一些驱动车轮产生滑转或滑移。其结果不仅会使轮胎过早磨损,无益地消耗功率和燃料,而且还会因为不能按所要求的瞬时中心转向而使操纵性变坏。此外,由于车轮与路面间尤其在转弯时有大的滑转或滑移,易使车辆在转向时失去抗侧滑的能力而使稳定性也变坏。为了消除由于两侧驱动轮在运动学上的不协调而产生的这些弊病,驱动轴必须有差速器,使左、右车轮从差速器中获得扭矩的同时能以不同的角速度旋转。同理,多轴驱动车辆的传动系统中驱动轴之间也必须安装差速器以实现两驱动轴间的差速传动。为了防止某一驱动轮与地面附着条件不好,驱动轮产生滑转而导致陷车,以及充分利用另一侧驱动轮与地面的良好附着条件,获得较大的牵引力,提高车辆的通过性,还必须采用防滑差速器。

驱动轮传动装置的结构与驱动轴的结构型式和是否是转向轴密切相关,如果非断开式轴的驱动轮又是转向轮,则必须在驱动轴传动装置中安装等速万向节。若非断开式轴的驱动轮不是转向轮,则车轮由连接差速器和轮毂的半轴直接驱动。根据所受载荷不同半轴可分为全浮式、半浮式和3/4浮式。与独立悬挂相配的断开式驱动轴,其驱动轮无论是否是转向轮都必须由万向传动装置驱动。

驱动轴是车辆的重要总成,它应满足如下基本要求:

(1) 当左、右两侧驱动轮的附着条件不同时,驱动轴能合理地分配扭矩给左、右车轮,以便充分利用附着重量,使车辆获得较大的牵引力;

(2) 当两侧车轮以不同的角速度滚动时,驱动轴能将扭矩平稳地转递到左、右车轮上;

(3) 能承受和传递作用于车轮上的垂直力、纵向力和横向力;

(4) 驱动轴各零部件应有足够的强度和刚度,工作可靠,使用寿命长,并且要尽量减轻非簧载质量,以改善车辆的平顺性;

(5) 主减速器轮廓尺寸小,以便降低车高或提高车辆最小距地间隙;

(6) 齿轮及其他传动部件的传动效率高,工作平稳,噪声小;

(7) 结构简单,零部件尽量标准化和通用化,使维修使用方便。

二、驱动轴选型

在选择驱动轴的结构型式时,应从所设计车辆的类型及使用、生产条件出发,并和所涉及车辆的其他部件,尤其是与悬挂的结构型式与特性相适应,以共同保证整个车辆的预期使用性能的实现。

轮式装甲车多采用全轮驱动,驱动轴的结构与传动系统的布置、车辆悬挂的型式和车轮是否为转向轮密切相关。如独立悬挂要求与断开式驱动轴相配;转向轮必须由等速万向节轴驱动。两驱动轴近距离布置时,两者的运动不协调可忽略,因此可以不安装轴间差速器,反之需安装轴间差速器。

为了消除车辆在转向时两侧驱动轮的运动不协调,一般驱动轴都装有普通对称式差速器,当车辆一侧驱动轮在泥泞或冰雪路面上行驶,其地面附着力很小,即使另一侧驱动轮与路面有良好的附着能力,也只能获得同样小的力,使整车牵引力减小,车辆通过性变坏,甚至出现陷车而不能前进的危险。为提高通过性能,轮式装甲车都采用了差速器锁止机构或各种自锁式差速器。

三、驱动轴的结构

驱动轴按结构可分为非断开式驱动轴和断开式驱动轴,根据其具有的功能又分为贯通式驱动轴、转向驱动轴和独立悬挂驱动轴等多种不同形式的驱动轴。但由于轮式装甲车一般都采用独立悬挂,本节主要介绍与之匹配的断开式驱动轴。

BTP-70(8×8)装甲输送车采用了双横臂独立悬挂,相应地,4个驱动轴都将主减速器与车轮驱动装置断开,中间用万向传动轴连接。4个驱动轴安装在车体内,其结构基本相同,如图5-73所示。

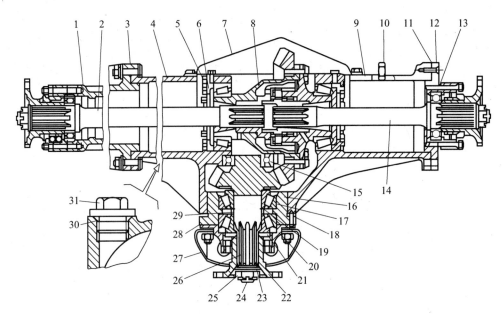

图 5-73　BTP-70 装甲输送车驱动轴

1—半轴套；2—长半轴；3、9、11、13、28—密封衬垫；4—轴壳；5—止动片；6、25—螺母；
7—轴壳后盖；8—滑块-凸轮式高摩擦差速器；10—通气孔；12、20—轴承盖；14—短半轴；
15、17—轴承；16—轴承座；18、19—调整衬垫；21—挡圈；22—凸轮；23—垫圈；
24—开口销；26—主动齿轮；27—支承支架；29—隔圈；30—密封圈；31—注油孔螺塞。

主减速器的主动齿轮借助于两个锥轴承 17 和球轴承 15，采用骑马式安装于壳体内。用调整垫 18 可调整主动齿轮的位置，调整垫 19 用于调整轴承紧度。从动齿轮与差速器通过两端锥轴承支承于轴壳内。差速器为单排滑块—凸轮式，差速器右壳与主动套制成一体，成为差速器的驱动部分。在主动套沿圆周均布的径向孔里装有与其滑动配合的滑块，滑块与差速器的左、右凸轮的内、外表面相接触，半轴一端以花键与差速器的凸轮相连，另一端置于车体之外，借助于凸缘与万向传动轴相连。传动轴的结构如图 5-74 所示。

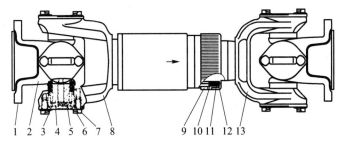

图 5-74　轮边减速器万向传动轴

1—凸缘；2—密封垫；3—盖；4—十字轴；5—轴承；6—止动片；7—螺栓；
8—万向节叉；9—油封；10—内密封环；11—外密封环；12—油挡垫圈；13—滑动叉。

滑动叉 13 与花键轴制成一体，与万向节叉 8 的内花键滑动配合，以适应车轮跳动时其长度的变化。滑动叉通过十字轴上的凸缘与半轴上的凸缘相连，以便将半轴上的动力传至凸缘 1，再传给轮边减速器。轮边减速器的结构如图 5-75 所示。

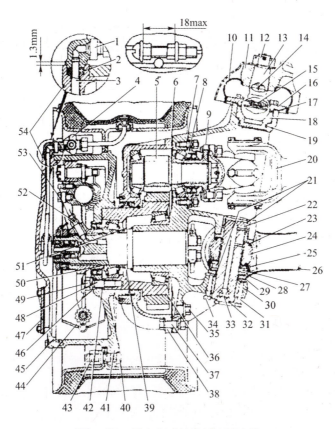

图 5-75 转向驱动轴的轮边减速器

1—转接接头；2—密封衬套；3—导管；4—车轮开关；5—主动齿轮；6、42—密封垫；7、17、51—调整衬垫；8—带油封的盖；9—凸缘；10—密封垫；11—悬架上摆臂；12、43、49—螺帽；13—上主销；14—铁丝开口销；15—卡箍；16—盖；18—轴瓦；19、21、45、50—密封环；20—万向传动轴；22—下主销；23—橡皮密封垫；24—悬架连接轴；25—护罩；26—悬架拉臂；27—轴承；28—垫圈；29—定位环；30—转向节壳体；31、34、27—定位螺栓；32—螺塞；33—挤压式油嘴；35—放油孔螺塞；36—被动齿轮；38—外壳；39—支撑衬套；40—车轮固定螺栓；41—轮毂；44—制动机构；46—锥形衬套；47—窗口盖；48—螺柱；52—接头；53—制动系导管；54—盖。

轮边减速器的主动齿轮 5 与花键轴为一体，其上的凸缘 9 与万向传动轴 20 连接，以便将半轴的动力传至主动齿轮 5。转向节由其壳体 30 和外壳 38 用螺栓 37 连接而成。主动齿轮 5 用两个锥轴承支承于转向节上。主减速器被动齿轮 36 与轮毂 41 用螺栓 48 连在一起，以两个锥轴承支承于转向节壳 30 和外壳 38 上，转向节 30 上部通过球头销 13 与悬架上的摆臂 11 连接，形成上主销。转向节 30 的下主销 22 通过悬架连接轴 24 与悬架摆臂 26 连接。

四、主减速器选型

主减速器的减速型式可以分为单级减速、双级减速、双速减速、单级贯通、双级贯通、主减速及轮边减速等。减速型式的选择与车辆的类型和使用条件有关，有时也与制造厂已有的产品系列及制造条件有关，但它主要取决于由动力性、经济性等整车性能所要求的

主减速比 i_0 的大小及驱动轴下的离地间隙、驱动轴的数目及布置型式等。

由于单级主减速器具有结构简单、质量小、尺寸紧凑及制造成本低等优点,因此,其可以被广泛地用在主减速比 $i_0 \leq 7.6$ 的各种车型中。

五、主减速器基本参数选择与计算[23]

主减速比 i_0 的大小及驱动轴下的离地间隙和计算载荷,是主减速器设计的原始数据,需要在总体设计时就确定。

轮式装甲车既要在公路上行驶,又要在无路地区越野行驶,其主减速器所受载荷是多变的,因此准确计算主减速器齿轮的载荷是比较困难的。但是主减速器齿轮的最大载荷受限于发动机最大扭矩或驱动轮的附着力。按发动机最大扭矩传至主减速器从动齿轮来计算扭矩:

$$M_{Ge} = \frac{K_0 M_{emax} i_{cq} \eta_{cq}}{n} \qquad (5-75)$$

式中　M_{Ge}——计算力矩(N·m);
　　　M_{emax}——发动机最大扭矩(N·m);
　　　n——计算驱动轴数;
　　　i_{cq}——由发动机到主减速器从动齿轮的最低传动比;
　　　η_{cq}——从发动机至主减速器从动齿轮传动效率;
　　　K_0——超载系数,对轮式装甲车 $K_0 = 1 \sim 1.1$。

按驱动轮打滑来计算扭矩:

$$M_{G\varphi} = \frac{G_2 \varphi r_r}{i_m \eta_m} \qquad (5-76)$$

式中　$M_{G\varphi}$——按车轮打滑力矩确定的从动锥齿轮的计算力矩(N·m);
　　　G_2——满载时驱动轴静载荷(N);
　　　φ——附着系数,对于轮式装甲车 $\varphi = 1$;
　　　r_r——车轮滚动半径(m);
　　　i_m——主减速器从动齿轮至车轮的传动比;
　　　η_m——主减速器从动齿轮至车轮的传动效率。

上述两种计算载荷是最大载荷,由于其不能反映齿轮实际运行时的载荷,故不能用它作为疲劳强度计算的载荷。疲劳强度计算载荷一般可按下式计算:

$$M_{Gf} = \frac{G_a r_r}{i_m \eta}(f_\alpha + f_j + f) \qquad (5-77)$$

式中　G_a——车辆总重量(N);
　　　f_α——平均爬坡能力系数,轮式装甲车取 $0.09 \sim 0.30$;
　　　f_j——性能系数。当 $\frac{G_a}{M_{emax}} \leq 82$ 时,$f_j = \left(16 - 0.195 \frac{G_a}{M_{emax}}\right) \cdot 10^{-2}$;当 $\frac{G_a}{M_{emax}} > 82$ 时,$f_j = 0$;

f——道路滚动阻力系数。

（一）弧齿锥齿轮与准双曲面齿轮强度计算

车辆行驶过程中所受的载荷是非常复杂的，已有的强度计算方法大多是近似的方法。仅靠设计计算是不能达到可靠性要求的，故确定齿轮强度的主要依据是台架与道路试验以及实际使用情况，强度计算只是提供了一定的参考。

下面介绍 3 种格里森制锥齿轮的强度计算方法。它仅是强度计算的一部分，详细的计算应按格里森公司推荐的表格或计算机软件进行。

1. 单位齿长上的圆周力

在车辆工业的实践中，主减速器齿轮的表面耐磨性常常用轮齿上单位齿长的圆周力 P 来估算：

$$P = F/b \qquad (5-78)$$

式中　F——作用在齿轮上的圆周力(N)；
　　　b——从动齿轮齿面宽(mm)。

按发动机最大扭矩计算：

$$P = \frac{M_{emax} i_g}{0.5 D_1 b} \times 10^3 \qquad (5-79)$$

式中　M_{emax}——发动机最大扭矩(N·m)；
　　　i_g——变速器传动比，根据需要取 1 挡或直接挡；
　　　D_1——主动锥齿轮分度圆直径(mm)。

对于多轴驱动的轮式装甲车，应考虑驱动轴数及分动器传动比。当装有液力变矩器时，应考虑其最大变矩系数。

按轮胎最大附着力矩计算：

$$P = \frac{G_2 \varphi r_r}{0.5 D_2 b} \times 10^3 \qquad (5-80)$$

式中　G_2——驱动轴上的满载静负荷(N)；
　　　D_2——从动锥齿轮分度圆直径(mm)；
　　　φ——轮胎与地面的附着系数；
　　　r_r——车轮滚动半径(m)。

许用单位齿长的圆周力如表 5-13 所列。在现代车辆设计中，由于材质和加工工艺的提高，单位齿长上的圆周力有时高出表中所列数值的 20%~25%。

表 5-13　单位齿长的圆周力

车辆类别	按发动机最大扭矩计算时/(N×mm⁻¹)		按驱动轮打滑扭矩计算时/(N×mm⁻¹)	轮胎与地面的附着系数
	1 挡	直接挡		
轿车	893	321	893	0.85
装甲车	1429	250	1429	1

2. 轮齿抗弯强度计算

弧齿锥齿轮与准双曲面齿轮轮齿（包括主、从动齿轮）的弯曲应力可以采用统一的表

达式为

$$\sigma_w = \frac{2MK_0 K_s K_m}{K_V bzm^2 J} \times 10^3 \tag{5-81}$$

式中 σ_w——弯曲应力(N/mm²);

M——所讨论的齿轮上的计算扭矩;对于从动齿轮,按式(5-75)或式(5-76)的较小者,和按式(5-80)计算;对于主动齿轮,还需将上述计算扭矩换算到主动齿轮上;

m——端面模数(mm);

b——计算齿轮的齿面宽(mm);

z——计算齿轮齿数;

J——超载系数,对于轮式装甲车取 $K_0 = 1 \sim 1.1$,对于液力传动的车辆取 1;

K_s——尺寸系数,它反映了材料性质的不均匀性,与齿轮尺寸及热处理等因素有关,当 $m_s \geq 1.6$ mm 时, $K_s = \sqrt[4]{\dfrac{m}{25.4}}$;

K_m——齿面载荷分配系数,当两个齿轮均为骑马式结构时,$K_m = 1 \sim 1.1$;当一个齿轮为悬臂式结构,$K_m = 1.1 \sim 1.25$;支承刚度大的取小值,支承刚度小的取大值;

K_V——质量系数,它与齿轮精度(齿形误差、周节误差、齿圈径向 K_V 跳动)及齿轮分度圆上的切线速度对齿间载荷的影响有关,接触好、周节及同轴度精确的情况下,取 $K_V = 1$;

J——所讨论齿轮的轮齿弯曲应力的综合系数(几何系数),其数值可按有关图 5-76 ~ 图 5-79 查取。

图 5-76 用于压力角为 20°,螺旋角为 35°,轴交角为 90° 的车用螺旋锥齿轮。

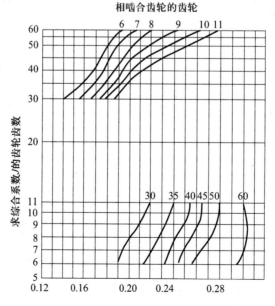

图 5-76 弯曲计算用综合系数图

图 5-77 用于压力角为 22°30′,螺旋角为 35°的螺旋锥齿轮。

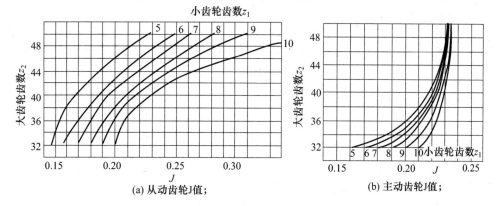

图 5-77 弯曲计算用综合系数
(a)从动齿轮 J 值;(b)主动齿轮 J 值。

图 5-78 用于平均压力角为 22°30′,$E/d=0.10$ 的双曲面齿轮。图 5-79 用于平均压力角为 19°,$E/d=0.2$ 的双曲面齿轮。

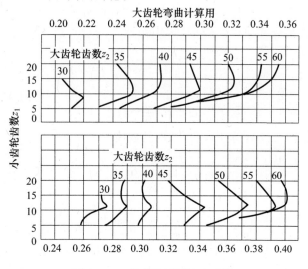

图 5-78 弯曲计算用综合系数

在式(5-80)中,按 M_{Ge}、$M_{G\varphi}$ 两者中的较小者计算的最大弯曲应力,对于主减速器齿轮的许用弯曲应力为 700MPa(或不超过材料强度极限的 75%),按 M_{Gf} 计算的许用弯曲应力为 210.9MPa,疲劳寿命为 $6×10^6$。

3. 轮齿接触强度计算

锥齿轮与准双面齿轮轮齿的齿面接触应力为

$$\sigma_j = \frac{C_P}{D_1}\sqrt{\frac{2M_P K_O K_S K_M K_f}{K_V bJ} \times 10^3} \tag{5-82}$$

式中 M_P——主动齿轮计算扭矩(N·m);

K_V——尺寸系数,它考虑了齿轮的尺寸对碎透性的影响。在缺乏经验的情况下,可取 $K_s=1$;

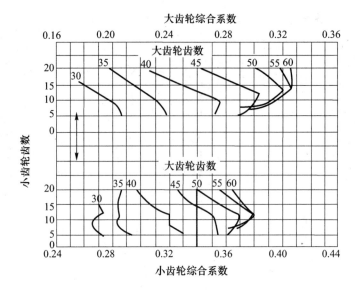

图 5-79 弯曲计算用综合系数

K_f——表面品质系数,它取决于齿面最后加工的性质(如铣齿、研齿、磨齿等)及表面覆盖层的性质(如镀铜,磷化处理等)。一般情况下,对于制造精确的齿轮可取 $K_f = 1$;

b——齿面宽,取齿轮副中的较小值(一般为大齿轮齿面宽)(mm);

D_1——主动齿轮分度圆直径(mm);

C_P——综合弹性系数,钢对钢的齿轮为 $234N^{1/2}/mm$;

J——齿面接触强度计算用综合系数,其数值可按图 5-80~图 5-83 查取。

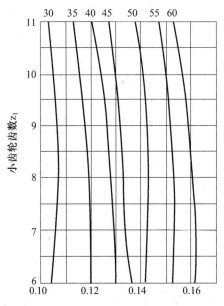

图 5-80 接触强度计算用综合系数

图 5 - 80 用于压力角为 20°,螺旋角为 35°,轴交角为 90°的螺旋锥齿轮。

图 5 - 81 用于平均压力角为 19°, $E/d = 0.20$ 的双曲面齿轮。

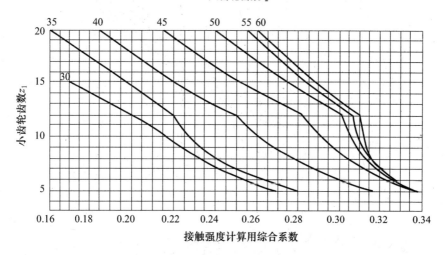

图 5 - 81　接触强度计算用综合系数

图 5 - 82 用于平均压力角为 22°30′, $E/d = 0.10$ 的双曲面齿轮。

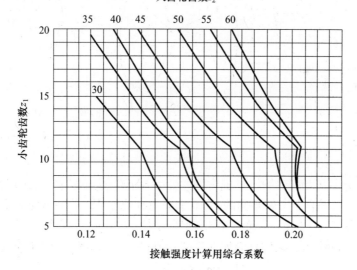

图 5 - 82　接触强度计算用综合系数

图 5 - 83 用于平均压力角为 22°30′,螺旋角为 35°的螺旋锥齿轮。

按通常行驶扭矩 M_{Gf} 计算时,许用应力为 1750MPa,按 M_{Ge} 和 $M_{G\varphi}$ 两者的较小者计算时,许用应力为 2800MPa。

(二) 锥齿轮轴承载荷计算

求出轴承的载荷并大致确定了主减速器的使用工况后,可按照机械工程设计中轴承的计算方法选用轴承。

主动小齿轮齿面上作用力如图 5 - 84 所示[14]。

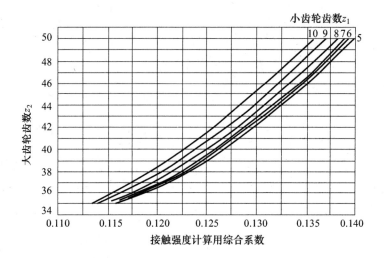

图 5-83 接触强度计算用综合系数

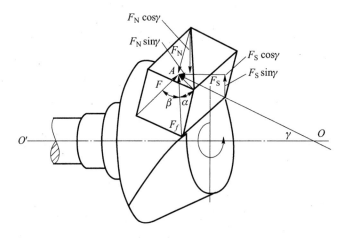

图 5-84 主减速器主动齿轮受力简图

α—齿廓表面的法向压力角;β—齿面宽中点处的螺旋角;γ—节锥角;F—齿面宽中点处的圆周力。

上图所示为一从背面看顺时针旋转的左旋主动锥齿轮。F、F_S 为作用在锥齿轮节锥平面上的力,F_N 为垂直于节锥平面的力,节锥面与轴线 $O-O$ 的夹角为节锥角 γ,F_N 可分解为垂直于轴线的力($F_N\cos\gamma$)和平行于轴线的力($F_N\sin\gamma$)。同理,F_S 也可分为 $F_S\sin\gamma$ 和 $F_S\cos\gamma$。当主动小齿轮的螺旋方向左旋时,小齿轮上的轴向力或大齿轮上的径向为

$$F_{az} = F_N\sin\gamma \pm F_S\cos\gamma \tag{5-83}$$

上式中"+"号表示车辆前进时,左旋小齿轮逆时针旋转(从锥顶看旋向)。"-"表示车辆倒车时小齿轮顺时针旋转。

小齿轮上的径向力或大齿轮上的轴向力为

$$F_{rz} = F_N\cos\gamma \mp F_S\sin\gamma \tag{5-84}$$

由图 5-84 可得

$$F_S = F\tan\beta$$

$$F_N = \frac{F}{\cos\beta}\tan\alpha \tag{5-85}$$

将式(5-84)代入式(5-82)和式(5-83)可得主减速器主、从齿轮上的轴向力和径向力,如表5-14所列。

表5-14 锥齿轮主、从齿轮上的轴向力和径向力计算表

主动齿轮		轴向力	径向力
螺旋方向	旋转方向		
右	顺时针	主动齿轮 $F_{az} = \dfrac{F}{\cos\beta}(\tan\alpha\sin\gamma - \sin\beta\cos\gamma)$	主动齿轮 $F_{rz} = \dfrac{F}{\cos\beta}(\tan\alpha\cos\gamma + \sin\beta\sin\gamma)$
左	逆时针	从动齿轮 $F_{ac} = \dfrac{F}{\cos\beta}(\tan\alpha\sin\gamma + \sin\beta\cos\gamma)$	从动齿轮 $F_{rc} = \dfrac{F}{\cos\beta}(\tan\alpha\cos\gamma - \sin\beta\sin\gamma)$
右	逆时针	主动齿轮 $F_{az} = \dfrac{F}{\cos\beta}(\tan\alpha\sin\gamma + \sin\beta\cos\gamma)$	主动齿轮 $F_{rz} = \dfrac{F}{\cos\beta}(\tan\alpha\cos\gamma - \sin\beta\sin\gamma)$
左	顺时针	从动齿轮 $F_{ac} = \dfrac{F}{\cos\beta}(\tan\alpha\sin\gamma - \sin\beta\cos\gamma)$	从动齿轮 $F_{rc} = \dfrac{F}{\cos\beta}(\tan\alpha\cos\gamma + \sin\beta\sin\gamma)$

当利用表中公式计算准双曲面齿轮的轴向力和径向力时,公式中的 α 表示轮齿驱动一侧齿廓的法向压力角;公式中的节锥角 γ,计算小齿轮时用面锥角代替,计算大齿轮时用根锥角代替。按公式算出的轴向力若为正值,说明轴向力与图5-84所示轴向力方向相同,即离开锥顶;若为负值,轴向力方向则指向锥顶。对径向力而言,正值表明径向力使该齿轮离开相配齿轮,负值表明径向力使该齿轮趋向相配齿轮。

利用计算得到的锥齿轮齿面上的圆周力、轴向力和径向力,根据主减速器齿轮轴承的布置尺寸,就可以确定轴承上的载荷。以图5-85所示轴承的布置方式为例,根据其布置尺寸,各轴承上的支承力如表5-15所列。

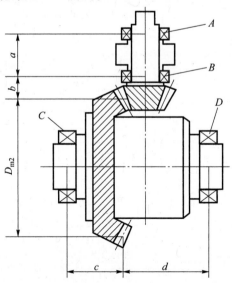

图5-85 单级主减速器轴承的骑马式布置

表5-15中 D_{m1}、D_{m2} 分别为小齿轮和大齿轮的平均分度圆直径。

在求得轴承的载荷并大致确定了主减速器的使用工况以后,就可以按照一般机械工程设计中轴承的计算方法选用适当的轴承。

表 5-15 轴承上的力

轴承		
轴承 A	径向力	$\sqrt{\left(\dfrac{F(a+b)}{a}\right)^2 + \left(\dfrac{F_{rz}(a+b)}{a} - \dfrac{F_{az}D_{m1}}{2a}\right)^2}$
	轴向力	F_{az}
轴承 B	径向力	$\sqrt{\left(\dfrac{Fb}{a}\right)^2 + \left(\dfrac{F_{rz}b}{a} - \dfrac{F_{az}D_{m1}}{2a}\right)^2}$
	轴向力	0
轴承 C	径向力	$\sqrt{\left(\dfrac{Fd}{c+d}\right)^2 + \left(\dfrac{F_{rc}d}{c+d} + \dfrac{F_{ac}D_{m2}}{2(c+d)}\right)^2}$
	轴向力	F_{ac}
轴承 D	径向力	$\sqrt{\left(\dfrac{Fc}{c+d}\right)^2 + \left(\dfrac{F_{rc}c}{c+d} - \dfrac{F_{ac}D_{m2}}{2(c+d)}\right)^2}$
	轴向力	0

(三) 差速器齿轮强度计算

只有当车辆左、右车轮走过不同的路程或一边车轮大时,差速器齿轮才有齿间的相对运动,差速器齿轮一般不会发生接触疲劳破坏,故只进行齿轮抗弯强度计算,计算公式可参见式(5-80)。其中 J 为弯曲计算用综合系数,其数值按图 5-86 ~ 图 5-88 查取。

图 5-86 用于在刨齿机上滚切加工的差速器直齿轮压力角为 22°30′(齿面宽 ≤ 节锥距/3,刀尖角半径为 0.24m,当刀尖圆角半径为 0.12m 时 J 应乘以 0.89)。图 5-87 用于压力角为 25°,齿面为局部接触的差速器用直齿锥齿轮(刀尖角为标准值 0.12m)。图 5-88 用于压力角为 22°30′,齿面为局部接触的差速器用直齿锥齿轮。

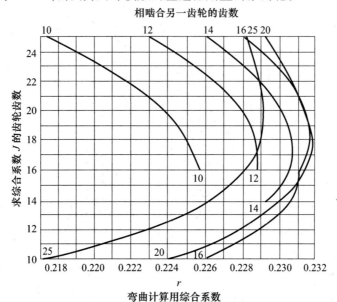

图 5-86 弯曲计算用综合系数

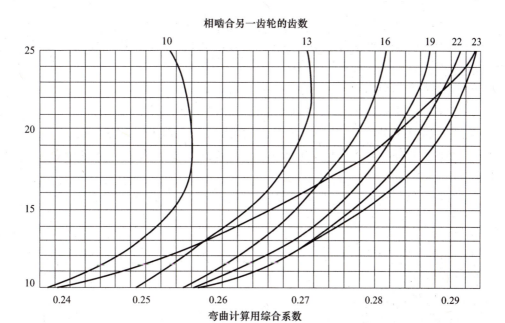

图 5-87　弯曲计算用综合系数

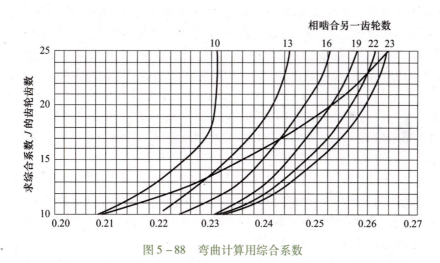

图 5-88　弯曲计算用综合系数

第五节　其他主要部件设计及选型

一、离合器设计及选型

（一）离合器的使用要求

在机械传动系统中，离合器按照传递扭矩的方式分为摩擦式和电磁（磁粉）式。摩擦式又分为单、双、多片式及干湿式，电磁（磁粉）式是依靠本身的电磁力来传递扭矩；按操纵方式分类，又分为强制式和自动式两种。

离合器的结构型式虽然各不相同,但对离合器的基本要求是一致的:

(1) 在任何行驶情况下都能可靠地传递发动机的最大扭矩,而且传递扭矩的能力有适当储备;

(2) 分离时要彻底;

(3) 接合时要平顺,以保证车辆起步平稳,没有抖动和冲击;

(4) 离合器从动部分转动惯量需小,以减轻换挡时齿轮间的冲击;

(5) 应使车辆传动系统避免发生危险的扭转共振,具有吸收振动、缓和冲击和减小噪声的能力;

(6) 有足够的吸热能力,并且散热通风良好,以保证工作温度不致过高;

(7) 操纵轻便,以减轻驾驶员的疲劳;

(8) 使用寿命需长;

(9) 作用在摩擦片上的正压力和摩擦系数在离合器使用过程中变化需小,力求离合器工作性能保持稳定。

(二) 离合器结构

1. 单片式摩擦离合器

片式摩擦离合器有单片、双片两种。单片式摩擦离合器可应用于发动机扭矩不大于1000N·m 的轮式车辆传动系统中。它分离彻底,即使采用具有轴向弹性的从动盘时也能保证接合平顺,散热良好,调整方便,轴向尺寸紧凑。其结构如图 5 – 89 所示。

单片干摩擦式离合器由主动部分、从动部分、压紧机构、分离机构等几部分组成。其中:离合器的主动部分、从动部分和压紧机构都装在发动机后面的离合器壳(飞轮壳 18)上,而操纵机构的各个部分则分别装在离合器壳的内部、外部和驾驶室中。该离合器的主动部分和压紧机构由飞轮 2、离合器盖 19、压盘 16、4 组传动片 33 等机件组成。离合器盖 19 用螺栓固定在飞轮 2 上。所有螺旋压紧弹簧沿压盘圆周对称分布。离合器分离时,传动片两端沿离合器轴向做相对移动,产生弯曲变形。

在飞轮 2 和压盘 16 之间安装一片带扭转减振器的从动盘总成。从动盘的从动盘钢片与从动盘毂之间靠弹性元件和摩擦元件进行弹性连接。铆接在从动盘毂 10 上的从动片由薄钢片组成,从动片的两面各铆接一片摩擦片 5。从动盘毂 10 的内花键套在变速器第一轴 11 前端的外花键上,可沿轴向移动。

16 个压紧弹簧 31 将压盘压向飞轮,并将从动盘压紧在中间,使离合器处于接合状态。在发动机工作时,发动机输出扭矩一部分经飞轮端面直接传到从动盘本体 4 后面的摩擦片 5。另一部分扭矩则经离合器盖 19、传动片 33、压盘 16 传给从动盘本体 4 后面的摩擦片。

离合器分离时,通过离合器执行机构使分离叉 30 推动分离套筒 28、分离轴承 26 向前移动,首先消除分离间隙,之后推动分离杠杆 25 内端向前运动。由于分离杠杆 25 中间支撑在离合器盖 19 上,其外端将被迫向后移动,从而进一步将压紧弹簧 31 压缩变形,使压盘 16 向后移动。这样,压盘不再压紧从动盘,离合器分离。

离合器不传递扭矩时,如图 5 – 90(a)所示情况。当传递扭矩时,由从动盘摩擦衬片传来的扭矩首先传到从动盘钢片 2 上,再经减振弹簧 1 传给传动板 3 和从动盘毂。此时减振弹簧即被压缩成如图 5 – 90(b)所示的情况。通过减振弹簧的逐渐变形将发动机扭

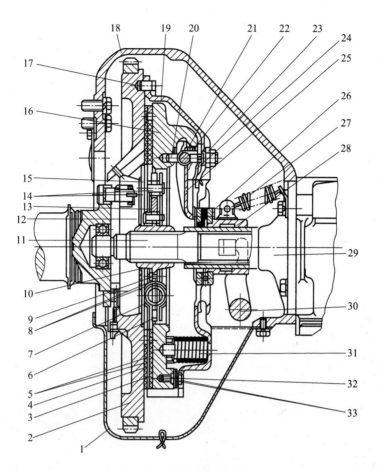

图 5-89　单片式摩擦离合器

1—离合器壳底盖；2—飞轮；3—摩擦片铆钉；4—从动片；5—摩擦片；6—减振器盘；7—减振器弹簧；8—减振器阻尼片；9—阻尼片铆钉；10—从动盘毂；11—变速器第一轴(离合器从动轴)；12—阻尼弹簧铆钉；13—减振器阻尼弹簧；14—从动盘铆钉；15—从动盘铆钉隔套；16—压盘；17—离合器盖定位销；18—离合器壳(飞轮壳)；19—离合器盖；20—分离杠杆支承柱；21—摆动支片；22—浮动销；23—分离杠杆调整螺母；24—分离杠杆弹簧；25—分离杠杆；26—分离轴承；27—分离套筒回位弹簧；28—分离套筒；29—变速器第一轴承盖；30—分离叉；31—压紧弹簧；32—传动片铆钉；33—传动片。

矩平顺地传给传动系统，同时缓和发动机传来的高频扭转振动。而且由于传动板、从动盘钢片与减振摩擦片之间的相对滑摩，能够将振动的能量转变为热能，散失于空气中，从而使振动迅速衰减。

2. 双片式摩擦离合器

双片式离合器与单片相比，由于摩擦面增至 4 片，使传递扭矩能力增大，接合更平顺。传递相同扭矩时双片式离合器径向尺寸较小，所需踏板力也较小。但中间压盘通风散热不良，易引起摩擦片过热，加快其磨损。双片式离合器结构复杂，轴向尺寸较大。双片式离合器一般应用在传递扭矩大且径向尺寸受限制的场合。

根据离合器压紧弹簧布置形式的不同，可以分为圆周布置、中央布置、斜置等型式。

1）圆周布置的双盘式弹簧离合器

黄河 JN1181C13 型双盘离合器采用的双片式摩擦离合器结构如图 5-91 所示。主动

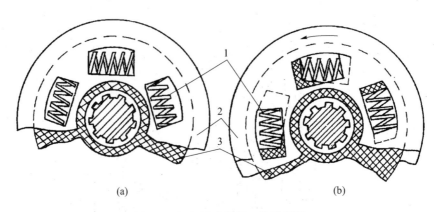

图 5-90 扭转减振器工作示意图
1—减振弹簧；2—从动盘钢片；3—传动板。

部分包括飞轮 8、压盘 6、中间压盘 7 和离合器盖 16。从动盘 3 和 4 夹在飞轮 8、中间压盘 7 和压盘 6 之间，离合器中沿圆周均匀布置 12 个压紧弹簧，使压盘和中间压盘紧紧压向飞轮 8。中间压盘 4 的边缘上有 4 个缺口，内部嵌有飞轮的定位块 1。这样可以传递发动机的转矩，且保证压盘处于正确位置。

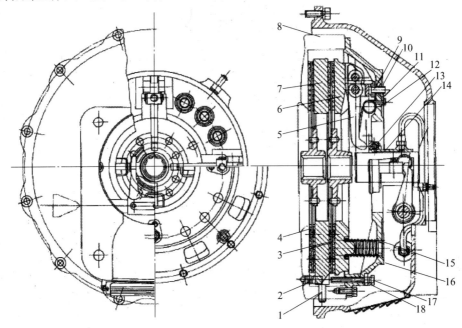

图 5-91 黄河 JN1181C13 型双盘离合器
1—定位块；2—分离弹簧；3、4—从动盘；5—分离杠杆；6—压盘；7—中间压盘；8—飞轮；
9—支承销；10—调整螺母；11—压片；12—锁紧螺钉；13—分离轴承；14—分离套筒；
15—压紧弹簧；16—离合器盖；17—限位螺钉；18—锁紧螺母。

由于摩擦片数目增多，接合较为柔和，因此为保证主动部分和从动部分分离，需要设计专门装置。离合器分离时，4 个分离杠杆 5 以支承销 9 为中心转动，从而把压盘 4 压向后方。中间压盘 7 则会被它和飞轮之间的分离弹簧 2 推向后方，与前从动盘 4 脱离接触。同时，为防止从动盘 3 被中间压盘 7 和压盘 6 夹住，在离合器盖上装有限位螺钉 17，来限制中间压盘的行程。

2）中央布置的双片式摩擦离合器

离合器压紧弹簧布置在中央，其压紧力是通过杠杆放大后作用在压板上的，而且容易实现对压板力的调整。由于在结构上可选较大的杠杆比，因而有利于减轻离合器踏板力。压紧弹簧与压板不直接接触，弹簧无受热退火之后患。若弹簧采用矩形断面，离合器轴向尺寸还可缩短一些。一般中央弹簧离合器多用于重型汽车，发动机扭矩大于 $400\sim450\mathrm{N\cdot m}$ 的场合。中央弹簧离合器构造如图 5-92 所示。

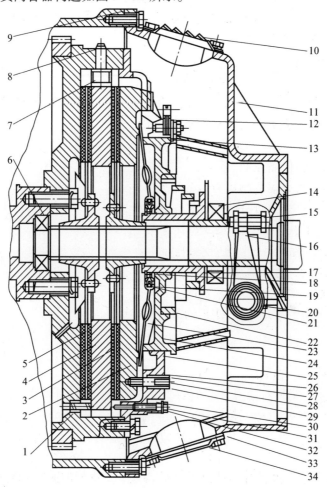

图 5-92 中央布置的双片式摩擦离合器

1—分离弹簧；2—压盘；3—后从动盘；4—中间主动盘；5—前从动盘；6—第一轴前轴承；7—传动销；8—挡圈；9—飞轮壳衬垫；10—通气孔盖；11—离合器壳；12—调整垫片；13—压板；14—分离轴承；15—调整螺钉；16—分离叉；17—弹簧座；18—卡环；19—座圈；20—左右回位弹簧；21—钢球；22—锥形压紧弹簧；23—弹性压杆；24—弹簧支撑盘；25—离合器盖；26—弹簧座；27—销；28—分离弹簧导杆；29—压盘分离弹簧；30—弹簧；31—垫圈；32—调整螺钉；33—密封垫；34—检视孔盖。

离合器的主动部分由飞轮、中间主动盘 4、压盘 2、离合器盖 25 等主要机件组成，从动部分由前从动盘 5 和后从动盘 3 组成。其结构与上述双片式摩擦离合器的主动部分和从动部分结构相类似。

锥形压紧弹簧22大端支承于支承凸缘盘24上,小端支承于弹簧座17上。弹簧座17的前端装有压紧杠杆座圈19,20根弹性压杆23以支承弹簧支撑盘24前端环台为支点,将锥形压紧弹簧22的张力作用于压盘2。为适应压紧杠杆在分离和接合过程中的摆动,弹性压杆23的内端孔中放有小钢球21,以与座圈19活动连接。

在工作中由于摩擦面逐渐磨损,压盘2将左移,弹性压杆23倾斜度增大,使锥形压紧弹簧22伸长,间隙δ变小。在摩擦面磨损不大的情况下,可以通过调整螺钉15调整δ间隙。若摩擦面磨损量较大,使压紧力太低,则不能保证离合器传递足够的扭矩。此时应在压紧弹簧的弹簧支撑盘24的压板13处适量地减少调整垫片12,使锥形压紧弹簧22恢复应有的压紧力,以保证离合器的正常工作。

(三) 离合器的选型

1. 离合器基本参数和主要尺寸的选择

离合器是利用摩擦传递发动机力矩的,为了能可靠地传递发动机的最大力矩,离合器的静摩擦力矩 T_c 应大于发动机最大力矩 T_{emax},即

$$T_c = \beta T_{emax} \tag{5-86}$$

式中 β——离合器的储备系数。

根据摩擦定律,离合器静摩擦力矩可写为

$$T_c = \mu p_z Z R_c \tag{5-87}$$

式中 p_z——压板加于摩擦片的工作压力(N);

Z——摩擦片数;

μ——摩擦系数,在计算中一般取 0.25;

R_c——摩擦片平均摩擦半径(cm)。

设摩擦片上的压力平均分布,则平均摩擦半径为

$$R_c = \frac{1}{3} \cdot \frac{D^3 - d^3}{D^2 - d^2} \tag{5-88}$$

式中 D——摩擦片外径(cm);

d——摩擦片内径(cm)。

当 $d/D \geq 0.6$ 时,R_c 可按下式计算:

$$R_c = \frac{D + d}{4}$$

压盘工作压力 p_z 为摩擦片面单位压力 p_o 与一个摩擦面的面积 F 之积:

$$p_z = p_o F = p_o \frac{\pi (D^2 - d^2)}{4} \tag{5-89}$$

将式(5-85)、式(5-87)、式(5-88)代入式(5-86)得

$$T_c = \beta T_{emax} = \frac{\pi \mu Z}{12} p_o D^3 (1 - c^3) \tag{5-90}$$

式中 c——摩擦片内、外径之比,$c = d/D$。

已知发动机的最大扭矩,根据式(5-89)就可选择离合器基本参数和主要尺寸。

1) 储备系数 β

储备系数是离合器的重要参数,它反映离合器传递发动机最大扭矩的可靠程度。在

选择储备系数时应考虑,摩擦片磨损后离合器仍能传递发动机的最大扭矩,还能避免起步时离合器滑摩时间过长,又能防止传动系统过载。显然,为可靠传递发动机最大扭矩和防止离合器滑摩时间过长,β 不可过小。为使离合器尺寸不致过大,减少传动系统载荷,操纵轻便,β 又不可过大。当发动机储备功率较大,使用条件较好,离合器压紧弹簧压力在使用中可以调整或变化不大时,β 可选小些。当使用条件恶劣,为提高起步能力,减少离合器滑摩,β 应选大些为宜。轻型车 $\beta = 1.3 \sim 1.75$,中型车 $\beta = 1.7 \sim 2.25$,越野车 $\beta = 2.0 \sim 3.0$。

2)单位压力 p_o

p_o 的选取应考虑离合器的工作条件、发动机储备功率的大小、摩擦片外径、摩擦片材料及其质量等因素。若离合器使用频繁,发动机储备功率较小,p_o 应取小些,反之可取大些。当摩擦片外径较大时,为降低摩擦片外缘处的热负荷,p_o 应降低。当采用石棉基摩擦材料(如铜丝石棉酚醛树脂等)时,p_o 在 $0.14 \sim 0.3 \mathrm{MPa}$ 范围内选取。

3)摩擦片尺寸

摩擦片外径 D 可按经验公式(5-90)和离合器摩擦片外径选择表 5-16 初选:

$$D = \sqrt{\frac{T_{emax}}{A}} \quad (5-91)$$

式中 T_{emax}——发动机最大扭矩(N·cm);

A——经验系数,可根据同类型汽车统计确定。对于轿车,A 可取为 47;货车,单片离合器 A 为 $30 \sim 40$,双片离合器 A 为 $45 \sim 55$;对于轮式装甲车,A 可取为 19。

表 5-16 离合器摩擦片外径选择

摩擦片外径 D/mm		发动机最大扭矩 T_{emax}/N·m		
单片离合器	双片离合器	重负荷	中等负荷	极限值
225	—	130	150	170
250	—	170	200	230
280	—	240	280	320
300	—	260	310	360
325	—	320	380	450
350	—	410	480	550
380	—	510	600	700
410	—	620	720	830
430	350	680	800	930
450	380	820	950	1100
—	410	980	1150	1320

所选的摩擦片外径 D 应满足最大圆周速度不超过 $65 \sim 70 \mathrm{m/s}$ 的要求,重型车不应超过 $50 \mathrm{m/s}$。摩擦片尺寸应符合尺寸系列标准 JB1457-740,参见表 5-17。内外径之比($c = d/D$)在 $0.53 \sim 0.70$ 之间。c 随外径的减小而增大,保证有足够大的内径,以便布置

扭转减振器弹簧。

表 5-17 离合器摩擦片尺寸系列

外径 D/mm	内径 d/mm	厚度 h/mm	内外径之比 C	单面面积 F/mm²
160	110	3.2	0.687	10600
180	125	3.5	0.694	13200
200	140	3.5	0.700	16000
225	150	3.5	0.667	22100
250	155	3.5	0.620	30200
280	165	3.5	0.589	40200
300	175	3.5	0.583	46600
325	190	3.5	0.585	54600
350	195	4	0.557	67800
380	205	4	0.540	72900
405	220	4	0.543	90800
430	230	4	0.535	103700

2. 压紧弹簧的设计

1）圆柱弹簧

为了保证离合器摩擦片上有均匀的压紧力，周置弹簧数一般不少于 6 个，而且应随摩擦片外径的增大而增多，弹簧的数目可按表 5-18 选取。

表 5-18 周置弹簧数目

摩擦片外径 D/mm	弹簧数目
<200	6
200~280	9~12
280~380	12~18
380~450	18~30

弹簧钢丝直径 d 按下式计算：

$$d = 1.6\sqrt{\frac{P_\Sigma}{n}\frac{K'C}{[\tau]}} \tag{5-92}$$

式中 P_Σ——压盘总压紧力（N）；

n——弹簧数；

τ——弹簧的工作应力，推荐工作应力宜在 700MPa 左右，最大应力不宜超过 900MPa。

K'——考虑剪力和簧圈曲率对强度影响的校正系数，可按下式计算：

$$K' = \frac{4C+2}{4C-3}$$

C——旋绕比，等于弹簧圈中径 D_p 与钢丝直径 d 之比，C 一般为 6~8。

弹簧工作圈数 n_s 可根据刚度条件和 d、C 确定：

$$n_s = \frac{Gd^4}{8D_p^3 K} \qquad (5-93)$$

式中　G——剪切弹性模量,对于碳钢,$G = 83 \times 10^3 \mathrm{N/mm^2}$;

　　　K——弹簧刚度,一般为 $20 \sim 45 \mathrm{N/mm}$。

　　　D_p——弹簧圈平均直径(mm),为弹簧外径与弹簧钢丝直径 d 之差。

弹簧的自由高度为

$$H = n_s' d + (n_s + 1)\delta + \Delta f + f \qquad (5-94)$$

式中　n_s'——弹簧总圈数,一般 $n_s' = n_s + 1.5$;

　　　δ——离合器分离时的弹簧圈隙,$\delta = 1.0 \sim 1.5 \mathrm{mm}$;

　　　f——弹簧的工作变形(mm),$f = \dfrac{P_\Sigma}{nK}$;

　　　Δf——离合器分离过程中弹簧的变形量,它等于压盘行程。对于单片离合器,$\Delta f = 1.7 \sim 2.6 \mathrm{mm}$;双片,$\Delta f = 3.3 \sim 3.6 \mathrm{mm}$。

2)膜片弹簧

膜片弹簧是碟形弹簧的一种特殊结构型式。膜片弹簧的弹性特性和大端碟簧部分的弹性特性相同,因此,碟形弹簧的有关设计计算公式,对膜片弹簧同样适用。

(1) H/h 比值的选择。

h 为弹簧钢板厚度,H 为膜片弹簧在自由状态时,其碟簧部分的内截锥高度。为保证离合器压紧力变化不大,且操纵轻便,离合器用膜片弹簧的 H/h 通常在 $1.5 \sim 2$ 范围内选取。

(2) 膜片弹簧工作点位置的选择。

膜片弹簧特性曲线如图 5-93 所示,该曲线的拐点 H 对应着膜片弹簧压平位置,而 λ_{1H} 为曲线凸点 M 与凹点 N 的横坐标的平均值,即 $\lambda_{1H} = (\lambda_{1M} + \lambda_{1N})/2$。新离合器在接合状态时,膜片弹簧的工作点为 B,B 点通常取在凸点 M 和拐点 H 之间,一般取 $\lambda_{1B} = (0.8 \sim 1)\lambda_{1H}$,以保证摩擦片在最大磨损限度 $\Delta\lambda$ 内,压紧力从 F_{1B} 到 F_{1A} 变化不大。当分离时,膜片弹簧工作点由 B 点至 C 点,C 点以靠近凹点 N 为好,以便最大限度地减小分离轴承的推力,从而降低踏板力。

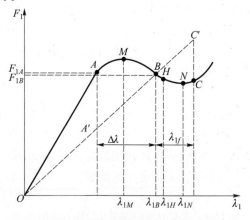

图 5-93　膜片弹簧工作位置

(3) R/r 比值。

R、r 分别为膜片弹簧在自由状态时,其碟簧部分的大端和小端半径。根据结构布置和压紧力的需要,离合器膜片弹簧 R/r 通常在 1.2~1.3 的范围内选取。

(4) 圆锥底角和分离指的数目。

膜片弹簧在自由状态下圆锥底角一般在 110°左右,分离指的数目一般为 18 左右。对于大尺寸的膜片弹簧,分离指的数目可取 24。对于小尺寸的膜片弹簧,分离指的数目应不小于 12。

膜片弹簧应取高级优质钢板制造。国内常用的膜片弹簧材料为 60Si2MnA,B 点当量应力 σ_{Bj} 的许用应力可取 1500~1700N/mm²。膜片弹簧的设计应力,一般稍高于材料的屈服极限。为了提高膜片弹簧的承载能力,要对膜片弹簧进行强压处理(将弹簧压平并保持 12~14h),使其高应力区发生塑性变形以产生残余反向应力,从而提高膜片弹簧的承载能力。为提高膜片弹簧的疲劳寿命需进行喷丸处理,并进行防腐蚀的化学处理。为提高分离指的耐磨性,可对膜片弹簧局部进行高频淬火或镀铬。

(四) 离合器操纵机构的选型

离合器操纵机构是驾驶员借以使离合器分离,而后又使之柔和接合的一套机构。它起始于离合器踏板,终止于离合器壳内的分离轴承。离合器操纵机构有机械式、液压式和气压式,为了减轻中型和重型车上的踏板操纵力,有些机构增加了助力器。军用越野车和轮式装甲车常用的操纵机构有气压助力机械操纵、气压助力液压操纵和弹簧助力液压操纵。

1. 选型要求

(1) 离合器操纵比较频繁,要求踏板力尽量小,轻型车在 80~130N,中、重型车不大于 150~200N;

(2) 踏板行程不宜过大,一般在 80~150mm;

(3) 为了在摩擦片磨损后复原离合器分离轴承的自由行程,操作机构应具有踏板自由行程调整机构;

(4) 为防止操纵机构的零件受过大载荷而损坏,应具有踏板行程限制器;

(5) 机构应具有足够的刚度,工作可靠,维修保养方便。

2. 离合器操纵机构结构型式的选型

离合器操纵机构有机械式、液压式和气压式 3 种。为了降低离合器的踏板力,在机械或液压操纵机构中还可应用助力装置。操纵机构型式选择应根据装甲车辆总体设计要求和整车总体布置形式等因素确定。

1) 机械操纵机构

机械操纵机构有杠杆式和绳索式两种,轮式装甲车一般采用杠杆式。它结构简单,工作可靠,被广泛应用于轻、中型装甲车上。但该机构传动效率低,当总体布置采用动力传动后置,离合器需要实现远距离操纵时,杠杆机构复杂,其传动效率更低,踏板自由行程将加大,布置比较困难,有时甚至不能实现远距离操纵。

2) 液压操纵机构

该机构传动效率高,质量小,布置方便,采用吊挂式踏板和液压传动机构,易于实现远距离操纵,不会发生运动干涉,且能保证离合器接合柔和。此操纵机构不仅被广泛应用于小、中型车上,而且在重型车上该机构加上助力器后也得到广泛应用。

3) 气压式操纵机构

在具备压缩空气装置的车辆上也可以采用气压式操纵机构。它由踏板、操纵阀、工作缸、储气筒和管路组成。操纵轻便是其突出特点。与前述助力式操纵机构不同,气压式操纵机构全靠气压来使离合器分离,驾驶员只是控制平衡弹簧的压缩力大小。这种操纵机构当没有足够的气压时是无法使离合器分离的。

4) 助力器的应用

在重型车上离合器压紧弹簧的压力很大,为减轻踏板力,在机械和液压操纵机构中采用了各种助力器。常用的助力器有弹簧助力器和气压助力器。

弹簧助力器结构简单,但助力效果不大,一般可降低踏板力 25%~30%。

气压助力器助力效果突出,设计时应根据踏板力不大于 150N 的要求,选择活塞、弹簧、阀及阀座等的尺寸,并且要求助力器具有随动作用,使得在它失效时不会影响人力操纵。

下面以气压助力的液压操纵机构为例,对离合器执行机构的结构和设计进行说明。

气压助力液压操纵机构由气压助力缸与控制阀、贮油罐-液压缸、工作缸和踏板与回位弹簧等主要机件组成,如图 5-94 所示。

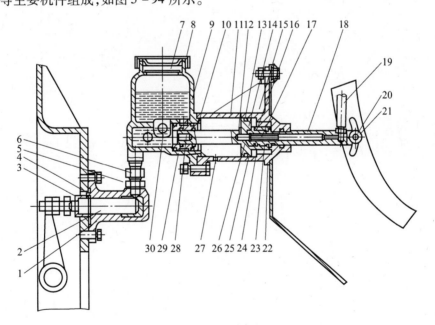

图 5-94 气压助力液压操纵机构

1—工作缸;2、18—推杆;3—防尘罩;4、13—密封圈;5—油管接头;6—软管;7—滤网;
8—盖;9—贮油罐;10、22—弹性挡圈;11—气压助力缸;12、15、23、28—径向孔;14—活塞;
16—阀门弹簧;17—进、排气阀;19—进气软管;20—轴销;21—滚子;24—进气阀座;
25—回位弹簧;26—排气阀座;27—气压助力缸通气孔;29—柱塞座;30—放油螺塞。

贮油罐与液压缸 9 铸为一体,上部为贮油罐,下部为液压缸。贮油罐上有加油口盖 8、滤网 7,底部有与液压缸相通的油孔以及放油孔和放油螺塞 30。液压缸右侧装有柱塞座 29,用弹性挡圈 10 固定于座孔内。柱塞座有油孔与贮油罐相通。液压缸用软管 6 与工作缸 1 连通。

工作缸固定在飞轮壳上。缸内装有推杆(即工作缸柱塞)2,推杆 2 的左端面抵在拨叉摇臂上的调整螺钉头部。

液压缸右侧与气压助力缸 11 相连。气压助力缸 11 装于驾驶室前壁,缸内装有活塞 14。活塞左端伸延部分为液压缸柱塞,有轴向孔和径向孔 28,以保证贮油罐向液压缸补充油液,活塞右端伸延部分内腔和推杆 18 活动配合,且被弹性挡圈 22 限位,以保证推杆与活塞间相对轴向移动量约为 3mm。在一般情况下,回位弹簧 25 使推杆凸肩靠于弹性挡圈 22 上,因而排气阀离开排气阀座 26 呈开启状态。此时,助力缸后腔室经孔 15、开启的排气阀及孔 12 与前腔室相通,再经前腔室上的孔 27 通大气。

推杆 18 的右端通过滚子 21 和轴销 20 活套于踏板的圆弧滑槽内,且其孔与进气软管 19 相通。推杆左端装有进气阀座 24 及进-排气阀门。进-排气阀尾端导向部分有轴向孔和径向孔 23,使压缩空气能进到进气阀周围的空腔。在一般情况下,阀门弹簧 16 将进气阀关闭。

3. 离合器操纵机构计算

当结构型式选定后,应合理确定操纵机构的总传动比。机械式和液压式操纵机构的计算简图如图 5-95 所示。

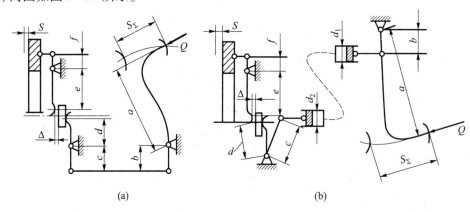

图 5-95 离合器操纵机构计算简图

踏板行程 S_Σ 由自由行程 S_0 和工作行程 S_g 两部分组成,即

$$S_\Sigma = S_0 + S_g \tag{5-95}$$

对于机械式操纵机构,如图 5-95(a)所示,踏板自由行程为

$$S_0 = \Delta \frac{a}{b} \times \frac{c}{d}$$

令 $i_{ad} = \frac{a}{b} \times \frac{c}{d}$,则

$$S_0 = \Delta \cdot i_{ad} \tag{5-96}$$

式中 Δ——分离轴承自由行程,一般为 2~4mm,反映到踏板上为踏板自由行程 S_0,一般为 20~30;

i_{ad}——分离轴承传动比。

离合器接合时压板行程为

$$S = z \cdot \Delta S + m \tag{5-97}$$

式中 z——摩擦面数(单片 $z=2$,双片 $z=4$);

ΔS——离合器分离时对偶摩擦面间的间隙,单片 $\Delta S = 0.75 \sim 1.0\text{mm}$,双片 $\Delta S = 0.5 \sim 0.6\text{mm}$;

m——离合器在接合状态下从动盘的变形量,轴向弹性从动盘取 $m = 1.0 \sim 1.5\text{mm}$,非弹性从动盘取 $m = 0.15 \sim 0.25\text{mm}$。

踏板工作行程为

$$S_g = S\frac{e}{f} \cdot i_{ad}$$

令 $i_{ef} = \dfrac{e}{f}$ 为压板传动比,上式改写为

$$S_g = S \cdot i_{ef} \cdot i_{ad} \tag{5-98}$$

机械式操纵机构踏板总行程:

$$S_\Sigma = S_0 + S_g = \Delta \cdot i_{ad} + S \cdot i_{ef} \cdot i_{ad} \tag{5-99}$$

对于液压式操纵机构,如图 5-95(b)所示,分离轴承传动比为

$$i'_{ad} = \frac{a}{b} \times \frac{c}{d} \times \frac{d_2^2}{d_1^2} \tag{5-100}$$

将上式带入式(5-95)即得液压式操纵踏板总行程:

$$S'_\Sigma = \Delta \cdot i'_{ad} + S \cdot i_{ef} \cdot i'_{ad} \tag{5-101}$$

离合器杆件的常用杠杆比数值范围如表 5-19 所列。

表 5-19 离合器操纵机构杠杆比

离合器型式	压板传动比	分离轴承传动比
周置圆柱弹簧	3.6~6.1	7~12,15~18(重型车辆)
膜片弹簧	2.7~5.4	10~16
中央圆锥弹簧	7~8	13~15

离合器彻底分离时所需踏板力:

$$Q = \frac{P'}{i_\Sigma \eta} + F \tag{5-102}$$

式中 P'——离合器分离时压紧弹簧对压盘的总压力(N);

η——操纵机构总传动效率,对于机械式操纵机构,约为 $0.7 \sim 0.8$;液压式操纵机构取 $0.8 \sim 0.9$;

i_Σ——操纵机构总传动比,对于机械式取 $i_\Sigma = i_{ad} \cdot i_{ef}$,对于液压式取 $i'_\Sigma = i'_{ad} \cdot i_{ef}$;

F——克服回位弹簧拉力所需的踏板力(N)。

二、万向传动装置的设计及选型

(一)万向传动装置的使用要求

万向(节)传动装置包括万向节和带花键轴或不带花键轴的传动管轴。如图 5-96

所示,若传动管轴过长,则需加装中间支承。为了使传动管轴既轻又有较大的扭转强度和弯曲刚度,一般采用厚度为 1.5～3.0mm 的薄钢板卷焊而成。重型车则直接采用无缝钢管。

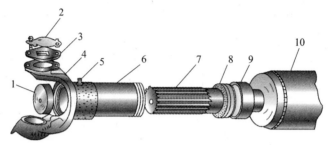

图 5-96 万向传动装置
1—盖子;2—盖板;3—盖垫;4—万向节叉;5—加油嘴;6—伸缩套;
7—滑动花键槽;8—油封;9—油封盖;10—传动轴管。

在轮式装甲车和越野汽车中前轴是驱动轴,前轮既为驱动轮又为转向轮,因而要在前轮轴线与前驱动轴轴线交角不断变化的条件下确保扭矩的传递。这也需要有万向传动装置。

当变速器与离合器或分动器分开布置时,虽然它们都安装在车体上,而且其轴线又可设置为重合,但为了消除安装误差和车体变形等对传动的影响,一般采用十字轴万向节或挠性万向节,其工作夹角不大于 2°～3°,如不考虑车体变形,这个角是不变的。如果被万向节连接的两轴分别属于簧载质量和非簧载质量时,万向传动轴和它们之间的夹角较大,工作过程中变化的范围也较大。对于一般载货汽车其夹角最大可达 15°～20°。对于越野汽车这个角度的最大值甚至达到 30°。一般用于转向驱动轮的万向节传动装置的轴间夹角,最大值可达 32°～42°[15]。

万向传动装置应满足如下要求:

(1) 确保所连接的两轴相对位置在预计的范围内变动时能可靠而稳定地传递扭矩;

(2) 确保所连接的两轴能均匀地旋转,且由于万向节夹角而产生的附加载荷、振动及噪声应在允许范围内,在使用车速范围内不应产生共振现象;

(3) 传动效率高,使用寿命长,结构简单,制造维修方便。

(二) 万向节

万向节按其在扭矩方向是否有明显的弹性可分为刚性万向节和挠性万向节。刚性万向节又可分为不等速万向节(常用的为普通十字轴式)、准等速万向节(双联式、三销轴式等)和等速万向节(球叉式、球笼式)。

目前,在变速器(或分动器)与驱动轴之间广泛采用的是普通十字轴刚性万向节和传动管轴组成的万向传动装置,而在转向驱动轴的转向节处采用的是等角速万向节。

1. 万向节的类型及其结构

1) 普通十字轴刚性万向节

在变速器、分动器和各驱动轴之间的万向传动装置中,都采用普通十字轴刚性万向节,其结构如图 5-97 所示,它由两个万向节叉 1 和 7、十字轴 9、滚针 4 和轴承盖 6 等主要零件组成。

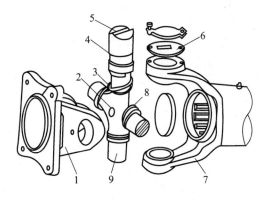

图 5-97 十字轴万向节

1、7—万向节叉；2—安全阀；3—油封；4—滚针；5—套筒；6—轴承盖；8—油嘴；9—十字轴。

十字轴 9 的两对轴颈通过滚针 4 和轴承盖 6 分别与万向节叉 1、7 的轴孔相连接。为防止轴承在离心力作用下从万向节叉的轴孔内脱出,万向节叉上用螺钉固定有轴承盖 6,并将锁紧垫锁紧,防止松动。十字轴制成中空的,由油嘴 8 注入润滑油脂,以保证轴承的润滑。为避免润滑油流出及尘垢进入轴承,在十字轴轴颈上套着带有金属质护圈的毛毡油封 3。当滑油脂压力大于允许值,安全阀被顶开,排出多余的润滑油脂。这种刚性万向节两轴的交角允许达 15°~20°。由于其结构简单、工艺性好、使用寿命长,并且有较高的传动效率,所以被广泛采用。

十字轴万向节的两个万向节叉,一个是主动件,另一个是从动件,两件用十字轴连接。由于两个万向节叉与十字轴轴颈均可相对转动,这样,从动轴既可随主动轴转动,又可绕十字轴中心在任意方向摆动,因而在主、从动轴交角发生变化的情况下能可靠地传递动力。这种万向节当主、从动轴有交角时,主、从动轴的转速是不相等的,转角差成周期变化,且两轴交角越大,其转角差越大,如图 5-98 所示。

若采用两个十字轴万向节,如图 5-99 所示,将两个万向节叉布置在一个平面内,且使万向节的夹角 $\alpha_1 = \alpha_2$,则可使处于同一平面内的两轴都等速旋转。

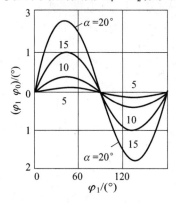

图 5-98 两轴转速差随主动轴转速的变化

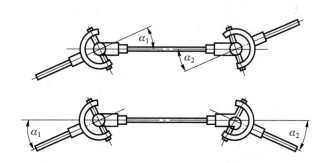

图 5-99 双十字轴万向节的等速条件

2）双联式等速万向节

由上述双十字轴万向节的等速条件可知,将图 5-100 所示的中间万向传动轴的两万向节叉靠拢,就构成了双联式等速万向节。

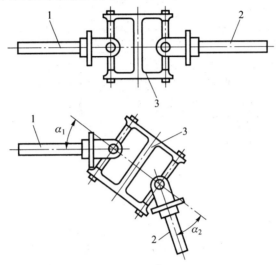

图 5-100　双联式万向节工作原理图
1、2—轴；3—双联叉。

双联式万向节在传动时允许有较大的轴间夹角,而且具有结构与工艺简单、工作可靠的特点,所以,目前在转向驱动轴上采用双联式万向节这种结构的重型越野车辆逐渐增多。万向节的主要缺点是外廓尺寸较大。

双联式万向节其结构如图 5-101 所示,它由内、外半轴 1、7,十字轴架 8、轴 13、外套 3、滚针 14 和轴承座 2 等主要机件组成。

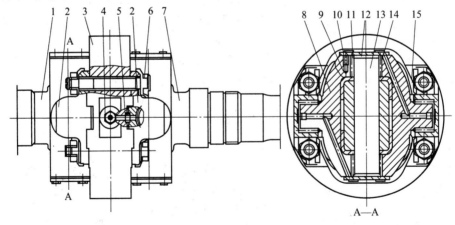

图 5-101　SX250 汽车双联式万向节
1—外半轴；2—轴承座；3—万向节外套；4—滑脂嘴；5—密封圈；6—螺栓；7—内半轴；
8—十字轴架；9—密封圈总成；10—螺钉；11—端盖；12—衬垫；13—轴；14—滚针轴承；15—密封圈盖。

万向节外套 3 两侧用螺栓 6 固定着 4 个带滚针的轴承座 2,组成一个复式叉。十字轴架 8 共有两个。每个十字轴架上有两段轴颈和两个轴孔,它们的轴线互相垂直。其轴颈分别支承于复式叉两侧带滚针的轴承座 2 内,而两端轴孔经滚针轴承 14 与轴 13 活动配合,轴孔端部用盖 11 封闭,其间装有衬垫 12。内、外半轴 1、7 则通过拳形端的轴孔套于轴 13 的中段。这样,就由复式叉与两侧的十字轴架 8、轴 13 和半轴形成了以复式叉中心为对称的两个十字轴万向节。在结构上实现了保证双万向节等速传动安装要求中的第一个条件即第一个万向节的从动叉和第二个万向节的主动叉在同一平面内。

3)三销式等角速万向节

三销式等角速万向节由双联式万向节演化而来,但在结构上作了较大的改变,我国生产的红岩 CQ261 汽车、东风 EQ240 汽车的转向驱动轴都采用了这种万向节。

三销式万向节如图 5 – 102 所示。它由两个与半轴制成一体的球形万向节叉 1,两个结构尺寸相同的内、外三销轴 2 和 6 个无内圈的滚针轴承 3 等机件组成。球形万向节叉的两个叉孔中心连线与半轴中心线垂直但不相交。每个三销轴均有位于同一平面内的 3 个轴颈及一个轴承座孔。一个轴颈与座孔位于同一轴线,另两个轴颈位于另一轴线,且两轴线相互垂直。每个三销轴 2 用二轴颈借滚针轴承 3 支承于万向节叉 1 的两个轴承孔。两个三销轴的第三个轴颈互相插入对方的相应轴承座孔内。装在主动万向节叉孔座中的三销轴的轴端与其轴承座之间装有止推垫片,它用来限制内三销轴 2 相对于主动叉 1 的轴向移动。而其余各轴径端面处均无止推垫片,端面与轴承座间有较大间隙,使三销轴相互间可轴向自由移动,可避免在车辆转向时三销式万向节发生运动干涉。

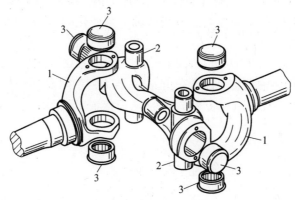

图 5 – 102 三销式万向节
1—万向节叉;2—三销轴;3—滚针轴承。

若主、从动叉相对其三销轴均能轴向自由移动,且轴内总摆动量能够在二者间均分,那么,具有这种结构的三销式万向节将实现完全的等角速度传动,但是,这将使结构十分复杂。

三销式万向节的优点是允许两轴间相对转角最大可达 45°,可以安装在敞开的转向驱动轴上使用,而且对万向节与转向节的同心度要求不太严。

4)球笼式等速万向节

球笼式等速万向节的结构如图 5 – 103 所示。星形套 7 以内花键与主动轴(内半轴) 1 相连,其外表面有 6 条凹槽形的内滚道。球形壳 8 的内表面有相应的 6 条凹槽形外滚道。6 个钢球 6 分别装在各条滚道中,并用保持架 4 使其保持在同一平面内。动力由主动轴输入,经钢球 6 和球形壳 8 输出。

球形壳 8 中心 A 与星形套 7 的中心 B 分别位于中心 O 的两边,且保持相等距离($OA = OB$),如图 5 – 104 所示。

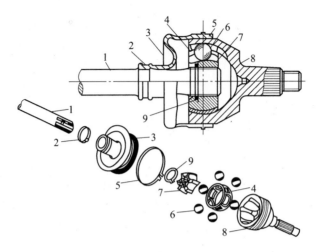

图 5-103 球笼式等角速万向节

1—主动轴；2、5—钢带箍；3—外罩；4—保持架（球笼）；
6—钢球；7—星形套（内滚道）；8—球形壳（外滚道）；9—卡环。

钢球中心 C 到 A、B 两点的距离也相等。球笼的内外球面、星形套的外球面和球形壳的内球面均以万向节中心 O 为球心。故当两轴交角变化时，球笼可沿内外球面滑动，以保持钢球在一定位置。

由图 5-104 可见，由于 $OA=OB$，$CA=CB$，CO 是公共边，则 $\triangle COA$ 与 $\triangle COB$ 全等。故 $\angle COA=\angle COB$；即两轴相交为任意交角 α 时，传力的钢球 C 都位于交角等分面上。此时钢球到主动轴和从动轴的距离 a 和 b 相等，从而保证了从动轴与主动轴以相等的角速度旋转。

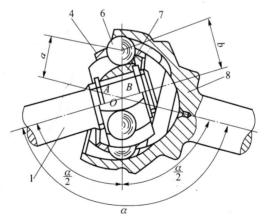

图 5-104 球笼式万向节等速原理

1—主动轴；4—保持架（球笼）；6—钢球；7—星形套（内滚道）；8—球形壳（外滚道）；
O—万向节中心；A—外滚道中心；B—内滚道中心；C—钢球中心；α—两轴交角（指钝角）。

2. 万向节选型

万向节选型应依据以下原则：

（1）当变速器与离合器或分动器分开布置时，为了消除安装误差和车体变形等对传动的影响，一般采用十字轴万向节或挠性万向节，其工作夹角不大于 2°~3°。

(2) 对于既要转向又要驱动的转向驱动轴,左、右驱动车轮需要随车辆行驶的轨迹而改变方向,这时多采用球笼式或球叉式等速万向节传动,其最大夹角及车轮的最大转角可达32°~42°。

等速万向节大都应用于转向驱动轴或独立悬挂的驱动轮的传动装置中,用来将半轴上的扭矩传给驱动轮,并确保半轴和驱动轮等速旋转,以利于转向驱动轮在大角度转弯范围内能够正常工作。等速万向节与车轮传动装置和转向节的结构密切相关,而且等速万向节加工复杂,大都需要专用设备,故在装甲车辆设计时一般不单独设计或选用等速万向节,而只是根据车辆转向性能的要求和万向节的特性、结构特点和应用范围,选用越野汽车的转向驱动轴并作适当的改进。表5-20列出了常用等速万向节的特性及适用范围,可供参考。

表5-20 驱动轴常用等速万向节特性及适用范围

型式		最大夹角	等速性	轮廓尺寸	特点	应用范围
笼式	Rzeppa	35°~37°	好	小	Birfield 结构较简单,夹角大,承载能力极大,耐冲击能力强,效率高,尺寸紧凑,安装简单,但滚道加工较困难	Birfield 广泛用于转向驱动轴和断开式驱动轴
	Birfield	42°				
双联式		50°	近似等速	大	工作可靠,效率高,加工方便,但结构较复杂,外形尺寸大	用于中型以上越野车辆转向驱动轴
三销式		45°	近似等速	大	可直接暴露在外,不需加外球壳和密封,对万向节与转向节的同心度要求不高,但外形尺寸较球笼式或球叉式大,零件形状复杂,毛坯需精确模锻,万向节两轴受有附加弯矩和轴向力	

3. 普通十字轴万向节设计

普通十字轴万向节结构简单,传动效率高,一般用于传动系统中分置部件之间的连接。如变速器与驱动轴之间一般采用由两个万向节和一根传动轴组成的万向传动装置。若两部件的距离较远,还应将传动轴分成两段,采用3个万向节。

1) 普通十字万向节等速转动条件

如图5-105所示,设普通十字轴万向节的主动轴Ⅰ与从动轴Ⅱ的夹角为α,主动轴转角φ_1定义为万向节主动叉所在平面与万向节主、从动轴所在平面的夹角,φ_2表示从动轴(即从动叉)的转角。

由机械原理可知,十字轴万向节的主动轴Ⅰ与从动轴Ⅱ转角间的关系为

$$\tan\varphi_1 = \tan\varphi_2 \cos\alpha \qquad (5-103)$$

将上式改写为

$$\varphi = \arctan\left(\frac{\tan\varphi_1}{\tan\alpha}\right)$$

假定万向节夹角α不变,对上式求导数,整理后得

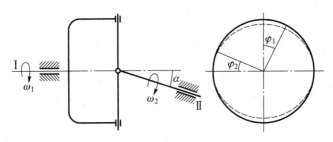

图 5-105 十字轴万向节运动示意图

$$\frac{\mathrm{d}\varphi_2}{\mathrm{d}t} = \frac{\cos\alpha}{1-\sin^2\alpha\cos^2\varphi_1} \cdot \frac{\mathrm{d}\varphi_1}{\mathrm{d}t}$$

令 $\dfrac{\mathrm{d}\varphi_2}{\mathrm{d}t} = \omega_2$、$\dfrac{\mathrm{d}\varphi_1}{\mathrm{d}t} = \omega_1$，则有

$$\frac{\omega_2}{\omega_1} = \frac{\cos\alpha}{1-\sin^2\alpha\cos^2\varphi_1} \tag{5-104}$$

如不计万向节中的摩擦损失，则两轴的扭矩关系为

$$T_2 = T_1 \frac{1-\cos^2\phi_1 \cdot \sin^2\alpha}{\cos\alpha} \tag{5-105}$$

当主动轴转角 $\varphi_1 = 0°、180°、360°$ 等值时，$\left(\dfrac{\omega_2}{\omega_1}\right)_{\max} = \dfrac{1}{\cos\alpha}$，而 $\varphi_1 = 90°、270°$ 等值时，$\left(\dfrac{\omega_2}{\omega_1}\right)_{\max} = \cos\alpha$。

由上述可知，单万向节是不等速万向节，它的从动轴转速的不均匀性一般可用其不均匀系数 k 表示。按下式计算：

$$k = \frac{\omega_{2\max} - \omega_{2\min}}{\omega_1} = \frac{\dfrac{\omega_1}{\cos\alpha} - \omega_1}{\omega_1} = \frac{1-\cos^2\alpha}{\cos} = \tan\alpha\cos\alpha$$

当夹角很小时 $\tan\alpha \approx \cos\alpha \approx \alpha$，从动轴转速不均匀系数可写为

$$k = \alpha^2$$

2) 双万向节等速传动条件

由上述可知，单十字轴万向节是不等速旋转的。为使输出轴与输入轴等速旋转，常采用两个不等速十字轴万向节传动，并把同传动轴相连的两个万向节叉布置在同一平面内，且使两万向节夹角 $\alpha_1 = \alpha_2$，如图 5-106 所示。

根据式(5-102)可写出

$$\tan\varphi_1 = \tan\varphi_2\cos\alpha_1$$
$$\tan\varphi_3 = \tan\varphi_2\cos\alpha_2$$

此两式相除可得

$$\frac{\tan\phi_3}{\tan\phi_1} = \frac{\cos\alpha_2}{\cos\alpha_1} \tag{5-106}$$

显然，当 $\alpha_1 = \alpha_2$ 时，必有 $\varphi_1 = \varphi_3$，即Ⅲ轴与Ⅰ轴等速转动。

当输入轴Ⅰ与输出轴Ⅲ如图5-106(a)所示平行时，直接连接传动轴的两万向节叉

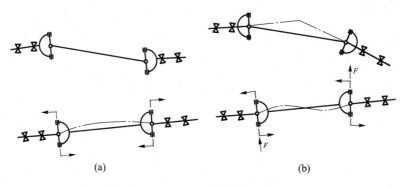

(a)　　　　　　　　　　　　(b)

图 5-106　双万向节等角速传动

所受的附加弯矩,彼此相互平衡。此时传动轴发生如图 5-106(a)中虚线所示的弹性弯曲,从而引起传动轴的弯曲振动。当轴Ⅰ与轴Ⅲ如图 5-106(b)所示相交时,传动轴两端万向节叉上所受的附加弯矩方向相同,不能彼此平衡,因此对两端的十字轴产生大小相等、方向相反的径向力 F。此径向力作用在滚针轴承碗的底部,并在输入轴与输出轴的支承上引起反力。与此同时,传动轴发生如图 5-106(b)中虚线所示的弹性弯曲。

3) 三万向节等速传动条件

三万向节传动按图 5-107 所示布置。四轴线共处同一平面,传动轴两端的万向节叉布置在同一平面内,中间传动轴上的两个万向节叉互成90°。

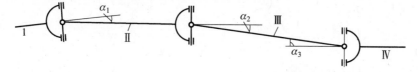

图 5-107　三万向节等速传动

Ⅰ—输入轴；Ⅱ—中间轴；Ⅲ—传动轴；Ⅳ—输出轴。

根据式(5-102)可写出

$$\tan\varphi_1 = \tan\varphi_2 \cos\alpha_1$$
$$\tan\varphi_2 = \tan\varphi_3 \cos\alpha_2$$
$$\tan\varphi_4 = \tan\varphi_3 \cos\alpha_3$$

整理可得

$$\frac{\tan\varphi_4}{\tan\varphi_1} = \frac{\cos\alpha_3}{\cos\alpha_1 \cos\alpha_2}$$

因此,为确保 $\varphi_1 = \varphi_4$,3 个万向节的夹角必须满足如下关系式:

$$\cos\alpha_3 = \cos\alpha_1 \cos\alpha_2 \tag{5-107}$$

十字轴万向节的尺寸取决于十字轴的尺寸,而后者则是根据它在计算载荷作用下无残余变形的要求来确定的。设计时可根据万向节的使用扭矩、转速、夹角、车型以及使用寿命等要求从专业厂商的系列产品中选购。

4. 传动轴和中间支承

1) 传动轴和中间支承的类型及其结构

(1) 传动轴。

由于传动轴一般较长,转速高,并且所连接的两部件(如变速器与驱动轴)间的相对位置在经常变化。为避免运动干涉,传动轴中有由花键叉和花键轴组成的滑动键连接,以适应传动轴的长度的变化。为减少花键磨损,还装有加注润滑油脂的油嘴、油封和防尘套。

传动轴转速较高,为了避免离心力引起剧烈的振动,万向节装配以后需再经过动平衡。在平衡时可加平衡片。平衡片除可焊在带传动轴管的一侧外,在滑动端也可将平衡片与十字轴轴承盖一起固定在万向节叉上。平衡后在叉和轴上刻上记号,以便拆装时保持二者原来的相对位置。

(2) 中间支承。

为了保证传动轴有足够的临界速度和保持小的轴间夹角,如果传动轴连接的两个总成距离超过 1.5m 时,一般都将传动轴分为两段,并加装中间支承。图 5-108 所示为长江 CJ640 客车的中间支承。它由支架 1 和球轴承 7 等组成。支架 1 用螺栓固定于车架上。球轴承 7 及其支承座 10 通过两个摆臂 4 可绕支架 1 的轴孔摆动。当车辆行驶中发生颠簸时,利用橡胶衬套 5 的弹性变形,进一步减少车架变形对传动轴正常工作的影响。

图 5-108 为摆动式中间支承,当发动机与传动轴间发生轴向窜动时,中间支承可绕支承销轴前后摆动,使轴向力不传给中间支承的轴承,又因支承座和吊耳均采用了橡胶轴套,因此这种结构能承受径向摆动力。故可提高轴承寿命和降低噪声。

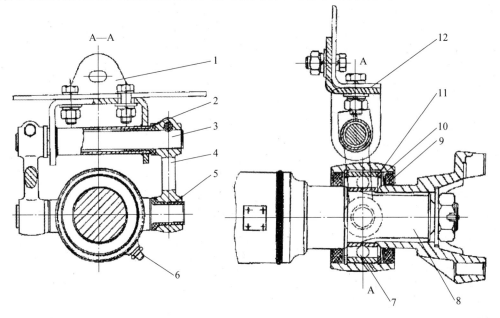

图 5-108　长江 CJ640 客车摆动式中间支承

1—支架;2、5—橡胶衬套;3—支承轴;4—摆臂;6—注油嘴;7—球轴承;
8—前传动轴;9—油封;10—支承座;11—卡环;12—车架横梁。

图 5-109 所示为 6×6 越野车传动轴中间支承。由于中间支承既要承受传动轴滑动花键伸缩所引起的方向变化的轴向力,又要平衡万向节附加弯矩,因此,一般都采用两个滚锥轴承,轴承座牢固地固定在中间驱动轴上,以防止松动。

2) 传动轴的计算

(1) 传动轴的长度、夹角及其变化范围的确定。

在车辆传动系统中分置部件的连接一般采用普通十字轴万向传动,其长度和夹角是

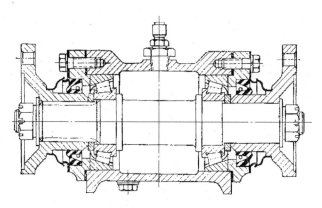

图 5-109 越野车传动轴中间支承

根据车辆传动系统的布置确定的。它们的变化范围一般可根据分置部件(如车轮相对变速器)上、下跳动到极限位置时,绘制的传动轴跳动图来确定。设计时应保证在传动轴长度达最大值时,花键套与轴有足够的配合长度,而传动轴长度为最小时不顶死。在确定传动轴夹角时,应考虑当悬挂至上、下极限位置时,传动轴夹角的大小对其效率和旋转的不均匀性、十字轴及其轴承的使用寿命的影响。

万向节的工作条件在很大程度上取决于转速和它所连两轴的夹角。一般此角越小越好,若夹角过大将导致寿命下降和效率降低。当夹角 α 由 4°增至 16°时滚针轴承寿命将降至原寿命的 1/4。其夹角规定的范围如表 5-21 所列。

表 5-21 十字轴万向节夹角 α 的允许范围

万向节安装位置或相联两总成			α 不大于
离合器、变速器、变速器 - 分动器(相联两总成均装在车体上)			1°~3°
驱动轴 传动轴	满载静止时	一般汽车	6°
		越野汽车、装甲车	12°
	行驶中的极限夹角	一般汽车	15°~20°
		轮式装甲车	30°

万向传动轴的夹角和长度与其工作转速密切相关,表 5-22 列出了传动轴长度、夹角与安全工作转速的关系,可供设计时参考。

表 5-22 传动轴长度、夹角与安全工作转速关系

传动轴长度/cm	0~114	114~152	152~183	
夹角/(°)	0~6	0~6	0~6	≥6
安全工作转速/(r/min)	0.90nK	0.85nK	0.80nK	0.65nK

(2) 传动轴临界转速与横断面尺寸。

传动轴尺寸可根据所传递最大扭矩、最大转速和长度先预选,然后验算其临界转速和强度。

传动管轴是由低碳钢板卷焊而成的。由于钢材质量分布不均以及旋转时其自身质量产生的离心力,使传动管轴产生弯曲振动。当传动轴转速接近其自然振动频率时发生共振,从而引起传动轴折断。此时的共振转速被称为传动轴的临界转速。

假定传动轴两端自由支承于球铰上,如图 5-110 所示,轴的质量集中于 O 点,偏离

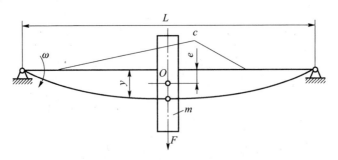

图 5-110 传动轴临界转速计算简图

旋转轴线之距为 e。当传动轴以 ω 旋转时的离心力为

$$F = m\omega^2(e+y) \tag{5-108}$$

它与传动轴的恢复力 $p = cy$ 相等，即

$$cy - m\omega^2(e+y) = 0 \tag{5-109}$$

当传动轴转速到达临界转速时，传动轴将破坏，即 $y \to \infty$，则有

$$c - m\omega_c^2 = 0$$

即

$$\omega_c = \sqrt{\frac{c}{m}} \tag{5-110}$$

式中 c——传动轴的侧向刚度(N/m)。对于两端自由支承于球形铰接的质量均布的轴 (N/m)，$c = \dfrac{384EJ}{5L^3}$；

m——管轴质量(kg)，$m = 0.25[\pi(D^2-d^2)]L \cdot \rho$(kg)；

J——管轴截面抗弯惯性矩(kg·m·s²)，$J = [\pi(D^2-d^2)]/64$；

E——材料的弹性模量(MPa)，取 $E = 2.15 \times 10^5$；

L——传动轴的支撑长度(mm)，取两万向节之中心距；

D、d——管轴的外径与内径(mm)；

ρ——材料的密度，对于钢 $\rho = 0.8 \times 10^5 \text{kg/mm}^3$。

将上述 c、J、m 的表达式和 E、ρ 的数值代入式(5-109)，并令 $\omega_c = \pi n_c/30$，则传动轴临界转速为

$$n_c = 1.2 \times 10^8 \frac{\sqrt{D^2+d^2}}{L^2} \tag{5-111}$$

(3)强度校核。

传动轴的最大工作扭矩，因其所在位置不同有不一样的数值，应选取不一样的计算公式。

对于驱动轴的传动轴，其最大工作扭矩为

$$M_{\max} = M_{emax} i_{g1} i_{f1}/N \tag{5-112}$$

式中 M_{emax}——发动机最大扭矩(N·m)；

i_{g1}——变速器 1 挡传动比；

i_{f1}——分动器低挡传动比；

N——驱动轴数。

对于车轮传动轴，其传递的最大扭矩：

$$M_{max} = \frac{1}{2} M_{emax} i_{g1} i_{f1} i_0 / N \qquad (5-113)$$

式中　i_0——主减速器传动比。

变速器和分动器后装有制动器时，驱动轴的传动轴的计算载荷按最大制动力矩计算：

$$M_{max} = G_q \varphi r_k \cdot \frac{1}{i_0} \qquad (5-114)$$

式中　G_q——驱动轴的载荷（N）；

　　　φ——车轮与地面的附着系数；

　　　r_k——车轮滚动半径（m）。

传动轴最大扭转应力可按下式计算：

$$\tau = \frac{16DM_{max}}{\pi(D^4 - d^4)} \qquad (5-115)$$

式中　M_{max}——传动轴最大工作扭矩（N·m）；

　　　D、d——传动管轴的外径和内径（m）。

按上式算得应力 τ 不应大于 300MPa。

花键的齿侧挤压应力按式（5-115）计算：

$$\sigma_j = \frac{M_{max}}{\left(\dfrac{D_1 + D_2}{2}\right)\left(\dfrac{D_1 - D_2}{2}\right)zL} \qquad (5-116)$$

式中　D_1、D_2——花键的外径和内径（mm）；

　　　z、L——花键的齿数和键齿有效长度（mm）。

在传动轴的伸缩花键齿面硬度大于 HRC35 时，上式计算的挤压应力不应大于 25～50MPa。

第六节　驱动力分配与管理系统

一、概述

随着汽车工业的迅猛发展，人们对车辆的经济性、动力性、通过性、安全性有着越来越高的要求，同时由于可用于车辆控制的现代电子技术的发展，为满足人们的要求提供了可能性，为此各国都在竞相开发将各种机、电、液、气一体化的先进装置用于车辆上，如发动机的电子喷射装置、自动变速装置、自动导航装置、ABS 防抱死装置、TCS 牵引力控制系统、主动悬架等，这些主动控制装置大大提高了车辆的性能。

传统驱动力系统的管理是由驾驶员凭借自己的经验，根据路面情况人工操纵节气门踏板、离合器踏板并适时地进行差速器的闭锁和开锁控制。驾驶员对以上那些装置进行的控制,实际上是控制轮胎与路面之间的作用力,但是轮胎与路面之间的作用力不仅要受到动力系统传递给车轮的驱动力矩的限制,还要受到车轮与路面之间附着极限的限制。当轮胎与路面之间的作用力超过附着极限时,如:

(1) 车辆在起动或加速行驶过程中,如果路面一侧或两侧摩擦系数较小或驾驶员操作不当(如突然加大油门),常常会使车辆驱动扭矩超过轮胎与地面之间的附着极限,产生驱动轮过渡滑转的现象,这不但降低了车辆的驱动效能,加剧了轮胎磨损,增大了传动系统载荷,增加了燃油消耗,而且损害车辆的操纵性、稳定性和安全性。

(2) 车辆在湿滑路上转向或在高速下转向时,侧向力常常接近附着极限或达到饱和,使车辆的转向性能发生明显改变,出现侧滑、激转、侧翻或转向反应迟钝等丧失稳定性和方向性的危险局面。

(3) 车辆在上坡时,如果坡度较大或路面较滑时,由于车辆轴荷的变化,使得车轮过渡滑转,造成驱动力无法克服行驶阻力从而影响车辆的通过性。

(4) 车辆在下坡时,由于车辆轴荷的变化,使得车轮过渡滑转,会影响车辆的稳定性。

由以上分析可知,要使车辆保持良好的运行状态,就需要驾驶员能正确判别路面状况、车轮驱动状况,对各操纵机构进行正确控制,从而使轮胎与地面之间的作用力控制在稳定范围内,但是对于车辆而言,其操纵装置较多、实际运行路面条件和行驶工况复杂,驾驶员很难始终正确判断车辆状态,另由于驾驶员的紧张、疲劳等原因,也使其难以始终正确地操纵相应装置来保证动力性、机动性、通过性。因此参考现代汽车所采用的车辆主动控制系统,运用现代电子技术为车辆设计适用的驱动力分配与管理系统具有如下十分重要的意义[16]:

(1) 系统根据车辆的运行情况,对发动机节气门开度和驱动车轮所受制动力矩进行自动控制,可以使车轮的滑转率控制在较理想的区域,从而使车辆有较大的纵向附着系数和侧向附着系数,以此提高车辆的驱动效能并减少车辆侧滑。另由于车轮滑转得到控制,可减少轮胎的磨损,提高其寿命。

(2) 系统根据车辆的运行情况对差速锁实现自动控制,可保证差速锁适时接合、分离,且切换过程中不需中断动力,这使得轮式装甲车有较高的通过性、机动性,并可防止传动系统发生功率循环、传动部件负荷过大。

(3) 系统可以降低驾驶员驾驶的复杂程度,从而缩短对驾驶员的培训时间;另外该系统还可减轻驾驶员紧张、疲劳程度,并使驾驶员能将更多的时间与精力集中于转向和制动控制,以提高行车的安全性。

二、驱动力分配和管理系统的型式及发展状况[17]

(一) 驱动力分配和管理系统的型式

车辆驱动力分配和管理系统的型式大致可分为:人工进行车辆动力分配控制和管理、被动动力分配和管理系统、驱动防滑控制(ASR)和牵引力控制系统(TCS)、自动驱动系管理系统(ADM)。

1. 人工进行车辆动力分配控制和管理

目前大多数车辆都是由驾驶员操纵车辆的相应机构,如:节气门踏板、各差速器锁止操纵杆,使车辆保持正常的工作状态。如我国自主开发的 WZ551A,WZ550 等轮式装甲车。

2. 被动动力分配和管理系统

被动动力分配和管理系统的型式是采用扭矩敏感式差速器、转速差感应式差速器或黏性联轴节等装置,使得车辆的各轴或左、右车轮能在一定范围内根据前后轮胎的地面附着力大小,由这些差速器的特性而无需人工操作,自动地改变各轴或左、右车轮驱动扭矩的分配比例,从而更为有效地利用地面提供的附着系数,保证车辆的动力性和操纵稳定性。例如:装有"莲花差速器(Lotus Differential)"的 Espirit Sport 300 车。

3. 驱动防滑控制(ASR)和牵引力控制系统(TCS)

驱动防滑控制(ASR)和牵引力控制系统(TCS)是 20 世纪 80 年代中期开始发展起来的以限制车辆驱动轮过度滑转同时保证最佳纵向牵引力的新型主动安全控制系统。它由电子控制装置、速度传感器、节气门开度传感器、压力调节器等若干部分组成,其工作原理是由电子控制器根据各传感器输入的信号,按照设计好的控制逻辑控制相应的执行机构实现对发动机、变速箱、摩擦片式差速器、车轮等进行操作。目前,这种控制系统在国外的越野车辆中装备了很多,如德国陆军的"奔驰(Mercedes Benz) G – Wagon"军用越野汽车,英国陆军的"路虎(Land Rover)防卫者"军用越野汽车等。

4. 自动驱动系管理系统(ADM)

该系统为 20 世纪 90 年代奥地利 Steyr – Daimler – Puch AG 公司综合了牙嵌式离合器与计算机自动控制系统各自优点开发的动力控制系统。这种控制系统的原理为当一侧驱动轮打滑时,自动控制同步啮合装置,将前后轴或/和左右轮锁止即刚性连接,利用具有较大附着力的车轮产生的牵引力使车辆前进。理论上讲,ADM 使得车辆只要有一个车轮有足够附着力时就可以驱动车辆前进。该系统经路试表明能提高车辆的行驶通过性和驾驶稳定性,并且能极大地降低驾驶员的劳动强度。

(二) 驱动力分配与管理的发展状况

以 4×4 为例,车辆驱动力分配与管理的技术发展历经了如下 3 个阶段:

1. 普通差速器阶段

第一个阶段是普通差速器阶段。这一阶段的驱动形式可分为短时四轮驱动和常时四轮驱动。

短时四轮驱动(part – time 4WD),这种驱动型式为最初实用化的四轮驱动型式,它是由驾驶员根据车辆的行驶状态,手动操纵牙嵌式离合器把车辆切换成二轮驱动或四轮驱动。这种车辆在四轮驱动条件下,当发生急转弯时将出现制动。

常时四轮驱动(permanent 4WD),它是在七八十年代出现中间差速器时才实用化的四轮驱动型式,由于中间差速器可以吸收前后轮的转速差,所以前后传动轴的转速可以不同,因而不会出现急转弯制动的情况,但为避免在滑转路面条件下丧失驱动能力,需要加装中间差速器锁止机构。

常时四轮驱动的特点是车辆驱动轮所受的驱动力矩是随动态轴荷变化而变化的。

2. 被动式分配阶段

第二阶段是驱动力被动式分配阶段。这一阶段的 4WD 车辆通过安装扭矩敏感式差速器、转速差感应式差速器或黏性联轴节等装置,以取代普通的齿轮式差速器,车辆在一般的非铺装路面条件下的通过性,可由这些装置的特性保证,但在极差路况下为保证车辆的通过性能,也需要将这些自适应装置刚性闭锁。总之,此阶段4WD的特点是由机构的固有特性使得车轮驱动扭矩自适应变化来保证车辆的驱动性能。

3. 主动分配与管理阶段

第三个阶段是驱动力主动式分配与管理阶段。此阶段的4WD是通过电子控制器根据传感器传来的信号值,主动控制离合器或黏性联轴器,以保证驱动轮所需扭矩。它包括:①各车轮所受驱动扭矩分配比在一定范围内变化的主动调节。对于短时4WD,是在某一驱动轴上装有可控离合器;而对于常时4WD,是在所有驱动轴上装有可控离合器或可控黏性联轴节。②各车轮所受驱动扭矩分配比自由变化的主动调节。对于短时4WD,是在两驱动轴都装有可控离合器;而对于常时4WD,则是安装可控的中间差速器和黏性联轴节。这种类型的4WD实际上是在被动式驱动力分配的基础上增加电子主动控制装置。

目前,由于扭矩敏感式差速器、转速差感应式差速器或黏性联轴节等装置所能传递的扭矩较小,使得上述的第二、三种阶段的4WD还只适用于轻型车辆。而对于重型4WD车辆仍为第一阶段,如我国的4×4轮式装甲车WZ550为第一阶段的常时4WD型式。但随着机械和电子技术的发展,人们也努力通过自动控制技术来改善和提高第一阶段的技术,以提高车辆的性能。

三、驱动力分配与管理系统的原理

车辆驱动力分配与管理系统是根据车辆的行驶状况,运用电子控制器按控制逻辑,操纵相应的执行机构使车辆在各种路面条件下获得最佳的动力性、通过性和稳定性,同时保证车辆行驶的安全性。它是结合了驱动防滑控制(ASR/TRC)以及自动驱动系管理(ADM)系统的特点,提出的适用于多轴车辆的驱动力控制系统。

车辆在路面上行驶时,其驱动力取决于轮胎与路面之间的附着系数极限和发动机经驱动系统传递到驱动轮的驱动扭矩,因而要实现驱动力的优化分配与控制,需首先分析清楚轮胎与路面之间的附着力和传递到驱动轮的驱动扭矩与驱动力的关系。

(一)驱动力和车轮滑转率的关系

轮胎与路面之间的作用力即车辆的驱动力由作用在轮胎上的径向力和附着系数决定,而轮胎与路面之间的附着系数与轮胎结构、路面状况、天气条件、温度和车速等诸多因素有关,是一个变化范围很广的不确定量。但是大量试验表明,轮胎与路面之间的附着系数与车轮滑转率有直接关系。它们之间的关系如图5-111、图5-112所示。

图5-111和图5-112中驱动轮纵向滑转率S_x为

$$S_x = 1 - V_x/(\omega \cdot R_d) \tag{5-117}$$

式中 V_x——车辆纵向速度(m/s);

ω——车轮角速度(rad/s);

R_d——车轮滚动半径(m)。

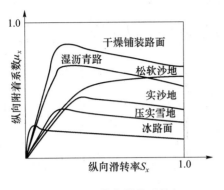

图 5-111 纵向附着系数与
纵向滑转率的关系

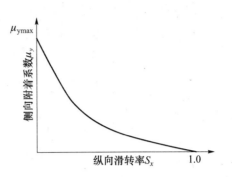

图 5-112 侧向附着系数与
纵向滑转率关系

由图 5-112 可知,当纵向滑转率 $S_x = 0$ 时,车轮与路面之间的纵向附着系数 $\mu_x = 0$,然后 μ_x 随车轮滑转率的增加而增大(路面为松软沙地时除外),当车轮滑转率达到 ST(一般在 0.08~0.30 之间),此后随着车轮滑转率的增加,纵向附着系数反而减小;由图 5-112 可知,轮胎与路面之间的侧向附着系数随车轮滑转率的增加反而减小,当 $S_x = 1$ 时减小为 0,由于驱动力与轮胎径向力和附着系数成正比,而车轮滑转率与附着系数关系如上所述,因此为了发挥车辆的牵引能力,又保证车辆具有一定的侧向稳定性,应使车辆驱动轮的滑转控制在略小于 ST 的范围内。另由图 5-111 可知在松软沙地上随着车轮滑转率的增加,纵向附着系数增加,但是由于剪切作用使得轮胎处于较高滑转率时,由滑转率增加而增加的纵向加速力实际上使土壤向后加速而非使车辆向前加速,同样轮胎与这种路面之间的侧向附着系数随车轮滑转率的增加反而减小,同样由于驱动力与轮胎径向力和附着系数成正比,因而也应使车辆驱动轮的滑转控制在一定范围内。

(二) 驱动力与动力传动系统的关系

由于驱动系统中常规差速器的等扭矩特性的作用,使得若有一侧的车轮因路面附着系数较低或因轮胎负荷减小甚至由于悬空而消失时,该车轮出现滑转从而使得其他车轮的驱动扭矩减小,这样一来即便其他车轮的路面状况良好,它们所能提供的驱动力也将减小,从而使得整车驱动力减小甚至丧失,因此有必要进行适当的控制使得每个驱动轮都能充分利用地面附着系数,所以应使车辆驱动轮的滑转控制在一定的范围内。

由以上分析可知,为保证能充分利用路面附着系数以获得较大的驱动力,则应将驱动轮纵向滑转率控制在一定范围内(如果该路面有峰值附着系数,则将其控制在小于峰值附着系数的范围内;若该路面无峰值附着系数,则将其控制在附着系数与滑转率曲线中曲线斜率较大范围内),因此驱动力分配与管理系统的基本原理就是根据滑转率与附着系数的关系及驱动系统的特点,将驱动轮的滑转率控制在一定范围内。

四、ASR(TRC)、ADM 的主要控制方式及典型应用

由于 ASR(TRC)、ADM 控制系统同为车辆纵向驱动力的控制,其控制理论依据相同,因此有必要讨论其主要控制方式及典型应用。

(一) ASR(TRC)的主要控制方式

目前,ASR(TRC)采用的控制方式主要有发动机输出扭矩调节、驱动轮制动力矩调节、差速器锁止控制、离合器或变速箱控制。

1. 发动机输出扭矩调节

发动机是车辆的动力源,通过调节发动机输出扭矩,就可以控制传递到驱动轮的驱动扭矩,以改变驱动轮的角速度,从而调节驱动轮的滑转率。发动机输出扭矩调节主要有3种方式:点火参数调节、燃油供给调节和节气门开度调节。

现代车辆发动机的点火时刻是依赖于发动机负荷、转速和温度等精确计算出的最佳时刻,改变点火时刻发动机输出扭矩就将发生变化。调节点火参数多是指减小点火提前角,但当驱动轮滑转率持续增长时,则可暂时中断点火。点火参数调节是一种响应迅速的控制方式,对于保证车辆的方向性较为有效。

燃油供给调节是指减少供油或暂停供油,即当发现驱动轮发生过度滑转时,电子调节装置将自动减少供油量,甚至中断供油,以减少发动机输出扭矩,燃油供给调节是现代电控内燃机中比较易于实现的一种驱动防滑控制方式,对车辆的方向性控制较好。

节气门开度调节是指改变节气门的闭合程度,它是在电子控制器控制下由电动机来操纵的,具体地说它是通过传感器感知驾驶员等有关控制信息,并将这些信息送入 ECU(ECU 中有大量预编控制程序),经 ECU 处理后发出控制指令,驱动执行电机,执行电机带动执行机构调节节气门开度。节气门开度调节能使发动机工作平稳,控制车辆方向性较好,易于与其他控制方式配合使用,但它响应较慢,不能保证后轮驱动车辆的稳定性,所以只有对操纵性和稳定性要求不太严格的前轮驱动车辆或四轮驱动车辆才单独使用。

发动机输出扭矩调节是应用最广泛的驱动防滑控制方式,它对牵引性能改善十分明显。这种控制方式主要应用在多个驱动轮发生过度滑转工况下。

2. 驱动轮制动力矩调节

驱动轮制动力矩调节是在发生打滑的驱动轮上施加制动力矩,使车轮轮速降至最佳的滑转率范围。制动力矩调节的主要作用是产生差力作用。当两侧驱动轮的路面摩擦系数不同时,高附着系数一侧驱动轮能传递的最大驱动力为 $F_{H\max}$,低附着路面一侧驱动轮能传递的最大驱动力为 $F_{L\max}$,而差速器传给车轮的驱动扭矩作用于路面所能产生的最大驱动力仅为 $2F_{L\max}$。如果发动机输出功率足够大,低附着路面一侧驱动轮将发生滑转,若此时在其上施加制动力 F_B,则总驱动力 F_{tot} 将增加 F_B^*,即

$$F_{tot} = 2F_{L\max} + F_B^* \leq F_{H\max} + F_{L\max} \tag{5-118}$$

F_B^* 是考虑到制动器与驱动轮不同有效半径由 F_B 换算得到的,一般成比例关系。

因制动力矩直接作用在驱动轮上,所以驱动轮制动力矩调节的响应时间较短,但作用时间不宜过长,以避免制动器过热。

3. 差速器锁止控制

该种方式是控制防滑差速器如作用在摩擦片式差速器的油压,使其根据路面条件将差速器不同程度的锁止从而使得左右驱动轮或前后驱动轴的输出扭矩不同,实现对驱动力的控制。

4. 离合器或变速箱控制

离合器控制是指当车辆驱动轮发生过度滑转时,减弱离合器的接合程度,使离合器主、从动盘出现部分相对滑摩,从而减小传输到半轴的扭矩;变速箱控制是指通过改变传动比来改变传递到驱动轮的驱动扭矩,以减小驱动轮滑转程度的一种驱动防滑控制。由于离合器和变速箱控制响应较慢,变化突然,所以一般不作为单独的控制方式。

由于以上各种控制方式都有一定的局限性,所以实际的 ASR(TRC) 系统采用以上几种控制方式的结合。表 5-23 列出了不同的控制方式对车辆牵引性、操纵性、稳定性、舒适性和经济性的影响。

表 5-23　不同控制方式的 ASR 性能对比

	牵引性	操纵性	稳定性	舒适性	经济性
节气门开度调节	- -	-	-	+ +	+
点火参数及燃油供油调节	0	+	+	-	+ +
驱动轮制动力矩调节(快)	+ +	-	-	- -	-
驱动轮制动力矩调节(慢)	+	0	0	0	0
差速器锁止控制	+ +	+	+	-	-
离合器或变速箱控制	+	0	+	- -	-
节气门开度 + 制动力矩控制(快)	+ +	+ +	+ +	-	-
节气门开度 + 制动力矩控制(慢)	+	0	0	+	-
点火参数 + 燃油供给 + 制动力矩控制	+ +	+	+ +	+	-
节气门开度调节 + 差速器锁止控制	+ +	+	+	+	- -
点火参数 + 燃油供给 + 差速器锁止控制	+ +	+	+	+	-

注:"- -"表示很差,"-"表示较差,"+ +"表示很好,"+"表示较好,"0"表示基本无影响。

(二) ASR(TRC) 的典型应用

1. Bosch 公司的 ASR

通用汽车公司的 Corvette 车装备的驱动防滑控制系统为 Bosch 公司的 ABS/ASR 2U,它主要是由车轮转速传感器、电子控制装置、制动压力调节装置、节气门松弛装置以及 ABS/ASR 信号灯等组成,采用的控制方式是点火时刻延迟、节气门开度调节和后驱动轮制动力矩控制。上述的发动机输出扭矩控制和制动力矩控制可同时进行,也可独立进行,其中发动机输出扭矩控制由车辆的速度和路面状况决定,制动力矩控制由车轮的角加速度决定。

ASR 电子控制模块检测 4 个车轮的速度传感器的信号,当检测信号表明后驱动轮轮速与前轴非驱动车轮轮速相比的差值超过控制算法中预定值时启动 ASR 控制,其控制流程如图 5-113 所示。

ASR 执行过程为:①信号传递给发动机控制模块中点火时刻表以减少点火提前角,从而降低发动机输出扭矩。电子控制模块不断检测车轮转速,判断后驱动轮是否过度滑转;②如果后驱动轮仍过度滑转,则减小节气门开度以进一步降低发动机输出扭矩;③电子控制模块控制制动压力调节装置以减小驱动轮的过度滑转;④节气门开度传感器模块为 ECU 提供节气门的开度;⑤ASR 起作用期间,巡航控制失效,ASR 指示灯亮。当后驱动

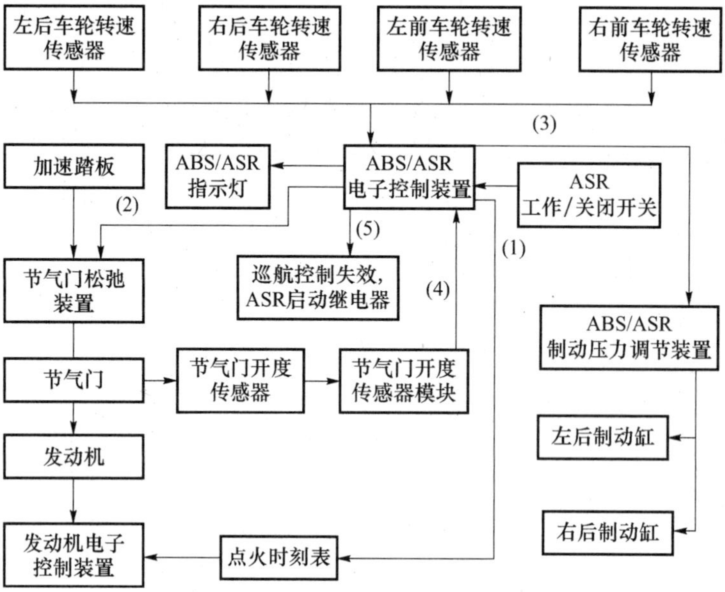

图 5-113 ASR 控制流程图

轮的转速调节到控制范围内的最低滑转率时,电子控制装置结束 ASR 控制,点火提前角重新按基准点火时刻表执行,节气门恢复到驾驶员期望的开度,制动电磁阀和泵卸载,ASR 启动指示灯熄灭,如在 ASR 启动前有巡航控制则将其恢复。

在驱动防滑控制过程中,ABS/ASR 电子控制装置根据车辆的速度、加速度,并考虑车辆是否处于起步、加速或转弯等因素对滑转率控制门限进行动态设定。另如果车辆速度处于高速如超过 80km/h 时,驱动防滑控制过程中仅通过节气门开度和点火时刻控制,对发动机输出扭矩进行调节;当处于低速时通过调节发动机输出扭矩和制动力矩而实现联合控制。

2. Toyota 公司的 TRAC

Toyota 的 Lexus LS400 车装备的驱动防滑控制系统为 TRAC,它主要由车轮转速传感器、TRAC 电子控制装置、制动压力调节装置、TRAC 隔离电磁阀总成、TRAC 制动用动力单元、主副节气门开度传感器、副节气门控制步进电动机等组成。采取的控制方式是副节气门开度和驱动轮独立制动力矩控制。

TRAC 的系统控制流程框图如图 5-114 所示。V_CPU 接收 4 个车轮转速传感器的信号,经过处理得到车轮的转速和角加速度,然后将相应信息传送给 T_CPU、A_CPU;T_CPU 是 TRAC 系统的控制核心,它接收节气门开度传感器的信号,根据系统状态驱动步进电机并将电磁阀驱动模式信息传送给 A_CPU;A_CPU 在 TRAC 控制起作用时,根据 T_CPU 传送的电磁阀驱动模式信息,驱动电磁阀,实现驱动轮的制动力矩控制。当 ABS 起作用时,TRAC 停止作用。

在 TRAC 控制过程中驱动轮控制目标速度 V_{rt} 由前非驱动轮的速度和控制目标滑转率决定。控制目标滑转率根据车辆的加速性能、各种路面和轮胎条件下的车辆稳定性确定。

在 TRAC 控制过程中:

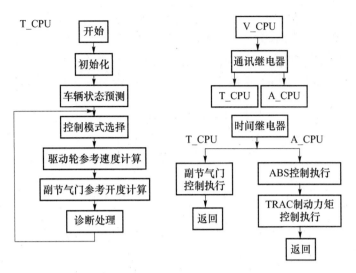

图 5-114　TRAC 系统控制流程框图

(1) 节气门开度 ξ_{th} 变化规律为

$$\xi_{th}(t) = A \cdot \int (V_{rt} - V_r) dt + B \cdot (V_{rt} - V_r) + C - D \cdot \int P_B dt \quad (5-119)$$

式(5-119)中,A,B,D 为控制增益,C 为常量,V_r 为所有驱动轮速度和的均值,P_B 为左右驱动轮所受的较小制动压力值。另上式中第四项的作用是防止节气门控制与制动力矩控制相互抵消。

(2) 制动力矩控制方法为：制动力矩控制为左右驱动轮独立控制,并根据驱动轮的速度、加速度值分别采用 5 种控制模式,即快速制动力矩增加、慢速制动力矩增加、制动力矩不变、慢速制动力矩降低、快速制动力矩降低。

3. 美军试验型的牵引力控制系统 TCS

由于牵引力控制系统 TCS 在商用车辆上的成功,使得美国军方考虑其在未来的战斗车辆中的使用。通过 TCS 系统的装备,要求高机动性多用途轮式车辆(HMMWV)实现其在公路路面上行驶时性能的提高,并同时提高通过软路面的能力。出于以上目的,Chrysler 公司、ITT 公司、Saturn 电子公司、Oakland 大学以及美国军方等共同开发了这种 TCS。这一系统的组成如图 5-115 所示。

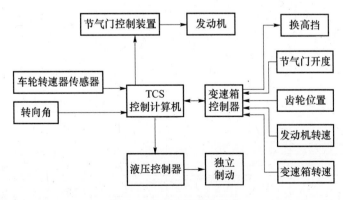

图 5-115　TCS 系统组成

这种TCS系统的控制逻辑如表5-24、表5-25所列。

表5-24中Trspd为变速箱输出速度,Throt为节气门开度,Slip为驱动轮的滑转率,其中L为控制逻辑中的大值,S为控制逻辑中的小值;Brake为各轮的制动压力,由3个电磁阀分别提供,且制动压力值为3种等级:0%(S),50%(M),100%(L)。

表5-24 各驱动轮制动力矩控制逻辑

输入	输入	输入	输出
Trspd	Throt	Slip	Brake
L	L	L	L
L	L	S	S
L	S	L	L
L	S	S	S
S	L	L	L
S	L	S	S
S	S	L	M
S	S	S	S

表5-25中Throttle为节气门开度控制,其中S表示节气门开度减小、L表示节气门开度增加。Upshift为变速箱挡位控制,其中S表示挡位不变、L表示换高挡;Brake1为前右轮的制动压力,Brake2为前左轮的制动压力,Brake3为后右轮的制动压力,Brake4为后左轮的制动压力。这两种控制方式的使用是为了减小制动力矩控制中的制动力矩。

表5-25 节气门开度控制和变速箱挡位控制的逻辑

(FR)	(FL)	(RR)	(RL)			(FR)	(FL)	(RR)	(RL)		
Brake1	Brake2	Brake3	Brake4	Throttle	Upshift	Brake1	Brake2	Brake3	Brake4	Throttle	Upshift
S	S	S	S	S	S	M	M	M	L	L	L
S	S	S	M	S	S	M	M	L	S	L	L
S	S	S	L	S	S	M	M	L	M	L	L
S	S	M	S	S	S	M	M	L	L	L	L
S	S	M	M	S	S	M	L	S	S	S	S
S	S	M	L	S	S	M	L	S	M	L	L
S	S	L	S	S	S	M	L	S	L	L	L
S	S	L	M	S	S	M	L	M	S	L	L
S	S	L	L	L	L	M	L	M	M	L	L
S	M	S	M	S	S	M	L	M	L	L	L
S	M	S	M	S	S	M	L	L	S	L	L
S	M	S	L	S	S	M	L	L	L	L	L
S	M	M	S	S	S	M	L	L	S	S	S
S	M	M	L	L	L	S	S	S	S	S	S
S	M	M	L	L	L	L	S	M	S	S	S

(续)

(FR)	(FL)	(RR)	(RL)			(FR)	(FL)	(RR)	(RL)		
Brake1	Brake2	Brake3	Brake4	Throttle	Upshift	Brake1	Brake2	Brake3	Brake4	Throttle	Upshift
S	M	L	S	S	S	L	S	S	L	L	L
S	M	L	M	L	L	L	S	M	S	S	S
S	M	L	L	L	L	L	S	M	M	L	L
S	L	S	S	S	S	L	S	M	L	L	L
S	L	S	M	S	S	L	S	L	S	L	L
S	L	S	L	L	L	L	S	L	M	L	L
S	L	M	S	S	S	L	S	L	L	L	L
S	L	M	M	L	L	L	M	S	S	S	S
S	L	M	L	L	L	L	M	S	L	L	L
S	L	L	S	L	L	L	M	S	L	L	L
S	L	L	L	L	L	L	M	M	L	L	L
M	S	S	S	S	S	L	M	M	L	L	L
M	S	S	M	S	S	L	M	L	L	L	L
M	S	S	L	S	S	L	M	L	M	L	L
M	S	M	S	S	S	L	M	L	M	L	L
M	S	M	M	S	S	L	L	S	S	L	L
M	S	M	L	L	L	L	S	M	L	L
M	S	L	S	S	S	L	L	L	L	L	L
M	S	L	M	L	L	L	L	M	S	L	L
M	S	L	L	L	L	L	L	M	L	L
M	M	S	S	S	S	L	L	M	L	L	L
M	M	S	M	S	S	L	L	L	S	L	L
M	M	M	S	L	L	L	L	L	M	L	L
M	M	M	S	S	S	L	L	L	L	L	L

4. ADM 的控制方式及实现

自动驱动力管理系统 ADM 是根据车辆行驶状况,自动操纵同步器接合与分离,或将相应的差速器闭锁,从而最大限度地利用驱动扭矩。

ADM 系统构造如图 5-116 所示。

4×4 车辆的 ADM 系统的控制逻辑是对驱动系统部件按下列顺序进行控制:当车轮发生过度滑转时,先接合全轮驱动并锁止轴间差速器,如图 5-117 所示;如仍发生过度滑转,再锁止后轴差速器直至锁止前轴差速器,流程图如图 5-118、图 5-119 所示。

ADM 系统一般只在车辆处于低速时起作用,如当车速低于 40km/h 时,后轴差速器可进行锁止控制;当车速低于 15km/h 时,前轴(转向轴)差速器可进行锁止控制。

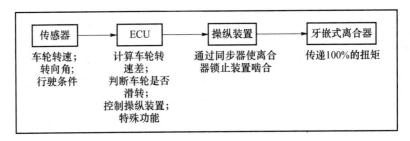

图 5-116 ADM 系统构成

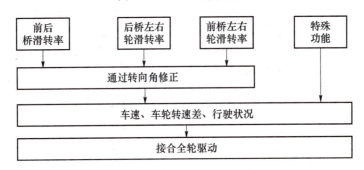

图 5-117 接合全轮驱动并锁止轴间差速器的流程图

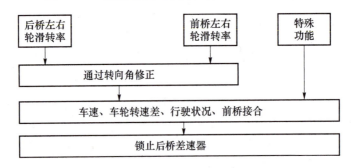

图 5-118 后轴差速器锁止控制的流程图

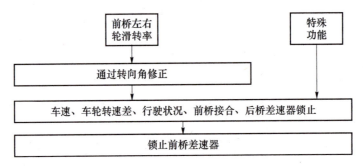

图 5-119 前轴差速器锁止控制的流程图

五、驱动力分配与管理系统的设计方法

目前能够有效控制轮式车辆驱动轮过度滑转的控制方法主要有逻辑门限值控制、滑模变结构控制、最优控制和模糊控制等。在这些方法中逻辑门限值控制是通过设定与控

制目标密切相关的敏感变量门限值,根据实际测量值与门限值的关系而进行调节控制变量的一种方法,它不涉及系统的具体数学模型,其便于实现对非线性系统的控制,所以它应用得最广,发展得较为成熟。该方法一般采用两种控制方式:一是发动机节气门开度调节+驱动轮制动力矩调节+差速器控制;二是发动机节气门开度调节+驱动轮制动力矩调节。

(一)各车轮滑转率的测量与计算

滑转率是由车轮的速度和车辆的速度计算得到。而对于全轮驱动车辆,不能从各车轮的轮速直接精确得到车辆的速度。为解决这一问题,可采取以下 3 种方式求得车轮滑转率。第一种方式考虑在每个车轮总成质心处安装纵向加速度传感器、侧向加速度传感器和角速度传感器,在方向盘上安装角位移传感器,根据各传感器测量值由 ECU 计算得到各轮滑转率。第二种方式考虑在车轮上安装角速度传感器,在车体上安装纵向加速度传感器、侧向加速度传感器和横摆角速度传感器,在方向盘上安装角位移传感器,由各传感器测量值计算得到各轮滑转率。第三种方式考虑只在车轮上安装角速度传感器,假定各车轮中轮速最低的为车辆的实际速度,由角速度传感器测量值计算得到各轮滑转率。比较三种方式,可知第二种方式较第一种方式所需传感器少、成本较低,由于车辆的俯仰角速度和侧倾角速度较小,因而第二种方式可得与第一种方式接近的精度;第二种方式较第三种方式精度高,因为当各车轮均发生滑转时,第三种方式将产生较大偏差。

由以上分析可以看出,采用第二种方式得到各轮滑转率既经济又满足控制精度要求。在这种方式下各轮测量滑转率的计算方法如下:车辆纵向加速度 a_x 由传感器直接测得,车辆侧向加速度 a_y 由传感器直接测得,车辆横摆角速度 r 由传感器直接测得,各车轮角速度 ω_{ij} 由传感器直接测得。方向盘转角 δ 由传感器直接测得。为分析方便,假设已知各车轮的转向角 δ_{ij},且由于车辆纵向对称故只考虑车辆左转情况。

由 a_x、a_y 直接积分可得车体在连体坐标系中的纵向速度 u、侧向速度 v。车辆在各车轮处沿连体坐标系中的纵向速度为

$$U_{xij} = u - r \cdot y_{wc} \tag{5-120}$$

车辆在各车轮处沿连体坐标系中的侧向速度为

$$U_{yij} = v + r \cdot x_{wc} \tag{5-121}$$

车辆在各车轮处沿车轮坐标系中的纵向速度为

$$V_{xij} = U_{xij} \cdot \cos\delta_{ij} + U_{yij} \cdot \sin\delta_{ij} \tag{5-122}$$

各车轮的测量滑转率为

$$S_{ij} = 1 - \frac{V_{xij}}{\omega_{ij} \cdot R_d^*} \tag{5-123}$$

上式中 R_d^* 为计算车轮测量滑转率时给定的车轮动态半径。

(二)驱动力分配与管理系统的控制逻辑与算法

整个控制过程分为两大部分,即:

(1)设定驱动轮目标纵向滑转率;

(2)根据驱动轮纵向滑转率与目标滑转率之间的关系进行逻辑判断确定控制量值。

根据控制准则,车辆在低速行驶时,优先保证牵引性,所以采用最能利用驱动扭矩的节气门开度+差速器控制;而当车辆在较高速度行驶时,由于差速器控制冲击较大,所以采用节气门开度+制动力矩控制。

这里以三轴轮式装甲车为例来说明控制逻辑与算法。

1. 发动机节气门开度和差速器控制

1)发动机节气门开度减小和差速器闭锁控制

设S_{d1}为期望滑转率上限值,S_{d2}为期望滑转率下限值。如当滑转率S在0.08~0.3之间时,附着系数取最大值,可取$S_{d2}=0.1,S_{d1}=0.3$。

车速低于LW1时:

(1) 当各车轮滑转率均大于滑转率门限值S_{d1}时,减小发动机节气门开度;

(2) 当前轴左右车轮的滑转率S_{11}或S_{12}大于S_{d1}的情况时,将分动箱差速器闭锁;

(3) 当中、后轴左右车轮的滑转率S_{21}、S_{22}、S_{31}、S_{32}中有大于S_{d1}的情况时,将中后轴轴间差速器闭锁;

(4) 当分动箱差速器和中后轴轴间差速器均闭锁时,如果存在后轴左右车轮的滑转率S_{31}、S_{32}中有大于S_{d1}的情况时,将后轴轮间差速器闭锁;

(5) 当分动箱差速器、中后轴轴间差速器和后轴轮间差速器均闭锁且整车速度低于LW2时,如果存在中轴左右车轮的滑转率S_{21}、S_{22}中有大于S_{d1}的情况时,将中轴轮间差速器闭锁;

(6) 当分动箱差速器、中后轴轴间差速器和后轴轮间差速器均闭锁且整车速度低于LW2时,如果存在前轴左右车轮的滑转率S_{11}、S_{12}中有大于S_{d1}的情况时,将前轴轮间差速器闭锁。

这里可以将步骤(1)~(6)归纳成图5-120所示的流程图(注:车速门限值LW1 > LW2。)。

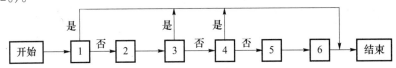

图5-120 发动机节气门开度减小和差速器闭锁控制流程图

图5-120中,"是"表明执行了该步动作,"否"表明未执行该步动作。

2)发动机节气门开度增加和差速器开锁控制

由于差速器闭锁会出现功率循环,为避免此种情况的出现,需要适时将差速器开锁,此时车轮滑转率已不适合作为差速器开锁的逻辑门限,因而采用能反映是否需要差速器开锁的扭矩差作为差速器开锁的逻辑门限。

(1) 当车辆速度高于LW2时,如果中轴、前轴有轮间差速器闭锁则将其开锁;

(2) 当车辆速度高于LW1时,如果有分动箱差速器或中后轴轴间差速器闭锁则将其开锁;

(3) 当各车轮滑转率均小于滑转率门限值S_{d2}时,将节气门开度逐渐恢复到驾驶员的期望值;

(4) 当中轴或前轴轮间差速器两输出端的输出扭矩差小于输出总扭矩的一定比例

时,如果中轴或前轴的轮间差速器闭锁,则将对应的轮间差速器开锁;

(5)当中轴和前轴轮间差速器开锁且后轴轮间差速器两输出端的输出扭矩差小于输出总扭矩的一定比例时,如果后轴的轮间差速器闭锁,则将其开锁;

(6)当中轴、前轴和后轴轮间差速器均开锁且中后轴轴间差速器两输出端的输出扭矩差小于输出总扭矩的一定比例时,如果中后轴轴间差速器闭锁,则将其开锁;

(7)当中轴、前轴和后轴轮间差速器均开锁且分动箱差速器的前轴输出端的输出扭矩为输出总扭矩的一定比例范围内,如果分动箱差速器闭锁,则将其开锁;

在一个发动机节气门开度增加和差速器开锁控制周期中按(1)~(7)的顺序执行。

发动机节气门开度和差速器控制的执行周期为顺序循环执行发动机节气门开度减小和差速器闭锁控制周期、发动机节气门开度增加和差速器开锁控制。

2. 发动机节气门开度与驱动轮制动力矩控制

当车速大于 LW1 时,采用发动机节气门开度和驱动轮制动力矩的调节控制,设 S_{d4} 为期望滑转率上限值,S_{d3} 为期望滑转率下限值。当滑转率 S 在 0.08~0.3 之间时,附着系数取最大值,因此可取 $S_{d3}=0.1$,$S_{d4}=0.3$。

1)驱动轮制动力矩的控制策略

(1)当 $S_{ij}<S_{d3}$ 时,如果 $\dot{\omega}_{ij} \cdot R_d > \dot{V}_{xij}$,这时车轮的滑转率将增加,所以采用慢速减小制动力矩;如果 $\dot{\omega}_{ij} \cdot R_d < \dot{V}_{xij}$,这时车轮的滑转率将减小以致于滑转率不在期望控制范围内即不能充分利用地面附着系数,所以采用快速减小制动力矩。

(2)当 $S_{d3}<S_{ij}<S_{d4}$ 时,如果 $\dot{\omega}_{ij} \cdot R_d > \dot{V}_{xij}$,慢速增加制动力矩;如果 $\dot{\omega}_{ij} \cdot R_d < \dot{V}_{xij}$,制动力矩保持不变。

(3)当 $S_{ij}>S_{d4}$ 时,快速增加制动力矩。

2)驱动轮制动力矩标志的设定

(1)需要快速减小制动力矩时,车轮的制动力矩标志为 -2;

(2)需要慢速减小制动力矩时,车轮的制动力矩标志为 -1;

(3)需要制动力矩保持不变时,车轮的制动力矩标志为 0;

(4)需要慢速增加制动力矩时,车轮的制动力矩标志为 +1;

(5)需要快速增加制动力矩时,车轮的制动力矩标志为 +2。

3)发动机节气门开度的控制策略

(1)当各车轮制动力矩标志总和大于 +6 时,减小发动机的节气门开度;

(2)当各车轮制动力矩标志总和在 -6~+6 之间时,发动机的节气门开度保持不变;

(3)当各车轮制动力矩标志总和小于 -6 时,增加发动机的节气门开度。

发动机节气门开度与驱动轮制动力矩控制的执行周期为顺序循环执行制动力矩的控制和发动机节气门开度的控制。

3. 控制策略中发动机节气门开度和驱动轮制动力矩的调节

1)发动机节气门开度的调节

(1)发动机节气门开度和差速器闭锁控制中减小节气门开度时,节气门开度变化为

$$\dot{\xi}_{th} = -K_{A1} \cdot \left[\sum_{i=1}^{3} \sum_{j=1}^{2} (S_{ij})/6 - S_{d1} \right] \qquad (5-124)$$

式中　K_{A1}——控制增益。

该式表明发动机节气门的开度调节是根据所有驱动轮滑转率的均值与目标滑转率的差值调节。

(2) 发动机节气门开度和差速器开锁控制中增加节气门开度时,节气门开度变化为

$$\dot{\xi}_{th} = -K_{A2} \cdot \left[\sum_{i=1}^{3} \sum_{j=1}^{2} (S_{ij})/6 - S_{d2} \right] \qquad (5-125)$$

式中　K_{A2}——控制增益。

该式表明发动机节气门的开度调节是根据所有驱动轮滑转率的均值与目标滑转率的差值调节。

(3) 发动机节气门开度与驱动轮制动力矩控制中减小节气门开度时,节气门开度变化为

$$\dot{\xi}_{th} = -K_{C3} \qquad (5-126)$$

式中　K_{C3}——常量。

该式表明发动机节气门的开度调节是定比例调节。

(4) 发动机节气门开度与驱动轮制动力矩控制中增加节气门开度时,节气门开度变化为

$$\dot{\xi}_{th} = K_{C4} \qquad (5-127)$$

式中　K_{C4}——常量。

该式表明发动机节气门的开度调节是定比例调节。

2) 驱动轮制动力矩的调节

(1) 快速减小制动力矩时,车轮的制动力矩的变化为

$$\dot{T}_{bij} = K_{A5} \cdot [S_{xij} - S_{d3}] - K_{B5} \cdot \dot{\omega}_{ij} - K_{C5} \qquad (5-128)$$

式中　K_{A5}、K_{B5}——控制增益;

K_{C5}——常量。

该式前一项的作用是根据驱动轮滑转率与目标滑转率的差值调节制动力矩的大小;中间项的作用是根据驱动轮角加速度值微调节控制力矩的大小,以减小制动力矩在调整构成中的振荡;最后一项的作用是在驱动轮过度滑转被抑制后取消制动力矩。

(2) 快速增加制动力矩时,车轮的制动力矩的变化为

$$\dot{T}_{bij} = K_{A6} \cdot [S_{xij} - S_{d4}] + K_{B6} \cdot \dot{\omega}_{ij} + K_{C6} \qquad (5-129)$$

式中　K_{A6}、K_{B6}——控制增益;

K_{C6}——常量。

该式前一项的作用是根据驱动轮滑转率与目标滑转率的差值调节制动力矩的大小;中间项的作用是根据驱动轮角加速度值微调节控制力矩的大小,以减小制动力矩在调整构成中的振荡;最后一项的作用是在驱动轮过度滑转时施加制动力矩。

(3) 慢速减小制动力矩时,车轮的制动力矩的变化为

$$\dot{T}_{bij} = K_{A7} \cdot [S_{xij} - S_{d5}] - K_{C7} \qquad (5-130)$$

式中　K_{A7}——控制增益;

K_{C7}——常量。

K_{A7} 的值比 K_{A5} 小,K_{C7} 的值比 K_{C5} 小。该式前一项的作用是根据驱动轮滑转率与目标滑转率的差值调节制动力矩的大小;后一项的作用是在驱动轮过度滑转被抑制后取消制动力矩。

(4) 慢速增加制动力矩时,车轮的制动力矩的变化为

$$\dot{T}_{bij} = K_{A8} \cdot [S_{xij} - S_{d3}] + K_{C8} \tag{5-131}$$

式中 K_{A8}——控制增益;

K_{C8}——常量。

K_{A8} 的值比 K_{A6} 小,K_{C8} 的值比 K_{C6} 小。该式前一项的作用是根据驱动轮滑转率与目标滑转率的差值调节制动力矩的大小;后一项的作用是在驱动轮过度滑转时施加制动力矩。

六、设计实例——TCS 系统制动控制的执行机构和控制逻辑

(一) 制动压力调节装置的功用

制动压力调节装置通常只在 TCS 工作的前几个控制循环对车轮施加制动以弥补发动机响应速度的不足,其作用主要体现在附着系数分离路面上[附着系数分离路面是指两侧车轮附着系数相差较大(例如一侧沥青,一侧冰)的路面]。当车辆在这样的路面上行驶时,低 μ 一侧的车轮极易发生过度滑转而导致纵向附着力迅速降低,由于轮间差速器的作用,另一侧车轮也只能获得与低 μ 侧车轮大致相等的纵向附着力,如图 5-121(a) 所示。此时,通过对打滑车轮独立地施加制动,可以使两侧车轮同时获得最大的附着力,从而大大提高车辆的牵引性能,如图 5-121(b) 所示[18]。

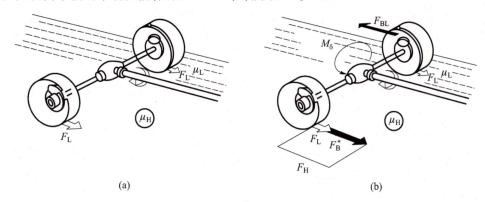

(a)   (b)

图 5-121 分离路面——无差速控制

μ_L—低 μ 路面;μ_H—高 μ 路面;F_L—低 μ 侧车轮提供的驱动力;F_{BL}—低 μ 侧车轮上的制动力;F_B^*—牵引力控制后高 μ 侧车轮提高的牵引力;F_H—牵引力控制后高 μ 侧车轮提供的牵引力;M_δ—差动力矩。

TCS 系统的制动压力调节装置需独立于驾驶员完成对驱动车轮制动压力的调节,因此,需要能独立于驾驶员提供制动能源的供能装置、控制制动液流动方向的电磁换向阀和保证制动系统正常工作的其他液压附件。

当驱动车轮发生滑转时,制动压力调节装置接受电控单元指令,在供能装置的作用下,通过电磁阀的通断,控制制动液流入、流出制动轮缸,实现对轮缸内压力的控制。因

此,提高制动控制品质和可靠性的关键在于对执行机构和控制逻辑的设计,在此方面,人们做了大量的理论和实践研究。

(二) 制动压力调节装置的组成和基本工作原理

制动压力调节装置可以采用流通调压方式或变容调压方式进行制动压力调节。

采用流通调压方式进行牵引压力调节时,通过供能装置使主缸或储液室中的制动液流入制动轮缸从而增大制动压力;通过使轮缸中的制动液流回制动主缸或储液室实现制动压力的减小。

采用变容调压方式进行牵引力压力调节时,将制动轮缸与制动主缸隔离,通过使制动压力调节装置的制动液流入制动轮缸实现制动压力的增大,通过使流入制动轮缸的制动液再回到制动压力调节装置实现制动压力的减小。

下面介绍调压式制动力调节系统的组成及原理。采用流通调压方式的制动压力调节装置主要由电磁阀、电动泵及其他液压附件组成,供能装置包括电动泵、蓄能器等,如图 5-122所示。

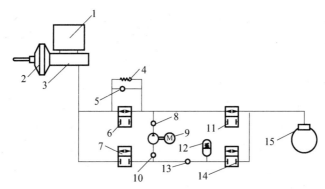

图 5-122 采用流通调压原理的制动压力调节装置

1—贮油杯;2—真空助力器;3—制动主缸;4—溢流阀;5,8,10,13—单向阀;6—隔离电磁阀;7—系统进液电磁阀;9—电动泵;11—轮缸进液电磁阀;12—低压蓄能器;14—轮缸出液电磁阀;15—制动轮缸。

正常制动时,制动压力调节装置所有元件均不通电,制动液经隔离电磁阀和轮缸进液电磁阀 11 进入轮缸,制动压力调节装置不会影响正常的制动。如图 5-123(a)所示。

TCS 系统工作,需增大轮缸制动压力时,系统进液电磁阀 7 通电开启,隔离电磁阀 6 通电断流,电动泵 9 工作,制动液进入轮缸 15,制动压力增加。如图 5-123(b)所示。图中:溢流阀 4 起安全保护作用,若增压时制动压力超过系统安全压力上限,溢流阀 4 开启,使制动液流回制动主缸 3。

需保持轮缸制动压力时,轮缸进出液电磁阀 11、14 均断流,轮缸与外界管路断开,轮缸内压力保持不变,如图 5-123(c)所示。

需减小轮缸制动压力时,系统进液电磁阀 7、轮缸进液电磁阀 11 断流,隔离电磁阀 6、系统出液电磁阀 14 开启,制动液先进入低压蓄能器 12,缓和高压制动液造成的液压冲击,电动泵 9 工作,轮缸中的制动液流回主缸,轮缸压力降低,如图 5-123(d)所示。

若在 TCS 系统工作时踩下制动踏板,系统需立即断电,返回初始状态,以免影响正常制动。由于阀的响应存在滞后,加装单向阀 5,只要主缸压力高于轮缸压力,制动液便可经单向阀 5 流向轮缸。

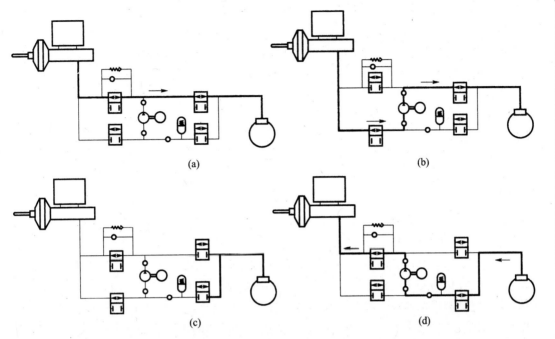

图 5-123 流通调压工作原理

(a)正常制动；(b)增压阶段；(c)保压阶段；(d)减压阶段。

第六章　行驶系统设计

第一节　概　　述

支承车体和实现车辆行驶的机构称为行驶系统,又称行走系统。它的主要任务是承担全车质量,传递和承受路面作用于车轮的各种力和力矩,缓和不平路面的冲击及衰减车体振动,保证装甲车辆正常行驶和执行战斗任务。行驶系统一般由行走机构和悬挂装置两部分组成,若要求水上行驶,还包含水上推进器。悬架的作用是抑制车辆在不平路面行驶时引起的车轮振动和减少振动向车体的传递,以保证乘员的舒适性和车载设备的完好。悬架不仅对舒适性有影响,而且对操纵稳定性等也有重要影响。为了缓和上下振动,要求悬架软,但较软的悬架又易使车辆侧倾角或纵倾角增大,使操纵性能变坏;车轴也易产生上下跳动和跳摆等现象。

车辆的行驶平顺性通常是根据人体对振动的生理反应和振动对设备完好性的影响来评价的,用表示振动的物理量,如频率、振幅、加速度、加速度变化率等作为行驶平顺性的评价指标。目前常用车体振动的固有频率和振动加速度来评价车辆的行驶平顺性。为了保持车辆具有良好的行驶平顺性,车体的固有频率应为人步行时所习惯的身体上下振动频率,约 $1 \sim 1.6$ Hz。

轮式装甲车对行驶系统的主要要求是提高车辆的通过性,同时应有适当的平顺性,能够保证车辆具有较高的平均行驶速度。因此轮式装甲车的行驶系统多采用多轴驱动、独立悬架、低压越野轮胎和轮胎充放气系统。

为了提高车辆在松软地面上的通过性,轮式装甲车采用了多轴驱动。多轴车辆越野行驶时车轮承受较多的地面激励和悬架的阻力,它的轴数及其布置与车辆振动性能密切相关。因此,必须探讨多轴车辆的振动特性与轴数及其布置的关系,以便使轮式装甲车既有良好的通过性又有适当的平顺性,使车辆具有较高的平均越野速度。

第二节　多轴车辆的振动特性

一、多轴车辆振动数学模型

为了分析轴数和行驶系统的布置对车辆振动的影响,一般作如下简化假设:

(1) 车辆左右对称,并在振动过程中保持不变;
(2) 不考虑车体变形;
(3) 车辆质量中心在纵向作匀速运动,纵向和横向力对车辆振动无影响;发动机和传动系统的振动对车辆的振动可忽略。

根据上述假设,多轴车辆的弹性振动系统可用图 6-1 表示。

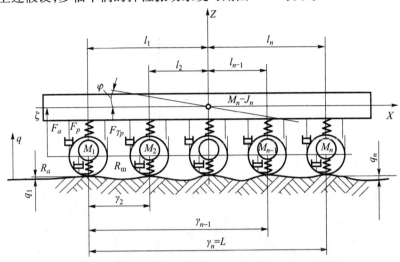

图 6-1 多轴车辆振动模型

车辆质心的垂直位移为 z,车体绕质心的转角为 φ,q 为路面垂直位移,ζ 为非簧载质量位移。n 为车辆轴数,系统具有 $n+2$ 个自由度,M_n 为簧载质量,J_n 为惯性矩,i 为轴编号,从车首向车后,第 1 轴编号为 1,M_i 为第 i 轴的非簧载质量。

（一）作用在簧载质量上的合力

合力为

$$F_i = F_{pi} + F_{ai} + F_{TPi} \tag{6-1}$$

式中 F_i ——第 i 轴作用于车体的合力;
    F_{pi} ——第 i 轴悬架弹性元件作用力;
    F_{ai} ——第 i 轴减振器作用力;
    F_{TPi} ——第 i 轴悬架系统中所有类似干摩擦的阻力。

悬架弹性元件的作用力一般为其变形的非线性函数 $[F_{pi} = f(\Delta_i)]$;减振器的作用力一般是其运动速度的非线性函数 $[F_{ai} = f(\dot{\Delta}_i)]$。为了计算方便,可将它们简化为线性函数。

为简化模型,一般不考虑悬挂的摩擦阻力,即取 $F_{TPi} = 0$。

（二）作用在非簧载质量上的合力

合力为

$$R_i = R_{\text{III}i} + R_{ai} \tag{6-2}$$

式中 $R_{\text{III}i}$ ——轮胎的弹性力,轮胎径向变形的函数 $R_{\text{III}i} = f(\Delta_{\text{III}i})$;
    R_{ai} ——轮胎变形力,与轮胎的径向变形速度和迟滞系数有关,$R_{ai} = f(\mu_{\text{III}i} \dot{\Delta}_{\text{III}i})$。考

虑轮胎离开地面后其变形极小,则 $R_i = R_{Ⅲi} = f(\Delta_{Ⅲi})$。

n 轴轮式车辆的振动微分方程为

$$R_i = R_{mi} + \ddot{R}_{ai} \tag{6-3}$$

由图 6-1 可得出弹性元件的位移和速度为

$$\Delta_i = z - \varsigma_i + l_i\varphi$$

$$\dot{\Delta}_i = \dot{z} - \dot{\varsigma}_i + l_i\dot{\varphi}$$

轮胎的变形为

$$\Delta_{\omega i} = q - \varsigma_i$$

若不考虑悬架的干摩擦力和轮胎的变形力,并假定上述各力函数均为线性关系,则有

$$F_{pi} = C_{pi}(z - \varsigma_i + l_i\varphi); F_{ai} = \mu_{ai}(\dot{z} - \dot{\varsigma} + l_i\dot{\varphi}); R_{Ⅲi} = C_{Ⅲi}(q - \varsigma_i)$$

将上式代入式(6-3)可得

$$\left.\begin{array}{l} M_{\Pi}\ddot{z} + 2\sum_1^n C_{pi}(z - \varsigma_i + l_i\varphi) + 2\sum_1^n \mu_{ai}(\dot{z} - \dot{\varsigma} + l_i\dot{\varphi}) = 0 \\ J_{\Pi}\ddot{\varphi} + 2\sum_1^n C_{pi}l_i(z - \varsigma_i + l_i\varphi) + 2\sum_1^n \mu_{ai}l_i(\dot{z} - \dot{\varsigma} + l_i\dot{\varphi}) = 0 \\ m_i\ddot{\varsigma}_i + 2C_{\omega i}(q_i - \varsigma_i) - 2C_{pi}(z - \varsigma_i + l_i\varphi) - 2\mu_{ai}(\dot{z} - \dot{\varsigma}_i + l_i\dot{\varphi}) = 0 \end{array}\right\} \tag{6-4}$$

式中 $i = 1,2,3,\cdots,n$；

C_p——悬架弹性元件的刚度；

C_ω——轮胎刚度；

μ_a——减振器阻力系数；

l_i——第 i 轴到质心的距离。

用 M_n、J_n 和 m_i 分别除上述三式,并令

$$\left.\begin{array}{l} \omega_z = \sqrt{\dfrac{2\sum_1^n c_{pi}}{M_\Pi}}; \omega_\varphi = \sqrt{\dfrac{2\sum_1^n c_{pi}l_i^2}{J_\Pi}}; \\ \omega_{\varsigma i} = \sqrt{\dfrac{2(C_P + C_\omega)}{m_i}} = \sqrt{\dfrac{2c_{si}}{m_i}}; \omega_{zi} = \sqrt{\dfrac{2c_{Pi}}{m_i}}; \omega_{\varsigma i} = \sqrt{\dfrac{2c_{Ⅲi}}{m_i}}; \end{array}\right\} \tag{6-5}$$

$$\left.\begin{array}{l} K_Z = \dfrac{\sum_1^n \mu_{ai}}{M_\Pi}; K_{Z\varphi} = \dfrac{2\sum_1^n \mu_{ai}l_i}{M_\Pi}; K_\varphi = \dfrac{\sum_1^n \mu_{ai}l_i^2}{J_\Pi}; \\ K_{\varphi Z} = \dfrac{2\sum_1^n \mu_{ai}l_i}{J_\Pi}; K_\varsigma = \dfrac{\mu_{ai}}{m_i}; K_{\varsigma\varphi} = \dfrac{\mu_{ai}l_i}{m_i}; \end{array}\right\} \tag{6-6}$$

振型系数为

$$\eta_z = \dfrac{2\sum_1^n c_{pi}l_i}{M_\Pi}; \eta_\varphi = \dfrac{2\sum_1^n c_{pi}l_i}{J_\Pi}; \eta_\varsigma = \dfrac{2c_{pi}l_i}{m_i} \tag{6-7}$$

激振函数为

$$\left.\begin{aligned} Q_z &= \frac{2}{M_\Pi}\left(\sum_1^n C_{pi}\varsigma_i + \sum_1^n \mu_{ai}\dot\varsigma_i\right) \\ Q_\varphi &= \frac{2}{J_\Pi}\left(\sum_1^n C_{pi}l_i\varsigma_i + \sum_1^n \mu_{ai}l_i\dot\varsigma_i\right) \\ Q_\varsigma &= \frac{2}{m}C_{\omega i}q_i + 2K_\varsigma \dot z + \omega_{zi}^2 z + 2K_{\varsigma\varphi}\dot\varphi + \eta_\varsigma\varphi \end{aligned}\right\} \quad (6-8)$$

将式(6-5)、式(6-8)代入微分方程(6-4),可得

$$\left.\begin{aligned} \ddot z + 2K_z\dot z + \omega_z^2 z + K_{z\varphi}\dot\varphi + \eta_z\varphi &= Q_z \\ \ddot\varphi + 2K_\varphi\dot\varphi + \omega_\varphi^2\varphi + K_{\varphi z}\dot z + \eta_\varphi z &= Q_\varphi \\ \ddot\varsigma_i + 2K_{\varsigma i}\dot\varsigma_i + \omega_\varsigma^2\varsigma_i &= Q_\varsigma \end{aligned}\right\}$$

为了充分利用每一个车轴的承载能力和使悬架的弹性元件的静变形大致相等,悬挂多为纵向对称布置,一般车辆的质心与其弹性中心基本重合,因此可以假设,簧载质量的垂直振动与纵向角振动互为独立的运动。此时 $\sum_1^n l_i = 0, \eta_z = 0, \eta_\varphi = 0, K_{Z\varphi} = 0, K_{\varphi Z} = 0$

试验证明:质心相对弹性中心偏移 200～300mm 对振幅和行走系统的载荷没有影响,偏移达到 600mm 时振幅和载荷略有增加。一般多轴轮式车辆的质心相对弹性中心的偏移在 200～500mm,因此上述假设是可以接受的。则上述振动微分方程可写为

$$\left.\begin{aligned} \ddot z + 2K_z\dot z + \omega_z^2 z &= Q_z \\ \ddot\varphi + 2K_\varphi\dot\varphi + \omega_\varphi^2\varphi &= Q_\varphi \\ \ddot\varsigma_i + 2K_{\varsigma i}\dot\varsigma_i + \omega_\varsigma^2\varsigma_i &= Q_\varsigma \end{aligned}\right\}$$

式中　ω_z——簧载质量垂直振动的固有频率;
　　　ω_φ——簧载质量角振动的固有频率;
　　　ω_ς——非簧载质量振动的固有频率。

二、振动的固有频率与轴数及布置的关系

根据式(6-5)可以得出:

(1) 非簧载质量的固有频率 $\omega_{\varsigma i} = \sqrt{\dfrac{2C_{\varsigma i}}{m_i}}$,显然与轴数及其布置无关;

(2) 在簧载质量和悬架刚度不变的条件下 $\left(\omega_z = \sqrt{\dfrac{2\sum_1^n C_{pi}}{M_n}}\right)$,随着轴数的增加,车辆振动频率增大。必须指出簧载质量随轴数成正比增大,即

$$M_n = K_M n$$

式中: $K_M = 3500 \sim 10000$kg,轴荷为 6t 及以下的取下限,10t 及其以上取上限。若所有轴的悬架刚度相等,则

$$\omega_z = \sqrt{\dfrac{2C_p n}{K_M n}} = \sqrt{\dfrac{2C_p}{K_M}}$$

这意味着簧载质量的固有频率与轴数及其布置也无关。在轴数增加而簧载质量保持不变的条件下,要使固有频率不变,必须减小每个悬架的刚度。

(3) 纵向角振动的固有频率 $\omega_\varphi = \sqrt{\dfrac{2\sum_1^n C_{pi}}{J_n}}$。可以看出,其与轴数及其布置有关。

令

$$i = \dfrac{l}{L} \qquad (6-9)$$

式中　i——车轴位置系数;

　　　l——任意两轴之间的距离;

　　　L——前后轴之间的距离。

车轴任意布置时,n 轴车有 n 个不同的 i 值。若车轴均匀布置,只取一个 i 值,就可完全确定整车的车轴布置。如表 6-1 所列。

表 6-1　典型四轴轮式车辆车轴分布系数

车辆	车轴布置形式	L/mm	轴距 $l_{1-2}-l_{2-3}-l_{3-4}$	$i = l/L$
МАЗ-5378×8	2-2	6040	1700-2640-1700	0.285
ЗИЛ8×8	2-2	6300	2400-1500-2400	0.380
T-813 8×8	2-2	6200	1400-2400-1400	0.226
BTP-70 8×8	2-2	4575	1400-1775-1400	0.301

对于 n 轴对称布置的车辆,若悬架刚度保持不变,其角振动固有频率可按下式计算:

$$\omega_\varphi = L\sqrt{\dfrac{C_p}{J_n}\left(\dfrac{n}{2} - ai + bi^2\right)} \qquad (6-10)$$

式中　a、b——由轴数决定的常系数,按表 6-2 选取。

表 6-2　角振动常系数

n	2	3	4	5	6	7	8
a	0	2	4	8	12	8	24
b	0	2	4	12	20	8	56

利用上述表达式,可得

$$\dfrac{\omega_Z}{\omega_\varphi} = \dfrac{1}{L}\sqrt{\dfrac{2nJ_n}{M_n[(n/2) - ai + \sigma i^2]}} \qquad (6-11)$$

$$\dfrac{\omega_{\varphi 1}}{\omega_{\varphi 2}} = \sqrt{\dfrac{(n/2) - ai_1 + \sigma i_1^2}{(n/2) - ai_2 + \sigma i_2^2}} \qquad (6-12)$$

为了分析车轴的位置对垂直振动频率与角振动频率的影响,给定 i 值,按公式(6-10)、式(6-11)、式(6-12)计算并作表 6-2。

由图 6-2 可以看出,随着 i 增大,角振动频率降低,而垂直振动频率与角振动频率比值增大。对于四轴车辆,理论上 i 可以从 0 增大到 0.5,$i = 0$ 时,转换为两轴车,悬架刚度增大。$i=0.5$ 时,转换为等轴距的三轴车,悬架刚度也增大。考虑实际车轮的尺寸及它们之间的间隙,i 的变化不超过 30%～40%,则振动频率及它们的比值不超过 10%～12%。因此车轴的布置对角振动频率和它与垂直振动频率的比值不可能产生实质的影响,只有簧载质量及其特性对它们有重要的影响。这个结论对于任意轴数的车辆也是正确的。

为了分析轴数对角振动频率的影响,利用下述经验公式表示惯性矩和质量:

$$J_n = AM_n L^2 ; M_n = K_M n ; J_n = AK_M nL^2 \tag{6-13}$$

式中 A——比例系数,$A \approx 0.1 \sim 0.3$,轴荷为 6t 的取下限,轴荷为 10~12t 的取上限。

将式(6-13)代入式(6-10)得

$$\omega_\varphi = \sqrt{\frac{C_p}{A\Gamma n}\left(\frac{n}{2} - ai + \sigma i^2\right)} \tag{6-14}$$

给定 i 值,按式(6-14)计算 ω_φ,并作角振动频率与轴数的关系曲线,如图 6-3 所示。由图 6-3 可以看出:

(1) 随着轴数增大,固有角振动频率下降,轴数为 6 时固有角振动频率最小,$n>6$ 固有频率基本趋于稳定;

(2) 随着轴数增大,车辆行驶平顺性变好,因为减少了出现共振的次数。

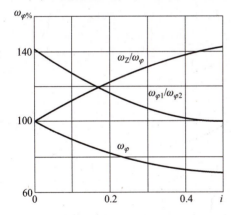

图 6-2 车辆振动固有频率与车轴布置的关系

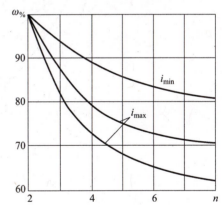

图 6-3 角振动频率与轴数的关系曲线

三、多轴车辆振动衰减特性与轴数及其布置关系

振动的衰减特性在理论上用阻力系数或相对阻力系数来评价,根据式(6-6)可表示如下:

$$K_Z = \frac{\sum_1^n u_{ai}}{M_n} \psi_Z = \frac{K_\varphi}{\omega_\varphi}$$

$$K_Z = \frac{\sum_1^n u_{ai} l_i^2}{J_n} \psi_Z = \frac{K_\varphi}{\omega_\varphi}$$

所有车轮采用同一类型减振器,则振动阻力系数可改写为

$$K_z = \frac{2nu_a}{M_n}; \quad \psi_z = u_a\sqrt{\frac{2n}{M_nC}}$$

$$K_\varphi = \left(\frac{u_aL^2}{J_n}\right)\left(\frac{n}{2} - ai + \sigma i^2\right); \qquad (6-15)$$

$$\psi_\varphi = \frac{u_aL\sqrt{(n/2) - ai + \sigma i^2}}{\sqrt{J_nC}} \qquad (6-16)$$

K_z、ψ_z 的表达式中没有 i，即车轴的位置对垂直振动的衰减没有影响。式中有 n，但只有在簧载质量不变时轴数才对车辆垂直振动有影响。

为了说明轴数及其布置对角振动衰减的作用，将式(6-15)和式(6-16)变换为下式：

$$K_\varphi = \frac{u_a}{A\varGamma n}\left(\frac{n}{2} - ai + \sigma i^2\right) \qquad (6-17)$$

$$\psi_\varphi = u_a\sqrt{\frac{1}{A\varGamma Cn}\left(\frac{n}{2} - ai + \sigma i^2\right)} \qquad (6-18)$$

按上式(6-17)和式(6-18)对四轴车辆进行计算，并作曲线图如图 6-4 所示。

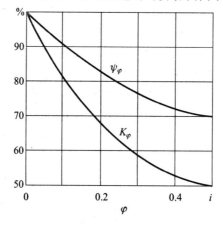

图 6-4　减振特性与车轴布置的关系

由图 6-4 可看出：

(1) 从 $i=0$ 增加到 0.5，相对角振动衰减系数减到 30%，角振动系数减到 50%。实际上 i 只能从 0.2 增加到 0.4，它们相应的减少 10% 和 15%。即 2、3 轴分别向前、后轴靠拢是有意义的，但效果不大。

(2) 将式(6-18)与式(6-14)进行比较，可以看出，$\psi_\varphi = f(n)$ 与 $\omega_\varphi = f(n)$ 变化的趋势是相同的。

四、多轴车辆振动与轴数及其分布的关系

假设所有的车轮为独立悬架，其刚度相等，车轴相对质心对称布置，如图 6-5 所示。

用微分方程式中的激振函数表达式很难分析轴数及其布置对激振函数的影响，这是因为该函数中既包含了簧载质量的影响又有非簧载质量的影响。对于多轴车辆来说，非

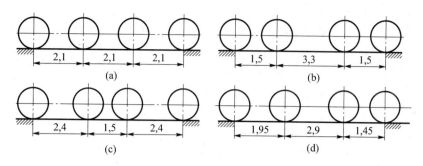

图 6-5 四轴车的轴布置

簧载质量比簧载质量小得多,为了分析问题简便起见,不考虑非簧载质量的影响,则激振函数可改写为

$$\left.\begin{array}{l} Q_z = \dfrac{2}{M_n}\left(\sum_1^n C_i q_i + \sum_1^n \mu_{ai}\dot{q}_i\right) \\ Q_\varphi = \dfrac{2}{J_n}\left(\sum_1^n C_i l_i q_i + \sum_1^n \mu_{ai}\dot{q}_i\right) \end{array}\right\} \quad (6-19)$$

式中 q_i——地面凸起高度;

C_i——悬架弹性元件和轮胎的诱导刚度,$C_i = \dfrac{c_{pi}c_{\omega i}}{c_{pi}+c_{\omega i}}$。

由上式可以看出,激振力是通过悬架的弹性元件(式中第1项)和减振器(式中第2项)传递的。一般减振器作用的激振力仅为总激振力的 15% ~ 17%,因此分析激振特性只研究下式是足够的。

$$\Phi_z = \sum_1^n q_i,\ \Phi_\varphi = \sum_1^n l_i q_i \quad (6-20)$$

假设路面起伏按余弦规律变化,即 $q = q_0\cos vt$,其中 v 表示道路起伏的次数。

第1轴处路面起伏的变化为 $q_1 = q_0\cos vt$,第 i 轴处路面的起伏变化要迟后第1轴,其值为 $\beta_i = 2\pi\gamma_i/s$,其中 γ_i 表示 i 轴至1轴的距离,s 表示路面一次起伏的波长。则有

$$q_2 = q_0\cos(vt-\beta_2) = q_0(\cos vt\cos\beta_2 + \sin vt\sin\beta_2)$$
$$\vdots$$
$$q_n = q_0\cos(vt-\beta_n) = q_0(\cos vt\cos\beta_n + \sin vt\sin\beta_n)$$

令 $a_i\sin\beta_i$,$b_i = \cos\beta_i$,则联立方程式改写为

$$\left.\begin{array}{l} q_1 = q_0\cos vt; \\ q_2 = q_0\cos(b_2\cos vt + a_2\sin vt); \\ q_n = q_0\cos(b_n\cos vt + a_n\sin vt) \end{array}\right\} \quad (6-21)$$

众所周知:

$$a\sin vt + b\cos vt = \sqrt{a^2+b^2}\sin(vt+\alpha) \quad (6-22)$$

式中:$\tan\alpha = b/a$。(注意 α 和 a 的区别)

根据式(6-21)和式(6-22)将式(6-20)改写为

$$\Phi_z = \sum_1^n q_i = q_0 \sqrt{(a_2 + a_3 + \cdots + a_n)^2 + (1 + b_2 + b_3 + \cdots + b_n)^2} \times \sin(vt + a_1)$$

$$\Phi_\varphi = \sum_1^n l_i q_i$$

$$= q_0 \sqrt{(l_2 a_2 + l_3 q_3 + \cdots + l_n q_n)^2 + (l_1 + + l_2 b_2 + \cdots + l_n b_n)^2} \times \sin(vt + a_1)$$

由上式可以看出,激振函数的垂直振幅为

$$z_{qn}^2 = q_0^2 \left\{ n + 2 \left[\begin{array}{l} (\cos\beta_2 + \cos\beta_3 + \cdots + \cos\beta_n) + \\ + \cos(\beta_3 - \beta_2) + \cos(\beta_4 - \beta_2) + \cdots + \cos(\beta_n - \beta_2) + \\ + \cdots + \cos(\beta_n - \beta_{n-1}) \end{array} \right] \right\} \quad (6-23)$$

激振函数的角振幅为

$$\varphi_{qn}^2 = q_0^2 \left\{ l_1^2 + l_2^2 + \cdots + l_n^2 + 2 \left[\begin{array}{l} l_1 l_2 \cos\beta_2 + l_1 l_3 \cos\beta_3 + \cdots + l_1 l_n \cos\beta_n + \\ + l_2 l_3 \cos(\beta_3 - \beta_2) + \cdots + l_2 l_n \cos(\beta_n - \beta_2) + \\ + \cdots + l_{n-1} l_n \cos(\beta_n - \beta_{n-1}) \end{array} \right] \right\}$$

$$(6-24)$$

利用上述公式对 8×8 轮式车进行计算分析可以得出:

(1) 车辆最大垂直振幅与地形最大坡高之比与车轴的布置无关,其值等于车轴数。即 $z_{qmax}/q_0 = n$,而 $z_{qmin}/q_0 = 0$。

(2) 车辆最大角振幅与地形波高之比与车轴的布置有关。对于四轴轮式装甲车,若 2、3 轴离车辆重心越远,则其值越大。当车轴对称布置时,车辆最小角振幅与地形波高之比为零($\varphi_{qmin}/q_0 = 0$),若车轴非对称布置,$\varphi_q/q_0 \neq 0$。当式(6-24)中所有的余弦值都为 +1 时,车辆角振幅为最大(φ_{qmax}/q_0)。则式(6-24)可写为

$$\frac{\varphi_{qmax}}{q_0} = \sqrt{l_1^2 + l_2^2 + l_3^2 + l_4^2 + 2l_1 l_2 + 2l_1 l_3 + 2l_1 l_4 + 2l_2 l_3 + 2l_2 l_4 + 2l_3 l_4}$$

$$= \sqrt{(l_1 + l_2 + l_3 + l_4)^2} = \sqrt{[(l_1 + l_4) + (l_2 + l_3)]^2} = \sqrt{(L + l_{2-3})^2}$$

$$= L + l_{2-3}$$

式中　L——全轴距(1~4 轴之间轴距);

　　　l_{2-3}——2~3 轴之间轴距。

(3) 当轴数变化引起整车质量和惯性矩变化时,车辆最大垂直振幅和最大角振幅与轴数的函数关系可用式(6-8)或式(6-19)表示,函数关系如图 6-6 所示。

随着轴数增加,车辆最大角振幅逐渐减小,当 $n = 6$ 时最大角振幅趋于稳定,轴数继续增加,最大角振幅增加甚微。

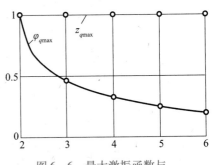

图 6-6　最大激振函数与轴数的关系

第三节 悬架设计

一、悬架及其结构

（一）概述

悬架是将车体与车轮弹性地连接起来，传递载荷，缓和不平路面对车辆的冲击，衰减车体振动以及调节车体位置与姿态的零部件及其系统，又称悬挂装置或悬挂。其功用是：

（1）传递并承受各种力和这些力所产生的力矩。车辆在行驶过程中，路面作用于车轮上的垂直反力（支承力）、纵向反力（牵引力和制动力）和侧向反力以及这些力所造成的力矩都要通过悬架传递到车体上，以保证车辆的正常行驶。

（2）减缓由于路面不平所引起的冲击和振动，以保证车辆具有良好的平顺性。所谓车辆行驶平顺性是指车辆在通常使用速度范围内行驶时，能保证乘员不致因身体振动而引起不舒适和疲劳感觉，以及保证所载物资装备完整无损的性能。

（3）确保车轮与车体之间有适当的运动关系，使车辆具有良好的操纵性和稳定性。

悬架主要由弹性元件、阻尼元件、导向机构和缓冲块组成，它能够起缓冲、减振和导向的作用。为了增加侧倾刚度，减小侧倾角，可增加横向稳定杆。

根据导向装置的型式，悬架可以分成两大类：非独立悬架和独立悬架。

根据弹性元件的类型，悬架又可分为钢板弹簧悬架、螺旋弹簧悬架、扭杆弹簧悬架、空气悬架和油气悬架。

按照工作原理，悬架可分为被动悬架、主动悬架和半主动悬架。

悬架设计有如下要求：

（1）保证车辆有良好的行驶平顺性。

（2）具有合适的减振性能。应与悬架的弹性特性匹配良好，使车体和车轮在共振区的振幅小，振动衰减快。

（3）保证车辆有良好的操纵稳定性。当车轮跳动时，导向机构应使车轮转向主销定位参数变化不大，车轮与导向机构运动协调，无摆振现象。

（4）有适当的抗侧倾能力和良好的抗纵倾能力。

（5）结构紧凑，占用空间小。

（6）可靠地传递车轮与车体之间的一切力和力矩，且零部件有足够的强度和使用寿命。

（7）制造成本低，维修保养方便。

（二）悬架结构形式和特点

1. 非独立悬架

非独立悬架是两侧车轮由一根整体式车轴相连，车轮连同车轴一起通过弹性悬架挂在车体下面。

非独立悬架的主要优点如下：

（1）结构简单，制造容易，维修方便，工作可靠；

(2) 车轮上下运动时轮距、前束不变,轮胎磨损小;
(3) 侧倾中心较高,有利于减小车辆转向时车身的侧倾角;
(4) 车身侧倾后车轮的外倾角不变,传递侧向力的能力不减小。

其缺点如下:

(1) 因整车布置的限制,钢板弹簧不可能有足够的长度(特别是前悬架)(图6-8),故使其刚度较大,导致车辆平顺性较差。采用螺旋弹簧可以解决平顺性问题,但需要增改导向装置(图6-9)。

(2) 主减速器随悬架一起跳动,占用空间比较大,影响车内其他部件的布置。

(3) 簧下质量大,使车辆的行驶平顺性和轮胎接地的性能变差。

(4) 在不平路面上行驶时,因左、右车轮跳动不一致,易导致车轴转向,使车辆直线行驶稳定性变差。

(5) 当车辆在凹凸不平的路段上行驶时,左、右车轮相互影响,并使车轴和车身倾斜(图6-7)。

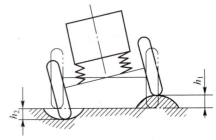

图6-7 在不平路面上行驶时非独立悬架左、右车轮的相互影响

轮式装甲车对车内的空间要求比较高,主减速器壳体随悬架上下跳动时占用较大的空间,影响发动机、炮塔和乘员座椅布置。因此,非独立悬架不适合在轮式装甲车上使用,目前国内外只有少数装甲车使用该类型悬架。

图6-8 用钢板弹簧的非独立悬挂

图6-9 用螺旋弹簧的非独立悬挂

De-Dion 悬架(图 6-10)将差速器与桥体分开,差速器连接到车身或副车架上,可以降低非簧载质量,也可以降低对平顺性和轮胎接地的影响。

图 6-10 "杜罗"输送车采用 De-Dion 悬架

2. 独立悬架

独立悬架是每一侧车轮单独地通过弹性悬架安装在车体的下面,每个车轮垂直运动而不影响另一侧的车轮。与非独立悬架相比,独立悬架的导向机构靠近车体两侧,几乎不占用车体中部空间,导向机构设计灵活多样,能够满足不同的设计要求。

与非独立悬架相比,独立悬架主要有如下优点:

(1)簧下质量小,悬架受到并传给车体的冲击小,有利于提高车辆的平顺性和轮胎接地性能。

(2)允许车轮有较大的跳动空间,可以增加车轮运动行程,提高越野性,弹簧刚度可以设计得比较软,使车身振动频率降低,改善了平顺性。

(3)左、右车轮各自独立运动互不影响,可减少车身的倾斜和振动,同时在起伏的路面上能获得良好的地面附着能力。

独立悬架的缺点是结构复杂,成本高,可靠性较差,维修保养不方便。

独立悬架按导向机构的特点可分为:双横臂、单横臂、纵臂式、斜置单臂式和麦弗逊式等几种类型。常见的独立悬架形式如下。

1)双横臂悬架

双横臂悬架是使用上、下横臂将车轮与车体连接起来的悬架形式。通常上、下横臂被设计成 A 字形,有利于横臂定位和传递力。一般下横臂比上横臂长,形成不等长的四连杆机构,有利于减少轮距变化量,获得良好的车轮定位变化曲线。双横臂悬架的弹性元件一般采用螺旋弹簧,也可根据需要采用扭杆弹簧、油气弹簧或空气弹簧。上、下横臂可以通过橡胶衬套与车体连接,干摩擦小,舒适性好,对于重型装甲车,也可采用滑动轴承的连接方式,单位体积可以承受更大的载荷。

双横臂独立悬架的突出优点是,通过选择空间导向杆系的铰接点的位置和导向臂的长度,可使车轮定位角和轮距的变化尽可能地满足设计要求,并且形成恰当的侧倾中心与纵倾中心,通过精心的设计可使车辆获得良好的平顺性和操纵稳定性;耐冲击,可靠性高,适合重型车辆使用。结构复杂、维修和保养难度大是双横臂独立悬架的缺点。从综合性能来看,双横臂悬架适合不同质量、对越野性要求高的轮式车辆。

目前采用双横臂悬架的轮式装甲车有俄罗斯的 BTP 系列装甲车、中国的 WZ551 步兵战车、日本的 96 式装甲输送车、法国的 VBCI 装甲车（图 6 – 11）、芬兰的"AMV"装甲车等。美国的 M – ATV 防地雷车采用 TAK – 4 双横臂独立悬架（图 6 – 12）。

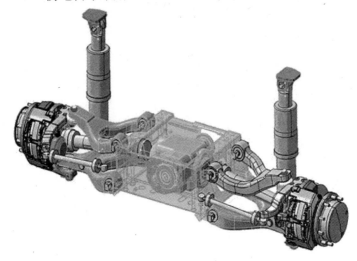

图 6 – 11　VBCI 双横臂悬架

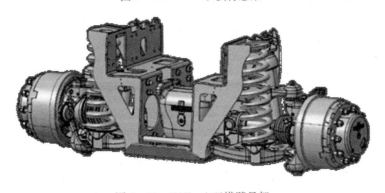

图 6 – 12　TAK – 4 双横臂悬架

2）麦弗逊式独立悬架

麦弗逊式独立悬架又称滑柱摆臂式悬架，是用下横臂和滑柱作为导向机构的悬架形式。它可以看成是将上横臂无限伸长的双横臂悬架。一般减振器兼滑柱导向的作用，螺旋弹簧安装在减振器外。

这种悬架主要有以下优点：结构简单紧凑，组成零件数量少，占用空间少，增大了左右两轮间的空间，有利于整车布置，车轮跳动时，前轮定位参数变化小，有良好的操纵稳定性；其缺点是：由于减振器的活塞杆与导向套之间的摩擦力较大，使悬架的动刚度增加，不利于提高车辆的平顺性。

麦弗逊式悬架一般采用螺旋弹簧，也可采用扭杆弹簧、空气弹簧和油气弹簧。"皮兰哈"轮式装甲车转向轮采用螺旋弹簧麦弗逊式悬架，如图 6 – 13 所示，为了满足装甲车的重量和越野性的要求，螺旋弹簧一般设计得比较长，滑柱安装位置几乎达到顶甲板的高度，意大利"半人马座"步兵战车采用油气弹簧，如图 6 – 14 所示，减少了高度方向占用的空间，并获得了更好的舒适性，但油气弹簧受侧向力作用，将影响自身的使用寿命。

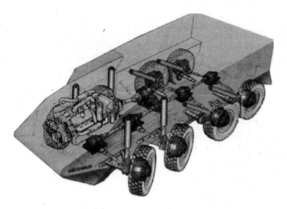

图 6-13 "皮兰哈"8×8 轮式装甲车悬架系统

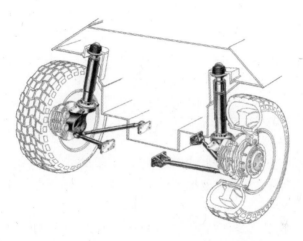

图 6-14 意大利"半人马座"步兵战车悬架

3) 单纵臂式独立悬架

单纵臂式独立悬架的车轮与车体通过一根纵臂铰接,纵臂的旋转方向垂直于车体中心面。这种悬架的特点是车轮跳动时,车轮外倾角、前束和轮距保持不变,后倾角变化比较大,因此适合在非转向轮上使用。单纵臂式独立悬架结构简单,成本低,可靠性好,占用空间小,其缺点是车辆转弯时,车轮随车体一起向外倾斜,车辆容易出现过度转向的趋势。弹性元件可以采用扭杆弹簧、螺旋弹簧、油气弹簧和空气弹簧。如果车辆对车内空间要求比较高,单纵臂式独立悬架是不错的选择,"皮兰哈"轮式装甲车非转向轮采用的是扭杆弹簧单纵臂式独立悬架。

4) 其他类型的独立悬架

用于轮式装甲车的悬架还有单横臂式、纵横摆臂式等。"拳击手"8×8 轮式装甲车前悬架是纵横摆臂悬架,如图 6-15 所示,其横向占用空间小,有利于车内发动机和驾驶员的布置,后悬架是双横臂悬架,其高度方向占用空间小,有利于增加乘员舱空间。

上述不同结构形式的独立悬架具有许多不同的基本特性。一般可从以下几个方面进行评价。

(1) 侧倾中心高度。车辆在侧向力作用下,车体在通过左、右车轮中心的横向垂直平面内发生侧倾时,相对于地面的瞬时转动中心称为侧倾中心。侧倾中心到地面的距离称

图 6 – 15 "拳击手" 8×8 轮式装甲车的悬架系统

为侧倾中心高度。侧倾中心位置越高,侧向力臂及侧倾力矩越小,车体的侧倾角也会减小。但侧倾中心过高,会使车身倾斜时轮距变化大,加快轮胎的磨损。

(2) 车轮定位参数。车轮相对车体上、下跳动时,若主销后倾角变化大,容易使转向轮产生摆振;若车轮外倾角变化大,会影响车辆的直线行驶稳定性,同时也会影响轮距的变化和加快轮胎的磨损速度。

(3) 悬架侧倾角刚度。当车辆作稳态圆周行驶时,在侧向力作用下,车体绕侧倾轴线转动,并将此转动角度称之为车体侧倾角。车体侧倾角与侧倾力矩和悬架总的侧倾角刚度大小有关,并影响车辆的操纵稳定性和平顺性。

(4) 横向刚度。悬架的横向刚度影响车辆的操纵稳定性。转向轴上的悬架横向刚度小,则容易造成转向轮发生摆振现象。

不同悬挂的特点如表 6 – 3 所列。

二、悬架主要参数的选取[19]

(一) 悬架的自激振动频率和挠度

大多数两轴车辆的质量分配系数 $\varepsilon = 0.8 \sim 1.2$,可近似地认为 $\varepsilon = 1$,也就是说,前、后轴上方的集中质量的垂直振动是互相独立的。这种前、后悬架分别与其簧载质量组成的振动系统的自由振动频率称为偏频(也称固有频率),它是影响车辆行驶平顺性的主要参数之一。人体所习惯的垂直振动频率是在步行时身体上下运动的频率,约为 60~85 次/min,当车辆垂直振动频率接近此值时乘员无不舒适感。如高级轿车前悬架的偏频(n_1)为 1~1.3Hz(60~80 次/min),后悬架偏频(n_2)为 1.17~1.5Hz(70~90 次/min),非常接近人步行时的自然频率。车辆的偏频过高或过低都将使乘员感到不舒适。货车的偏频按如下方式选取:在满载时前悬架偏频 $n_1 = 1.5 \sim 2.1$Hz,后悬架偏频 $n_2 = 1.70 \sim 2.17$Hz。前、后悬架自激振动频率的匹配对车辆行驶平顺性影响也很大,一般使二者接近以免产生较大的车身纵向角振动。由于 $n_1 < n_2$ 的车辆,在高速通过单个路障时,车体角振动小于 $n_1 > n_2$ 的车辆,故推荐 n_1/n_2 的取值范围为 0.55~0.95(满载时取大值)。

表6-3 不同形式悬架的特点

导向机构形式	示意图	适用弹簧	侧倾中心高	平顺性	前轮定位参数变化	基本特征 轮距变化	侧倾角刚度	操纵稳定性	备注
双横臂		螺旋弹簧 扭杆弹簧 空气弹簧 油气弹簧	一般较低,可作一定程度调整	由于非簧载质量轻,摩擦小,平顺性好	车轮外倾角和主销内倾角均有变化,主销后倾角变化与上下横臂布置有关	变化小,轮胎磨损慢	较小,需加横向稳定杆	利用杆系布置可控制前轮定位变化,操纵稳定性好	设计自由度大,前后悬架均可采用,结构稍复杂
麦弗逊		螺旋弹簧 空气弹簧 油气弹簧 扭杆弹簧	较高	非簧载质量轻,但存在摩擦力,平顺性较好	变化不大	变化很小	较大,可不装横向稳定杆	不如双横臂悬架	结构简单,紧凑,成本低
单纵臂		螺旋弹簧 空气弹簧 油气弹簧 扭杆弹簧	比较低,接近地面	非簧载质量轻,平顺性好	主销后倾角大	不变	较小,需加横向稳定杆	横向刚度低,转弯时车轮随车体一起倾斜,对操纵稳定性不利	结构简单,成本低
单斜臂		螺旋弹簧 空气弹簧 油气弹簧 扭杆弹簧	介于单纵臂和单横臂之间	非簧载质量轻,平顺性好	主销后倾角和车轮外倾角有变化	通过调整参数可减小轮距变化	介于单纵臂和单横臂之间	横向刚度与摆臂安装点在水平面上的转角变化可加以利用	结构简单,成本低,占用空间比单纵臂大
单横臂		螺旋弹簧 空气弹簧 油气弹簧 扭杆弹簧 钢板弹簧	比较高	非簧载质量轻,平顺性好	外倾角变化大	变化大	较大,不装横向稳定杆	缓转向不足,急转时可能产生车身顶起现象,对操纵稳定性不利	结构简单,成本较低

偏频 n_1、n_2(Hz)与其相应的悬架刚度 C_1、C_2 以及悬挂质量 m_1、m_2 之间有如下关系：

$$\left.\begin{array}{l} n_1 = \dfrac{1}{2\pi}\sqrt{\dfrac{C_1}{m_1}} = \dfrac{1}{2\pi}\sqrt{\dfrac{gC_1}{G_1}} \\[2mm] n_2 = \dfrac{1}{2\pi}\sqrt{\dfrac{C_2}{m_2}} = \dfrac{1}{2\pi}\sqrt{\dfrac{gC_2}{G_2}} \end{array}\right\} \tag{6-25}$$

式中　g——重力加速度，$g = 9.81\,\text{m/s}^2$；

　　　C_1、C_2——前、后悬架刚度(N/m)；

　　　G_1、G_2——前、后悬架簧载重力(N)。

对于刚度为常数的悬架，静挠度 f_c 可由所选择的偏频确定：

$$f_c = \frac{g}{(2\pi n)^2} \tag{6-26}$$

悬架还应具有足够的动挠度 f_d，其值常按相应的静挠度值来选取。

悬架的固有频率、静挠度、动挠度和相对阻尼系数取值范围可参考表 6-4。

表 6-4　悬架系统刚度、阻尼和行程常用范围

弹性元件	固有频率/Hz	静行程/cm	动行程/cm	相对阻尼系数
螺旋弹簧和扭杆弹簧	1.3~1.6	9~14	10~15	0.2~0.4
油气弹簧	1.0~1.4	10~14	10~16	

随着对车辆越野性和舒适性要求的不断提高，出现了悬架运动行程增加的趋势，表 6-5 列出了国际上先进的轮式装甲车的悬架行程，可以看出，大部分悬架行程超过 400mm。

表 6-5　典型轮式装甲车悬架行程

车辆	悬架类型	悬架总行程/mm
拳击手	前：上斜向摆臂，下横向摆臂 后：双横臂悬架	415
VBCI	双横臂悬架	450
AHED	单纵臂悬架	457
潘德Ⅱ	前：上纵向摆臂，下横向摆臂 后：单纵臂悬架	295
皮兰哈5	前：麦弗逊悬架 后：单纵臂悬架	340

（二）悬架的"理想"弹性特性

悬架的弹性特性是指悬架在垂直方向上所受的载荷 F 与变形 f 之间的关系曲线。当悬架的刚度 $C = \mathrm{d}F/\mathrm{d}f$ 为常数时，弹性特性成为一条直线，称为线性弹性特性。由式 (6-25) 可知，呈线性特性悬架的车辆，由于簧载质量的变化，如果悬架刚度 C 不变，必然引起振动频率发生变化，从而导致车辆的平顺性下降。悬架的理想特性是其固有频率为常数，即

$$n(f) = \frac{1}{2\pi}\sqrt{\frac{gC(f)}{F(f)}} = n_c = \frac{1}{2\pi}\sqrt{\frac{gC_c}{F_c}} = \text{const} \tag{6-27}$$

式中　F_c——设计载荷；

　　　C_c——设计载荷下的悬架刚度；

　　　f——悬架的挠度。

将 $C = \dfrac{\mathrm{d}F}{\mathrm{d}f}$ 代入式(6-27)整理后得到

$$\frac{\mathrm{d}F(f)}{F(f)} = \frac{\mathrm{d}f}{f_0}$$

积分得到

$$\ln F(f) = \frac{f}{f_0} + A$$

因为，当 $f = f_c$ 时，$F = F_c$，故 $A = \ln F_c - 1$。因此有

$$F(f) = F_c \exp\left(\frac{f}{f_c} - 1\right) \tag{6-28}$$

这就是说，当载荷 $F \geqslant F_c$ 时，悬架的特性应该是按指数函数的规律变化，该特性称为等频弹性特性。一般具有等频弹性特性的悬架，当载荷 F 增加时悬架的变形 f 也产生变化，则车体距地高不能保持不变。若具有等频弹性特性的悬架采用车体高度调节装置，则载荷增减时静挠度可保持不变，既能使车体高度不变，又能保持等频弹性特性。这就意味着，对应每一个静载荷都有一条刚度不同的弹性特性曲线，这一组曲线称为"理想"的弹性特性，如图 6-16 所示。

（三）悬架的侧倾角刚度及其分配

侧倾角刚度是指在侧倾角不大的条件下，簧上质量所受侧倾力矩与其侧倾角的比值。设计悬架时悬架的侧倾角刚度可根据其结构型式、布置尺寸和弹性元件的刚度求出，如图 6-17 所示。

弹簧刚度为 C，车体发生小侧倾角 $\mathrm{d}\varphi$，车体受到的弹性恢复力矩为

$$\mathrm{d}T = \frac{1}{2}C\left(\frac{m}{n}\right)^2 B^2 \mathrm{d}\varphi$$

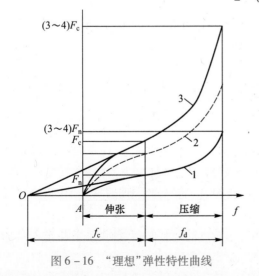

图 6-16　"理想"弹性特性曲线

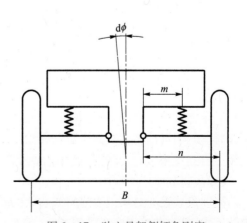

图 6-17　独立悬架侧倾角刚度

悬架的侧倾刚度为

$$C_\varphi = \frac{dT}{d\varphi} = \frac{1}{2} C \left(\frac{m}{n}\right)^2 B^2 \tag{6-29}$$

一般要求当车辆转弯侧向加速度达到 $0.4g$ 时,车体侧倾角 $\varphi \leq 6° \sim 7°$。悬架侧倾刚度不足时,侧倾角可能过大,使乘员缺乏舒适感和安全感;侧倾刚度过大时,侧倾角过小又会减弱驾驶员的路感,不利于驾驶员正确控制车速。

为了确保车辆具有良好的操纵稳定性,要求车辆转弯时,在 $0.4g$ 的侧向加速度作用下,前、后轮侧倾角之差应在 $1° \sim 3°$ 范围内。

三、独立悬架导向机构[20]

独立悬架的弹性元件仅能承受车轮与车体之间的垂向力,因此必须有传递驱动力、制动力、侧向力及其力矩的杆系。该杆系决定了车轮跳动的轨迹和车轮定位角变化规律,称为导向机构。

(一)对导向机构的要求

1. 对前轮独立悬架导向机构的要求

(1)悬架载荷变化时,导向机构应保证车轮定位角有合理的变化特性,对于轮式装甲车,轮距变化不超过 $-50 \sim +50 \mathrm{mm}$;车轮不应产生纵向加速度,避免惯性力矩作用到转向机上,使方向盘上的力矩急剧变化。

(2)车辆转弯行驶时,应使车身侧倾角尽可能小。在侧向加速度为 $0.4g$ 时车体侧倾角 $\varphi \leq 6° \sim 7°$,并使车轮与车体的倾斜同向,以增强不足转向效应。

(3)制动时,车身应有抗前俯能力;加速时,应有抗后仰能力。

2. 对后轮独立悬架导向机构的要求

(1)悬架上载荷变化时,轮距无显著变化。

(2)车辆转弯行驶时,车体侧倾角尽可能小,并使车轮与车体的倾斜反向,以减小过度转向效应。

此外,导向机构还应有足够强度,并能可靠地传递除垂直力以外的各种力和力矩。

(二)导向机构设计

导向机构决定车轮跳动的轨迹和前轮定位角,直接影响车辆的操纵稳定性,它是独立悬架不可缺少的重要组成部分。导向机构的选择是独立悬架方案设计的重要工作。表 6-3 综合归纳了常用独立悬架导向机构的特点,可供独立悬架方案设计及其选择导向机构时参考。

双横臂式独立悬架可以通过合理选择导向机构的尺寸及其布置,使车轮跳动或车体侧倾时车轮的运动轨迹及其定位角和轮距变化较好地满足设计要求,并且能获得适当的侧倾中心和纵倾中心,此外双横臂悬架可采用螺旋弹簧、油气弹簧和扭杆弹簧作为弹性元件,所以其得到了广泛应用。

麦弗逊式独立悬架是双横臂式悬架的变形,车轮跳动时其轮距、前束和前轮定位角均变化不大,其也获得了广泛应用。

1. 双横臂悬架导向机构设计[24]

1）上、下横臂长度的确定

前轮定位角及其变化规律对车辆的操纵稳定性影响很大,在设计前悬架导向机构时,必须使前轮定位角的变化规律有利于改善车辆的操纵稳定性。前轮定位角的变化规律是指满载位置到车轮跳动 ±60mm 的范围内定位角的变化特性。双横臂式悬架上、下横臂的长度对车轮上、下跳动时的定位参数影响很大,一般将导向机构设计成上横臂短、下横臂长。设下横臂长度 l_1 保持不变,改变上横臂长度 l_2,使 l_2/l_1 分别为 0.4,0.6,0.8,1.0,1.2 时计算车轮跳动时轮距、车轮外倾角和主销内倾角,得到的悬架导向机构运动特性曲线如图 6-18 所示。

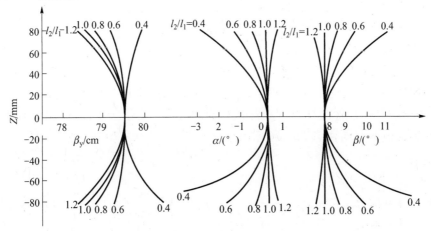

图 6-18 悬架导向机构运动特性

图中 Z 为车轮接地点的垂直位移,B_y 为 1/2 轮距,α 为车轮外倾角,β 为主销内倾角。左图($Z-B_y$)为车轮接地点在横向平面内随车轮跳动的特性曲线。由图可以看出,当上、下横臂的长度之比为 0.6 时,曲线变化最平缓,即轮距(B_y)变化最小;l_2/l_1 增大或减小时,轮距变化都增大。中图($Z-\alpha$)表示车轮外倾角随车轮跳动的变化规律,右图($Z-\beta$)为主销内倾角随车轮跳动的变化规律。由这两图可知,当 $l_2/l_1 = 1$ 时,α 和 β 均为与横坐标垂直的直线,即车轮跳动时车轮外倾角(α)和主销内倾角(β)都保持不变,但此时轮距变化太大,将导致车辆行驶阻力增大、直线行驶能力下降和轮胎过度磨损。

设计车辆悬架时,希望轮距变化要小,以减少轮胎磨损,提高其使用寿命,同时希望在车轮上跳动时,车轮外倾角的变化为 $-2° \sim +0.5°/50\text{mm}$ 内。一般悬架导向机构的 l_2/l_1 应在 0.5~1.0 范围内选择。

2）上、下臂在横向平面内的布置

上、下臂在横向平面内的布置决定了车体侧倾中心的位置。侧倾中心的位置对车辆行驶平顺性和操纵稳定性都有很大的影响,常用侧倾中心离地面的高度(h_w)来评价。

可利用可逆原理用图解求法求出双横臂独立悬架上车体的侧倾中心,即若车体不动,让地面相对车体摆动,则地面摆动瞬心就是所求的侧倾中心。为分析简便,车轮(含转向节)1、上横臂2、下横臂3 和车体4 组成一个四连杆机构,如图 6-19 所示。

车体4 不动,车轮1 相对车体运动的瞬心必在杆件2 和 3 的延长线上,也就是说,两

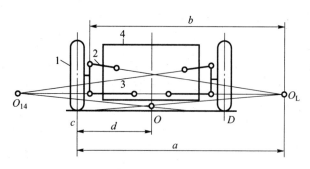

图 6-19 双横臂悬架上车体侧倾中心位置

延长线的交点 O_{14} 便是瞬心。因而轮胎 1 上 C 点的速度矢量垂直于 O_{14} 与 C 的连线,同理轮胎 D 点的速度矢量垂直于 $O_{14}D$ 连线。若假定车轮是刚性的,车体侧倾时它既不发生侧滑,也不会跳离地面,则地面两点(C、D)速度矢量与轮胎相应两点(C、D)速度矢量共线。换言之,地面两点(C、D)速度矢量也分别垂直于 O_LC 连线与 $O_{14}D$ 连线,即地面相对车体的瞬时摆动中心在 $\overline{O_LC}$ 和 $\overline{O_{14}D}$ 两线的交点 O 上。此点 O 就是车体的侧倾中心,又由于左右车轮是对称的,所以 O 点一定落在车辆的对称中心线上。因此,只要在横向平面内绘出车辆一侧的双横臂悬架导向机构布置简图,如图 6-20(a)所示,就可求出侧倾中心。

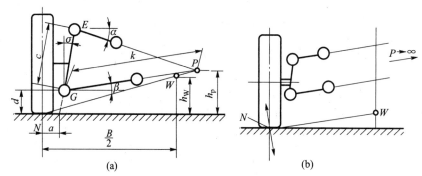

图 6-20 上、下横臂在横向平面内的布置简图

B—轮距;a—上、下横臂球头销连线延长线与地平面交点到轮胎接地点的距离;
d—下横臂球头销与地平面之距;c—上、下横臂球头销连线在横向平面上的投影长;
σ—EG 与垂线的夹角;α—上横臂与水平线的夹角;β—下横臂与水平线的夹角。

将图 6-20(a)中上横臂的水平线延长,该线与角 σ 的两边构成一个直角三角形,不难得出上横臂与 EG 的夹角等于 $(90°+\sigma-\beta)$。因此在 $\triangle GEP$ 中有

$$k = c\frac{\sin(90°+\sigma-\alpha)}{\sin(\alpha+\beta)} \quad (6-30)$$

不难看出:

$$h_p = k\sin\beta + d \quad (6-31)$$

由两个直角三角形相似可得

$$h_W = \frac{B}{2}\frac{h_p}{k\cos\beta + d\tan\sigma + a} \quad (6-32)$$

当上、下横臂互相平行时,如图6-20(b)所示,车轮相对车体摆动的瞬心位于无穷远处,若横臂与地面水平线夹角为 β,则侧倾中心高为

$$h_W = \frac{B}{2}\tan\beta \tag{6-33}$$

当 $\beta = 0$ 时,侧倾高 $h_W = 0$,悬架侧倾中心位于地面,车轮跳动时轮胎接地点无水平分速度,因而无轮距变化。

由上述分析可知上、下横臂在横向平面内的布置对侧倾中心位置的影响。侧倾中心越低,它离车体质心越远,使车体侧倾力矩越大,该力矩使左、右侧车轮上的载荷重新分配,这将影响轮胎的侧偏特性,导致车辆转向特性变化,甚至使车辆从不足转向变为过度转向。车体侧倾力矩越大,其侧倾角越大。侧倾角过大会使乘员感到不安全和不舒适。反之,侧倾中心越高,它到车体质心距离越短,使车体侧倾力矩越小,车体侧倾角可小一些。但侧倾中心过高,会使车体侧倾时轮距变化太大,轮胎磨损加剧。另外,侧倾角过小,也就是说,悬架的侧倾角刚度大,当车辆一侧车轮遭遇凸起或凹坑时,车体内会感到冲击,平顺性差。侧倾角过小还会使驾驶员丧失车辆即将发生侧滑或侧翻的警告信号。因此,在布置上、下横臂时,应综合考虑这些因素对侧倾中心高的影响,一般侧倾中心高于地面 $50 \sim 400 \text{mm}$。

3) 上、下横臂轴的布置

(1) 在纵向平面内的布置。

上、下横臂轴在纵向平面内的布置与车辆的纵向稳定性密切相关,车辆在制动或加速行驶时,由于惯性力的作用使轴载荷再分配,导致前、后悬架变形,使车辆制动时发生"前俯后仰"和加速驱动时产生"前仰后俯"现象。如图6-21所示。

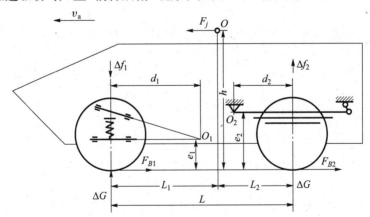

图 6-21 车辆制动时动态作用力及弹性元件附加变形

不考虑车辆静态时所受重力和前、后轮上的反作用力,只画出车辆制动时所受的惯性力(F_j)、车轮的制动力(F_{B1}、F_{B2})和附加力(ΔG)。对两轴车辆有

$$\left.\begin{array}{l} F_j = j\dfrac{G_a}{g} = F_{B1} + F_{B2} \\[4pt] \Delta G = F_j \dfrac{h}{L} \\[4pt] F_{B1} = \lambda F_j \\[4pt] F_{B2} = (1-\lambda)F_j \end{array}\right\} \tag{6-34}$$

在惯性力作用下车体发生"前俯后仰",使前弹性元件附加压缩变形(Δf_1),后弹性元件附加拉伸变形(Δf_2),导致在前、后弹性元件上端产生一个附加力:

$$\left.\begin{array}{l}\Delta F_1 = C_1 \Delta f_1 \\ \Delta F_2 = C_2 \Delta f_2\end{array}\right\}$$

式中:C_1、C_2——前、后弹性元件刚度。

设车轮—悬架为自由体,并假设弹性元件上的载荷转移可用车轮上的载荷转移来替代,忽略车轮惯性力矩和滚动阻力,分别对 O_1、O_2 列平衡方程有

$$\left.\begin{array}{l}(C_1\Delta f_1 - \Delta G)d_1 + F_{B1}e_1 = 0 \\ (C_2\Delta f_2 - \Delta G)d_2 + F_{B2}e_2 = 0\end{array}\right\} \quad (6-35)$$

式中　d_1、d_2——前、后悬架纵倾中心到前、后轴中心的距离;

e_1、e_2——前、后悬架纵倾中心距地高。

联解式(6-34)和式(6-35),得

$$\left.\begin{array}{l}\Delta f_1 = \dfrac{F_j}{c_1 d_1}\left(\dfrac{h}{L}d_1 - \beta e_1\right) \\ \Delta f_2 = \dfrac{F_j}{c_2 d_2}\left(\dfrac{h}{L}d_2 - (1-\beta)e_2\right)\end{array}\right\} \quad (6-36)$$

由上式可知,当 $\left(\dfrac{h}{L}d_1 - \beta e_1\right) = 0$,即 $\dfrac{e_1}{d_1} = \dfrac{h}{\lambda L}$ 时,$\Delta f_1 = 0$,车体无"前俯("点头")"或"前仰"现象。

若 $\dfrac{e_1}{d_1} > \dfrac{h}{\lambda L}$,则 $\Delta f_1 > 0$,发生"前俯"现象。所以瞬心(O_1)的位置(e_1、d_1)对悬架抗"前俯"能力有很大的影响。令 $\tan\theta = \dfrac{e_1}{d_1}$,也可用瞬心 O_1 与前轮接地点连线与地平线的夹角 θ 来表示瞬心的位置。显然,无"前俯"现象的夹角为

$$\theta_0 = \tan^{-1}\dfrac{e_1}{d_1}\tan^{-1}\dfrac{h}{\lambda L} \quad (6-37)$$

当上、下横臂轴线平行时,瞬时中心在无穷远处,即 $\theta = 0$,所以无抗"前俯"作用。随着夹角 θ 增加,抗"前俯"能力逐渐增强,达到式(6-37)之值时抗"前俯"能力最大。但是还必须考虑到,瞬时中心的位置对路面反作用力的影响。为此,将地面反作用力简化为一个通过车轮中心的力 R 和绕车轮中心的力矩 M_R。如图6-22所示。

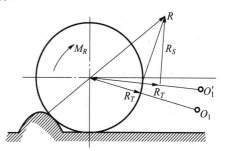

图6-22　瞬时中心位置对地面反作用力的影响

M_R 被导向机构的反作用力矩平衡,而剩下的反作用力 R 可分解为垂直于纵摆瞬心与车轮中心连线的分力 R_S 和沿此连线的力 R_T。R_S 被弹性元件平衡,R_T 经铰链传给车体,这是造成车体振动和噪声的重要原因之一。降低纵摆瞬心 O_1' 至 O_1,可使冲击力 R_T 减小。由于冲击力 R_T 与 d_1 大致成正比关系,所以瞬时中心的位

置选择很难满足 $\frac{e_1}{d_1} = \frac{h}{\lambda L}$，一般是使 $\Delta f_1 < 0, \frac{e_1}{d_1} < \frac{h}{\lambda L}$，并且用两者的比值表示抗"前俯"的效率 η_d，即

$$\eta_d = \frac{e_1 \lambda L}{d_1 h} \times 100\% \qquad (6-38)$$

一般取 $\eta_d = 50\% \sim 70\%$。

上、下横臂轴在纵向平面内的布置有如下 6 种可能方案，各方案的布置对主销后倾角 γ 的影响及其随车轮跳动的变化曲线如图 6-23 所示。

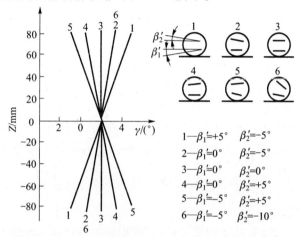

图 6-23 上、下横臂轴的布置对主销后倾角的影响

图中横坐标为 γ，纵坐标为车轮接地中心的垂直位移 Z。上、下横臂轴线布置角度正负号按右手定则确定。

为了提高车辆的制动稳定性和舒适性，一般希望在悬架弹簧压缩时主销后倾角增大；在弹簧拉伸时主销后倾角减小。这种设计能够确保悬架纵倾中心在悬架后面，制动时产生抗制动前倾的力矩。

由图中 γ 的变化曲线可知，4、5 方案的主销后倾角 γ 变化规律与所希望的规律相反，因此不宜用在车辆前悬架中。第 3 方案虽然主销后倾角的变化最小，但其抗"前俯"的作用也小，所以很少采用，只有第 1、2、6 方案的主销后倾角的变化规律是比较好的，因此在车辆悬架中已被采用，其中第 2 种方案比较常见，上横臂轴倾角可在 6°~10° 内选取。

（2）在水平面内的布置。

前悬架上、下横臂轴线在水平面内的布置有 3 种方案，如图 6-24 所示。

上横臂轴 $N-N$ 和下横臂轴 $M-M$ 与纵轴线的夹角，分别用 φ_1 和 φ_2 来表示，称为导向机构上、下横臂轴的水平斜置角。一般规定，轴线前端远离车辆纵轴线的夹角为正，反之为负；与车辆纵轴线平行者，夹角为零。

为了使车轮在遇到凸起路障时能够使车轮上跳的同时向后退让，以减少传到车体上的冲击力，也为了扩大车首内部空间，前悬架下横臂轴 $M-M$ 的斜置角 φ_2 为正，而上横臂轴 $N-N$ 的斜置角 φ_1 则有正值、零值和负值 3 种布置方案，如图 6-24 中的 (a)、(b)、(c) 所示。上、下横臂轴斜置角不同的组合方案，对车轮跳动时前轮定位参数的变化规律有很大影响。如下横臂轴 $M-M$ 斜置角 φ_2 为正，而上横臂轴 $N-N$ 斜置角 φ_1 为负或零，

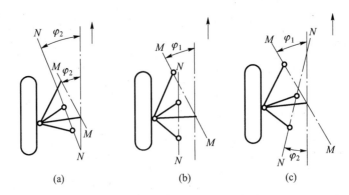

图6-24 上、下横臂轴在水平面内的布置方案

当车轮向上跳动时,主销后倾角随车轮的上跳而增大。而对于上、下横臂轴斜置角 φ_2、φ_1 都为正的方案[图6-24(a)],则主销后倾角随车轮的上跳有较少增加甚至减少(当 $\varphi_1 < \varphi_2$ 时)。选择方案时要与上、下横臂在纵向平面内的布置一起考虑。当车轮上跳、主销后倾角变大时,车体上的悬架支承处会产生反力矩,有抑制制动时的"前俯"作用。但主销后倾角太大,会使支承处反力矩过大,同时使转向系统对侧向力十分敏感,易造成车轮摆振或转向盘上力的变化。

2. 麦弗逊式独立悬架导向机构设计

1) 横臂长度的确定

为了分析麦弗逊式独立悬架的运动特性,根据对某悬挂实物测定的参数,改变下横臂 l_1 长度值,计算前轮跳到不同位置时它的轮距和定位角,将其结果绘制在图6-25上。图中 Z 为车轮位移,B_y 为1/2轮距,γ 为主销后倾角,α 和 β 分别为车轮外倾角和主销内倾角。由图可以看出,随着横臂的增长,B_y、γ、α 和 β 的曲线越平缓,即车轮跳动时轮距 B_y、主销后倾角 γ、车轮外倾角 α 和主销内倾角 β 变化越小。这说明摆臂越长,车轮跳动时轮距和前轮定位角度的变化越小,这有利于提高轮胎寿命和车辆的操纵稳定性。

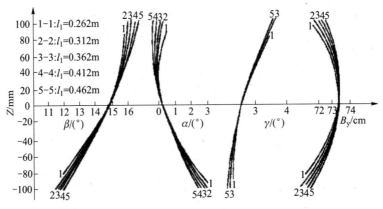

图6-25 麦弗逊式独立悬架运动特性

因此,在总体布置许可的条件下,导向机构应尽量采用长横臂方案。

2) 导向机构在横向平面内的布置

麦弗逊式独立悬架的导向机构可以看作是双横臂机构的变形,即将减振器作为引导车轮跳动的滑柱,同时将上横臂无限延长,以橡胶作为上支承,且滑柱垂直于车体甲板的导向机构。如图 6-26 所示。

麦弗逊式悬架的导向机构在横向平面的布置与侧倾中心位置密切相关,同样可以用图解法在布置简图上求出。先过减振器与车体甲板的固定连接点 E 作活塞杆运动方向的垂直线,再将下横臂线延长,两条线的交点为瞬心 P。则车轮接地点 N 与 P 点的连线与车辆轴线的交点 W 即为侧倾中心。根据图 6-27 所示几何关系,可得麦弗逊式独立悬架在静平衡位置时,侧倾中心高度 h_W 的计算公式为

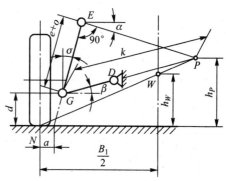

图 6-26 导向机构在横向平面内的布置简图

$$h_W = \frac{B_1}{2} \frac{h_p}{k\cos\beta + d\tan\sigma + a} \tag{6-39}$$

式中: $k = \dfrac{c+0}{\sin(\alpha+\beta)}$; $h_p = k\sin\beta + d$。

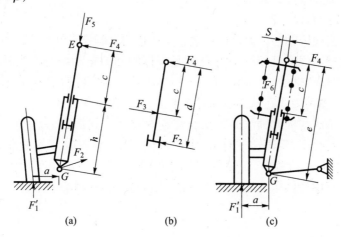

图 6-27 麦弗逊式悬架及其零部件受力简图
(a)悬架和车轮;(b)减振器和车轮;(c)带活塞的连杆。

麦弗逊式悬架的主要缺点是在活塞杆与缸筒的导向座之间存在摩擦力,使悬架的动刚度增加,弹性特性变差,且对轮胎的不平衡较敏感。因此设计时要尽量减小摩擦力。为了分析悬架布置参数对摩擦力的影响,分别取减振器带车轮、活塞杆和悬架带车轮为隔离体,绘出了它们的受力图,如图 6-27 所示。在图 6-27(a)中对 G 点取矩得

$$F_1' \cdot a = F_4(b+c) \tag{6-40}$$

在图 6-27(b)中各力对活塞中心取矩得

$$F_4 \cdot d = F_3(d-c) \tag{6-41}$$

联解式(6-40)和式(6-41)得

$$F_3 = \frac{F_1' a d}{(b+c)(d-c)} \tag{6-42}$$

F_3 为活塞杆与导向套之间的作用力,因此它们之间有摩擦力,使悬架的动刚度增加,弹性特性变坏,所以在布置上要尽量减小摩擦力。在设计上可采用下列措施:

(1) 由式(6-42)可知,增大 $(b+c)$ 或增大减振器内倾的角度,即减小 a,可使 F_3 减小,从而使摩擦力减小。前者受到车体高度限制,后者在布置上也受到所在空间狭小的限制。减振器中心线角度不变,将下横臂铰点移到车轮内部空间,可减小 a,也可减小摩擦力。

(2) 在布置弹性元件时使其中心线偏离减振器中心线一段距离,如图 6-27(c)所示,由于弹性力对 E 点的力矩作用,使导向套左侧的压力减小 $F_6 s/(d-c)$,导向套对活塞连杆的压力减小为

$$F_3 = \frac{F_1' a d}{(b+c)(d-c)} - \frac{F_6 s}{(d-c)} \tag{6-43}$$

从而使摩擦力减小。

(3) 将弹簧下端尽量靠近车轮,使弹簧轴线与减振器轴线成一角度,以便造成弹簧反力使 F_3 减小,从而使摩擦力减小。

3) 横臂轴线的布置

在纵向平面内横臂轴与减振器的布置影响车辆的纵倾稳定性。在图 6-28 中减振器轴线的垂线与横臂轴线的延长线交点 O 就是车体跳动的运动瞬心。当横臂轴线正好与主销轴线垂直,即横臂轴的抗"前俯"角 $(-\beta)$ 等于静平衡位置的主销后倾角 γ 时,运动瞬心交于无穷远处,主销轴线在悬架跳动时作平动,后倾角 γ 保持不变。

当减振器的垂线与横臂轴线的延长线交点 O 位于车轮后方时[图 6-28(a)],在悬架弹性元件压缩行程中,后倾角 γ 有增大的趋势;而当交点 O 位于车轮前方时[图 6-28(b)],在弹性元件压缩行程中,后倾角 γ 有减小的趋势。为了减小车辆制动时的纵倾,希望在悬架压缩行程中后倾角有增大的趋势,所以应选择运动瞬心 O 在车轮后方的方案。

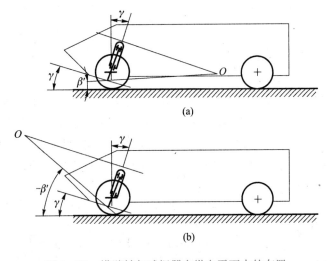

图 6-28 横臂轴与减振器在纵向平面内的布置

四、弹性元件

(一) 螺旋弹簧

由于螺旋弹簧结构简单、制造方便且具有高的比能容量,在其内部又可安装减振器、行程限位器或导向柱使整个悬架结构紧凑,而且悬架导向机构在大摆动量下仍具有保持车轮定位角的能力,因此在轮式装甲车的悬架中应用相当普遍。采用变节距的或用变直径弹簧钢丝绕制的或两者同时采用的弹簧结构,可以实现变刚度特性,提高车辆的平顺性。

螺旋弹簧常用于独立悬架中,它仅承受垂直载荷,此时钢丝内产生的扭转应力 τ_c 为

$$\tau_c = \frac{8kPD_m}{\pi d^3} = \frac{8ckP}{\pi d^2} \quad (6-44)$$

式中　P——弹簧上的轴向力;
　　　D_m——弹簧平均直径;
　　　d——弹簧钢丝直径;
　　　c——弹簧指数,$c = D_m/d$;
　　　k——曲度系数,为考虑弹簧内侧应力增大而引进的修正系数,$k = \frac{4c-1}{4c-4} + \frac{0.615}{c}$。

螺旋弹簧的静挠度为

$$f_{sc} = \frac{8PD^3 i}{Gd^4} \quad (6-45)$$

式中　i——弹簧工作圈数。

联解上两式得

$$\tau_c = \frac{f_{sc} Gd}{\pi D^2 i} \leqslant [\tau_c] \quad (6-46)$$

同理,动载荷下的扭转应力为

$$\tau_d = \frac{f_{sd} Gd}{\pi D^2 i} \leqslant [\tau_m] \quad (6-47)$$

许用静扭转应力 $\tau_c = 500 \sim 700 \text{N/mm}^2$;最大许用扭转应力 $\tau_m = 980 \sim 1078 \text{N/mm}^2$。装甲车载荷大,悬架行程长,螺旋弹簧一般采用热成形加工方法,常用材料有 60Si2CrVA 和 60Si2MnA,热处理后硬度在 45~53HRC 范围内,过低的硬度容易出现塑性变形,过高的硬度影响弹簧的疲劳寿命。弹簧的许用扭转应力与悬架的结构形式和车辆的使用条件有关,一般推荐满载许用扭转应力不大于 500MPa,最大扭转应力不大于 850MPa。悬架弹簧一般暴露在外部,使用环境比较恶劣,为了防止弹簧表面被腐蚀或被石子撞击而损坏金属表面,应对其表面进行保护,一般采用静电喷涂法对弹簧表面喷涂一层厚度均匀、附着力好的非金属保护层。

(二) 扭杆弹簧

扭杆悬架在车辆上既可以纵向布置,也可以横向布置。扭杆弹簧的单位质量贮能量

高,在相同载荷下使用扭杆弹簧可以减小车辆非簧载质量,有利于提高车辆的平顺性;当用于前轮驱动车辆的前悬架时,扭杆可以纵向布置,为前驱动轴的摆动半轴腾出空间。但扭杆的制造成本较高,对材料、工艺的要求较严。与螺旋弹簧一样,扭杆仅能起弹性元件的作用,必须有导向机构。

扭杆弹簧按其断面形状可分为圆形、管形、片形和组合型。圆形扭杆因结构简单、制造方便和装配容易而得到广泛应用。管形扭杆较圆形的材料利用合理。而且将圆形扭杆和管形扭杆组合成组合型扭杆,它可大大缩短弹性元件的长度,易于布置。片形扭杆是由几片固定在四方形套筒内的扁钢组成,其材料利用率虽不如前两者,但弹性好,扭角大,而且其中一片折断不会使整个悬架立即失效。

1. 扭杆悬架的刚度

扭杆悬架的刚度取决于扭杆弹簧的刚度和导向机构的形式。扭杆弹簧的刚度是不变的,但是装上导向机构之后的扭杆悬架的刚度是可变的。为了说明扭杆弹簧刚度与扭杆悬架刚度的关系,将扭杆悬架简化为图 6-29,在图中 L 为扭杆长,R 为悬架的下摆臂(简称为扭杆臂)在扭杆中心线垂直平面上的投影长。将过扭杆中心线的水平面与其垂直平面的交线作为基准线。作用力 P 垂直于基准线,相对基准线在力 P 作用下扭杆臂端点的位移为 f,扭杆臂转过的角度为 α,$P=0$ 时扭杆臂转角为 β。

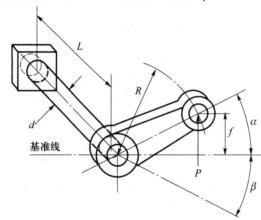

图 6-29 扭杆悬架刚度分析简图

作用于扭杆的转矩为 $M = PR\cos\alpha$。扭杆刚度为

$$C = \frac{M}{\alpha + \beta} = \frac{PR\cos\alpha}{\alpha + \beta}$$

上式可改写为

$$P = \frac{C(\alpha + \beta)}{R\cos\alpha} \tag{6-48}$$

扭杆臂转过 α 时扭杆臂端点的位移为 $f = R\sin\alpha$,又可写为

$$\alpha = \arcsin\left(\frac{f}{R}\right) \tag{6-49}$$

因此扭杆悬架的刚度可按下式计算:

$$C_s = \frac{dP}{df} = \frac{dP}{d\alpha}\frac{d\alpha}{df} = \frac{d}{d\alpha}\left(\frac{C(\alpha+\beta)}{R\cos\alpha}\right)\frac{d}{df}\left(\arcsin\left(\frac{f}{R}\right)\right)$$

$$C_s = \frac{C}{R^2}\frac{1+(\alpha+\beta)\tan\alpha}{\cos^2\alpha}$$ (6-50)

2. 扭杆悬架的设计计算

设计扭杆悬架时,先根据车辆的行驶平顺性确定一个扭杆悬架的平均刚度,再确定扭杆悬架的几何尺寸。

1) 扭杆横向布置

扭杆横向布置时,因扭杆的长度受车体宽度的限制,可先确定扭杆长度 L,而截面面积 A 可根据扭杆的扭转变形能等于悬架的变形功的原理来确定。由"材料力学"可知,扭杆的变形能为

$$U = \frac{\lambda \tau^2 LA}{4G}$$ (6-51)

式中 A——扭杆截面面积;

τ——扭转应力;

G——剪切弹性模量;

λ——扭转变形时材料的合理利用程度;对于管形断面:$\lambda = 1+\gamma$,$\gamma = d/D$;圆形断面:$\gamma = 0$,$\lambda = 1$;矩形断面:λ 取决于断面两边的比值,可按表 6-6 取值。

表 6-6 矩形截面扭杆材料利用系数

$m=b/h$	1.0	1.5	2.0	3.0	4.0	6.0	8.0	10.0
λ	0.618	0.546	0.529	0.542	0.567	0.598	0.614	0.626

悬架变形功为

$$W = \frac{C_P f^2}{2}$$ (6-52)

式中 $f = f_c + f_d$——悬架的总挠度,f_c、f_d 分别为静挠度和动挠度;

C_P——悬架的平均刚度。

根据 $U = W$ 可求出扭杆的截面面积:

$$A = \frac{2C_P f^2 G}{\lambda \tau^2 L}$$ (6-53)

对于管形断面和圆形断面(即 $\gamma = 0$)可求得直径 d,即

$$d = \frac{f}{\tau}\sqrt{\frac{8}{\pi}}\sqrt{\frac{C_P G}{L}} = \frac{1.59f}{\tau}\sqrt{\frac{C_P G}{(1-\gamma^4)L}}$$ (6-54)

杠杆臂长度 R 可根据静挠度和动挠度以及允许的最大转角 θ_{max} 来确定。当扭杆为管形或圆形时,$J_P/W_P = d/2$(W_P 为抗扭截面系数)有

$$[\theta_{max}] = \frac{2[\tau]L}{dG}$$ (6-55)

式中 τ——最大许用应力。

一般在静载作用下扭杆臂接近水平位置,且扭杆扭角不大,故假定扭杆处于水平位置,动载扭角与静载扭角之比等于相应挠度之比,即

$$\alpha_m = \alpha_c + \alpha_d$$
$$f_c = R\sin\alpha_c$$
$$f_d = R\sin\alpha_d$$

由上式可求得扭杆臂的平均值:

$$R = \frac{1}{2}\left(\frac{f_c}{\sin\alpha_c} + \frac{f_d}{\sin\alpha_d}\right) \tag{6-56}$$

2) 扭杆纵向布置

由于轮舱空间受限,根据总体布置确定扭杆臂长 R,后计算扭杆长度和截面尺寸。此时根据车辆平顺性的要求,给定悬架平均刚度 C_P 和动挠度 f_d 与静挠度 f_c。先求出最大允许扭角:

$$\alpha_m = \arcsin\frac{f_d}{R} + \arcsin\frac{f_c}{R} \tag{6-57}$$

联解式(6-54)和式(6-55)可得扭杆长度 L 和直径 d 为

$$L = 0.86\frac{G}{\tau}\sqrt{\frac{C_P f^2 \alpha_m^2}{(1-\gamma^4)\tau}} \tag{6-58}$$

$$d = \frac{2L\tau}{G\alpha_m} \tag{6-59}$$

扭杆可用 50CrV、60CrA、60Si2Mn 和 45CrNiMoVA 等弹簧钢。为了提高疲劳强度,要进行喷丸和预扭。预扭应连续进行 4~5 次,最后残余变形不大于 0.2。经淬火后喷丸和预扭的扭杆许用应力为 $1000 \sim 1250\text{N}/\text{mm}^2$,不喷丸和预扭的许用应力仅为 $800\text{N}/\text{mm}^2$。

扭杆弹簧由端部、杆部和过渡段组成,为使端部与杆部寿命一样,推荐端部直径为 $D = (1.2 \sim 1.3)d$(d 为杆部直径)。为了传力的需要,其端头需加工成花键、方形、六角形等,其中以花键用得最多。花键长度一般为花键端头直径 0.6~1.3 倍。花键端部一般采用夹角为 90°的三角形花键。

端头和杆部之间应有过渡部分,过渡部分的圆锥角 2α 一般取 30°,过渡段长 $L_g = (D-d)/2\tan\alpha$,过渡圆角取 $R = (1.3 \sim 1.5)d$。结构如图 6-30 所示。

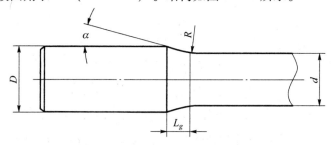

图 6-30 扭杆端部几何尺寸

(三)油气弹簧

1. 油气弹簧

油气弹簧是以气体作为弹性介质,用油液作为传力介质的弹性元件。以油气弹簧为

弹性元件的悬架称为油气悬架。油气弹簧一般由蓄压器和动力缸组成。蓄压器又称气室,它是蓄存油气的耐高压密闭容器。气体与工作油液间用带密封件的浮动活塞或耐油橡胶隔开,以防气体向油液泄漏,造成油气混合而降低油气弹簧的性能。动力缸是将油气弹簧的弹力传递给导向机构的元件。若其中装有活塞与节流阀,则油液流经节流阀时产生较强的阻力,起到液力减振器的作用。采用液压控制系统调节各轮油气弹簧的油压,可以很方便地实现车高调节和车体姿态调节。油气弹簧具有非线性特性和较低的固有频率,能显著地提高车辆的平顺性。由于液压缸内为高压气体和油液,要求有较高的密封性,故其加工难度大,精度高,制造成本高,使用维修困难。因此,油气弹簧一般在平顺性要求较高的轮式装甲车上应用。

油气弹簧的结构型式有单气室式、双气室式和两级压力式。单气室油气弹簧[图6-31中(a)]结构简单,加工要求较低。但由于它的伸张行程大,易发生活塞撞击缸体底部,甚至从缸体中拉脱的事故。双气室油气弹簧[图6-31(b)]右侧增加了一个反压气室,当弹簧处于伸张行程时活塞下移,它将油压向右侧油缸,推动浮动活塞上移,使反压力气室内的气压增高,从而提高了伸张行程的弹簧刚度,降低了活塞撞击缸体底部的可能性。两级压力式油气弹簧设有两个并列气室,左侧气室为主气室,右侧气室为补偿气室。主气室的气压与单气室油气弹簧的气室压力相近,而补偿气室的气压约为主气室的1.2~2.0倍。当载荷较小时主气室参加工作,其中的气压随着载荷的增加而逐渐升高,当主气室压力稍超过补偿气室的气压时,补偿气室参加工作,从而保证车辆空载和满载时悬架有大致相等的振动频率。

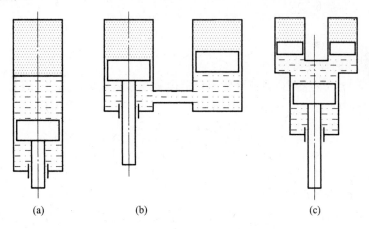

图6-31 油气弹簧简图
(a) 单气室式;(b) 双气室式;(c) 两级压力式。

可调式油气悬架通过油液的充入与放出实现车体上下升降、前后俯仰、左右倾斜与车体调平,使车体在空载和满载时保持一定的高度。有阻尼的可调式油气悬架原理如图6-32所示。高压油泵来的压力油通过电液控制阀3(带液压锁的三位四通电磁阀)可将油液由管路充入油缸1,或自油缸1将油排回到油箱。当充油时车体被抬起,而放油时车体自动下降。如果将车辆所有车轮分成前、后、左、右四组,则每组分别有一个电磁控制阀加以控制。电磁控制阀有3个工作位置,即充油、放油和中立位置。在中立位置时,油泵来油P既不接通A也不接通B。每个车轮油气弹簧上端油腔的高压油分别通过液控单向阀 4 分别被隔离闭锁,每个车轮的油气弹簧形成独立悬架,在正常行驶过程中,每个车轮有一个单独的油气弹簧,即使某个油气弹簧发生漏油等故障,也与其他车轮的油气弹簧无关。在充油位置时,P、A 接通,油泵来的高压油经单向阀充入油缸的上端油腔,将该部车体抬起。B、O 接通,液控油路与油箱接通。在放油位置时,P、B 接通,高压油顶开液控单向阀 4,油缸上端的压力油经单向阀 A、O 流回油箱,车体下降。当全车多个电液控制阀以不同位置组合时,可以实现车体的上下升降、前后俯仰和左右倾斜。

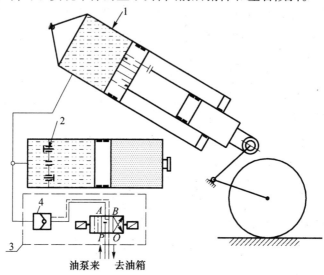

图 6-32 可调式油气悬架原理图
1—油缸;2—阻尼阀;3—电液控制阀;4—液控单向阀。

2. 油气悬架的弹性特性

由于氮气密封于容器内,载荷变化时容器内氮气的体积和压力也发生变化,其变化的规律可用理想的气体状态方程式来确定,即

$$\frac{PV^n}{T} = \text{const} \tag{6-60}$$

式中 P——气室内的气体压力;

V——当压力为 P 时气室内的气体体积;

n——多变指数,车辆缓慢振动时气体状态变化接近等温过程,可取 $n=1$;激烈振动时气体状态变化接近绝热过程,可取 $n=1.4$;在一般情况下,取 $n=1.3 \sim 1.8$;

T——气体温度。

假设,在一个压缩和膨胀周期内,气体的温度变化不大。则可以将式(6-60)写成

$$PV^n = P_c V_c^n \tag{6-61}$$

式中 V_c——气体在静态时的体积;

P_c——气体在静态时的压力。

设油气悬架导向机构的杠杆比为 $i_s = \dfrac{P_{sc}}{(P_c - P_a)A_n}$,则蓄压筒内静态气体压力 P_c 为

$$P_c = \frac{P_{sc}}{i_s A_n} + P_a \tag{6-62}$$

式中 P_{sc}——车轮轴上的静载荷；

i_s——车轮静态时导向机构的杠杆比；

A_n——动力缸中活塞的面积；

p_a——大气压力。

气体在静态时的体积 V_c 可根据气室充气时的气体各参数求出：

$$V_c = V_n \frac{P_3 T_P}{P_c T_3} \tag{6-63}$$

式中 V_n——蓄气筒的总容积；

P_3——蓄气筒内气体压力；

T_3——弹簧充气时的气体温度；

T_P——悬挂装置工作时的气体温度。

1) 油气弹簧的刚度

对于油气弹簧,活塞的有效面积不变,如果忽略液体的可压缩性和渗漏,活塞的位移量可相应于换算到动力液压缸活塞面积上的气体柱高度的变化,即

$$f = \Delta V / A_n = (V_c - V) / A_n$$

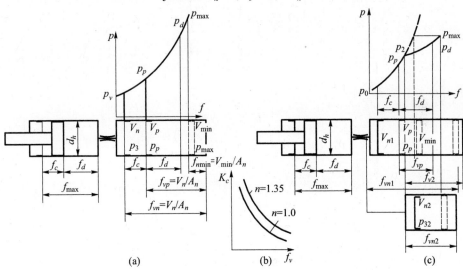

图 6-33 油气弹簧的计算简图

(a)有一个蓄气筒的弹簧；(b)气体体积的大小($f = V/A$)对悬架静刚度(K)的影响；(c)有两个蓄气筒的弹簧。

如图 6-33 所示,图中 $f_{vc} = V_c/A_n$ 为静态时的气体柱换算高度；$f_{vn} = V_n/A_n$ 为蓄气筒内气体柱总的换算高度；$f_{vmin} = V_{min}/A_n$ 为蓄气筒内气体柱的许可最小高度。

这时可将式(6-61)写成以下形式：

$$P(f_{vc} - f)^n = P_c f_{vc}^n$$

根据动力缸活塞的位移量 f,气体当前工作压力为

$$P = \frac{P_c f_{vc}^n}{(f_{vc} - f)^n} \tag{6-64}$$

弹性力作用于动力液压缸活塞上的力

$$F_{A_n} = (P - P_a)A_n$$

油气弹簧的刚度：

$$K = \frac{dF_{A_n}}{df} = A_n \frac{dP}{df} = A_n P_c f_{vc}^n \frac{d\left(\frac{1}{(f_{vc}-f)^n}\right)}{df}$$

$$= -\frac{A_n P_c f_{vc}^n n (f_{vc}-f)^{n-1}(-1)}{(f_{vc}-f)^{2n}}$$

$$= \frac{A_n P_c n}{f_{vc}-f} \qquad (6-65)$$

考虑到 $A_n P_c = F_{A_n} + P_a A_n$，则有

$$K = \frac{(F_{A_n} + P_a A_n) n}{f_{vc}-f} \qquad (6-66)$$

2）悬架的刚度

$$K_S = \frac{dF_s}{dh} = \frac{dF_s}{df} \cdot \frac{df}{dh} \qquad (6-67)$$

式中　dh——车轮的位移；
　　　df——油气弹簧活塞的位移，则有

$$\frac{df}{dh} = i_s \qquad (6-68)$$

F_s——换算到车轮轴上的力为

$$F_s = F_{A_n} i_s \qquad (6-69)$$

$$\frac{dF_s}{df} = \frac{d(F_{A_n} i_s)}{df} = \frac{dF_{A_n}}{df} i_s + F_{A_n} \frac{di_s}{df} \qquad (6-70)$$

将式（6-68）和式（6-70）代入式（6-67）可得：

$$K_S = \frac{dF_{A_n}}{df} i_s^2 + F_{A_n} \frac{di_s}{dh} = K i_s^2 + F_{A_n} \frac{di_s}{dh}$$

考虑到 $K = \frac{(F_{A_n} + P_a A_n) n}{f_{vc}-f}$，可写为

$$K_s = \frac{(F_{A_n} + P_a A_n) n}{f_{vc}-f} i_s^2 + F_{A_n} \frac{di_s}{dh} \qquad (6-71)$$

当 $f=0$ 时，静态刚度值为

$$K_{sc} = \frac{(F_{A_nc} + P_a A_n) n}{f_{vc}} i_s^2 + F_{A_nc} \frac{di_s}{dh} \bigg|_{h=h_c} \qquad (6-72)$$

由式（6-71）和式（6-72）可知，油气弹簧和油气悬架的刚度随车轮的载荷、多变指数、杠杆比的增大和气体体积的减小而提高，如图6-33(b)所示，给出了静态时悬架刚度（K_c）随气体的体积（f_{vc}）和多变指数（n）而变化的关系曲线。对于一个确定的油气悬架，

即载荷和杠杆比一定,刚度随气体换算高度增大而减小,而为了保证所要求的车轮动行程,则静态时气体柱换算高度(f_{ve})必须大于车轮动行程(f_d),简图6-33(a)所示的单蓄气筒悬架无法保证静刚度值高于限定的值,可能会因为刚度过低而引起车辆在起步或制动时的车体晃动。在油气悬架内装两个蓄气筒可以使 K_c 值增大到所要求的值并同时保证大的车轮行程。这种弹簧的计算简图如图6-33(c)所示。在这一方案中根据所要求的静态刚度选择第一蓄气筒的容积和充气压力。规定第二蓄气筒的充气压力大于弹簧的静压力,即 $P_{32} > P_p$,而它的容积则根据在车轮全行程时,弹簧的压力将不超过给定值 P_{max} 的条件进行选定。

(五)减振器

1. 减振器的功用和对它的基本要求

在车辆悬架中吸收车体振动能量,并转换为热能耗散掉,使振动迅速衰减的装置称为减振器。它的作用是缓和车辆振动,并使振动迅速衰减,以改善车辆行驶的平顺性、车轮的附着能力和操纵稳定性。

对减振器的基本要求如下:

(1)在悬架伸张行程内减振器阻力应大,以求迅速减振;

(2)在悬架压缩行程内减振器阻力应适当减小,以便充分利用弹性元件的弹性,缓和地面对车体的冲击。

(3)为了限制振动加速度,减振器应限制压缩行程的阻力,以防止车辆以高速度克服地面大的不平度时发生悬挂装置的"击穿"现象。

(4)减振器在 $-40℃ \sim +50℃$ 的温度范围内,以及在允许发热温度达 $+200℃$ 的条件下应工作可靠。工作液体应具有平缓的黏度—温度特性(曲线),以及高的润滑和耐磨特性。为保证减振器的良好散热,在空间允许的条件下,应尽量加大外形尺寸和增加散热筋条,力求安排吹风散热。

2. 减振器类型

减振器可利用液体的流动阻力、在磁场中运动的导体所产生的阻抗和固体的摩擦力来衰减车体的振动。按此特性减振器可分为液力减振器、电磁式减振器和摩擦式减振器。

电磁式减振器是利用电磁效应来取得与导体运动速度成比例的衰减力,且衰减力便于控制,这种电磁式减振器具有无噪声、无污染、响应速度快等优点,但是其体积和重量都大,目前仍处于研究开发阶段,使用的还不多。

摩擦式减振器是利用两个紧压在一起的固体相对运动时的摩擦力作为衰减力,由于摩擦系数随摩擦面的状态和外部条件变化很大,如很容易受油、水等的影响,而且摩擦力随相对速度的提高而减小,因而无法满足车辆平顺性要求,因此,它虽然具有结构简单、质量小、造价低等优点,但现在很少被车辆采用。

利用液体紊流阻力的减振器,在一定的衰减力和吸收能量条件下,重量轻、尺寸小,能获得稳定的衰减力,并在相当大的范围内具有能任意地设计衰减力与工作速度的关系等优点。因此,液力减振器在车辆中获得了广泛应用。

液力减振器按其结构型式可分为摇臂式和筒式。筒式减振器与摇臂式减振器相比较,具有重量轻、性能稳定,工作可靠,零件形状简单的特点,适宜于自动化大量生产。所以,筒式减振器已成为车辆减振器的主流。现代车辆大都采用筒式减振器,按其作用原理可分为单向作用式和双向作用式两种。目前双向作用筒式减振器使用最为广泛,其结构如图 6-34 所示。

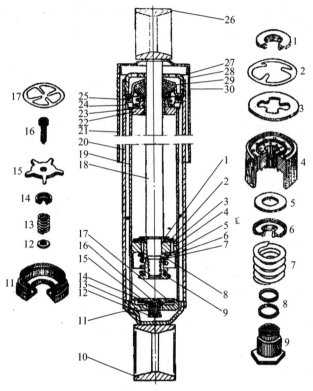

图 6-34 双向作用筒式减振器

1—流通阀限位座;2—流通阀弹簧片;3—流通阀;4—活塞;5—伸张阀;6、11—支承座圈;7—伸张阀弹簧;8—调整垫片;9—压紧螺母;10—下吊环;12、13—压缩阀弹簧;14—压缩阀;15—补偿阀;16—压缩阀杆;17—补偿阀弹簧片;18—活塞杆;19—工作缸筒;20—贮油缸筒;21—防尘罩;22—导向座;23—衬套;24—油封弹簧;25—密封圈;26—上吊环;27—贮油缸螺母;28—油封;29—油封盖;30—油封垫圈。

3. 减振器主要参数选择

减振器的性能可用阻力—位移特性和阻力—速度特性来描述。图 6-35(a) 是阻力—位移特性图,它表示减振器在压缩和伸张行程中阻力变化特性,从图上很容易测量出伸张时或压缩时的最大减振器阻力以及一个全行程所作的功。这个功可用封闭线以内的面积来度量。因此,该图形称为减振器示功图。但是用示功图还不能充分反映振动速度(常用减振器中活塞的速度来代表)变化时减振器阻力的变化规律,就需要使用阻力—速度特性[图 6-35 减振器特性(b)]才能清楚地描述这一变化规律,图 6-35 减振器特性(b) 就是与图 6-35 减振器特性(a) 相应的阻力—速度特性图。在此图上可清楚地看到压缩和伸张两行程中,阻力随速度变化的规律。常见的 3 种阻力—速度特性,如图 6-36 所示。

由于活塞低速(即振动频率较低)时的阻力值较小,第一种(a)特性的车辆可获得较好的行驶平顺性,而采用第三种(c)特性时,在振动频率相当宽的范围内,减振器有足够大的阻力来制止车轮产生大的振跳,保持轮胎经常和地面的接触,因而有利于车辆的行驶

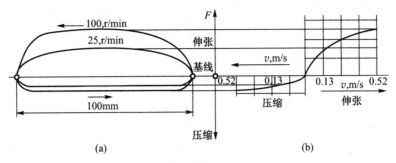

图 6-35 减振器特性

(a)减振器阻力—位移特性;(b)阻力—速度特性。

稳定性。而且曲线(c)所围面积比曲线(a)的面积大,也就是说,第三种(c)特性的功比第一种(a)特性的功要大得多。而第二种(b)特性的功是介乎上述两种特性之间。究竟应该选用何种特性,要根据车辆的形式、道路条件和使用要求来考虑。

为了在设计中能合理地选择减振器,正确地掌握减振器性能参数及其与悬架振动系统的参数间的关系,首先讨论一下有减振器阻尼的车辆的自由振动。鉴于大多数车辆的质量分配系数 $\varepsilon \approx 1$,可以认为车辆前后悬架系统是彼此无联系的两个独立的振动系统,为了达到上述讨论的目的,带减振器的车身悬架系统简化成为一个单自由度带阻尼的振动系统就足够精确了,轮胎和非弹载部分的质量影响可以略去不计,其简化模型如图 6-37 所示。

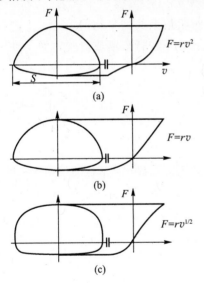

图 6-36 减振器的不同
阻力—速度特性

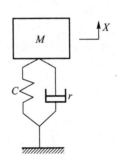

图 6-37 单自由度带阻尼振动系统的简化模型

M—弹载质量;r—减振器阻力系数;C—悬架刚度。

弹载质量的自由振动微分方程式可写成如下形式:

$$M\ddot{x} + r\dot{x} + Cx = 0 \tag{6-73}$$

上式(6-73)除以 M,并令

$$\omega_0 = \sqrt{\frac{C}{M}} \tag{6-74}$$

$$\psi = \frac{r}{2\sqrt{CM}} \qquad (6-75)$$

则

$$\ddot{x} + 2\psi\omega_0 \dot{x} + \omega_0^2 x = 0 \qquad (6-76)$$

此式的通解为

$$x = A e^{-\omega_0 \psi t} \sin(\omega_0 \sqrt{1-\psi^2} \, t + \varphi) \qquad (6-77)$$

式(6-77)表明,悬架中有阻尼后,质量 M 不再作等幅振动,而是一种振动频率为 ω_0 的周期衰减振动,其振幅逐次减小,最后趋近于零。ω_0 是簧载质量固有振动频率,ψ 为相对阻力系数,ψ 值大小不仅取决于减振器阻力系数 r,而且与振动系统的参数 C、M 有关,所以,同一减振器与不同刚度和不同质量的悬架系统相匹配,可能产生不同的阻尼效果。

1) 相对阻力系数的选择

在选择相对阻力系数 ψ 值时,应该考虑到,ψ 取大值能使振动迅速衰减,但会把较大的地面冲击传递到车体。ψ 值选得小,振动衰减太慢,受一次冲击后车体振动持续时间过长,使车辆平顺性变坏。因此,为减少减振器传递的路面冲击力,将弹性元件压缩时的相对阻力系数 ψ_c 取得较小,而在伸张行程时,为使振动迅速衰减,选取较大的相对阻力系数 ψ_e,一般减振器的 ψ_c 与 ψ_e 间有下列关系,即

$$\psi_c = (0.25 \sim 0.5)\psi_e \qquad (6-78)$$

在设计时,往往先选取压缩行程和伸张行程相对阻力系数的平均值。对于无内摩擦的弹性元件(如螺旋弹簧)悬架,取 $\psi = 0.25 \sim 0.35$。对于越野车辆或行驶路面条件较差的车辆,ψ 值应取较大值,一般 $\psi_e > 0.3$。为避免悬架碰到车架,ψ_c 也应加大,可取 $\psi_c = 0.5\psi_e$。

2) 减振器阻力系数 r 的确定

由式(6-74)和式(6-75)可得减振器阻尼系数:

$$r = 2M\omega_0 \psi$$

设计时应根据减振器的布置位置(图6-38)确定其阻力系数。当减振器按图6-38(a)安装时其阻力系数为

$$r = 2\psi M\omega_0 \frac{n^2}{a^2} \qquad (6-79)$$

按图6-38(b)安装时其阻力系数为

$$r = 2\psi M\omega_0 \frac{n^2}{a^2 \cos^2\alpha} \qquad (6-80)$$

式中 α——减振器轴线与垂直线的夹角。

按图6-38(c)安装时其阻力系数为

$$r = \frac{2\psi M\omega_0}{\cos^2\alpha} \qquad (6-81)$$

3) 卸荷速度 v_u 的确定

当减振器活塞振动速度达到卸荷速度时,减振器的卸荷阀应打开,以便减少传到车体

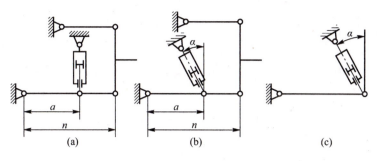

图 6-38 减振器安装位置图

上的冲击力。当减振器按图 6-38(b) 安装时卸荷速度为

$$v_u = A\omega_0 \frac{a\cos\alpha}{n} \tag{6-82}$$

式中　A——车体振幅,一般取 ±40mm；

　　　ω_0——悬架固有振动频率。

卸荷速度 v_u 一般为 0.15~0.3m/s。若已知伸张行程的阻力系数 r_e,则伸张行程的最大卸荷力为

$$p_e = r_e v_u \tag{6-83}$$

4. 主要尺寸参数的选择

筒式减振器工作直径 D 可根据最大卸载力和缸内最大压力强度来近似地求得

$$D = \sqrt{\frac{4P_e}{\pi[p](1-\lambda^2)}} \tag{6-84}$$

式中　p——缸内最大容许压力,可取 3~4MPa；

　　　p_e——伸张行程时最大卸载力；

　　　λ——缸筒直径与连杆直径之比。双筒式减振器 $\lambda = 0.4 \sim 0.5$,单筒式减振器
　　　　　$\lambda = 0.3 \sim 0.35$。

工作缸筒常由低碳无缝钢管制成,其壁厚一般取 1.5~2.0mm。单筒式减振器为防止外物撞击而产生变形,应取 2mm。设计时先按式 (6-84) 计算出 D,再按国标将缸径圆整为 20mm、30mm、40mm、50mm、65mm,详见 QC/T491—1999《汽车筒式减振器尺寸系列及技术条件》。

贮油筒直径 $DC = (1.35 \sim 1.5)D$,壁厚取 1.5~2mm,材料可选 20 号钢。

第四节　轮 胎 选 择

一、概述

广义地讲,任何一个装在车轴上,并能绕其旋转的圆盘或圆形体都可称为车轮,它由于没有弹性而存在一系列的缺点,除火车外,早已被汽车淘汰。汽车所用的车轮是指在这

种刚性车轮上装配一个充气轮胎的车轮。其功用是：支持整车重量；保证与路面有良好的附着，产生驱动力矩和制动力矩；产生对抗车辆转向时的侧向力，使车辆能正常转向行驶；通过轮胎产生的自动回正力矩，使车辆保持直线行驶稳定性，和悬架共同缓和车辆在行驶时由于不平路面所受到的冲击，并衰减由此而产生的振动。

车轮的工作特点和要求如下：

(1) 保证在额定负荷和正常行驶速度下安全工作；

(2) 保证有尽量小的滚动阻力；

(3) 保证有尽量好的附着性能；

(4) 保证有良好的行驶稳定性；

(5) 保证有良好的行驶平顺性。

车轮由轮胎和刚性车轮组成。这种刚性车轮通常也简称为车轮，它由轮辋和轮辐组成。轮辋是轮胎固定的基础，它与轮胎共同承受车轮上的载荷，应保证轮胎充气后具有适当的断面宽度和横向刚度，还能散发轮胎工作时所产生的部分热量。轮辋的结构应保证轮胎安装可靠和拆装方便。轮辐是轮辋与轮毂的连接件，它经过轮胎螺栓固定在轮毂上，起支承车轴及传递载荷的作用。车轮通过轮毂及其轴承支承于转向轴的转向节轴颈上，再经过传动凸缘及其花键与半轴相连，以便传递扭矩。对于具有全浮式半轴的驱动轴，车轮支承于轴壳上，而轮毂也可直接与半轴相连。

车轮是车辆上重要的安全部件之一。它承受着各种动、静载荷，车轮既要质量小、耐疲劳、有足够的寿命，还要有一定的刚度和弹性。由于它是旋转件，其质量的不平衡将严重影响车辆行驶稳定性和平顺性。因此，它不但几何尺寸应精确，还应进行静平衡和动平衡。一般带轮毂和制动鼓的刚性车轮不平衡度应不大于 $4 \sim 5N \cdot m$，装上轮胎后应不大于 $10 \sim 12N \cdot m$。

二、轮胎

在车辆总体设计中，轮胎的选择与总布置图及性能核算有着密切的关系，所选轮胎实际使用中的静负荷应与该轮胎的额定负荷相近。轮胎承受的最大静负荷与轮胎的额定负荷之比称为轮胎的负荷系数，这个系数一般取值为 0.9~1.0 之间，当车速不高时，可以取得偏大一些，但最大不能超过 1.2。除此之外，在选择轮胎时还应考虑其对整车操纵稳定性和行驶平顺性的影响。

各种车辆的轮辋和轮胎的规格及额定负荷可以根据车辆实际使用条件在有关国家标准中查找。

轮胎按气密封方式可分为有内胎轮胎和无内胎轮胎，如图 6-39 所示。

有内胎轮胎由外胎、内胎和垫带组成；无内胎轮胎没有内胎和垫带，而在胎内表面有一层密封层。外胎由胎面、帘布层、缓冲层和胎圈等组成，它是用以保护内胎不受损害的强度高而富有弹性的外壳。缓冲层位于胎面与帘布层之间，以便增强两者的结合力，并能缓和车辆在行驶时所受到的冲击。胎圈由钢丝圈、帘布层包边和胎圈包布组成，有很大的刚度和强度，可使外胎牢固地安装在轮辋上。垫带放在内胎与轮辋之间，以防止内胎被轮辋及外胎的胎圈擦伤。胎面是外胎的最外一层。它直接接触地面，应与地面有良好的附

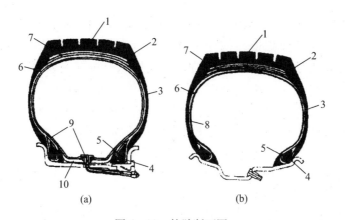

图 6-39 轮胎断面图
(a)有内胎轮胎;(b)无内胎轮胎。
1—胎冠;2—胎肩;3—胎侧;4—胎圈;5—胎圈芯;6—帘布层;
7—缓冲层(带束层);8—密封层;9—内胎及气门嘴;10—垫带。

着性能,还要有防滑、耐磨损、耐撕裂、耐老化和低的滚动噪声等。为了满足各种车辆在各种不同路面上的使用要求,轮胎胎面上有各种不同的凹凸花纹。按花纹特点轮胎可分为公路花纹轮胎、越野花纹轮胎、混合花纹轮胎和特种花纹轮胎。越野花纹轮胎的特点是在胎面上的凹凸花纹沟槽深而宽,花纹凸块接地面积小,对地面的附着力强。高的花纹凸块在松软地面上可深入土壤内,使地面对车轮产生较大的推力,其抓着性能也好。而且宽的花纹沟槽具有良好的脱泥特性。越野花纹分为有向和无向两种,有向花纹轮胎的滚动有一定方向要求,安装时必须注意;无向花纹轮胎的滚动无方向要求,但其越野能力较有向花纹稍差。轮式装甲车和越野汽车经常在各种坏路面上和无路地带(如松软土壤、沼泽或硬基的泥泞地、雪地、山地和坎坷不平的地段等)行驶,必须采用具有越野花纹的轮胎。越野花纹又可分为横向越野花纹、斜向交叉越野花纹、分割式花纹和它们的变形花纹,如图 6-40 所示。

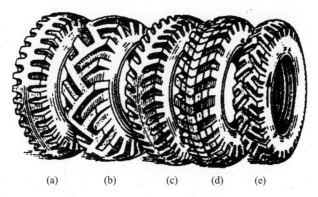

图 6-40 越野轮胎胎面花纹
(a)横向越野花纹;(b)斜交叉花纹;(c)有中间带的斜交叉花纹;
(d)分割式花纹;(e)分割式斜交叉花纹。

横向越野花纹是无向花纹,如图 6-40(a)所示。其特点是纵向附着性好,尤其在松软土壤上的纵向抓着性好,在硬路面上不会产生振动,但在泥泞的土路上不能保证车辆有满意的侧向稳定性。斜向交叉越野花纹轮胎,如图 6-40(b)所示,其纵向与侧向附着性和在松软土壤上的抓着性都很好,但由于缺少一条连续的中间带,因此在硬路面上行驶时将伴有振动且极易磨损,故此花纹宜用于在松软土壤和松软厚雪地上行驶的车辆轮胎上。而且装车时必须使花纹的尖顶指向与车轮的滚动方向一致,才能有满意的自行脱泥性能。在斜交花纹中间加有一条连续带,如图 6-40(c)所示,可消除在硬路面上行驶时轮胎的振动及过早磨耗,但也会使其在松软地面上的纵向抓着性变差。分割式花纹轮胎,如图 6-40(d)所示,将所有突起的花纹切割为许多独立单元以此提高轮胎的切向弹性、减小滚动损失。分割式斜向交叉花纹如图 6-40(e)所示。它是斜向交叉花纹的变型,兼有两种花纹的特点。

对于冻结的冰面和压实且冻结易滑的雪地以及干燥而松散的沙地,宜采用较平坦的浅花纹轮胎,这是因为它比凸起高大和沟槽深而宽的越野花纹有更好的附着性和侧向稳定性。

1. 常见轮胎选用

1) 轮胎规格标志使用说明

国内用规格主要分以下 3 种标志。

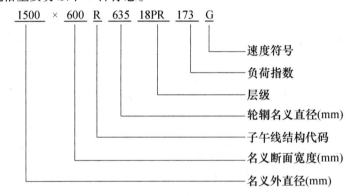

备注:

名义高宽比:

$$名义高宽比 = \frac{名义断面高}{名义断面宽} \times 100$$

速度符号表示速度等级,如表 6-7 所列。

表 6-7 轮胎的速度等级

速度级别	速度/(km/h)	速度级别	速度/(km/h)
B	50	J	100
C	60	K	110
D	65	L	120
E	70	M	130
F	80	N	140
G	90	P	150

负荷指数与负荷的对照如表6-8所列。

表6-8 轮胎载荷指数与负荷对照表

负荷指数	负荷/(kg)	负荷指数	负荷/(kg)	负荷指数	负荷/(kg)	负荷指数	负荷/(kg)
120	1400	137	2300	154	3750	171	6150
121	1450	138	2360	155	3875	172	6300
122	1500	139	2430	156	4000	173	6500
123	1550	140	2500	157	4125	174	6700
124	1600	141	2575	158	4250	175	6900
125	1650	142	2650	159	4375	176	7100
126	1700	143	2725	160	4500	177	7300
127	1750	144	2800	161	4625	178	7500
128	1800	145	2900	162	4750	179	7750
129	1850	146	3000	163	4875	180	8000
130	1900	147	3075	164	5000		
131	1950	148	3150	165	5150		
132	2000	149	3250	166	5300		
133	2060	150	3350	167	5450		
134	2120	151	3450	168	5600		
135	2180	152	3550	169	5800		
136	2240	153	3650	170	6000		

2) 轮胎选型指南

梳理车辆信息,包括:车货总重、车辆行驶速度、轮胎布置空间、车辆使用环境、轮胎使用轮位、制动效率、车辆详细战术指标。上述参数的对应关系如表6-9所列。

表6-9 轮胎选型参数

序号	车辆信息	轮胎技术指标
1	车货总重	轮胎载荷
2	车辆行驶速度	轮胎速度级别
3	轮胎布置空间	轮胎外援尺寸
4	车辆使用路况	轮胎花纹形式
5	轮胎使用轮位	轮胎类型(全轮位、驱动轮、拖轮等)
6	制动效率	轮胎名义直径
7	车辆详细战术指标	以轮胎企业具体提供数据为准

3) 简单轮胎参数计算

自由半径 R_f:轮胎冲入额定气压后,无外力作用时,胎冠最高点的外直径的一半。

静半径 R_s:轮胎在静止状态下,仅受法向力作用时,从轮轴中心到支撑面的距离。

滚动半径 R_r:轮胎在无滑移存在且不打滑的状态下,轮胎滚动单位弧度所通过的距离。

下沉量公式为

$$h_c = C_1 \frac{Q^{0.85}}{B^{0.7} D^{0.43} P^{0.6}} k \qquad (6-85)$$

$$K = 15 \times 10^{-3} B + 0.42$$

式中　C_1——轮胎设计参数,子午胎 1.5;
　　　Q——轮胎负荷;
　　　D——充气外直径;
　　　P——充气压力;
　　　B——轮胎充气断面宽。

静半径计算公式:

$$R_s = R_f - h_c$$

滚动周长:

$$C_r = 3.05 D$$

2. 支撑体

安全轮胎内支撑体与轮胎和轮辋共同组成零压续跑安全轮胎系统,也称车轮应急行驶系统。所谓应急行驶是指车辆安全轮胎被子弹击穿、戳破、扎破跑气或轮胎意外爆胎等情况发生时,车辆仍有能力以一定的速度行驶较长距离(军标要求零压状态下车辆以 30～40km/h 的速度安全行驶的距离不少于 100km),为执行特殊任务的车辆脱离危险区域或赶往事故现场提供可靠保障;为高速行驶的各类轮式车辆提供安全保证,防止车辆失控或翻车,避免恶性交通事故发生。

为有效提升车辆的安全性、防御性、机动作战能力和生存能力,各类军用或特种车辆均需要一种具有零压续跑或应急行驶能力的安全轮胎系统。

早期的泄气保用轮胎是在外胎内填满海绵橡胶或多孔橡胶的实心轮胎。这种轮胎因行驶阻力大,质量大,不能高速行驶(高速行驶时会因热量聚集而导致行驶很短距离后橡胶便自行燃烧),不能调节轮胎压力,故已在轮式装甲车领域被淘汰。现代泄气保用轮胎按照有无支承体分为两大类:一类是无支承体的泄气保用轮胎;另一类是有支承体的泄气保用轮胎。

无支承体的泄气保用轮胎,主要形式有自封加物填料式、自体支撑式两大类。

1) 自封加物填料式安全轮胎

自封加物填料式安全轮胎的代表作是德国大陆公司的 Gen*Seal 轮胎和法国米其林集团公司的 Tiger Paw Nail Gard 轮胎。20 世纪 80 年代末 Gen*Seal 被研制成功,在 Gen*Seal 内设置有防刺层,内壁涂有可流动的软密封胶,当 Gen*Seal 出现孔洞后,软密封胶在轮胎充气内压作用下自动流到穿孔处,保持轮胎不漏气。但这种轮胎使用时间一长,密封层常常会流动而堆积在一处,影响密封效果,且破损范围仅限于 5～8mm 的一般中小洞孔,适用范围受到限制。

2) 特制轮辋 + 自体支撑式安全轮胎

最新且引人注目的无支承体泄气保用轮胎是德国 ContinentalAG 公司的 CTS 泄气保用轮胎,其最大特点是抛弃了传统泄气保用轮胎坚硬的胎圈、宽边轮辋及支承体,而采用了将外胎侧壁包在特殊平底轮辋悬吊起来的结构,从而整个侧壁均可以变形。尽管这种轮胎高宽比只有 0.65,比传统轮胎高宽比(0.8～0.9)小,但变形量却大于传统轮胎,如图 6-41 所示。这种轮胎在被击穿泄气后,车轮的负荷通过轮辋直接作用在胎冠机帘线层,不会对轮胎造成任何伤害。由于没有支承体,也没有胎圈锁止器,其重量显然较轻。从

ContinentalAG 公司为德军研制的 405/65R775CTS 泄气保用轮胎与 17.5R25XL 传统泄气保用轮胎,在梅塞德斯—奔驰 EXF8×8 技术演示车上进行的对比试验表明,CTS 泄气保用轮胎在沙地上的牵引力比传统轮胎大 10%~50%。

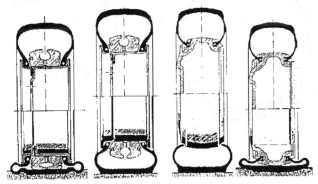

图 6-41　在充、泄气情况下两种保气轮胎对比图

图 6-41 中左侧 2 图为采用 Vorwerk 公司 NLR 支承体的 17.5R25 泄气保用轮胎;右侧 2 图为 17.5R25 无支承 CTS 泄气保用轮胎。

鉴于无支承体泄气保用轮胎的突出优点,预计在未来,像 CTS 这样的泄气保用轮胎将会在轮式装甲车上得到越来越广泛的应用。

有支承体的泄气保用轮胎,按照支承体种类的不同,可分为 3 种:多气室支承体(图 6-42);实心橡胶支承体(图 6-43、图 6-44);硬质支承体(图 6-45)。

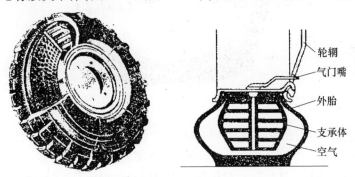

图 6-42　装有 VP-PV 支承体的泄气保用轮胎

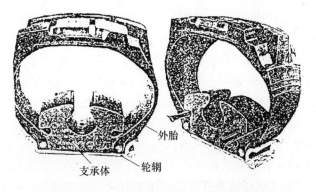

图 6-43　采用 NLR 支承体的泄气保用轮胎

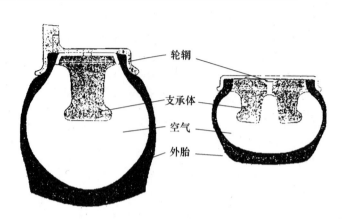

图 6-44 采用 VFI 支承体的泄气保用轮胎

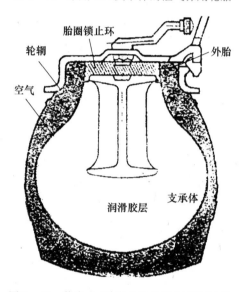

图 6-45 装有 ACM 支承体的泄气保用轮胎

多气室支承体的代表为法国 Hutchinson snc 公司的 VP-PV 支承体。这种支承体是用特种合成橡胶制成,呈圆环状,其内部有为数众多的圆柱体小气室,气室彼此独立,互不通气,气室内充满惰性气体。这种轮胎早在 20 世纪 60 年代就已问世,目前广泛应用于轮式装甲车。

实心橡胶支承体的代表之一为德国 Vomerk 公司的 NLR 实心橡胶支承体。这种支承体外侧开槽内装有润滑剂管,当轮胎被穿透泄气,支承体与外胎接触时,润滑剂管破裂,润滑剂流出,从而可减少支承体和外胎表面间的摩擦。采用这种支承体的泄气保用轮胎已被德国用来取代"狐"式 6×6 装甲车和"山猫"8×8 装甲车上原用的泄气保用轮胎。

最新推出的实心橡胶支承体是法国 Hutchinson 公司的 VFI 实心橡胶支承体,采用这种支承体的泄气保用轮胎已被法国潘哈德公司 VBL、美国悍马及意大利依维科公司和菲亚特公司合作开发的"半人马座"8×8 轮式装甲车所采用。与采用 VP-PV 支承体的泄气保用轮胎相比,采用实心橡胶支承体的泄气保用轮胎的特点是重量轻、结构简单等,如 WFI 比最新型 VP-PV 支承体的泄气保用轮胎要轻 45%。

硬质支承体又分为金属支承体与非金属支承体。它是目前国际市场上安全车轮的主流产品。这种安全轮胎支承附件装在普通轮辋上,不必与特制轮辋配套,这标志着它在安全轮胎技术领域已达到普及和领先水平,具有更强的市场竞争力。

金属支承体的代表为法国 Michelin 公司的 ACM 支承体。这种支承体是一个由轻合金制成的圆环,横断面呈工字形。该圆环由3段或4段用螺钉及定位销固定而成,安装在由橡胶制成的胎圈锁止环上,通过该锁止环将外胎压紧在轮辋上,以密封胎内空气和固定外胎。采用这种支承体的泄气保用轮胎的特点是支承能力大,重量轻。非金属硬质支承体的代表产品是德国 Europlast Nycast GmbH 的安全轮毂系统和英国国际马拉松零压续跑轮胎(RunFlat International Marathon)。它的性能与金属支承相仿,但造价更低,质量更轻。安全轮胎技术的发展趋势也应以硬质内支承为主。

支承体选型方面与轮胎和轮辋的关系:

安装支承体的轮胎要求是无内胎轮胎。选择轮辋方面,首先选择是无内胎轮辋,然后考虑是一体式沟槽轮辋还是两件式和三件式轮辋,两种对支承体的考虑是不同的,一体式轮辋因为有沟槽可以允许支承体定位,但是要避免沟槽内气门嘴与支承体的干涉,在设计时可以考虑改变气门嘴开孔位置,两件式或三件式轮辋一般没有对于支承体定位的位置,需要在从头设计时予以考虑,在轮辋上设计相关允许支承体定位的沟槽或者凸台,这样可以更好地容纳支承体。

三、中央充放气系统设计

中央轮胎充放气系统又称 CTIS(Central Tyre Injection System)系统,从20世纪80年代开始,其陆续出现在轮式装甲车和越野卡车上,直至当前,它已经普遍成为轮式军用越野车辆的标配。在车辆低速行驶或停车中,驾驶员在驾驶室通过这种装置就可以对轮胎进行充、放气或测压,实现轮胎压力的调节。

当车辆通过凹凸不平的路面时,适当降低轮胎的充气压力,可提高轮胎的缓冲能力,从而提高车辆行驶的平顺性。当车辆要通过沙地、雪层、泥沼草地、新翻耕地以及泥泞松软路面时,必须降低轮胎充气压力,以此增大车轮的接地面积,减小车轮的单位接地压力及其下陷深度,减小车辆行驶阻力,增大牵引力,从而提高车辆的通过性。表 6-10 所列为装有中央轮胎充放气系统的 CA-30 越野汽车的试验结果,中央充放气系统明显地提高了车辆的通过性。

表 6-10　CA-30 越野车试验结果

地面类型	轮胎气压/MPa	挂钩牵引力/kN	增加率/(%)	滚动阻力/kN	减少率/(%)
海滩细纱	0.25	180	…	110	…
	0.15	209	19	38.5	65
	0.10	270	50	22.5	80
雪层深 193~389mm	0.35	130	…	130	…
	0.15	140	115	60	53
	0.075	200	54.0	50	61
硬稻田	0.35	不能通过			
	0.075	可以通过			

由表 6-10 可以看出：当车辆在海滩细沙上行驶，轮胎气压由 0.25MPa 降低到 0.10MPa 时挂钩牵引力增加了 50%，而滚动阻力则减少了 80%。而在雪层深 193~389mm 的条件下行驶，轮胎气压由 0.35MPa 降低到 0.075MPa 时，挂钩牵引力增加了 54%，而滚动阻力则减少了 61%。在硬稻田内，轮胎气压由 0.35MPa 下降到 0.075MPa 时，车辆才能顺利通过稻田。

（一）系统分类

现阶段，国内批量装备的中央充放气产品，其系统构成形式分为 3 类，分别是单管路快速外放气结构、单管路内放气结构和双管路内放气结构。

1. 单管路外放式结构

图 6-46 所示为单管路外放中央充放气系统结构图。整套系统由控制阀组、油气封、轮胎阀、连接管路和电缆组成。工作时，高压气由气源接口进入控制阀组，经阀组分流后顺管路到达各轮边，进入安装在轮边内部的油气封。在这里，高压气完成了由静到动的转换，即由相对静止车体进入到自由旋转的轮边。最后，高压气由轮边传出，通过轮胎阀，到达最终的目的地——轮胎。

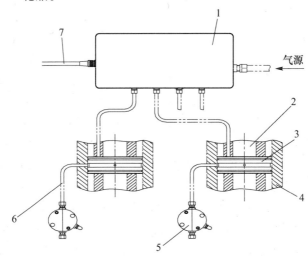

图 6-46 单管路外放式结构图
1—控制阀组；2—轮边总成；3—油气封；4—轮毂；5—轮胎阀；6—供气管路；7—电缆。

控制阀组由电磁阀、压力传感器和控制器组成。系统工作时，控制器通过电缆接收控制终端下达的指令，解析后操控电磁阀实现气路切换，引导高压气体进入对应管路。必要时，还能将中央充放气系统相关的状态信息返回控制终端。

油气封安装在轮边内部，且油气封唇口与转向节相切。车辆行驶过程中，转向节相对于车体处于静止状态，而油气封随轮边同步旋转。高压气通过转向节进入由油气封和转向节构成的旋转密封气室。由于油气封的密封作用，高压气并未泄漏入轮边，而是顺气道离开油气封，并由轮边出气口流出。油气封在轮边安装位置及气路走向如图 6-47 所示。

轮胎阀通常安装在轮辋上，轮胎阀进气口与轮边出气口相连，出气口与轮胎气门嘴连通。轮胎阀在不同压力作用下能够实现充气、放气等功能，轮胎阀充放气原理如图 6-48 所示。

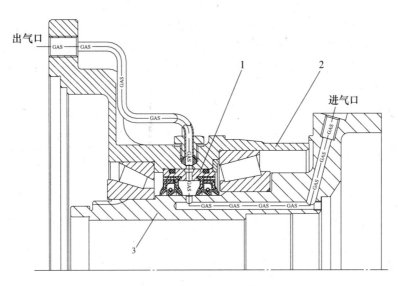

图 6-47　油气封安装示意图

1—油气封；2—转向节；3—轮边。

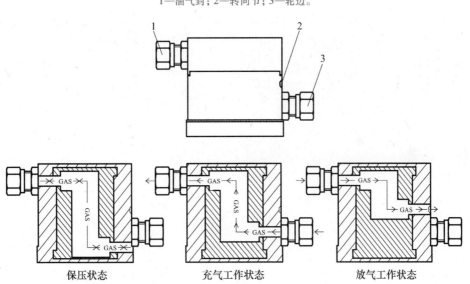

图 6-48　轮胎阀功能原理图

1—出气口；2—放气口；3—进气口。

待机状态时，轮胎阀内活塞处于保压状态，轮胎阀进气口与出气口未连通。此时，轮胎阀仅为轮胎起密封作用。当中央充放气系统处于充气工作状态时，轮胎阀内活塞受高压气作用，将轮胎阀进气口与出气口连通，高压气经连通后的管路进入轮胎，实现轮胎的压力提升。当中央充放气系统处于放气工作状态时，轮胎阀内活塞受低压气作用。此时，轮胎阀出气口与放气口连通，轮胎内气体经管路由放气口排入大气，实现轮胎压力降低。

在单管路外放结构的系统中，控制阀组与各轮胎间仅由一条管路相连，通过控制管路内气体的压力，进而控制轮胎阀的工作状态。单管路气路结构简单，实现难度低，尤其是轮边总成内部空间紧凑，单管路应是首选方式。外放式是指采用由轮胎阀就近放气的排气方式，即轮胎内高压气由与其紧邻的轮胎阀排入大气。由于排气点与轮胎距离非常短，所以该种排气方式具有放气速度快的特点。但由于轮胎阀排气孔与大气连通,空气中的水气、杂质很容易通过排气孔进入轮胎阀,降低轮胎阀工作效率,甚至导致功能丧失。因此,对于外放气结构,在设计初期就应将轮胎阀的防尘、防污措施纳入考虑范围。

2. 双管路内放式结构

图 6-49 为双管路内放式结构单轮保压状态示意图。在双管路结构中,控制阀组与各轮胎间有两条管路相连。一条通过控制高压气的通和断,进而控制常闭开关阀的开和闭,该段管路称为控制气道。另一条管路作为轮胎压力调节的通道,该段管路称为主气道。

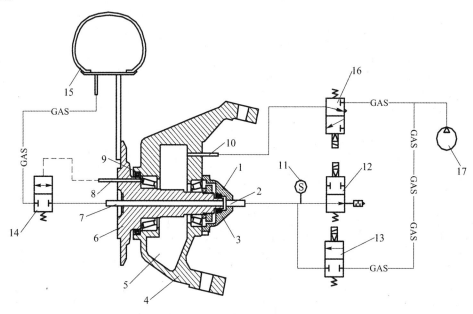

图 6-49　双管路内放式结构单轮保压状态示意图

1—端盖;2—主气道静止部分;3—密封圈;4—轮边减速器壳体;5—驱动润滑腔;6—轮毂轴;
7—主气道旋转部分;8—控制气道旋转部分;9—密封圈;10—控制气道静止部分;11—压力传感器;
12—常通开关电磁阀;13—常闭开关电磁阀;14—常闭气控开关阀;15—轮胎;
16—两位三通电磁阀;17—空压机气源。

如图 6-49 所示,常闭开关电磁阀 13 和两位三通电磁阀 16 处于关闭状态,空压机气源 17 的高压气受电磁阀阻隔,无法进入控制气道和主气道。常闭气控开关阀 14 关闭,轮胎 15 内气体无法外泄。此时,常闭开关阀 14 对轮胎 15 起密封和保压作用。中央充放气系统处于保压状态。

当两位三通电磁阀 16 开启,高压气经管路进入控制气道静止部分 10,通过轮边驱动润滑油腔 5,由控制气道旋转部分 8 离开轮边,到达常闭开关阀 14,常闭开关阀 14 受高压作用开启。

同时,常闭开关电磁阀 13 开启,常通开关电磁阀 12 关闭,高压气分别通过主气道静止部分和主气道旋转部分到达常闭开关阀 14,经常闭开关阀已打开的通道进入轮胎,实现对轮胎压力的增压调节。中央充放气系统处于充气状态。整个过程如图 6-50 所示。

当常闭开关阀 14 在高压气作用下已处于开启状态中,常闭开关电磁阀 13 关闭,常通

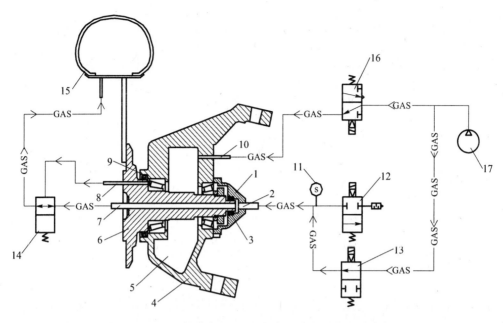

图 6-50 双管路内放式结构单轮充气状态示意图

开关电磁阀 12 关闭。此时,空压机气源 17 的高压气无法通过常闭开关电磁阀 13 进入主气道,而轮胎内气体分别通过常闭开关阀 14、主气道旋转部分和主气道静止部分到达常通开关电磁阀 12,并由常通开关电磁阀 12 进入大气,轮胎压力随之降低。中央充放气系统处于放气状态,整个过程如图 6-51 所示。由于轮胎内的气体是经管路返回控制阀组后再被释放进入大气,因此这种放气方式被称为内放式放气。

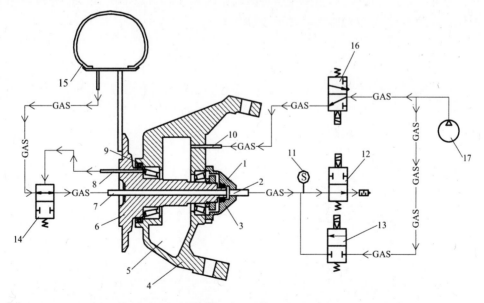

图 6-51 双管路内放式结构单轮放气状态示意图

内放式结构避免了外放式结构中轮胎阀进入杂质的可能性,但将轮胎内气体引回车内排出,也会产生放气时间过长的弊端。除此之外,双管路结构对轮边内部空间要求较高,对于设计紧凑的轮边实施难度较大。

3. 单管路内放式结构

单管路内放式是指控制箱与任意轮边总成间仅有一根管路连接,当系统放气时,借助管路将轮胎内气体引回控制箱排出的方式。单管路内放式结构中的轮胎阀示意图如图6-52所示。

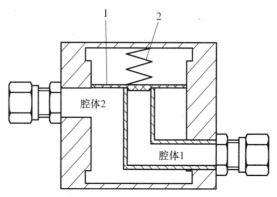

图6-52 轮胎阀内部结构示意图
1—调压膜片;2—复位弹簧。

图6-52中腔体1与调压管路连接,腔体2与轮胎连接,彼此间通过调压膜片隔开。工作时,当腔体1内气体压力大于复位弹簧压力,调压膜片上移,两腔连通;当连通后腔体压力小于复位弹簧压力,调压膜片下移,两腔隔断。

单管路内放式结构中增加了快放阀,作用是快速排出轮胎阀至快放阀段管路内的气体,迅速降低该段管路的压力,打破轮胎阀内调压膜片处的压力平衡,最终达到关闭轮胎阀的目的。图6-53为单管路内放式结构示意图。

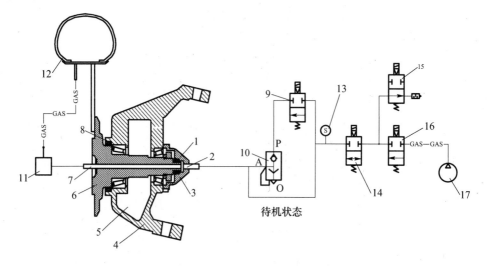

图6-53 单管路内放式结构保压状态示意图
1—端盖;2—主气道静止部分;3—密封圈;4—轮边减速器壳体;5—驱动润滑腔;6—轮毂轴;
7—主气道旋转部分;8—密封圈;9—两位三通电磁阀;10—快放阀;11—轮胎阀;12—轮胎;
13—压力传感器;14—常开电磁阀;15—常闭电磁阀;16—常开电磁阀;17—空压机气源。

如图 6-53 所示，系统处于保压状态时，电磁阀 9、14 和 16 处于常开状态，电磁阀 15 处于常闭状态。此时，轮胎阀 11 处于关闭保压状态。

充气时，电磁阀 14、16 闭合，电磁阀 15 断开，高压气体由气源进入主气路。电磁阀 9 闭合，高压气由支路进入快放阀 10。受气压作用，快放阀 10 放气口关闭，高压气由管路引导至轮胎阀。当轮胎阀腔体 1 中气体压力大于复位弹簧压力，调压膜片上移，腔体 1 与腔体 2 连通，高压气进入轮胎。至此，实现对轮胎的充气操作。充气状态如图 6-54 所示。

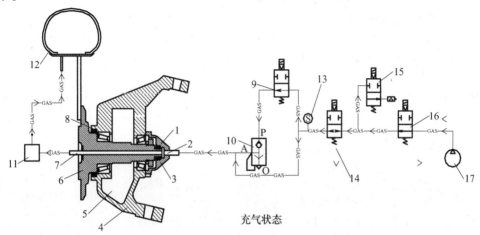

图 6-54　单管路外放式结构充气状态示意图

结束充气时，电磁阀 16 断开，高压气源供应中断。电磁阀 9 断开，支路压力消失，快放阀 10 放气口打开，轮胎阀 11 至快放阀 10 间管路内高压气由快放阀 10 排出，管路内压力下降，轮胎阀调压膜片在复位弹簧作用力下下移，将腔体 1 和腔体 2 隔开，轮胎阀 11 断开。电磁阀 14 断开，电磁阀 15 闭合。充气停止。

放气时，首先执行充气操作，借助气源的高压气将轮胎阀打开。然后，电磁阀 16 断开，气源与主气路隔断。接着，闭合电磁阀 15，轮胎内气体通过轮胎阀 11，延管路经电磁阀 14，最终由电磁阀 15 连接的放气口排入大气，实现放气功能。放气状态如图 6-55 所示。

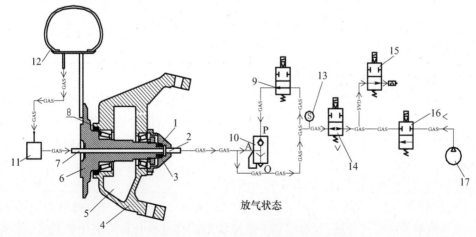

图 6-55　单管路外放式结构放气状态示意图

结束放气时,同样将电磁阀9断开,快放阀10放气口打开,轮胎阀11至快放阀10间管路内高压气由快放阀10排出,管路内压力下降,轮胎阀调压膜片在复位弹簧作用力下下移,将腔体1和腔体2隔开,轮胎阀11断开。各阀复位,放气停止。

单管路内放式结构简单,轮胎阀抗污能力强。但该结构也继承了内放式放气时间长的缺点。除此之外,单管路内放式轮胎阀自身结构造成整套系统调压范围受限,无法同时兼顾高压和低压。另外,快放阀与轮胎阀间管路应尽可能短,这也造成快放阀与控制阀组在车内布置分散,系统集成度不高。

(二) 系统性能指标体系

中央充放气系统应满足的主要技术指标包括调压范围、充气时间、放气时间和测压误差等。在系统设计之初,上述指标应予以明确。各指标说明如表6-11所列。

表6-11 中央充放气系统主要技术指标说明表

名称	说明	限制条件	举例
调压范围	中央充放气系统能够调节压力的上限和下限值	下限值不等于最小值。设定下限值应避免轮胎因气压降低造成脱胎和辋分离的风险; 上限值不等于最大值。车辆气压最大值应为空压机气源气压。如将上限值设定为最大值,升压接近最大值时,胎压与气源压力差持续减小,系统升压效率将不断降低,时间延长。所以,设定上限值应综合考虑实际使用胎压与效率	空压机输出压力:0.8MPa,调压范围:0.1~0.6MPa
充气时间	将胎压由下限值提升到上限值所需要的时间	1. 气源与轮胎间的压力差是决定充气时间长短的重要条件之一。在制定充气时间时,应同时明确能够影响气源压力输出的技术条件,如:发动机转速; 2. 明确单轮和全轮充气时间	发动机转速≥1900r/min时,全轮充气时间≤12min,单轮充气时间≤5min
放气时间	将胎压由上限值降低到下限值所需要的时间	轮胎内气体经管路被引致车外排除的时间。管径及管道长度均能影响到放气时间的长短	放气时间≤6min
测压误差	测量压力值与实际压力值之间的差值	通常,测量误差由测量器具误差决定。但如果测量值又经过数值计算,应将计算误差一并统计	测压误差范围:±0.02MPa

(三) 油气封选配与注意事项

油气封是中央充放气系统的核心部件,安装在轮边总成内部。油气封的作用一方面是与转向节共同构成旋转密封气室,当高压气经转向节气道进入旋转密封气室,通过旋转密封气室引导进入旋转的轮胎,实现由静到动的转换;另一方面是隔绝油路和气路,防止油气混和。

油气封共有4种工作状态,如表6-12所列。

油气封的实际工作温度在-40℃~120℃之间。所以,选择油气封材料时应兼顾高温、低温和耐油等需求。目前,氟橡胶和丁腈橡胶由于自身具有较为突出的特点,较多的被选为制作油气封的基材。两种材料性能对比表如表6-13所列。

表 6-12 油气封工作状态明细表

工作状态	转向节温度	状态说明
未工作静止状态	车辆所处的环境温度	该状态下车辆静止,且系统未进行调压,管路内气压为大气压力。此时,油气封未承压,仅隔绝油路,防止轮边内油液进入旋转密封气室,密封方式属于静密封
工作静止状态	车辆所处的环境温度	该状态下车辆静止,系统进行调压,调压管路内气压等同于气源压力。油气封承压,不仅要隔绝油路,还要防止旋转密封气室内高压气进入轮边内部,密封方式属于静密封
未工作旋转状态	≤100℃,个别会高于120℃	该状态下车辆以不高于30km/h时速行驶,调压管路内气压为大气压力。油气封未承压,仅隔绝油路,防止轮边内油液进入旋转密封气室,密封方式属于动密封
工作旋转状态	≤100℃,个别会高于120℃	该状态下车辆以不高于30km/h时速行驶,调压管路内气压等同于气泵压力(≥0.8MPa)。此时油气封承压,不仅要隔绝油路,还要防止旋转密封气室内高压气进入轮边内部,密封方式属于动密封

注:由于油气封唇口处温度难以测量,通常以转向节温度近似判断油气封唇口温度

表 6-13 氟橡胶与丁氰橡胶对比

	对比情况
高温	氟橡胶高温性能优于丁氰橡胶
低温	丁氰橡胶低温性能优于氟橡胶

通常,油气封会被安装入轮毂后,随轮毂装配到转向节。转向节前端花键极易损伤油气封唇口,致使油气封失效,所以应在安装过程中对油气封进行保护。常用的做法是使用装配工装。将工装与油气封共同装入转向节,以此保护油气封不受损伤。

(四)胎压监测装置

轮胎压力监测系统(Tire Pressure MonitoringSystem,TPMS),主要用于在车辆行驶时实时地对轮胎气压进行自动监测,对轮胎漏气和低气压进行报警,以保障行车安全。2005年4月,美国国家高速公路交通安全管理局(NHTSA)发布规定,要求总重在4563kg或以下的车辆(单轴双轮的车辆除外)都需要安装一套TPMS。到2007年9月1日,所有生产商生产的轻型车辆都必须符合该标准要求。美国这一强制性规定促使世界汽车工业界对TPMS的研究和产品设计多面开花、突飞猛进。

理论上实现轮胎压力监测的途径有很多,但目前具有可操作性的途径以下3种。其一,在轮胎上安装压力传感器,配备控制电路通过压力传感器测得轮胎压力,并通过无线射频电路将压力信号传递出去,通过车内的无线接收装置接收压力信号,实现轮胎压力监测的目的;其二,采用非接触式位移传感器,传感器不需供电的部分安装在车轮轮辋上,需要供电的部分安装在转向节或车轮制动蹄片内侧,轮胎压力变化引起位移传感器非供电部分的位置变化,进而非接触式位移传感器输出信号产生相应的变化,间接获得轮胎压力值;其三,在车辆的传动系统上安置转速传感器,测得每个轮胎的转速,并对其进行比较,间接计算出轮胎的行驶半径,粗略计算出轮胎压力。

第一种途径在民用车辆上已经得到成功应用,但是在军用车辆上却存在明显的局限

性，首先是各轮胎的压力是通过无线信号传递到车内的，该工作模式与无线电静默和电磁兼容要求相矛盾。另外，无线设备的电池寿命及维护保养也制约其在轮式装甲车上的应用。

第二种途径目前采用者还不多，但是其可以摆脱电池供电的局限，对寿命不再有严格限制，可维修性会大大加强。采用霍耳传感器、超声波传感器、光传感器、磁涡流传感器等非接触式位移传感器间接测量轮胎压力的难点在于数字采集电路单元、采样电路的硬件设计和采样策略对系统的影响。

第三种途径的实现成本最低，转速传感器可以使用 ABS 系统的采样数据。由于它是用比照法间接测算轮胎压力的，所以，如果 4 个轮胎有一个气压较低，能准确地发现并报警，但是如果 4 个轮胎气压同时降低，并且降低幅度差别不大，系统就不能测算出胎压异常，不过这种状况几率比较小。测得相对的轮胎滚动半径进而计算轮胎压力，从原理上讲，该途径所得的结果误差就比较大，而且及时性也差一些。

第七章 转向系统设计

第一节 概　　述

轮式装甲车转向系统是一套用来改变或恢复车辆行驶方向的专设机构，它能够保证车辆按照驾驶员的意志进行转向行驶。

、转向系统的分类

转向系统根据转向能源的不同分为机械转向系统和动力转向系统两大类。机械转向系统以驾驶员的体力作为转向能源，其中所有传力件都是机械的。机械转向系统由机械转向操纵机构、转向传动机构组成。动力转向系统是兼用驾驶员体力和发动机动力为转向能源的转向系统。它由动力转向操纵机构、转向传动机构组成。动力转向系统是在机械转向系统的基础上加设一套转向助力装置而形成的。轮式装甲车因吨位较大，多采用动力转向系统。

根据转向形式和转向轴数目的不同，轮式装甲车转向系统又可分为单轴转向系统、前两轴转向系统、前后轴转向系统及全轮转向系统。4×4 轮式装甲车多采用前轮转向；6×6 可根据轴距的变化采用前轮转向、前两轴转向或前后轴转向；8×8、10×10 有前两轴转向、前后轴转向和全轮转向等几种形式。

、转向系统的组成

转向系统由转向操纵机构和转向传动机构两大部分组成。

（一）转向操纵机构

图 7-1 是轮式装甲车采用的一种转向操纵机构的布置型式。转向操纵机构是从方向盘到转向器之间的零部件总称。转向操纵机构分为机械转向操纵机构和动力转向操纵机构两种。机械转向操纵机构通常由方向盘、转向轴、转向传动箱（换向齿轮箱）、转向传动轴、机械转向器组成。动力转向操纵机构在机械转向操纵机构的基础上加设了动力转向装置。动力转向装置包括动力转向器、转向泵、转向油罐等。

为了适应总体布置的需要，转向器和方向盘的布置可能处于不同平面内，而且这两个部件的距离和轴线相对位置都存在相当大的差别。因此在转向轴与转向器之间引入了转向传动箱和转向传动轴。这有助于方向盘和转向器等部件和组件的通用化和系列化。只要适当改变转向传动轴的几何参数,便可满足各种变型车的布置要求。即使在方向盘与转向器同轴线的情况下,其间也可采用万向传动装置,以补偿由于部件在车上的安装误差和安装基体的变形所造成的二者轴线实际上的不重合。

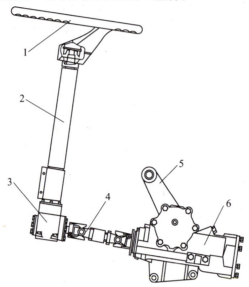

图 7-1 转向操纵机构

1—方向盘;2—转向轴;3—转向传动箱;4—转向传动轴;5—转向摇臂;6—转向器。

(二) 转向器

转向器将方向盘的转动变为转向摇臂的摆动,并按一定的角传动比和力传动比进行传递。

根据所采用的转向传动副的不同,转向器的结构型式有很多种,常见的有循环球式、球面蜗杆滚轮式、蜗杆指销式、齿轮齿条式等。对于转向轴载荷小于 1.2t 的客车、货车,多采用齿轮齿条式转向器,而轮式装甲车一般选用循环球式动力转向器。其优点是传动效率高,自动回正能力较强,工作平稳、可靠,而且操纵轻便,磨损小,使用寿命长。

(三) 转向传动机构

转向传动机构用于将转向器输出的力和运动传到左、右转向节,使左、右转向轮按一定关系进行偏转。一般由转向摇臂、转向直拉杆、梯形机构、转向立轴等组成。其结构及布置型式与转向器位置和悬挂类型不同而差别较大。

三、转向系统的要求

(1) 转向操纵轻便。转向时,施加在方向盘上的手力,对轻型轮式装甲车不超过 200N,对中型轮式装甲车不超过 360N,对重型轮式装甲车不超过 450N。方向盘的回转圈数要少,一般不大于 5~5.5 圈,以减轻驾驶员的劳动强度,确保安全行驶。

(2) 工作安全可靠,其零件应具有足够的强度和刚度,以防止因零件损坏和变形而导致车辆方向失去控制,保证车辆行驶的安全。

(3) 转向后,转向轮和方向盘有自动回正能力,能保持车辆有稳定的直线行驶能力。

(4) 在转向车轮受到冲击时,转向系统传递到方向盘上的反向冲击要小。

(5) 车辆转向时,车轮应有正确的运动规律,保证车轮在转向行驶时纯滚动而没有滑动,即应有合理的梯形机构。

(6) 整个转向系统的结构设计应遵循轻量化设计原则,在满足基本功能和工作可靠性的前提下,结合车辆的使用特点,采用结构紧凑,占用空间较小,并经过试验考核的成熟技术。

(7) 充分考虑零部件的通用性和互换性,减少零件的种类和数量。并且充分借用汽车工业的成熟产品,以提高可靠性,降低成本和研制风险。

(8) 转向系统各部件的结构和安装要具有较好的可维修性,易于拆装和更换。

四、转向系统的主要性能参数

(一) 转向系统的效率

转向系统的效率 η_0 由转向器的效率 η 和转向操纵及传动机构的效率 η' 组成,即

$$\eta_0 = \eta \cdot \eta' \tag{7-1}$$

转向器的效率 η 根据功率输入来源的不同,分为正效率 η_+ 和逆效率 η_-。

1. 转向器的正效率

转向摇臂轴输出的功率 $(P_1 - P_2)$ 与方向盘输入功率 P_1 的比值称为转向器的正效率。

$$\eta_+ = \frac{P_1 - P_2}{P_1} \tag{7-2}$$

式中 P_2——转向器的摩擦功率。

转向器的类型、结构特点、结构参数和制造质量等是影响转向器正效率的主要因素。

循环球式转向器的传动副为滚动摩擦,滚动摩擦系数小(约 0.005),其正效率 η_+ 可达到 85%。蜗杆指销式和球面蜗杆滚轮式转向器由于传动副中存在较大的滑动摩擦,所以正效率较低。

对于蜗杆和螺杆类转向器,如果只考虑啮合副的摩擦损失,忽略轴承和其他地方的摩擦损失,其正效率为

$$\eta_+ = \frac{\tan\alpha_0}{\tan(\alpha_0 + \rho)} \tag{7-3}$$

式中 α_0——蜗杆或螺杆的螺线导程角(°);
ρ——摩擦角(°),$\rho = \arctan\mu$;
μ——摩擦系数。

2. 转向器的逆效率

转向轴输出的功率 $(P_3 - P_2)$ 与转向摇臂轴输入功率 P_3 的比值称为转向器逆效率,即

$$\eta_- = \frac{P_3 - P_2}{P_3} \qquad (7-4)$$

转向器的逆效率表示转向器的可逆性,它可以影响到车辆的转向操纵性能和驾驶员的安全。根据逆效率的大小,转向器又可以分为可逆式转向器、不可逆式转向器、极限可逆式转向器3种类型。

(1) 可逆式转向器的逆效率较高,路面作用在车轮上的力可大部分传递到方向盘,驾驶员路感较好,车辆转向后能保证转向轮和方向盘自动回正。但在坏路面上行驶时,车轮受到的冲击力大部分都会传给方向盘,容易产生"打手"的现象,同时转向轮容易产生摆振。因此可逆式转向器适用于在良好路面上行驶的车辆。循环球式和齿轮齿条式转向器都是可逆式转向器。

(2) 不可逆式转向器的逆效率低,车轮受到的冲击力不能传到方向盘上。这既使驾驶员缺乏操纵方向盘的路感,又不能保证车轮转向完成后自动回正。现代车辆已不采用这种转向器。

(3) 极限可逆式转向器介于上述二者之间,其逆效率较低。当车轮受到冲击力作用时,其中只有较小的一部分传递到方向盘。同时转向器的零件所受到的冲击力也比不可逆式转向器小些。因此适用于在坏路面上行驶的车辆。

对于蜗杆和螺杆类转向器,如果只考虑啮合副的摩擦损失,忽略轴承和其他地方的摩擦损失,逆效率可按下式计算:

$$\eta_- = \frac{\tan(\alpha_0 - \rho)}{\tan\alpha_0} \qquad (7-5)$$

从式(7-3)、式(7-5)可看出,随着导程角 α_0 的增加,不仅能提高正效率,也会使逆效率增大,故导程角不宜取得过大。当 $\alpha_0 \leq \rho$ 时,逆效率 $\eta_- \leq 0$。这表明转向器是不可逆式转向器,因此应使 $\alpha_0 \geq \rho$,以避免出现不可逆的情况。通常螺线的导程角应取为 $8° \sim 10°$。

为了转动方向盘轻便,要求转向器正效率高。在车辆转向后保证转向轮和方向盘能自动返回到直线行驶位置,转向器又要有一定的逆效率。但车轮与路面之间的作用力传至方向盘上要尽可能小,以防止"打手",要求逆效率尽可能低。为了转向轻便又有良好的路感和自动回正能力,可选正效率较高有适当逆效率的转向器。

通常,由方向盘至转向轮的效率即转向系统的正效率 η_+ 的平均值为 $0.67 \sim 0.82$;逆效率 η_- 的平均值为 $0.58 \sim 0.63$。转向操纵及传动机构的效率 η' 用于评价在这些机构中的摩擦损失,其中转向轮、转向主销等的摩擦损失约为转向系统总损失的 $40\% \sim 50\%$,而拉杆球销的摩擦损失约为转向系统总损失的 $10\% \sim 15\%$。

3. 转向系统角传动比与力传动比

1) 转向系统角传动比

转向系统角传动比 $i_{\omega 0}$ 是方向盘的转角增量 $\Delta\varphi$ 与同侧的转向节转角的相应增量 $\Delta\theta$ 之比,即

$$i_{\omega 0} = \frac{\Delta\varphi}{\Delta\theta} \qquad (7-6)$$

它由转向器角传动比 i_ω 和转向传动机构角传动比 i'_ω 组成。即

$$i_{\omega 0} = i_\omega \cdot i'_\omega \qquad (7-7)$$

(1) 转向器角传动比 i_ω 是方向盘转角增量 $\Delta\varphi$ 与转向摇臂轴转角增量 $\Delta\beta$ 之比,即

$$i_\omega = \frac{\Delta\varphi}{\Delta\beta} \qquad (7-8)$$

(2) 转向传动机构角传动比 i'_ω 是转向摇臂转角增量 $\Delta\beta$ 与同侧转向节转角增量 $\Delta\theta$ 之比,即

$$i'_\omega = \frac{\Delta\beta}{\Delta\theta} \qquad (7-9)$$

转向传动机构的角传动比 i'_ω 还可近似用转向节臂臂长 l_2 与摇臂长 l_1 之比表示,即

$$i'_\omega = \frac{\Delta\beta}{\Delta\theta} = \frac{l_2}{l_1} \qquad (7-10)$$

现代车辆结构中,$l_2/l_1 = 0.85 \sim 1.10$,可近似认为其比值 $i'_\omega = 1$。故研究转向系统的角传动比时,为简化起见往往只研究转向器的角传动比及其变化规律。

2) 转向系统力传动比

转向系统力传动比 i_{p0} 是从轮胎接地中心作用在转向轮上的力 F_W 与作用在方向盘上的手力 F_h 之比,即

$$i_{p0} = \frac{F_W}{F_h} \qquad (7-11)$$

(1) 轮胎和地面之间的转向阻力 F_W 与作用在转向节上的转向阻力矩 M_r 有如下关系:

$$F_W = \frac{M_r}{a} \qquad (7-12)$$

式中 a——主销偏移距(m),指由转向节主销轴线的延长线与支承平面的交点至车轮中心平面与支承平面的交线的距离。

(2) 作用在方向盘上的手力 F_h 为

$$F_h = \frac{M_h}{R_{sw}} \qquad (7-13)$$

式中 M_h——作用在方向盘上的力矩(N·m);
R_{sw}——方向盘作用半径(m)。

将式(7-12)、式(7-13)代入式(7-11)后,可得

$$i_{p0} = \frac{M_r R_{sw}}{M_h a} \qquad (7-14)$$

若忽略摩擦损失,可得

$$\frac{M_r}{M_h} = \frac{\Delta\varphi}{\Delta\theta} = i_{\omega 0} \qquad (7-15)$$

将式(7-15)代入式(7-14)得

$$i_{p0} = i_{\omega 0} \frac{R_{sw}}{a} \qquad (7-16)$$

由式(7-16)可知,力传动比与 R_{sw}、a 和 $i_{\omega 0}$ 有关,主销偏移距 a 越小,力传动比越大,转向越轻便。但 a 值过小,会造成车轮和路面之间表面摩擦力增加,反而增大转向阻力。方向盘直径根据车型大小可在 350~550mm 的标准系列内选取。

对于一个确定的车辆,R_{sw} 和 a 都是常值,所以力传动比 i_{p0} 与角传动比 $i_{\omega 0}$ 成正比。

转向传动机构的力传动比 i_p' 等于作用在转向节上的转向阻力矩 M_r 与转向摇臂轴的力矩 M' 的比值,即

$$i_p' = \frac{M_r}{M'} \qquad (7-17)$$

i_p' 与转向传动机构的结构布置型式及其杆系所处的转向位置有关,当转向阻力矩 M_r 一定时,改变转向传动机构的结构尺寸以增大 i_p',可减少转向摇臂轴的力矩 M',这对动力转向器的选型有很大影响。

(二) 转向器角传动比 i_ω 及其变化规律

转向器角传动比 i_ω 是一个重要参数,它影响车辆的操纵轻便性、转向灵敏性和稳定性。增大转向器角传动比 i_ω 可以增大力传动比 i_p,在转向阻力一定时,增大力传动比可以减少驾驶员作用在方向盘上的手力,使操纵轻便。但转向器角传动比增加后,转向轮转角对同一方向盘转角的响应变得迟钝,操纵时间长,车辆转向灵敏性降低。采用可变角传动比的转向器,可以协调对"轻便"和"灵敏"的要求。

转向器角传动比的变化规律因转向器的结构型式和参数的不同而异。如图7-2所示,特性曲线 3 表示转向器的角传动比 i_ω 恒定不变。目前使用的蜗杆指销式、齿轮齿条式、循环球齿条齿扇式和蜗杆滚轮式转向器都可制成可变速比转向器。曲线 1 表示方向盘在中间位置时,i_ω 较小,向左、右转动时逐渐增大;曲线 4 则与之相反。曲线 2 表示蜗杆双销式转向器的角传动比变化特性,是周期重复的。曲线 5 为蜗杆单销式转向器的角传动比特性曲线,转向器蜗杆在中间位置的螺距较小,而至两端则逐渐增大。

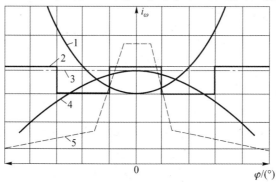

图 7-2 转向器角转动比 i_ω 变化特性曲线

转向器的角传动比主要根据转向轴载荷和对车辆机动能力的要求来选择。对于转向轴载荷不大,在方向盘的整个转动范围内不存在转向沉重困难,或对于有动力转向的车

辆,其转向阻力矩主要由动力装置克服,所以在上述两种情况下均可采用较小角传动比和减小方向盘总圈数,以提高车辆的转向灵敏性。转向器角传动比i_ω宜采用方向盘在中间位置时具有较大值,而在左、右两端有较小值的变化特性,如图7-2中曲线4与5所示。

对于转向轴载荷较大又没有动力转向系统的车辆,由于转向阻力矩大致与转向轮偏转角的大小成正比变化,车辆低速急转弯时操纵轻便性问题显得十分突出,故要求采用大一些的角传动比,而当车辆高速行驶要求转向轮反应灵敏时,由于转向轮转角较小,转向阻力矩也小一些,因此可采用转向器角传动比i_ω中间小两端大的变化特性,如图7-2中的曲线1。但是方向盘在中间位置时的转向器角传动比也不宜过小,否则在车辆高速行驶时由于方向盘过分敏感会使驾驶员疲于修正方向,造成操纵困难。一般方向盘在中间位置时转向器角传动比不宜小于15~16。

目前轮式装甲车转向器的角传动比一般取i_ω=16~25。转向轴负荷较轻时,应选用较小值。

(三) 方向盘的总转动圈数

方向盘转动的总圈数与转向轮最大转角及转向系统的角传动比有关,较大的角传动比可以减轻方向盘的操纵力,而过大的角传动比会增大方向盘的转角,降低转向机动性和路感及行驶稳定性。轮式装甲车方向盘的总转动圈数一般为3~5.5圈。

第二节 转向系统总体设计

一、设计要求

轮式装甲车转向系统的主要战技指标是根据车辆总体下达的设计任务书确定的,它是转向系统设计和试验的依据。其通常包括以下内容:

(1) 驱动型式(4×4、6×6、8×8或10×10)、驱动轴中转向轴的数量;
(2) 车辆总体参数如轮距、轴距、轴荷、主销偏移距等;
(3) 方向盘直径、方向盘安装角度及位置、转向器安装位置;
(4) 转向传动机构的布置型式(如采用前置梯形机构还是后置梯形机构;采用转向立轴、摇臂及纵拉杆的传动型式还是横拉杆及摇臂式的传动型式);
(5) 转向系统重量指标;
(6) 最小转弯直径。

二、设计步骤

转向系统的设计分为转向操纵装置设计和转向传动机构设计两大部分。设计步骤可分为方案设计和工程设计两个阶段。

(一) 方案设计

根据总体给出的整车总布置型式(驱动轴数、转向轴数目及型式)、对转向系统的要求(转向半径、转向力)等对车辆进行转向系统总体方案设计。主要包括以下内容:

(1) 转向操纵部分的转向器、转向泵、方向盘等选型及方向盘至转向器之间的传动方案;

(2) 转向传动机构部分的方案设计:初步确定前置还是后置梯形机构、转向立轴型式,若两轴转向还需确定两轴间的梯形机构联动方案、转向器摇臂至梯形机构间的联动方案。

(二) 工程设计

根据方案设计确定的方案及总体给出的设计任务书中规定的设计指标、设计参数及要求进行转向系统的工程设计。其主要包括以下内容:

(1) 转向操纵装置结构设计:方向盘及方向管柱的安装设计、传动轴设计、换向齿轮箱设计、(动力)转向器安装、转向油罐安装、油管设计、转向泵传动及安装设计、转向器摇臂设计;

(2) 转向传动结构设计:梯形机构设计、联动连杆机构设计、立轴结构设计等。

(三) 转向系统载荷的计算

转向系统全部零件的强度,是根据作用在转向系统零部件上的力确定的。影响这些力的因素很多,如转向轴负荷和路面阻力的变化等。

车辆在沥青或混凝土路面上的原地转向阻力矩 M_r(N·m),可用半经验公式计算:

$$M_r = \frac{\mu}{3}\sqrt{\frac{G_1^3}{p}} \qquad (7-18)$$

式中 μ——轮胎和路面间的滑动摩擦系数,一般取 0.7 左右;
G_1——转向轴负荷(N);
p——轮胎气压(MPa)。

在最恶劣的转向条件下,比如在干而粗糙的转向轮支承面上作原地转向,转向车轮的转向阻力矩 M_r 由转向车轮相对于主销轴线的滚动阻力矩 M_1、轮胎与地面接触部分的滑动摩擦阻力矩 M_2 以及转向车轮的稳定力矩或自动回正力矩所形成的阻力矩 M_3 组成。

$$M_r = M_1 + M_2 + M_3 \qquad (7-19)$$

$$M_1 = G_1 f a \qquad (7-20)$$

$$M_2 = G_1 x \varphi \qquad (7-21)$$

$$M_3 = a G_1 (\beta(\sin\bar{\alpha}_1 + \sin\bar{\alpha}_2) + \gamma(\cos\bar{\alpha}_1 + \cos\bar{\alpha}_2)) \qquad (7-22)$$

式中 f——车轮的滚动阻力系数,一般取 0.015;
β——主销内倾角(°);
$\bar{\alpha}_1, \bar{\alpha}_2$——内外转向轮的平均转角(°);
γ——主销后倾角(°);
φ——附着系数,取 0.85~0.9;
x——滑动摩擦阻力矩 M_2 的力臂(m),$x = 0.5\sqrt{r^2 - r_j^2}$;
r_j——车轮的静力半径(m);
r——车轮的自由半径(m),$r_j = 0.96r$,$x = 0.14r$。

车辆在行驶过程中转向时,转向轮与地面间的滑动摩擦阻力矩 M_2 比原地转向时的阻力矩 M_r 要小许多倍,且与车速有关。

在实际计算中,常取转向传动机构的力传动比 i_p' 计算转向摇臂轴的力矩 M',即

$$M' = \frac{M_r}{i_p' \eta'} \tag{7-23}$$

式中 η'——转向传动机构的效率,一般取 0.85~0.9。

无动力转向时,作用在方向盘上的力为

$$F_h = \frac{M_r}{i_p \cdot R_{sw} \cdot i_p' \cdot \eta' \cdot \eta_+} \tag{7-24}$$

式中 i_p——转向器的力传动比,其数值近似于转向器的角传动比;

η_+——转向器的正效率。

对于给定的车辆,用式(7-24)计算出的力是最大值,因此可用此数值作为计算载荷。对于转向轴荷大的重型车辆,此计算值往往超过驾驶员生理上的可能。在这种情况下,对动力转向器之前的零件计算载荷,应取驾驶员作用在方向盘轮缘上的最大瞬时力,根据试验及统计资料,此力可取为 700N。

第三节　动力转向系统设计

一、动力转向系统的组成和功能

装有动力转向系统的车辆在转向时,除依靠驾驶员作用于方向盘的操纵力之外,更主要的是借助于动力转向系统的加力装置实现转向,使转向更加轻便、灵活,以减轻驾驶员的疲劳,也能提高车辆高速行驶的安全性。通常当转向轴的负荷达到 25kN 时,就可采用动力转向;达到 35kN 左右时,推荐采用动力转向;超过 40kN 时,应该采用动力转向。

根据传力工作介质不同,动力转向系统可以是液压式或气压式。液压式工作压力远高于气压式,其结构紧凑、重量轻。由于液体的不可压缩性,液压式动力转向系统灵敏度高,且无需润滑。另外,液体的阻尼作用还可缓和因地面不平而经转向轮传至转向器的冲击,并衰减由此而引起的振动。因此,液压式动力转向系统得到了广泛的应用。气压式的特点与上述相反。另外,气压系统在低温时易产生结冰现象。当车辆下坡又转向时,由于制动系统的工作,将影响转向助力的效果,甚至引起事故。因此,气压式动力转向系统应用极少。

液压式动力转向系统由转向油罐、转向泵、转向分配阀(又称流量控制阀)、动力缸、机械转向器和油管等组成。转向泵由发动机驱动以提供高压油液,其结构型式有齿轮泵、叶片泵等之分;转向分配阀是根据方向盘的操纵方向、转角范围与力矩大小来改变液压动力的传递路线以及油液压力与通道面积的大小;转向动力缸是动力转向的加力机构,它借助于液压及活塞对机械转向器起加力作用。

二、对动力转向系统的要求

(1) 转向轮的转角和驾驶员转动方向盘的转角应保持一定的比例关系;

(2) 动力转向失灵时,仍能用机械系统操纵转向,但方向盘上的转动力不得大于

700N,否则应具有应急转向助力系统;

(3) 动力转向器具有很高的灵敏度;

(4) 减轻驾驶员作用在方向盘上手力的同时,还应有路感,要及时地把路面阻力情况成正比地反映到方向盘上,使驾驶员对道路情况有所感觉。

三、动力转向系统的评价指标

(一) 动力转向器的作用效能指标

转向器的作用效能指标 E 可用下式表示:

$$E = \frac{F_h}{F_h'} \quad (7-25)$$

式中　F_h——无动力转向的转向系统在转向时需施加于方向盘上的切向力(N);

F_h'——带动力转向的转向系统在转向时需施加于方向盘上的切向力(N)。

动力转向系统的效能指标 E 一般在 1~15 之间。

(二) 反向作用性能指标 E_r

E_r 用于表征动力转向的"路感"效果,可用作用在方向盘上的作用力增量与车轮转向阻力矩增量之比表示,即

$$E_r = \frac{\mathrm{d}F_h'}{\mathrm{d}M_r} \quad (7-26)$$

式中　M_r——转向轮的转向阻力矩(N·m)。

一般 $E_r = (0.02 \sim 0.05) \mathrm{N}/(\mathrm{N \cdot m})$。驾驶员转动方向盘,除要克服转向器的摩擦力和回位弹簧阻力外,还要克服反映路感的液压阻力。在最大工作压力时,反映路感的液压阻力换算到方向盘上的力增加,对于转向载荷小于 3t 的轮式装甲车,约为 30~50N;对于转向载荷为 3~7t 的轮式装甲车,约为 80~100N。

(三) 转向灵敏度指标

转向灵敏度指标可用动力转向开始起作用时,方向盘上的切向力 F_h^0 及其相应转角 φ 来评价,一般 $F_h^0 = 20 \sim 50\mathrm{N}, \varphi = 10° \sim 15°$。

(四) 动力转向器的力特性

动力转向器的力特性是指输入转矩与输出转矩之间的变化关系曲线。输出转矩等于转向液压油的压力乘以动力缸的活塞作用面积和作用力臂,对于一个确定的动力转向器,活塞面积和作用力臂是常量,因此,可以用输入转矩与输出油压之间的变化关系来表示动力转向的力特性,如图 7-3 所示。理想的力特性曲线是在直线行驶位置附近小角度转向区,输入转矩很小时,液力助力部分输出的油压越小越好,如图 7-3 中 A 段所示,曲线呈低平形状;当车辆原地转向或调头时,转向阻力

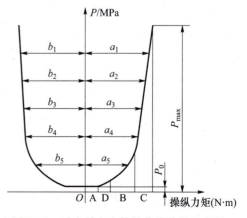

图 7-3　动力转向力特性曲线分段示意图

足够大,输入转矩进入最大区段(图 7-3 中 C 段),要求助力转向效果最大,故油压曲线呈陡而直线上升;在常用快速转向行驶区(B 段),助力作用要明显,油压曲线的斜率变化应较大,曲线由较为平缓变陡。除此之外,上述 3 个区段之间的油压曲线过渡要求平滑,D 段曲线是一个较宽的平滑过渡区间。而且要求动力转向系统向右转和向左转的力特性曲线的对称性 K_e 大于 0.85。K_e 的计算方法如下:

(1) 将曲线由 P_0 到 P_{max} 段沿纵坐标之间分成 $n(n \geq 5)$ 等分,得 n 对小块,每小块近似一梯形。

(2) 分别测量梯形中线的长度,并成对排列。右转时:$a_1, a'_2, \cdots, a_n$;左转时:$b_1, b'_2, \cdots, b_n$。

(3) 每一对进行比较。即 a_1 与 b_1 比较,a_2 与 b_2 比较,$\cdots$,a_n 与 b_n 比较,比较后取其中较小值,得到 $L_1, L_2, \cdots, L_n$。

(4) 曲线对称性 K_e 由下式计算:

$$K_e = \frac{2 \sum_{i=1}^{n} L_i}{\sum_{i=1}^{n} (a_i + b_i)} \qquad (7-27)$$

四、动力转向系统的布置方案

如图 7-4 所示,根据动力缸、分配阀和转向器三者相互位置的不同,液压式动力转向系统分为整体式和分置式。若动力缸、分配阀和转向器结合为一体,则为整体式动力转向器,如图 7-4(a)所示。若动力缸和转向器分开安装,则为分置式动力转向系统。其中按分配阀的位置又可分为:分配阀安装在转向器上的称为半分置式,如图 7-4(b)所示;分配阀安装在转向器与动力缸之间拉杆上的称为连杆式,如图 7-4(c)所示;分配阀安装在动力缸上的称为联阀式,如图 7-4(d)所示。

整体式动力转向器结构紧凑,管路较短,易于布置。但对转向器的密封要求高,结构复杂,拆装转向器困难。此外,转向器壳体及其内部的各传动副要承受动力缸的作用载荷,零件容易磨损和损坏,需加大它们的尺寸和质量。故用在装载质量大的重型车辆上会给转向器的设计造成困难。目前这种整体式动力转向器多用于转向轴负荷在 10t 以下的车辆上。

动力转向器的结构型式还有常压式和常流式之分。当转向分配阀在中间位置时常闭,使工作油液一直处于高压状态的动力转向器,称为常压式动力转向器;当转向分配阀在中间位置时常开,使工作油液一直处于常流状态的动力转向器,称为常流式动力转向器。常压式由于结构复杂,密封要求高,因此很少采用;常流式由于结构简单,油泵负荷较小,消耗功率小,故应用最为广泛。

根据分配阀的型式,液压式动力转向系统又可分为滑阀式和转阀式两种。分配阀起作用时,阀轴向移动的称为滑阀式,阀旋转运动的称为转阀式。常流式滑阀结构曾得到较多的应用。滑阀本身结构简单,生产工艺性好,操纵方便,宜于布置,使用性能也较好,但整个分配阀的零件数较多。常流式转阀结构与滑阀结构相比,分配阀的零件数少,结构更简单、先进,工作可靠,制造成本低,现广泛用于现代轿车和其他车辆的整体式和半分置式

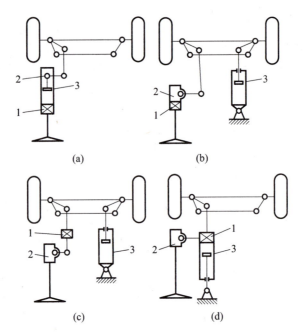

图 7-4 动力转向机构布置方案简图
(a)整体式；(b)半分置式；(c)连杆式；(d)联阀式。
1—分配阀；2—转向器；3—动力缸。

的动力转向系统中。

转向轴载荷小于 7t 的轮式装甲车通常选用常流式的整体式动力转向器。6×6、8×8、10×10 等轮式装甲车的转向轴载荷较大，单一整体式动力转向器难以满足要求，需采用整体式动力转向器外接助力缸的组合形式。

五、动力转向系统的工作原理

典型的整体转阀式循环球式动力转向器的结构如图 7-5 所示。动力转向器机械部分的原理与循环球齿轮齿条式转向器的原理完全相同，其力的传递过程是：驾驶员的手力通过方向盘、转向传动装置传递到输入轴上，再通过扭杆（扭杆的两端通过销子分别与输入轴和转向螺杆固连）、转向螺杆、转向螺母（齿条活塞）、摇臂轴、垂臂传递到直拉杆上，带动车轮转动，实现车辆转向。

在动力转向器中，转向螺母制成圆柱体，称为齿条活塞，被安置在转向器壳体内形成两个动力腔，这两个动力腔分别有油道与转阀相通。

转阀主要由阀体、阀套、阀芯、弹性元件、密封组件等组成。国产的转阀式动力转向器的阀体一般与转向器的上盖做成一体，阀套与转向螺杆做成一体，阀芯与转向器的输入轴连成一体，弹性元件采用扭杆的形式，密封组件采用聚四氟乙烯环加 O 形密封圈的形式。在阀套的内孔壁上开有 4 条或 6 条等宽的槽，相应地在与阀套相配的阀芯外圆上加工有 4 条或 6 条等宽的键，键的宽度比槽的宽度稍窄，在阀体、阀套、阀芯上加工有若干油道分别与进出油口和转向器壳体的上下腔相通。通过控制阀套与阀芯的相对转动位置，来控制液压油的流向，从而达到液压助力的作用。

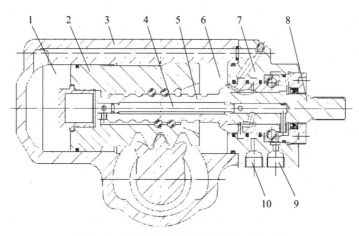

图7-5 整体转阀式循环球式动力转向器
1—动力缸下腔；2—齿条活塞；3—转向器壳体；4—扭杆；5—转向螺杆（阀套）；
6—动力缸上腔；7—阀体；8—输入轴（阀芯）；9—回油口；10—进油口。

（一）直线行驶

当车辆直线行驶时,转阀及阀芯均处于中间位置,如图7-6所示。

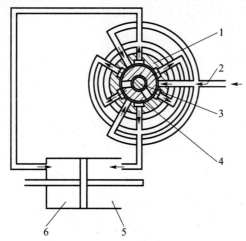

图7-6 整体式动力转向器直线行驶时的工作情况示意图
1—阀套；2—进油口；3—扭杆；4—阀芯；5—动力缸下腔；6—动力缸上腔。

此时转阀与阀芯的相对位置使动力缸活塞两侧与进、回油路均相通,来自转向泵的压力油通过转阀后又回到转向油罐,在阀套内壁上的6条槽内的油压以及与此6条油槽相通的动力缸的上下腔的油压是相等的,齿条活塞处于中间位置,动力缸的两腔对齿条活塞两侧的作用力是相等的,动力转向不起作用。齿条活塞没有运动,车辆保持直线行驶状态。

（二）左转向

车辆左转向时,驾驶员向左转动方向盘。此时驾驶员的手力通过机械式转向器传递到转向螺杆上,迫使齿条活塞由动力缸的下腔向动力缸的上腔运动,由于转向阻力的存在,驾驶员必须要有足够的力量才能使转向螺杆转动。然而,由于扭杆作为一个弹性元件,只需要不大的力矩就能产生扭转变形,使阀芯（输入轴）相对阀套（转向螺杆）发生逆时针偏转,如图7-7所示,使得转阀的进油腔与动力缸下腔间的节流缝隙变大,回油腔与动力缸下腔间的节流缝隙变小,进油腔与动力缸下腔接通;而动力缸上腔与回油腔接通。来自油泵的高压油经过转阀进入动力缸的下腔,动力缸下腔的油压升高;动力缸上腔的低压油经过转阀流回油泵的油罐。在动力缸的上下腔间形成压差,迫使齿条活塞由动力缸的下腔向动力缸的上腔运动,从而推动摇臂轴转动,驱使车辆转向轮左转,实现左转向。

扭杆产生与地面对车轮的转向阻力矩成正比的扭转弹性变形,即形成与转向阻力矩成正比的转向助力。转阀的转角取决于地面的转向阻力矩及扭杆的扭转弹性,而地面的转向阻力矩又通过扭杆作用到转向轴及方向盘上,形成"路感"。

(三) 右转向

车辆右转向时动力转向器的工作原理与左转向时基本类似,如图 7-8 所示,只是转阀内的油路发生了相反方向的改变,动力缸的上腔形成高压,齿条活塞由动力缸的上腔向动力缸的下腔运动,从而迫使转向车轮右转,实现右转向。

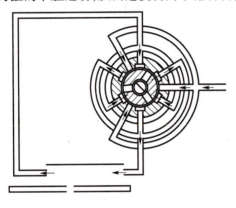

图 7-7 整体式动力转向器左转向时的工作情况示意图

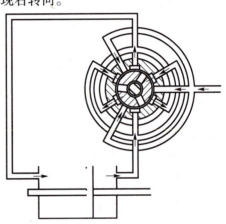

图 7-8 整体式动力转向器右转向时的工作情况示意图

六、动力转向器的选型

(一) 选择原则

动力转向器一般选择车辆行业的成熟产品。选择原则如下:

(1) 根据轮式装甲车转向系统载荷选型。其在最大工作油压下的输出力矩 M 应大于转向摇臂轴力矩 M',即 $M > M'$。

(2) 根据整车布置的需要选型。整车布置不同,所选择的动力转向器的结构也不同。

(3) 考虑方向盘单方向旋转时,其摇臂轴的旋向应与实际要求一致。

(4) 综合考虑转向器的其他技术参数,如摇臂轴摆角、传动比、转向圈数等。

(5) 配套的转向泵的工作压力及流量控制须满足动力转向器的要求。

(二) 动力转向器布置

(1) 考虑转向器、方向盘及转向管柱的相对位置。转向传动轴中间轴的角度尽量小,不得超过所选转向传动轴允许的最大工作角度,从而保证转向操纵柔和均匀。

(2) 考虑转向器与车体的相对位置,转向器支架的固定方式和位置,保证转向器装拆简易,液压管路维修方便。

(三) 转向器支架

整体式动力转向器输出力矩较大,所以对转向器支架的强度和刚度要求很高。不允许动力转向器在工作过程中随安装支架晃动,否则将导致转向间隙增加,产生转向滞后,对转向过程不利,也增加了不安全因素。对转向器安装支架有以下要求:

(1) 有较好的强度和刚度,最好采用整体铸钢件;

(2) 设计合理,有较大的装拆空间;

(3) 安装孔的配合间隙要小,位置准确度要高;

(4) 对于尺寸较长的动力转向器,特别是当其卧置时,除用转向器支架固定转向器壳体部位外,需增加伸长端的辅助定位,确保动力转向器不会因输出力矩大而在工作中上下摇动。

七、转向泵的选型

转向泵是动力转向系统的能源装置,用来向系统提供具有一定压力和流量的液压油。转向油泵的类型很多,如齿轮泵、叶片泵、柱塞泵等。近年来国内外车辆越来越多采用叶片泵,主要有以下几方面优势:

(1) 尺寸小,比同排量的齿轮泵尺寸小20%~30%,因此结构紧凑,容易布置。

(2) 工作压力高,可以实现13~15MPa,容积效率高。

(3) 易实现流量系列化,一般为6l/min、9l/min、12l/min、16l/min、20l/min 和25l/min。

(4) 在油泵不转动或损坏时易形成自然通道,自然形成回油路。这是因为叶片泵不工作时,叶片无离心作用,不压紧于定子内表面,从而形成回油路,使两腔自然相通。因此可简化系统油路,不需另外配置小循环回路。

某些重型车辆为了提高动力转向系统的工作可靠性,除了发动机带动的常用油泵之外,还装有由变速器或分动箱带动的应急泵,或采用电动泵。常用油泵工作时,应急泵无负荷,液压油经应急阀及回油管直接流回油罐。当常用油泵因故失效停止工作时,应急油泵向系统供油,确保动力转向系统仍能正常工作。

转向泵区别于其他油泵的特点是,它是由油泵与流量控制阀、压力限制阀(安全阀)组合而成的。转向泵最主要的性能参数除了最大工作压力和流量两个主要参数外,它的工作特性也非常重要。一般转向泵的流量随工作转速升高而增加,要求在限制转速900~1000r/min以下线性增加,在限制转速以上流量不明显增加。这是因为装有动力转向器的车辆,希望在正常车速行驶时,系统的工作流量稳定,不随发动机转速的变化而变化。不希望出现随发动机转速升高出现转向泵流量增大,导致转向过于灵敏,以致方向盘有发飘的现象。转向泵的这种工作特性是由泵中的流量控制阀自动起作用形成的。在限制转速以上的流量实际上不会是绝对平稳的,会有一定的增量,但其增量值一般不应超过控制流量的8%~10%。

转向泵的参数确定方法如下:

(1) 根据负载和已确定的动力转向器的缸径面积,计算出转向器应具有的工作压力,可确定转向泵安全阀的最高工作压力;

(2) 先计算满足方向盘最大瞬时转速所需要的理论流量 Q_0,然后再计算实际需要流量即控制流量 Q_1:

$$Q_0 = 60ntS \tag{7-28}$$

式中　Q_0——转向泵理论流量(l/min);

　　　n——方向盘的最大转速(r/s),轮式装甲车通常按 1.25r/s 计算;

　　　t——转向器螺杆螺距(dm);

　　　S——转向器助力缸有效工作面积(dm^2)。

$$Q_1 = (1.5 \sim 2)Q_0 + Q_2 \tag{7-29}$$

式中　Q_1——转向泵控制流量(l/min);

　　　Q_2——动力转向器允许的内泄漏量(由转向器厂家确定)(l/min)。

(3) 确定转向泵几何排量 Q_3(l/r):

$$Q_3 = Q_1/n_1 \tag{7-30}$$

式中　n_1——转向泵达到控制流量时的转速(r/min)。

(4) 根据发动机转速,确定转向泵的工作速度范围。

为了驱动动力转向的油泵,发动机需消耗约 2% ~ 4% 的功率。

八、转向油罐

转向油罐的功能主要是储存油液,向转向泵及系统供油;散热,降低油液的工作温度;滤清油液杂质,保证工作油液的清洁度。

转向油罐容积不应过小,否则易使高压油路产生气泡,影响动力转向效果。通常油罐容积可取转向泵在溢流阀限制下最大排量的 15% ~ 20%。

油罐应安装在较高位置,保证其油平面高于油泵的入口,并且通风良好,以保证转向油温低于 80℃。

转向油罐的滤清方式有两种,一为进油滤清,二为回油滤清。进油滤清可以提高进入转向泵的油的清洁度,防止油罐内部的杂质进入转向泵;回油滤清可以防止过滤器压力损失对转向泵进油的影响。由于可以在向油罐加油时采用滤油机加油,以把油罐内部杂质降到最低,因此采用回油滤清的方式越来越多。

转向油罐的过滤精度是很重要的指标。其过滤装置通常采用筒式过滤器,内、外层是铜丝网(100目)用来过滤较大杂质,里面是折叠成手风琴形式的滤纸,以扩大过滤面积和减小通过阻力。滤纸的过滤精度一般为 0.1mm,高档滤纸过滤精度可达 0.02mm,可根据需要选用。筒式过滤器的内外表面,用带孔的薄铁板(镀锌)圆筒固定住折叠的滤网和滤纸。如图 7-9 所示,筒式过滤器被定位弹簧固定在底座上,与油罐的回、出油口隔开。为防止杂质从筒式过滤器上、下面进入,需用耐油橡胶垫塞在筒式过滤器上、下面的缝隙处。

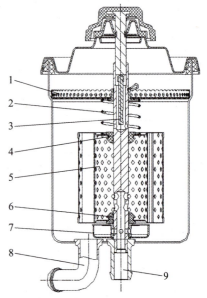

图 7-9　转向油罐基本结构示意图

1—滤网;2—定位弹簧;3—油尺;
4—耐油橡胶垫;5—筒式过滤器;
6—耐油橡胶垫;7—底座;
8—回油口;9—出油口。

为保证使用安全,在过滤装置里应增设安全阀。一旦滤纸堵塞,油压力增加到一定值时,单向安全阀打开,油不再通过滤纸而直接通过单向安全阀向转向泵供油,以保证行驶安全。

九、转向油管

转向油管用来输送油液,可以是软管、钢管或混合式。采用何种油管要根据各总成之间的位置、距离和各总成的工作特点而定。

软管的特点是可以活动,故多安装在活动部位。软管有高压钢丝编织耐油软管、低压帘线编织耐油胶管,也有耐高压油的塑料软管。选用软管时,要根据系统的工作压力按供应商提供的产品样本选用。

钢管的特点是在高压下不会膨胀变形,价格低于软管,多用在无相对位移的部位。应根据国家标准管接头中不同工作压力和不同流量相对应的管路通径选用不同内径和厚度的钢管,并可根据布置的需要预弯成型。

软管和钢管都以总成的形式出现,再与管接头配合使用,组成管路。

对于管接头的选用,要根据需要选用其结构。目前国家标准规定的有3种,即卡套式、端面O型圈密封焊接式和球面-锥面焊接式。随着转向系统的使用压力向中高压发展,在轮式装甲车上推荐使用卡套式管接头结构。它的特点是密封可靠、工作压力高、便于装拆,无需另行焊接。

十、液压油的选择

转向系统选用的液压油应能最大限度地满足系统的要求,例如工作压力的变化,温度的变化,保证液压元件较好的润滑性、抗磨性和相容性等。

选用液压油时,可按下列步骤进行:

(1)详细列出系统对液压油性能,尤其是使用过程中性能变化范围的要求,包括黏度、密度、压力、抗燃性、润滑性、可压缩性、腐蚀性、空气溶解率等;

(2)按照上述要求,列出比较符合的液压油品种,参考转向器厂家所推荐使用液压油的资料;

(3)对初选的若干种液压油进行综合分析和比较,最终决定一种最合适的液压油。

根据工况,推荐选用如下两种液压油:

(1)SH 0358-1995 YH-10号航空液压油;

(2)8号液力传动油。

为保证动力转向系统的正常使用,允许在换季时更换液压油。在使用过程中,由于液压油自身特性及工作环境等的影响,在受到高温、高压、氧化等物理、化学作用下,液压油的性能指标会发生改变。当变化后的指标不能保证系统正常运行时,需要更换液压油。推荐动力转向系统液压油在车辆行驶里程为10000km或贮存三年后更换。

第四节　转向传动机构设计

转向传动机构是由转向摇臂至左、右转向车轮之间用来传递力及运动的转向杆、臂系统，其功能是将转向器输出端的转向摇臂的摆动转变为左、右转向车轮绕其转向主销的偏转，并保证车辆转弯行驶时，所有车轮绕同一个瞬时转向中心旋转，各车轮只有滚动而无侧滑。

一、转弯半径及转向轮的理想转角关系

当前轴内轮转角处于最大转角且车辆以低速转弯时，前轴外轮与地面接触点的轨迹构成圆周的半径称为车辆最小转弯半径 R_{min}。最小转弯半径 R_{min} 由总体战技指标给出，利用公式可计算出前轴外轮最大转角 θ_{omax}。因为实际的梯形机构不能保证内、外轮在最大转角时与理论值相一致，故实际上的最小转弯半径与上述计算结果不完全相符。

无论是两轴、三轴或者四轴轮式装甲车，在转向过程中为了使所有车轮都处于纯滚动而无滑动状态，或只有极小的滑移，则要求全部车轮都绕一个瞬时转向中心做圆周运动。在一般转向条件下，每个车轮的转向半径是不同的。因此，同一转向轴上的两个转向轮，即内轮和外轮的转角是不同的，应该符合按理论计算出来的比例关系。

（一）两轴车辆的转向

4×4 轮式装甲车采用前轮转向时，最小转弯半径 R_{min} 可按下式计算：

$$R_{min} = \frac{L}{\sin(\theta_{omax} - \delta_{1a})} + a \tag{7-31}$$

式中　θ_{omax}——前轴外轮最大转角(°)；

δ_{1a}——前转向轴侧偏角(°)，因极限转弯车速较低，侧向惯性力较小，δ_{1a}可忽略；

L——前转向轴至瞬时转向中心的轴向距离(m)；

a——主销偏移距(m)。

若每个车轮的轮胎都不产生侧向偏离，两转向前轮轴的延长线交在后轴的延长线上，如图7-10所示。内、外轮转角之间应满足以下关系式

$$\cot\theta_o - \cot\theta_i = \frac{K}{L} \tag{7-32}$$

式中　θ_o——前轴外轮转角(°)；

θ_i——前轴内轮转角(°)；

K——左右转向节主销轴线的延长线与支承平面的交点之间的距离(m)。

（二）三轴车辆的转向

当 6×6 轮式装甲车的第二轴与第三轴比较接近时，可采用一轴转向的形式，如图7-11所示。最小转弯半径 R_{min} 可按下式计算：

$$R_{min} = \frac{L_1 + L_2 - c}{\sin(\theta_{omax} - \delta_{1a})} + a \tag{7-33}$$

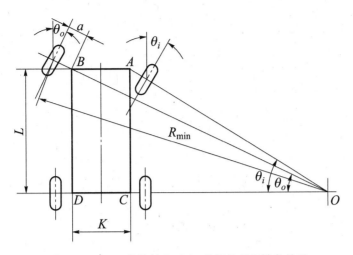

图 7-10 4×4 前轮转向时内、外轮的理想转角关系

式中 L_1——一、二轴轴距(m);

L_2——二、三轴轴距(m);

c——瞬时转向中心 O 点与三轴的轴向距离(m),计算得 $c = \dfrac{L_2}{2} - \dfrac{L_2^2}{4(L_1 + L_2 - c)}$。

内、外轮转角之间应满足以下关系式:

$$\cot\theta_o - \cot\theta_i = \frac{K}{L_1 + L_2 - c} \tag{7-34}$$

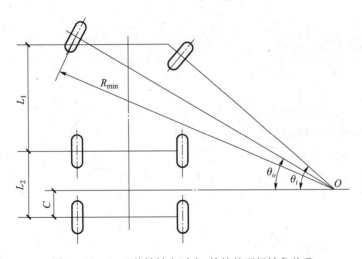

图 7-11 6×6 前轴转向时内、外轮的理想转角关系

为了提高通过性和改善重量在轴间的分配,常把第二轴设置在第一轴和第三轴的中间,通常采用一、二轴转向,如图 7-12 所示。最小转弯半径 $R_{\min}$ 按下式计算:

$$R_{\min} = \frac{L_1 + L_2}{\sin(\theta_{fo\max} - \delta_{1a})} + a \tag{7-35}$$

式中 $\theta_{fo\max}$——一轴外轮最大转角(°)。

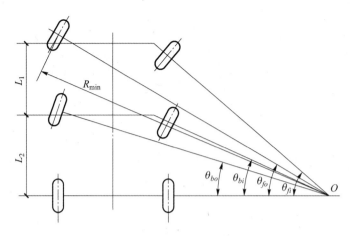

图 7-12　6×6 前两轴转向时内、外轮的理想转角关系

理想的内、外轮转角关系应满足以下关系式：

（1）一轴内、外轮之间：

$$\cot\theta_{fo} - \cot\theta_{fi} = \frac{K}{L_1 + L_2} \tag{7-36}$$

（2）二轴内、外轮之间：

$$\cot\theta_{bo} - \cot\theta_{bi} = \frac{K}{L_2} \tag{7-37}$$

（3）一、二轴内轮之间：

$$\frac{\tan\theta_{fi}}{\tan\theta_{bi}} = \frac{L_1 + L_2}{L_2} \tag{7-38}$$

式中　θ_{fo}——一轴外轮转角(°)；
　　　θ_{fi}——一轴内轮转角(°)；
　　　θ_{bo}——二轴外轮转角(°)；
　　　θ_{bi}——二轴内轮转角(°)。

（三）四轴车辆的转向

目前 8×8 轮式装甲车多采用一、二轴转向，如图 7-13 所示。最小转弯半径 $R_{\min}$ 可按下式计算：

$$R_{\min} = \frac{L_1 + L_2 + L_3 - c}{\sin(\theta_{fo\max} - \delta_{1a})} + a \tag{7-39}$$

式中　L_1——一、二轴轴距(m)；
　　　L_2——二、三轴轴距(m)；
　　　L_3——三、四轴轴距(m)；
　　　c——瞬时转向中心 O 点与四轴的轴向距离(m)，计算表明 $c \approx (0.3 \sim 0.35)L_3$。

8×8 轮式装甲车前两轴转向时，理想的内、外轮转角关系应满足以下关系式：

（1）一轴内、外轮之间：

$$\cot\theta_{fo} - \cot\theta_{fi} = \frac{K}{L_1 + L_2 + L_3 - c} \tag{7-40}$$

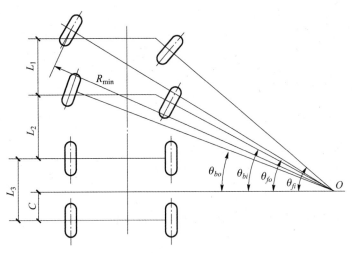

图 7-13 8×8 前两轴转向时内、外轮的理想转角关系

（2）二轴内、外轮之间：

$$\cot\theta_{bo} - \cot\theta_{bi} = \frac{K}{L_2 + L_3 - c} \tag{7-41}$$

（3）一、二轴内轮之间：

$$\frac{\tan\theta_{fi}}{\tan\theta_{bi}} = \frac{L_1 + L_2 + L_3 - c}{L_2 + L_3 - c} \tag{7-42}$$

8×8 采用一、二、四轴转向时，瞬时转向中心位于第三轴的延长线上。如图 7-14 所示。最小转弯半径 $R_{\min}$ 可按下式计算：

$$R_{\min} = \frac{L_1 + L_2}{\sin(\theta_{fo\max} - \delta_{1a})} + a \tag{7-43}$$

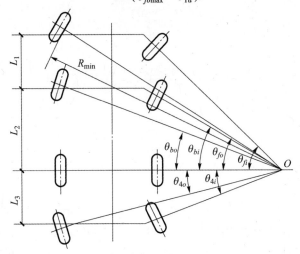

图 7-14 8×8 一、二、四轴转向时内、外轮的理想转角关系

理想的内、外轮转角关系应满足以下关系式：

（1）一轴内、外轮之间：

$$\cot\theta_{fo} - \cot\theta_{fi} = \frac{K}{L_1 + L_2} \tag{7-44}$$

(2) 二轴内、外轮之间:

$$\cot\theta_{bo} - \cot\theta_{bi} = \frac{K}{L_2} \qquad (7-45)$$

(3) 四轴内、外轮之间:

$$\cot\theta_{4o} - \cot\theta_{4i} = \frac{K}{L_3} \qquad (7-46)$$

(4) 一、二轴内轮之间:

$$\frac{\tan\theta_{fi}}{\tan\theta_{bi}} = \frac{L_1 + L_2}{L_2} \qquad (7-47)$$

(5) 一、四轴内轮之间:

$$\frac{\tan\theta_{fi}}{\tan\theta_{4i}} = \frac{L_1 + L_2}{L_3} \qquad (7-48)$$

式中 θ_{4o}——四轴外轮转角(°);
θ_{4i}——四轴内轮转角(°)。

8×8 采用一、二、三、四轴全轮转向时,根据有关资料计算表明,瞬时转向中心位于第二、三轴之间的中心线上,如图 7-15 所示。最小转弯半径 R_{min} 可按下式计算:

$$R_{min} = \frac{L_1 + L_2/2}{\sin(\theta_{fomax} - \delta_{1a})} + a \qquad (7-49)$$

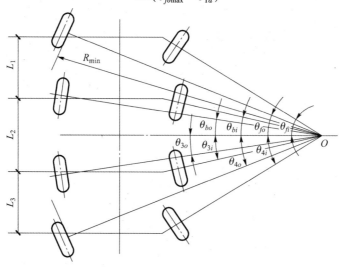

图 7-15 8×8 全轮转向时内、外轮的理想转角关系

理想的内、外轮转角关系应满足式(7-50)~式(7-56):
(1) 一轴内、外轮之间:

$$\cot\theta_{fo} - \cot\theta_{fi} = \frac{K}{L_1 + L_2/2} \qquad (7-50)$$

(2) 一、二轴内轮之间:

$$\frac{\tan\theta_{fi}}{\tan\theta_{bi}} = \frac{L_1 + L_2/2}{L_2/2} \qquad (7-51)$$

(3) 二轴内、外轮之间：

$$\cot\theta_{bo} - \cot\theta_{bi} = \frac{K}{L_2/2} \qquad (7-52)$$

(4) 一、三轴内轮之间：

$$\frac{\tan\theta_{fi}}{\tan\theta_{3i}} = \frac{L_1 + L_2/2}{L_2/2} \qquad (7-53)$$

(5) 三轴内、外轮之间：

$$\cot\theta_{3o} - \cot\theta_{3i} = \frac{K}{L_2/2} \qquad (7-54)$$

(6) 一、四轴内轮之间：

$$\frac{\tan\theta_{fi}}{\tan\theta_{4i}} = \frac{L_1 + L_2/2}{L_3 + L_2/2} \qquad (7-55)$$

(7) 四轴内、外轮之间：

$$\cot\theta_{4o} - \cot\theta_{4i} = \frac{K}{L_3 + L_2/2} \qquad (7-56)$$

式中　θ_{3o}——三轴外轮转角(°)；
　　　θ_{3i}——三轴内轮转角(°)。

二、转向梯形机构设计

转向梯形机构用来保证转弯行驶时车辆的车轮均能绕同一瞬时转向中心在不同半径的圆周上作无滑动的纯滚动。为此，转向梯形应保证同一转向轴上内、外转向轮的理想转角关系。现有轮式装甲车的转向梯形机构，对于以上条件该机构不能够在整个转向车轮转角范围内得到满足，只是近似地使它得到保证。

为了与转向轴的悬架型式相适应，梯形机构分为整体式和分段式两种。整体式用于非独立悬架的转向轮；分段式用于独立悬架的转向轮。

整体式转向梯形机构如图 7-16 所示，由转向节臂 8、转向横拉杆 11、梯形臂 10、12 和左、右转向节 9、13 组成。其优点是结构简单，调整前束容易，制造成本低。主要缺点是一侧转向轮跳动时，会影响另一侧转向轮。

目前轮式装甲车多采用独立悬架，因此转向梯形中的横拉杆应做成断开式的，即采用分段式转向梯形，一般由主横拉杆 3、副横拉杆 4 和梯形臂 5 组成，如图 7-17 所示。这种结构可保证一侧转向轮上下跳动时不会影响另一侧车轮跳动。

（一）分段式梯形机构横拉杆断开点的优化设计[21]

断开点的选取应能保证车轮上下跳动时，车轮干涉转向角尽可能小，以保证车轮前束角满足设计要求，使得车辆行驶时的方向稳定性更好，轮胎的磨损更小，这有利于提高车辆的性能。

分段式梯形机构中横拉杆断开点的位置，与独立悬架的结构形式有关。以双横臂独立悬架为例，说明断开点的优化设计。

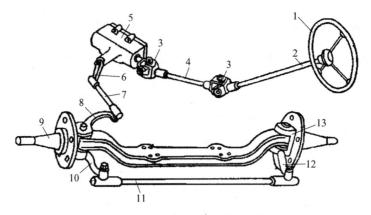

图 7-16　整体式转向梯形机构

1—方向盘；2—转向轴；3—转向万向节；4—转向传动轴；5—转向器；6—转向摇臂；
7—纵拉杆；8—转向节臂；9—左转向节；10、12—梯形臂；11—转向横拉杆；13—右转向节。

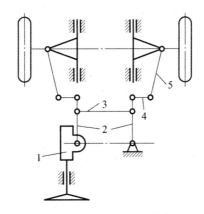

图 7-17　分段式梯形机构简图

1—转向器；2—摇臂；3—主横拉杆；4—副横拉杆；5—梯形臂。

图 7-18 是双横臂独立悬架的几何示意图。图中 OAB 为下摆臂，绕轴线 OA 转动；MNK 为上摆臂，绕轴线 MN 转动。K、B 点分别为上下球销点。BK 为主销轴线，DF 为转向节臂。E、D 点分别为横拉杆的内外球销点。E 点为横拉杆的断开点。

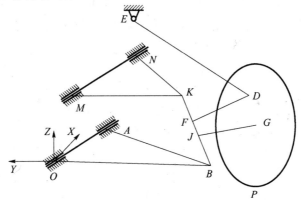

图 7-18　双横臂独立悬架简化模型

运用多刚体动力学软件 Adams/View 进行优化设计的步骤如下。

1. 确定设计变量

设计变量是断开点 E 的三维坐标(x_E, y_E, z_E)及副横拉杆的长度 L_{DE},设计变量表达式为:$X = [x_E, y_E, z_E, L_{DE}]^T$。

2. 建立参数化点坐标

根据实车参数建立转向轴单轮边悬架的仿真模型,主要是设置主销上球销点 K、下球销点 B 的空间坐标以建立主销 KB 的仿真模型。根据已知结构参数和已确定的设计变量建立横拉杆内球销点 D 的参数化坐标。当设计变量变化时,参数点的位置也随之变化。

3. 确定目标函数

以当悬架负荷变化或车轮上下跳动时,悬挂系统与转向系统应有较小的干涉转向为原则来计算副横拉杆的长度,合理布置断开点的位置,使得当车轮上下跳动时,干涉转向角尽可能小。即表示为在悬架全行程运动过程中,每个计算位置的干涉转向角 $\theta_i (i = 1, 2, \cdots, N)$ 的加权平方和最小。

目标函数表达式如下:

$$Y = F(x_E, y_E, z_E, L_{DE}) = \sum_{i=1}^{N} \omega_i \theta_i^2 \qquad (7-57)$$

$$\theta_i = \arccos\left(\frac{\overline{J}_0 \cdot \overline{J}_i}{L_0^2}\right) \qquad (7-58)$$

式中 $\overline{J}_0$——悬架运动处于初始位置时,转向节臂 DF 的位置矢量;

$\overline{J}_i$——悬架运动处于第 i 位置时,转向节臂 DF 的位置矢量;

ω_i——每个干涉转向角对应的权因子;

N——悬架全行程运动中计算位置的个数;

L_0——转向节臂 DF 的长度。

结合悬架参数及型式初步确定设计变量的初值。取值范围分别为各变量初值的 ±10%。

4. 建立数学模型

经分析,该优化设计的数学模型可表达为

$$\min Y = \min \sum_{i=1}^{N} \omega_i \theta_i^2 \qquad (7-59)$$

约束条件为

$$g_1(X) = (x_E - 0.9 x_{E_0})(x_E - 1.1 x_{E_0}) \leq 0$$
$$g_2(X) = (y_E - 0.9 y_{E_0})(y_E - 1.1 y_{E_0}) \leq 0$$
$$g_3(X) = (z_E - 0.9 z_{E_0})(z_E - 1.1 z_{E_0}) \leq 0$$
$$g_4(X) = (L_{DE} - 0.9 L_{DE_0})(L_{DE} - 1.1 L_{DE_0}) \leq 0$$

5. 设计研究与优化结果确认

做 4 个设计变量 x_E, y_E, z_E, L_{DE} 的设计研究,可分析各参数对系统目标函数的影响情况,并分别分析得出各参数的优化曲线。优化曲线的横坐标为设计变量的变化量;纵坐标为目标函数的变化量。若设计变量在各自合理值范围内,优化曲线呈单调上升或下降即线性关系且变化率很小,基本不影响目标函数值,则表明设计变量的分析研究结果与初值的选取有很大关系。若设计变量在合理值范围内有最低点,说明在其初值范围内有最优值。

在设计研究之后,根据图形分析粗选出更精确的设计变量初值,再进行优化,从而得出仿真优化结果。

（二）摇臂式梯形机构的优化设计

图7-19是应用较为普遍的一种梯形机构型式,它常被用于采用前轴转向的4×4轮式装甲车和前轴转向的6×6不等轴距轮式装甲车上。摇臂 DC 连接在转向器输出端,称为主动臂;从动臂 EF 一端固定在车体上。摆臂 DCFE 组成平行四边形机构。拉杆 AB、GH 为副横拉杆,该梯形机构的转向节臂与转向节固连成一体。

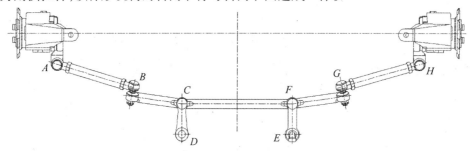

图7-19 摇臂式梯形机构结构俯视图

相类似地,运用 Adams/View 进行优化设计的步骤如下。

1. 优化目标

为了避免车辆在转向时产生路面对行驶的附加阻力和轮胎过快磨损,优化目标是梯形机构的设计应尽量保证转向时,所有车轮均作纯滚动。即转向轮的转角实际值与理想值的差值尽可能小。其偏差在最常使用的中间位置附近小角度范围内应尽量小,这样可减少车辆在高速行驶时对轮胎的磨损;而在不经常使用且车速较低的大转角时,可适当放宽要求。

2. 确定设计变量

将运动副约束点的位置坐标确定为设计变量。除主、从动臂外,摇臂式梯形机构大部分以车体中心面为对称面呈对称形式布置。设计变量的数目因此可大大减少。

设计变量表达式为

$$X = [x_A, y_A, z_A, x_B, y_B, z_B, x_C, y_C, z_C, x_D, z_D, y_E]^T$$

3. 建立参数化点坐标和杆系仿真模型

按照实车参数,建立转向轴悬挂仿真模型,主要是设置主销上、下球销点的空间坐标以建立主销的仿真模型。根据已知结构参数和已确定的设计变量设置运动副约束点 A、B、C、D、E、F、G、H 的空间坐标。运用参数化点坐标建立杆系仿真模型。运动副约束点的空间坐标包含了可作设计变化的设计变量。当设计变量变化时,参数点的位置也随之变化。

4. 确定目标函数

在转向机构实际运动过程中,当内侧转向轮输入角度 β,外侧转向轮相应有一输出角度 α 与之对应。则有关系式:

$$\alpha = g(\beta) \qquad (7-60)$$

运用 Adams/View 进行仿真优化设计时,式(7-60)可通过机构模型的几何关系自动得出。模型的几何尺寸在建模时确定并根据设计变量的变化而改变。以 4×4 轮式装甲车前轮转向为例,优化设计的目的是使实际值尽量接近理想值。应尽量满足理想关系式即式(7-32)。故建立目标函数 E:

$$f(X) = E = \int_{\beta_0}^{\beta_{\max}} \omega \left(\cot\alpha - \cot\beta - \frac{K}{L} \right)^2 \mathrm{d}\beta \qquad (7-61)$$

目标函数是车轮转动过程中实际值与理论值之间的误差累积。ω 是权函数,在小转角情况下使用较多,所以小转角时权函数值取大一些;大转角时权函数值取小一些。

$$\omega = \begin{cases} 1.5 & \beta_0 \leqslant \beta \leqslant 10° \\ 1 & 10° \leqslant \beta \leqslant 15° \\ 0.5 & 15° \leqslant \beta \leqslant \beta_{\max} \end{cases} \qquad (7-62)$$

根据优化目标建立一个参考值 Measure。Measure 的主要作用是建立一个可供衡量的目标函数。根据现有轮式车辆的数据及空间位置初步确定设计变量的初值。取值范围分别为各变量初值的 ±10%。

5. 建立数学模型

经分析,该梯形机构的数学模型可表达为

$$\min f(X) = \min \int_{\beta_0}^{\beta_{\max}} \omega \left(\cot\alpha - \cot\beta - \frac{K}{L} \right)^2 \mathrm{d}\beta \qquad (7-63)$$

约束条件为

$$g_1(X) = (x_{A,B,C,D} - 0.9 x_{A_0,B_0,C_0,D_0})(x_{A,B,C,D} - 1.1 x_{A_0,B_0,C_0,D_0}) \leqslant 0$$
$$g_2(X) = (y_{A,B,C,E} - 0.9 y_{A_0,B_0,C_0,E_0})(y_{A,B,C,E} - 1.1 y_{A_0,B_0,C_0,E_0}) \leqslant 0$$
$$g_3(X) = (z_{A,B,C,D} - 0.9 z_{A_0,B_0,C_0,D_0})(z_{A,B,C,D} - 1.1 z_{A_0,B_0,C_0,D_0}) \leqslant 0$$

6. 设计研究与优化结果确认

对所确定的 Measure 做 12 个设计变量的设计研究,可分析各参数对系统目标函数的影响情况,并分别分析得出各参数的优化曲线。优化曲线的横坐标为设计变量的变化量;纵坐标为目标函数的变化量。若设计变量在各自合理值范围内,优化曲线呈单调上升或下降即线性关系且变化率很小,基本不影响目标函数值,则表明设计变量的分析研究结果与初值的选取有很大关系。若设计变量在合理值范围内有最低点,说明在其初值范围内有最优值。

在设计研究之后,根据图形分析粗选出更精确的设计变量初值,再进行优化,从而得出仿真优化结果。

优化设计后,应进行梯形机构运动学特性仿真计算,通过绘出实际转角曲线,来校核设计参数是否满足设计要求,并结合悬挂装置进行整车操纵稳定性分析计算。

(三)双前轴梯形机构的优化设计

6×6 等轴距、8×8 轮式装甲车多采用前两轴转向,该布置形式灵活多样,结构较复杂。图 7-20 所示为 8×8 轮式装甲车前两轴转向的双横拉杆梯形机构。它由几组四连杆机构顺序构成。

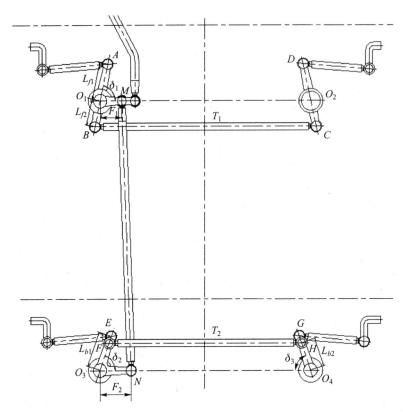

图 7-20 双横拉杆梯形机构结构图

运用 Adams/View 进行优化设计的步骤如下。

1. 优化目标

双横拉杆梯形机构的设计应尽量保证当一轴内轮连续输入转角时,一轴外轮、二轴内轮及二轴外轮的转角实际值与理想值的差值尽可能小。其偏差在小角度范围内应尽量小,而在不常使用且车速较低的大转角时,可适当放宽要求。

2. 确定设计变量

根据优化设计要求,结合杆系的具体结构,确定梯形机构布置中影响转向性能的设计变量为:一轴转向节臂长 M_1;二轴转向节臂长 M_2;一轴梯形底角 γ_1;二轴梯形底角 γ_2;一轴左摆臂 O_1A 长 L_{f1};一轴左摆臂初始角度 δ_1;一轴左摆臂 O_1B 长 L_{f2};二轴下摆臂 O_3E 长 L_{b1};二轴下摆臂 O_3E 初始角度 δ_2;二轴左摆臂 O_3F 长 L_{b2};二轴左摆臂 O_3F 初始角度 δ_3;一、二轴联接摆臂 O_1M 长 F_1;二轴左摆臂 O_3N 长 F_2;第一主横拉杆长 T_1;第二主横拉杆长 T_2。

设计变量表达式为

$$X = [M_1, M_2, \gamma_1, \gamma_2, L_{f1}, L_{f2}, L_{b1}, L_{b2}, F_1, F_2, T_1, T_2, \delta_1, \delta_2, \delta_3]^T$$

3. 建立参数化点坐标和杆系仿真模型

按照实车参数,建立两转向轴悬挂仿真模型,主要是设置主销上、下球销点的空间坐标以建立主销的仿真模型。根据已知结构参数和已确定的设计变量及相对坐标关系设置运动副约束点的空间坐标。运用参数化点坐标建立杆系仿真模型。运动副约束点的空间坐标包含了可作设计变化的设计变量。当设计变量变化时,参数点的位置也随之变化。

针对双横拉杆梯形机构优化设计过程中设计变量多、约束条件多、计算量大的问题,确定三步优化设计步骤:先进行一轴杆系的优化设计;再进行二轴杆系的优化设计;最后进行一、二轴联接机构的优化设计。每一步优化过程均与摇臂式梯形机构类似。即建立数学模型及约束条件之后,分别进行单个设计变量的设计研究,根据设计研究的结果粗选出更精确的设计变量初值,再进行优化设计,从而得出仿真优化结果。

4. 一轴杆系的优化设计

一轴杆系的设计变量为 $X = [M_1, \gamma_1, L_{f1}, L_{f2}, T_1, \delta_1]^T$。根据现有轮式车辆的数据及空间位置初步确定设计变量的初值。取值范围分别为各变量初值的 $\pm 10\%$。

在转向机构实际运动过程中,当一轴内侧转向轮输入角度 β_1,外侧转向轮相应有一输出角度 α_1 与之对应。则有关系式:

$$\alpha_1 = g(\beta_1) \qquad (7-64)$$

经分析,一轴杆系的数学模型可表达为

$$\min f(X) = \min \int_{\beta_{1_0}}^{\beta_{1\max}} \omega \left(\cot\alpha_1 - \cot\beta_1 - \frac{K}{L_1 + L_2 + L_3 - c} \right)^2 d\beta_1 \qquad (7-65)$$

约束条件为

$$g_1(X) = (M_1 - 0.9M_{1_0})(M_1 - 1.1M_{1_0}) \leqslant 0$$
$$g_2(X) = (\gamma_1 - 0.9\gamma_{1_0})(\gamma_1 - 1.1\gamma_{1_0}) \leqslant 0$$
$$g_3(X) = (L_{f1} - 0.9L_{f1_0})(L_{f1} - 1.1L_{f1_0}) \leqslant 0$$
$$g_4(X) = (L_{f2} - 0.9L_{f2_0})(L_{f2} - 1.1L_{f2_0}) \leqslant 0$$
$$g_5(X) = (T_1 - 0.9T_{1_0})(T_1 - 1.1T_{1_0}) \leqslant 0$$
$$g_6(X) = (\delta_1 - 0.9\delta_{1_0})(\delta_1 - 1.1\delta_{1_0}) \leqslant 0$$

5. 二轴杆系的优化设计

二轴杆系的设计变量为 $X = [M_2, \gamma_2, L_{b1}, L_{b2}, T_2, \delta_2, \delta_3]^T$。根据现有轮式车辆的数据及空间位置初步确定设计变量的初值。取值范围分别为各变量初值的 $\pm 10\%$。

在转向机构实际运动过程中,当二轴内侧转向轮输入角度 β_2,外侧转向轮相应有一输出角度 α_2 与之对应。则有关系式:

$$\alpha_2 = g(\beta_2) \qquad (7-66)$$

经分析,二轴杆系的数学模型可表达为

$$\min f(X) = \min \int_{\beta_{2_0}}^{\beta_{2\max}} \omega \left(\cot\alpha_2 - \cot\beta_2 - \frac{K}{L_2 + L_3 - c} \right)^2 d\beta_2 \qquad (7-67)$$

约束条件为

$$g_1(X) = (M_2 - 0.9M_{2_0})(M_2 - 1.1M_{2_0}) \leqslant 0$$
$$g_2(X) = (\gamma_2 - 0.9\gamma_{2_0})(\gamma_2 - 1.1\gamma_{2_0}) \leqslant 0$$
$$g_3(X) = (L_{b1} - 0.9L_{b1_0})(L_{b1} - 1.1L_{b1_0}) \leqslant 0$$
$$g_4(X) = (L_{b2} - 0.9L_{b2_0})(L_{b2} - 1.1L_{b2_0}) \leqslant 0$$
$$g_5(X) = (T_2 - 0.9T_{2_0})(T_2 - 1.1T_{2_0}) \leqslant 0$$

$$g_6(X) = (\delta_2 - 0.9\delta_{2_0})(\delta_2 - 1.1\delta_{2_0}) \leq 0$$

$$g_7(X) = (\delta_3 - 0.9\delta_{3_0})(\delta_3 - 1.1\delta_{3_0}) \leq 0$$

6. 一、二轴联接机构的优化设计

一、二轴联接机构的设计变量为 $X = [F_1, F_2]^T$。根据现有轮式车辆的数据及空间位置初步确定设计变量的初值。取值范围分别为各变量初值的 ±10%。

在转向机构实际运动过程中，当一轴内侧转向轮输入角度 β_1，二轴内侧转向轮相应有一输出角度 β_2 与之对应。则有关系式：

$$\beta_2 = g(\beta_1) \tag{7-68}$$

经分析，一、二轴联接机构的数学模型可表达为

$$\min f(X) = \min \int_{\beta_{10}}^{\beta_{1\max}} \omega \left(\frac{\tan\beta_1}{\tan\beta_2} - \frac{L_1 + L_2 + L_3 - c}{L_2 + L_3 - c} \right)^2 d\beta_1 \tag{7-69}$$

约束条件为

$$g_1(X) = (F_1 - 0.9F_{1_0})(F_1 - 1.1F_{1_0}) \leq 0$$

$$g_2(X) = (F_2 - 0.9F_{2_0})(F_2 - 1.1F_{2_0}) \leq 0$$

以上三步优化设计结束后，应再进行双横拉杆梯形机构的运动学特性计算，通过分别绘出各转向轴实际转角曲线，来校核设计参数是否满足设计要求。最后与悬挂装置一起对整车操纵稳定性进行分析计算。

三、转向传动机构零部件设计

（一）转向摇臂

转向摇臂、转向节臂和摆臂由中碳钢或中碳合金钢如35Cr、40Cr和40CrNi经模锻加工而成。多采用沿其长度变化尺寸的椭圆形截面以合理地利用材料和提高其强度与刚度。转向摇臂与转向摇臂轴用三角花键连接，花键轴与花键孔具有一定的锥度以得到无隙配合，装配时花键轴与孔应按标记对中以保证转向摇臂正确安装的位置。对于无安装记号的转向摇臂及其轴，安装时，可先将转向轮摆至直线行驶位置，再将方向盘转至中间位置（方向盘由此位置至左右极限位置的转动圈数相等），按此位置将转向摇臂安装在转向摇臂轴上，并用螺母紧固。

转向摇臂的长度与转向传动机构的布置及传动比等因素有关，一般在初选时对小型车辆可取 100～150mm；中型车辆可取 150～200mm；大型车辆可取 300～400mm。

球头销上作用的力 F，对转向摇臂产生弯曲和扭转力矩的联合作用。危险断面 $A-A$ 位于摇臂根部，如图 7-21 所示，按第三强度理论验算其强度。

$$\sigma = \sqrt{\frac{F^2 l^2}{W_W^2} + 4\frac{F^2 e^2}{W_n^2}} \leq \sigma_T / n \tag{7-70}$$

式中　W_W——危险断面的抗弯截面系数（m^3）；

　　　W_n——危险断面的抗扭截面系数（m^3）；

　　　l——危险断面距球头销中心的轴向距离（m），如图 7-21 所示；

e——危险断面中心距球头销中心的高度差(m),如图7-21所示;
σ_T——材料的屈服极限(MPa);
n——安全系数,取1.7~2.4。

(二) 球销

由于转向轮的跳动、偏转和车体的变形,转向拉杆大都作空间运动,因此,转向传动机构的各组件间采用球销铰接。这种连接还能消除由于铰接处的表面磨损而产生的间隙。

球销可用渗碳钢 12CrNi3、15CrMo、20CrNi 或氰化钢 35Cr、35CrNi 制造。球销的损坏形式主要有球销的断裂与球头的磨损,因此所选定的球销应满足以下条件。

$$\frac{Fc}{W_b} \leq 300 \, (\text{MPa}) \tag{7-71}$$

$$\frac{F}{A} \leq (25 \sim 30) \, \text{MPa} \tag{7-72}$$

式中 F——作用在球头销上的力(N);
A——球头承载表面在通过球心并与力 F 相垂直的平面上的投影面积,m^2;
W_b——危险断面的抗弯截面系数(m^3);
c——球头悬臂部分的尺寸(m),如图7-21所示。

球头直径一般与转向轴的负荷有关,设计初期可按表7-1选择。

表7-1 球头直径选用范围

球头直径/mm	转向轮负荷/N
20	0~6000
22	6000~9000
25	9000~12500
27	12500~16000
30	16000~24000
35	24000~34000
40	34000~49000
45	49000~70000
50	70000~100000

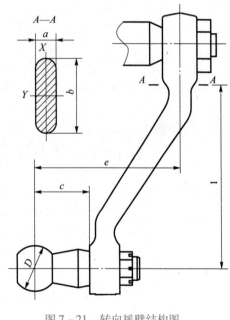

图7-21 转向摇臂结构图

(三) 转向拉杆

转向拉杆应有较小的质量及足够的强度和刚度。转向纵拉杆、横拉杆通常用20号、30号、40号钢的钢管制成。根据转向系统与其他系统部件的运动协调,拉杆的形状应符合布置要求。

1. 转向拉杆强度校核

转向横拉杆按受压和横向弯曲计算。若作用在横拉杆上的力为 u,则压应力

$$\sigma_c = \frac{u}{F_m} \leq [\sigma]_y \tag{7-73}$$

式中　$[\sigma]_y$——材料的抗压许用应力(MPa);
　　　F_m——拉杆的截面面积(m^2)。

2. 转向拉杆稳定性校核

拉杆在横向弯曲时的应力

$$\sigma_{cr} = \frac{\pi^2 EJ}{l_m^2 F_m} \qquad (7-74)$$

式中　J——拉杆平均截面的转动惯量,$kg \cdot m^2$;
　　　l_m——拉杆的长度(m);
　　　F_m——拉杆的断面面积(m^2);
　　　E——拉伸时的弹性模量(Pa)。

拉杆的工作稳定性安全系数

$$n = \frac{\sigma_{cr}}{\sigma_c} = \frac{\pi E^2 J}{ul_m^2} \geq n_{st} \qquad (7-75)$$

式中　n_{st}——拉杆的许用稳定安全系数,可在设计手册中查得。

转向纵拉杆也用上述公式计算。拉杆的工作稳定性安全系数最好不小于1.5~2.5。

第五节　电动助力转向技术介绍

电动助力转向系统(Electric Power Steering System,EPS)是一种新型动力转向系统,是动力转向设计未来的发展方向,它可以避免目前普遍采用的液压动力转向系统(HPS)在系统布置、安装、密封性、操纵灵敏度、能量消耗、磨损与噪声等方面的固有缺陷。

电动助力转向系统完全取消了液压动力转向系统的液压组件,整个系统由方向盘转矩传感器、车速传感器、控制器、助力电机及其减速机构等组成。其基本工作原理是:驾驶员转动方向盘时,转矩传感器检测方向盘上的转矩大小和方向,控制器根据方向盘转矩的大小进行助力控制。转矩越大,助力电机提供的助力转矩也越大,从而解决了转向轻便性的问题。同时,控制器根据车速的高低来控制路感。车速升高时,控制助力适当减少,从而保证了高速转向时驾驶员有合适的路感,提高了驾驶的安全性和稳定性。为综合改善转向系统的性能,有的电动助力转向系统还进行阻尼控制和回正控制。典型的轿车用电动助力转向系统组成如图7-22所示。

与液压动力转向系统相比,电动助力转向系统(以下简称EPS)具有以下优点:

(1)可改善车辆的转向特性,能在各种行驶工况下提供最佳助力,获得优化的助力特性,减轻车辆低速行驶时的转向操纵力,提高车辆高速行驶时的转向稳定性,进而提高车辆的主动安全性;

(2)EPS助力特性通过设置不同的转向手力特性来满足不同使用对象的需要,可以快速与车型匹配;

(3)EPS只在转向时由电机提供助力,可减少能量消耗,节能可达3%~5%;

(4)结构紧凑,便于模块化安装;

(5)对环境无污染;

(6)电机由蓄电池供电,能否助力与车辆是否起动无关,即使在车辆停车或出现故障

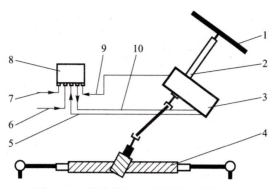

图7-22 轿车用电动助力转向系统组成

1—方向盘;2—转向轴;3—助力电机及减速机构;4—齿轮齿条转向器;
5—电流信号;6—车速信号;7—蓄电池;8—控制器;9—转矩信号;10—控制电压。

时也能提供助力;

(7)低温工作性能好。

EPS技术根据车辆前轴载荷的大小、转向器的选型不同,分为齿轮齿条式EPS技术和循环球式EPS技术。

目前齿轮齿条式EPS技术已在国内外得到迅速发展,多用于转向载荷≤1t的轿车。轮式装甲车(转向载荷≥2t)多采用循环球式EPS技术,该技术在控制策略、部件特性及选型等方面与齿轮齿条式EPS技术存在较大差别。

循环球式EPS系统的组成如图7-23所示,它主要包括方向盘、转向柱、循环球式机械转向器、助力电机及减速机构、电控单元(ECU)等。

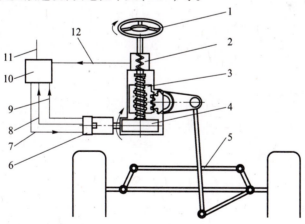

图7-23 循环球式EPS系统组成

1—方向盘;2—转角转矩传感器;3—循环球式机械转向器;4—减速机构;5—转向杆系;
6—助力电机;7—控制电压信号;8—电机电流信号;9—电机电压信号;10—控制器;
11—车速信号;12—转矩信号。

一、助力位置的选择

助力位置是指助力电机输出的助力转矩施加在转向系统中的具体位置。助力位置的选择对电动助力转向系统的性能有重大影响。助力位置的选择要考虑前轴负荷大小、助力位置对电机设计的要求、机械系统设计的难易程度、电机转矩波动对驾驶员的影响、安装的方便性等诸多因素,并应对其进行综合权衡。

(一) 对于齿轮齿条式 EPS

齿轮齿条式 EPS 根据助力位置的不同,可分为 3 种结构形式:转向管柱助力式、齿轮助力式、齿条助力式。

转向管柱助力式是将电机布置在转向管柱上,安装在驾驶室内。由于驾驶室工作环境较好,对电机的密封要求低,但要求电机的噪声要小。由于助力转矩通过转向管柱传递,因此要求转向管柱有较大的刚度和强度。电机的减速机构传动比较小,这种助力方式适合用于前轴负荷较小的微型轿车。

齿轮助力式是将电机布置在转向器小齿轮处,电机往往安装在发动机舱内。由于发动机舱工作环境较差,对电机的密封要求较高。电机的减速机构传动比较小,这种助力方式适合用于前轴负荷中等的轻型轿车。

齿条助力式是将电机布置在转向器齿条上,要求电机的减速机构具有较大传动比,减速机构体积相对较大;驾驶员具有良好的手感;电机也往往安装在发动机舱内,故对其密封要求较高。这种助力方式适合用于前轴负荷较大的高级轿车和货车。

(二) 对于循环球式 EPS

循环球式 EPS 采用循环球机械转向器,助力位置多布置在转向器螺杆上。转向器及电机减速机构可设计成一个整体,便于在整车上进行一体化安装。由于驾驶员的输入转矩和电机的助力转矩都通过转向螺杆传递,因此循环球转向器内部组件的结构强度需满足使用要求。这种助力方式适合用于前轴负荷中等的车辆上。

二、电机减速机构的类型选择

电机减速机构常用的类型有蜗轮蜗杆减速机构和行星齿轮减速机构。

蜗轮蜗杆减速机构结构简单,可获得较大的传动比,且传动平稳可靠,但蜗杆机构的加工工艺比较复杂,成本较高,并且传动效率不高,精度不高。为使驾驶员获得路面的路感,蜗轮蜗杆减速机构要设计成可逆传动。

行星齿轮减速机构相对紧凑,间隙小,精度较高,使用寿命较长,传动效率较高,为获得较大的传动比,需采用双排行星齿轮结构,行星齿轮结构本身可以实现可逆传动。在实现相同传动比的情况下,蜗轮蜗杆减速机构的尺寸比行星齿轮减速机构要小一些。

目前,EPS 转向器多采用蜗轮蜗杆减速机构。

三、循环球式 EPS 系统参数的匹配设计

(一) 循环球式机械转向器参数匹配

循环球式机械转向器内部结构如图 7-24 所示,其主要组件有转向器输入轴、转角转矩传感器、扭杆、蜗轮蜗杆减速机构、转向螺杆、循环球、转向螺母、齿扇摇臂轴等。

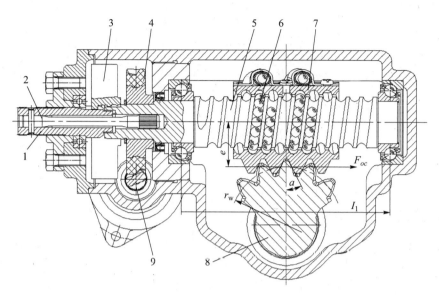

图 7-24 循环球式机械转向器结构示意图

1—输入轴；2—扭杆；3—转角转矩传感器；4—蜗轮；5—转向螺杆；6—循环球；
7—转向螺母；8—齿扇摇臂轴；9—蜗杆。

1. 转向器角传动比

转向器角传动比 i_ω 影响车辆的转向性能。转向器角传动比增大，转向轻便性变好，但转向灵敏性变差。轮式装甲车转向载荷较大，低速时转向角度大，转向阻力较大，绝大部分转向阻力要由 EPS 系统的助力电机来克服。因此，循环球式 EPS 的转向器传动比的选择应充分考虑转向轻便性的要求，适当取较大值，一般可在 20~25 之间选取。

$$i_\omega = \frac{360° n}{\beta} = \frac{2\pi r_w}{t} \tag{7-76}$$

式中　n——方向盘圈数；
　　　β——转向器摇臂轴转动角度范围(°)；
　　　r_w——齿扇的啮合半径(mm)；
　　　t——螺杆或螺母的螺距(mm)。

2. 转向器最大输出转矩

转向器的最大输出转矩反映了转向器克服转向阻力的能力。与液压助力转向器类似，EPS 转向器的最大输出力矩 T_{max} 应大于转向摇臂轴力矩 M'，即 $T_{max} > M'$。

3. 螺杆与螺母滚道参数计算

1) 钢球中心距 d_0

钢球中心距 d_0 是指钢球滚动时其中心所在的圆柱表面横截面圆的直径。如图 7-25 所示，它是一个基本尺寸参数，能够影响转向器的结构尺寸和强度。设计时可参考同类车进行初选，经强度验算后再进行修正。在保证强度的前提下应尽可能小。

$$d_0 = \frac{t}{\pi \tan\alpha_0} \tag{7-77}$$

式中　α_0——螺杆螺旋线导程角(°)。

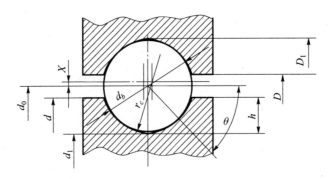

图 7-25 螺杆与螺母的螺旋滚道截面参数

2) 螺杆螺旋滚道的内径 d_1、外径 d，螺母尺寸小径 D_1、大径 D

在确定钢球中心距 d_0 后，螺杆螺旋滚道的内径 d_1、外径 d、螺母尺寸小径 D_1、大径 D 可由下式确定

$$d_1 = d_0 - 2(r_c - x) \tag{7-78}$$

$$d = d_1 + 2h \tag{7-79}$$

$$D_1 = d_0 + 2(r_c - x) \tag{7-80}$$

$$D = D_1 - 2h \tag{7-81}$$

式中 r_c——螺杆与螺母的滚道截面的圆弧半径(mm)；

x——滚道截面圆弧中心相对于钢球中心线的偏移距(mm)；

$$x = \left(r_c - \frac{d_b}{2}\right)\sin\theta \tag{7-82}$$

d_b——钢球直径(mm)；

θ——钢球与滚道的接触角(°)；

h——滚道截面的深度(mm)，$h = (0.30 \sim 0.35)d_b$；

接触角 θ 是指钢球与螺杆滚道接触点的正压力方向与螺杆滚道法面轴线间的夹角。增大 θ 将使径向力增大而轴向力减小；为使径向力与轴向力的分配均匀，通常 θ 取 45°。

4. 扭杆参数计算

扭杆两端作用扭矩 T 由下式确定：

$$T = \frac{\pi G d^4 \phi}{32000 l} \tag{7-83}$$

式中 G——扭杆材料剪切模量(N/mm)；

d——扭杆直径(mm)；

ϕ——扭杆两端相对转角(rad)；

l——扭杆长度(mm)。

扭杆剪切应力验算

$$\tau = \frac{16T}{\pi d^3} \leq [\tau] \tag{7-84}$$

式中 $[\tau]$——扭杆材料许用剪切应力(MPa)。

5. 螺杆在弯扭联合作用下的强度计算

螺杆处于复杂应力状态下,在其危险端面上作用着弯矩和扭矩,其弯矩 M 及扭矩 T 分别为

$$M = F_{oc}e + \frac{1}{4}F_{oc}l_1\tan\alpha \tag{7-85}$$

$$T = F_{oc}(d_0/2)\tan(\alpha_0 + \rho_k') \tag{7-86}$$

$$F_{oc} = \frac{M'}{r_w} \tag{7-87}$$

式中 F_{oc}——作用在齿条与齿扇齿上的力(N),如图 7-24;

M'——转向摇臂轴力矩(N·m);

e——齿条、齿扇啮合节点至螺杆中心的距离(m),如图 7-24;

l_1——螺杆两支承轴承间的距离(m),如图 7-24;

α——啮合角(°),如图 7-24;

r_w——齿扇的啮合半径(m),如图 7-24;

α_0——螺杆螺旋线导程角(°);

ρ_k'——换算摩擦角(°),$\rho_k' = \arctan(f(d_b\sin\theta))$;

f——滚动摩擦系数,$f = 0.008 \sim 0.010$;

θ——钢球与滚道的接触角(°),通常取 $\theta = 45°$。

螺杆的当量应力 σ 应满足

$$\sigma = \sqrt{\left[\left(\frac{M}{W_B}\right) + \left(\frac{F_{oc}}{A}\right)\right]^2 + 4\left(\frac{T}{W_T}\right)^2} \leqslant [\sigma] = \frac{\sigma_s}{3} \tag{7-88}$$

式中 W_B——螺杆按内径 d_1 计算的弯曲截面系数(m³);

A——螺杆按内径 d_1 计算的横截面积(m²);

W_T——螺杆按内径 d_1 计算的扭转截面系数(m³);

σ_s——螺杆材料的屈服极限(MPa);

$[\sigma]$——螺杆材料许用应力(MPa)。

(二)电机参数的选择

1. 电机最大输出转矩 T_{mmax} 计算

轮式装甲车在原地转向时转向阻力最大,此时需要的助力转矩也最大,以此工况计算助力电机的最大输出转矩:

$$T_{mmax} > \frac{M' - T_{dmax}i_\omega i_t \eta_\omega}{i_\omega i_m i_t \eta_\omega \eta_m} \tag{7-89}$$

式中 T_{mmax}——电机最大输出转矩(N·m);

M'——转向摇臂轴力矩(N·m);

T_{dmax}——方向盘最大转矩(N·m),一般取 10N·m;

i_ω——转向器角传动比;

i_t——从转向摇臂轴到转向轮主销间的角传动比(约为1);

i_m——电机减速机构传动比;

η_ω——循环球转向器正效率,$\eta_\omega = 0.75 \sim 0.80$;

η_m——电机减速机构效率。

2. 电机最大转速计算

电机的转速应随着驾驶员转动方向盘的速度变化而变化。当驾驶员以最快转速转动方向盘时,助力电机应能跟上该转速,电机最高转速应满足下式:

$$n_{\max} > n_{d\max} i_m \tag{7-90}$$

式中 $n_{\max}$——电机最大转速(r/min);

$n_{d\max}$——方向盘最大转速(r/min)。

3. 电机最大功率计算

电机的最大功率 $P_{\max}$ 按下式计算:

$$P_{\max} = \frac{T_{m\max} n_{d\max} i_m}{9550} \tag{7-91}$$

(三)助力特性的匹配设计

助力特性是指电机助力大小随车辆的运动状况(方向盘转矩和车速)变化而变化的规律。对于电动助力转向系统,由于助力转矩大小与直流电机电流成正比,故一般采用电机电流与方向盘转矩、车速的变化关系曲线来表示助力特性。

图 7-26 所示为常用的 3 种基本助力特性:直线型、折线型和曲线型。比较这 3 种助力特性曲线:直线型助力特性最简单,有利于控制系统设计,在实际中容易调整;曲线型助力特性复杂,调整不方便;折线型助力特性则介于前两者之间。由于直线型助力特性形式简单,且容易调节,因此被广泛采用。

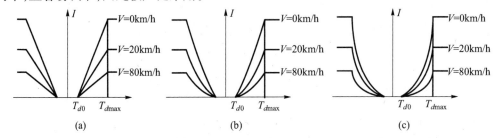

图 7-26 EPS 助力特性曲线

(a)直线型;(b)折线型;(c)曲线型。

直线型助力特性的表达式如下:

$$I = \begin{cases} 0 & 0 \leq T_d \leq T_{d0} \\ K(V)(T_d - T_{d0}) & T_{d0} \leq T_d \leq T_{d\max} \\ I_{\max} & T_d \geq T_{d\max} \end{cases} \tag{7-92}$$

式中 I——助力电流(A);

$K(V)$——车速系数(直线段斜率);

T_{d0}——开始助力时方向盘阈值转矩(N·m);

$T_{d\max}$——助力电机提供最大助力转矩时对应方向盘转矩(N·m);

$I_{\max}$——最大助力电流(A)。

1. 方向盘阈值转矩 T_{d0} 的确定

当方向盘转矩小于某一值(该值称为阈值转矩)时,不进行助力。阈值转矩不能过大或过小,否则方向盘转向沉重或过于灵敏。一般取 $T_{d0}=0.1\mathrm{N}\cdot\mathrm{m}$。

2. 最大助力转矩时对应方向盘转矩 $T_{d\max}$ 的确定

受驾驶员极限体力的限制,$T_{d\max}$ 一般不能过大,国家标准规定装有电动助力转向系统的车辆,方向盘的最大切向力不能大于 50N。另外还需要根据驾驶员对转向轻便性的要求,确定出合理的数值。

3. 最大助力电流 $I_{\max}$ 的确定

车辆原地转向时,转向阻力矩最大,一般根据该阻力矩确定电机最大助力电流 $I_{\max}$,最大助力电流按下式计算

$$I_{\max}=\frac{T_{m\max}}{K_i} \tag{7-93}$$

式中 K_i——电机转矩系数。

4. 车速系数的确定

根据上述3个参数可以制定出原地转向($V=0$km/h)时的助力特性曲线。车速升高时,为保证驾驶员有合适的路感,应使助力适当减少。因此,车速系数应该随着车速的增大而减少。

一般确定车速系数的方法是在助力车速范围内选几个特征车速,根据驾驶员对路感的要求,初步确定各特征车速的车速系数,其他车速下的车速系数根据相邻特征车速进行线性插值或拟合获得。当整个系统设计好后,在试验台或实车上进行各个特征车速的路感试验,并根据实际情况对特征车速的车速系数进行修正。

(四)传感器的匹配设计

传感器用来检测转向系统的工况信息,控制器根据这些信息,通过内部预先编制好的控制策略来决定控制行为。进行传感器匹配设计的首要任务是确定 EPS 系统的具体控制目标,然后根据具体控制目标决定配置所需要传感器的种类和数量。

一般情况下,EPS 系统要完成助力控制、路感控制,需要配置方向盘转角转矩传感器、车速传感器、电机电流传感器。控制器根据检测到的方向盘转矩进行转向轻便性的控制,根据车速信号调节助力的大小,实现对路感的控制,根据电流传感器的信号实现对目标电流的闭环控制。

为进一步完善电动助力转向系统的动态性能,还需要进行各种补偿控制,如惯性补偿控制、方向盘转速补偿控制和摩擦补偿控制等,这些控制都需要电机的角速度信号,为此需要增设电机角速度传感器,或者为减少成本,可以不增加电机角速度传感器,而是通过检测电机电压和电机电流信号实时估计电机的角速度来实现各种补偿控制。

第六节 多轮转向系统设计

轮式装甲车与民用车辆相比,具有质量大、惯性矩大、质心高、轴距大、轴数多等特点。因此在轮式装甲车上应采取后轮参与转向的形式,即应用多轮转向技术是提高车辆转向

特性的有效方法。

4×4轮式装甲车可采用四轮转向系统(4WS)。四轮转向是多轮转向技术应用在两轴车辆上的特例。这种后轮转向机构是通过机、电、液元件与前轮转向系统联系,并根据一定规律或策略随着前轮转向而转向。

在多轴轮式装甲车如8×8、10×10上应用多轮转向技术,可改善转向响应品质,增强转向系统的灵活性、适应能力,这已成为轮式装甲车转向系统设计的趋势。

一、几种多轮转向方案特性比较

轮式车辆的多轮转向可分为机械转向、电动转向、液压转向及电控液压转向等几种形式。

(一)机械转向

机械转向需在各轴增设垂臂,由纵拉杆带动各转向梯形,如图7-27所示。这种形式工作可靠,传动效率高,但布置起来较为复杂,占用空间大,不适于应用在多轴轮式装甲车中。

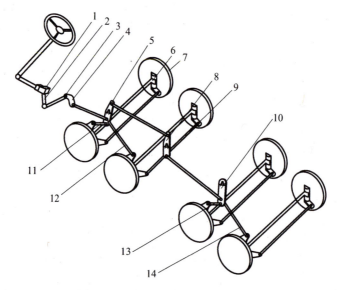

图7-27 机械式多轮转向结构简图

1—转向器;2—转向摇臂;3—转向传动杆;4—垂臂Ⅰ;5—垂臂Ⅱ;6—转向节;7—车轮;8—垂臂Ⅲ;9—转向横拉杆;10—垂臂Ⅳ;11—转向拉杆1;12—转向拉杆2;13—转向拉杆3;14—转向拉杆

(二)电动转向

图7-28为通用公司开发的四轮转向系统,该控制系统主要由以下几部分组成:可转向后轴;前轮转向角传感器;后轮转向角传感器;电控马达作动器;后轮转向控制模块;横摆角速度与侧向加速度传感器;模式选择开关。控制单元采集前、后转向角等各个传感器的信号,根据预定的控制策略驱动电控马达作动器,实现后轮转向角的主动控制。这种转向型式在轿车上应用较为普遍。而多轴轮式装甲车因承受载荷较大,电动机或电控马达作动器难以选型,且耗能较大,这种方案并不可取。

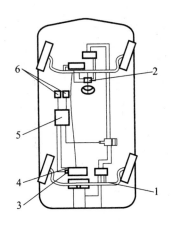

图 7-28 电动四轮转向系统
1—可转向后轴；2—前轮转向角传感器；3—后轮转向角传感器；4—控制电动机；
5—后轮转向控制模块；6—横摆角速度与侧向加速度传感器。

（三）液压转向

图 7-29 是一种应用在 10×10 车辆上的液压转向的液压系统布置图。双回路动力转向器提供一、二轴梯形机构的转向驱动力，第三轴不转向，动力缸Ⅰ、Ⅱ、Ⅲ和Ⅳ分别驱动四、五轴的梯形机构实现车轮转向，流量控制阀驱动联动缸保证一、二轴与四、五轴的转角关系，对中缸可实现四、五轴转向轮的回位和锁止。这种转向形式选用了普通液压阀控制普通油缸的动作，成本低，但管路布置比较复杂，动力缸的数目多且难以布置，需占用较大的车内空间。若在轮式装甲车上应用这种转向形式，还需进一步优化结构以节省空间。

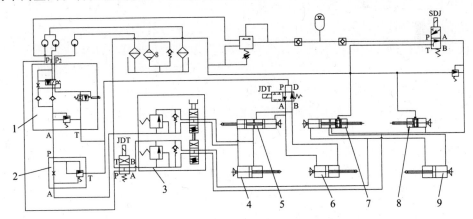

图 7-29 液压转向的液压系统简图
1—应急阀；2—流量控制阀；3—双回路动力转向器；4—动力缸Ⅰ；5—动力缸Ⅱ；
6—联动缸；7—动力缸Ⅲ；8—对中缸；9—动力缸Ⅳ。

（四）电控液压转向

图 7-30 是一种根据前轮转角—车速进行控制的四轮转向系统。从油泵出来的油液进入电磁伺服阀，由控制器控制油液流入后轮执行机构。根据方向盘转角传感器的信号由控制器转换为转向角速度及角加速度，对后轮的转向进行控制。电控液压转向适用于有动力转向的车辆，管路容易布置，且后轮的动力缸可提供较大的驱动力。

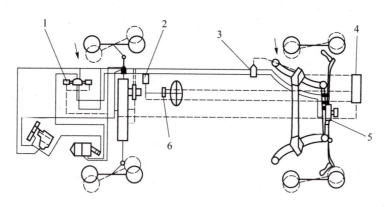

图 7-30　电控液压四轮转向系统

1—电磁阀；2—车速传感器；3—断流阀；4—控制器；5—动力缸；6—转角传感器。

二、多轮随动转向

多轮随动转向是指在车速限定范围内,后轮的偏转方向与前轮相反,即逆向转向;当车速超过限定值后,只有前转向轮由方向盘操纵实现机械转向,后轮闭锁,不参与转向。多轮随动转向的主要作用是当车辆低速拐弯或停车时,转弯半径变小,以此提高车辆的机动性,使停车更方便;当车辆高速行驶时仍维持原有的转向方式。该技术在较大程度上提高了多轴车辆低速时的转向机动性;而当车速超过限定值后,后轮闭锁,充分保证了车辆的高速安全性。

(一) 后轮随动转向车辆转向杆系设计

在后轮随动转向杆系的优化设计中,后随动转向轮与前机械转向轮的转角关系可分别依据瞬时转向中心所决定的理论关系来确定,车速的大小只起到决定后轮是否参与转向的作用。由于多种转向形式的存在,前机械转向轮的转向梯形在不同转向半径的要求下难以设计,不能同时满足多个转向技术指标的要求。且在后轮转向时,梯形机构不能保证所有转向轮均围绕一个瞬时转向中心转动,易造成转向阻力大、轮胎磨损较严重等问题。

考虑到转向形式的不同应用工况,多轴轮式装甲车在大多数情况下应用常规机械转向,后轮不转向;少数情况下应用后轮随动转向。所以梯形机构的设计应以实现常规转向方式为主。

(二) 后轮随动转向方案的实现方式

比较上述几种多轮转向方案,轮式装甲车后轮随动转向可采用两种实现方式。一是在原有的液压助力系统上增设液压执行装置来驱动后轮偏转,即为前轮机械转向和液压控制后轮转向相结合;二是前轮采用液压助力机械转向,后轮采用电控驱动的循环球 EPS 转向器,实现后轮偏转和闭锁。

1. 液压控制后轮随动转向

以 8×8 为例,图 7-31 是液压驱动后轮随动转向方案示意图。方向盘操纵一、二轴机械转向,在一、二、三、四轴转向杆系处分别布置联动缸,前后联动缸的油路为封闭回路,应用静压传递原理,前轴联动缸的运动导致封闭回路中油液体积变化,引起后轴联动缸的油液体积变化,从而推动后轴联动缸活塞杆的运动。并可利用前后联动缸的活塞面积比,得出前后联动缸活塞杆的运动位移的比例关系,以实现前后轮的转角比例关系。用定传动比来近似表征各轴转向轮间的转角传递关系。

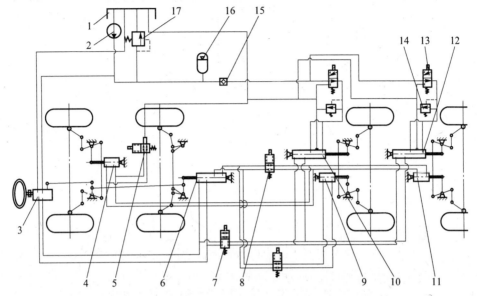

图 7-31 8×8 液压驱动后轮随动转向方案示意图

1—油箱;2—转向泵;3—动力转向器;4—联动缸Ⅰ;5—二位四通电磁换向阀;6—助力联动缸Ⅱ;7—二位四通电磁换向阀;8—二位四通电磁换向阀;9—联动缸Ⅲ;10—助力对中缸Ⅰ;11—联动缸Ⅳ;12—助力对中缸Ⅱ;13—二位三通电磁换向阀;14—溢流阀;15—单向阀;16—蓄能器;17—溢流阀。

一、二、四轴转向:在速度限定范围之内,驾驶员启动第四轴转向的开关,控制各路电磁换向阀的通断电。由方向盘操纵前两轴杆系的运动带动助力联动缸的运动,实现第四轴的转角传递。助力对中缸Ⅱ与动力转向器外接助力缸的油口相连,可为第四轴转向提供助力;实现低速时一、二、四轴转向。

一、二、三、四轴全轮转向:在速度限定范围之内,驾驶员启动全轮转向的开关,第三、四轴的助力对中缸均与动力转向器外接助力缸的油口相连,为第三、四轴转向提供助力;助力对中缸的对中腔均能卸压,对第三、四轴的运动不会产生阻力,可完成低速时全轮转向。

一、二轴机械转向:驾驶员关闭第四轴转向和全轮转向的开关,三、四轴车轮在对中缸的作用下回位闭锁,实现一、二轴机械转向,并确保车辆高速行驶时的稳定性和安全性。

安全保护措施:即使在整车电气系统发生故障,意外断电时,电磁阀断电,第三、四轴车轮依然回位闭锁,只有前两轴实现机械转向,充分保障了系统安全性。

该方案的液压装置由普通电磁阀和液压缸构成,其开关量可控,操作简单,可靠性高,成本较低,易于实现工程化。可根据整车的具体指标要求简化动力缸的数量,优化液压管路布置。

2. 电控驱动后轮随动转向

图 7-32 是电控驱动后轮随动转向方案示意图。这种电控驱动方式更适合于混合动力驱动的多种轮式装甲车。

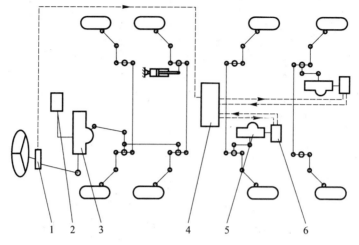

图 7-32　8×8 电控驱动后轮随动转向方案示意图

1—转角转矩传感器；2—转向泵；3—液压动力转向器；4—后轮转向核心控制器；
5—循环球 EPS 转向器；6—EPS 控制器。

　　以 8×8 为例，一、二轴采用液压助力机械转向，能够满足通常情况下车辆行驶时的转向需求；三、四轴分别安装两套循环球 EPS 转向器，可实现轴转向功能。后轮转向系统以方向盘转角转矩传感器信号、车速信号及转向形式标识符为系统输入，系统上电后，驾驶员通过功能按钮选择"开启"或"关闭"后轮转向系统，当驾驶员开启后轮转向模式时，后轮转向核心控制器采集方向盘转角与车速信号，通过全轮转向系统车轮转角解析算法计算出后四轮目标转角，并将各目标转角发送至三、四轴 EPS 控制器，以驱动 EPS 转向器完成目标转角的执行，实现后轮转向功能。EPS 转向器通过其内置转角传感器将执行情况返回至后轮转向核心控制器。

　　当驾驶员关闭后轮转向系统时，后两轴转向轮回中位，后两轴 EPS 控制器处于待机状态，此时控制系统向 EPS 控制器实时发送 0° 目标转角指令，维持电动转向轮的中位控制，通过对后两轴 EPS 控制器最大位置误差的校核，满足不同路面的中位稳定性控制需求，使后两轴各车轮保持中位稳定。

　　全轮转向转角解析：在实时车速下，采集方向盘转动角度，将其按算法解析为一轴等效转向角，再将一轴等效转向角按算法解析为后两轴各车轮的目标转向角。

　　安全转向角判定：根据实时车速，按算法判断当前方向盘转向角是否合理（是否达到车辆侧滑或侧翻的临界状态），符合要求则将四轮目标转向角下发，否则报送故障主动控制函数。

　　故障主动控制：根据不同故障码，采取不同的处理方式以保证车辆安全性，对于不会影响车辆行驶安全性的系统故障（软故障如过载、位置超差等）进行屏蔽或自行重启并校准；对于可能影响行驶安全的故障（如电动转向器转角传感器、电机编码器、电源系统、通讯模块等硬件故障，安全转向角不符合，转向角位置不闭环等致命故障），系统必须进行下电处理，同时上报整车控制器"严重故障"状态（影响车辆行驶安全的最高等级故障），迅速降低车速，在保证行驶安全性的情况下进行紧急制动。

第八章 制动系统设计

第一节 概 述

一、制动系统的功能及分类[22]

制动系统是车辆的一个重要组成部分。制动系统的基本功能是使车辆以适当的减速度降速行驶直至停车,使车辆在下坡行驶时保持适当的稳定车速以及在驾驶员离车的情况下使车辆可靠地停在原地或坡道上。根据使用功能划分,制动系统可分为行车制动系统、驻车制动系统、应急制动系统以及辅助制动系统。

(一)行车制动系统

行车制动系统用于使行驶中的车辆强制减速,直至停车,或车辆在下坡时保持适当的稳定车速。它是在车辆行驶过程中经常使用的系统。

不论车速高低、载荷大小、上坡还是下坡,行车制动系统必须能控制车辆的行驶速度,并且能使车辆安全、迅速、有效地停止。行车制动系统的制动作用必须是可控制的,必须保证驾驶员在其座位上无需双手离开方向盘,就能实施制动作用。行车制动系统必须能实现渐进制动。制动力矩和制动力的大小可以在驾驶员的控制下,在一定范围内逐渐变化的制动称为渐进制动。

(二)驻车制动系统

驻车制动系统是使车辆可靠而稳定地驻留原地不动的一套装置。驻车制动系统必须能使其工作部件靠纯机械装置锁住,即使在没有驾驶员的情况下,车辆也能停在坡道上(上坡或下坡)。

(三)应急制动系统

应急制动系统用于当行车制动系统发生故障而失效时,在适当的距离之内将车辆停住。其制动作用必须是可控的,必须保证驾驶员在其座位上,在至少有一只手握住方向盘的情况下,就能实施控制作业。应急制动系统不必是独立的制动系统,行车制动系统或驻车制动系统的某些制动器部件也可兼作应急制动装置,其制动作用必须是渐进的。

(四)辅助制动系统

辅助制动系统用在山区行驶的车辆上,为了减轻或解除行车制动器的负荷,常利用发动机排气制动等辅助制动装置,使车辆下长坡时能长时间持续地减低或保持稳定车速。

二、车辆制动系统应满足的要求

(1) 工作可靠。行车制动驱动机构应有两套独立的管路,当其中一套失效时,另一套应保证车辆制动效能不低于正常值的30%;行车制动和驻车制动可共用制动器,但各自制动驱动机构应相互独立,而且驻车制动装置应采用机械式驱动机构。

(2) 具有足够的制动效能。行车制动效能由制动减速度和制动距离两项指标评定。驻车制动效能由车辆在良好路面上能可靠停驻的最大坡度评定,不做特殊说明时,它一般等同于战术技术性能指标中的最大爬坡度。

(3) 制动效能的恒定性。在高速或下长坡连续制动时,或制动器摩擦副浸水后,仍保持有足够的制动效能。

(4) 制动时车辆的操纵稳定性好。在任何速度下制动时车辆都不应丧失操纵和方向稳定性。

(5) 操纵轻便。踏板行程:轻型车不大于150mm,中重型车不大于170mm;制动手柄行程不大于160~200mm。制动的最大踏板力一般为500~700N。设计时,紧急制动(约占制动总次数的5%~10%)时的踏板力一般为350~550N。采用伺服制动或动力制动装置时取其小值。应急制动手柄拉力不大于400~500N;驻车制动手柄拉力应不大于500N(轻型车)~700N(中、重型车)。

(6) 作用滞后的时间要尽可能短(滞后时间包括产生制动和解除制动的滞后时间)。

(7) 制动时不应产生振动和噪声。

(8) 制动系统中应有警报装置。当制动系统产生故障和功能失效时及时报警显示。

第二节 制动动力学基础[27]

制动动力学指的是制动的物理过程和针对制动系统设计的计算与描述,它主要研究车辆各轴上的制动力,在保证制动稳定性的前提下确保车辆在各种配置和载荷状态下减速度最佳化。

一、制动过程动力学

车辆制动过程动力学研究的是地面制动力、制动器制动力、附着力与踏板力的关系。图8-1表示在良好硬路面上制动时车轮的受力情况,图中滚动阻力矩和减速时的惯性力、惯性力矩均忽略不计。M_μ是车轮制动器的摩擦力矩,X_b为地面制动力,W为车轮的垂直载荷,Z为地面对车轮的法向反作用力,r为车轮半径。显然,车轮抱死时由力矩平衡得到

$$X_b = \frac{M_\mu}{r} \quad (8-1)$$

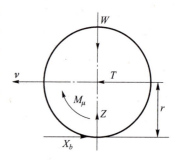

图8-1 制动车轮受力简图

地面制动力是使车辆制动而减速行驶的外力。地面制动力取决于制动器内部的摩擦力,其极限值受到轮胎与地面之间附着力的限制。

制动器制动力:在轮胎周缘克服制动器摩擦力矩所需的力称为制动器制动力 F_μ,以下式表示:

$$F_\mu = \frac{M_\mu}{r} \tag{8-2}$$

由上式可知,制动器制动力仅由制动器结构参数所决定,即取决于制动器的型式、结构尺寸、制动器摩擦副的摩擦系数以及车轮半径。一般其数值大小与制动踏板力成正比,即与制动系统的液压或空气压力成正比。

地面制动力、制动器制动力及附着力之间有如下关系。

若只考虑车轮的运动为滚动与抱死两种状况,当刚开始制动时,制动器摩擦力矩不大,地面与轮胎之间的摩擦力即地面制动力,足以克服制动器摩擦力矩而使车轮滚动。显然,车轮滚动时的地面制动力并不等于制动器制动力。地面制动力是滑动摩擦的约束反力,它的值不会超过附着力,即

$$X_b \leqslant F_\varphi = Z\varphi \text{ 或 } X_{b\max} = Z\varphi \tag{8-3}$$

式中 F_φ ——车轮与地面的附着力;
  φ——车轮与地面的附着系数;
  Z——地面对车轮的法向反力。

由图 8-2 可知,在实际制动过程中,制动器制动力 F_μ 的增长始终大于地面制动力 X_b,假定制动过程中 φ 为一常数,当制动器踏板力 F_p 或制动系液压 p 上升到某一值(图 8-2 中制动系压力为 p_a)、地面制动力 X_b 达到附着力 F_φ 值时,车轮即抱死不转而出现拖滑现象。$p > p_a$ 时,制动器制动力 p_a 由于制动器摩擦力矩的增长仍大于地面制动力。但是,若作用在车轮上的法向载荷为常值,地面制动力 X_b 达到附着力 X_b 后就不再增加了,制动器制动力 X_b 也将最终等于附着力。由此可见,车辆的地面制动力首先取决于制动器制动力,但同时又受地面附着条件的限制。

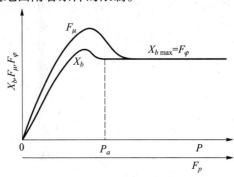

图 8-2 地面制动力 X_b、制动器制动力 X_b 及附着力 X_b 的关系

二、车辆制动力的轴间分配

为了提高制动力利用率和获得良好的制动稳定性,必须研究车辆各轴间制动力的合

理分配。众所周知,由于车辆惯性力,在制动过程中作用在车辆轴间的载荷将重新分配,对双轴车辆来讲,前轴载荷增加,后轴载荷减少。因此,制动时作用在前、后轴上的法向反作用力与静止状态时不同,如图 8-3 所示。

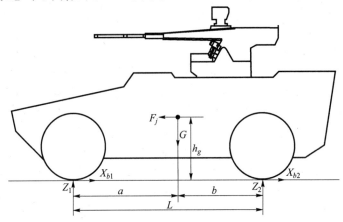

图 8-3　制动时车辆受力简图

图中忽略了滚动阻力矩、空气阻力和旋转质量惯性力矩的影响。对前、后轮接地点取矩可得

$$\left.\begin{array}{l} Z_1 = \dfrac{Gb + F_j h_g}{L} \\ Z_2 = \dfrac{Ga - F_j h_g}{L} \end{array}\right\} \quad (8-4)$$

式中　Z_1、Z_2——地面对车辆前、后轮的法向反作用力;
　　　a、b——车辆质心至前、后轴线的距离;
　　　L——车辆轴距;
　　　G——车辆总重;
　　　F_j——车辆的惯性力;
　　　h_g——车辆的质心高。

车辆地面制动力为前、后轴地面制动力之和,而且与车辆的惯性力平衡,即

$$X_b = X_{b1} + X_{b2} = F_j = \frac{G}{g} \cdot \frac{dv}{dt} \quad (8-5)$$

故,式(8-4)可改写为

$$\left.\begin{array}{l} Z_1 = \dfrac{G}{L}\left(b + \dfrac{h_g}{g} \cdot \dfrac{dv}{dt}\right) \\ Z_2 = \dfrac{G}{L}\left(a - \dfrac{h_g}{g} \cdot \dfrac{dv}{dt}\right) \end{array}\right\} \quad (8-6)$$

令 $q = (dv/dt)/g$,q 称为制动强度,则式(8-4)又可写为

$$\left.\begin{array}{l} Z_1 = \dfrac{G}{L}(b + q h_g) \\ Z_2 = \dfrac{G}{L}(a - q h_g) \end{array}\right\} \quad (8-7)$$

若在附着系数为 φ 的路面上制动,前、后轮都抱死,则车辆总的地面制动力等于车辆前、后轴附着力之和,车辆的惯性力等于其总的附着力,即有

$$F_j = X_b = X_{b1} + X_{b2} = \varphi G \tag{8-8}$$

将式(8-9)带入式(8-7)得

$$\left.\begin{aligned} Z_1 &= \frac{G}{L}(b + \varphi h_g) \\ Z_2 &= \frac{G}{L}(a - \varphi h_g) \end{aligned}\right\} \tag{8-9}$$

由式(8-4)、式(8-7),可求得车辆前、后车轮附着力为

$$\left.\begin{aligned} X_{\varphi 1} &= \left(G\frac{b}{L} + X_b \frac{h_g}{L}\right)\varphi = \frac{G}{L}(b + qh_g)\varphi \\ X_{\varphi 2} &= \left(G\frac{a}{L} - X_b \frac{h_g}{L}\right)\varphi = \frac{G}{L}(a - qh_g)\varphi \end{aligned}\right\} \tag{8-10}$$

由式(8-10)可知,当车辆在具有任一附着系数的道路上制动时,各轴车轮附着力是制动强度 q 或总制动力 X_b 的函数。若车轮制动器的制动力足够,则车辆在制动过程中可能出现后轮先抱死拖滑,然后前轮再抱死拖滑或前轮先抱死拖滑,然后后轮再抱死拖滑或前、后轮同时抱死拖滑等现象。

三、理想的制动力分配特性

如果车辆在各种不同附着系数的路面上紧急制动时,前、后车轮均能同时抱死,则该车辆在任何路面上,前、后轮制动器都具有理想的制动力分配,都能获得最大制动力和良好的制动稳定性。

车辆在各种道路上制动,前、后轮同时抱死的条件为

$$\left.\begin{aligned} F_{\mu 1} &= \varphi Z_1 \\ F_{\mu 2} &= \varphi Z_2 \\ F_{\mu 1} + F_{\mu 2} &= \varphi G \end{aligned}\right\} \tag{8-11}$$

或

$$\left.\begin{aligned} F_{\mu 1} + F_{\mu 2} &= \varphi G \\ \frac{F_{\mu 1}}{F_{\mu 2}} &= \frac{Z_1}{Z_2} \end{aligned}\right\} \tag{8-12}$$

将式(8-9)代入式(8-12),则得

$$\left.\begin{aligned} F_{\mu 1} + F_{\mu 2} &= \varphi G \\ \frac{F_{\mu 1}}{F_{\mu 2}} &= \frac{b + \varphi h_g}{a - \varphi h_g} \end{aligned}\right\} \tag{8-13}$$

消去变量 φ,得

$$F_{u2} = \frac{1}{2}\left[\frac{G}{h_g}\sqrt{b^2 + \frac{4h_g L}{G}F_{u1}} - \left(\frac{Gb}{h_g} + 2F_{u1}\right)\right] \quad (8-14)$$

由式(8-14)画成的曲线,即为前、后车轮同时抱死时前、后轮制动器制动力的关系曲线——理想的前、后轮制动器制动力分配曲线,简称 I 曲线。

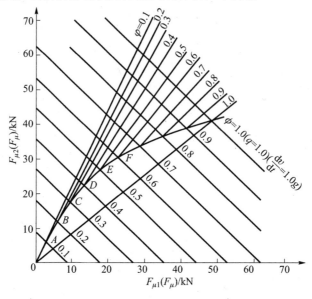

图 8-4　理想制动力分配曲线(I 曲线)

也可用作图法直接求得 I 曲线。给出不同 φ 值($\varphi = 0.1, 0.2, 0.3, \cdots$)按式(8-13)的第一式,在以 $F_{\mu 1}$ 为横轴和 $F_{\mu 2}$ 为纵轴的坐标内作出一组与坐标轴成 $45°$ 的平行线组,即"等制动减速度(等地面制动力)"线组,如图 8-4 所示。每根 $45°$ 线上的任意点的横坐标和纵坐标读数之和为常数 φG。对于不同的 φG 值按式(8-13)第二式画出一组通过坐标原点且具有不同斜率的射线束。将两组直线对应不同值的交点 A、B、C、$\cdots$ 连接起来,即得理想的前、后轮制动器制动力分配曲线,即 I 曲线。

I 曲线也就是前、后轮滑移的分界线。这是因为当车辆前轮先抱死滑移时,即 $X_{b1} = Z_1 \varphi$,$X_{b2} < F_{\varphi 2}$。

$$X_{b1} = \varphi\left(\frac{Gb}{L} + \frac{X_b h_g}{L}\right) \quad (8-15)$$

因为 $X_b = X_{b1} + X_{b2}$,代入式(8-15)经整理可得出前轮抱死时,前、后轮地面制动力的关系式为

$$X_{b2} = \frac{L - \varphi h_g}{\varphi h_g}X_{b1} - \frac{Gb}{h_g} \quad (8-16)$$

式(8-16)为一组直线方程,纵截距为 $\left(-\dfrac{Gb}{h_g}\right)$。当 $X_{b2} = 0$ 时,由上式可得 $X_{b1} = \dfrac{\phi Gb}{L - \phi h_g}$,代入不同 φ 值后,得出 f 线组与横坐标轴的交点 a、b、c、$\cdots$。由该截距点$(0, -G/h_g)$向横坐标的交点 a、b、c、$\cdots$ 连线,则得一组 f 线组,如图 8-5 所示。

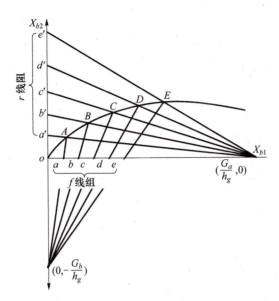

图 8-5 前轮和后轮滑移界限

同理,当后轮先抱死滑移时,前、后轮地面制动力的关系式为

$$X_{b2} = \frac{-\varphi h_g}{L + \phi h_g} X_{b1} + \frac{\varphi Ga}{L + \phi h_g} \qquad (8-17)$$

由式(8-17)可知,斜率为负值,横截距为 $\left(\dfrac{Ga}{h_g}\right)$,当 $X_{b1}=0$,由上式求出 $X_{b2}=\dfrac{\varphi Ga}{L+\varphi h_g}$,代入不同 φ 值后,得出 r 线组与纵坐标轴的交点 a'、b'、c'、…。该截距点向纵坐标轴交点 a'、b'、c'、…连线,则得出 r 线组。图 8-5 中相应不同 φ 值的 f 线与 r 线的交点 A、B、C、…,表示对应不同 φ 值的前、后轮处于同时抱死状态。即

$$\left.\begin{array}{l} X_{b1} = Z_1 \varphi \\ X_{b2} = Z_2 \varphi \\ X_b = X_{b1} + X_{b2} \end{array}\right\} \qquad (8-18)$$

这些交点连成的曲线也就是前面讨论过的 I 曲线,而且它还是前、后轮滑移的分界线。I 线的上方为车辆后轮先抱死滑移制动区;I 线的下方为车辆前轮先抱死滑移制动区。可见,理想制动力分配线 I 为车辆制动的稳定工况和非稳定工况的区域界线。

四、制动器制动力分配系数与同步附着系数的选择

车辆前、后制动器制动力分配是车辆制动系统的重要参数,通常用制动器制动力分配系数 β 表示。β 为车辆前轴制动器制动力 $F_{\mu1}$ 与车辆制动器总制动力 F_μ 之比。即

$$\beta = \frac{F_{\mu1}}{F_\mu} \qquad (8-19)$$

显然,后轴制动器制动力与总制动力之比为

$$\frac{F_{\mu 2}}{F_{\mu}} = 1 - \beta \tag{8-20}$$

则前、后制动器制动力的分配比为

$$\frac{F_{\mu 1}}{F_{\mu 2}} = \frac{\beta}{1-\beta} \text{ 或 } F_{\mu 2} = \frac{1-\beta}{\beta} F_{\mu 1} \tag{8-21}$$

上述方程为一条通过坐标原点的直线,且其斜率为

$$\tan\theta = \frac{1-\beta}{\beta}$$

这条直线称为实际前、后制动器制动力分配线,简称为 β 线,其值为一个固定值。通常称 β 线与 I 线交点处的附着系数为同步附着系数 φ_0。如图 8-6 所示,$\varphi_0 = 0.43$。对于前、后制动器制动力分配为固定比值的车辆,只有在同步附着系数 φ_0 的一种道路上制动时,前、后车轮才能同时抱死。

当车辆在同步附着系数为 φ_0 的路面上制动时,此时前、后轮同时抱死拖滑,则有 $F_{\mu 1} = X_{b1} = Z_1\varphi_0$,$F_{\mu 2} = X_{b2} = Z_2\varphi_0$。将式(8-9)代入式(8-21)可得

$$\frac{\beta}{1-\beta} = \frac{b + \varphi_0 h_g}{a - \varphi_0 h_g} \tag{8-22}$$

整理后得

$$\varphi_0 = \frac{L\beta - b}{h_g} \tag{8-23}$$

或

$$\beta = \frac{\varphi_0 h_g + b}{L} \tag{8-24}$$

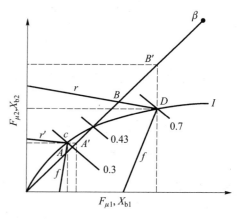

图 8-6 不同路面上车辆制动过程分析图

式(8-24)说明,确定了制动器制动力分配系数,亦就确定了同步附着系数,反之亦然。

图 8-6 所示为一双轴车辆的 β 线、I 线、f 线和 r 线组。设该车辆的同步附着系数 $\varphi_0 = 0.43$。利用该图可分析出车辆在不同 φ 值路面上的制动过程。假若该车在 $\varphi < \varphi_0$ 的地面上行驶,例如 $\varphi = 0.3$,制动开始时随踏板力的增加,前、后制动器制动力 $F_{\mu 1}$、$F_{\mu 2}$ 沿 β 线上升。此时因前、后轮均未抱死,故地面制动力 X_{b1}、X_{b2} 也按 β 线上升。到 A 点时,β 线与 $\varphi = 0.3$ 的 f 线相交,前轮开始抱死滑移。驾驶员继续增加踏板力时,X_{b1}、X_{b2} 将沿 f 线变化,前轮的地面制动力 X_{b1} 将不再等于前轮制动器制动力 $F_{\mu 1}$。这时,因制动强度的增加使得前轴法向反作用力增加,进而使地面制动力沿 f 线稍有增加。但因后轮尚未抱死,所以当踏板力增大,$F_{\mu 1}$、$F_{\mu 2}$ 沿 β 线上升时,X_{b2} 继续等于 $F_{\mu 2}$。当 $F_{\mu 1}$、$F_{\mu 2}$ 增至 A' 点时,f 线与 I 线在 C 点相交,X_{b2} 达到后轮抱死时的地面制动力(即后轮的附着力)。这时前、后轮均抱死滑移,车辆获得最大减速度。

在 $\varphi = 0.7$ 的路面时,$\varphi > \varphi_0$。随踏板力的增加,前、后制动器制动力 $F_{\mu 1}$、$F_{\mu 2}$ 按 β 线上升。在制动的第一阶段,因前、后轮均未抱死,故地面制动力 X_{b1}、X_{b2} 也按 β 线上升。到达

B 点时,β 线与 $\varphi = 0.7$ 的 r 线相交,后轮开始抱死滑移。若继续增加踏板力,X_{b1}、X_{b2} 将沿 r 线变化,后轮的地面制动力 X_{b2} 不再等于后轮的制动器制动力 $F_{\mu 2}$。这时,因制动强度的增加使得后轮地面法向反作用力减少,进而引起后轮地面制动力下降。但因前轮尚未抱死,所以当踏板力增大,$F_{\mu 1}$、$F_{\mu 2}$ 沿 β 线上升时,X_{b1} 继续等于 $F_{\mu 1}$。当 $F_{\mu 1}$、$F_{\mu 2}$ 至 B' 点时,r 线与 I 线在 D 点相交,X_{b1} 达到前轮抱死时的地面制动力,前、后轮都抱死,车辆获得最大减速度。

由该图看出,只有在附着系数等于同步附着系数($\varphi = \varphi_0 = 0.43$)的路面上制动时,前、后轮才会同时制动抱死。当车辆在不同 φ 值的路面上制动时,可能有以下 3 种工况:

(1) 当 $\varphi < \varphi_0$ 时,β 线位于 I 曲线的下方,车辆制动时总是前轮首先抱死滑移,此时作为转向力的地面横向反作用力不可能产生,因此丧失了转向能力。但执行制动的稳定性还是好的。

(2) 当 $\varphi > \varphi_0$ 时,β 线位于 I 曲线的上方,总是后轮首先抱死,此时后轴丧失横向附着能力,极易发生后轴侧滑,使车辆丧失方向稳定性。

(3) 当 $\varphi = \varphi_0$ 时,总是前、后轮同时抱死,这是一种稳定工况,但也丧失了转向能力。此时车轮制动器制动力之和等于车辆最大总制动力,则式(8-5)可写为:

$$F_{\mu 1} + F_{\mu 2} = X_{b1} + X_{b2} = X_b = \varphi_0 G = \frac{G}{g} \cdot \frac{\mathrm{d}v}{\mathrm{d}t}$$

因制动强度为 $q = (\mathrm{d}v/\mathrm{d}t)/g$,$\mathrm{d}v/\mathrm{d}t = qg = \varphi_0 g$,则车辆在同步附着系数的路面上制动时制动强度为 $q = \varphi_0$。也就是说,附着条件得到了充分利用。而在其他附着系数路面上制动时达到前轮或后轮即将抱死的制动强度为 $q < \varphi$。附着条件的利用情况可用附着系数利用率 ε(或称附着力利用率)来表示,ε 定义为

$$\varepsilon = \frac{X_b}{G\varphi} = \frac{q}{\varphi} \qquad (8-25)$$

当车辆在同步附着系数 $\varphi = \varphi_0$ 的路面上制动时,$q = \varphi_0$,$\varepsilon = 1$,附着系数利用率最高。

由上述可知,选择同步附着系数、制动力分配系数是车辆制动系统设计的重要问题。随着道路条件的改善,行车速度的提高,车辆制动时后轮先抱死,不仅会引起侧滑甩尾,甚至发生调头而丧失操纵稳定性,后果极为严重,故一般选择较大的同步附着系数。联合国欧洲经济委员会(ECE)的制动法规及我国制动法规(GB12676)均规定,在各种载荷下,车辆在 $0.15 \leq q \leq 0.3$ 的范围内,前轮都必须抱死;在车轮尚未抱死的情况下,在 $0.2 \leq q \leq 0.8$ 的范围内,必须满足 $q \geq 0.1 + 0.85(\varphi - 0.2)$。

五、制动强度和附着系数利用率

根据选定的同步附着系数 φ_0,按式(8-9)和式(8-21)可求得

$$\beta = \frac{b + \varphi_0 h_g}{L} \qquad (8-26)$$

$$1 - \beta = \frac{a - \varphi_0 h_g}{L} \qquad (8-27)$$

并由此可得

$$X_{b1} = X_b \beta = Gq\beta = \frac{G}{L}(b + \varphi_0 h_g)q \qquad (8-28)$$

$$X_{b2} = X_b(1-\beta) = Gq(1-\beta) = \frac{G}{L}(a - \varphi_0 h_g)q \qquad (8-29)$$

当 $\varphi < \varphi_0$ 时,能得到的最大总制动力取决于前轮首先抱死的条件,即 $X_{b1} = X_{\varphi 1}$。由式(8-28)和式(8-10)第一式比较可得

$$q = \frac{b\varphi}{b + (\varphi_0 - \varphi)h_g} \qquad (8-30)$$

而这时地面总制动力:

$$X_b = X_{b1} + X_{b2} = \frac{G}{g} \cdot \frac{dv}{dt} = Gq = \frac{Gb\varphi}{b + (\varphi_0 - \varphi)h_g} \qquad (8-31)$$

由式(8-25)可计算出这时的附着系数利用率为

$$\varepsilon = \frac{b}{b + (\varphi_0 - \varphi)h_g} \qquad (8-32)$$

当 $\varphi > \varphi_0$ 时,能得到的最大总制动力取决于后轮刚刚抱死的条件,即 $X_{b2} = X_{\varphi 2}$。由式(8-29)和式(8-10)第二式比较可求得在 $\varphi > \varphi_0$ 情况下制动强度 q、总制动力 X_b 和附着系数利用率 ε 分别为

$$q = \frac{a\phi}{a + (\phi - \phi_0)h_g} \qquad (8-33)$$

$$X_b = \frac{Ga\varphi}{a + (\varphi - \varphi_0)h_g} \qquad (8-34)$$

$$\varepsilon = \frac{a}{a + (\varphi_0 - \varphi)h_g} \qquad (8-35)$$

对于制动力分配系数 β 为定值的车辆,为了在车辆常遇到的附着系数范围内,其附着系数利用率不至于过低,总是选取同步附着系数 φ_0 小于可能遇到的最大附着系数。因此,车辆在 $\varphi > \varphi_0$ 的良好路面上紧急制动时总是后轮先抱死。

六、制动器最大制动力矩确定

为了保证车辆有良好的制动效能和稳定性,设计时应合理地确定前、后轴车轮制动器的制动力矩。

对于一般常在道路条件较差地段行驶,车速也较低的轮式装甲车,通常选取较低同步附着系数,这样可以使其在道路条件不好的情况下获得较好的稳定性和附着系数利用率。为了保证其在 $\varphi > \varphi_0$ 的良好路面上(例如 $\varphi = 0.7$)制动时也能够使后轴车轮和前轴车轮先后抱死滑移,即制动强度 $q = \varphi$,这时要求前、后轴制动器所能产生的最大制动力矩分别为

$$M_{\mu 1 max} = \frac{G}{L}(b + \varphi h_g)\varphi r \qquad (8-36)$$

$$M_{\mu2\max} = \frac{1-\beta}{\beta} M_{\mu1\max} \tag{8-37}$$

对于选取较大 φ_0 值的各类轮式车辆,应从保证制动时车辆稳定性出发,确定各轴所需最大制动力矩。当 $\varphi > \varphi_0$ 时,相应的极限制动强度 $q < \varphi$,故所需后、前轴的最大制动力矩分别为

$$M_{\mu2\max} = \frac{G}{L}(a - qh_g)\varphi r \tag{8-38}$$

$$M_{\mu1\max} = \frac{\beta}{1-\beta} M_{\mu2\max} \tag{8-39}$$

七、多轴轮式车辆制动力的分配

对多轴(三轴以上)的轮式车辆进行制动力分配计算时,为了使问题简化并可建立起各轴悬挂和轮胎变形的协调关系式,故提出如下假设条件:

(1) 装甲车体是刚体,即相对悬挂和轮胎的变形,可以认为装甲车体是不变形的。
(2) 各轴的悬挂刚度是常数。
(3) 轮胎的刚度也是常数,即轮胎的径向变形与其所受的地面法向反力成线性关系。
(4) 各轴的悬挂安装高度是相同的,即各轴的悬挂和轮胎从不受力的自由状态到受力的状态是同时进行的。

如图 8-7 所示,在静平衡状态下,假设车体位于图示实线所示的水平位置。制动时,各轴轴荷进行了重新分配,使车体位于图示虚线所示倾斜位置,这时车体倾角为 α,各轴的悬挂及轮胎总变形为 $\delta_i(i=1,2,3,\cdots)$,非弹载质量为 W_i,整车簧载质量 W_0,各轴至前轴距离为 l_i,各轴的轴荷为 Z_i。

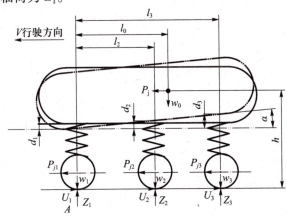

图 8-7 车辆受力示意图

P_{j1}、P_{j2}、P_{j3} 是各轴非簧载质量所受的惯性力,P_{j0} 是整车的悬挂质量所受的惯性力。U_1、U_2、U_3 是地面对各轴的制动力。j 为车辆减速度。在忽略空气阻力及阻力矩、滚动阻力、旋转质量的惯性力的情况下,应用动静法可列出如下方程:

$$\sum_{i=1}^{n}(Z_i - W_i) - W_0 = 0 \tag{8-40}$$

$$\sum_{i=1}^{n}(Z_i - W_i)l_i + r\sum_{i=1}^{n}P_{ji} + P_j h - W_0 l_0 = 0 \tag{8-41}$$

设 $P_i = Z_i - W_i$,则

$$\sum_{i=1}^{n}P_i - W_0 = 0 \tag{8-42}$$

$$\sum_{i=1}^{n}P_i l_i + r\sum_{i=1}^{n}P_{ji} + P_{j0}h - W_0 l_0 = 0 \tag{8-43}$$

各轴的悬挂及轮胎的总变形 δ_i 存在下列协调关系式:

$$P_i = C_i \delta_i = C_i(\delta_1 + l_i \tan\alpha) \tag{8-44}$$

求得

$$\delta_1 = \frac{W_0\left(\sum_{i=1}^{n}C_i l_i^2 - l_0 \sum_{i=1}^{n}C_i l_i\right) + \left(r\sum_{i=1}^{n}P_{ji} + P_{j0}h\right)\sum_{i=1}^{n}C_i l_i}{\sum_{i=1}^{n}C_i \sum_{i=1}^{n}C_i l_i^2 - \left(\sum_{i=1}^{n}C_i l_i\right)^2} \tag{8-45}$$

$$\tan\alpha = \frac{W_0\left(l_0 \sum_{i=1}^{n}C_i - \sum_{i=1}^{n}C_i l_i\right) + \left(r\sum_{i=1}^{n}P_{ji} + P_{j0}h\right)\sum_{i=1}^{n}C_i}{\sum_{i=1}^{n}C_i \sum_{i=1}^{n}C_i l_i^2 - \left(\sum_{i=1}^{n}C_i l_i\right)^2} \tag{8-46}$$

以上各式中:n 为轴数 3。

第 i 轴的载荷为

$$Z_i = P_i + W_i = C_i(\delta_1 + l_i \tan\alpha) + W_i \tag{8-47}$$

八、应急制动和驻车制动所需的制动力矩

(一) 应急制动力矩计算

应急制动时,后轮一般都将抱死滑移,后轴制动力为

$$F_{B2} = Z_2\varphi = \frac{aG}{L + \varphi h_g}\varphi \tag{8-48}$$

此时的后轴制动力矩为

$$F_{B2}r = \frac{aG}{L + \varphi h_g}\varphi r \tag{8-49}$$

如用后轮制动器作为应急制动器,则单个后轮制动器应急制动力矩为 $F_{B2}r/2$;如用中央制动器进行应急制动,则其应有的制动力矩为 $F_{B2}r/i_0$,i_0 为主传动比。

(二) 驻车制动力计算

车辆上坡驻车时的受力情况如图 8-8 所示,对前轮接地点取矩,可得在上坡路上驻停时后轴附着力:

$$Z_2\varphi = G\varphi\left(\frac{a}{L}\cos\alpha + \frac{h_g}{L}\sin\alpha\right) \tag{8-50}$$

同理可得在下坡路上驻停时后轴附着力:

$$Z_2\varphi = G\varphi\left(\frac{a}{L}\cos\alpha - \frac{h_g}{L}\sin\alpha\right) \tag{8-51}$$

若后轴上的附着力与制动力相等,可得车辆

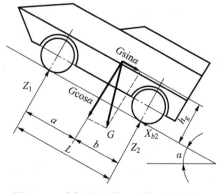

图 8-8 车辆在坡道上驻停时受力图

在上坡路上可能停驻的极限上坡倾角 α_1，即由

$$G\sin\alpha_1 = G\varphi\left(\frac{a}{L}\cos\alpha + \frac{h_g}{L}\sin\alpha\right) \quad (8-52)$$

得到

$$\alpha_1 = \arctan\frac{\varphi a}{L - \varphi h_g} \quad (8-53)$$

同理车辆可能停驻的极限下坡倾角 α_1' 为

$$\alpha_1' = \arctan\frac{\varphi a}{L + \varphi h_g} \quad (8-54)$$

一般因为 $\alpha_1 > \alpha_1'$，在驻车制动器的选择中，应力求后轴驻车制动力矩接近由 α_1 所确定的极限值 $G\sin\alpha_1$，并保证下坡能停驻的坡度不小于战技指标要求。单个后轮驻车制动器的制动力矩上限为 $\frac{1}{2}G\sin\alpha_1$；中央驻车制动器的制动力矩上限为 $\frac{G\sin\alpha_1}{i_0}$。对于 4 轮驱动且带差速锁的车辆，其驻车制动器的制动力矩用战技指标中规定的车辆最大爬坡度作为 α_1。

第三节 制 动 器

一、制动器的结构型式及选择

制动器是用来吸收车辆的动能，使之转变成热能散发到空气中，迫使车辆迅速降低车速或者停止的机构。通常制动器按摩擦副结构形式不同，可分为鼓式、盘式和带式 3 种，其中带式制动器应用较少。鼓式和盘式制动器有如下多种结构型式类别，如图 8-9 所示。

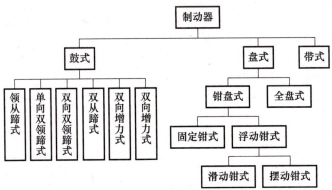

图 8-9 制动器结构型式类别

（一）鼓式制动器

鼓式制动器主要由制动鼓、制动蹄、传动杠杆和驱动装置组成。制动器的制动鼓固定于轮毂上，随车轮转动，作为旋转摩擦元件。带摩擦片的制动蹄作为固定摩擦元件，它一

端用铰链安装在不动的制动板上,另一端与机械式张开装置相接触。制动时两制动蹄在其张开装置的推动下,逐渐紧压制动鼓内表面,产生的摩擦力矩作用于制动鼓,使车轮减速。制动蹄的张开装置有液压轮缸式和机械式。机械式又分为凸轮式和楔块式,如图8-10所示。

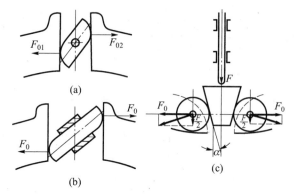

图 8 – 10　机械式张紧装置
(a)非平衡凸轮式;(b)平衡凸轮式;(c)楔块式。

制动蹄张开时的转动方向与制动鼓的旋转方向一致的称为领蹄,反之称为从蹄。按蹄的这种属性,鼓式制动器可分为领从蹄式、单向双领蹄式、双向双领蹄式、双从蹄式、单向增力式和双向增力式,如图8-11所示。

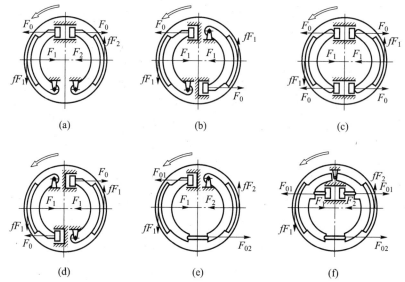

图 8 – 11　鼓式制动器示意图
(a)领从蹄式;(b)单向双领蹄式;(c)双向双领蹄式;(d)双从蹄式;(e)单向增力式;(f)双向增力式。

1. 领从蹄式制动器

如图8-11(a)所示,每块蹄片都有自己的固定支点,而且两固定支点位于两蹄的同一端。另一端是液压轮缸式张开装置,它的两个活塞直径相等,可保证作用在两蹄上的张开力相等。若车辆前进时制动鼓的旋转方向为正向,则蹄1(左蹄)为领蹄,而蹄2(右蹄)为从蹄,而车辆倒车时领、从蹄互调。制动时领蹄所受的摩擦力使它与制动鼓压得更紧,即摩擦力矩有"增势"作用,而从蹄所受的摩擦力使蹄有离开制动鼓的趋势,即摩擦力矩有"减势"作用,"增势"作用使领蹄所受法向反力增大,"减势"作用使从蹄法向反力减小。制动时两蹄所受法向反力不平衡的制动器又称为非平衡式制动器。液压或楔块驱动的领从蹄式制动器均为非平衡式结构,也称为简单非平衡式制动器。

图 8-12 为 WZ551 轮式装甲车制动器简图。制动鼓 4 固定在车轮轮毂的凸缘上,随同车轮旋转。制动底板 5 用螺栓与转向节连接。两个带摩擦片的制动蹄 1 下端支承孔分别与支承销 6 上的轴活动配合。制动凸轮轴 3 支撑于凸轮轴支架上,凸轮轴支架固定于制动底板 5 上。

制动时,在膜片制动气室的推力作用下,凸轮轴转过一个角度,推开两制动蹄上端,使两制动蹄各绕其支架销颈向外偏转,直至制动蹄摩擦片压紧于制动鼓内圆工作面。制动力矩随摩擦片与制动鼓之间的压紧力(即制动气室压力)的增大而增大。解除制动时,制动气室压力消除,两制动蹄在其回位弹簧作用下回复至不制动时位置,使制动蹄摩擦片与制动鼓之间保持一定间隙。

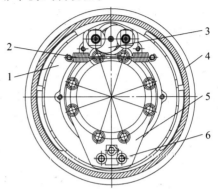

图 8-12 WZ551 轮式装甲车制动器简图
1—带摩擦片的制动蹄;2—制动蹄回位弹簧;
3—制动凸轮轴;4—制动鼓;
5—制动底版;6—支架销。

非平衡式制动器由于两蹄法向反力不平衡,将对轮毂轴承产生附加的径向载荷,而且领蹄摩擦衬片的单位压力大于从蹄的单位压力,因而使这种非平衡式制动器有两蹄衬片磨损不均和使用寿命不等的缺点。

领从蹄式制动器也可采用图 8-10 所示的机械式张开装置。图中:平衡凸轮式和楔块式张开装置中的制动凸轮和制动楔块是浮动的,故也能保证作用在两蹄上的张开力相等。图 8-10(a) 所示的非平衡式制动凸轮的中心是固定的,所以不能保证作用在两蹄上的张开力相等。但非平衡式凸轮可保证两蹄的位移相等,因而使作用于两蹄上的法向反力和由此产生的制动力矩也相等。所以装有非平衡式凸轮张开装置的领从蹄式制动器具有双向平衡的结构特性。

领从蹄式制动器的效能和效能稳定性,在各式制动器中居中游,其在前进、倒退行驶时的制动效果不变。由于它结构简单,成本低,便于加装驻车制动驱动机构,易于调整蹄片与制动鼓之间的间隙,因而被广泛用于中、重型车辆的前后轮和轻型车的后轮制动器。

2. 单向双领蹄式

图 8-11(b) 中单向双领蹄式制动器的两块蹄片各有自己的固定支点,领蹄的固定端在下方,从蹄的固定端在上方。每块蹄片有一个单活塞的制动轮缸,而且两套制动蹄、制动轮缸、支承销和调整凸轮等在制动底板上的布置为中心对称,以代替非平衡式制动器的轴对称式布置。两个轮缸用连接油管连通,因而两者油压始终相等。因此,两蹄对制动鼓作用的合力互相平衡,故该制动器为平衡式。

车辆前进时两蹄均为领蹄,制动器的制动效能相当高。倒车时两蹄都变为从蹄,使制动效能明显下降。由于制动器有两个轮缸,故可以用两个各自独立的回路分别驱动两蹄片。此外,还有制动蹄片与制动鼓之间的间隙易于调整,两蹄片上的单位压力相等,使之具有磨损程度相近、寿命相同等优点。与领从蹄式制动器比较,单向双领蹄式由于多了一个轮缸,其结构略显复杂。

这种制动器适用于前进制动时前轴动轴荷及附着力大于后轴,而倒车制动时前轴动轴荷及附着力小于后轴的车辆前轮上。之所以不适用于后轮,是因为其两个中心对称的轮缸难以附加驻车制动驱动机构。

3. 双向双领蹄式

如图8-11(c)所示,双向双领蹄式制动器的制动蹄、制动轮缸和回位弹簧等都对称布置在制动底板上,而且是既按轴对称,又按中心对称布置。两制动蹄的两端都采用浮动支承,且支点的周向也是浮动的。制动时油压使两个制动轮缸的两侧活塞均向外移动,使两制动蹄与制动鼓逐渐压紧。制动鼓靠摩擦力带动两制动蹄转过一小角度,使两个制动蹄的转动方向均与制动的方向一致。当制动鼓反向旋转时,其过程类同,且两者方向仍相同。因此,无论是前进或者是倒退制动,这种制动器的两块蹄片始终为领蹄,所以制动效能相当高,而且不变。由于制动器内设有两个轮缸,所以其适用于双回路驱动机构。当一套管路失效后,制动器转变为领从蹄式制动器。此外,由于双向双领蹄式制动器两蹄片上的单位压力相等,因而它们的磨损程度相近,寿命相同。其缺点是该制动器结构复杂,蹄片与制动鼓之间的间隙调整困难。

这种制动器比较广泛地应用于中、轻型车辆的前、后车轮,如用于后轮,则需另设驻车制动器。

4. 双从蹄式

如图8-11(d)所示,双从蹄式制动器的每个蹄片都有自己独立的张开装置和固定支点,但制动蹄片的布置与双领式制动器相反,从而变成双从蹄。

双从蹄式制动器的制动效能稳定性最好,但因制动器效能最低,所以其很少被采用。

5. 单向增力式

如图8-11(e)所示,单向增力式制动器的两蹄下端以推杆相连接,第二制动蹄支承在制动底板上端的支承销上,第一制动蹄与单活塞轮缸相连。当制动鼓按箭头方向旋转时两蹄片分别为领蹄和次领蹄。由于领蹄上的摩擦力经推杆作用到次领蹄,使得制动器效能很高,居各式制动器之首。与双向增力式制动器比较,这种制动器的结构比较简单,但是因其两块蹄片都是领蹄,所以制动器效能稳定性相当差。倒车制动时,两蹄又皆为从蹄,使制动器效能很低。又因两蹄片上所受的单位压力不等,造成蹄片磨损不均匀、使用寿命不等。另外,由于该制动器只有一个轮缸,故其不适合用于双回路驱动机构;两蹄片下部联动,使调整蹄片间隙变得困难。所以它仅用于少数轻、中型货车上作为前轮制动器。

6. 双向增力式

如图8-11(f)所示,当取消单向增力式制动器的单活塞式制动轮缸,在两制动蹄之间换装一个双活塞式制动轮缸,此时单向增力式制动器就变成了双向增力式制动器。该制动器的制动轮缸活塞不仅对领蹄而且对次领蹄也作用以推力,尽管这个力的作用效果较小,但因次领蹄经推杆作用的推力很大,结果次领蹄上的制动力矩能大到主领蹄制动力矩的2~3倍。因此,采用这种制动器,即使制动驱动机构中不用伺服装置,也可以借助很小的踏板力得到很大的制动力矩。这种制动器前进与倒车的制动效果不变。

双向增力式制动器因两蹄片均为领蹄,所以制动器效能稳定性比较差。除此之外,两蹄片上所受的单位压力不等,故磨损不均匀,寿命不同。与单向增力式一样双向增力式调整间隙比较困难。另外需要说明:增力式制动器效能太高容易发生自锁。

(二) 盘式制动器

盘式制动器摩擦副中的旋转元件是圆盘形的制动盘,固定元件是带有摩擦衬片的制动块或盘。当制动块以一定压力压紧制动盘时,摩擦衬片与制动盘之间产生摩擦力,实现盘式制动器的制动。按摩擦副中固定元件的结构型式不同,盘式制动器可分为钳盘式和全盘式。全盘式制动器的固定摩擦元件也为盘状,制动时与制动盘全面接触,轴向压紧,其作用原理与离合器相同。全盘式中应用较多的是多片全盘式制动器,它既可作为行车制动器,也可用作为缓速器。

钳盘式制动器的固定摩擦元件是制动块,它装在制动钳中,如图8-13所示。制动钳可相对制动盘移动,并从两面夹紧制动盘,实现制动。制动块与制动盘接触面很小,在盘上所占的中心角一般仅为30°~50°,因此,也称钳盘式制动器为点盘式制动器。

钳盘式制动器可分为固定钳式、浮动钳式。

1. 固定钳式

如图8-13所示,两制动块之间是用螺栓固定在轮毂10上的制动盘9,它与车轮一起旋转。制动时依靠液压缸推动活塞位移,使制动钳相向移动,从两边夹紧制动盘,实现制动。固定钳式盘式制动器的优点是除制动块和活塞之外无其他滑动件,易于保证制动钳的刚度,很适应分路系统的要求(可采用三油缸或四油缸结构)。因其工作性能可靠,曾经得到广泛应用。固定钳式制动器至少有两个液压缸分置于制动盘两侧,因而必须用跨越制动盘的内部油道或外部油管来连通。这一结构使制动器的径向和轴向尺寸增大,一方面增加了在车上的布置难度,另一方面增加了受热机会,使制动液温度过高汽化而影响制动效果。加之其加工精度要求较高,结构也较复杂,因此它逐渐被浮动钳式所替代。

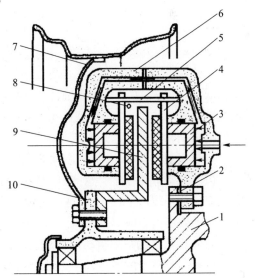

图 8-13 固定钳式盘式制动器
1—轴壳(或转向节);2—调整垫片;3—活塞;
4—制动块总成;5—导向支承销;6—制动钳体;
7—轮辐;8—回位弹簧;9—制动盘;10—轮毂。

2. 浮动钳式

浮动钳式的制动钳体是浮动的,按其浮动方式可分为滑动钳式和摆动钳式两种,如图8-14所示。浮动钳式盘式制动器只在一侧放置液压缸,且与液压缸同侧的制动块总成为活动的,另一侧的制动块固定在钳体上。图8-14(a)所示为滑动钳式。制动时活塞在液压作用下使活动制动块压靠到制动盘,而反作用力推动制动钳体连同固定制动块压向制动盘的另一侧,直到两制动块受力均等为止。摆动钳式如图8-14(b)所示,制动钳体与固定于车轴上的支座铰接。制动时钳体不是滑动而是在与制动盘垂直的平面内摆动。显然,制动块不可能全面而均匀地磨损。为此,有必要将衬块预先做成楔形(摩擦面对背面的倾斜角为 6°左右)。在使用过程中,衬块逐渐磨损到各处残存厚度一般为 1mm 左右后即应更换。

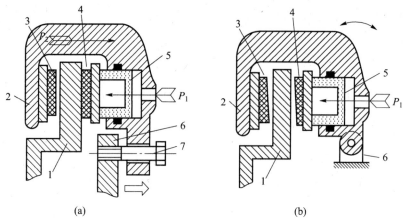

图 8-14 浮动钳式盘式制动器工作原理图
(a)滑动钳式盘式制动器;(b)摆动钳式盘式制动器。
1—制动盘;2—制动钳体;3—制动块总成;4—带磨损警报装置的制动块总成;
5—活塞;6—制动钳支架;7—导向销。

显然,浮动钳式在外侧没有油缸,减少了一半的液压缸、活塞等精密件,减少了跨越制动盘的油管,减小了尺寸和质量,使结构大大简化,制造成本大为降低。该制动器制动液吸收制动盘的热量也较少,而且同一组制动块可兼作行车和驻车制动,简化了结构,使浮动钳盘式制动器的应用越来越普遍。

与鼓式制动器相比,盘式制动器有如下优点:

(1)制动效能稳定。盘式制动器的敏感度最低,其效能因数与摩擦系数关系的 $k-f$ 曲线变化最平缓(图 8-16),也就是说,在制动过程中摩擦片温度、相对滑动速度、压力和水对制动效能的影响程度最低。

(2)热稳定性好。制动盘暴露在外,摩擦衬片面积较制动盘小得多,通风散热较好,带通风孔的制动盘的散热效果尤佳,使制动器热稳定性好。

(3)水稳定性好。制动块对盘的单位压力高,易于将水挤出,加上离心力的作用,浸水后制动效能降低不多,出水后经一、二次制动即能恢复正常。

(4)维护保养方便。摩擦衬块较鼓式制动器中衬片更容易更换,维护方便,具有制动间隙自调能力,利于衬片的调节和安装。

(5)同样条件下,盘式制动器可承受较高的摩擦力矩,衬片磨损小且较均匀,使用寿命长。制动盘受热后厚度变化量小,踏板行程变化不大,使得间隙自动调整装置的设计可简化。

(6)易于构成多回路制动系统,使系统有更好的可靠性和安全性,以保证车辆在任何车速下都能均匀一致地平稳制动。

盘式制动器有如下缺点:

(1)制动效能低,需有助力装置。所需制动液压力较高,对密封要求较高。

(2)大部分制动盘都暴露在空气中,易受尘污和锈蚀。

(3) 兼作驻车制动时,附加的手动驱动机构较复杂。

综上所述,盘式制动器的效能没有鼓式制动器大,但其稳定性好,这就是近年来某些轻型轮式装甲车应用盘式制动器的原因之一。

近年来,国内外新研的装甲车逐步摒弃了鼓式制动器,都倾向于选装盘式制动器。盘式制动器又分为气压操纵和液压操纵两种形式,由于液压制动系统具有稳定性好,系统压力冲击小等优势,因此越来越多的中重型装甲车选用液压盘式制动器。

二、制动器的主要参数与评价指标

(一)制动器因数

制动器在单位输入压力或力的作用下所输出的力或力矩称为制动器效能。在评价不同结构型式的制动器效能时,常用制动器效能因数简称制动器因数来表示。它定义为制动鼓或制动盘的作用半径上所得到的摩擦力矩或力与输入力矩或力之比,即

$$K_{bf} = \frac{M_\mu}{PR}, \quad K_{bf} = \frac{M_\mu/R}{P} \tag{8-55}$$

式中　M_μ——制动器的摩擦力矩;
　　　R——制动鼓或制动盘的作用半径;
　　　P——输入力(两制动蹄张开力或两制动块压紧力的平均值)。

同理,制动蹄因数为

$$K_{ti} = \frac{M_{\mu ti}}{P_i R}, \quad K_{ti} = \frac{M_{ti}/R}{P} \tag{8-56}$$

式中　$M_{\mu ti}$——制动蹄 i 的摩擦力矩;
　　　P_i——制动蹄 i 的张开力。

假设一个制动器的领蹄在张开力 P 的作用下,使摩擦衬片与制动鼓之间产生一个作用于衬片 B 点上的法向合力 N,引起一个摩擦力 μN,如图 8-15 所示。

领蹄绕支点 A 的力矩平衡方程为

$$Ph + \mu Nc - Nb = 0 \tag{8-57}$$

由式(8-57)可求得领蹄的效能因数:

$$K_{t1} = \frac{\mu N}{P} = \frac{h}{b}\left(\frac{\mu}{1 - \mu \frac{c}{b}}\right) \tag{8-58}$$

由式(8-58)可知,当摩擦系数 μ 趋近于 b/c 的比值时,对于某一个有限的张开力 p,制动鼓摩擦 μN 趋于无穷大,此时制动器将自锁。

当图 8-15 中制动鼓按顺时针旋转时,制动蹄变成从蹄,则此时摩擦力 N_f 的方向与图示相反,从蹄平衡方程为

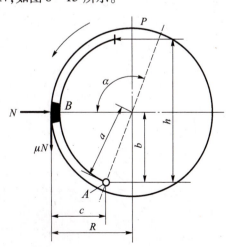

图 8-15　鼓式制动器制动蹄受力简图

$$Ph - \mu Nc - Nb = 0 \tag{8-59}$$

由式(8-59)得出从蹄的制动蹄因数:

$$K_{t2} = \frac{\mu N}{P} = \frac{h}{b}\left(\frac{\mu}{1+\mu\frac{c}{b}}\right) \tag{8-60}$$

整个制动器的效能因数是各制动蹄的效能因数之和。以领从蹄式制动器为例,整个制动器的效能因数为

$$K_{bf} = K_{t1} + K_{t2} = \frac{h}{b}\left(\frac{\mu}{1-\mu\frac{c}{b}}\right) + \frac{h}{b}\left(\frac{\mu}{1+\mu\frac{c}{b}}\right) \tag{8-61}$$

对于一个具体的领从蹄制动器来说,b、c、h 是结构常数,因此制动器因数是摩擦系数的函数。显然,这一结论可推广到各种鼓式制动器。对于非自增力式盘式制动器的效能因数为

$$K_{bf} = 2\mu \tag{8-62}$$

由上述可知,制动器因数是制动衬片摩擦系数的函数。当各制动器的基本尺寸比例相同时,则各类制动器因数与摩擦系数的关系如图 8-16 所示。

(二) 制动效能的稳定性

制动器制动效能的稳定性主要取决于其效能因数对摩擦系数的敏感性。制动器的制动效能因数是摩擦系数的函数。在制动过程中温度、湿度、相对滑动速度和压力等的改变都会引起摩擦系数的变化,摩擦系数的降低将使制动器的制动效能明显衰退。若不考虑制动鼓、制动蹄(或制动盘)的变形,对于一定形式的制动器,可用制动器效能因数 K_{bf} 随摩擦系数 μ 的变化率来表示该制动器的灵敏度($S_{bf} = dK_{bf}/d\mu$)。灵敏度越小,制动效能的稳定性越好。

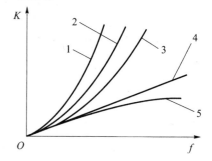

图 8-16 制动器因数与摩擦系数关系
1—双向增力式;2—双领蹄式;
3—领从蹄式;4—双从蹄式;
5—钳盘式。

由图 8-16 看出,制动器的效能因数由高至低的顺序为:增力式制动器、双领蹄式制动器、领从蹄式制动器和钳盘式制动器。制动器效能稳定性排序则恰好与上述情况相反。

双领蹄式制动器正向效能相当高,但倒车时变为双从蹄,效能大降。由于车辆制动时前轴动载及附着力大于后轴,所以双领蹄式制动器不适用于后轮,仅被前轮采用。

增力式制动器的两蹄都是领蹄,次领蹄的轮缸张开力 p 很小,如图 8-11(f),或没有张开力,如图 8-11(e),然而由于主领蹄的自行增势作用,使其支点上的支反力 Q 比轮缸作用于它的张开力 p 大,这个支反力 Q 传到次领蹄,使次领蹄的制动力矩是主领蹄的制动力矩的 2~3 倍。但增力式制动器的效能不稳定,且效能太高容易发生制动器自锁。设计时需慎重选择制动器几何参数和摩擦衬片,应把制动器因数限制在一定的范围内。

领从蹄式制动器的效能和稳定性都处于中等水平。由于其前进、倒车制动性能不变,结构简单,成本低,又便于加装驻车制动驱动机构,因此获得广泛应用。

(三) 摩擦衬片(衬块)的磨损特性

摩擦衬片(衬块)的磨损受温度、摩擦力、滑摩速度、制动鼓(制动盘)的材质和加工情况,以及衬片(衬块)本身的材质等许多因素影响,使得理论上计算磨损性能极为困难。其主要评价指标有:

1. 比摩擦力

单个车轮制动器的比摩擦力为

$$f_0 = \frac{M_\mu}{RS} \qquad (8-63)$$

式中 M_μ——单个制动器的制动力矩;
      R——制动鼓半径(制动盘的平均半径,$R = (R_1 + R_2)/2$,R_1、R_2 为摩擦衬块扇形表面的内半径和外半径);
      S——单个制动器的衬片(衬块)摩擦面积。

比摩擦力越大,磨损越严重。制动减速度为 $0.6g$ 时,鼓式制动器的比摩擦力 f_0 以不大于 0.48N/mm^2 为宜。

2. 比能量耗散率

比能量耗散率为衬片(衬块)单位摩擦面积在单位时间内耗散的能量。双轴轮式装甲车的单个前轮及后轮的比能量耗散率分别为

$$\left. \begin{aligned} e_1 &= \frac{1}{2}\frac{\delta G(v_1^2 - v_2^2)}{2tA_1}\beta \\ e_2 &= \frac{1}{2}\frac{\delta G(v_1^2 - v_2^2)}{2tA_2}(1-\beta) \\ t &= \frac{v_1 - v_2}{j} \end{aligned} \right\} \qquad (8-64)$$

式中 G——车辆总质量;
      δ——车辆旋转质量换算系数;
      v_1、v_2——制动初速度和终速度(m/s);
      j——制动减速度(m·s^2);
      t——制动时间(s);
      A_1、A_2——前后制动器衬片(衬块)的摩擦面积。

紧急制动至停车时,$v_2 = 0$,并取 $\delta = 1$。

比能量耗散率过高会引起衬片(衬块)的急剧磨损,还可能引起制动鼓或制动盘产生裂纹。推荐:鼓式制动器的比能量耗散率以不大于 1.8w/mm^2 为宜。计算时取减速度 $j = 0.6g$,制动初速度 v_1 取 65km/h。取同样的 v_1 和 j 时,盘式制动器的比能量耗散率应不大于 6.0w/mm^2。

三、盘式制动器的设计与计算

鼓式制动器的成熟产品种类繁多,在设计时从现有产品中选型即可满足要求。鉴于在未来装甲车研制中,盘式制动器的应用前景更加广泛,此处只对盘式制动器的设计方法

进行介绍。

盘式制动器的计算用简图如图 8-17 所示。假定衬块的摩擦表面全部与制动盘接触,且各处单位压力分布均匀,则制动器的制动力矩为

$$T_\mu = 2fF_0R \qquad (8-65)$$

式中　f——摩擦系数;
　　　F_0——单侧制动块对制动盘的压紧力;
　　　R——作用半径。

对于常见的具有扇形摩擦表面的衬块,若其径向宽度不大,取 R 等于平均半径 R_m 或有效半径 R_e,在实际中已经足够精确。如图 8-17 所示,平均半径为

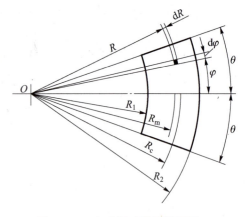

图 8-17　盘式制动器计算用图

$$R_m = \frac{R_1 + R_2}{2} \qquad (8-66)$$

式中　R_1、R_2——摩擦衬块扇形表面的内半径和外半径。

根据图 8-17,在任意微元面积 $RdRd\varphi$ 上的摩擦力对制动盘中心的力矩为 $fpR^2dRd\varphi$,式中,p 为衬块与制动盘之间的单位压力,则单侧制动块作用于制动盘的制动力矩为

$$\frac{T_\mu}{2} = \int_{-\theta}^{\theta}\int_{R_1}^{R_2} fpR^2 dRd\varphi = \frac{2}{3}fp(R_2^3 - R_1^3)\theta \qquad (8-67)$$

故有效半径为

$$R_e = \frac{T_\mu}{2fF} = \frac{2(R_2^3 - R_1^3)}{3(R_2^2 - R_1^2)} \qquad (8-68)$$

可见,有效半径 R_e 即是扇形表面的面积中心至制动盘中心的距离。式(8-68)也可以写成

$$R_e = \frac{4}{3}\left(1 - \frac{R_1R_2}{R_2^2 - R_1^2}\right)(R_1 + R_2) = \frac{4}{3}\left(1 - \frac{m}{1 + m^2}\right)R_m \qquad (8-69)$$

因为 $m = R_1/R_2 < 1$,$\frac{m}{1 + m^2} < \frac{1}{4}$,故 $R_e > R_m$。当 R_1 趋近于 R_2,m 接近于 1,R_e 趋近 R_m。但当 m 过小,即扇形的径向宽度过大,衬块摩擦面上各不同半径处的滑摩速度相差太大,磨损将不均匀,因而单位压力分布均匀这一假设条件已不成立,上述计算方法不再适用。

第四节　制动驱动机构的设计

制动系统工作的可靠性在很大程度上取决于制动驱动机构的结构形式和性能。制动驱动机构是将驾驶员或其他动力源的作用力传递给制动器,使其产生制动力矩的机构总

称。通常意义上,驱动机构更多的是指行车制动驱动机构,其可分为动力制动系统和伺服制动系统两大类。对于轮式装甲车来讲,除了行车制动驱动机构外,驻车制动驱动机构和辅助制动的设计同样重要。

一、动力制动系统

动力制动系统由发动机驱动的气泵或油泵提供全部制动力源,而驾驶员作用于踏板或手柄上的力仅用于对回路中控制元件的操纵,踏板力可较小,又有适当的踏板行程。动力制动系统可分为气压式、气顶液式和全液压式。气压式和气顶液式动力制动系统由气泵提供全部制动力源,而全液压式动力制动系统由油泵提供全部制动力源。

(一)气压式动力制动系统

气压式制动系统是由空气压缩机提供动力源,驾驶员只是通过制动踏板(或手柄)控制制动气室的工作气压,使车辆获得不同的制动强度,该系统操纵省力,能对制动器提供较大驱动力。

气压式制动驱动机构由供气系统及制动驱动装置两大部分组成。供气系统用来产生并储存压缩空气,以提供清洁和安全的传能介质。供气系统由空气压缩机和储气瓶、气压调节或空气压缩机卸载装置、油水分离及其清除装置和指示系统气压的气压表、警告灯等组成。制动驱动装置主要由制动控制阀、制动气室、继动阀和快放阀等组成。为改善制动系统的制动性能和提高装置的可靠性,还可安装防冻装置、保护阀、比例阀等。

气压式制动驱动机构的压缩空气还可驱动车上其他的气动设备,如离合器的气动助力装置、变速器换挡助力装置和差速器的差速锁操纵装置、中央充放气系统等。

为提高制动驱动装置的可靠性,除常用的行车制动(主制动)驱动装置外,大多装有一套独立的备用行车制动(简称备用制动)驱动装置或辅助制动(如发动机排气制动)传动装置。

例如:WZ551A 轮式装甲车为双管路气压制动系统。轮边装有 6 个相同的领从蹄式制动器。气压制动系统回路如图 8 – 18 所示。它由供气系统、行车制动(主制动或脚制动)、驻车制动(手制动)、辅助制动及附属用气设备等管路组成。

1. 供气系统

空气经空气滤清器滤清后,进入空气压缩机压缩,经调压阀 4 进入防冻泵 3,流入四管路保护阀 16,经四管路保护阀 16 分别给带有自动放水阀的前轮储气瓶 14、中后轮储气瓶 9、停车备用储气瓶 8 及附属用气系统充气;中后轮储气瓶 9 与脚继动阀 13 的供气腔连接;停车备用储气瓶 8 与停车备用继动阀 10 的供气腔连接。

调压阀 4 将管路压力调节到不大于 0.8 ± 0.02MPa,其中安全阀所限定的最高压力为 0.9 ~ 1MPa。

四管路保护阀 16 的作用是在上述四回路之一损坏时,保证其余三回路仍能部分保持各自的制动能力。

2. 行车制动(主制动或脚制动)管路

前轮储气瓶 14 和中后轮储气瓶 9 由管路分别接入串列双腔主制动控制阀 19 的两个腔室。前腔室的出气口与控制阀 7 的进气口相连,控制阀 7 的出气口由管路及管接头与

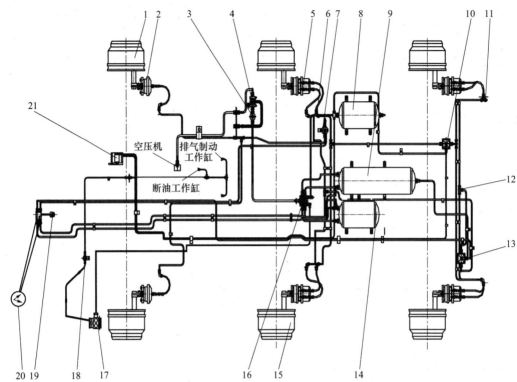

图 8-18 WZ551A 轮式装甲车气压制动系统回路

1—制动器；2—膜片气制动室；3—防冻泵；4—调压阀；5—弹簧制动缸；6—管接头；7—控制阀；
8—停车备用储气瓶；9—中后轮储气瓶；10—停车备用继动阀；11—压力开关；12—三通管接头；
13—脚制动继动阀；14—前轮储气瓶；15—左制动器；16—四管路保护阀；17—七通管接头；
18—排气制动控制阀；19—带主制动控制阀的踏板总成；20—双针气压表；21—手制动控制阀。

安装在车体外的前轮两个膜片气制动室 2 相连接；后腔室的出气口与起快放快进作用的脚制动继动阀 13 的控制腔相连，脚制动继动阀 13 的出气口由管路及管接头与安装在车体外的 4 个弹簧制动缸 5 的进口 1 相连接。制动时踏下制动踏板，压缩空气经各自的管路充进前轮膜片气制动室 2 和中、后轮弹簧制动缸 5 中的膜片室，使推杆推动凸轮轴臂，使凸轮转过一个角度，以撑开摩擦片，实现制动。随着驾驶员踏下制动踏板的力度不同，可实现不同强度的制动。松开踏板，压缩空气经主制动控制阀 19、控制阀 7、脚制动继动阀 13 的排气口排入大气，使制动解除。

3. 应急、备用、驻车管路

停车备用储气瓶 8 经单向阀与手制动控制阀 21 进气口相连，手制动控制阀 21 的出气口与停车备用继动阀 10 的控制腔相连，停车备用继动阀 10 的两个出气口连接 4 个弹簧制动缸 5 的进口 2。拉开手制动控制阀 21 的手柄，使作用在弹簧制动缸 5 内活塞上的压缩空气经停车备用继动阀 10、手制动控制阀 21 的排气口排入大气，其内的弹簧推动活塞和推杆移动，通过弹簧力推动凸轮轴臂，实现制动。

4. 辅助制动（发动机排气制动）管路

四管路保护阀 16 的出气口与附属用气系统通路中作为分路器的七通管接头相连；排气制动控制阀 18 的进气口与七通管接头相通。排气制动控制阀 18 的出气口由管接头分三路,分别控制喷油泵断油工作缸、左排气制动工作缸、右排气制动工作缸。下长坡时,点踏排气制动控制阀 18,可控制车速,而应少用行车(脚)制动,以避免因长时间使用行车制动使制动蹄片磨损加重,导致过热而烧坏摩擦衬片。此外,排气制动还可以用于使发动机熄火。因为在发动机油门操纵系统中,油门怠速装置已将油门固定在 550~650r/min,即使驾驶员右脚离开油门踏板,发动机尚不能熄火。为了迅速熄火可踩下排气制动阀阀杆,停留约 3~5s,发动机便可断油熄火。

5. 附属用气设备管路

七通管接头分别连接变速箱换挡装置、离合器助力缸、轴间差速控制开关、轮间差速控制开关、水上传动控制开关、水上转向等控制开关。

与 WZ551A 相同,WJ98 轮式装甲防暴车制动系统采用了串列双腔制动阀的双管路气制动系统,如图 8-19 所示。一条管路控制前轴制动器,另一条管路控制中、后轴制动器,以实现全车制动。两条管路各自独立。当其中一条管路损坏或失效,另一条管路仍可工作,使车辆还有一定的制动能力。因而提高了车辆的安全性。

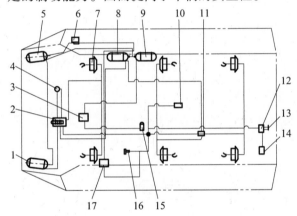

图 8-19 WJ98 轮式装甲防暴车制动管路示意图
1—前储气瓶;2—双腔制动阀;3—手控阀;4—双针压力表;5—湿储气瓶;6—防冻泵;
7—制动气室;8—后储气瓶;9—驻车储气瓶;10—空气压缩机;11—继动阀;12—分离开关;
13—取气阀;14—制动接头;15—驻车制动气室;16—调压阀。

WJ98 与 WZ551A 最大的差异在于中、后轮制动的驱动部件。WZ551A 中、后轮采用弹簧制动缸,WJ98 全车采用膜片制动气室,后者失去了用轮边制动器兼做驻车制动器的优势。

气压式动力制动系统的优点如下:

(1) 驱动力完全由气压产生,操纵轻便,制动时驾驶员只需操纵制动阀;

(2) 轮边制动器可兼做应急、备用、驻车制动器,可实现渐进式的应急、备用制动,应急制动时不会出现传动装置过载现象;

(3) 可安装发动机排气制动;

(4) 可以利用压缩空气驱动其他附属机构;

(5) 由于介质使用的是空气,不存在油介质的气蚀现象和橡胶皮碗易被腐蚀失效现象,工作安全可靠;

(6) 气压制动系统压力低,对密封的要求较油压宽松,零部件加工费用低,气压制动系统整体造价低；

（7）装配并验漏后系统即可正常工作，省去了油路排气工序。

其缺点如下：

（1）需要空气压缩机、储气瓶和制动阀等设备，使系统复杂、占用车内空间多；

（2）制动时滞后时间较长；

（3）制动器室体积较大，且置于制动器外部，增加了转向时车轮所占用的空间及转向轮悬架及转向杆布置的难度。

（二）气顶液式制动系统

气顶液式制动系统由气动力与液压传动机构组合而成，其液压回路与简单液压系统相同，而气压系统用来作为液压制动主缸的驱动力源。气顶液式制动系统气压管路短，其作用滞后时间也较短，液压传动传递平稳，对系统冲击小。鉴于采用气顶液式制动系统的车辆轮边匹配的是液压盘式制动器，不能兼做驻车制动器使用，因此驻车只能采用中央驻车方案，这给总体布置增加了一定的难度。尽管如此，由于气顶液式制动系统兼有气压和液压传动的优点，现在仍然普遍被国外轮式装甲车所采用。

乌拉尔军用越野汽车制动系统采用的就是气顶液式制动系统，如图 8-20 所示。

（1）行车制动系统的供能装置与传动装置靠气压系统来完成，传力机构靠图中气动助力器 24 推动与其连在一起的液压主缸来驱动装在制动鼓内的轮缸实现制动。

（2）挂车制动系统基本与行车制动系统相同。

（3）辅助制动（发动机排气制动）靠气压控制。

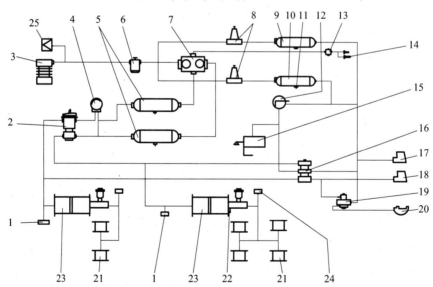

图 8-20　乌拉尔军用越野汽车制动系统图

1—检验出口阀；2—制动踏板开关；3—空压机；4—双指针压力计；5—工作传动装置贮筒；6—压力调节器；7—三通保护阀；8—单向保护阀；9—挂车制动器传动装置储气瓶；10—驻车制动器传动装置储气瓶；11—冷凝液排出开关；12—手控反作用制动开关；13—气压开关；14—空气动力缸；15—驻车制动系统制动室；16—带双线传动装置的挂车制动操纵阀；17—自动连接头（红色）；18—自动连接头（天蓝色）；19—带单线传动装置的挂车制动器操纵阀；20—"A"型连接头；21—液压轮缸；22—制动器故障传感器；23—气动助力器；24—制动信号接通传感器；25—牵引阀。

(4) 装有备用制动和附属用气系统。

(三) 全液压制动系统

全液压制动系统全称为全动力液压制动系统,它具有制动响应快,结构紧凑、安装方便、操纵精确省力和安全可靠等优点。在电驱动、智能化、轻量化的发展趋势下,轮式装甲车底盘内部越来越紧凑,这对各分系统的空间占用提出了严苛的要求。与传统的全气压或气顶液制动系统通常需要几个大容积储气瓶相比,全动力液压制动系统占用空间小的优势就突显出来。随着技术成熟度的提高,目前国外一些轮式装甲车上已经出现了全液压制动系统。

全液压制动系统由油泵产生的油压作为制动力源,有闭式(常压式)和开式(常流式)两种。不制动时,开式(常流式)回路中的制动液在无负荷状态下不断地循环流动,而闭式(常压式)回路总保持着高油压,因此对回路的密封要求高,但对制动操纵的响应比开式的快。当油泵出故障时,开式的立即制动失效,而闭式的还可利用蓄能器的压力继续进行若干次制动。出于行车安全考虑,在轮式装甲车制动系统设计中推荐采用常压式。图8-21所示为典型的双回路、带继动阀和驻车操纵的全液压制动系统构成图。

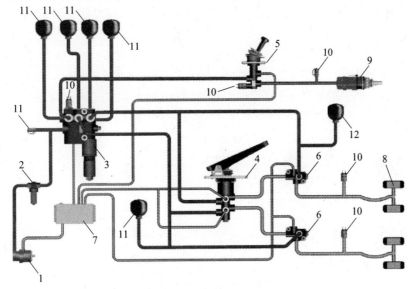

图8-21 全液压制动系统
1—液压泵;2—安全阀;3—充液阀;4—制动阀;5—手制动阀;6—继动阀;
7—油箱;8—制动器;9—驻车机构;10—压力开关;11—蓄能器。

液压泵输出的液压油通过充液阀向蓄能器供油,蓄能器油压不断上升至充液阀上限压力值时,充液阀停止充油,蓄能器保持这个压力不变。当踩下脚制动阀踏板,制动出口油压将继动阀打开,与轮边制动器回路相连接的蓄能器内存储的高压油快速释放并作用在制动器的轮缸上,制动器实施制动,蓄能器内的油压随之降低。松开脚踏板,继动阀关闭,制动器轮缸里的油液回流到油箱,压力释放,制动解除。连续制动一定次数,当蓄能器压力降至充液阀下限压力值时,充液阀内的压力补偿开关打开,液压油通过充液阀再次向蓄能器充油,直至蓄能器再一次达到上限油压。如此反复,蓄能器压力始终保持在充液阀充油的上、下限压力值之间,确保制动的平稳可靠。

图 8-21 所示的系统为双回路形式,前两轴和后两轴各自并联为一个回路,若其中任何一路的元件出现故障,另一路仍可正常工作,使整车制动安全可靠。驻车时,将手制动阀掰至"驻车"位置,驻车机构内的油液被释放,在弹簧力的作用下驻车制动器将车辆停驻。

二、伺服制动系统

伺服制动系统是在简单液压制动系统的基础上,增设一套由发动机提供的辅助制动力源形成的,它是人力与发动机动力兼用的制动系统。正常情况下其输出工作压力主要由动力伺服系统产生,在伺服系统失效后该制动系统就变为简单液压制动系统,全靠人力驱动液压系统仍能产生一定程度的制动力。

按伺服力源的不同,伺服制动可分为真空伺服制动、空气伺服制动和液压伺服制动 3 类。真空伺服制动动力源是发动机进气管中节气门后的真空度(负压)。对于柴油机必须装有气动全速调速器和真空泵。伺服用真空度可达 0.05~0.07MPa。

空气伺服制动动力源由发动机驱动的空气压缩机提供,伺服制动系统气压一般可达 0.2~0.7MPa。因此在输出力相等时空气伺服气室直径比真空伺服气室小很多。但是空气伺服制动系统的其他组成部分比真空伺服制动系统复杂得多。

图 8-22 所示为美国悍马普通型越野车液压伺服制动系统简图。4 个盘式制动器安装在驱动轴端,后两轮兼做应急制动、驻车制动,制动钳上有一套复杂的驻车机械操纵机构。此系统的优点是:行车制动安全可靠,操纵较轻便,结构简单,便于总体布置。缺点是:受结构限制,驻坡制动力不足,驻坡度不足 40%。

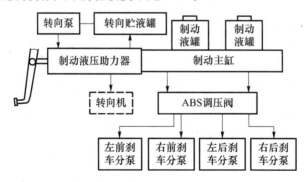

图 8-22　美国悍马普通型越野车液压伺服制动系统简图

图 8-23 为气压助力式(直动式)伺服制动系统回路图,伺服气室位于制动踏板与制动主缸之间,其控制直接由踏板通过推杆操纵,因此又称为直动式伺服制动系统。驾驶员通过制动踏板直接控制伺服动力的大小,并与之共同推动主缸活塞,使主缸产生更高的油压通向盘式制动器的油缸和鼓式制动器的轮缸。由真空(或气压)伺服气室、制动主缸和控制阀组成的总成称为真空(或气压)助力器。

图 8-24 为气压增压式(远动式)伺服制动系统回路图,由真空(气压)伺服气室、辅助缸和控制阀组成的真空(气压)伺服装置位于制动主缸与制动轮缸之间,驾驶员通过制动踏板推动主缸活塞所产生的液压作用于辅助活塞上,同时也驱动控制阀使伺服气室工

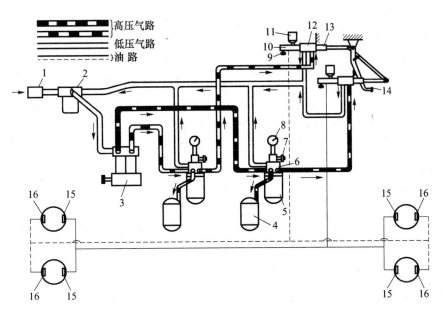

图 8-23 气压助力式(直动式)伺服制动系统回路图

1—空气滤清器；2—带单向阀的防冻酒精杯；3—空气压缩机；4—副贮气罐；5—主贮气罐；6—调压器；7—气压警报灯开关；8—气压表；9—制动信号灯开关；10—制动主缸；11—贮液罐；12—气压伺服气室；13—控制阀；14—制动踏板；15、16—制动轮缸。

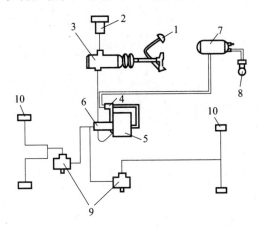

图 8-24 气压增压式(远动式)伺服制动系统回路图

1—制动踏板；2—贮液罐；3—制动主缸；4—控制阀；5—气压伺服气室；6—辅助缸；7—贮气罐；8—空气压缩机；9—安全缸；10—制动轮缸。

作，因此又称为远动式伺服制动系统。伺服气室的推动力也作用于辅助缸活塞，使后者产生高于主缸压力的工作油液并输往制动轮缸，因此又被称为"增压式"伺服制动系统。而由真空(或气压)伺服气室、辅助缸和控制阀等组成的伺服装置则称为真空(或气压)增压器。回路中当通向前轮(或后轮)制动轮缸的管路发生泄漏故障时，则安全缸内的活塞将移位并堵死通往漏油管路的通道。当主缸输出油管发生泄漏故障时，增压式回路中的增压器便无法控制，而助力式的则简单可靠。在采用双回路系统时，助力式的除了可采用两个独立的助动器以进一步满足其特别高的安全要求外，一般只需采用一个带双腔主缸的助力器即可。而增压式的则必须有两个增压器，使回路更加复杂，或者仍采用一个增压器[23],但需在通往前、后轮缸的支管路中各装一个安全阀,使回路在局部前、后分路。

图 8-25 为苏联 ЬTP-70 装甲人员输送车行车制动系统,该制动系统为气压增压式(远动式)双管路伺服液压驱动制动系统。它的组成有吊挂着的制动踏板 3,两个带气压助力器并列布置的主缸 1,直动开关 4,两路的压力平衡器 9,压力下降活门 5,导管、软管和车轮制动缸 2。

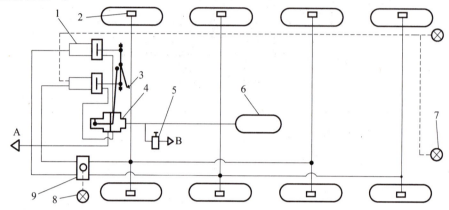

图 8-25 ЬTP-70 装甲人员输送车行车制动系统简图

1—带气压助力器的主缸;2—车轮制动缸;3—踏板;4—制动开关;5—压力下降限制阀;6—气瓶;
7—行车信号灯;8—信号指示灯;9—行车制动系统液压传动装置的平衡器;
A—向大气放气导管;B—通向空气减压器的导管。

车辆第一轴和第三轴(制动路线Ⅰ)的制动器是由左主缸带动的,第二轴和第四轴(制动路线Ⅱ)的制动器是由右主缸带动的。在一条制动路线失效的情况下,另一条制动路线能保证系统的工作能力,但是其效率较低。此系统轮边占用空间小,但操纵部分占用空间大,结构复杂。另外,其轮边制动器不能兼做驻车制动器。

三、驻车驱动机构

在装甲车领域,驻车指标要求高——按照轮式装甲车通用规范,驻车制动坡度应该达到 40%(约 22°)以上,部分车辆应到达 60%(约 31°)。而普通民用汽车只要求在 18%(约 10°)的坡道上停驻。因此,对于轮式装甲车而言,驻车制动器类型的选择和驻车驱动机构的设计显得尤为重要。

(一)驻车制动类型

根据驻车制动器在车辆上的安装位置,驻车制动可分为中央驻车和轮边驻车两大类。

中央驻车较多应用在采用液压盘式制动器作为行车制动器的车辆上,主要是因为受到轮边空间的限制。目前液压盘式制动器没有驻车制动的功能,需要在车辆动力传动链上单独集成一个驻车制动器,来实现整车的驻车功能。在动力传动链上可供集成驻车制动器的位置包括减速器输出端、分动箱输入端、驱动轴输入端等位置。法国 ATI 公司开发的模块化车轴就是将驻车制动器集成在驱动轴输入端的典型应用,如图 8-26 所示。将驻车制动器集成在驱动轴输入端,既节省了轮边空间,又可以充分利用驱动轴内主减速和轮边减速两级"减速增扭"作用,以成倍地提升驻车能力。

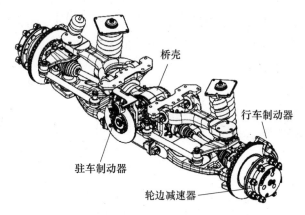

图 8-26 法国 ATI 公司模块化驱动轴

轮边驻车方案在我国重吨位车辆包括轮式装甲车领域应用比较广泛,典型的 WZ551 系列装甲车就是采用了后两轴的轮边驻车方案,如图 8-18 所示。该方案在轮边安装了行驻一体制动器,制动器的作动机构采用弹簧储能双腔制动气室结构,如图 8-27 所示。

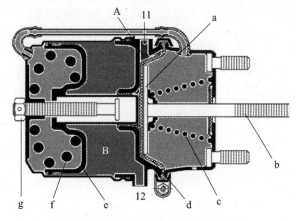

图 8-27 弹簧储能双腔制动气室结构

11—行车腔进气口;12—驻车腔进气口;A—行车腔;B—驻车腔;a—行车制动活塞;
b—推杆;c—回复弹簧;d—行车腔膜片;e—驻车腔活塞;f—驻车弹簧;g—解锁螺母。

行车状态下,弹簧储能双腔制动气室的驻车腔 B 从 12 口进气,驻车弹簧 f 被压缩,推杆 b 在回复弹簧 c 的推动下解除驻车;驻车时,将驻车腔 B 内高压气体排掉,驻车弹簧推动推杆实现驻车。当出现故障无法给驻车腔提供气源时,车辆将处于驻车状态,此时通过旋拧解锁螺母 g 压缩驻车弹簧,可实现驻车制动的解除。为满足不同制动推力的要求,弹簧储能双腔制动气室有不同尺寸型号可供选择,目前国内外的产品型号可以互换通用。

(二)驻车驱动机构

通常,最常用的驻车驱动机构为通过手刹杆+拉索来操纵驻车制动器,如图 8-28 所示。对于采用中央驻车的车辆来说,手刹杆因为其结构简单、操纵方便而被广泛接受,尤其是 4×4 轮式装甲车。

这种方案采用棘爪与棘齿实现驻车锁止和解除、转换臂实现力和行程的转换、柔性拉索满足车上的走向变化需要,节省了轮边安装空间,但车内的布置较复杂。由于装甲车辆要求驻车力矩较大,操纵时需要很大的拉力,且车辆停驻在坡道上解除驻车时,需克服很大的自锁力,因此对手刹杆的杠杆比和结构强度有更高的要求,如图8-29所示。

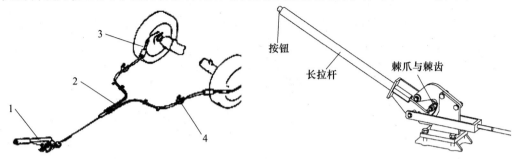

图8-28 手刹杆驻车操纵方案　　　　　　　　图8-29 手刹杆结构

1—手刹杆;2—拉索;3—轮边总成;4—固定座。

对于6×6、8×8大吨位的轮式装甲车,由于车体较长,且底盘内部复杂,手刹杆+拉索方案布置难度较大,故其不再适用。尤其是对于采用双腔弹簧气室轮边驻车的车辆,采用手制动阀对驻车制动器进行气动操纵是最佳的方案选择,其基本原理如图8-30所示。最典型的WZ551轮式装甲车的驻车驱动就是采用此种方案,具体可参见本节第一部分对WZ551轮式装甲车制动系统的介绍。

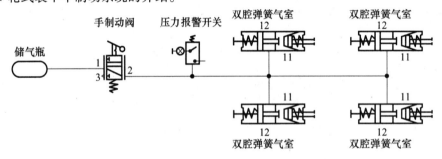

图8-30 手制动阀气动操纵驻车方案

乌拉尔军用越野车采用的驻车方案如图8-31所示,其驻车驱动操纵形式同样为手制动阀气动操纵方案。行车时,手制动阀手柄处于"行车"位置,储气瓶内与各轮边上驻

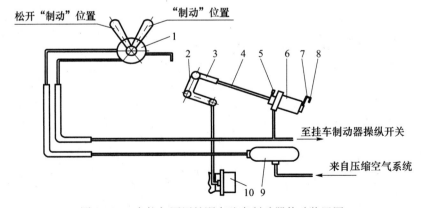

图8-31 乌拉尔军用越野车驻车制动器传动装置图

1—驻车制动器气动操纵开关;2—分动箱上的双臂杠杆;3—调整叉;4—纵拉杆;5—驻车制动系统接通信号器开关;6—制动室;7—杠杆;8—松开制动机构手柄;9—第四储气瓶;10—驻车制动器。

车制动器的弹簧储能双腔气室的驻车气室连接,将弹簧压缩。驻车时,将手制动阀手柄扳至"驻车"位置,将弹簧储能双腔气室的驻车气室内部高压气体排掉,弹簧复位,在弹簧力的作用下实现驻车。为保证行车安全,储气瓶不可以处于亏气状态,最低压力不得低于弹簧储能双腔气室的最小驻车解除压力,否则行车过程中驻车制动器对车轮有拖滞。因此,在驻车气路中安装一个压力开关,当气瓶压力过低时可触发其报警,供驾驶员进行判断处理。

四、辅助制动装置

在山区行驶的车辆,由于坡长弯多,需要长时间频繁制动,而行车制动器长时间频繁工作将使其温度不断升高,导致制动效能衰退甚至完全失效,故需要增设辅助制动装置。辅助装置的作用是在不使用或少使用行车制动的条件下,使车辆速度降低或保持稳定,但不能将车辆紧急制停。

辅助制动有发动机排气制动、缓速器等多种形式。装有辅助制动装置的车辆在陡峭的山区下长坡路上行驶时,可明显减少行车制动器的磨损,避免过热烧坏摩擦衬片,从而可提高行车制动器的寿命和车辆的制动安全性能。随着轮式装甲车不断向高速、重载的方向发展,辅助制动装置的作用也越来越重要。

(一) 排气制动装置

装有排气制动装置的车辆在下长坡时,将变速器挂入一定挡位,使车辆反过来通过传动系统带动发动机,使其变成空气压缩机,并停止向发动机供油,以消耗车辆的部分动能,对车辆起一定的制动作用,从而达到降低车速的目的。

发动机的排气管中装有排气制动器,其内装有一个片状碟阀,使用发动机制动时将该阀门关闭,以加大发动机排气阻力。由于这种型式制动器其制动效能随车辆发动机转速降低而减小,所以,只能用作辅助制动器。排气制动器在结构上较其他各种辅助制动器都简单,制动效能良好,制动功率可达发动机功率的60%左右。WZ551等气制动车辆上大多都装有排气制动装置,图8-32所示为WZ551排气制动工作缸与排气制动碟阀简图。排气制动碟阀操纵机构主要有3个排气工作缸(其中一个在发动机风压室内,称其为断油工作缸)和排气制动控制阀,排气制动工作缸4的气管接头9经气管与排气制动控制阀相连接。排气制动控制阀的结构如图8-33所示。

使用排气制动时,松开油门踏板,踏下排气制动控制阀的阀杆9(图8-33),经阀杆9顶开双用阀门4,使C腔与A腔沟通,关闭两个排气制动器的片状碟阀阀门并切断燃油供给。松开阀杆即解除制动,各机件即在回位弹簧作用下,按上述相反过程回复到正常行车状态,而工作缸内的压缩空气即经阀杆的中心孔、径向孔和B口排入大气。

(二) 缓速器

缓速器作为一种辅助制动装置,在车辆减速(或下长坡)时,可以使车辆平稳减速(或维持较低的速度),减轻对车辆传动系统的冲击,增加车辆在减速过程中的平稳性,减少制动器的磨损和发热,进而提高制动器的使用寿命和车辆行驶的安全性。目前市场上的缓速器,由其工作原理可以分为电涡流缓速器和液力缓速器。

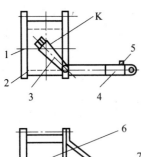
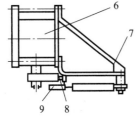

图 8-32　WZ551 排气制动工作缸
与排气制动碟阀

1—法兰盘；2—密封环；3—拉臂；4—气缸；
5—气缸进气接头；6—蝶阀体；
7—气缸支架；8—限位螺栓；9—气缸接头。

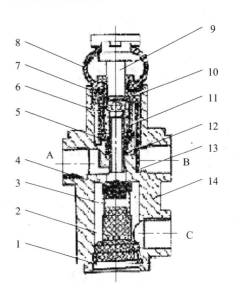

图 8-33　WZ551 排气制动控制阀

1—弹性挡圈；2—弹簧座；3—弹簧；
4—阀门；5—弹簧座；6—导向套通；
7—弹性挡圈；8—护罩；9—阀杆；
10—弹性挡圈；11—回位弹簧；
12—密封圈；13—滤网；14—阀体；
A—与气缸进气接头相通；B—通大气；
C—与七通管接头相通。

电涡流缓速器主要由定子和转子两部分组成。电涡流缓速器是利用电磁学原理把车辆行驶的动能转化为热能散发掉，从而实现减速和制动作用的装置。缓速器工作时，电涡流缓速器的励磁线圈自动通直流电而励磁，产生的磁场在定子磁极、气隙和前后转子盘之间构成回路，如图 8-34 所示。

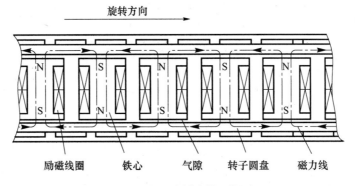

图 8-34　电涡流缓速器工作原理

磁极磁通量的大小与励磁线圈的匝数以及所通过的电流大小有关。在旋转的转子盘上，其内部无数个闭合导线所包围的面积内的磁通量发生变化，从而在转子盘内部产生无数涡旋状的感应电流，即涡电流(简称涡流)。一旦涡电流产生后，磁场就会对带电的转子盘产生阻止其转动的阻力，即产生制动力。阻力的合力沿转盘周向形成与其旋转方向相反的制动力矩，如图 8-35 所示。

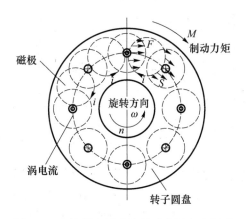

图 8-35 电涡流缓速器制动力矩产生原理

电涡流缓速器产生的制动力矩随转子转速变化的特性曲线如图 8-36 所示。制动力矩随转速增加而迅速增大,达到一定转速时有极大值,而后随着转速增加制动力矩略有下降。

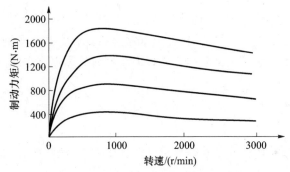

图 8-36 电涡流缓速器制动力矩特性

液力缓速器是由转子、定子、工作腔、输入轴、热交换器、储油箱和壳体组成。液力缓速器的系统工作原理如图 8-37 所示。缓速器工作时,压缩空气经电磁阀进入储油箱,将储油箱内的油经油路压进缓速器内,缓速器开始工作。转子带动油液绕轴线旋转,同时油液沿叶片方向运动,甩向定子。定子叶片对油液产生反作用,油液流出定子再转回来冲击转子,这样就形成对转子的阻力矩,阻碍转子的转动,从而实现对车辆的减速作用。

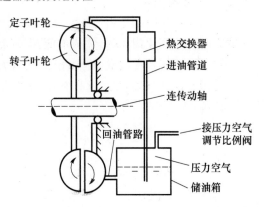

图 8-37 液力缓速器工作原理

与电涡流缓速器有所不同,液力缓速器的制动力矩特性随着转速的增加迅速上升,到某一定值后达到稳定。处于低制动强度级时制动力矩稳定在较宽的速度范围内,处于高制动强度时,制动力矩随转速的稳定范围变窄,如图 8-38 所示。

液力缓速器制动力矩几乎与制动强度成正比,力矩的大小取决于工作腔内油液的压

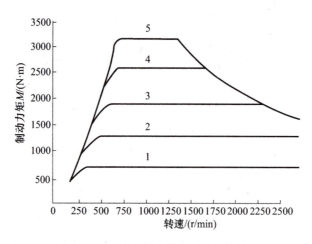

图 8-38 液力缓速器制动力矩特性

力、液量以及传动轴的转速。充入的油液越多,油液压力越大;传动轴转速越高,产生的缓速力矩越大,反之则愈小。

尽管缓速器使用效果优于发动机排气制动,但其尺寸大、重量大、易发热,是影响轮式装甲车选用的主要原因之一。另一方面,由于缓速器需要安装在车辆的动力传动链上,液力缓速器在未来分布式独立电驱动的轮式装甲车上的应用需求也越发不明显。

第五节　制动驱动机构设计计算

气压驱动机构的设计主要是选择与设计空气压缩机、储气瓶和制动气室,以及匹配它们之间的关系。

(一) 制动气室

制动气室的用途是将压缩空气能量转变为制动凸轮臂的推力。制动气室有膜片式和活塞式两种。膜片式易制造,成本低,但其有效行程小,并且行程增大时推力减小。活塞式的优点是不需经常调整,推力不变,行程大,其动作原理如图 8-39 所示。

活塞式制动气室活塞或推杆上的推力可按下式计算:

$$P = \frac{\pi}{4}D^2 \cdot P_a \qquad (8-70)$$

式中　P——活塞或推杆上的推力;
　　　D——活塞直径;
　　　P_a——空气压力。

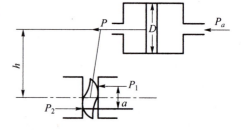

图 8-39 活塞式制动气室动作原理

推杆上的推力对凸轮轴的力矩与制动蹄对凸轮轴的反力矩相平衡:

$$P = \frac{a}{2h}(P_1 + P_2) \qquad (8-71)$$

式中　h——推杆推力 P 对凸轮轴轴线的力臂;
　　　P_1、P_2——蹄对凸轮的反作用力(等于凸轮对蹄的推力);

$a/2$——反作用力对凸轮中心的力臂。

活塞直径为

$$D = \sqrt{\frac{2a(P_1 + P_2)}{\pi P_a h}} \quad (8-72)$$

(二)膜片式制动气室

作用在推杆上的力 P 如图 8-40 所示。

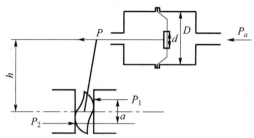

图 8-40 作用在推杆上的力的示意图

$$P = A \times P_a \quad (8-73)$$

式中 A——膜片有效作用面积,$A = \frac{\pi}{12}(D^2 + Dd + d^2)$($D$ 为膜片最大工作直径,d 为推杆夹盘直径)。

因此,作用在膜片式气室推杆上的推力为

$$P = \frac{\pi}{12}(D^2 + Dd + d^2)P_a \quad (8-74)$$

若给出蹄片端部的行程 δ,并已知凸轮轮廓的几何参数,便可求出制动时凸轮必须转过的角度,根据这个转角确定两蹄张开力之距 a 和推杆至凸轮轴的距离 h,就可以求得制动气室的推杆行程为

$$L = \lambda \frac{2h}{a}\delta \quad (8-75)$$

式中 λ——考虑到摩擦片磨损的行程贮备系数。

对于刚性中间转动机构,其在使用过程中推杆行程实际上几乎不变,这时可取 $\lambda = 1.2 \sim 1.4$;对于带有摩擦件的中间转动机构,取 $\lambda = 2.2 \sim 2.4$ 或更大。

制动气室的工作容积可按下式计算:

(1)活塞式:

$$V_s = \frac{\pi}{4}D^2 L \quad (8-76)$$

(2)膜片式:

$$V_s = \frac{\pi}{6}(D^2 + Dd + d^2)L \quad (8-77)$$

(三)储气瓶

储气瓶用以贮存压缩空气。其容积的选择要适当,容积太大,会使空气压缩机充气时

间过长,影响出车;容积太小,会使每次制动的气压下降太大,以及当发动机停止运转后的有效制动次数减少。加装副储气瓶时主、副储气瓶之间应安装压力控制阀,使得只有在主储气瓶压力高于 0.6~0.63MPa 左右时才对副储气瓶充气。

制动之前储气瓶与其后的制动管路及制动气室隔绝,即制动管路中的空气绝对压力为大气压 P_0,制动气室压力腔容积为零。设储气瓶容积为 V_c,此时储气瓶相对压力为 P_c,所有制动管路总容积为 $\sum V_g$,所有制动气室压力腔最大容积之和为 $\sum V_s$。则制动前在储气瓶、制动气室及其间制动管路组成的整个系统中,空气的绝对压力与容积的乘积之和为

$$\sum pV = (p_c + p_0)V_c + p_0 \sum V_g \qquad (8-78)$$

制动时储气瓶中压缩空气经制动阀输入到所有制动管路和制动气室,当它们的相对压力达到制动阀所控制的最大工作压力 $p_{\max}$ 后,储气瓶与制动管路及制动气室再次被隔绝。此时制动气室压力腔容积达到最大值 $\sum V_s$,储气瓶中相对压力减低到 p_c',则系统中空气绝对压力与容积的乘积之和为

$$(\sum pV)' = (p_c' + p_0)V_c + (\sum V_g + \sum V_s)(p_{\max} + p_0) \qquad (8-79)$$

设空气的膨胀为等温过程,则

$$\sum pV = (\sum pV)'(p_c + p_0)V_c + p_0 \sum V_g = (p_c' + p_0)V_c + (\sum V_g + \sum V_s)(p_{\max} + p_0) \qquad (8-80)$$

当空气压缩机不工作时完成一次制动后储气瓶的压力降为

$$\Delta p_c = p_c - p_c' = \frac{(p_{\max} + p_0)(\sum V_g + \sum V_s) - p_0 \sum V_g}{V_c} \qquad (8-81)$$

储气瓶的压力下降,相对于调压器调定的压力,应不超过 0.03MPa,据此可确定储气瓶容积。一般储气瓶的容积应为制动气室容积的 20~40 倍,即

$$V_c = (20 \sim 40) \sum V_s \qquad (8-82)$$

空气压缩机不工作时利用储气瓶空气可能连续制动的次数为

$$n = \frac{\lg \dfrac{p_{c\max}}{p_{c\min}}}{\lg \left(1 + \dfrac{\sum V_s + \sum V_g}{V_c}\right)} \qquad (8-83)$$

式中 $p_{c\max}$ ——储气瓶内空气的最大绝对气压;

$p_{c\min}$ ——储气瓶内空气的最小安全气压。

一般要求 $n = 8 \sim 12$ 次。

(四) 空气压缩机

空气压缩机的出气率应满足每次制动时各气动装置的耗气需求。每次制动时所消耗的压缩空气的容积 V_B 为

$$V_B = \sum V_S + \sum V_g \qquad (8-84)$$

每次制动所消耗的空气质量 w_B 为

$$w_B = \frac{pV_s}{RT} \quad (8-85)$$

式中 p——制动管路压力,N/m^2;
R——空气的气体常数,可取 $R = 29.27 N \cdot m/(N \cdot K)$;
T——绝对温度,K,$T = 273 + t$;其中:t——大气温度(℃)。

单位时间制动所消耗的压缩空气质量 W_B 为

$$W_B = w_B \times m \quad (8-86)$$

式中 m——单位时间内制动次数,取 $m = 0.2 \sim 0.5$ 次/min。

车辆总耗气率:

$$W_Z = W_B + \sum W_f + \sum W_1 \quad (8-87)$$

式中 $\sum W_f$——车辆各附属气动装置单位时间内所消耗的压缩空气之和;
$\sum W_1$——单位时间内允许漏气量。

考虑到还有不可预料的压缩空气损失和空气压缩机停止出气的可能,空气压缩机的出气量 W_k 应为车辆总耗气率的 $5 \sim 6$ 倍,即 $W_k = (5 \sim 6)W_z$。

取空气的重度为 $12.7N/m^3$,则按容积计算,空气压缩机的出气率 V_k 应为

$$V_k = (5 \sim 6)\frac{W_k}{12.7} \quad (8-88)$$

空气压缩机的理论出气率按下式计算:

$$V_k = \frac{\pi D^2 Sni}{4}\eta_v \quad (8-89)$$

式中 D——气缸直径(m);
S——活塞行程(m);
i——气缸数;
n——空气压缩机转速(r/min),按平均车速或变速器挂直接挡时发动机转速的 $0.5 \sim 1$ 倍计算;
η_v——容积效率,设计时一般取 $\eta_v = 0.5 \sim 0.7$。

驱动空气压缩机所需功率计算方法:假定空气压缩机的工作过程为绝热过程,则它所需的驱动功率 N_k 为

$$N_k = p_1 V_k \frac{k}{k-1}\left[\left(\frac{p_2}{p_1}\right)^{\frac{k-1}{k}} - 1\right] \quad (8-90)$$

k 为绝热系数,设计时取 $k = 1.41$,则

$$N_k = \frac{5.73 \times 10^{-8} p_1 V_k \left[\left(\frac{p_2}{p_1}\right)^{0.286} - 1\right]}{\eta} \quad (8-91)$$

式中 p_1——进气压力(N/m^2);
p_2——压缩终了的压力(N/m^2);
V_k——空气压缩机出气率(L/min);

η——空气压缩机机械效率，一般取 $\eta = 0.4 \sim 0.7$。

空气压缩机对储气瓶的充气时间 t 为

$$t = \frac{V_c}{V_k} \tag{8-92}$$

（五）连接管路

气压系统各元件连接管路直径应与其通过气量相适应，使得压缩空气在通过气路时压力不致下降太多及气路中各元件工作的滞后时间过长。

连接工作元件与分配元件的气管内径 d_g 按下式计算：

$$d_g = 2\sqrt{\frac{L}{\pi v}} \tag{8-93}$$

式中　L——单位时间通过气管的压缩空气的容积（m^3/s）；

　　　v——通过气管的空气速度（m/s），取 $v = 10 \sim 20$。

空气压缩机至储气瓶的气管内径 d 与空气压缩机出气率有关，可按下式计算：

$$d = \sqrt{\frac{DCi}{\pi v}} \tag{8-94}$$

式中　D——空气压缩机活塞面积（m^2）；

　　　C——空气压缩机额定转速时的活塞平均速度，等于 $3 \sim 4m/s$；

　　　i——空气压缩机缸数。

对于空气压缩机出气率小于 80L/min（转速为 1250r/min），取连接气管内径为 10mm；对出气率小于 200L/min 的，取气管内径为 15mm；对出气率大于 200L/min，且气管长度大于 2.5m 的，气管内径应不小于 22mm。

对于耗气气管，一般采用 14mm×12mm，12mm×10mm 或 10mm×8mm 的管子。在通过气量不大的管路中（如气压表及其他控制元件）选用小直径的气管（6mm×4mm）。

第六节　车辆制动防抱死系统（ABS）

车辆在紧急制动或附着系数较低的路面上制动时，防止车轮抱死，保证车辆行驶稳定性和方向操纵性的装置称为车辆防抱死制动系统，简称 ABS（Anti-lock Brake System）。车轮"抱死"是指制动时车轮被抱住而停止转动，因惯性使车轮滑移，车辆仍在路面上滑行的制动现象。车轮作纯滚动时，滑移率为零；而车轮完全抱死时，滑移率为 100%。如果高速制动时，后轴车轮抱死，将发生侧向滑移；前轮抱死，车辆将丧失操纵性能，容易造成交通事故。研究表明，滑移率为 20% 左右时，车轮纵向附着系数达到最大值，而滑移率在 15%～25% 之间时，可以使纵向及侧向附着系数都较大，车辆的稳定性和操纵性都较好。ABS 系统可以使滑移率控制在 15%～25% 的范围内。

在正常的制动条件下，车辆防抱死系统不参加工作，驾驶员可按常规操纵车轮制动器。当驾驶员操纵制动器引起车轮趋于抱死时，如在湿滑的路面上或紧急制动时，车辆防抱死系统便参加工作，它独立地调节车轮制动力，防止车轮抱死，而与驾驶员踩制动踏板的力无关。

一般车轮防抱死系统应满足如下要求：

（1）在所有载荷和路面条件下制动时系统均能防止车轮抱死；

(2) 在各种道路上都能保持车辆行驶稳定性以及方向可操纵性。

除了 ABS 之外,还有防止驱动轮打滑的控制系统(ARS)又称牵引力控制系统(TCS)和车辆稳定性控制系统(VSC)。在容易滑动的路面(雪、冰)上车辆加速时,TCS 可防止驱动轮打滑,以提高车辆稳定性和加速性。在急剧操纵方向盘和路面状况急剧变化等不可预测状态下,VSC 以控制制动系统和发动机的输出转矩来防止车辆横摆和横向侧滑,以保持车辆的横向稳定性。

一、防抱死制动系统的组成和功能

ABS 一般由轮速传感器、电子控制器(ECU)和电磁调节器组成,如图 8-41 所示。

(一) 车轮速度传感器

车轮速度传感器分为霍尔效应主动式及电磁被动式两种。主动式传感器输出信号的幅值与轮速无关,其抗干扰能力强,安装精度要求不高,能检测到的低速范围一直到 0km/h。但它需要外部电信号输入,价格较高,一般应用于通讯导航的测速系统中。被动式传感器能在很大温度范围内可靠工作,具有一定的抗冲击能力,而且价格低,所以在 ABS 中得到广泛应用。但是它输出电压的幅值及频率随着车速降低而下降,容易受机械振动产生的噪声影响。低速时,它对电磁干扰较敏感。

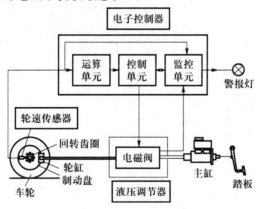

图 8-41 ABS 组成示意图

轮速传感器由永久磁铁、磁极、线圈和齿圈等组成,如图 8-42 所示。齿圈一般都是固定在车轮轮毂上,或者与轮速成比例的旋转部件上。轮速传感器安装在制动底板或转向节支架上,齿圈 4 的上方,二者间隙应在 0.25~0.7mm 之间,它相对于车轮静止不动。当齿轮转动时轮速传感器能测出固定在轮毂上的齿圈转过的齿数,产生与车轮转速成正比的交流感应信号,并通过电缆送至电子控制器(ECU),该电压信号变化的频率能精确地反映出车轮速度的变化。

(二) 电子控制器(ECU)

电子控制器的主要功能是接收轮速传感器、减速传感器信号和各种控制开关信号,根据设定的控

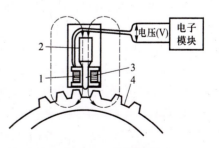

图 8-42 轮速传感器的组成
1—线圈;2—永久磁铁;3—磁极;4—齿圈

制逻辑,通过数学计算和逻辑判断后,对压力调节器输出控制指令,以便调节制动轮缸的制动压力。此外,它还具有对其他部件的监控功能。当其中有部件发生异常时,指示灯或蜂鸣器便发出警报信号,使整个制动防抱死系统停止工作,并恢复到常规的制动方式工作。

电子控制器的硬件由安装在印刷电路板上的单片机和一些电子元件组成,软件主要是指一系列控制程序和存储在只读存储器中的大量实测数据。虽然各种车型 ABS 的电子控制器内部电路及控制程序各不相同,但其电路的基本组成大致相同。它由输入电路、运算电路、输出放大电路和安全保护电路四大部分组成,如图 8-43 所示。

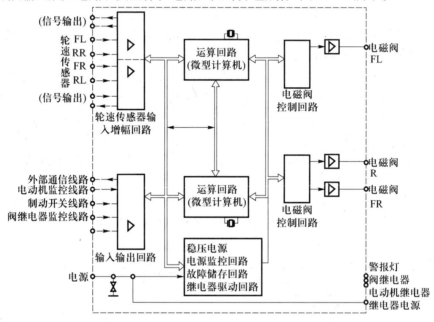

图 8-43　三通道四传感器 ABS 电子控制器电路图

1. 输入电路

输入电路由低通滤波器和整形放大器组成,其功用是对轮速传感器输入的交变电压信号进行处理,并将模拟信号转变为数字信号输入运算回路。为了检测轮速传感器的工作情况,计算电路还经输入电路向各轮速传感器输出检测信号,再由输入电路将信号反馈到计算电路。此外,输入电路还要接受点火开关、制动开关、液位开关等外部信号,以及电磁继电器、泵电机继电器等工作电路的检测信号,并将这些信号经过处理后送入计算电路。

2. 运算电路

运算电路的功用是根据输入信号按照软件设定的程序进行数学运算和逻辑判断,以形成相应的控制指令,再向电磁控制电路输出制动压力"降低""保持"或"升高"的指令。

运算电路一般由两个微型计算机组成,它们接受同样的输入信号,在运算过程中对两个微机的处理结果进行比较,如果两者处理的结果不一致,微机立即使 ABS 系统退出工作,防止系统发生故障导致错误控制。

运算电路不仅监控自己内部的工作过程,而且还监控系统中轮速传感器、泵电机和电磁继电器等有关部件的工作状况。当运算电路监测到有部件工作不正常时,立即向安全保护电路输出指令,使 ABS 停止工作。

3. 输出放大电路

输出放大电路的主要功能是将电子控制器输出的数字信号转换为模拟信号,以控制各电磁阀的电流。

4. 安全保护电路

安全保护电路由电源监护、故障记忆、继电器驱动和 ABS 指示灯驱动电路等组成。其主要功能是监控电源是否在稳定范围内工作,同时将 12V 或 14V 电源电压变换为 ECU 工作需要的 5V 电压。

ECU 接通电源后,就对系统各部分进行自检,包括继电器、电磁阀电路是否短路、断路,微处理器是否正常运行。无论车辆是处于行驶或怠速状态,只要有信号,自检系统就会不断地工作。一旦检测到某个部分有错,就会关掉该部件或整个 ABS。产生的故障通过报警灯或荧屏显示告诉驾驶员。同时,其故障信号也以代码形式储存起来,以供维修时使用。

(三)压力调节器

压力调节器由回油泵、存储器及电磁阀等组成。在液压制动系统中它安装在主缸和轮缸之间,根据 ECU 的指令,通过电磁阀的工作实现车轮制动器中压力的自动调节。回油泵的作用是在压力减小过程中,将流出车轮制动轮缸的制动液经存储器送回制动器主缸。

在气压制动系统中压力调节器也是由电磁控制气压的调节阀,故被称为压力控制阀或压力调节阀(PCV)。

压力调节器的核心是电磁阀。在液压制动系统中压力调节器的电磁阀多采用三位三通电磁阀(3/3 电磁阀)。它由螺线管、固定铁心和可移动铁心组成,如图 8-44 所示。柱塞上设有分别通向贮油器、制动主缸和制动轮缸的 3 个液流通道。电子控制器通过改变螺线管的电流改变磁场力,以此控制两铁心之间的吸引力,该力与弹簧力方向相反,从而控制了柱塞的 3 个位置,改变 3 个阀口之间的通道。

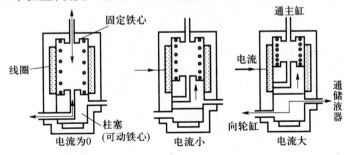

图 8-44 3/3 电磁阀

压力调节器的工作原理如下。

1. 常规制动过程

常规制动时 ABS 不参加工作,即电磁阀不通电,柱塞处于图 8-45 所示的最下位置,主缸与制动轮缸相通,主缸可随时控制制动压力的增减。这时,电机和油泵也不需要工作。

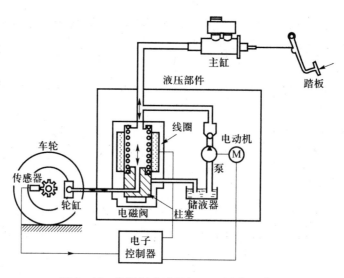

图 8-45　常规制动过程(ABS 不参加工作)

2. 减压过程

当电磁阀通入最大电流时,柱塞移至最高位置,主缸与制动轮缸的通路被隔断,而制动轮缸和储油器接通,轮缸中的油流入储油器,制动压力降低。与此同时,驱动电机启动,带动油泵工作,将储油器中的低压油加压后输入主缸,为下一个制动周期做好准备,如图 8-46 所示。在 ABS 的工作过程中油泵始终处于工作状态,这样也可防止制动踏板行程发生变化。

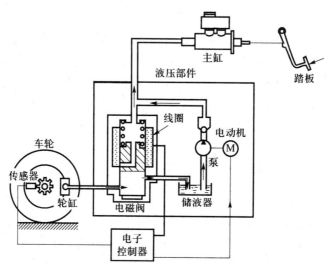

图 8-46　ABS 减压过程

3. 保压过程

为了避免压力继续增加,电子控制器给电磁线圈输入保持电流(约为最大电流的半值),使柱塞移至图 8-47 位置,主缸、轮缸、储油器之间相互隔断,使轮缸中的油压保持不变。

4. 增压过程

当电磁阀断电后,在回位弹簧的作用下柱塞又重新回到初始位置,如图 8-48 所示,主缸

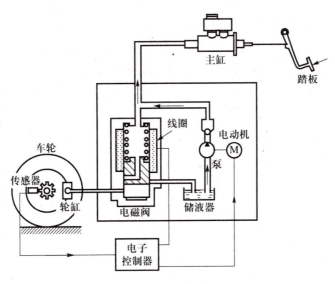

图 8-47　ABS 保压过程

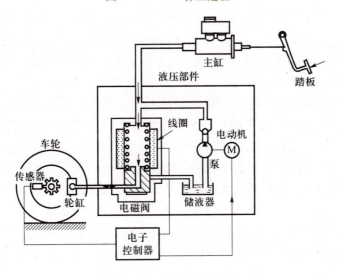

图 8-48　ABS 增压过程

与轮缸再次相通。若制动踏板维持压力不变,主缸的高压油再次进入轮缸,增加了制动力。

二、防抱死控制过程

（一）基本原理

车轮滑移率与附着系数的关系如图 8-49 所示。当滑移率为零时,横向附着系数最大,而纵向附着系数为零。横向附着系数越大,车辆制动时的方向稳定性和保持转向控制的能力越强。随着滑移率的增加,横向附着系数逐渐减小,纵向附着系数逐渐增加。当车轮抱死时横向附着系数接近于零,车辆将丧失方向稳定性和转向控制能力。如果前轮抱死,则丧失维持转弯能力的横向附着力,车辆将不能转向,而仍将按原方向滑行。如果后轮抱死,则其抵抗横向外力的能力就很弱。后轮稍有外力作用就会发生侧滑,车辆的稳定性就会变差,甚至出现调头甩尾等危险现象。

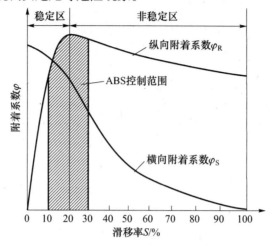

图 8-49　干燥硬湿路面上附着系数与滑移率的关系

在各种路面上车辆的附着系数都随滑移率的变化而变化,当滑移率为 20% 时纵向附着系数最大。当滑移率大于 30% 后,不仅纵向附着系数减小,而且横向附着系数也急剧下降,使车辆的行驶稳定性和操纵性恶化。车轮滑移率在 10%～30% 的区域范围内为制动稳定区,如图 8-49 所示。

防抱死控制的目的就是确保车轮在一个设定的制动稳定区内工作,其制动过程如图 8-50 所示。在未达到附着系数峰值对应的滑移率(1 点处)时,地面附着力矩与制动力矩同步增长,此时车轮减速度与制动力矩增大速度成正比,车轮稳定旋转。当制动力矩继续增大,使滑移率超过附着系数峰值对应的数值后,由于附着系数下降,地面附着力矩与制动力矩之差急剧增大,使车轮进入非稳定工作区。所以从 2 点起应立即调减轮缸油压,使制动力矩降低。当制动力矩等于地面制动力矩(点 3)之后,轮速加速回升到点 4 时,车轮进入最佳滑移率值(20% 左右)的稳定区,又可发出增压指令,使制动力矩再次增加。如此循环地进行减压、增压控制,直到车辆完全停止。

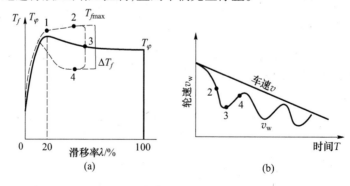

图 8-50　防抱死制动循环
T_f—制动力矩;T_φ—地面制动力矩。

(二) 控制过程

ABS 一般都将制动控制过程分为高附着系数、低附着系数和附着系数由高到低 3 种情况分别进行控制。ABS 工作时首先根据减速度信号判定路面状况,减速度大于一定值为高附着系数路面,减速度小于一定值为低附着系数路面,然后调用相应的控制程序。虽然在不同附着系数路面上的控制过程有所不同,但其控制原理和方法基本相同。高附着系数路面的制动控制过程如图 8-51 所示。

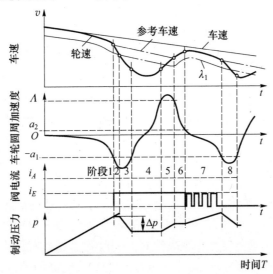

图 8-51　高 φ 路面的制动控制过程

在制动初始阶段,车轮制动分泵的制动液压力随制动踏板力的升高而升高,轮速降低,减速度增加,如图 8-51 中第 1 阶段曲线所示。

当减速度增加到设定阈值($-a$)时,ECU(电子控制器)发出指令,使相应的电磁阀转换到"保持压力"状态,控制过程进入第 2 阶段。此时制动分泵压力保持不变。因为减速度刚刚超过设定阈值时,车轮还工作在 $\varphi_B - S$ 曲线的稳定区域,所以滑移率较小,且小于设定阈值(λ_1)。该滑移率可用参考车速计算求得,故称为参考滑移率。参考车速由 ECU 根据存储器中存储的制动开始时的车轮速度确定,并按设定的斜率(该斜率略大于纵向附着系数最大值所对应的车辆减速度值)下降。

在制动过程中,ECU 的运算回路可计算出任意时刻的参考滑移率。在保压过程中,参考滑移率会增大,当参考滑移率大于滑移率阈值时,ECU 发出指令使相应的电磁阀转换到"压力降低"状态,控制过程进入第 3 阶段。

制动压力降低后,在车辆惯性力作用下车轮减速度开始回升。当减速度回升到大于减速度阈值($-a$)时,ECU 发出指令使相应的电磁阀转换到"压力保持"状态,控制过程进入第 4 阶段。在制动部件以及制动液的惯性作用下,车轮开始加速,减速度由负值迅速增加到正值,直到超过加速度阈值($-a$)。

在制动压力保持过程中,加速度继续升高。当加速度超过更大的加速度阈值($+a$)时,ECU 发出指令使相应的电磁阀转换到"压力升高"状态,控制过程进入第 5 阶段。

制动压力升高后,车轮加速度降低,当加速度降低到低于加速度阈值($+a$)时,ECU 发出指令使相应的电磁阀转换到"压力保持"状态,控制过程进入第 6 阶段。因为此时车轮加速度大于设定阈值($+a$),说明车轮工作在 $\varphi_B - S$ 曲线的稳定区域,且制动力不足,所以当加速度降低到加速度阈值(+a)时,ECU 将发出指令使相应的电磁阀在"压力升高"和"压力保持"状态之间交替转换,控制过程进入第 7 阶段,车轮速度降低,加速度减小。当加速度降低到减速度阈值(-a)时,控制过程进入第 8 阶段,ABS 进入第二个控制周期,控制过程与上述相同。

三、防抱死制动系统类型及特点

电子式 ABS 种类很多,按车轮控制方法可分为"轴控式"和"轮控式"两种。在 ABS 中独立调节制动压力的管路称为控制通道,简称通道。ABS 中每个车轮各占用一个通道的称为"轮控式"或独立控制式,同在一个车轴上的两个车轮共用一个通道的称为"轴控式"或称车轴式。车轴式又分为"低选控制(SL)"和"高选控制(SH)"两种。所谓低选控制是指,在同轴两轮中以附着系数较小的车轮不抱死为原则,来调节两轮的制动压力。而以附着系数高的车轮不抱死为原则的称为高选控制。

采用"低选控制"时,同轴的两个车轮有各自的车轮转速传感器,它们共用一个压力调节器和电子控制器的一个通道,并由路面附着系数低的一侧车轮的运动状态来控制。低选控制式的优点是车辆稳定性和操纵性好。但是附着系数利用率比独立控制低,制动距离也较长。采用独立控制式时,每个车轮都有自身的监测和控制系统。在各种道路条件下,每个车轮都可处于最佳制动运动状态。但是当车辆行驶在左、右附着系数不同的路面上制动时车辆的稳定性和操纵性都比低选控制式差。

防抱死系统还可按传感器数量和控制通道数分为四传感器四通道、四传感器三通道、三传感器三通道、二传感器二通道等多种形式。

车辆采用不同数量的传感器、控制通道以及不同的控制方法,可以组合成各种不同特点的防抱死制动系统。

1) 四传感器四通道/四轮独立控制

这种类型的 ABS 具有 4 个传感器和 4 个控制通道,每个车轮可根据自身需要分别控制制动压力。因此,各车轮都可充分利用地面附着系数,装有这种 ABS 的制动系统具有较高的制动效能,制动距离短,且操纵性能最好。但是当车辆在不对称路面上制动时,由于作用在前后左右车轮上的制动力不同,车辆偏转力矩较大,方向稳定性不太好。

2) 四传感器四通道/前轮独立控制—后轮低选控制

前轮独立控制,而后两轮低选控制,即以易抱死车轮的较小转矩为基准,给两后轮施加相等的控制力矩。此种控制方式的操纵性和稳定性较好,但制动效能较差。此种控制方式用于 X 形制动管路的车辆时需要采用四通道,如图 8-52(b)所示。

3) 四传感器三通道/前轮独立控制—后轮低选控制

采用 4 个传感器,前两轮分别为独立控制,后两轮为低选控制,其性能与控制方式 2)相同,其操纵性和稳定性较好,而制动效能较差。该 ABS 适用于前后布置制动管路的后轴驱动的车辆,如图 8-53 所示。

4) 三传感器三通道/前轮独立控制—后轮低选控制

该 ABS 用于制动管路前后布置的后轴驱动车辆。每个前轮各采用一个传感器独立进行控制,而两后轮只在差速器上装一个传感器,用一条液压管路控制两后轮制动力,如

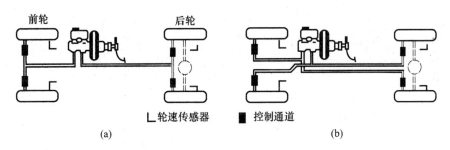

图 8-52　四传感器四通道/四轮独立控制
(a)前后制动管路用；(b)X形制动管路用。

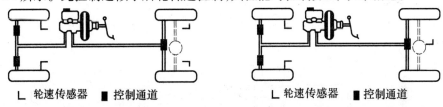

图 8-53　四传感器三通道/前轮独立
　　　　控制—后轮低选控制

图 8-54　三传感器三通道/前轮独立
　　　　控制—后轮低选控制

图 8-54 所示。此控制近似于后轮低选控制，其性能与控制方式与3)相近。

5) 四传感器二通道/前轮独立控制

它是适用于制动管路 X 形布置车辆采用的简易控制系统。前轮独立控制，制动液经比例阀(PV)后传至其对角后轮，如图 8-55 所示。车辆在不对称路面上制动时，在高附着系数 φ 路面上的前轮产生的高压传至其连通的后轮在低附着系数路面上先抱死，而低附着系数路面上的前轮的制动力较低，传至后轮的液压也较低，使后轮在高附着系数路面上不抱死，如图 8-55(b)所示，所以车辆能保持方向稳定性。该系统与三通道式和四通道式相比，后轮制动力一般稍微不足，制动距离有所加长，但后轮滑移较小，车辆制动稳定性好。

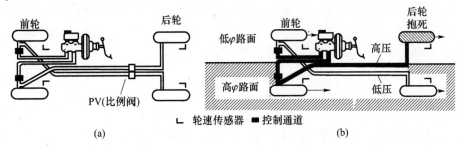

图 8-55　四传感器二通道式/前轮独立控制
(a)四传感器二通道式/前轮独立控制系统；(b)车辆在两侧不同附着系数路面上的制动情况。

6) 四传感器二通道式/前轮独立控制—后轮低选控制

为了避免上述控制系统在低附着系数 φ 侧车轮抱死，在通往后轮的两个管道上安装了一个低选择阀(SLV)，如图 8-56 所示。该阀使高 φ 侧前轮的高压不直接传至低 φ 侧后轮，而通过低选阀(SLV)使液压升至与低 φ 侧前轮液压相同，如图 8-56(b)所示。这样就可避免后轮抱死，与无选择阀相比，该系统接近三通道甚至四通道的控制效果。

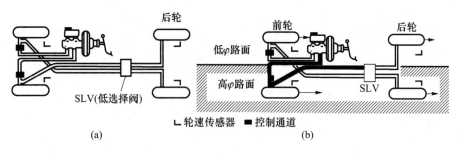

图 8-56 四传感器二通道式/前轮独立控制—后轮低选控制

7) 一传感器一通道式/后轮近似低选择控制

对于制动管路前后布置且只控制后轮的车辆,如图 8-57 所示。因该车前轮无控制,容易发生抱死,故其转向操纵性能差,在湿路面上制动距离较长,只有在均匀路面上方向稳定性较好。

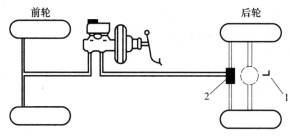

图 8-57 一传感器一通道式/前轮无控制—后轮低选控制
1—传感器;2—控制通道

第七节 制 动 液

制动液是液压制动系统的工作介质,又称刹车油或刹车液,是用于液压制动系统中传递压力,使车轮制动器实现制动作用的一种功能性液体。其基本工作原理是:在车辆制动时,主缸活塞被推动,主缸内的制动液由制动管路连接到车辆的前、后轮制动器活塞处,制动器活塞也被推动,从而产生制动力使车辆减速或停止。

一、制动液的作用及性能要求

制动液在制动系统中的作用可概括为以下 4 个主要方面:

(1) 传能作用。传递制动能量(压力),驱动制动装置正常可靠的工作。

(2) 散热作用。制动装置执行制动时,因摩擦作用而使摩擦零部件温度迅速升高,制动液可在一定程度上起到冷却降温作用。

(3) 防锈(防腐)作用。当制动系统中的金属零部件暴露在大气中时,由于化学腐蚀和电化学腐蚀的双重作用,极易发生锈蚀(腐蚀),使用防腐性能优良的制动液产品,有利于提高制动系统金属零部件的防腐蚀性能。

(4) 润滑作用。制动系统中制动部件工作时,会产生滑动摩擦,制动液对此可起到润滑作用。

鉴于制动液在制动系统中所起的重要作用,加之制动液质量状况是影响车辆能否安全行驶的重要因素。因此,制动液的性能应满足如下要求:

(1) 沸点高,蒸发性小。制动时轮毂的温度会达到上百度,高温传递到制动液上,如果制动液的沸点温度不够高,就很容易被汽化,产生大量的气泡而阻碍了推动活塞动作的实施。要保障制动的灵敏性,制动液的沸点越高越好,最好在230℃以上。

(2) 良好的吸湿性。制动液吸水后能与水互溶,若不互溶就会在管内产生水珠,在高温下水会汽化使系统产生气阻造成制动滞后;若吸水性大则会因吸水过多而使制动液沸点降低,使其低温流动性变差。在实际运行中,制动液不可避免会进入一些水分,因此,凡是质量合格的制动液都有符合国家标准的湿平衡回流沸点。制动液吸湿性对回流沸点的影响曲线如图 8-58 所示。

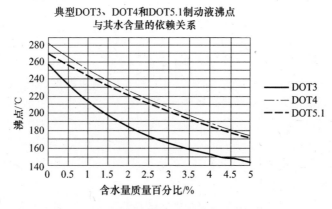

图 8-58 制动液吸湿性对回流沸点的影响

(3) 适宜的黏度和良好的黏温特性。在高温下,不会因黏度过低而无法保证运动部件的润滑和密封;在低温下,不会因黏度过高而出现制动迟缓或失灵。

(4) 防锈性能好。为保证制动液长期使用时不会对金属构件和金属管路产生腐蚀锈蚀,制动液应该含有一定的防腐添加剂。

(5) 良好的橡胶适应性。为防止制动液泄漏影响制动效果,要求制动液必须与系统阀件中的橡胶材料具有良好的橡胶适应性。

(6) 稳定性好。制动液长期使用不会因变质而腐蚀制动系统的管路或制动泵体,避免产生沉淀物阻塞管路。

二、制动液类型及质量划分

制动液主要是由溶剂、润滑剂、抑制剂和抗氧化剂组成。一般有如下 3 种类型的制动液[23]。

(1) 乙二醇,乙二醇醚。乙二醇、乙二醇醚及硼酸脂基制动液占国际市场份额的 95% 以上。

(2) 硅酯。硅酯基制动液,其特性没有乙二醇、乙二醇醚、硼酸脂基制动液好,不建议在军用车辆中使用。

(3) 矿物油。在一些低速行驶的工程车辆中比较常用,如叉车等。

制动液按美国联邦车辆安全规范 FMVSS No.116 划分为 DOT3、DOT4、DOT5.1。在 2005 年国际标准 ISO 4925 中把制动液划分为 3、4、5-1、6 四个级别,划分标准主要依据以下几项性能要求,如表 8-1 所列。

表 8-1 制动液标准性能要求划分表

性能	级 3(DOT3)	级 4(DOT4)	级 5-1 (DOT5.1)	级 6
平衡回流沸点/℃	>205	>230	>260	>230
湿平衡回流沸点/℃	>140	>155	>180	>165
-40℃的黏度/Pa·s	<1500	<1800	<900	<750
>100℃的黏度/Pa·s	1.5			
pH 值	7~11.5			

在我国,将机动车辆制动液分为 HZY3、HZY4、HZY5 等级别,分别对应 DOT3、DOT4、DOT5.1 级别。DOT3 级制动液可使用于我国的广大地区,适用于各种高级轿车和轻、中、重型车的液压制动系统,DOT4 级制动液适用于制动液操作温度较高的轿车,DOT5.1 级制动液则用于对制动液有特殊要求的车辆使用。鉴于使用环境条件的复杂性,对于轮式装甲车而言,推荐选用 DOT4 级别以上的制动液。

三、制动液使用与保养

制动液使用一定时间后会因吸湿、化学变化等原因使性能指标降低,从而影响制动的灵敏性,因此使用中的制动液应定期更换。在正常情况下,每年应至少更换一次。但当出现下列情况之一时,应立刻全部更换制动液。

(1) 当制动液中混入其他类型制动液时,比如醇型制动液混入矿基液压油时,会损坏密封圈,导致制动失效。

(2) 当车辆正常行驶时,出现制动忽轻忽重时。

(3) 当系统中的制动液因故变少或者制动液面过低报警时。

(4) 当检查制动液发现油色变混浊或者含有较多杂质、沉淀物时。

使用或更换制动液时应注意以下几点:

(1) 制动液属易燃物品,使用和保存时应注意防蒸发、防失火。

(2) 严禁各种制动液混用混存,以免分层而失去制动作用。

(3) 制动液不得露天存放和靠近热源,以防变质失效。

(4) 盛装制动液的容器必须专用、清洁并盖严,以防其他油品、机械杂质、水分混入产生化学反应而失效。使用时若发现制动液表面有灰尘、杂物等应当清除,切忌搅混,加注制动液时应用清洁的专用工具。

(5) 更换制动液前,将制动系统清洗干净,更换后要将油路中的空气排放干净。

(6) 更换制动液时,应将制动系统内的残液清洗干净,并检查新制动液内有无白色沉淀物,若有应清除后再用。尽量减少制动液与大气的接触时间以防制动液吸湿。

第九章　装甲车体与防护系统设计

第一节　概　述

轮式装甲车车体是使用特殊的装甲材料制做成的坚固壳体,用来防护来袭弹药和安装武器系统及其他所有机构并承受各种负荷。在装甲车辆执行侦察、运送人员、防暴、维和以及作战任务时,需要利用车体直接冲击各种人为障碍和天然障碍,同时需要装甲车体承受武器系统射击时产生的巨大后坐阻力。车体还为乘员和载员提供良好、舒适的乘坐和工作环境,使其免受振动、噪声、热辐射、废气以及核生化污染的影响。装甲车体既需要具有足够的刚度强度,同时又要具有一定的防护能力。

车体的主要功能[29]如下:

(1) 车体连接承载各个分系统,构成车辆整体,并且为车辆提供良好的外形和构造。车辆除了车体以外,是由动力系统、传动系统、行动系统、操纵系统和武器系统等系统和附件组成,它们是通过车体连成一个整体,协调工作的。车体为整个车辆提供了基本外部形状、尺寸和基本构造,为车辆上各个分系统提供安装平台、各种接口关系和连接形式,并确定了整个车辆的构型。

(2) 车体装载和保护车辆内部的乘员/载员、有效载荷、仪器设备等,并为之提供良好的环境条件和在各种使用环境下的防护能力;保证安装的连接强度与刚度;既要保证连接与固定可靠,又要保证内部装载承受的载荷不超过允许的范围;保证安装精度,使得在车辆上安装的设备和其他各种安装物达到所需要的位置精度。

(3) 承受各种载荷。车体承受车辆在各种路面的行驶、空投、武器射击等过程产生的各种载荷。在这些载荷的作用下,车体不产生断裂、屈服或结构失稳破坏;车体不产生超过设计要求的变形,而且车体变形造成敏感元件相对其精度基准的位移偏差不超过允许范围;车体的动力学性能(如固有频率与主振型)与动态响应(动态位移、应力、加速度等)满足设计要求。

车体还提供良好的维护和维修保障条件,保证车辆上各种使用和维护口盖布局合理,各部件装拆方便,开敞性好,便于使用和维修。

在车体的设计过程中,防护性能指标和重量指标是一对非常难以协调的矛盾。在任何条件下,装甲车辆的防护都是至关重要的。轮式装甲车对不同的使用环境有不同的防护性能指标要求,针对这种情况,对轮式装甲车进行分级防护设计,是解决防护性能和重量这一对矛盾的较好思路。对轮式装甲车进行分级防护设计能够充分发挥装甲材料的抗弹性能,既提高了车辆的防护性能,又最大限度地减轻了车辆的重量。在国外,对装甲车辆进行分级防护设计的例子已经很多[24]。例如,莫瓦格公司研制的"鹰"Ⅳ(4×4)装甲战术车辆,外形尺寸为2.16m×5m×2m,战斗全重为7.4t。动力装置采用满足欧Ⅲ排放标准的康明斯15Be250柴油机,输出功率为250hp/2500r/min,车辆单位功率为33hp/t,最大行程为640km,最大速度为120km/h,载员舱可载运4~6名载员。其在基本防护配置下,具备北约标准化协定4569(STANAG4569)一级防护水平(抵御7.62mm普通枪弹),但可以提高到三级防护(抵御德拉古诺夫阻击步枪发射的7.62mm穿甲弹)或四级防护(抵御14.5mm穿甲弹)的防护水平。美国的M8 AGS最大的特点就是具有三级防护水平。它具有三套模块化附加装甲,好像古代武士的三套铠甲。面对不同的威胁,穿着不同的铠甲。第一套铠甲,即在基础装甲上加装固定的钢制附加装甲制成,一些部位使用了钛合金。它只能防轻武器及榴弹破片的攻击。车体和塔体基体装甲为铝合金全焊接结构。二级防护水平是在一级的基础上,加装金属附加装甲制成,其中的一部分采用间隔装甲结构,可以防重机枪和机关炮的攻击。三级防护水平为加装箱型结构的附加装甲和反应式装甲,可防便携式反坦克导弹的攻击。

本书重点介绍与轮式装甲车设计有关的装甲材料选用、装甲车体的设计和防地雷设计。

第二节 穿甲现象和抗弹性能

一、穿甲现象

各种穿甲弹都是利用长身管火炮发射它时所获得的高速飞行动能来穿透装甲和起杀伤作用的。弹丸在冲击装甲前具有的动能为

$$E_k = \frac{1}{2}mv^2 \qquad (9-1)$$

式中　m——弹丸质量;
　　　v——弹丸冲击装甲的速度。

弹丸的动能在穿甲过程中消耗于许多方面,包括破坏装甲、弹丸本身的变形、装甲板的弹性振动、碰撞及摩擦发热等。其中破坏装甲做功是主要的。

从力学的观点看,装甲受破坏的应力可能有以下几种(图9-1):

(1) 延性挤压:$\sigma_z = F/\pi d^2$;
(2) 环形剪切:$\tau = F/\pi db$;
(3) 张应力破裂:径向σ_n和周向σ_m。

式中　F——弹丸对装甲的作用力;
　　　d——弹丸直径;
　　　b——装甲厚度。

当弹丸碰撞装甲时,这几种应力都同时出现,但其中哪一种首先达到极限值造成破坏,随弹丸和装甲的材料性质和尺寸等不同而不同。实际的装甲损坏形式有如下的概约

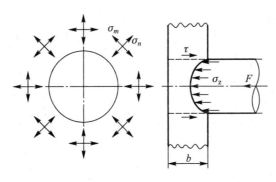

图 9-1 穿甲时的几种应力

规律:

(1) 延性扩孔:主要由于挤压应力 σ_z 起作用,金属受弹丸挤压塑性流动,堆集在入口处,或者从出口处挤出,孔径约等于弹径 d。这一般发生在装甲较厚且韧、弹较尖及硬和装甲板厚度 b 稍大于弹径 d 时,如图 9-2(a)所示。

(2) 冲塞扩孔:主要是超过剪切应力 τ 所起的破坏作用,装甲被弹丸冲出一块圆柱状塞子,其出口稍大于弹径 d。这一般发生在中等厚度的装甲而具有相当硬度,弹头较钝,装甲板厚度 b 略小于弹径 d 时,如图 9-2(b)所示。

(3) 花瓣形孔:主要是由于周向应力 σ_m 的作用,出现径向裂纹,装甲板向孔后方卷起,孔径约等于弹径 d。这一般发生在装甲薄而韧、弹丸速度较低时,如图 9-2(c)所示。

(4) 整块崩落:当装甲不太厚而韧性较差时,主要由于径向应力 σ_n 的作用,产生圆周形裂纹,装甲被穿成超过弹径 d 若干倍的孔洞,如图 9-2(d)所示。

(5) 背后碎块:当较厚装甲的强度足够而韧性不足时,弹丸命中所产生的震动应力波可使装甲背面崩落碎块并飞出,形成杀伤作用。这时装甲板前形成的孔不大,也可能未穿透,如图 9-2(e)所示。

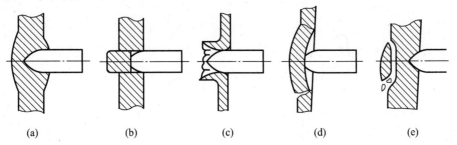

图 9-2 不同的穿甲孔

实际出现的穿甲现象也可能是以上几种情况的不同综合。一般穿甲弹在一般装甲的厚度和硬度条件下,穿甲孔主要是前两种情况的综合,即先延性扩孔,当穿甲进行到装甲剩余厚度略小于弹径时继之以冲塞扩孔。对于薄装甲,穿孔一般以花瓣或冲塞为主,视弹丸直径与装甲厚度的相对比例而定。整块崩落不常产生的原因是过分硬脆的薄装甲难于加工,易于出现裂纹,不适于切割和焊接成车体。碎甲弹破坏装甲以背后碎块为主,属于不穿透装甲的特殊破坏形式。在一般穿甲弹射击装甲时,除装甲背部有生产中的金属缺陷外,极少出现。

当研究装甲防止弹丸穿透时,为方便计算和试验,需要有一种表示抗弹能力的计量标准。实用表示方法是对一定装甲板来表示的,即一定装甲板的抗弹能力为"对某炮某弹的弹丸速度 V"为多少。这种一定装甲以承受一定最大命中速度(称为着速)的弹丸而不被穿透的表示方法,是在靶场大量射击试验中产生的。试验时,用一定炮和弹射击一定的靶板,逐渐增加发射量来提高弹丸速度,直到刚刚穿透该板(或弹落点在板后近处,如5m之内)为止,该发弹的速度 V 就用来表示该穿甲板的抗弹能力。这种方法能保证符合实际,准确可靠,所以被一直沿用。

对于轮式装甲车使用的薄装甲,常用枪来试射(若口径过大,一定穿透,试不出临界速度)。但枪弹不能改变发射药量,即弹丸离开管口的初速为一定,不能改变。因此,只好利用弹丸飞行中空气阻力造成的较大速度降,即改变距离 S 来得到不同的着速。因此,这时的抗弹能力,就成了用"某枪弹(击穿的)最小距离"来表示,如图9-3(a)所示。在试验中,有时改变距离不方便,也可以固定距离而改变靶板的命中角度。图9-3(b)中,命中角 α 越大,越难穿透靶板。因此,这时的抗弹能力又可以用"某枪弹某距离(击穿)的角 α"来表示。

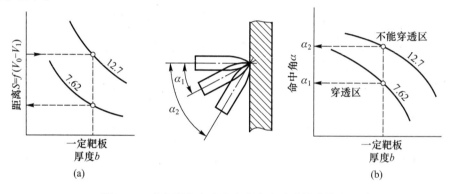

图9-3 改变距离和改变命中角来试验抗弹能力

不管用哪种方式来表示抗弹能力,需要明确"穿透"的标准。通常有两种标准:

(1) 背面强度极限:装甲受弹丸冲击时,未损坏装甲板背面金属的连续性,既无裂纹、无凸起等时的弹丸最大速度,用 m/s 表示或相应的距离(m)或角度(°)表示。

(2) 击穿强度极限:装甲受弹丸冲击时,不被弹丸头部穿透,弹丸消耗完能量而装甲不出现洞孔的最大速度,用 m/s 表示或相应的距离(m)或角度(°)表示。

第一种标准较多与装甲板的韧性有关,而第二种标准更多与装甲板的强度有关。按第二种标准的速度值一般大于第一种标准的速度值,是开始具有杀伤后效的标准。目前主要采用击穿强度极限。

二、抗弹能力计算

设计时没有敌炮和敌人装甲可以试射,也没有数据和曲线可查时,需要用公式来计算。对于一定直径和速度的弹丸射击一定材料和厚度的装甲,有了试验数据以后,可以通过计算而不必再对不同弹丸和不同装甲厚度和倾角都进行破坏性试验,即可确定其穿甲能力或抗弹能力。抗弹能力计算的基本公式有克虏伯(Krupp)公式、德马尔(Jacob de

Marre)公式、查表计算法—乌波尔尼可夫(У порников)公式。

(一) 克虏伯(Krupp)公式

德国克虏伯公司提出的穿甲计算公式是较原始的穿甲计算公式,只适于低速弹丸在小 b/d 值时判断穿甲,但它是理解穿甲计算的基础。弹丸较大、装甲较薄,即 b/d 值较小时,装甲是被弹丸以冲塞方式破坏来考虑的。如图 9-4 所示,基于这一假设,冲塞过程中力 F 每冲 $\mathrm{d}x$ 距离所作的功为 $\mathrm{d}W$ 是一个变量:

$$\mathrm{d}W = F \cdot \mathrm{d}x$$

式中: $F = \pi d(b-x)\tau$,即阻力 F 与装甲板在冲塞过程中的剩余厚度成正比;塞子完全冲掉的总功 $W = \pi d\tau \int_b^0 x \mathrm{d}x = \tau \pi d\left(\dfrac{b^2}{2}\right)$,做功来源于弹丸的动能,见式(9-1), $W = \dfrac{1}{2}mv^2$。得到克虏伯公式:

$$v = K d^{0.5} b m^{-0.5} \tag{9-2}$$

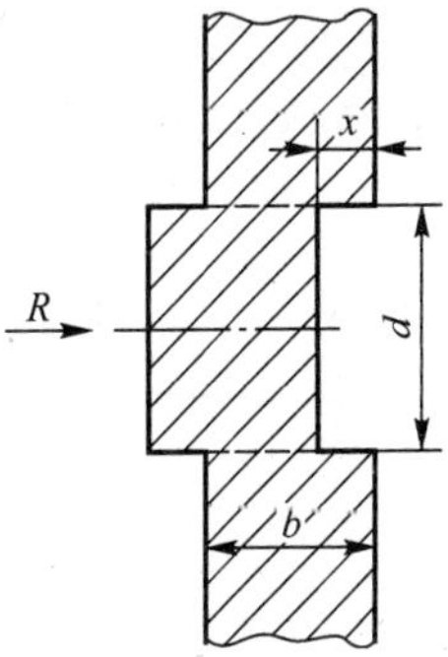

式中: $K = \sqrt{\tau\pi}$,称为装甲抗弹能力系数,随装甲材料而定。

图 9-4 冲塞过程

从克虏伯公式可见,当弹丸改为细长形状,保持原质量而减小弹径,同时加大速度 v 时,其穿甲威力可以迅速提高。近代的穿甲弹,如次口径弹等,就是沿着这个方向发展的。

(二) 德马尔(Jacob de Marre)公式

德马尔公式是抗弹能力计算的主要基本公式。当装甲厚度大于弹径时,穿甲初期以挤压为主,穿甲过程中弹速下降、弹头形状逐渐变钝,当剩余装甲厚度略小于弹径时形成冲塞。此时整个穿甲过程接近于挤压与冲塞的复合。

德马尔公式综合考虑冲塞和挤压过程,其表达形式为

$$v = K b^{0.7} d^{0.75} m^{-0.5} \tag{9-3}$$

这时的装甲抗弹能力系数 K 成为代表装甲材料物理性能的综合系数,它由射击试验决定,而不能按某一种应力计算。推荐 K 值如表 9-1 所列。

表 9-1 推荐 K 值

装甲材料	K 值
低炭钢板	1530
镍钢板	1900
一般均质钢板	2000~2400(其中较低值使用于低或中硬度装甲,而较高值使用于高硬度的薄装甲)
经表面处理的装甲	2400~2600

从不同指数可见,增加 K 比增加 b 的防御效果显著。对于弹丸,弹径一定时,提高 v 的效果比增加 m 的效果大。若 m 增加,弹丸在膛内加速慢,却又影响 v 减小。当 v 和 m 为一定时,减小弹径 d 也能提高弹丸的攻击能力。

(三) 查表计算法—乌波尔尼可夫(Упорников)公式

由于德马尔公式中指数不是整数,计算不太方便,令 $C_b = b/d$,称为装甲相对厚度, $C_m = m/d^3$ 称为弹丸相对质量,代入式(9-3)得

$$v = K C_b^{0.7} C_m^{-0.5} d^{-0.05} \tag{9-4}$$

该公式被称为乌波尔尼可夫公式。

由于在一定穿透和一定不能穿透装甲的两种情况下都用不着计算抗弹能力,需要计算的可能穿透也可能穿不透的 b/d 值范围有限,同时一般弹形近似时 m/d^3 变化范围也不太大,因此可以对不同的 K 值和 d 值,按范围不太大的 C_b、C_m 值列表来查出 v,就可以避免做小数指数的计算。然后在需要时再将表上查出的 v 值按非标准情况的 K 值和 d 值作修正。

取 $K=2200$(或 2400)及 $d=10\mathrm{mm}$ 为标准状况列表,绘成图 9-5。由 C_b、C_m 值引直线可直接查出 v。

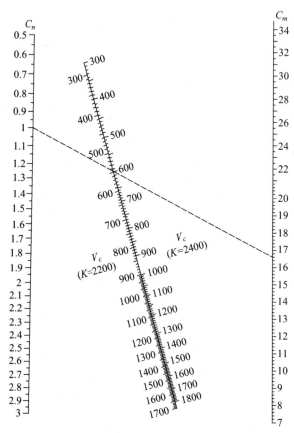

图 9-5 计算抗弹能力的图表

对非标准情况的修正如下:

(1) 当 $K\neq 2200$ 或 2400 时,查出 v 乘以 $K/2200$ 或 $K/2400$ 来修正;

(2) 当 $d\neq 1\mathrm{dm}$ 时,查出 v 乘以 $d^{-0.05}$ 值来修正。

进行装甲设计时,可以将上述步骤颠倒实施。例如,已知来袭炮弹 d、m、v 及装甲材料的 K 值,首先将 v 除以 $d^{-0.05}$,得到标准状况下的 v,再对照 m/d^3 可在图上查出 C_b,即能得到防御这种炮弹所需装甲厚度的 b 值。

三、倾斜装甲抗弹能力计算

如图 9-6 所示,当装甲与水平面成 β 角倾斜时,弹丸中心线与装甲板表面成 β 夹角,该夹角称为"装甲倾斜角",亦即"弹丸命中角"。弹丸与装甲板法线之间的 α 角称为"法线角"或"着角",这是抗弹能力计算所常用的角度。α 和 β 互为余角。装甲板呈倾斜状态时,弹丸穿透装甲所经过的距离增大,如装甲厚度增加到 $b/\cos\alpha$,使装甲的抗弹能力增加。对于倾斜装甲的抗弹能力公式为

$$v = \frac{Kb^{0.7}d^{0.75}}{m^{0.5}\cos^n\alpha} \tag{9-5}$$

使用查表法时

$$v = KC_b^{0.7}C_m^{0.5}d^{-0.05}\sec^n\alpha \tag{9-6}$$

试验证明,式中 $n \neq 0.7$,而与装甲相对厚度 C_b、装甲类型和弹丸形状等有关。对于一般弹形的弹丸,试验所得 n 值可以参考图 9-7 曲线选取。

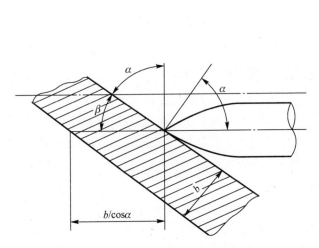

图 9-6 弹丸命中倾斜装甲时的几何参数

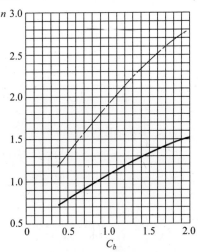

图 9-7 随装甲相对厚度而变化的 n 值

为什么 $n > 0.7$ 并且是变化的呢?主要是因为有"跳弹"因素的影响。当弹丸接触并开始破坏倾斜装甲时,装甲对弹丸有反作用力,使弹丸减速,弹丸则有惯性力向前,反作用力的合力与弹丸的惯性力组成力偶。当 α 不大时,特别是对钝头穿甲弹,力偶将使弹丸向减小 α 角的方向转动,称为"转正"效应,这有利于穿甲而不利于抗弹。当 α 角较大时,力偶将使弹丸向增大 α 角的方向转动,使穿透距离增长。甚至力偶大到一定程度时,使弹丸反射跳离装甲表面,形成所谓"跳弹",如图 9-8 所示。

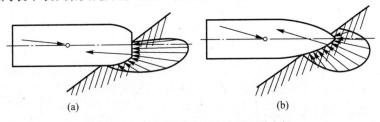

图 9-8 弹丸穿甲时的转正和跳弹力偶

当装甲硬度越低,弹丸容易在装甲上碰撞成坑,即反作用力的方向越不容易形成跳弹。或者当装甲较薄,不能对弹丸提供足够大的反作用力,也不容易形成跳弹。

作为抗弹一方,装甲材料及其制造工艺也一直在改善,在价格和加工允许的条件下,力求能有较大的 n 值造成跳弹。此外,采取越来越小的 β 角,即加大被命中的 α 角以形成跳弹。由图 9-9 可见,不管装甲倾斜角 β 如何改变,装甲的水平厚度相同,断面积和质量也相同。但 α 越大,$\sec\alpha$ 越大,越容易形成跳弹。这是用倾斜装甲比用垂直装甲对抗穿甲弹更好的原因。

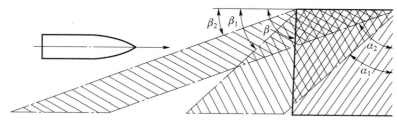

图 9-9 不同倾角的水平厚度相同的装甲质量相同

第三节 装甲材料

材料是装甲防护系统的物质基础。随着材料科学技术的发展,装甲材料不断得到改进和更新,从最初的金属材料、陶瓷材料,直到今天的复合材料,以及纳米材料。装甲材料的发展方向一直是向强韧化、轻量化及多功能等方面发展。

一、对装甲材料的要求

车体的基本作用是防止各种武器击毁装甲车,减小命中弹丸的杀伤破坏作用,保护车内乘员、弹药、油料和各种机件、设备。某一部位的装甲防护能力,取决于装甲的材料性能、厚度、结构、形状以及其倾斜角度,所以,对装甲材料的要求特别突出,这些要求主要有以下几项:

(1)抗弹性能高:装甲的抗弹性能是指其抗弹丸侵彻、冲击的能力。抗侵彻能力是指在一定装甲厚度和弹丸着角的条件下,装甲不被击穿的最大动能弹着速或能抵御某种标准破甲弹的能力。抗冲击能力是指在弹丸高速冲击下,装甲不发生开裂和崩落等损伤现象的能力。

(2)低温性能好。即在 -43℃ 的条件下,仍能满足抗弹性能要求。一般钢材在低温时会变脆,因而韧性下降,易破碎。

(3)能有效衰减核辐射。即能大大地衰减 γ 射线及中子流。

(4)工艺性好。应易于冶炼,有适当延展性,可轧制和不掉氧化皮,或流动性良好,可以铸造和铸造缺陷少,易于切割、加工和焊接,受热不裂不翘曲变形,焊缝牢固,热处理容易得到理想的抗弹性能(强度、硬度、韧性)等。

(5)材料容易获得。在战争时期的政治或交通条件变化而不能保证某些国际市场的材料供应时,应保证能大量生产。

(6)成本低、适合批量生产。

二、装甲材料分类

装甲的原料和组成成分及其性能,是装甲车辆机密的信息。通常国家之间的交流很少,更少具体公布。各国往往都是自行发展装甲。因此装甲材料种类繁多,差别较大,各具特色。这和每个国家的军事思想、资源情况、工业体系和技术水平不同,导致其装甲材料的设计思想、合金元素使用原则、生产工艺等不同有关。装甲防护材料包括装甲钢、轻合金、陶瓷材料、复合材料以及含能材料、功能材料等。目前主要装甲如图 9-10 所示。

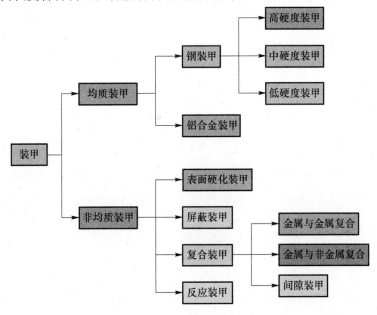

图 9-10 目前主要装甲

(一) 均质装甲

均质装甲是指化学成分、金相组织和机械性能基本相同的装甲板,均质装甲的均质性保证在装甲板的纵横截面上不出现能反射应力波的第二介质。广泛应用的均质装甲有装甲钢和铝合金装甲。除了这两类均质装甲之外,钛合金也是一种性能优良的装甲材料,美国曾以钛合金制造装甲车辆的指挥塔,质量较装甲钢制的减少了37%,但因成本高并且加工工艺复杂,在装甲防护领域内钛合金尚未广泛使用。

1. 装甲钢

均质钢装甲材料,一般由含碳量 0.25%~0.50% 的中碳钢加入一定量的镍(Ni)、铬(Cr)、锰(Mn)、钼(Mo)、钒(V)等合金元素熔炼而成,有的国家也有在碳钢中加入稀土元素的低合金装甲钢。装甲钢具有如下特性:

(1) 良好的抗弹性能。依靠本身所具有的韧性,在大口径穿甲武器、破甲武器,以及爆轰波的冲击下,不产生背部崩落或脆性破裂。其成形、加工、焊接性能好。装甲钢是良好的结构材料,在防护系统中很少仅做防弹使用,通常都兼有做结构材料的功能。由于装甲钢便于变形、加工和焊接,所以能够制成形状复杂的装甲单元结构件、机械构件或建筑结构件,这一点是某些装甲材料,如陶瓷或复合材料所不及的。

(2) 具有较好的工艺性能。装甲结构件往往需要大量生产,必须重视所用材料的工艺性能。与传统装甲钢相比较,现代装甲钢具有较好的工艺性能,便于铸造、轧制、锻压、热处理和焊接装配等。

(3) 生产成本较低。在装甲材料中,装甲钢是成本最低的装甲材料,它的价格及制成装甲结构件的综合成本均低于铝合金、钛合金、陶瓷及复合材料。

均质装甲钢按所防御的武器弹种的不同,可分为抗炮弹用装甲钢和抗枪弹用装甲钢。其中抗炮弹装甲钢厚度一般均大于 30mm,抗枪弹的厚度约为 5~25mm。

根据硬度的不同,装甲钢可分为高硬度、中硬度、低硬度 3 种。高硬度装甲用于抗中、小口径穿甲弹及弹片,其硬度一般大于布氏硬度值 450 以上,在弹丸冲击下不易变形,可以碰碎来袭的弹丸,但它的韧性较低,易破碎或崩落。中硬度装甲有抗中口径穿甲弹和抗冲击的作用,硬度一般在布氏硬度值 240~450 之间。低硬度装甲是抗爆轰波冲击用装甲,硬度一般低于布氏硬度值 240,其韧性高,但在弹丸冲击下容易变形。

轮式装甲车一般要求防护中小口径穿甲弹、普通弹及其弹片,故其多选用高硬度的薄装甲。

2. 铝合金装甲

铝合金装甲的成本高于装甲钢,但远低于钛合金装甲、陶瓷装甲,甚至低于某些复合装甲。轻合金装甲材料中,以铝合金应用最多。与装甲钢相比,铝合金材料具有下列特征:

(1) 铝合金装甲密度低。铝合金装甲密度约为 2.6~2.9(如表 9-2 所列),相当于装甲钢的 1/3。

表 9-2 铝合金装甲的密度

铝合金	密度/(t/m³)
5083	2.66
7020	2.78
7017	2.78
7018	2.79

(2) 具有较好的力学性能。铝合金的弹性模数虽然只有均质装甲钢的 1/3,但材料抗弯刚度与厚度的 3 次方成正比,相同面密度情况下,铝板厚度为钢板的 3 倍,铝合金结构件的刚度约为装甲钢的 9 倍。所以,铝合金装甲结构件可以不用加强筋或其他增加结构刚性的措施,这相对减小了防护结构的质量。

铝合金防御枪弹、低速弹丸和弹片攻击时,其防护系数大于标准的均质装甲钢,但抗高速穿甲弹的能力比装甲钢差。低温下装甲钢往往会出现冷脆性,影响低温抗弹性能。铝合金装甲则不同,低温状态下铝合金装甲强度不仅不降低,反而有上升的趋势(如表 9-3 所列),这就保证它具有良好的低温抗弹性能。

如图 9-11(a)所示,0°角时,铝合金装甲抗 12.7mm 穿甲弹能力略高于装甲钢;倾角大于 19°时,铝合金装甲抗弹能力开始低于装甲钢。如图 9-11(b)所示,当面密度超过 0.79t/m² 时,铝合金装甲防 105 榴弹弹片的性能优于装甲钢。

表9-3 5083-H131 铝合金的低温拉伸性能

温度/℃	σ_b/MPa	σ_{b2}/℃	δ/%
+20	317	228	16
-29	317	228	18
-79	324	234	20
-196	441	262	28

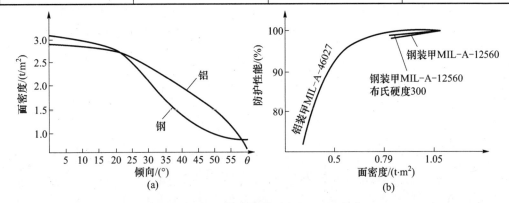

图9-11 钢和铝装甲的防护能力对比

(a)对100m处射击的12.7mm穿甲弹的防护能力；(b)防105榴弹弹片的能力。

铝合金的硬度和强度大大低于装甲钢，抵御较大口径高速穿甲弹的能力远低于装甲钢，因此铝合金在主战坦克上的应用受到限制。

当铝合金与装甲钢具有同一面密度时，厚度要比装甲钢厚2~3倍，在装甲车辆上，采用铝合金要占用较大空间，给装甲防护系统的设计带来不便。

几乎所有热处理型的7000系列的Al-Mg-Zn合金都有不同程度的应力腐蚀裂纹倾向。应力腐蚀裂纹倾向严重的铝合金在使用过程中十分容易产生裂纹和断裂。所以，铝合金装甲件不仅要在生产过程中采取各种防范措施，在设计时还需要考虑铝合金结构件的受力水平和环境因素，规定使用条件，以改善和减轻工作时的载荷状态。

（二）非均质装甲

近年来，非均质装甲发展很快。非均质装甲包括表面硬化装甲、屏蔽装甲、复合装甲以及反应装甲。

1. 表面硬化装甲

表面硬化装甲可分为渗碳或渗其他合金元素的表面硬化装甲和表面处理装甲。表面硬化装甲是高硬度表面和高韧性背面相结合的甲板，其表面硬度可以达到布氏硬度400~475，该装甲既具有碰碎弹丸的能力，又有背面不易破碎和崩落的性能。显然这种装甲抵御穿甲弹侵彻的性能优于均质装甲。

2. 屏蔽装甲

屏蔽装甲是一种附加在主装甲前面，与主装甲有一定距离的屏蔽板。其作用是使空心装药破甲弹提前引爆，从而降低金属射流对主装甲的穿透能力。

将屏蔽装甲加厚或同时以多层装甲钢板代替单层屏蔽，用弹性或刚性支撑固定在主装甲上，以取得既能改变破甲弹炸高又能辅助主装甲获得更高的抗动能弹能力，这种可拆卸屏蔽装甲称为附加装甲。附加装甲可以在战前装备,平时训练可以不装备。

3. 复合装甲

复合装甲是一种多层结构的组合装甲。它可以是金属与金属的复合,如钢质装甲与钢质装甲或其他金属(如铝合金)的复合;也可以是金属与非金属材料的复合。不同的装甲材料对反装甲武器的攻击有着不同的反应,利用不同性能的材料复合,成为由多种材料构成的复合装甲,可以得到最佳综合抗弹性能。

两层或多层金属装甲板之间有一定间隙的装甲叫做间隙装甲。间隙装甲的外板引爆空心装甲弹,板与板之间的填充物不断削弱金属射流。间隙装甲的抗破甲能力与装甲板的层数和间隙大小有关。在间隙装甲的各层间隙中填充各种不同的材料,就构成不同类型的复合装甲。各层材料、厚度和相对位置取决于对防护的要求。其中金属与非金属组成的复合装甲应用最广泛。

非金属夹层主要有陶瓷、增强纤维等密度较低的材料。

4. 反应装甲

反应装甲也称爆炸反应装甲。反应装甲被做成盒式反应装甲块,盒子内装有炸药,每个盒子是一个独立的装甲件,用螺栓把许多反应装甲块固定在主装甲板上,以便拆卸和更换。这种装甲被用于加强坦克重点部位的防护,如车体前上甲板和炮塔正面的防护;当空心装药破甲弹碰击反应装甲时,反应装甲内的炸药被引爆,爆炸能量干扰和破坏破甲弹的金属射流,降低其对主装甲的侵彻能力。由于主装甲具有相当的厚度和强度,而且严格控制固定于其上的反应装甲块内的炸药量,反应装甲块的爆炸对车内影响不大。盒内炸药是特殊的钝感炸药,轻武器弹丸的命中和一般撞击不会引起反应块爆炸,只有空心装药破甲弹的金属射流才能引爆盒内炸药。

目前,在爆炸反应装甲领域,出现一种"一体式"爆炸反应复合装甲:在设计坦克装甲时就把爆炸反应装甲考虑进去,使它成为复合装甲的一个组成部分。

反应装甲,即使是最早的轻型反应装甲也不能装在主装甲很薄的轻型车上,因为飞离的内板可能使车辆受损,这使得它在轮式装甲车上的应用受到很大的限制。

(三)发展中的装甲技术

除了上述已经被广泛应用的装甲技术,各国正在研究发展的还有电装甲和主动防护系统。

1. 电装甲

电装甲由两块隔开一定距离的装甲板组成,其中一块装甲板接地,另一块连接电容器组。当受到攻击时,破甲射流穿过两块板,使两者之间连通,电容组放电。大量电流急速沿射流流过,造成射流的磁力学特性不稳定,使射流发散,从而大大降低其破甲威力。电装甲需要在车辆上安装高压电容器组,以提供所需电能,耗电量相当大。电装甲目前处于研究阶段,当"全电"坦克成为现实时,作为"全电"坦克的一部分,电装甲将有可能实际投入使用。根据美国未来坦克发展计划,替代 M1 坦克的美国下一代主战坦克可能是一种"全电"坦克。

2. 主动防护系统

在未来高科技、信息化的战场上,装甲战斗车辆的战场生存能力必须从不被探测发现、发现而不被捕捉、捕捉而不被命中、命中而不被击穿、击穿而不被击毁5个方面考虑。

随着轮式装甲车面临的威胁种类越来越多以及反装甲武器效能的不断增强,特别是攻顶武器的出现,试图通过改进、加厚装甲等被动防护手段来提高轮式装甲车的防护水平受到了很多限制,特别是受到高机动需求的限制。作为增强防护能力的新型手段,主动防护系统可以在不显著增加车辆重量的前提下大幅度提高车辆的战场生存能力。

主动防护系统是一种规避系统,其作用原理是当反装甲武器来袭而未触及装甲时,采取各种主动防护措施,使之不能准确命中目标或被拦截和中途击毁。该原理简单,但实施起来非常困难。整个过程必须在短距离、短时间内完成,同时还必须保证不受天气的影响以及将伤害己方人员和战车的可能性降至最低。

普通的主动防护系统由传感器分系统、对抗分系统和数据处理分系统组成。典型的传感器分系统包括威胁告警器和跟踪传感器。威胁告警器识别威胁,然后通过数据处理,将此威胁转给跟踪传感器。跟踪传感器确定来袭威胁的大小、形状和速度。数据处理分系统利用跟踪数据决定适当的对抗方法,计算射击诸元,部署对抗。对抗装置对来袭威胁进行实际拦截,一般由拦截弹发射器和拦截弹组成。

主动防护系统分为"软杀伤"和"硬杀伤"两种。"软杀伤"系统通过降低信号、干扰、诱骗等手段迷惑来袭导弹,并使之偏离目标;"硬杀伤"系统则是在来袭导弹或炮弹摧毁目标车辆之前击发对抗弹将其摧毁。

在增加有限重量的前提下,主动防护系统能够为装甲战车提供等于或高于常规装甲的防护力。未来的轮式装甲战车,特别是重型轮式装甲突击车,将会逐步安装主动防护系统。美国陆军把由声敏传感器和遥控武器站组成的反狙击手防护系统安装到驻伊部队的"悍马"车上,便是一个好的例证。

第四节　装甲车体设计

一、装甲车体的要求

实现坦克装甲车辆的三大性能时,装甲车体是最主要的防护部件。核战争提出三防密封等要求以后,车体更形成特有的防护条件。如果把坦克装甲车辆作为一个复杂的机械产品来看待,车体实际上起的是机架或支承壳体的作用。在车体上安装各种部件,承受射击和行驶时的负荷,保证可靠地工作,也构成乘员的活动空间。除以上防护和机体两大作用外,在必要时也可能用车体前部直接冲击障碍物和敌人装备,起到武器设备的作用。

对装甲车体设计的要求如下:

(1) 具有战术技术要求所规定的防护性。

(2) 具有足够的强度和刚度,以承受各种负荷。

(3) 质量尽量小。轮式装甲车防护能力一般较弱,且刚强度问题更多。因此,质量与防护性、质量与刚强度的矛盾,是轮式装甲车体设计的主要矛盾。

(4) 小的防弹外形尺寸和较大的内部容积。车体必须保证安装各种部件和人员活动所需空间,同时,根据防弹方向的主次之分,车体首先要求矮,其次要求窄,形成大体一致的扁长形体。车体主要外廓尺寸一般是在总体设计时确定的。

(5) 密闭性。要求能够避免水、火焰、弹屑的进入以及放射性气体、生化武器的伤害，同时要求门、窗、缝、孔等能保证行驶、战斗和维修方便等需要。

(6) 结构简单,战时能在最短期限内组织成批生产。

(7) 对有的装甲板及其中一些隔板等,有绝热、隔音等要求。

(8) 材料的选用要立足国内,合理利用国家资源。应选用符合国家标准、国家军用标准、行业标准和订购方认可的企业标准的材料。

(9) 车体应满足系列化、模块化、标准化设计要求。

(10) 经济性。合理应用装甲材料、结构和成熟技术等,保证车体具有良好的经济性。

二 车体的设计步骤

由于车体结构比较复杂,与总体设计的关系密切,车体上很多支架、附座又和其他部件有连带关系,因此其设计步骤特殊,和通常部件有所不同。其大体步骤如下：

(1) 配合总体方案设计,对驾驶室、战斗室和动力舱在车内的布置,共同确定车体的纵横断面的结构方案,初步确定车体的外形尺寸。

(2) 选择装甲的种类和牌号,进行防护能力计算。根据防御的要求,配合总体确定装甲厚度和倾斜角,或按总体设计预定的厚度和倾斜角,计算防护力,明确在什么距离上能防什么武器,从而确定装甲的配置方案。

(3) 局部结构草图设计。在确定车体纵横剖面方案的过程中,同时即可对各局部结构定出方案,包括联结方案、接头型式、焊缝形式、密封结构和门窗结构等。甚至在总体论证时就可以进行局部结构的选择,到时再确定位置即可直接设计。

(4) 车体外形坐标图。这是装甲车体设计中特有的。由于车体大多由平板式结构形成,当方案中各项指标确定后,配合总体确定车体外观各顶点的数值,形成车体坐标图,然后转入车体的具体设计阶段。车体由原来的二维设计转变为三维设计后,在协调过程中多采用三维骨架模型进行协调。三维骨架模型包括车体外形坐标图的全部内容。

(5) 车体结构草图设计。在车体总方案和各局部结构方案的基础上设计出车体结构图,包括划分各总成、分配尺寸、决定门窗和主要支座位置、确定车体支撑结构等。同时也要统一定位基准以作为总成和零件设计的依据。

在车体结构初步方案确定后,利用有限元法计算车体结构的强度和刚度,有需求时还要进行车体模态分析,作为确定车体结构总图的根据。

在车体坐标图的基础上,完成车体焊接图,集中确定各装甲板间的合理焊缝形式。

(6) 总成设计。将车体合理地划分为各总成是为了便于批量生产中组织焊接装配和缩短制造周期。需要具体设计的各总成,一般分为车首(包括首上、首下甲板等)、车尾(尾上、尾下甲板等)、左侧装甲板、右侧装甲板、顶装甲板(前顶、后顶甲板等)、轮舱(前轮舱、后轮舱等)、隔板框架、侧门、后大门、驾驶员顶门、动力舱盖板、进排气百叶窗、观察窗、射击孔等总成。

(7) 零件设计。包括各总成中的每一个零件,包括必要的下料和加工图纸。

(8) 在零件和各总成图纸的基础上,根据各结构草图,完成车体总图、明细等全套图纸。

(9) 制定生产技术文件,包括统一的生产规定和验收技术条件等。

车体设计的特点是牵涉面广、反复多,工作量大、设计周期长。无论总体设计的一点改动,或改变一个部件或设计,都可能会反映到车体图纸上的改动。因此,车体设计往往开始最早,而完成最晚。

三、车体的结构型式

车体结构型式主要指车体横剖面和纵剖面的形状。设计车体时,常从分析比较现有的结构着手,主要根据战斗技术要求、总体布置、生产条件,结合具体情况来决定其型式及尺寸。当车内要求的空间形状与车体防护要求有矛盾时,应当以内为主、内外结合来考虑,但不能因此造成显著的外形不合理。

轮式装甲车由于经常在城市和公路上行驶,一般车体总宽不大于3m。从图9-12中显示的一些轮式装甲车的横向视图可见,一般侧上甲板与侧下甲板均与垂直面有一定倾角,这样车内空间有一定减小,但是能提高侧甲板的防护性能,并且侧甲板面积增大,有利于在甲板内外布置各种部件、窗口、孔洞、工具等。

图9-12 一些不同外形的轮式装甲车的纵向视图及横向视图

观察图9-12中各轮式装甲车的纵向视图,为扩大车内空间,通常会尽可能缩小轮舱,利用轮舱之间的空间安装侧门等,如日本的82式通信指挥车。但是,这使得车体结构复杂,增加了焊缝,使得拼接困难。对于车内空间不紧张或者前后轮胎之间距离比较近的车辆,通常都采取简化轮舱的设计方法,如意大利的"半人马座"。根据实际设计需要,有些战车会同时包含这两种结构形式,如德国的"山猫"。

观察图 9-12 中轮式装甲车的纵向视图,车首形状有两种主要类型。一种是车首上部有一块相对较垂直的甲板,驾驶员可以从这个部分的后面向前观察,图中土耳其"蝎"式侦察车就是这种结构。这种形式可能是从汽车、拖拉机的驾驶室形状演变而来的。传动部件前置时需要较高的车首内部空间,为不妨碍通过性又要避免车尖过长,过分向前伸出,尖部设计为一块垂直装甲,这样的车首抗弹性能不好,使防护力削弱,结构形式也比较复杂。但是,这样的车首可使驾驶员观察道路的盲区较小。具有两栖性能的轮式装甲车在采取这种结构时车尖要求位置较高,以免在前进中车首扎向水中而增加水阻。意大利"PUMA"的车首采用的是另一种典型结构,这种结构类似坦克的车首形状,其结构简单,抗弹性能较好,但这种结构的车首驾驶员通常是通过潜望镜观察前方,盲区较大。

装甲车的尾部既没有影响驾驶员观察道路的问题,防护要求也比车首低些。因此,一般的车尾甲板外形比较垂直。但为尽量不妨碍通过性,或避免通过障碍时碰坏车体,车尾往往也和车首一样将下角内缩。德国的"山猫"装甲侦察车前后均布置有驾驶操纵,车体尾部采取了和车首相同的结构形式。

图 9-13 显示了一些轮式装甲车的俯视图和横向视图。从图中看出,一般车体都是长方形。从顶视图中可看出,无论动力传动部件前置、中置或后置,拆装它们都需要一个大窗口,其对车体强度、刚度的影响较大。另一个大窗口是炮塔座圈圆孔,最好在顶甲板上加工好这个圆孔以后再焊上车体。若焊上车体以后再精加工座圈面,需要较大的加工设备,但可避免焊接变形。

 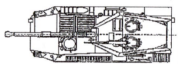

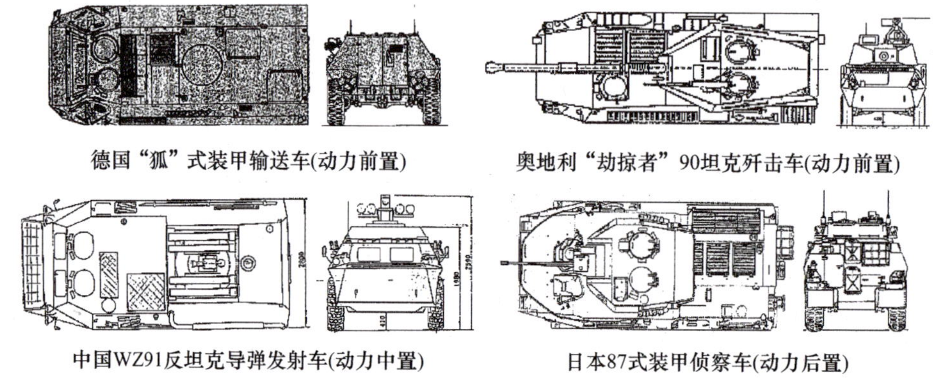

德国"狐"式装甲输送车(动力前置)　　奥地利"劫掠者"90坦克歼击车(动力前置)

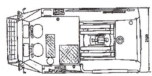 

中国WZ91反坦克导弹发射车(动力中置)　　日本87式装甲侦察车(动力后置)

图 9-13　一些不同外形的轮式装甲车的俯视图及横向视图

四、车体坐标图

装甲车体不同于汽车车体,它们大多为平板结构,在确定基准后,通过对各装甲板的各顶点的坐标位置描述,即可明确车体结构。同时,轮式装甲车不同于履带式装甲车,其轮舱形状复杂,一般由不同尺寸、形状各异的不同厚度的装甲板构成,车体外观顶点会多达 100~300 个左右。所以,在轮式装甲车的车体设计中,车体坐标图作为车体设计、总体设计乃至其他部件设计的依据,其作用尤为重要。

车体坐标图首先须确定坐标系,通常以车体纵向中心线为 X 轴、以前桥中心线为 Y 轴、以垂直底甲板向上矢量方向确定 Z 轴。以此为基准,将车体外观各顶点分别以唯一、确定的符号标识,实际设计中通常以有序整数序号,如 $1,2,3,\cdots$ 来表示,通常为明确各顶点位置,必须在不止一个视图中标识同一顶点。在车体三视图的右下方,用表格标明各个顶点相对坐标系的 X、Y、Z 坐标值,如图 9-14 所示,这样通过读取该表格中的信息,就可以对各装甲板进行识别、确认。

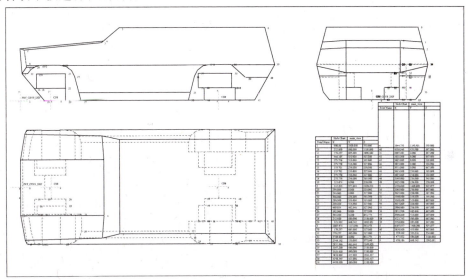

图 9-14 车体坐标示意图

人工读取车体三视图中装甲板各坐标值是一件繁琐的工作,并且容易发生一些低级的错误,为避免误导日后的工程设计,必须进行仔细、严谨的校核工作,并且当车体根据总体需要有局部更改时,设计人员应及时更新车体坐标信息,保证总体、车体及其他各零部件有正确的设计依据。目前的三维软件,如 Pro/E 等,可以对各顶点自动生成型值表,并自动将车体上顶点信息的变动更新到型值表中,由三维自动生成可供生产加工参考的工程设计图纸,这将大大减轻设计人员的工作量。

确定了车体坐标图之后就可以展开车体的具体设计工作。装甲板形状、空间绝对位置、与相邻装甲板的相对位置均由该板上各顶点的坐标值确定。根据防护要求或者总体设计提出的要求,不同部位的装甲板厚度有所不同,但都垂直车体外观坐标图上所示装甲板平面向车内延伸。而装甲板的实际外形尺寸,必须依据车体坐标图确定的各相邻装甲板的相对位置和绝对位置,确定装甲板各个边界的合理焊缝结构形式后通过计算得到。

五、焊缝的结构型式

装甲车体一般采用电弧焊接。在设计焊缝时要注意如下问题:

(1) 一般的焊缝强度本来应该与钢板等强度,但由于尽量提高了强度和硬度的装甲板容易产生变形和裂纹,为增加焊缝冲击韧性和减少焊接内应力,常用塑性焊条进行多层焊,焊缝强度比装甲板低,因此,装甲板联结结构应该尽量使焊缝不受力或受力较小。

图 9-15(a)表示正确的焊缝结构。其主要的大负荷由甲板相接触直接承受。焊缝只固定位置而不传力。否则焊缝容易开裂和扩大,重复补焊又会出现更多裂纹。现代装甲件一般都刨或铣出接口,去掉气割下料的淬火边缘,这样可以显著提高焊接质量。图 9-15(b)是不正确的焊缝结构。无论车首冲击外物,或者在前甲、侧甲中弹及承受大负荷时,焊缝都将受力,容易出现裂纹。

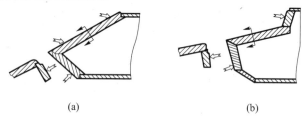

图 9-15 正确的焊缝结构和不正确的焊缝结构

（2）为使焊缝不直接被命中,应该使焊缝尽量隐蔽,或向着次要的命中方向。

（3）为便于提高生产率和减小变形,应该使焊缝数目尽量减少,焊缝短且结构简单,便于自动焊。应该采用分段焊、逆向分段焊,有时也应采用堆焊坡口的方法。在保证不过热的情况下,采用两层及多层焊,对抗裂纹是有利的,不过轮式装甲车采用的薄装甲一般不用多层焊。

（4）要用大间隙的焊接结构,因为大体积的塑性金属焊缝可以有较多的变形而不致破坏,可以提高焊缝的结构寿命。但为提高焊缝防弹能力,则应减少焊缝金属的填充量。为此可以采用槽舌接头、阶梯式接头、塞式接头等形式,使结构较合理,但加工和焊接过程都比普通接头复杂。轮式装甲车采用的薄装甲一般不采用这些复杂的接头形式。

（5）组合装甲板焊成车体时,为能准确定位,以避免造成其他焊缝不能联结的情况,装甲的联结结构要有可靠的定位面。定位面只能是装甲的轧制表面或切削加工过的断面。即使这样,仍常出现因为板的翘曲变形而不能联结的情况。有不能形成间隙的干涉情况,也有可能出现太宽的间隙。过窄的间隙和过宽的间隙(填充垫铁后焊接)都会影响焊接质量。为此应限制板的容许翘曲变形量,并妥善安排工序。此外,大型的可翻转的定位焊接架是保证质量所需的设备。

装甲板的焊接常用下述几种型式,如图 9-16 所示。

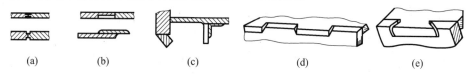

图 9-16 焊缝接头
(a)对接；(b)搭接；(c)角接；(d)榫接；(e)燕尾榫接。

对接是最简单、经济的焊接形式,用于连接位于同一平面上的装甲板。对接可以是平口对接、V 形对接和 X 形对接。透焊时要求用平口对接,其甲板厚度一般为 3~8mm。V 形对接甲板厚度一般为 4~26mm；X 形对接用于大于 30mm 厚度的甲板。对接在整个剖面内传力均匀,特别适用于振动负荷。底装甲和顶装甲的连接多用对接。

搭接增加车体重量,但焊前准备工作简单,可以避免因为板件尺寸不准造成的对接焊缝过宽或过窄甚至干涉不能到位的问题,搭接也可以作为尺寸链闭合的补偿环节,搭接的强度较高,因此有时也少量用于薄板焊接。

角接广泛用于连接车体上不同平面相交的装甲板,如前、侧、后、顶、底甲板相互之间的连接多半采用角接,其中包括车体的一些重要焊缝,角接两边焊缝高度之和常大于连接的板厚。

榫接有利于装甲直接传力,可以提高连接的强度。但在焊接或装甲受冲击力时,榫头拐角处较容易产生应力集中,引起裂纹。因此,榫头拐角处应该有较大的圆弧半径。

"燕尾形"榫接在外力作用下,有使尾与槽自动楔紧的趋势。为使甲板进入连接位置时有调整位置的余地,榫接预先留有较大的间隙,该间隙在焊接前可以用垫片填满。燕尾榫比较复杂,为简化工艺,现已不太使用。

有些装甲板需要做成可卸的,一般用螺钉连接,如图 9-17 所示。有时用铰链连接以便于翻转。装甲板的硬度高,钻孔和铰孔困难,常在板上焊螺栓,用螺母固定其他的板或附件。快速装卸的连接可以在不拧下螺钉或螺母的情况下卸下装甲板,但连接的强度较差。对于这些可拆卸甲板之间的密封可以用密封橡胶垫来解决。

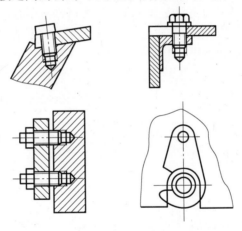

图 9-17 几种可拆卸连接

六、车体各总成结构设计特点

为了焊接装配的方便,设计时把车体适当地按结构划分为以下几大块。

(一) 轮舱

为扩大车内空间,通常在确保轮胎上下跳动以及转向需要的运动空间基础上应尽量缩小轮舱,但这会造成轮舱结构复杂,焊缝增多。有时当相邻轴之间距离较近,或者车内空间不紧张的情况下,为简化轮舱结构,会使一个轮舱总成包容两个轮胎或多个轮胎,如图 9-12 中所示的德国"山猫"和意大利"半人马座"装甲车的纵向视图。由于轮舱的外面有轮胎(一般轮式装甲车的轮胎采用防弹轮胎),对其后面甲板的防护力要求较低,但各轮舱总成因转向、悬挂的不同形状各异,并且形状复杂,直接承受悬挂传递的各种振动力和扭矩,固定各驱动轴桥壳,所以轮舱对强度要求突出,同时要求能保证驱动轴轴线的对中。轮舱的焊接一般必须有工装保证,焊缝应该很牢固。尽量不要在轮舱甲板上开设不必要的孔洞。图 9-18 是某型车前轮舱的三向视图。

(二) 车首

车首一般包括首上甲板、首下甲板、前侧上甲板及前侧下甲板,其上可能还有挂钩、灯座、防浪装置支架等。车首直接面对敌人的攻击和障碍物,承受着较大的负荷和冲击,同时还可能承受牵引钩传递的牵引力,所以对其防护力和强度的要求比较突出。前甲板表面常避免有突出物影响跳弹,焊缝尽量不向前方暴露,也尽量不在前甲板上开设不必要的窗口。首上甲板和前顶装甲板的一些联结及某车型首上甲板如图 9-19 所示。首上甲板较薄,而且开口又大又多,例如冷却通风的百叶窗、发动机和传动装置的拆装和检查窗等,有时首上甲板只剩下一圈边缘。动力传动部分需要能吊装发动机等部件的可卸装甲板,还有冷却通风的窗口,剩余能作可靠支承的甲板往往不多,需要适当地布置,并在满足需要的前提下尽量减小这些窗口的面积。经常采用一些型钢梁来固定和支承这些窗口和可卸装甲板。妨碍发动机等吊装的梁也可以做成是可卸的,不过其连接应该很牢固,为了平时频繁保养的方便,一些较小的检查窗常开设在较大的可拆卸装甲板上。

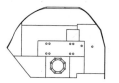

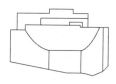

图 9-18 某型车前轮舱的三向视图

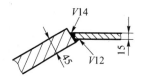
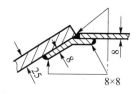

图 9-19 首上甲板和前顶装甲板的连接图及某车型首上甲板

(三) 左右侧甲板

左右侧甲板包括其上所附的门、观察窗等,甲板内外可能有较多的支座,包括三防、通讯、电气系统、随车工具等各种支座。侧甲板连接车体首尾,是保证车体刚度、强度的主要甲板。车辆前后方向和上下方向的载荷主要依靠侧甲板支承,因而其通常由整块板制成,并且应避免有过大的孔或切口。由于车体顶、底板之间通过侧甲板传力,特别是应该考虑承受巨大发射后坐阻力的炮塔座圈的支承刚度问题,因此一般在轮舱之上顶甲板之下的车体间设置垂直加强筋板。侧甲板与顶、底甲板的连接如图 9-20 所示。

图 9-20 侧甲板与顶、底甲板的连接

(四) 尾甲板

车尾可以是一块甲板,也可以是多块甲板,可以连带包括其上所附牵引钩、灯座、支架等。车尾的防护力要求较低。常用的车尾连接形式如图 9-21 所示。

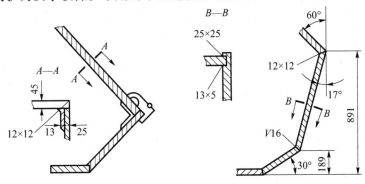

图 9-21　车尾连接形式

（五）底甲板

底甲板往往由几块底板组成。其上有不少支座和窗孔等,发动机、传动装置等部件通常支承在底甲板上,它们在行驶中的动负荷可能达到静负荷的 10 倍,而它们的对中的要求又较高。但是底甲板薄而面积大,为能冲压又常用低硬度装甲,甚至碳钢板,因此其刚度是一个突出问题。为增强底甲板的刚度,常用底板冲筋或焊接加强筋的办法。冲压甲板能增加刚度而基本不增加其重量,但需要有大型的压力机械进行加工。刚度加强的效果由筋型及其布置决定。图 9-22 为某型冲筋且焊接加强筋的底甲板。

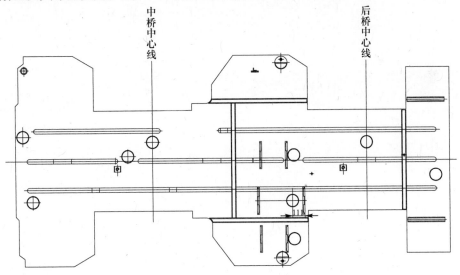

图 9-22　冲筋并且焊接加强筋的底甲板

（六）顶甲板总成

与底甲板相似,顶甲板往往由几块装甲板对接而成。顶甲板薄,而且开口又大又多,如炮塔座圈孔、车长顶门、乘员顶门等。顶甲板要承受射击后坐阻力和振动,还要承受其上所装门窗和可能搭乘步兵或维护人员的重量,因而其刚度问题突出,目前采取的主要措施是在炮塔座圈开口周围布置环形筋、纵横加强筋和立柱等。图 9-23 是某型车顶甲板总成和座圈座及环形筋的搭接形式。

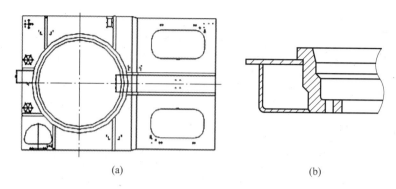

(a)　　　　　　　　　　　　　(b)

图 9 – 23　某型车顶甲板总成和座圈座及环形筋的搭接形式
(a)顶甲板总成；(b)座圈座及环形的搭接形式。

(七) 隔板框架总成

隔板框架总成是用来安装把动力舱与乘员舱和战斗舱完全隔离开来的隔声隔热装置的固定框架。它的主要作用是安装隔声隔热装置，但是隔板框架对车体刚度的加强作用也不容小觑。隔板框架总成由多块不同形状的隔板框架焊接成形，隔板框架的形状及具体结构需要根据车辆动力舱的具体空间要求进行设计。图 9 – 24 是某型车隔板框架总成。图中所示隔板框架上的矩形开口就是用来安装隔声隔热装置活动隔板的具体接口，为了达到隔声隔热的要求，在隔板框架上还应该设计安装固定隔板的接口。

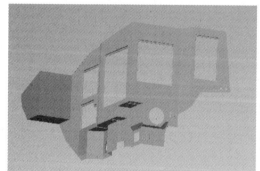
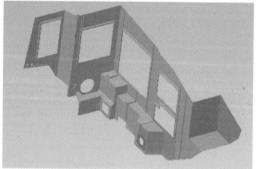
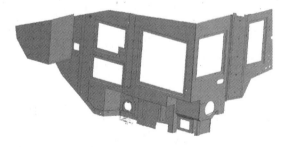

图 9 – 24　某型车隔板框架总成

(八) 侧门总成

侧门一般设计在驾驶员和副驾驶员的位置，用来方便驾驶和副驾驶位置人员快速地进出车辆。侧门板往往需要根据车体侧面外形来确定具体由几块甲板组成。如果侧门开在一个平面内，则侧门板只需要一块甲板，这种结构密封效果最好。如果侧门开在两个平面或 3 个平面内，则侧门需要由两块或 3 块甲板组成。也可以由一块甲板折弯成型。这种由两块或 3 块甲板组成的侧门板,因为门板不在一个平面内,其自身存在角度,这个角度必须与侧门位置相匹配的车体侧甲板角度一致,否则在安装侧门时就会发生关闭不严,密封效果不好的现象。侧门总成包括侧门板、观察窗总成(有的车型在观察窗下面还有射击孔)、密封橡胶固定座、密封橡胶、密封钢丝、把手、门锁、压紧装置、铰链等。图 9-25 是侧门总成及密封结构、压紧装置。

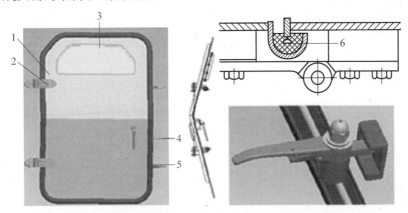

图 9-25　侧门总成及密封结构、压紧装置

1—侧门板;2—铰链;3—观察窗;4—把手;5—压紧装置;6—密封橡胶条。

(九) 后大门总成

根据车辆的具体用途不同,多数轮式装甲车均设计有后大门。后大门主要用于乘员的快速出入和各种物资和设备的快速搬运。后大门根据打开方式不同还可以分为侧开式后大门和跳板式后大门(向下打开),如图 9-26 和图 9-27 所示。跳板式后大门更方便乘载员快速进出车辆和搬运物资。侧开式后大门总成包括门板总成、观察窗总成、射击孔总成、密封橡胶固定座、密封橡胶、密封钢丝、把手、门锁、铰链、压紧机构等。

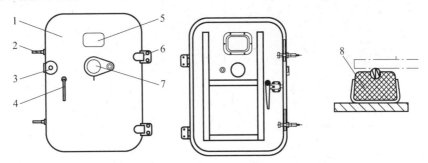

图 9-26　侧开式后大门及其密封结构

1—后门板;2—压紧装置;3—门锁;4—把手;5—观察窗;6—铰链;7—射击孔;8—密封橡胶条。

(十) 驾驶员顶门总成

驾驶员顶门主要用于驾驶员出入车辆。驾驶员顶门可以分为带潜望镜和不带潜望镜两种。带潜望镜的驾驶员顶门,除了用于驾驶员出入外,驾驶员还可以通过安装在驾驶员顶门上的潜望镜进行潜望驾驶。驾驶员顶门总成包括顶门板总成、密封橡胶固定座、密封橡胶、密封钢丝、把手、门锁、铰链、压紧机构、潜望镜安装结构等。

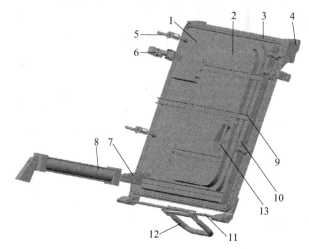

图 9-27 向下打开的跳板式后大门

1—后大门板；2—后小门板；3—密封橡胶条；4—减振支座；5—水上锁紧装置；6—锁紧装置；7—铰链座；8—控制缸；9—加强横筋；10—加强纵筋；11—扭杆；12—脚蹬；13—门把手。

驾驶员顶门打开状态　　驾驶员顶门关闭状态

图 9-28 带潜望镜的驾驶员顶门总成

（十一）动力舱盖板总成

动力舱盖板总成具有承载、抗弹、隐身、防腐蚀等多功能于一体的特点。在实现轻量化的同时，动力舱盖板应具有一定刚强度，避免变形并能承受人员的踩踏。动力舱盖板与车体之间设计的密封结构应保证密封，盖板上设计有提拉结构。为了达到良好的密封效果，设计时尽量选择把动力舱盖板设计在一个平面内。如果把动力舱盖板设计为两个平面内，密封效果很可能会受到影响。为了平时频繁保养的方便，通常在动力舱盖板上设计一些较小的检查窗。图 9-29 是某型车动力舱盖板总成。

（十二）进排气百叶窗总成

进排气百叶窗包括进气窗和排气窗。操纵方式可以采用气动操纵、液压操纵、电控操

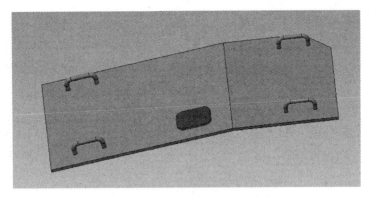

图 9-29　某型车动力舱盖板总成

纵,也可以采用手动操纵。进气窗、排气窗叶片角度可以调节,全关闭时应能满足三防和灭火要求。进气百叶窗总成包括进气窗框架总成、叶片总成、操纵机构总成等。排气百叶窗总成包括排气窗框架总成、叶片总成、操纵机构总成等。图 9-30 为进气、排气百叶窗结构。

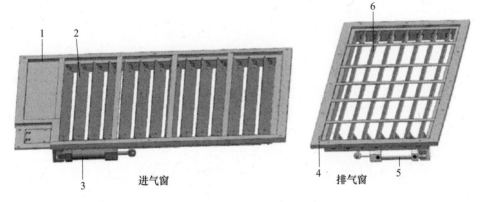

图 9-30　进气百叶窗和排气百叶窗

1—进气窗框架;2—进气窗叶片;3—进气窗操纵机构;4—排气窗框架;
5—排气窗操纵机构;6—排气窗叶片。

(十三) 观察窗总成

观察窗是装甲车车内乘员用来观察外部情况的窗口。一般轮式装甲车在两侧和尾部,根据乘员的多少和位置来布置观察窗。观察窗的数目不大于乘员人数。有的装甲车,由于空间等原因,在驾驶员侧部也布置了观察窗,便于驾驶员两侧后视镜的观察。

观察窗由框架、透明装甲(或防弹的钢化玻璃)、盖板、密封橡胶等组成。透明装甲(或防弹的钢化玻璃)要与所在处的甲板防护等级相当,透明装甲(或防弹的钢化玻璃)的厚度一般较装甲要厚很多。如果倾斜角度过大,乘员会产生眩晕感,因此观察窗尽量应竖直安装,不超出车的宽度,安装后要有较好的密封性。观察窗总成如图 9-31 所示。

图 9-31　观察窗总成

1—框架;2—透明装甲
(或防弹的钢化玻璃);
3—密封橡胶;4—盖板。

（十四）射击孔总成

装甲车上的射击孔与观察窗配合使用,一般布置在装甲车的两侧、尾部。射击孔的大小与乘员所配武器有关。

射击孔在平时关闭,具有良好的密封性。战时打开,开关要灵活,不能有卡滞现象。射击孔总成由射击孔盖板总成、操纵开启的握把总成、转动体、销轴、连接轴、转动体座、射击孔密封垫等组成。握把总成由偏心轮、连接轴、握把组成。偏心轮保证射击孔总成在关闭时位置固定且不能随意转动。射击孔总成如图 9-32 所示。

图 9-32　射击孔总成
1—射击孔盖板；2—密封橡胶垫；
3—销轴；4—握把总成；5—转动体；
6—转动体座；7—连接轴。

七、车体设计的尺寸基准

车体设计的尺寸基准要求测量准确方便,并与工艺基准统一。在纵向尺寸上动力传动部分应以侧传动主动轴轴承座中心线为基准;战斗部分常以座圈中心线为基准。横向尺寸主要以车体的纵向中心线为基准,高度尺寸主要以底板和侧传动中心线为基准。尺寸标注应采用坐标式,准确度较高,个别尺寸的修改不致影响其他尺寸但有时测量不太方便。要求相互位置较严时,采用链式尺寸标注方法较合适。

装甲板气割下料时,长度公差达 ±1~4mm。当要求精确达 ±0.5~1mm 以内时,需要对甲板进行机械加工。必要的尺寸链应进行计算,否则组合焊接会发生困难。

八、计算机辅助装甲车体设计

从前面可以看到,车体设计虽然繁琐、复杂,但平板式装甲板的设计却有相同规律可循,这样的情况非常适合利用计算机进行辅助设计。

中国北方车辆研究所采用 Visual C++ 语言研究开发的 BodyCAD 就是对装甲车体进行计算机辅助设计的尝试。软件设计人员与具体车体工程设计人员一起,建立了车体设计过程中各种装甲板焊缝结构型式库。以此为核心,BodyCAD 对装甲车体外形坐标图信息的分析,从装甲板焊接型式库中选择合理的焊缝形式,明确各装甲板的实际尺寸,使车体设计从方案后期直接转入具体装甲板的工程设计。BodyCAD 使设计人员从繁琐的重复工作中解脱出来,将更多的时间投入到完善车体结构设计中。图 9-33 是 BodyCAD 软件界面,该软件具有良好的人机界面,其在实际车体设计应用中发挥了重要作用。

九、车体的刚度、强度、模态有限元计算

装甲车体作为承载式车身,承受着车辆内部各系统和外界各种因素传递的载荷和激励,车内载荷的大小和分布因车内各系统的具体布置不同而不同,外界载荷和激励则随路况和环境的变化而变化,同时车体还会在特定情况下承受一些突然的冲击。车体设计过

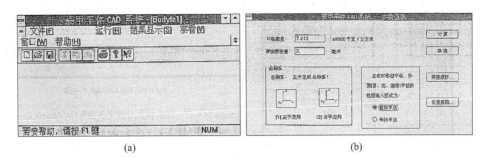

图 9-33 BodyCAD 软件界面
(a) BodyCAD 主菜单界面；(b) BodyCAD 参数值表界面。

程中必须正确分析车体所承受的各种载荷,并据此进行刚强度和振动计算,才能确保车体各部分满足刚度、强度要求,避免局部刚强度过高或过低或是发生共振,以优化车体结构,尽可能减轻车体重量。

(一) 车体承受的外载荷

轮式装甲车车体上所受外力是复杂的,这些载荷主要包括如下几种。

(1) 车辆行驶中地面通过轮胎经悬架传递的力和扭矩,以及悬架造成的弯矩;转向时各轮胎对车体额外增加的方向、大小不同的横向力。

(2) 悬架摆臂限制器受到的冲击。

(3) 火炮和机枪射击通过座圈造成对顶甲板以某种规律分布的载荷,并随火炮方位和高低角而变化。

(4) 炮塔和整个回转体的重力及惯性力。

(5) 车内的发动机、传动装置、油箱、弹药和各部件装置以及车体装甲等的重力和惯性力;动力传动装置支座的反作用力。

(6) 牵引钩的牵引力。

(7) 车首冲击障碍物时,或在行驶过程中的碰撞所引起的负荷。

(8) 各种弹丸和弹片等命中的冲击负荷,包括地雷等爆炸形成的冲击波。

(9) 特殊情况下的各种载荷,如涉水或浮渡时车辆承受的水中的各种静、动载荷;空投时车辆受到伞降系统的各种静、动载荷以及着陆冲击。

此外,还有一些过小或过大(如核武器的冲击波)的负荷未在此列出。

这些负荷不一定都是经常作用,其大小或位置也可能变动,但其中有些项目不能忽视。例如,炮塔和整个回转体的重力长期作用于顶甲板,并通过周边立柱以类似局部作用力形式传递到底甲板上,行驶中因车辆的跳动还会增加振动载荷,此外,100~120mm 口径火炮的后坐阻力可达 300~700kN。

在这些力的作用下,几乎所有的车体都会在一段使用期后出现一定程度的永久变形。例如,顶、底板下垂几个或十几毫米,有些门窗不能密封或开关,以致失去三防和水上性能,动力传动的对中精度被破坏以致损坏轴承,甚至炮塔不能转动和一些机构不能正常工作等,当然,刚度之外也存在强度问题,如车体裂纹等。轮式装甲车为薄壳车体,刚度问题更突出,常成为轻型车体设计的主要矛盾。

(二) 应用有限元法计算车体刚强度

按照一般弹性和塑性力学等理论方法来计算装甲车体的应力和变形有一定的困难,

一般理论方法总是要求工程问题具有规则的简单形状,并要求结构所受的载荷比较简单,否则不容易求得精确解,或者不能求得接近可用程度的近似解。甚至在材料力学等初等解法中,也往往将结构简化成外形和外加载荷相当简单的问题,即将计算模型理想化。这样得出的近似解往往与实际情况有相当差异,而其差异随实际结构越复杂而增大,甚至和实际或试验结果相比较时,不能认为近似,使计算失去意义。装甲车体就是这样!轮式装甲车薄壳壳体的厚度不均,形状复杂,有许多筋、梁、窗、口、大小支座及隔板等,有些部分形体不规则,外部载荷点多,载荷变化复杂。因此,除局部简单计算外,长期以来经常根据经验或一般力学分析来考虑车体的刚度、强度,然后在试车中或在使用中找出问题,再采用局部加强的办法来弥补。但有时牵涉其他零部件的结构已确定甚至不能修改,造成发现问题也很难解决的现象。对于轮式装甲车体不同程度地普遍存在的这一现象,成为设计的关键问题之一。由于未能精确计算,一部分地方存在刚度、强度不足问题,另外一些结构强度超过需要而未能予以削减。另一方面,车体受到车辆内外部各种频率、强度的激励,有时会造成车体出现强烈振动,要么出现裂纹,要么造成射击精度下降或降低乘载员的舒适性。

随着计算机的广泛使用,有限元法的计算费用逐渐降低,20世纪70年代以来它已成为装甲车体及其他许多结构计算刚度、强度和模态的有效方法。

有限元法是一种以矩阵位移法为基础的近似解连续力学问题的数值计算方法。这种方法首先把车体或其他结构划分成简单几何形态(三角形、矩形或立方体等)的具有一定特性的有限数量的单元。假设各单元在简单几何形状的尖角即"节点"处相连。车体结构的负荷只考虑施加在节点上。许多单元集合成网格状的模型代表了原来的实物结构。对每个单元来说,单元中可能的位移状态(即应变和应力状态)是单元节点上位移的函数。用单元中位移分布和节点位移之间的关系表示每个单元的基本特性,利用平衡条件可以列出位移的方程组。任何复杂的形状都可以由许多各种简单的几何形状组合而成,故可以通过反复选用各种单元来组成车体的有限元模型。在需要重点分析的车体或结构的关键部位,将网格分得较细,计算会比较精确。全部单元的组合体现了要计算的结构。从数学上看,通过这种网格模型表示一种线性或非线性方程组,方程组的右边表示作用在结构上的负荷,方程组左边的系数矩阵则表示结构的刚度。所有单元的节点的位移就是这一方程组的解,根据位移就可以计算出应变和应力。这就是通常应用的所谓的位移法。

一般来说,一个车体可能分成上百万或上千万个单元的网格模型,联解方程也有上千个,需要专业化数据处理程序来执行计算。这种方法一般还需要用计算机帮助建立模型和处理计算结果等数据,甚至输出各种直观的图形,以保证计算结果满足需要同时避免人工繁琐劳动和出现很容易出现的错误。

有限元法多方面的涉及弹性力学、矩阵代数、变分法、计算机语言程序等。现有各种标准单元可供选用于各种结构,在这里不作冗长的专门叙述。应该说明,除位移法之外,还发展有各种不同的有限元计算方法。常用的大型商用程序有 ANSYS、NASTRAN,ABAQUS、LS-DYNA 等;用于网格生成的前处理软件和用于计算结果处理的后处理软件也很多,如 HyperWorks,ANSA 等。

在装甲车辆设计中,有限元法现在广泛应用于计算车体、炮塔及其他装甲件、武器、动力、传动、行动系统的结构件上,计算结果将更好地用来支撑设计,优化设计方案。

(一) 软件选择

（1）装甲车辆设计中的一般线性静态分析、动态分析采用 ANSYS 软件，如装甲车辆车体及零部件的仿真分析；

（2）复杂模型的高度非线性问题（几何非线性、接触非线性）、动态分析采用 ABAQUS 软件，如装甲车辆中的螺栓连接问题、过盈配合问题、整车模态分析等；

（3）装甲车辆设计中的空投、过壕沟、爬垂直墙、穿甲作用等瞬态动力学仿真采用 LS – DYNA 或 DYTRAN 软件。

(二) 有限元仿真分析基本流程

有限元仿真分析基本流程如图 9 – 34 所示。

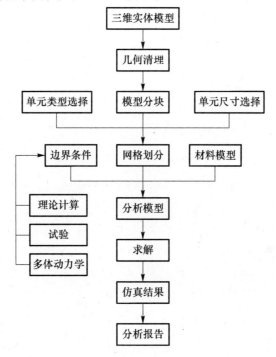

图 9 – 34　有限元仿真分析基本流程图

(三) 有限元分析实例

某轮式装甲车属于轻型薄壳车体车辆，最高车速为 105km/h，需要适应多种复杂路况，现对该轮式装甲车车体刚强度进行仿真计算。为避免路面激励、发动机激励等频率与车体固有频率发生共振，同时为进行动态振动响应分析做基础，应对车体进行固有模态分析。

基于 ABAQUS 软件求解器求解该轮式装甲车在制动、冲击工况下的刚强度，并对车体进行自由模态分析。

车体的三维模型如图 9 – 35(a) 所示。

1. 材料参数

杨氏模量：$E = 208000 \text{N/mm}$

泊松比：$\mu = 0.28$

密度：$\rho = 7.85 \times 10^{-6} \text{kg/mm}^3$

屈服极限：$\sigma_s = 1420 \sim 1450 \text{MPa}$

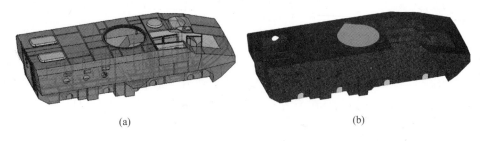

图 9-35 车体三维实体模型和有限元模型
(a)车体三维实体模型；(b)车体有限元模型图。

2. 建立有限元模型

先将车体三维模型导入前处理软件 Hypermesh，建立有限元模型，然后用 ABAQUS 求解器进行计算。

在 Hypermesh 软件中设定材料模型，选取单元类型，对几何模型中的体进行网格划分，得到单元模型(图 9-35(b))。在网格模型基础上，施加载荷和约束，建立分析步，生成 ABAQUS 求解文件，提交高性能服务器进行计算。分析工况为：制动工况，加速度为 $0.9g$；冲击工况，加速度为 $6g$。

3. 制动工况仿真计算

制动工况：加速度为 $0.9g$；约束为悬挂系统支座。

经过分析计算，得到结果如图 9-36 所示。（应力单位：MPa、位移单位：mm）

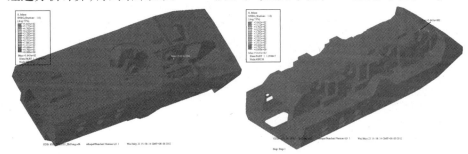

车体制动工况应力云图

车体制动工况位移云图

图 9-36 制动工况应力云图和位移云图

车体在制动工况下的最大应力为 564MPa，最大位移为 2.5mm，满足强度设计要求。

4. 冲击工况仿真计算

冲击工况：加速度为 $6g$；约束为悬挂系统支座。经过分析计算，得到结果如图 9-37

所示。(应力单位:MPa、位移单位:mm)

车体冲击工况应力云图

车体冲击工况位移云图

图 9-37 冲击工况应力云图和位移云图

车体在冲击工况下的最大应力为 821MPa,最大位移为 10.8mm,也满足强度设计要求。

5. 车体模态分析

由于结构振动备受关注,一是引起共振,二是引起振动噪声。因此,需对车体进行固有模态分析。前十阶阵型如图 9-38 所示。

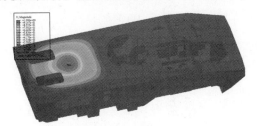

一阶阵型,频率17.2Hz

二阶阵型,频率18Hz

三阶阵型,频率21.6Hz

四阶阵型,频率27.5Hz

五阶阵型，频率29.8Hz

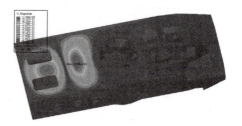
六阶阵型，频率31.1Hz

七阶阵型，频率34.4Hz

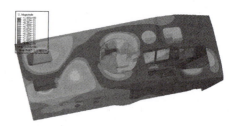
八阶阵型，频率37Hz

九阶阵型，频率40Hz

十阶阵型，频率40.5Hz

图9-38 车体模态分析一阶至十阶振型图

第五节 防地雷设计

由于未来战争以低强度、非对称的反恐作战和武装冲突为主，地雷、简易爆炸物和路边炸弹的常规性使用，会对车辆和乘员安全构成重大威胁，因此，对轮式装甲车而言，防地雷及简易爆炸物的能力已被定义到一个极其重要的位置，应将其作为新型轮式装甲车设计的一项基本能力需求。

一、地雷威胁

根据地雷对装甲车辆的毁伤机理，可分为爆破型、成型装药型和爆炸成型弹丸型（EFP）3种。爆破型地雷是最传统的类型，目前使用最广泛。爆破型地雷爆炸时产生的爆轰产物及空气冲击波能在很短的时间内击中车体，在车体上形成超压，如果车体未有防护，则车辆可能被炸裂，从而在车辆内部产生超压、破片、火灾、毒气等，同时被击中的车体结构部分将具有很大的垂直冲击加速度，如果该加速度经过固定在底板上的座椅支架传递到座椅上的乘员身上，乘员会因为脊柱负荷过大或碰到车顶板和车壁板，而造成致命伤害。布置在车底板变形区域的设备也可能会高速飞射,给乘员带来致命伤害,这些都会从心理上和身体上影响车内乘员。

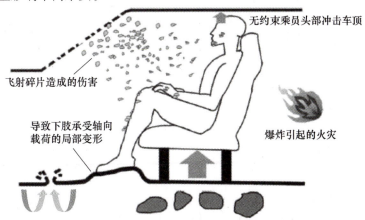

图 9-39　地雷爆炸车辆乘员伤害机理

成型装药型地雷多为反侧甲地雷,爆炸后会形成高速射流,破甲威力出众,但由于破甲威力受到起爆距离影响较大,要想获得最大的破甲效果,不仅对其生产的精密程度要求甚高,而且还要求地雷在距离目标合适的距离起爆,因此目前很少被采用。

EFP 型地雷爆炸后会形成爆炸成型弹丸,其速度通常可以达到 1500~2500m/s,具有很强的侵彻穿孔能力,穿透车底甲后会在车内造成严重的二次效应毁伤。

二、车辆地雷防护等级

北约 STANAG4569 标准和 AEP-55 第二卷(第二版)[25]中都给出了车辆对爆破地雷防护等级定义,如表 9-4 所列。

表 9-4　北约地雷防护等级

等级	爆炸当量	起爆位置
Level 1	在车辆下方任何位置爆炸的反人员步兵地雷或手榴弹	
Level 2a	6kg TNT	在车轮下面爆炸
Level 2b	6kg TNT	在车体下方中心爆炸
Level 3a	8kg TNT	在车轮下面爆炸
Level 3b	8kg TNT	在车体下方中心爆炸
Level 4a	10kg TNT	在车轮下面爆炸
Level 4b	10kg TNT	在车体下方中心爆炸

三、装甲车辆防地雷系统组成

装甲车辆防地雷系统设计由外部防护和内部防护两部分组成,如图 9-40 所示。外部防护主要是用来吸收、致偏、耗散地雷爆炸的能量,从而将传递到车辆和乘员的毁伤效应降低至最低;内部防护通过采用能减小冲击效应的特殊防雷座椅以及特定的防护装置吸收和衰减地雷爆炸的剩余效应,从而保护乘员免遭二次效应的伤害。

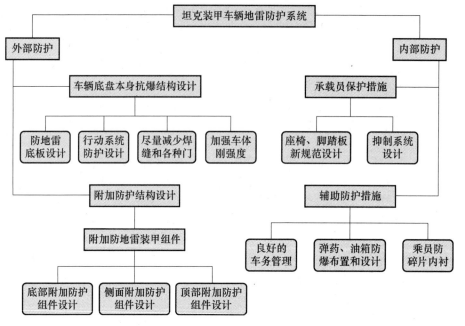

图 9-40 装甲车辆防地雷系统设计构成

(一)装甲车辆防地雷设计总则

对于轻型轮式装甲车而言,需要重点开展防爆破地雷系统性设计,设计应以保证车内乘载员的生存性为终极目标。针对不同类型车辆的总体设计约束条件,如车底距地高度、底甲板材料及厚度、车辆重量等,以及要防御的地雷爆炸当量及要求达到的地雷防护等级,采取不同的防地雷结构和防护方案设计。

装甲车辆防爆破地雷设计应考虑如下几个方面的因素:

(1)致偏爆轰波。

(2)增加离爆点距离。

(3)吸收和耗散爆炸能量。

(4)加强车体尤其是底甲板自身抗爆炸冲击和对破片的防御能力。

(5)车内乘载员防二次冲击效应保护。

(6)附加防护组件。防护组件要达到小型化、轻量化和模块化设计,附加防护组件应对车底距地高的影响降到最低,保证车辆的通过性,同时要考虑对车辆有效载荷的影响降到最低。

(7)良好的车务管理。

爆破地雷爆炸对乘员造成的损伤及相应防护方法如表 9-5 所列。

(二)装甲车辆防爆破地雷设计

装甲车辆防爆破地雷设计是一个系统工程,需采取整车抗爆结构设计。车辆总体防爆破地雷设计目标分解如下:

(1)防止车体底装甲板发生断裂,并保持车体结构的完整性;

表9-5 地雷爆炸造成的乘员损伤及防护方法

爆炸伤害	伤害原理	防护要求	防护方法
主要	爆炸冲击波	减少爆炸冲击波的传递	增大距离， 提高气体动态特性，降低破坏力 采用爆炸衰减材料
次要	地雷爆炸产生的碎片、赋能土壤、喷射物以及车辆碎片	减少碎片或者防御碎片	提高装甲底板的防护能力 增强人员防护
第三	整体效应——车辆加速度 局部效应——车辆底板变形	降低车辆加速度 降低车辆获取的压力波 改变底板形状，提高防御能力	增大距离 V形车体设计 防止碰撞伤害的乘员约束系统
第四	热伤害	防火	车辆使用防火材料 乘员穿着防火服

（2）控制车体底装甲板的变形在一定的范围内；

（3）将车乘载员座椅与车辆结构分离，隔离冲击波由车体传递给人员的路径；

（4）降低冲击波由车体传递给乘载员的二次效应伤害，为车乘载员配备多点式安全带、头枕和脚撑；

（5）避免次生攻击（车辆部件、设备、车载物品避免成为二次攻击威胁）。

根据上述分解设计目标，具体应从以下几个方面入手对车辆开展设计。

1. 车底形状设计

采用合理的装甲底板外形设计和结构设计可以致偏大部分爆炸能量，如采用承载式车体设计和V形车底设计，如图9-41所示。V形车底可以说是一种方法简单但成效显著的解决方案，它可以大大减小地雷爆炸后对车辆底部及整体的冲击波效应。其可以实现对冲击波效应偏转防护的机理为：当装甲板与爆炸压力波入射方向成90°角时，将会产生正反射，此时反射压力为入射压力的8倍左右；当装甲板与爆炸波入射方向所成的角度在0°~90°之间变化时，就会产生斜反射冲击波，斜反射冲击波压力要小于正反射波压力，即发生了冲击波效应的偏转衰减作用。如图9-42所示。

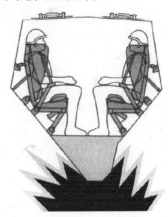

图9-41 V形车底设计示意图

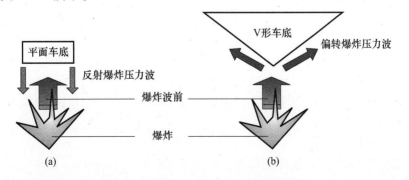

图9-42 爆炸与V形车底的相互作用

在单一V形车底设计的基础上,发展了"双楔形"V形车底设计,即包括第一V形车底和可拆装的第二V形车底,如图9-43所示。第二车底与第一车底间隔一定距离,安装在第一车底外侧,固定在车辆外部。第一和第二车底的V形顶点都平行于车辆的纵向中心线。第一车底的角度范围为115°~130°,最佳角度为120°,第二V形车底的角度范围≤90°,最佳角度为≤70°。第二V形车底能够切断土壤喷射物以及爆炸能量的轨迹,降低碎片速度,使碎片偏转。第一车底的厚度和重量必须能够承受速度降低后的土壤喷射物以及第二车底的变形。

2. 采用浮动地板设计形式

在装甲车辆浮动地板组件设计中,乘员舱地板被固定在车体两侧,将地板浮动在车体底甲板

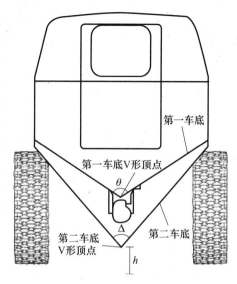

图9-43 双V形车底设计示意图

之上,而不是直接固定在底甲板上,如图9-44所示。由于车底装甲和浮动地板之间没有直接的支撑,因此消除了爆炸冲击波能量从底甲板传递到乘员舱地板的结构通路。尽管爆炸能量能够从车底装甲传递到车体侧面,并且最终到达地板,但大部分爆炸能量在传递过程中被耗散。此外,爆炸能量必须穿过较厚的车体侧装甲板,也会耗散部分能量。浮动地板降低了爆炸引起车底装甲变形从而导致地板变形或碎片进入乘员舱造成附带损伤的风险。

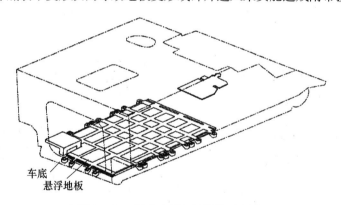

图9-44 浮动地板组件设计示意图

浮动地板组件包括浮动地板以及将浮动地板安装在车辆侧壁上,悬挂在车底板上的支撑组件。按照预定距离相互平行的支撑梁固定在车辆侧壁上,地板固定在支撑梁上,在地板和支撑梁之间还有一层控制保护层,用于防御爆炸产生或引起的碎片。地板下方与车底部装甲上表面之间的空隙作为车底装甲的变形凸起空间,因此车底装甲的变形不会影响到地板,并导致地板隆起和/或破裂。这种浮动地板组件适用于任何轮式或履带式装甲车辆。

3. 车底距地高可调设计,改变离爆点距离

因冲击波的峰值压力以炸点距离的三次方而降低,即车底距地高越大,爆炸时传递到

车底的冲击波强度越小。图 9-45 表示了距爆炸点不同距离上的峰值压力与爆炸药量之间的关系曲线。

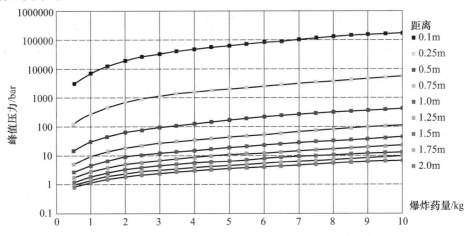

图 9-45　距爆炸点不同距离上的峰值压力与爆炸药量之间的关系曲线

在装甲车辆通常设计观念中,为了满足信号特征、高防弹水平、确保车辆可空运性等要求,装甲战车应具有低矮外形,但从防地雷的角度出发,需要保证较高的车底距地高,因此可以考虑采用高度可调的悬挂系统,车体安装在独立悬架之上。在平时保持低矮外形,而在怀疑有地雷时,可以提前将车底距地高调至最大,从而在底部受到地雷爆炸后可减小冲击波对车辆底板的高加速和弹性/塑性变形,使冲击损伤作用降低,最终实现保护车辆底盘的目的。

4. 车辆内部乘载员防爆安全防护设计

使车载人员能够从车辆底部或附近的地雷爆炸所造成的高加速度中生存下来,重点是避免冲击波的传递影响到车载人员,或至少是降低冲击波的影响效应。发生在车辆底板下面的爆炸,在动压力下,通常会造成底板的快速向内塑性变形,为此,乘载员的座椅应进行防爆炸冲击设计。在座椅安装结构上,要实行座椅同底甲板及地板的悬挂式隔离安装,通过采用在车体顶部吊装及侧壁安装的方式,降低底板受到爆炸冲击后对乘员座椅进而对乘员造成伤害的危险。为了避免乘员脚部和腿部受伤,乘员的脚部不能直接放置到地板上,需要考虑在座椅结构上带有搁脚板或脚撑的设计,载人时搁脚板下端距离地板间距至少不低于60mm,座椅采用四点或五点式安全带,座椅要具备头枕。图 9-46 为依维柯公司为 LMV 轻型多用途车辆所开发的悬挂式座椅,该座椅采用了五点式安全带和头枕。

座椅本身结构应进行相应的缓冲减振功能设计,如采用减振悬挂系统和座垫。驾驶员座椅要考虑在有限安装空间内的低行程结构设计,需带有可调谐减振系统,使其通过爆发垂直方向力来启动。在车辆遭到地雷攻击时,通过向下运动来吸收垂直加速度的冲击,这可以降低爆炸效应和爆炸后效应对车载人员的影响,起到像吸能弹簧那样的作用,而在

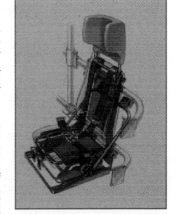

图 9-46　依维柯公司的
悬挂式座椅

车辆正常行驶情况下能够使其保持稳定。悬吊式载员座椅也可减小载员所承受的地雷爆炸效应,如图9-47所示。

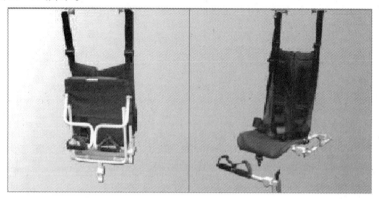

图9-47 悬吊式载员座椅

5. 附加防地雷组件

V形车底设计存在导致车底距地高和车内空间减小、车体外形增高等问题,从而影响车辆的机动性和隐身性,因此,在车底下面加装附加模块化防爆破地雷组件,是一种重要的防地雷技术措施。防地雷组件可以考虑设计成平面型、浅V型或者其他异型结构,且需要和车辆底甲板一起联合设计,应考虑附加防地雷组件后不影响车辆的通过性和有效载荷。通常,基于传统的装甲车辆400~450mm车底距地高度,针对4~5mm厚度的薄底甲板,要实现2b级防护,附加防地雷组件的面密度建议不大于160kg/m^2。法国VBCI 8×8步兵战车采用的可保护车辆地板的能量吸收防地雷组件模块如图9-48所示。

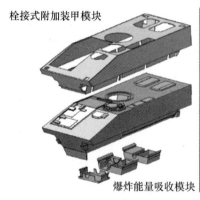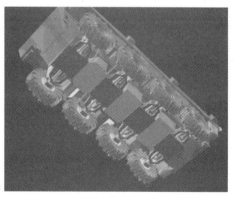

图9-48 法国VBCI防地雷组件模块

6. 其他防地雷设计措施

大当量爆破地雷爆炸后往往会产生一种双冲击波效应:首先是对车辆造成严重的直接打击毁伤,紧接着以巨大的反向压力撕裂车门和揭飞舱口盖。在这种情况下,车辆所承受的是正反两个方向的巨大压力,这两种冲击波对于遭受巨大的震动和摆动的乘员来说,作用都是致命的,因此应加强对车门和舱口的防爆设计,并尽可能减少在车底甲板上开门开孔。

爆破地雷爆炸产生的爆炸冲击效应会对车辆产生一个很大的动量和冲量,通常装甲车体都是通过焊接成型,焊缝对于爆炸冲击波敏感,车底甲板应尽量采用完整的一块甲板,避免焊接,对车底甲板及车体上不可避免的焊缝应采取在对应焊缝上焊接一条盖板以增强焊缝的抗爆能力。

行走装置要尽可能采用装有泄气保用装置的大尺寸轮胎;车辆地板应加装防碎片内衬,以减少破片进入车内形成二次效应;弹药的储存应合理布局,尽可能远离车底,以减少由地雷爆炸引起的二次效应。

杜绝车内松动件的存在和产生,对常设于车底易变形区范围的设备和零部件作牢固安置,避免车辆舱内地板上的散落零件(如螺帽、螺栓、备件、各种工具和其他杂物等)在受到爆炸冲击后形成次生弹丸造成乘员受伤。

第六节 车体的隐身设计

隐身技术通过减小武器装备的目标信号特征,可以大大降低地面武器装备被发现、识别和跟踪打击的概率,它是现代武器装备在高技术战场中能够保持较高的战场生存能力、充分发挥自身作战效能的重要技术途径之一。

军用车辆的目标特征信号包括雷达目标特征信号、红外目标特征信号、声目标特征信号和可见光目标特征信号。车体的目标特征信号主要有:雷达目标特征信号、红外目标特征信号、可见光目标特征信号。车体的隐身设计,就是要控制这些特征信号在一定范围内不易或难以被敌方各种探测设备发现、识别、跟踪、定位和攻击。

一、雷达隐身

众所周知,雷达装置以一个具有高频雷达能量的波束照射目标并检测所形成的回波。雷达产生的"印象",通常用雷达截面积(Radar Cross Section,RCS)来表征,也就是目标受到雷达电磁波的照射后,向雷达接收方向散射电磁波能力的程度,它反映了目标的散射能力。为了不被雷达发现,需采取各种措施使目标在雷达探测波束照射范围内,具有极小的雷达截面积,这能够大幅度地减少被敌方雷达接收机截获的电磁波能量,使雷达对目标的探测距离缩短。

二、红外隐身

各种军事目标有其特定的红外辐射特征。装甲车辆的红外辐射来源于发动机及其排出的废气、射击时的炮管以及受阳光照射产生的热。为达到红外隐身的目的,采用的技术措施大致可以概括为改变红外辐射特征、降低红外辐射强度等方面。

三、可见光隐身

可见光的探测系统是根据武器环境的反差信号特征来识别目标,其中包括可见光信号的频谱分布和照度。反可见光探测隐身技术,就是要减少目标与背景之间的亮度、色度和运动的对比特征,达到对目标视觉信号的控制,降低可见光探测系统发现目标的概率。现今可见光隐身所采用的主要措施有涂敷迷彩涂料,使目标尽量与背景一致,抑制车辆扬尘,以免被光学观瞄器材或战斗人员发现。

隐身技术在车体上一般通过下述方法实现:外形结构设计、隐身材料技术。

通常,目标的几何形状对散射效应的影响十分明显。如投影面积完全相同的平板和球体竟会出现完全不同的散射效应。多年来,各国的隐身技术专家经过不断的研究和试验,已逐步形成基本的共识,即精心设计或明显改进过的外形设计是实现隐身,特别是如雷达隐身这样的防反射隐身最关键的步骤,只有抓住这个关键,再辅以其他措施,即可收到意想不到的隐身奇效。

在车体隐身外形设计中,应尽量注意以下几点:

(1) 避免采用大的平面和大的凸状弯曲面,消除镜面反射。垂直或者近似垂直的截面曲率半径大,容易形成极强的镜面反射。为消除这一反射源,设计中可考虑将垂直平面设计为外张或内倾一定角度的平面,使回波向下或向上反射,使雷达接收机无法接收到反射的回波。

(2) 注意克服角反射器效应。角反射是指目标上的两面体或角体结构产生的散射。两面体是目标上相互垂直的两个金属表面所形成的反射区域。在此情况下,入射波会在两个表面上接连产生二次反射,最后使反射波沿入射波完全相同的方向传到接收机。单纯体现在车体上的两面体结构并不多,但在车辆上,车体与武器载体——塔体之间会形成垂直的两面体,这些在设计中都应该尽量避免。

(3) 同时减少其他散射。在隐身设计中,对于车体平台上的各种凸起,都会影响散射效应。采取的主要措施是:尽量内置,把它们安放在车体内,使车体外表光滑、整洁。

隐身材料技术是行之有效的一种反雷达、反红外、反可见光探测的隐身技术。装甲装备在使用隐身材料后,可大大减少自身的信号特征,提高生存力。

根据针对的特征信号类别,隐身材料可分为雷达隐身材料、红外隐身材料、可见光隐身材料和多功能隐身材料等。根据隐身材料的应用方式,可分为隐身涂层和结构隐身材料。将隐身材料固定覆盖在武器系统结构上的,称为隐身涂层;做成活动式的伪装网或伪装罩,或将结构材料做成兼有隐身和承载双功能的材料,称为结构隐身材料。

目前在车体上一般通过涂敷红外/雷达隐身材料,并采用图形迷彩处理,必要时披挂伪装网,尽量使车辆与背景一致,可以达到较好的隐身效果。

隐身技术主要通过对武器装备的结构设计和采用隐身材料来减弱特征信号。结构设计的改进常常会造成其他性能恶化,使结构的隐身设计受到一定的限制,因此需要隐身材料与之互补。

第七节　防护系统总体设计

轮式装甲车的防护能力,作为平台的四大要素之一,与机动、火力、信息一样,对其存在和发展起着至关重要的作用。轮式装甲车必需具备相应的防护能力,才有可能在保全自身的前提下成功地完成各种战斗任务。然而,轮式装甲车的防护能力一直受到来自反装甲武器的不断挑战。最近数十年来,反装甲武器技术发展迅猛,尤其是在近年来世界各地的反恐维和行动及非对称性作战中,反坦克地雷、简易爆炸装置以及近距离发射的反坦克火箭弹对轮式装甲车造成了严重的威胁,如图9-49所示。各种反坦克武器的不断涌现,以及其在实战中表现出来的对轮式装甲车的攻击效果,使轮式装甲车在现代化战场上的生存能力受到质疑,防护能力面临严重挑战。因此,研究并采用新的防护理念和防护技术,增强轮式装甲车在现代化战场上的生存能力,已成为各国轮式装甲车研发面临的共性问题。

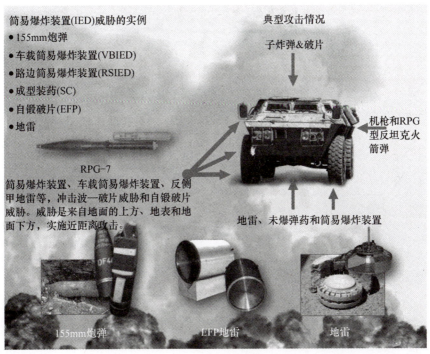

图9-49 轮式装甲车受到的反装甲武器威胁示意图

众所周知,现代轮式装甲车的防护问题必需从以下几个方面予以考虑:首先是要避免被敌发现;其次是要避免被敌命中;再次是要避免被击穿;最后是要避免车辆和乘员遭受毁灭性损伤。从以上各方面的防护要求出发,国内外轮式装甲车均采用隐身、干扰、拦截、装甲等主被动防护手段集成提升其战场生存能力,以解决平台轻量化、高生存力之间的突出矛盾,而其中的顶层核心设计即防护总体设计,具体来讲:防护总体设计基于轮式装甲车战场威胁环境分析及总体设计约束,从顶层设计出发,提出平台针对不同威胁的防护策略及防护能力需求,规划平台的防护能力指标体系及具体技术指标,构建平台防护系统体系结构框架,完成平台防护系统集成方案设计,进行平台战场生存力模型构建及量化评估,最终提出满足防护系统指标要求及总体设计约束的平台防护系统优化集成方案,明确各单体的设计约束要求,实现防护系统的自顶向下设计,其设计流程如图9-50所示。

一、防护策略设计

防护策略设计的核心目的是保证轮式装甲车的战场生存能力。传统上,轮式装甲车战场生存力根据装甲防护水平确定,其通常使用在给定攻击弧度范围上能够抵御的弹道

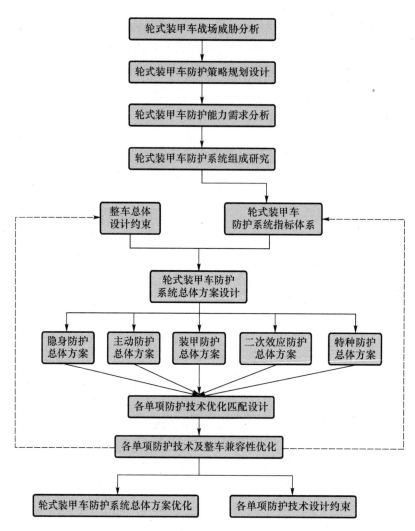

图 9-50 轮式装甲车防护系统设计流程

威胁来表示或者用轧制均质装甲(RHA)的等效厚度数值来表示。

对于现代轮式装甲车,"战场生存力"的定义,必须包含乘员生存能力、任务生存能力或功能度生存能力。在现代轮式装甲车设计中,乘员生存能力(即避免乘员伤亡)被设定为最为优先考虑的对象。第二位考虑的是功能度生存力,即在经受初次攻击之后,车辆保持关键功能(如机动性)的能力。正如在许多情况下所表明的那样,关键功能的丧失会使乘员在后续的攻击中更容易受到伤害。任务生存能力也必须被视为重要的一点,而且越来越重要,这是因为:在战斗中,成功地完成任务可以大大地提高部队的整体生存力。

目前,随着作战性质与作战样式的变化,现代轮式装甲车实现快速部署、全域作战,轻量化是刚性要求,但如果平台战场生存力不能得到保障,其综合效能就难以发挥,因此,现代轮式装甲车战场生存力靠什么,其生存力模型及防护策略设计是其防护系统总体设计的核心。

对于轮式装甲车,依据具体作战任务剖面可提炼出不同平台的具体作战样式,并基于作战样式明确平台可能面临的武器威胁类型以及威胁攻击方向,这里不再赘述。总体而言,针对轮式装甲车这样一种轻型装甲平台,其装甲防护相对薄弱,传统的"洋葱头型"生存力模型并不完全有效(基于在整个"生存力链"中保护乘员生命及装备的安全,所谓的"生存力链"即是"不被发现""如果被发现不被击中""如果被击中不被击穿"及"如果被击穿则将损失降低到最低限度")。因此,现代轮式装甲车必须在生存力模型上进行创新,应为其定制一种技术应用可满足具体威胁需要的方案,从而实现现代轮式装甲车的高战场生存力。

首先,现代轮式装甲车要具备高战场生存力,实现"轻而不弱",必须在传统的"洋葱头型"生存力模型的基础上结合现代轮式装甲车的特点,拓展"洋葱头型"生存力模型的功能层次,实现生存力模型的创新,具体可在"洋葱头型"生存力模型基础上,围绕如下两个层次进行拓展:

第一,利用未来作战系统及作战体系优异的态势感知能力与先进的一体化网络系统,使各作战平台之间信息高度共享,做到先敌展开、先敌发现、先敌决策、先敌射击、先敌摧毁,降低"遭遇"的概率。

第二,利用现代轮式装甲车优异的态势感知能力及机动性,结合其主动防护能力强的特点,使敌方反装甲武器系统发现目标后无法锁定目标并击发,以降低"被攻击"的概率。

因此,现代轮式装甲车基于"洋葱头型"生存力模型,在原有基础上拓展了两个功能层次,包括"避免遭遇、避免被发现、避免被攻击、避免被击中、避免被击穿、避免被毁伤"6个相互关联的"生存力链"功能层次。首先,利用优异的态势感知能力与先进的一体化网络系统,实现各作战平台之间信息的高度共享,共用作战态势,做到先敌展开、先敌发现、先敌决策、先敌射击、先敌摧毁,在敌军有效攻击距离之外摧毁敌军,实现避免遭遇;其次,通过对声音、电子、电磁、红外、可视信号的管理以及减小雷达散射截面积,实现避免被发现;第三,利用烟幕遮蔽、机动规避等手段,实现避免被攻击;第四,利用干扰和拦截等主动防护手段实现避免被击中;第五,利用基体装甲、模块化装甲等装甲防护手段实现避免被击穿;最后通过加强系统的冗余设计和对易损性系统的保护实现避免被毁伤,其概念如图9-51所示。

"体系化综合防护"的每个防护层均可被视为部分防护解决方案,每个防护层都是平台生存力的一个组成部分。平台可通过重点防护层的不同而形成不同的生存力解决方案。现代轮式装甲车要具备高战场生存力,实现"轻而不弱",必须基于以上"生存力链"的各个功能层次的要求,结合不同平台的特点,设计基于威胁驱动+作战方案驱动的生存力构建策略,实现生存力构建策略的创新,其防护策略设计的基本原则如下:

(1) 基于体系化综合防护策略,按照"层次清晰、协调兼容、优势互补、融合跃升"的指导思想进行规划;

(2) 以保证乘员安全性与提升平台战场生存能力为目标,基于主被动防护匹配的原则,综合考虑单项防护技术的功能特点,发挥各种防护手段的特长,解决主要矛盾,不针对某种威胁进行防护手段的多次叠加;

(3) 坚持有所为有所不为,突出隐身防护与主动防护对平台战场生存能力的贡献度,重点实现对多种探测识别威胁与大部分反坦克弹药的有效防护,装甲防护与主动防护形成优势互补,重点解决对主动防护无法有效对抗的反坦克弹药的防护;

(4) 防护策略规划既要具有一定的前瞻性,又要兼顾总体设计约束条件与技术上的

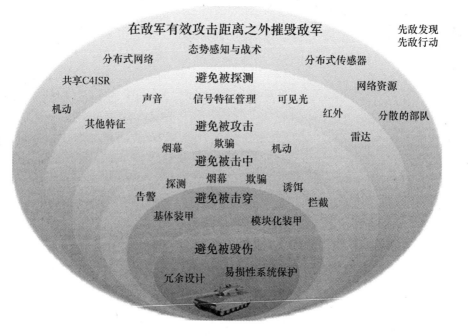

图 9-51 体系化综合防护策略概念图

可实现性。

针对现代轮式装甲车,其防护策略与传统轮式装甲车相比有以下创新:

(1) 防护策略构建基础由传统的"装甲防护"向"体系化综合防护"转变。

信息化条件下,随着威胁方式向远程化、全向化、精确化、多元化转变,要求现代轮式装甲车的防护策略构建基础必须发生质的变化,由传统的"装甲防护"向"体系化综合防护"转变。体系化综合防护理念把"避免遭遇、避免被发现、避免被攻击、避免被击中、避免被击穿、避免被毁伤"等各个防护要素进行一体化集成匹配,追求防护策略构建基础战场生存性的最佳效益。因此,体系化综合防护理念是现代轮式装甲车战场生存力的构建基础,是破解平台轻量化和高战场生存力矛盾的必然途径。

(2) 防护策略生成途径由传统的"被动挨打"向"主动生存"进行转变。

现代轮式装甲车防护策略生成途径不再仅仅依托装甲防护,以"被动挨打"生成平台的战场生存力,将依托平台的防护、火力、机动、信息综合能力,以"主动生存"生成平台的战场生存力。

首先,现代轮式装甲车借助平台、系统、体系强大的信息化能力及火力打击能力,实现战场指挥系统和多兵种各作战平台之间信息的高度共享,做到先敌展开、先敌发现、先敌决策、先敌射击、先敌摧毁,有效降低平台与敌方遭遇的概率,大幅度提升"防遭遇"对平台生存能力的贡献度。

其次,现代轮式装甲车借助隐身防护、主动防护等技术手段,结合平台外形特点及优异的机动性,有效降低了平台被敌方发现、攻击、击中的概率,大幅度提升了"防发现、防攻击、防击中"对平台生存能力的贡献度。

(3) 防护策略配置模式由"单一固定型"向"任务配置型"转变。

现代轮式装甲车要实现轻量化，又要对各种作战样式下的反坦克弹药进行有效的防护，其生存力配置模式必须实现"单一固定型"向"任务配置型"转变，即：在基本型平台的基础上，预留增强型防护组件的接口，必要时加装相应的防护组件，通过牺牲平台的部分机动能力，以实现对特殊威胁的有效防护，提升平台的战场生存力。

(4) 防护策略覆盖范围由传统的"正面单维为主"向"全向多维均衡"转变。

鉴于未来探测识别威胁及反装甲武器打击范围的立体化，现代轮式装甲车各个方向都要均衡防护，在保证正面防护能力的同时，应关注侧面、顶部、底部的防护能力，以实现平台对全方位、多威胁的有效防护，提升平台的战场生存能力。

二、防护能力需求分析及防护系统战技指标分解

现代轮式装甲车要满足不同的任务需求，适应不同作战样式下的威胁，必须具备相应的防护能力，其防护能力需求分析的原则如下：

(1) 针对现代轮式装甲车在不同作战样式下面对的威胁，以提升平台战场生存力为目标，基于不同平台的防护策略设计，提炼其防护能力需求；

(2) 防护能力需求分析既要适应未来不同作战样式下平台面临的威胁，又要与平台的总体设计约束相适应；

(3) 防护能力需求分析要综合考虑隐身防护、主动防护、装甲防护、二次效应防护的技术特点及相应的技术成熟度，规划的防护能力通过技术攻关后可实现。

现代轮式装甲车可通过对平台的防护能力需求分析，提出其防护系统技战术指标要求，其防护系统指标体系覆盖以下两个方面：

(1) 平台总体防护能力：主要明确平台的防护对象、防护范围、防护效能。

(2) 平台单项防护能力：主要明确平台的隐身、主动、装甲、二次效应、特种防护能力及对应的技术指标要求。

三、防护系统体系结构构建及防护系统总体方案设计

(一) 防护系统总体方案设计

在威胁环境日趋复杂，防护技术途径不断增多的条件下，现代轮式装甲车要按照防护功能层次将多种防护技术进行"系统集成"设计，必须建立在结构和功能上相对独立的防护系统，从而实现平台战场生存力的综合提升。通常，现代轮式装甲车防护系统体系结构如图9-52所示。

该系统由如下5大功能分系统组成。

1. 多频谱隐身防护分系统

避免被发现是提高现代轮式装甲车生存能力，发挥其作战效能的重要环节。多频谱隐身防护分系统主要解决现代轮式装甲车在可见光、雷达、红外等威胁频段的目标特征控制问题，降低被敌方侦察、探测设备发现的概率。该分系统主要由多频谱隐身涂料、隐身器材、自适应隐身装置组成。

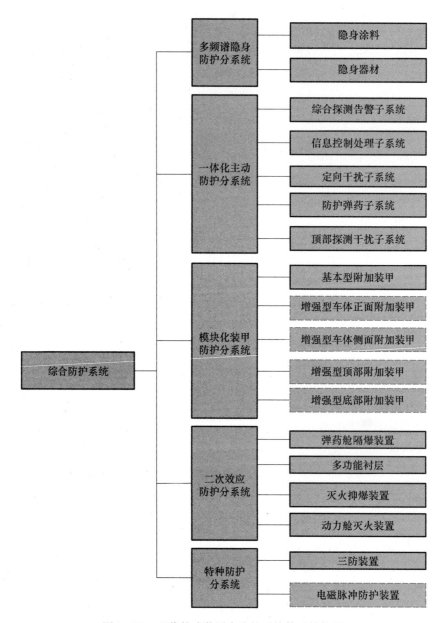

图 9-52 现代轮式装甲车防护系统体系结构图

2. 一体化主动防护分系统

现代轮式装甲车要想在未来战场具有较好的战场生存能力,必须具有对威胁的感知能力及对抗能力。主动防护分系统为一体化综合设计,将"探测→处理→对抗"与威胁构成大闭环,根据功能划分,一体化主动防护分系统分为综合探测告警子系统、信息控制处理子系统、定向干扰子系统、顶部探测干扰子系统、防护弹药子系统。

3. 模块化装甲防护分系统

现代轮式装甲车装甲防护功能主要由"基体装甲+模块化装甲"构成的组合装甲来实现,装甲防护分系统具体由正面反应装甲、复合装甲、侧面附加装甲、顶部附加装甲、底部附加装甲组成。模块化附加装甲具备可升级、可单独更换等诸多优点,可为现代轮式装甲车防护性能的提高创造良好的条件。

4. 二次效应防护分系统

二次效应防护分系统主要实现对不同二次杀伤效应(破片、燃烧、爆炸、核辐射等)的防护,具体由弹药舱隔爆装置、多功能内衬、灭火抑爆装置等组成。

5. 特种防护分系统

特种防护分系统主要实现对核生化威胁与电磁脉冲威胁的防护,具体由三防装置、电磁脉冲防护装置等组成。

针对现代轮式装甲车的特点和面临的威胁,平台防护系统总体方案设计原则归纳如下:

(1)基于现代轮式装甲车总体约束,依据平台防护策略及防护能力需求,开展防护系统总体方案设计。

(2)坚持有所为有所不为,基于单项防护技术的功能特点与综合费效比,兼顾现阶段各单项防护技术的成熟度及长期发展,优选单项防护技术集成优化匹配设计。

(3)方案设计贯彻"系列化、模块化、通用化"原则,为现代轮式装甲车体系化发展提供专项支撑。

(二)多频谱隐身防护分系统设计

多频谱隐身防护分系统主要通过对平台目标特征进行综合控制,有效降低现代轮式装甲车在战场环境下被敌方探测识别装备发现的概率,从而提升平台的战场生存力。现代轮式装甲车目标特征主要是控制其可见光特征、雷达特征、红外特征,重点从车辆外形设计、动力舱隔热散热设计、隐身材料应用设计3个方面出发,具体技术体系构成如图9-53所示。

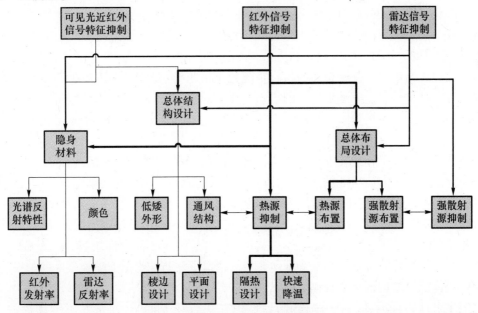

图9-53 隐身防护技术体系结构图

根据上述技术体系,多频谱隐身防护分系统方案设计原则如下:

(1)隐身防护设计的重点是实现平台雷达与红外信号特征得到有效控制;

(2) 隐身防护设计要与平台的总体结构设计协调匹配,满足其与其他性能的兼容性要求;

(3) 对于雷达信号特征,隐身设计的重点是实现车辆前向雷达散射截面(RCS)的有效控制,以此为基础实现平台最大角域范围内 RCS 的有效抑制;

(4) 对于红外信号特征,隐身设计重点是缩减整车运动状态下的前向、侧向、顶部红外特征,控制重点热源对其周边区域的影响,降低高温区域表面发射率,以此为基础实现平台最大角域范围内红外信号特征的有效抑制。

(三) 一体化主动防护分系统设计

一体化主动防护分系统主要实现"避免被发现、避免被攻击、避免被击中"的功能,这就要求主动防护能够应用主动隐身技术实现自适应隐身,并能对战场环境下所面临的威胁目标实现探测与发现,随后直接或间接地对威胁目标实施干扰与拦截,使得威胁目标的作战效能消失或大幅度降低,从而增加现代轮式装甲车的战场生存力。

针对一体化主动防护分系统,其方案设计原则如下:

(1) 基于现代轮式装甲车的防护策略,依据平台规划的主动防护能力开展一体化主动防护分系统方案设计。

(2) 坚持有所为有所不为,突出一体化主动防护分系统的综合效能,综合考虑告警、探测与干扰、拦截的兼容匹配关系,兼顾现阶段各单项主动防护技术的成熟度及长期发展,优选单项防护技术开展方案设计。

(3) 坚持开放性架构原则,采用模块化设计准则,保证一体化主动防护分系统的灵活配置性。

(四) 装甲防护分系统设计

模块化装甲防护分系统主要是实现"避免被击穿"的功能,这就要求装甲防护能够对平台在战场环境下所面临的反装甲弹药具有相应的装甲防护能力,使得来袭弹药的毁伤效能大幅度降低,从而增加现代轮式装甲车的战场生存力。

现代轮式装甲车任务配置型的核心是配置装甲防护,其依托基体装甲和模块化附加装甲实现。基体装甲主要满足整车的刚强度要求,即重点解决承载问题,因此应在保证平台承载能力的前提下尽量降低基体装甲的厚度,装甲防护性能主要依托模块化附加装甲实现。

基体装甲形成平台的装甲结构框架,不仅要满足现代轮式装甲车的刚强度要求,还要为模块化附加装甲的使用提供支撑,基体装甲要具备复杂极端工况的承受能力,保证车辆受到反装甲弹药打击后,车体、炮塔主结构保持完整,并有效降低被打击部位的局部变形。因此,基体装甲的厚度选择要综合考虑增强型装甲防护能力下基体装甲的适应性。

模块化装甲使用连接到基体装甲结构框架上的装甲块(称为模块)来实现所要求的防护水平。模块化装甲是在不改变基体装甲的情况下使防护水平能够根据威胁的发展而升级。基体装甲结构框架本身也提供少许防护能力,但其主要作用是支撑装甲模块。模块化装甲设计为可拆卸,易于修理和升级,但在执行任务期间,通常并不拆卸模块,如图 9-54 所示。

(五) 二次效应防护分系统设计

二次效应防护分系统主要是实现"避免被毁伤"的功能,具体通过弹药隔舱化设计、

第九章 装甲车体与防护系统设计

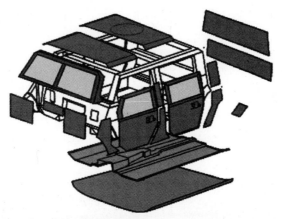

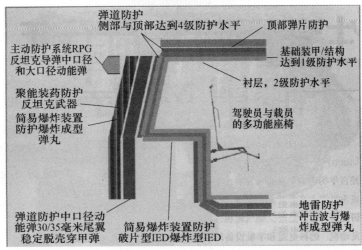

图 9-54 现代轮式装甲车模块化附加装甲及防护能力

多功能内衬、灭火抑爆装置等措施实现平台对相关二次效应的有效防护，从而增加现代轮式装甲车的战场生存力。

现代轮式装甲车应用多功能内衬，其兼具防二次效应、防核辐射和装饰功能，主要用于车体和炮塔内壁，可提高平台对崩落碎片、中子辐射等二次效应的防护能力，保护车内乘员和设备安全，提高平台对二次效应的防护性能；同时，多功能内衬具有较好的隔热、装饰功能，可改善车内人机环境，提高乘员舒适性，如图 9-55 所示。

现代轮式装甲车在整车设计的同时要考虑乘员、弹药、燃料等设备的隔舱化设计，以保护乘员免遭二次效应攻击。

当反装甲弹药（动能弹或化学能弹）击穿轮式装甲车车体并进入乘员舱或动力舱，雾化易燃液体及各种材料，如燃料、液压油、润滑剂、涂料及纺织物等，均能引起非常快速猛烈的爆燃，由于会引起爆燃，产生灾难性后果的可能性很大。因此，中弹后起火对于轮式装甲车及其乘员来说是非常危险的，如不及时灭火会给车辆和乘员带来毁灭性的损伤。因此，为了降低火灾危害、减少火灾损失，轮式装甲车有必要装备灭火抑爆设备来确保车辆及乘员的安全。

轮式装甲车的灭火装置有手动式、半自动式和自动式 3 种。手动式灭火装置由乘员

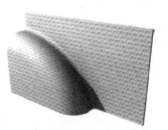

(a) 无衬层的破片锥角

(b) 有衬层的破片锥角

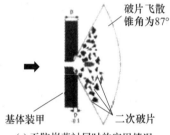
(c) 无防崩落衬层时的穿甲情况

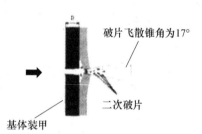
(d) 有防崩落衬层时的穿甲情况

图 9-55　多功能内衬及其防护效果

操纵开关使灭火瓶阀开启,灭火剂由喷嘴喷出,实施灭火。半自动式灭火装置的火灾报警器自动以声和光的形式向乘员发出火警信号,但灭火剂的喷射仍由乘员手动控制。自动式灭火装置的火灾报警器自动发出火警信号,信号通过控制盒向乘员报警,同时按预定的程序控制执行机构启动灭火瓶,喷射灭火剂,实施灭火。自动灭火抑爆系统除了能够在最短的时间内自动探测并扑灭一般火灾外,还能够抑制车内穿透物引起的油气混合气体爆燃/爆炸,从而可有效地保护乘员免受烧伤和超压的损害。

1. 乘员舱爆灭火抑爆装置

乘员最易受到由高强度火焰造成的皮肤烧伤,以及由燃油爆炸引起的冲击压力造成的肺部伤害。因此尽早探测并尽快抑制乘员舱的火灾能为乘员提供有效的保护。

乘员舱自动灭火抑爆装置能够在 5ms 内探测到最初始的爆燃,并可在 250ms 内实现完全抑制。这得益于系统采用的超快速光学火灾探测器和灭火抑爆瓶。

由于火灾抑制用时短,因此火球燃烧不会造成伤害,温度升高幅度很小,使得压力增加幅度也大幅降低,产生的有害气体量降至可接受水平,因此可显著提高乘员的生存能力和持续作战能力。

有时,被击穿一次不会引起油汽爆炸,但是会造成乘员舱内的一般火灾。当车辆受到简易爆炸装置(IED)、路边炸弹、地雷攻击,或出现技术故障时也可能会发生一般火灾。火灾抑制系统可用于对付这类事件,在火势很小,产生的热量和有害气体对乘员造成伤害之前,该系统就会启动。

该系统非常灵敏,而不会发生误报警,在平时和战时都能为乘员提供最佳的火灾防护,具体组成如图9-56所示。

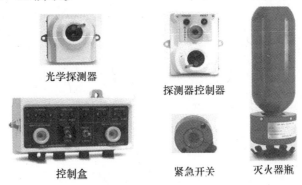

图9-56 乘员舱灭火抑爆装置部件

2. 动力舱灭火装置

动力舱的火灾探测和灭火速度并不像乘员舱那样紧迫,因此通常不要求其对时间的敏感性。

动力舱灭火可探测意外发生的缓速蔓延的火灾,例如燃油泄漏、过热条件以及战斗引起的火情。动力舱灭火装置可在几秒内做出响应,防止车辆发生灾难性损坏。典型的动力舱灭火装置通常包括控制盒、连续线式探测器或局部热量探测器以及灭火瓶及管道,如图9-57所示。

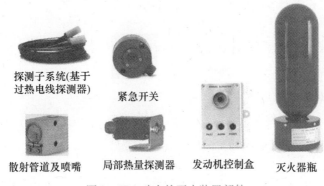

图9-57 动力舱灭火装置部件

三防技术是指坦克装甲车辆用于防止或减轻被核、生物、化学武器毁伤的军事防护技术,其全称为核、生物、化学武器防护技术,有时亦称化学、生物、放射性武器防护技术(CBR Protection Technology)或原子、生物、化学式防护技术(ABC Protection-Technology)。轮式装甲车采用的三防技术主要分为集体防护技术、个人防护技术和混合防护技术3种。相应的轮式装甲车装备的三防装置也就分为集体超压式三防装置、个人三防装置和混合式三防装置3种。

目前,轮式装甲车普遍采用集体超压式三防装置,该装置具体由γ射线报警器、毒剂报警器、控制机构、关闭机、滤毒通风装置和密封部件等组成。当车辆遭到核、化学、生物武器袭击时,报警器立即报警,同时,控制机构迅速利用关闭机关闭车辆的常开窗、孔,启动滤毒通风装置工作,污染空气只能经滤毒通风装置过滤净化后进入车内,供乘员呼吸;同时在车内形成超压。这种防护装置无需乘员穿戴个人防护器材,对乘员的操作没有影响,但对车体气密性要求高。

四、轮式装甲车战场生存力量化评估

通常,轮式装甲车战场生存力用概率指标进行评估,按照上述轮式装甲车体系化综合防护策略,构建轮式装甲车战场生存力模型,其战场生存力可用下式表示:

$$P_{生存} = 1 - P_{遭遇} P_{发现} P_{攻击} P_{击中} P_{击穿} P_{毁伤}$$

式中　$P_{生存}$——坦克生存概率;

$P_{遭遇}$——遭遇概率;

$P_{发现}$——被发现概率,$P_{发现} = \sum_{i=1}^{n} G_i P_{发现i}$,$G_i$ 为探测装置 i 在反装甲探测装置中所占份额,$P_{发现i}$ 为轮式装甲车遭遇的条件下,探测装置 i 发现轮式装甲车的概率;

$P_{攻击}$——被攻击概率,$P_{攻击} = \sum_{i=1}^{n} G_i P_{攻击i}$,$G_i$ 为反装甲武器 i 在反装甲武器中所占份额,$P_{攻击i}$ 为轮式装甲车被发现的条件下,反装甲武器 i 攻击轮式装甲车的概率;

$P_{击中}$——被击中概率,$P_{击中} = \sum_{i=1}^{n} G_i P_{击中i}$,$G_i$ 为反装甲武器 i 在反装甲武器中所占份额,$P_{击中i}$ 为装甲车被攻击的条件下,反装甲武器 i 击中装甲车的概率;

$P_{击穿}$——被击穿概率,$P_{击穿} = \sum_{i=1}^{n} G_i P_{击穿i}$,$G_i$ 为反装甲武器 i 在反装甲武器中所占份额,$P_{击穿i}$ 为装甲车被击中的条件下,反装甲武器 i 击穿装甲车的概率;

$P_{毁伤}$——被击毁概率,$P_{击毁} = \sum_{i=1}^{n} G_i P_{击毁i}$,$G_i$ 为反装甲武器 i 在反装甲武器中所占份额,$P_{击毁i}$ 为装甲车被击穿的条件下,反装甲武器 i 击毁装甲车的概率。

基于上述公式,依据具体轮式装甲车达到的防护能力,可量化评价平台的战场生存力。对于不易通过试验进行测试获取数据的参数(如被不同探测识别装置发现的概率等),可采用模拟仿真的手段获取参数,具体根据各单项防护技术的实际作用工况,利用相关建模软件建立仿真模型,之后进行边界条件及模型属性的定义,形成分析计算模型,然后递交给相关求解器进行求解计算,输出能评定和反应防护效能的计算结果。

同时,依据上述公式完成轮式装甲车战场生存力量化评估后,还可根据平台总体设计约束,对防护系统总体方案进行优化设计,按照系统服从总体、部件服从系统、性能指标服从效能指标的原则,通过调整指标与设计约束并行的方法,进行多次优化,反复迭代,最终实现技术指标、设计约束、总体方案三者之间的优化匹配,获取具体轮式装甲车的战场生存力。

第八节　强电磁脉冲防护

强电磁脉冲具有辐射范围广、强度大、频谱宽等特点,不仅能够造成其作用范围内电子设备的大规模瘫痪,还能够通过耦合进入屏蔽体内部影响核心设备,具有强大的破坏效应。目前,能够产生强电磁脉冲的主要有静电、雷电等自然现象,核爆炸、电磁炸弹、高功率微波武器等人为的电磁脉冲武器,尤其是各种非核常规电磁脉冲武器。

美国自20世纪60年代起就开始了电磁武器的相关研究,其核与非核电磁弹均已形成实战能力。有报道指出,1999年3月,在对南联盟的轰炸中,美军率先使用了尚在试验中的电磁武器,造成南联盟部分地区通信设施瘫痪;伊拉克战争中,美军又发射携带电磁弹头的巡航导弹攻击伊拉克国家电视台,致使其转播信号中断。除了英美俄等传统军事强国,韩国、伊朗等国家也在不遗余力地开发电磁炸弹等各种电磁脉冲武器。

常规电磁脉冲武器的出现和普及,势必将改变未来地面战场的作战环境。与此同时,随着"网络战、电子战、信息战"等新式作战理论与形式的出现,轮式装甲车对各种计算机、控制器等电子设备越来越依赖,敌我识别、电子对抗、侦察设备等新式设备不断应用在轮式装甲车这一地面作战平台上,电子设备所占比重越来越高,使未来轮式装甲车面临常规电磁脉冲武器的威胁日益严重。

一、电磁脉冲武器的概述

目前,常提及的常规非核电磁脉冲武器可以分为高功率微波武器和电磁脉冲弹两大类,它们均属于将电磁频谱能量集中投射的一种武器系统,其特点就是能量集中,使作用在目标上的能量密度(单位面积中的能量)很高,可由直接照射及耦合侵入造成目标物损坏,并造成微波同频段的严重干扰。其优点是电磁能量从起爆点呈锥形向外延伸,在传输过程中不受天气因素等影响,其威力损失小而覆盖范围广,对于精确定位技术的依赖性低,比制导炸弹、反辐射导弹或常规炸弹效率高;电磁炸弹主要造成电子设备和设施的毁伤,对于人员,轻者造成烦躁不安、头痛、记忆力减退,重者造成肌肤烧伤、内部组织损伤,但一般而言无强烈副作用,因此至少从名义上来看更加人道,使用起来顾忌也更少。另外,隐身武器通常采用吸波材料减少对电磁波的反射,从而降低暴露概率,但其往往只能吸收有限能量的电磁波,对能量密度极大的强电磁脉冲武器,吸波材料会因为过热而失去其隐身的效果。

迄今为止,除了核爆炸产生的强电磁脉冲外,一些非核的、运用高能微波技术来产生、可以影响局部地面范围的电磁脉冲武器,已经在先进国家进行研制,并且有部分产品已问世。2003年,美国首次使用电磁炸弹(E-Bomb)攻击伊拉克,巴格达的电视全面中断,数小时后才能恢复,而且信号仍然很微弱。但由于美国国防部从不承认拥有这种武器,到目前为止,严格上来说电磁炸弹从未用于实战。但这并不等于否认电磁脉冲武器的存在,也不能阻止科学家对电磁脉冲武器的研制。不久的将来,作用半径有限,但可以通过普通火炮进行发射的高效电磁炮弹,将有可能成为轮式装甲车等装甲兵器的另一杀手。

相关研究报道表明,电磁脉冲武器的重点研究方向之一是提高电磁脉冲武器的峰值功率,减小脉冲上升沿,扩大频谱覆盖范围。表9-6所列为高功率微波(HPM)、超宽带(UWB)、高空核爆炸电磁脉冲(HEMP)产生的强电磁脉冲的部分技术参数。

HPM对电子系统的耦合途径主要有:①前门耦合,指HPM通过系统的天线接收形成的耦合;②后门耦合,指HPM通过系统金属壳体上的孔、缝、电缆接头等形成的耦合。尤其是当微波的波长与系统的特征尺寸相近时,在一定条件下将产生共振现象,使耦合大大增强。通过各种渠道耦合进入系统金属壳体内的HPM能量,将对电子器件产生破坏效应,使其失效或功能下降,其主要损伤机制是造成干扰、翻转、闭锁甚至烧毁。损伤模式有热二次击穿、瞬时热效应引起的金属化失效、瞬态场致电压击穿和复杂波形引起的其他失效。失效的严重程度与功率密度有关,有关数据如表9-7所列。

表9-6 HPM、UWB和HEMP的主要参数[参考文献26]

类别		HPM	UWB	HEMP
天线处峰值功率		10MW~20GW	几GW~20GW	50000TW
脉冲半高宽		<10ns~1μs	<10ns	~20ns
上升时间(10%~90%)		10~20ns	<1ns	1~5ns
脉冲源输出能量		100~20kJ	5~500J	10^5GJ
覆盖频带		500MHz~10GHz	100MHz~10GHz	0~200MHz
不同距离处能量密度	100m	1μJ/m²~200J/m²	8nJ~1μJ	120μJ
	1km	10mJ/m²~2J/m²		120μJ
	10km	0.1mJ/m²~0.2J/m²		120μJ
	100m	1W/m²~200MW/m²	2~10W	600W
	1km	10mW/m²~2MW/m²		600W
	10km	0.1mW/m²~200kW/m²		600W
	100m	20~300kV/m	4~20kV/m	50kV/m
	1km	2~30kV/m		50kV/m
	10km	0.2~3kV/m		50kV/m
重复率		单个脉冲或10~250Hz	单个脉冲或几赫兹~几十赫兹	单个脉冲
照射面积		<1km²	<10km²	$5×10^6$km²
作用距离		直到几十千米	<100m	—
辐射方法		天线	天线或有规律的爆炸	核爆炸

表9-7 电子系统对不同功率密度HPM的效应[参考文献26]

HPM功率密度	效应
$0.01~1μWcm^{-2}$	雷达和通信设备产生强干扰,设备不能正常工作
$0.01~1Wcm^{-2}$	使通信、雷达、导航等系统的微波电子设备失效或者烧毁
$10~100Wcm^{-2}$	壳体产生瞬态电磁场并进入壳体内部电路产生感应电压,出现功能紊乱摄码,逻辑混乱甚至永久失效
$10^3~10^4Wcm^{-2}$	强场作用,引起非线性效应,可在短时间内通过热效应或微观力学效应影响目标

由高空核爆炸造成的地表面附近的电磁场如图9-58所示。E1（激励伽马信号）持续时间大致为1μs，非常易于耦合到本地的天线、建筑物中的设备（通过缝隙）及耦合到短和长的导线，含有很强的耦合到MF/HF/VHF和某些UHF接收机的带内信号，能够永久地破坏固定的、活动的、可移动的地面系统、飞机、导弹、水面舰船和所有陆地军用系统和设备的工作。E2容易和长导线、垂直天线塔、架空天线、地埋导线、潜艇的VLF和LF天线耦合。E3容易与电源和包括海底电缆的长途通讯线耦合。对于EMP发生的时刻，系统内存在电瞬变可能会引起某种程度的性能破坏，而当EMP过后应立刻或在规定的时间内，系统功能应当恢复正常。

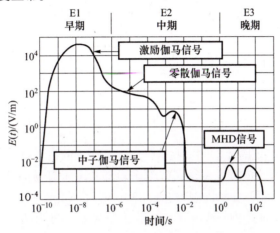

图9-58　高空核爆炸在地表面附近的电磁场

EMP仅对系统的电气和电子设备造成危害，没有对结构的危害机理。EMP在天线系统中隔离体上的感应电弧可能永久地损坏隔离体，使天线丧失功能。EMP波形形成系统的宽带瞬变激励，然后以系统的自然谐振频率感应出瞬变电流。电流可能通过穿透外部结构的电线和机械构件直接传导进入系统内部。大的外部电流产生的磁场通过任何可用缝隙将电压和电流耦合到系统内部的导线内部。

二、轮式装甲车对强电磁脉冲武器的防护

随着电磁脉冲武器的发展，精确化"外科手术"战术的运用需求，传统观念中电磁脉冲武器仅作为广域化的面打击武器将被改观。专门针对小区域的电磁脉冲炸弹或定向电磁脉冲武器将很快出现，这些武器有可能被安装在空中机动平台，或是地面机动平台上，使其可以反复使用；也有可能是空中机动平台投射的电磁炸弹，或是地面装备发射的电磁炮弹，作为一次性武器弹药使用，如图9-59所示。无论如何，电磁脉冲武器对现代化军事装备的威胁不言而喻，轮式装甲车也不可避免。

从电磁脉冲对电子设备的威胁机理分析得知，电磁脉冲不同于常规的弹药，它不会对轮式装甲车的结构造成危害，主要是攻击轮式装甲车的电子设备。确切地讲，电磁脉冲毁伤的是安装在轮式装甲车上电子设备中内部的PCB及电子元器件，通过干扰、翻转、闭锁甚至烧毁电子元器件及其线路，使电子设备误动作或丧失功能，从而达到降低轮式装甲车

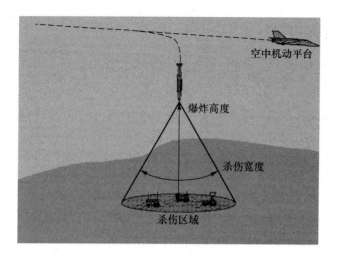

图 9-59　空中机动平台投射电磁炸弹

作战效能的目的。

　　对强电磁脉冲的防护需要借助不同于传统弹药防护的技术途径来解决。电磁脉冲要达到损伤元器件的目的，必须进入轮式装甲车内部和电子设备内部。因此，防护电磁脉冲，除了加强电子元器件自身的抗电磁脉冲能力，通过 PCB 板级的优化设计等技术手段外，防止电磁脉冲进入轮式装甲车内部及电子设备内部，切断电磁脉冲的入侵途径是非常关键的。强电磁脉冲不同于普通电磁干扰的其中一个显著特点就是能量高，以至于依靠 PCB、电子元器件自身，甚至是电子设备自身抵抗将无法实现，或在经济上无法接受。这一重担无疑需要轮式装甲车的车体装甲来承受。

　　通过对轮式装甲车车体进行优化设计，阻止电磁脉冲通过各种途径进入轮式装甲车内部，是解决这一问题的关键。电磁脉冲不会对轮式装甲车产生结构性的破坏，电磁屏蔽理论也证实对由完整金属面组成的屏蔽体而言，其屏蔽效能非常可观，一旦金属面上存在孔、缝等各种开口，导致局部的电不连续性存在，其屏蔽效能将大大下降。屏蔽效能的下降其表观现象是由于孔、缝等开口的存在，但其机理内涵是电不连续的发生。这一基本理论和事实，提供了解决轮式装甲车防护强电磁脉冲的方法和手段。一是，从表观上消除孔、缝等开口，由于功能性的需要，完全消除这些特征并不现实；但是，利用电磁损耗理论和波导理论，在工艺结构上对孔、缝按照电磁屏蔽的需求进行设计，可以实现提高对电磁脉冲的屏蔽效能的目的。二是，消除电不连续性，对孔、缝等开口的结合部位采用电磁屏蔽密封材料进行处理，常见的有电磁密封橡胶条等，需要注意的是强电磁脉冲的特殊性，对电不连续性的要求更高，比普通电磁屏蔽，阻抗要更低。

　　从技术途径上，可以通过结构设计、工艺设计、电磁密封材料应用等，加强车体装甲对电磁脉冲的屏蔽作用。因此，提高设计能力，加强细节设计，完善工艺设计，是电磁脉冲防护对装甲防护设计提出的新要求；同时，对装甲钢材料自身的加工性能、工艺性能、电特性等也提出了需求。在总体防护理念上，也许，将原先基体装甲的结构性能与抗弹性能进行分离，强化基体装甲的结构性能、工艺性能，弱化其抗弹性能，将抗弹任务更多地移交给复合装甲、反应装甲等，是一条非常好的发展思路，同时也解决了众多的问题。

三、轮式装甲车电磁脉冲分层防护理念

从轮式装甲车建立完整的电磁脉冲防护理念出发，需要采用分层防护的手段，才能达到最佳防护效能，并同时达到最佳的经济性能。

正如前文提及的，让电子元器件和电子设备自身直接承受强大的电磁脉冲能量是不现实的，也是不经济的。因此，让车体金属装甲屏蔽绝大部分的电磁脉冲能量是分层防护的基础和最外层。

电磁脉冲进入轮式装甲车体内的途径，除了孔、缝等开口耦合机理外，通过天线耦合也是重要的途径。最外层的防护还应包括在天线端口采取一定的隔离、滤波、抑制等措施，以降低通过天线耦合进入轮式装甲车内部的电磁能量。

电磁能量进入轮式装甲车内部后，以同样的机理进入电子设备内部，此时，与电子设备连接的所有线缆充当了"天线"的角色。采用类似的技术手段，可进一步降低进入电子设备内部的电磁脉冲。这是第二层防护。

第三层防护，就涉及 PCB 板级的设计了。第二层防护与第三层防护，在手段上和脉冲的能量等级上与电磁兼容的概念已经没有区别，这里不再赘述。

第十章 电气系统设计

第一节 概　　论

一、电气系统的基本功能与组成

电气系统是轮式装甲车重要的任务支撑系统,其主要功能是产生或存储轮式装甲车各用电设备所需的电能,并将其合理有效地传输并分配至车载用电设备,当用电设备出现故障时,防止故障蔓延以及对设备提供及时、可靠的保护。电气系统能够整合车辆离散的电气控制部件,实施集成化的负载控制;同时具有传感器采集、驾驶员操控以及综合仪表显示功能,以实现车辆信息采集、车辆工作状态显示、车辆负载操控等整车用电设备的综合管理及控制。

电气系统由电源系统、配电控制及负载管理系统、仪表控制及传感器系统组成。如图10-1所示。

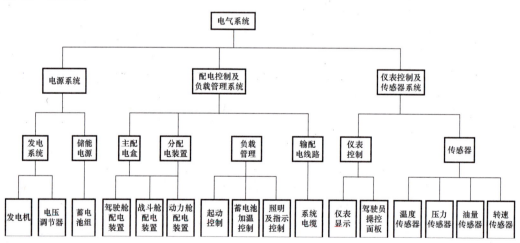

图10-1　电气系统组成框图

(一)电源系统

电源系统主要实现电能产生、存储及变换功能。它主要由发电系统(发电机、电压调节器)和储能电源(蓄电池组)组成。目前,电源系统一般为整车提供28V低压直流电源。

（二）配电控制及负载管理系统

配电控制及负载管理系统主要实现电能的传输与分配功能和负载的控制与保护功能，其通常由主配电盒、分配电装置、负载管理和输配电线路组成。

（三）仪表控制及传感器系统

电气系统内的传感器主要用于测量轮式装甲车的行车参数、工作状态等，将获取的信号输送至仪表、显控终端和负载管理控制装置，使驾驶员能够实时全面地掌握行车过程中各系统部件的工作状态，并通过驾驶员操控面板做出及时、准确的操作，从而完成车辆控制，保证车辆可靠稳定的运行。该系统通常由仪表控制和传感器构成。

二、电气系统的工作环境及设计要求

轮式装甲车的工作环境一般比较复杂。气候环境因素主要包括温度、湿度、淋雨、盐雾、沙尘和霉菌。高温可导致元器件稳定性下降、元器件损坏、焊点脱开、参数漂移，还可以改变材料性能和几何尺寸并增加其化学活性。低温可导致元器件性能变化，例如铝电解电容损坏、蓄电池容量降低，还可导致材料强度减弱、结构失效。潮湿的空气可侵蚀金属和非金属，造成材料被腐蚀，并通过曲折的路径进入设备内部，对设备内部元器件、PCB、连接件等形成电泄漏路径，从而降低介电强度和绝缘性能。淋雨和潮湿情况类似。盐雾是电子设备加速腐蚀的一个重要因素，特别是沿海地区和海洋地区，它可腐蚀金属和非金属，盐酸沉积致使电子设备损坏，并可导致机械部件及组合和活动部分锈蚀以致阻塞或卡死。沙尘的影响主要集中在沙漠地区，在其他地区也季节性的存在，砂尘可使电路劣化，静电荷增多产生电噪声，也可对设备表面侵蚀，造成机械卡死，导致连接器无法分离。霉菌可使绝缘材料性能显著降低，甚至导致其失去绝缘能力。

除气候环境外，轮式装甲车在工作过程中还会产生很大的振动、冲击和加速度，使电气设备周围的机械环境条件也变得十分恶劣。振动通常会引起机械应力疲劳，导致晶体管外引线、固体电路的引脚、导线折断，金属构件断裂、变形、结构失效，连接器、继电器、开关的瞬间断开，电子插件性能下降，黏结层和键合点脱开，电路中产生噪声或瞬时短断路。冲击应力最常见于炮弹的发射瞬间，它以峰值破坏为主，可能造成局部能量叠集，从而出现局部塑性变形，导致电子设备瞬时断路。加速度会产生机械应力，使电气设备结构变形和损坏。

电气系统分布在整车各个部位，其不仅要受整车环境因素的影响，还要考虑车内不同部位的环境因素对电气系统的部件提出的不同要求。对特殊部件还要采取保温或加温、密封、防振等措施。

（一）温度

电气系统及其电气设备应能满足车辆全域使用的地理环境，气温可低至-43℃。夏天高温地区的最高环境温度在+50℃左右。

在发动机附近工作的电气设备，其环境温度远高于大气温度，例如发电机、起动电机等其工作环境温度可达100~130℃。

安装于动力舱的电气设备和传感器环境温度约为80~100℃。

要求电气系统部件能在以上温度范围内正常工作。

（二）淋雨

安装在车体外部的电气设备应能承受车辆浸渍时的密封指标。安装在驾驶舱、战斗舱、动力舱的电气设备应具有防淋雨的功能。

（三）盐雾

电气设备应满足沿海地域的使用环境，电气部件壳体应密封，电连接器、传输电缆应具有防盐雾的能力，应防止盐雾进入电气设备内部，除此而外，还需严格控制设备外壳材料及表面的处理方法。

（四）砂尘

电气设备的电气连接处应考虑砂尘可能造成的影响，应选用密封连接器。电机类轴承部分易受砂尘侵入，造成绝缘性能降低以及加速轴承磨损，应采用紧密配合的外壳结构和加强密封等方法防止砂尘进入，必须要开孔的设备要留意砂尘侵入可能产生的影响。

（五）振动

安装于轮式装甲车内的电气设备，都必须承受越野行驶的冲击、振动。而安装在发动机、起动电机、传动装置上的电气设备还必须承受动力传动系统工作时自身振动的影响。

（六）冲击

安装于炮塔上的电气设备除能够承受车辆正常行驶带来的冲击外，还需考虑炮弹击发瞬间所产生的冲击。

三、电气系统工作状态及电气性能参数

轮式装甲车电气系统的工作状态分为无故障状态、单一故障状态和仅蓄电池工作3种工作状态。

不同工作状态下，要求电源系统向用电设备供电所满足的电源特性极限不同。在轮式装甲车行驶及完成其他任务的工作期间，电源系统由发电机和蓄电池并联工作的状态称为无故障状态。

单一故障状态是指电源系统出现不正常或故障的一种工作状态。通常是蓄电池无法正常工作的状态下，电源系统没有蓄电池进行稳压、滤波、瞬时功率的补充，这可能导致供电特性超出正常工作特性范围，但仍需保持系统的正常工作。

仅蓄电池工作的状态一般包含两种状态，一是应急状态。应急状态是指发电机因故障失效而不能供电，仅由容量有限的蓄电池单独进行供电，此时仅保证关键设备的工作和核心任务的达成。二是起动状态。当车辆起动时蓄电池又作为启动电源，为启动电机提供能源。

在轮式装甲车的电气系统中，用电设备对电源系统提供的电源特性有一定的要求；同样，电源系统对其用电设备也有一定的要求。对于轮式装甲车，已有国家军用标准GJB298—1987《军用车辆28伏直流电气特性》针对电气工作状态和电气参数做出了规定。

直流电气系统最主要的电气性能参数主要是发电机的额定电压、额定功率、额定电流、纹波电压、纹波频率。

额定电压是电气系统最重要的参数之一，轮式装甲车的电压等级大都为28V，电压精

度为±0.7V。

额定功率根据车辆用电设备的实际使用需求来确定,发电机的额定功率通常有5kW、10kW、15kW。

额定电流是车辆用电设备在额定电压下按照额定功率运行时的电流。轮式装甲车大都采用直流电。

纹波电压是指在电气系统无故障条件和单一故障条件下的电压上下峰值。轮式装甲车的纹波电压在无故障条件下一般为上下峰值均小于2V,单一故障条件下为上下峰值均小于7V;纹波频率在50~200kHz之间。

四、电气系统技术的发展趋势[33]

轮式装甲车电气系统随着电气化产品的不断增加,经历了从简至繁、从低级到高级的发展历程,更是从不断增加电气设备的量变,过渡到不断采用先进技术的质变的过程。

20世纪30年代至40年代,随着直流发电机、电子管、电机和电磁控制技术应用于轮式装甲车中,才逐渐形成了轮式装甲车的电气系统。它主要包括蓄电池、直流发电机、电磁振动式电压调节器、起动电机、半自动灭火装置、照明、信号、电子管的通信电台以及简单的仪表。到20世纪50年代至60年代,随着晶体管技术的发展,同时自动控制技术的应用也愈加广泛,轮式装甲车电气系统得到了迅速的发展。晶体管电压调节器代替了电磁振动式电压调节器,用电装置增加了火炮控制、自动灭火装置、三防装置以及夜视装置,随之检测仪表也不断增多,全车电气系统愈发复杂。20世纪70年代以来,计算机在轮式装甲车上逐步得到应用,具有微处理功能的控制器大量应用,电气系统不断扩展、日益复杂。

日趋复杂的电气系统同日益增长的功能、性能需求之间的矛盾愈发凸显。第一,不断累加的电气设备同车内有限的空间相矛盾;第二,为增加电气功能而罗列的设备,自成体系,数量庞大,同系统可靠性水平相矛盾;第三,电气设备复杂化致使故障率不断增高,同现有的维修、保障能力相矛盾;第四,整车用电量的急剧增长,同电源功率密度水平相矛盾;第五,全车导线长度不断延长,敷设难度加大,且易相互干扰,电气系统质量不断增加。

随着电气化进程的不断推进,电气系统所采用的集中配电布局已不再适应。20年代80年代以后,装备信息化技术日益发展,它提供了解决电气系统发展途径和方向问题的方法。为了提高配电可靠性、增强安全性、减轻配电系统质量和提高功率管理和负载管理的效能,应用数字式负载自动综合控制技术和现场总线技术,形成了电气系统分层的、区域级配电架构。控制指令可全部通过总线进行传输,指令下达至分布在车辆不同区域内的配电及负载管理装置,实现配电及管理装置周边的用电设备的配电及控制,从而大量减少了集中式配电系统中的控制线路,减轻了电网质量。数字化使系统具有自检测功能,可实现上电自检和运行自检,从而显著改善了电气设备的使用方便性和维修性。

为了满足轮式装甲车用电功率的不断攀升,电气系统需要提升电源体制以满足电功率的增大,目前在部分车型中已采用了270V/28V中/低压混合直流供电体制和220V/28V、380V/28V交直流混合供电体制。未来,在现代化战争中各项需求的牵引下,新型定向能武器、新型综合防护系统以及高功率定向能武器的研究开发使得电能在现代战场上的应用范围正在不断扩大,电传动技术不断成熟也为轮式装甲车向全电化发展提供了基础。全电化发展的一个重要特征就是需要电源系统的高效化和大容量。高功率永磁发电机及其控制、复合储能电源管理与控制、高压配电设备、高压安全、电力作动设备及综合控制等技术成为电气系统未来发展的关键。

第二节 电源系统

轮式装甲车电源系统的主要功能是产生或存储用电设备所需的电能,以保证车载各种用电设备工作时电能的供应。电源系统一般由发电机、电压调节器和蓄电池组构成,发电系统多采用发动机直接传动的直流发电机,储能电源大多采用铅酸蓄电池组。28V 直流供电体制电源系统的调压点为 27.5V,蓄电池组额定电压在 25V 左右,发电机在工作时间向用电设备供电,同时为蓄电池组充电。

图 10-2 所示为轮式装甲车电源系统组成框图。

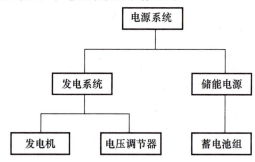

图 10-2 轮式装甲车电源系统组成框图

一、发电系统

发电系统由发电机、电压调节器和相关的电气连接构成。发电机是将机械能转换为电能的设备,由于转速随发动机变化,负载随用电设备的加载、抛载变化,为保证发电机输出电压的稳定,发电机必须配合电压调节装置使用。发电系统对电气系统的电网品质起决定作用,因此,必须选择能够满足国军标要求的发电系统。

(一) 发电机[18]

1. 发电机的特点

轮式装甲车中所使用的发电机在原理上和普通发电机没有区别,但是由于工作条件不同,轮式装甲车发电机在结构、要求和性能等方面仍具有一定的特殊性。当前,轮式装甲车直流发电机的标称电压为 28V,额定功率按照使用需求分别有 5kW、10kW、15kW。

1) 发电机的比功率

轮式装甲车上的发电机一般安装在发动机的侧面,由发动机带动旋转。由于轮式装甲车发动机区域内空间有限,因此在保证功率的条件下,必须将发电机的轴向和径向尺寸尽量缩小。发电机的这一结构性能可用比功率来表示,即

$$P_G = \frac{P}{G} \tag{10-1}$$

式中　P_G——比功率(W/kg);
　　　P——发电机的功率(W);
　　　G——发电机的质量(kg)。

根据电机的计算公式,电枢尺寸决定了发电机的体积和重量,可用下式表示:

$$D^2 L = \frac{6.1 \times 10^8 P'}{n_e B_\delta A \alpha} \qquad (10-2)$$

式中　D, L——电枢的计算直径和长度(cm);
　　　P'——发电机的电磁功率(W);
　　　n_e——发电机的额定转速(r/min);
　　　B_δ——气隙磁感应强度(T);
　　　A——线负荷(A·cm);
　　　α——极弧系数。

由式(10-2)可知,提高发电机比功率的途径如下。

(1) 提高发电机最低工作转速是减轻电机质量和尺寸的有效方法。轮式装甲车上发电机的转轴是由发动机通过皮带带动的,而发动机的曲轴转速是变化的,因此轮式装甲车不同于普通发电机只有额定转速,它是在跟随发动机转速变化的一个区间内工作的。

(2) 提高电磁负荷也是减轻电机质量的另一种有效途径。电枢的铁心由损耗小、导磁好的硅钢片叠成,并经真空退火处理,以提高磁性能。采用单面漆或氧化膜等绝缘工艺,以减小铁心的涡流损耗。采用绝缘性能好、强度高和导热性好的薄质绝缘材料,提高绝缘等级,同时可增大线负荷,也可有效减小电机质量和体积。

(3) 增大励磁电流可增大磁感应强度,因而质量和尺寸随之减小。

2) 发电机的传动

(1) 发电机的传动比。

发电机是通过轮式装甲车发动机带动转轴旋转来工作的,发动机转速一般不超过 2500r/min,而发电机的转速较高,通常额定工作转速在 4000r/min 以上。

传动比由以下公式确定:

$$j \leqslant \frac{n_{\text{MAX}}}{n_{d\text{MAX}}} \qquad (10-3)$$

式中　j——传动比;
　　　n_{MAX}——发电机最大允许转速(r/min);
　　　$n_{d\text{MAX}}$——发动机最高转速(r/min)。

$$j \geqslant \frac{n_{\text{MIN}}}{n_{d0}} \qquad (10-4)$$

式中　j——传动比;
　　　n_{MIN}——发电机最低充电转速(r/min);
　　　n_{d0}——发动机怠速转速(r/min)。

由式(10-3)和式(10-4)可以看到,传动比大有利于发电机比功率的提高,且充电性能良好,但发电机的最大允许转速受发电机的使用条件、类型、功率、寿命等的限制,往往不可能太大,因此传动比主要取决于发电机的性能约束。满足上述条件即可保证发电机在发动机怠速工况下具有为蓄电池充电的能力,同时发动机高速运转时发电机不会损坏。除此之外,还要求在柴油发动机经济转速范围内发电机均能够满功率输出。

因此,根据发电机和发动机额定数据的不同而一般选择传动比为 1.5～3.5 的升速装置。

发动机传递给发电机电枢轴的转矩 M 由两部分组成即,传递力矩 M_z 和加速力矩 M_d:

$$M = M_z + M_d = \frac{0.975P}{n\eta} + J\frac{d\omega}{dt} \tag{10-5}$$

式中　P——发动机传递给发电机的功率(W);

　　　n——发电机转速(r/min);

　　　η——传动效率;

　　　J——发电机电枢轴上的转动惯量(kg·m²);

　　　ω——发电机转轴的角速度(rad/s)。

(2) 发电机的传动方式。

对发电机电枢轴的损害主要由加速力矩、停机飞轮回摆等造成,发动机、发电机间需增加传动部件,以减弱或吸收加速力矩、停机飞轮回摆和转动不平衡等。发动机、发电机之间的传动方式主要有 3 种:联轴器传动、花键轴传动和皮带传动。

轮式装甲车发电机一般采用皮带传动,它是在发动机输出轴端、发电机输入轴端安装有皮带轮,并通过带轮直径大小调整发动机、发电机间的传动比。

2. 发电机的种类[34,35]

1) 发电机的分类

发电机按产生磁场方式分励磁发电机、永磁发电机和混合励磁发电机。轮式装甲车多采用励磁发电机,励磁发电机就是励磁电流通过励磁线圈产生磁场的发电机,特点是磁场控制励磁电流大小以控制磁场强弱,继而控制电机输出电压,属于小电流控制大电流。

发电机按转子转速和磁场转速关系分为异步电机和同步电机。异步电机其转子转速与定子电流所产生的旋转磁场转速不同。异步电机定转子之间没有电联系,能量转换是靠电磁感应作用,故也称感应电机。同步电机转子的转速 n 与电网频率 f 之间具有固定不变的关系,即 $n = n_s = 60f/p$,n_s 称为同步转速,p 为电机的极对数。若电网的频率不变,则稳态时同步电机的转速恒为常数而与负载的大小无关。

轮式装甲车用发电机及其车载发电机组用发电机一般为同步发电机,异步发电机较少使用。同步发电机目前已基本为无刷发电机,其主要有两种类型:旋转整流器式无刷励磁发电机和爪极励磁发电机。无刷励磁发电机的一级励磁线圈为静止式,二级励磁线圈安装于转子上,转子带动旋转整流器并与二级励磁线圈一同旋转,形成旋转磁场。通过控制一级励磁线圈励磁电流大小,控制旋转整流器输出电压即二级励磁电压,进而控制二级励磁电流大小,而二级励磁线圈产生的磁场为发电机的主磁场,从而最终控制发电机的输出电压。爪极励磁发电机的励磁镶嵌在发电机旋转爪极内,静止不动。

2) 旋转整流器式无刷励磁发电机

旋转整流器式无刷励磁发电机由激磁机、三相同步发电机和整流器 3 部分组成,如图

10-3 所示。励磁机的磁场绕组在电机定子上不旋转,励磁发电机和旋转整流器在电机转子、电枢上的感应电势经旋转整流器整流,为主发电机的转子磁场绕组提供励磁电流。此时,同步发电机发出三相交流电,经整流器整流,得到直流电,电压的调节靠调节激磁机的定子磁场电流完成。

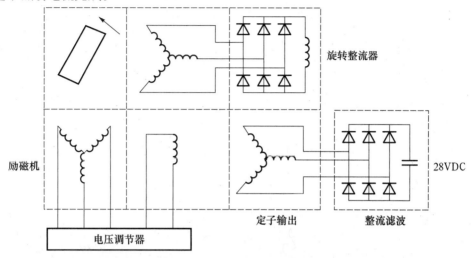

图 10-3　旋转整流器式无刷励磁发电机的结构

旋转整流器式无刷发电机的优点包括采用硅整流元件,具有效率高、体积小、质量轻、维护简单等。缺点包括结构复杂,转子绕组和旋转整流器散热困难,同时在高转速时承受较大的离心力,可靠性较低等。

3) 爪极无刷直流励磁发电机

爪极电机相对于旋转整流器式无刷励磁发电机结构简单,采用励磁绕组取代旋转整流器式无刷同步发电机的励磁机,转子无绕组和旋转整流器。爪极电机结构简单,转子无需散热,可靠性高,控制简单,输出特性较好,因具有全密封结构,故其环境适应性好。忽略定子绕组电阻,爪极发电机的输出功率可以表示为

$$P = \frac{mEU}{X_d}\sin\theta + \frac{mU^2}{2}\left(\frac{1}{X_q} - \frac{1}{X_d}\right)\sin(2\theta) \qquad (10-6)$$

式中　m——相数;

　　　E——反电势(V);

　　　U——相电压(V);

　　　X_d——d 轴电抗(Ω);

　　　X_q——q 轴电抗(Ω);

　　　θ——反电势与相电压之间的夹角。简化分析,忽略定子绕组电阻和转子凸极的作用,上式可简化为

$$P = \frac{3EU}{X_s}\sin\theta \qquad (10-7)$$

式中　X_s——同步电抗(Ω)。

由上式可以看出,调节功率角可有效控制输出功率。在现有的系统中,由于二极管

是相电压相电流同相,功率角不能独立调节,当励磁电流达到极限后,只能通过提高转速来提高功率。可采用可控桥,控制功率角,使其达到最佳值,从而达到控制输出功率的目的。

目前,轮式装甲车发电系统一般采用无刷直流励磁发电机,爪极无刷油冷发电机由于环境适应性好,可靠性高,目前在我国轮式装甲车中获得广泛应用。

3. 发电机特性

发电机的特性一般包括空载特性、外特性、负载特性、调节特性等。

1) 空载特性

空载特性是指发电机转速不变时,发电机输出端电压 E 随励磁电流 I 变化的关系曲线,即 $E=f(I)$。

图 10-4 是 GFT-6000 型旋转整流器式无刷同步发电机的空载特性曲线。

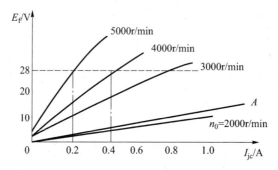

图 10-4　GFT-6000 型旋转整流器式无刷同步发电机的空载特性曲线

从空载特性曲线可以看出:

(1) 以 28V 为额定电压,转速越高,激磁电流越小;

(2) 场阻线 OA,即励磁电路电压降 IR 和激磁电流 I 的关系线。如果发电机的转速较低,如图中的 $n=2000$r/min。场阻线 OA 与这一转速下的空载特性曲线的不饱和段相重合,发电机电势不稳定。当发电机转速低于这一转速 n_0 时,发电机将不能自激建立电压,通常将这一转速称为"死转速"。死转速与励磁电路的电阻成正比。励磁电路的电阻越大,死转速越高,即 R 越大,发电机转速必须高一些,才能开始建立电压。

2) 外特性

转速一定时,发电机的电压输出随输出电流而变化的关系称为发电机的外特性,即 $U=F(I)$。通过外特性,可以判定发电机过载性能、发电机和蓄电池并联工作的情况。

图 10-5 表示发电机在 3 个转速下的外特性曲线。在外特性曲线下,应关注两个点:极限点 A——在额定电压 U 下,发电机允许输出的最大电流 I_{em} 在曲线上的对应点;临界点 B——发电机能够达到的最大电流 I_m 在曲线上的对应点。发电机的极限电流和临界电流表征其过载能力。对于转速已定的发电机,这两个数值随转速和励磁电流变化而变化。转速高极限电流大,在很低的转速下,极限电流甚至低于额定电流,发电机在该低转速下输出功率不能达到额定功率。

图 10-6 表示了励磁电路电阻对发电机外特性的影响。当励磁电路电阻接入一定电阻时,外特性曲线将变软,发电机过载能力降低。

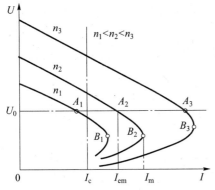

图 10-5　发电机的外特性曲线

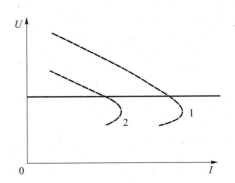

图 10-6　励磁电路电阻对发电机外特性的影响
1—励磁电路不接电阻；2—励磁电路接入电阻。

3）输出特性即负载特性

输出特性即负载特性，是指保持发电机输出端电压 U 一定时（28V），转速 n 与输出电流之间的关系，即 $I=f(n)$，这是轮式装甲车用硅整流发电机最重要的特性。从负载特性曲线可以看出，发电机在不同转速下的输出功率。

当负载电阻减小及用电量增加时，发电机的输出电流增大，同步阻抗压降增大，发电机端电压下降。为维持电压（28V）不变，需相应提高转速，使感应电势增大，以抵消阻抗压降增大使发电机端电压下降的影响。在发电机端电压保持一定的情况下，调整发电机输出电流和转速，可以得到发电机负载特性曲线。图 10-7 为佩特莱 AVi168A3011 发电机负载特性曲线。

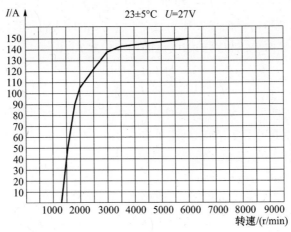

图 10-7　佩特莱 AVi168A3011 发电机负载特性曲线

以佩特莱 AVi168A3011 发电机负载特性曲线图为例进行说明：

（1）特性曲线与横坐标（转速坐标）的交点为空载（$I=0$）时，电压开始达到 27V 的转速。当发电机转速达到 1600r/min 时，就可以向蓄电池充电，但基本无带载能力。

（2）保持电压为额定电压（27V）不变，在某一发电机转速下，对应一输出电流。当发电机转速达到 6000r/min 时，即可输出额定功率（27V、150A）。通过设计适当的传动比，使发动机工作在常用转速，此时发电机即可输出额定功率。

(3) 当转速达到一定值后,发电机输出电流不再继续增大。原因是发电机转速很高时,电机漏抗很大。如继续升高转速,漏抗将进一步增大,而感应电势增加不大,两者相互抵消。即转速继续升高,发电机端电压不再增大,输出电流亦不再增大,发电机输出电流受到限制,此限流值为发电机最大输出值。

4) 调节特性

调节特性提供了发电机励磁电流的变化范围,其可作为设计励磁系统的依据。

(1) 转速调节特性。

在电压保持不变和一定的输出电流下,励磁电流随转速变化而变化的关系称为转速调节特性。图 10-8 为 GFT-6000 发电机在 $I=0$ 和 $I=I_e$ 时的转速调节特性曲线。

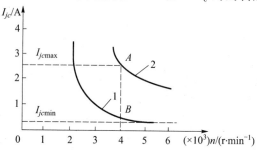

图 10-8　GFT-6000 发电机转速调节特性曲线图

在电压保持一定的条件下,发电机转速低、负载大时,励磁电流大;在最高转速且空载时励磁电流最小。

在图 10-8 横坐标轴上标出额定转速和最大转速两点,由这两点引出与纵坐标平行的直线,它们与转速调节特性曲线 1 和 2 的交点为 B 和 A,从而得到励磁电流的最小值和最大值 I_{jcmin} 和 I_{jcmax},进而可以得到励磁电流的调节倍数 K_j,即

$$K_j = \frac{I_{jcmax}}{I_{jcmin}} \quad (10-8)$$

(2) 电流调节特性。

保持一定转速和电压不变,励磁电流 I_{jc} 随输出电流 I 变化的关系称为电流调节特性。图 10-9 为 GFT-6000 发电机的电流调节特性曲线。由于感性负载的去磁作用,负载电流相同时,感性负载比纯电阻负载需要更大的励磁电流,方可维持发电机的额定电压。

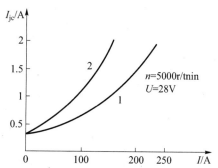

图 10-9　GFT-6000 发电机电流调节特性曲线

4. 发电机的冷却

发电机冷却主要有 3 种方式:自然冷却、风冷和液冷。

轮式装甲车用发电机基本应用自然冷却方式,也就是冷却依靠发电机壳体辐射、与之联结部分传导等方式散热。

5. 发电机的选型

发电机的选型基础是整车用电设备的功率需求,这是电气系统最为重要的计算,具体

内容详见第五节"功耗电平衡计算"。

除此之外,发电机的选用应根据负载需求、发动机类型、电机安装空间等多种约束条件进行综合考量,合理选型。发电机选型的基本原则如表10-1所列。

表10-1 发电机选型原则

序号	选用条件		选用类型或确定电机参数
1	负载功率需求、系统额定电压、最大电流		确定发电机功率、额定电压、过载系数。 电机类型:普通轮式车辆考虑励磁发电机,新兴混合动力车考虑永磁发电机
2	车辆类型:陆用型或两栖型		陆用型:普通陆用车辆选用风冷发电机;新兴混合动力车的永磁发电机考虑液冷发电机。 两栖型:在考虑成本、有液冷条件前提下,可考虑选用液冷发电机
3	发动机类型	能否为发电机提供液冷条件	能提供液冷条件,可考虑选用液冷发电机; 不能提供液冷条件,选用风冷发电机
		能否为发电机提供机械增速专用驱动端口	有机械增速专用驱动端口,可考虑选用机械传动; 无机械增速专用驱动端口,选用皮带传动
		发动机转速范围	结合发电机功率、类型、安装空间等,确定发动机、发电机传动比
4	电机使用环境(温度、灰尘等)		温度较高,或油水飞溅条件下,考虑电机液冷;如不具备液冷条件,提高电机防护等级 灰尘较大,提高电机防护等级
5	电机安装空间		确定电机安装方式、外形尺寸等。 注重电机维修性、可达性
6	寿命、成本		选用成熟、高可靠性电机; 尽可能选用货架产品,以降低电机成本

(二) 电压调节器[20]

1. 电压调节器的种类

轮式装甲车发电机工作条件的一个显著特点是转速变化范围大,为了使输出电压保持在技术要求规定的范围内,必须设置电压调节器,通过改变发电机的励磁电流来调节其输出电压。电压调节器种类繁多,但都是通过调节励磁实现发电机输出电压的自动调节。电压调节器按励磁调节方法分为两类:连续式电压调节器和脉冲式电压调节器。

连续式电压调节器由于它体积、质量大,碳柱损耗大导致寿命短,故不能承受大的冲击和振动,因此在轮式装甲车中无法得到应用。

脉冲式电压调节器是指应用开关特性来控制励磁电流,从而达到调压的目的。脉冲式电压调节器结构简单、质量轻、体积小、抗振动,故在轮式装甲车和民用车辆上得到广泛应用。常用脉冲式电压调节器有:晶体管电压调节器、集成电路电压调节器。

1) 晶体管电压调节器

晶体管电压调节器用晶体管做开关,其末级晶体管处于开关状态,通过改变导通比来调节发电机励磁电流,是一种不连续调节的工作方式。由于三极管的开关频率高,不产生火花、无触头损耗,结构简单,调节精度高,动态特性好,并且还具有重量轻、体积小、寿命长、可靠性高、电波干扰小等优点,因此晶体管电压调节器在轮式装甲车上获得了广泛应用;缺点是其分立器件较多,受器件影响有一定温漂。

2) 集成电路电压调节器

集成电路电压调节器不仅具有晶体管调节器的优点,还具有超小型、零温漂等优点。

2. 电压调节器基本原理

励磁发电机在正常运行过程中,其输出电压在带有负载时会因电枢反应的去磁作用而发生变化,此时必须调整励磁电流以抵消去磁作用,以保持发电机端电压为恒定值。为使发电机输出端电压在加卸负载时保持恒定,需为发电机配置相应的自动调压系统。

1) 调节电压的计算

电压调节器的控制原理:当负载减小(或增加)或因其他方面的变化而引起发电机电压升高或降低时,相对减小(或增加)励磁电流,使发电机输出电压保持稳定。可通过改变励磁回路电阻或功率器件的导通角达到控制励磁电流的目的,使电压恒定。发电机端电压与励磁电流的变化始终是负反馈关系。

发电机电压按下式进行计算:

$$U_f = C_e \Phi n - I_f R_f \tag{10-9}$$

式中 C_e——发电机的结构常数;
I_f——发电机输出电流,A;
Φ——发电机激磁磁通,H;
n——发电机转速,r/min。

发电机的激磁电流为

$$I_{jc} = \frac{a(U_f + I_f R_f)}{C_e n - (U_f + I_f R_f) b} \tag{10-10}$$

式中 a,b——逼近磁化曲线的系数。

由式(10-10)可知:如保持 U_f 不变,I_{jc} 将随 n 的增大而减小,随 I_f 的增大而增大。因此,当发电机的转速和负载变化时,电压调节器将激磁电流作相应的变化,以保持 U_f 不变。

2) 电压调节方式

目前轮式装甲车中所采用的电源系统大都采用 PWM 调节方式。常用电压调节器一般采用电压环、电流环双环控制方式。外环为电压环,以电压为目标量进行控制;内环为电流环,以电流为目标量进行控制。控制芯片输出 PWM 信号,经隔离放大后驱动功率器件,控制功率器件导通与否,从而控制励磁线圈励磁电流大小,进而控制发电机励磁磁通,最终控制发电机输出端电压(或电流)。正常模式下以外环电压环为主控方式,保持发电机输出端电压稳定。当检测到电流输出大于限流设定值时,控制模式随即由电压环转入到电流环,以电流设定值为目标量进行限流控制,此状态下随负载量增加,发电机输出电压逐步下降,但电流仍是稳定的、不震荡。一旦过负载去除,控制模式随即由电流环转入到电压环,电压随即恢复正常。其控制原理框图如图 10-10 所示,通常以 PI 控制为主,很少采用微分 D 控制环节。

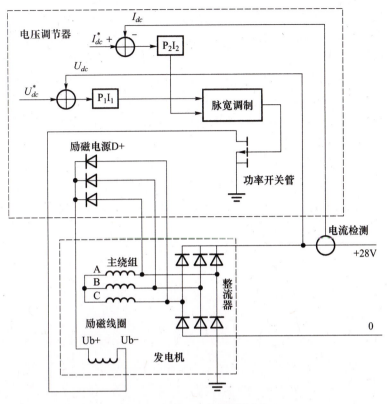

图 10 – 10　PWM 控制框图

当负载突卸时,输出电压显著上升,为有效限制电压上升,并使其迅速下降,必须使励磁绕组的剩余电流迅速消失,因此需增加逆磁控制电路,可有效改善上述问题。

如图 10 – 11 所示,包括两个功率开关管 T1、T2 和两个二极管 D1、D2。T1 管为逆磁功率管,T2 管为 PWM 控制功率管。当输出电压小于逆磁限电压时,T1 管一直导通,电流经 T1 管流过,T2 管进行 PWM 控制,调节励磁电流。当 T2 管导通时,励磁电压加在励磁绕组上,励磁电流上升,T2 管关断时,励磁电流经二级管 D1 续流,由于励磁绕组内阻的作用,励磁电流减小。当发电机突卸负载时,要求迅速减小励磁电流,防止输出电压过大。当输出电压上冲,大于逆磁

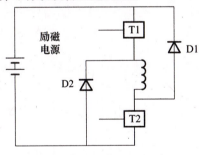

图 10 – 11　逆磁电路框图

电压门限时,T1 管和 T2 管都关断,励磁电流经 D1、励磁电压源和 D2 续流,励磁电流在励磁电压源反向电压的作用下迅速减小,可有效降低抛载时浪涌电压的恢复时间。

二、储能电源

轮式装甲车中的储能电源主要为蓄电池,蓄电池又称为二次电池或可充式电池。这类电源在放电后,可以用充电方法使其活性物质完全复原并继续放电。而且充电和放电能够反复循环多次。在目前国产轮式装甲车的蓄电池产品系列中可选用 24V/110Ah 铅

酸低温免维护（仅从失水率指标评价）电池和 24V/130Ah 铅酸低温免维护电池。铅酸蓄电池已经历了一百多年的变化和发展，其技术成熟，目前在轮式装甲车中的使用依然最为普遍。

蓄电池除与发电机并联，共同构成轮式装甲车电气系统的电源外，还有如下功能：在起动发动机时为起动电机提供电能；当发动机工作时，如果用电功率超过发电机的额定功率，由蓄电池作为发电机的能量补充；当发电机不工作或出现故障时，其作为车辆的应急电源，单独向用电设备提供电能。

（一）蓄电池的结构和组成[18]

铅酸蓄电池由多个单格蓄电池串联而成，单格电池的额定电压约为 2V，蓄电池组的额定电压为 24V，容量单位为 Ah，目前常用电池的容量为 110Ah、130Ah。

轮式装甲车铅酸蓄电池的结构如图 10-12 所示。

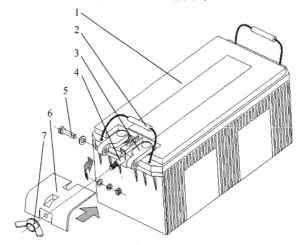

图 10-12　铅酸蓄电池结构图

1—铅酸蓄电池；2—提手；3—蓄电池接线端子（+、-）；4—限位管；5—连接配件；6—保护罩；7—蝶形螺母。

铅酸蓄电池的正极板为二氧化铅（PbO_2），呈棕色，负极板为海棉状铅（Pb），呈灰色，正负极板间的隔板由多孔橡胶或木板制成，电解液为 27%～37% 的硫酸（H_2SO_4）水溶液，充足电时电解液的密度约为 1.26～1.285g/cm^3。二氧化铅和铅是参与化学反应的有效材料，称为活性物质。极板都为疏松多孔状，以便电解液渗入。极板的活性物质涂在铅锌锑合金制成的栅架上，栅架可用来提高极板机械强度和改善其导电性。极板通常以完全充电（干电荷式极板）、部分放电（保护放电）极板、完全放电 3 种形式存放。完全充电极板和隔板一起装配成的蓄电池初充电所需时间短，通常注入电解液后只需 3～5h。在紧急情况下可以不经初充电即可装车使用。部分放电极板是在极板生成后，经过少量放电，在极板表面形成硫酸铅保护层，使之机械强度较好，化学性能稳定。完全放电的极板以硫酸铅形式存放。容器由耐酸橡胶制成。容器上方有专门的工作栓，由橡胶或塑料制成，起密封作用以防止电解液析出，且能保证气体顺利逸出。

（二）铅酸蓄电池工作原理[28]

电解质在水中电离成正负离子，正负离子有等量而异性的电荷。故电解液呈中性。硫酸在水中电离成 H^+ 和 SO_4^{2-}。这些离子在水中不断运动。两异极性的离子相碰又成为

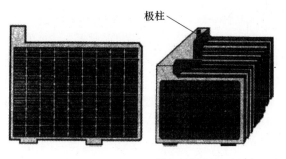

图 10 – 13 蓄电池栅架和极板组

分子,这是复合过程。动态平衡时,分子的电离和复合速度相等。

铅电极置于硫酸中,铅的正离子 Pb^{2+} 受水极性分子吸引而溶解,与 SO_4^{2-} 化合成为硫酸铅 $PbSO_4$。使电解液带正电,铅电极带负电。铅电极吸引电解液中的正离子,使它们紧靠于电极表面,形成双电层。双电层一方面阻止金属离子进入电解液,另一方面使电解液中的金属离子 Pb^{2+} 回到电极。电极溶解速度和离子回到电极的速度相等时,达到动态平衡。于是在电极和电解液间形成一定的电位差,即电极电位。铅电池的负极电位为 $-0.13V$。正极板的二氧化铅 $PbSO_2$ 溶于电解液,与 H_2SO_4 作用生成高价硫酸铅 $Pb(SO_4)_2$。$Pb(SO_4)_2$ 电离为铅离子 Pb^{4+} 和 SO_4^{2-}。Pb^{4+} 离子沉积于正极板,SO_4^{2-} 留于电解液,也形成双电层。正极板的电极电位为 $2.0V$。故铅酸蓄电池正负极板间电位差为 $2-(-0.13)=2.13V$。

铅酸蓄电池与用电设备接通后,电路中有电流。电子由电池的负极板通过负载,流到正极板。电子的流动,使电极附近双电层减弱,因而负极板的铅不断电离,正极板的二氧化铅分子也不断分解,形成动态平衡,放电持续进行,铅酸蓄电池的放电过程总反应方程式为

$$Pb + 2H_2SO_4 + PbO_2 \rightarrow PbSO_4 + 2H_2O + PbSO_4 \qquad (10-11)$$

放电时化学能不断转化为电能,正负极均逐渐转化成硫酸盐 $PbSO_4$,硫酸不断消耗,水不断增加,电解液浓度不断减小。铅酸蓄电池的电动势与电解液浓度相关,浓度降低,电动势减小。

充电时,外部电源高于电池的电动势,外电源流入电池,负极板的硫酸盐转化为海绵状铅,正极板的硫酸铅转变为二氧化铅,电解液 H_2SO_4 浓度不断增加。铅酸蓄电池的充电过程总反应方程式为

$$PbSO_4 + 2H_2O + PbSO_4 \rightarrow Pb + 2H_2SO_4 + PbO_2 \qquad (10-12)$$

(三)蓄电池的电气性能参数[18,21-22]

电动势、内电阻、充放电曲线和容量以及自放电是表征铅酸蓄电池性能的主要参数。

1. 电动势

由蓄电池的工作原理可知,铅酸蓄电池电动势取决于极板材料和电解液密度,与极板大小和数量无关。当电解液密度在 $1.05 \sim 1.30 g/cm^3$ 范围内变化时电动势可以按下列经验公式表示:

$$E_j = 0.85 + S_{25} \qquad (10-13)$$

式中 S_{25}——极板孔隙内电解液在25℃时的密度(g/cm³)。

2. 内电阻

铅酸蓄电池的内阻由极板电阻、电解液电阻、隔板电阻和电解液与电极间的过渡电阻组成,其中主要是电解液电阻和过渡电阻。

电解液的电阻与浓度有关,浓度高,流动性差,电阻大;浓度低,离子小,电阻小,密度为1.20g/cm³的电解液电阻率最小。

过渡电阻是电解液与极板间的接触电阻,接触面大则电阻小。加大极板面积、增多极板片数和改善极板疏松度,可减小电池内阻。

铅酸蓄电池的内阻还跟充放电程度有关。放电反应生成的硫酸铅,附着在极板上,其内阻大而密度小。随着放电程度的增加,附着在极板上的硫酸铅增多,堵死了板极微孔,降低了电化学反应深度,使内阻加大;放电电流大,电解液来不及渗透到极板内部,减小了有效作用面积,也会增加内阻;工作温度低,电解液流动性差,内阻也会加大。

3. 蓄电池充放电特性曲线

铅酸蓄电池放电曲线是指以一定电流放电时,电池端电压与时间关系的曲线。图10-14是某型铅酸蓄电池放电曲线。

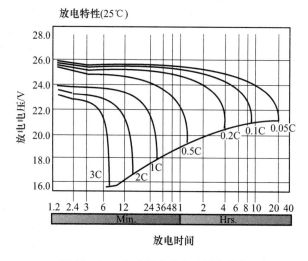

图10-14 某型铅酸蓄电池放电曲线

由图10-14可以看到,放电过程中,蓄电池的端电压下降并不是均衡的,放电瞬间(约几秒钟)电压下降较快,此后逐渐减慢,放电末期下降较快,若此时将外电路切断,电压又稍许回升。在放电初期,极板及孔隙中电解液密度迅速下降,造成端电压快速下降。随着孔隙内电解液密度下降,浓度差增大,硫酸渗透速度加快。放电电流一定时,硫酸消耗速度与电解液渗透速度相等,达到动态平衡,端电压下降速度减缓,放电特性趋于平坦。此时端电压的下降是由于电解液密度的降低。蓄电池放电时活性物质转变成硫酸铅,使内阻增大,电压降增大,极板表面硫酸铅增多,极板孔隙逐渐堵塞,放电反应越深入,硫酸的渗透越困难。因此,接近放电终止时,孔隙内电解液密度又由于硫酸来不及补充而迅速下降,致使在接近放电终止时端电压下降很快。这时如果不终止放电,端电压将迅速下降到零,这将会引起不可逆的化学反应,对蓄电池是有害的。因此,技术条件中规定,端电压下降到一定值时,即被认定放电终止。

放电终止时,切断负载,端电压立即上升。这是因为终止放电后硫酸逐渐向孔隙内渗透直到混合均匀为止,与此同时孔隙内电解液密度逐渐上升到一定值,故端电压曲线也有所上升。

放电电流小,则放电时间长,电池电压高则终止电压也高。反之放电电流大,则放电时间短,电池电压低则终止电压也低。通常在电解液温度为25℃,以额定电流连续放电,放到终止电压的时间(h)与放电电流(A)的积为蓄电池的额定容量,电解液温度高,内阻小,放电电压高。但是,放电电流大小和电解液温度高会影响活性物质的利用率。在低温、大电流放电时,电池容量会显著减小。但温度太高也会缩短板极的寿命。

图10-15是某型铅酸蓄电池恒流充电特性曲线。

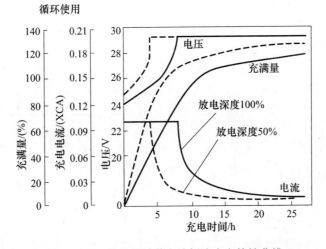

图10-15 某型铅酸蓄电池恒流充电特性曲线

由图10-15可以看到,充电过程中水转变成硫酸电解液,密度增加,因而电动势的端电压上升。充电初期电压上升较快,中段上升比较平缓,这同放电特性相似。充电时极板活性物质孔隙内产生硫酸逐渐向外扩散,扩散也要求孔隙内外电解液有一定的浓度差。充电开始时浓度差还很小,孔隙内产生的硫酸不易向外扩散,故密度上升快,因而电动势和端电压上升较快。随着浓度差的增大,硫酸扩散速率加快最后达到动态平衡,密度缓慢上升,因而电动势和端电压也缓慢上升。

单格电池电压上升到2.3~2.4V时,充电接近完成,开始有电解水的反应出现。电解水时,在正极板处放氧气,在负极板处放氢气,电极电位增加,电势升高,单格电池电压达到2.7V左右,表示充电过程结束。停止充电后随着极板间电解液的扩散,孔隙中电解液密度下降,端电压为2.1V左右。

4. 蓄电池的容量

在给定的温度、电流强度和终止电压下,蓄电池放出的电量称为蓄电池的容量。单位是安培小时(Ah),简称安时。计算公式为

$$Q = \int_0^t I dt \tag{10-14}$$

如果是恒电流放电,则有

$$Q = It \qquad (10-15)$$

假设活性物质全部参加放电反应,蓄电池供出的容量叫理论容量 Q_0;额定容量 Q_e 是在设计和生产蓄电池时规定或保证在指定的条件下蓄电池放出的最低限度的电量;实际容量 Q 是在一定的条件下蓄电池实际放出的电量。

(四) 蓄电池启动功率计算[18]

1. 容量的选择

蓄电池的主要功能是保障启动电机的电源供给,总容量的确定可按起动机功率,根据如下经验公式估算:

$$Q = (600 \sim 800)P/V \qquad (10-16)$$

式中　Q——蓄电池总容量(A·h);
　　　P——起动机额定功率(Ps);
　　　V——起动机额定电压(V),根据系统方案确定。

铅酸蓄电池在车辆低温起动的条件下,需要为加温系统提供电能,而后提供起动所需电能,当加温系统耗能较大时,蓄电池容量估算必须考虑为加温系统提供的电能。

蓄电池的容量越大,内阻就越小,因而启动功率和启动扭矩就越大,但无限增大蓄电池的容量,使蓄电池内阻接近于零并不能显著增大启动电机的额定功率。

2. 电磁功率比

根据启动电路列出电动势方程:

$$E_x = E_p + I(R_x + R_l + R_q) \qquad (10-17)$$

式中　E_x——蓄电池电动势;
　　　E_q——启动电机反电势;
　　　I——启动电机电流;
　　　R_x——蓄电池内阻;
　　　R_l——线路电阻;
　　　R——启动电机内阻。

堵转时启动电机的电磁功率为

$$P_d = E_x I - I^2(R_x + R_l + R_q) \qquad (10-18)$$

当启动电流为堵转电流的一半时,启动电机的电磁功率最大,其值为

$$P_d = E_{x2}/4(R_x + R_l + R_q) \qquad (10-19)$$

当假定蓄电池内阻与其冬季内阻相等,导线电阻为零,则电磁功率最大值为

$$P_d = E_{x2}/8R_q \qquad (10-20)$$

假定蓄电池容量无限大,则内阻为零,启动电机内阻不变,电磁功率最大值为

$$P_d = E_{x2}/4R_q \qquad (10-21)$$

电磁功率之比为 $A = 2$,由此可见蓄电池的容量选择满足要求即可,并非越大越好。根据上述计算,提高启动电机的启动功率可以从提高蓄电池的电动势考虑,如采用48V启动。

(五) 蓄电池加温

铅酸蓄电池的充放电性能受环境温度影响较大，电解液从0～-40℃平均每降低1℃，容量下降1%，而-20℃以下容量随温度降低呈剧减趋势，在-40℃时蓄电池的充电接收率仅为常温下的1%左右。

采用低温蓄电池可有效地提高蓄电池的低温放电输出能力，以解决低温起动困难的矛盾；而低温下电池容量的快速恢复和补充，必须靠提高电解液温度来增大充电接收率，并尽可能减缓电池的降温速率，以获得更好的加温效果和改善蓄电池的初始工作条件。基于这点，铅酸蓄电池在低温环境下使用必须采用蓄电池加温装置。

蓄电池加温方式的实现形式在"配电控制及负载管理"一节中将详细说明。

(六) 12-TKA-110型铅酸蓄电池

12-TKA-110型铅酸蓄电池是轮式装甲车中最为常用的一个型号，12表示串联单格电池个数，电池容量为110A·h。该型铅酸低温免维护型蓄电池，其外壳材料耐酸、阻燃，注液孔由4个整体式迷宫结构的塞状排气栓组封闭，能防止酸雾溢出和电液渗漏。蓄电池第二单格上有单独螺纹孔，用于安装感温塞或密封栓。

蓄电池以干荷电状态出厂，在特殊情况下，灌酸后30min，测量其电液密度下降值，若不超过原密度的0.03，不进行初充电即可使用，正常情况下，应进行初充电再使用。表10-2为12-TKA-110蓄电池电气性能参数。

表10-2 12-TKA-110蓄电池电气性能

蓄电池型号	额定电压	最大质量		20小时率放电 (25±2℃)			储备容量 25A放电		常温起动 (25±2℃)			低温起动 (-40±2℃)		
		干重	湿重	电流	终止电压	额定容量	持续时间	终止电压	电流	持续时间	终止电压	电流	持续时间	终止电压
单位	V	kg	kg	A	V	Ah	min	V	A	S	V	A	S	V
12-TKA-110	24	48	65	5.5	21	110	199	21	330	330	16.8	330	75	12

蓄电池为免维护型，充足电的蓄电池在正常使用条件下，可在六个月内无需下车进行专门技术保养，可在车上安装条件下进行充电。过度放电的蓄电池（端电压下降至24.5V），或使用期超过6个月的蓄电池必须下车按24V免维护轮式装甲车蓄电池使用说明书的规定做专门技术保养。在冬季、寒区使用，要注意保持电池容量充足。

蓄电池容量消耗过多，电解液密度降低时应通过反复充电、补液（蒸馏水）来逐渐对其调整恢复。不允许通过加入浓度较大的硫酸来提高电解液的密度。电解液的正常液面应高出极板上方20～25mm。不同温度下的正常（额定容量时）电解液密度如表10-3所列。

表10-3 蓄电池电液密度表

温度/℃	-40	-35	-30	-25	-20	-15	-10	-5	0	5
密度	1.328	1.324	1.320	1.317	1.313	1.309	1.305	1.302	1.298	1.295
温度/℃	10	15	20	25	30	35	40	45	50	55
密度	1.291	1.287	1.284	1.280	1.276	1.273	1.269	1.265	1.262	1.258

夏季使用蓄电池应不低于额定容量的50%,冬季则不应低于额定容量的75%,相应的电解液密度,以蓄电池电解液密度表为标准,按每降低0.04,电池容量减少25%的换算值检查。

第三节 配电控制及负载管理系统

配电控制及负载管理系统主要是将电能从电源系统输送到各个用电设备,实现电能的分配、传输、保护及负载的管理控制,它通常由主配电盒、分配电装置、负载管理和输配电线路组成。其中电能的传输线路称为电网。

配电管理及保护装置主要完成电能的分配及保护,其设置有控制电源和用电设备供电及断电的功率开关,如常规的熔断器、断路器、接触器及现代新型的智能功率开关等。

一、轮式装甲车电网布局

轮式装甲车配电系统的布局取决于用电设备的分布,它们几乎分布在整车的各个地方。设计应能满足以下技术要求:

(1) 配电系统应具有电能传输的高可靠性;
(2) 配电系统应具有故障保护及隔离能力,可将故障产生的影响限制在最小范围内;
(3) 配电系统应采取有效的屏蔽和滤波措施,以减少传输过程中的电磁干扰。

(一) 电网线制

轮式装甲车的电源系统大部分为28V直流系统,配电系统基本采用单线制,个别线路为双线制。

单线制电网是用电设备的一端接电源正极,另一端就近直接接在车体上。蓄电池的负极通过总开关控制的接触器连接车体,因此,单线制电路在蓄电池供电时受总开关控制,如图10-16所示。

双线制电网是用电设备一端接电源正极,另一端与蓄电池负极直接连接,因此,双线制电路不受总开关的控制。车内照明灯和车外工作灯插座属于双线制电路,如图10-17所示。

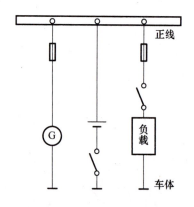

图10-16 单线制电路

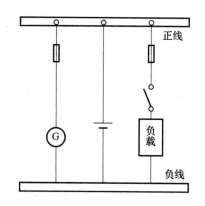

图10-17 双线制电路

由于单线制电路中负极都接在车体上,而车体地电位并不相等,可能会给用电设备引入地线干扰,因此,轮式装甲车中特别重要的用电设备或易被干扰的用电设备可采用双线制电路。

(二) 配电结构

轮式装甲车的配电结构可分为集中式和分布式两种。

集中式配电结构原理图如图10-18所示。所有电源的电能均汇集于中心的配电装置,用电设备均从此获取工作所需电能。这种配电形式简单,易于检查和排故。但随着用电设备的急剧增加,配电系统变得庞大,配电线路繁杂,而且造成系统质量大,中心配电装置笨重且比较复杂,一旦电网短路,所有用电设备在短路前都失去了电能的供应。因此这种配电结构已逐步被分布式配电结构所取代。

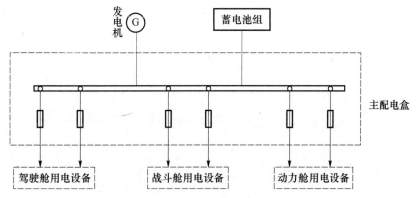

图10-18 集中式配电结构

分布式配电结构的典型模式是树形配电,如图10-19所示。这种配电结构是系统除设置有中心配电装置外,还分别设置多个分配电装置,它们按照用电设备集中分布的情况在车辆的不同部位进行相应布局,用电设备可就近从分配电装置中获取电能。通常一些

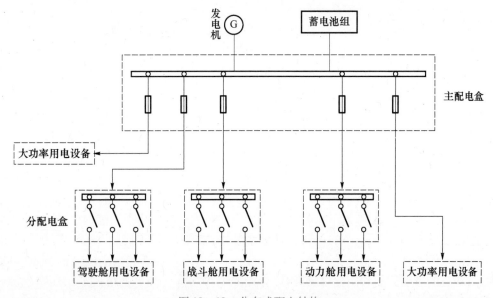

图10-19 分布式配电结构

大功率用电设备一般由主配电装置(中心配电)供电,这种配电结构可大大减小导线的用量,分配电装置中用电设备发生短路只会造成区域级的供电问题,不会影响到其他用电设备。这种配电结构在国内外的轮式装甲车中被广泛采用。

二、配电控制及保护

轮式装甲车一般采用分布式配电结构,两级配电模式。第一级主配电采用快速熔断器实施大范围保护;第二级配电在分配电装置或驾驶员操控面板上采用热保护开关或智能功率模块实施配电保护。

(一)配电控制及保护系统的布局

1. 传统配电控制及保护系统布局

传统的配电控制主要采用熔断器、热保护开关、断路器、接触器等配电设备。为了使驾驶员能够操控和控制这些设备,主配电盒需要安装在驾驶舱,主配电盒中包含有热熔断器和可用于操控的热保护开关;底盘负载的大部分配电开关也集中在驾驶员操作面板上,驾驶员主要通过操控操作面板上的热保护开关实现负载的配电。

由于发电机的主电源从发电机传到驾驶舱,再从驾驶舱发送至车辆的其他负载,使得动力电源线往返穿梭。另一方面,分配电盒为便于乘员操控,也需要放置在乘员附近,而这些动力电源线又长又重,造成线缆敷设难度大,布局困难。并且当某一配电元件或某一用电负载失效导致车辆无法正常工作时,乘员无法获得有效的故障信息,难以对系统进行故障诊断和修复。

传统配电控制的布局如图10-20所示。

传统轮式装甲车配电网络中有大量的配电及保护装置,用以实现用电设备供电电源的接通和切断,以及消除故障和防止故障蔓延。常用的配电及保护装置有熔断器、热保护开关、继电器、接触器。

2. 智能配电控制及保护系统布局

随着电气设备的数量越来越多,传统的配电控制模式已经无法满足轮式装甲车的实际使用需求。20世纪70年代,美国在装甲车电子综合系统研究的第一阶段制定了研制"电源管理、控制和分配系统先进技术设备"计划,其内容是用多路传输技术改进地面车辆的供电线路、控制及仪表显示等,以提供一种更为可靠、生存能力更强的电力分配系统。美国在M1A2SEP主战坦克上应用了MIC总线技术对电子电气设备进行控制和管理。图10-21为某车型智能配电控制布局图。

智能配电控制及保护系统以分布式配电结构为基本构型,它与轮式装甲车电子信息系统共享数据总线,通过多路传输数据总线传递配电控制信号和配电状态信息,采用智能功率模块对负载进行控制和保护。

从外军资料可以得知,国外在轮式装甲车中已经大规模应用了智能配电技术,比较典型的是美国的GPV公司生产的系列轮式装甲车,新加坡的"特雷克斯"8×8轮式装甲车。智能配电技术实现了全车智能配电控制,其免维护、故障自诊断和自动隔离的特点,可以降低对乘员的素质要求和简化车辆维修,智能配电控制的实现更是增大了车辆智能控制的可操作性。

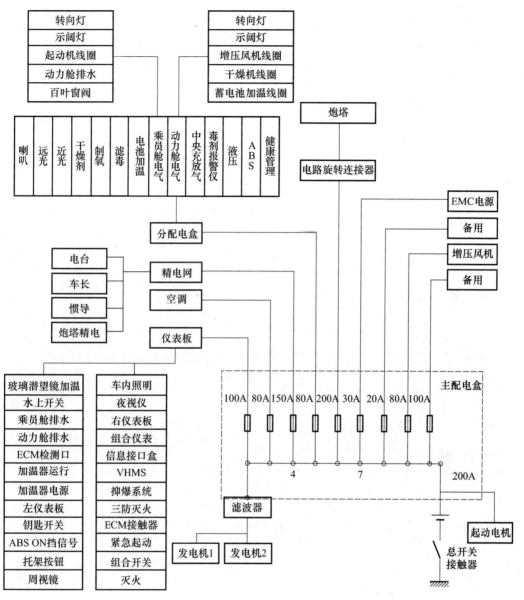

图 10-20 某车型配电控制布局图

(二) 配电控制及保护装置

1. 主配电盒

主配电盒主要为分配电装置和大功率用电设备实施控制和保护,其主要由继电器和热熔断器组成。继电器实现特定负载的控制,每个支路设置独立的热熔断器以实现过流保护和故障隔离,如图 10-22 所示。

2. 分配电装置

1) 分配电盒

分配电盒是传统配电控制及保护系统重要的功能部件,对电缆划分、低成本逻辑控制和配电保护等功能的实现有着重要的意义,分配电盒功能和接口的划分是传统轮式装甲

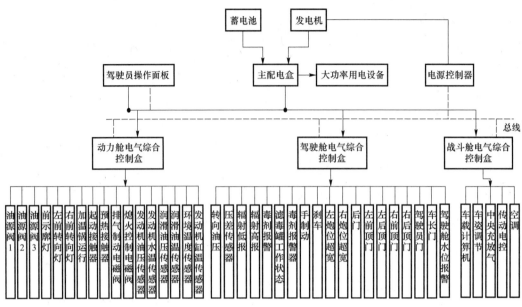

图 10-21 某车型智能配电控制布局图

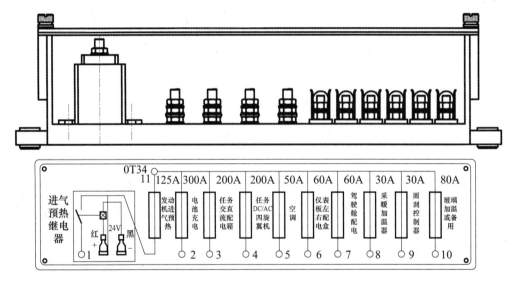

图 10-22 主配电盒简图

车电气系统的关键点之一,如图 10-23 所示。

2) 智能配电装置

智能配电装置主要是实现传统分配电盒的功能,用智能功率模块代替传统熔断器及继电器,通过总线控制指令代替仪表配电板上的控制线路。

图 10-24 为智能配电装置原理框图。智能配电装置由智能配电控制板和智能功率模块构成。配电管理装置内部采用 LIN 总线通信,以传递控制指令和模块采集的状态信息。智能配电控制板同外部可采用多路数据总线同整车总线网络进行通信。

同传统的配电控制方式相比,智能配电控制有以下优点:

(1) 更容易布置,结构灵活,可拓展性强;

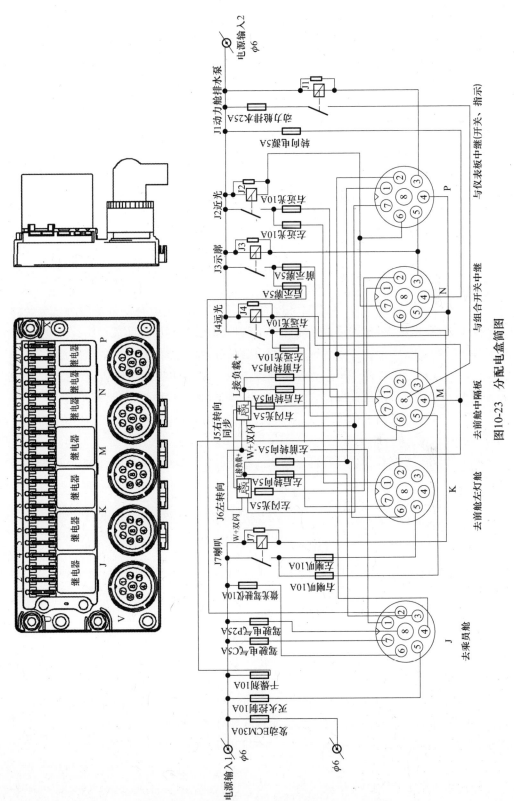

图10-23 分配电盒简图

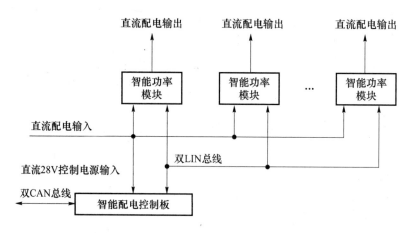

图 10-24 智能配电装置原理框图

（2）能够实现负载的自动管理，可通过内置的策略实现负载功能的自动化管理及控制；

（3）更全面的保护功能，可提高系统的可靠性。智能配电控制能够实时监测各路载荷的供电电压、电流，可根据需要设定保护电流值和延时时间，以实现短路故障准确判断、短路保护及电弧放电保护等多种保护功能，从而完成配电线路和载荷的全面保护；

（4）智能配电可以向乘员直观详尽地提供配电系统的状态信息和操作指令信息，以提高配电可靠性及自动化程度，从而提升系统的可操作性，减轻乘员负担；

（5）智能配电控制可在负载较近位置放置，功率线的长度可根据负载分布来裁剪，从而减少电缆长度，减轻系统重量；

（6）智能配电控制系统具有自检测和诊断能力，可即时发现故障，以提高系统的维护保障能力。

（三）配电控制及保护器件

1．热熔断器

热熔断器是指当电流超过规定值时，以本身产生的热量使熔体熔断，断开电路实现保护的一种电流保护器。熔断器的主要特性是安秒特性，其特点是，通过电流越大，熔断时间越短。

常用的热熔断器为 JB 型热熔断器，其熔丝用银制成，封装在玻璃壳内。

2．热保护开关

热熔断器仅能提供配电支路的过流保护，熔断后必须更换，无法对用电设备的供电进行接通、切断操作。但是轮式装甲车用电设备在实际操作使用中，大部分用电设备需对电源进行操作，热保护开关既有开关作用，又有过流保护作用，动作后手柄自动弹跳至断开位置，便于乘员了解开关位置的变化，从而可发现故障。这类开关的主要功能元件是双金属片，根据不同的金属受热后变形程度不相同的原理，当双金属片所通电流达到动作电流值时，双金属层变形后弯曲，使触点断开。

轮式装甲车中常用的热保护开关型号为 ZKC，如图 10-25 所示。

ZKC 热保护开关产品规格如表 10-4 所列。

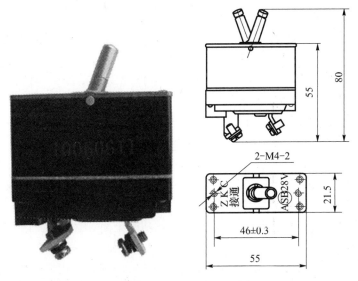

图 10-25 ZKC 热保护开关

表 10-4 ZKC 热保护开关产品规格

规格	ZKC-2	ZKC-5	ZKC-10	ZKC-15	ZKC-20	ZKC-25	ZKC-30	ZKC-40	ZKC-50
额定电流/A	2	5	10	15	20	25	30	40	50

3. 接触器

热保护开关受安装体积的限制,功率一般不可能太大,对于车载大功率用电设备的电源控制常采用热熔断器串联接触器的形式。接触器可实现遥控配电,利用小电流控制线圈,以实现接触点大电流的通断电。

轮式装甲车最常用的接触器为 MZJ 型,如图 10-26 所示。

MZJ 型接触器的电磁铁有两组线圈,一组是起动线圈,一组是保持线圈。其工作原理如图 10-27 所示。接触器线圈刚通电时,保持线圈被辅助触点短接,此时线圈电阻小,安匝数大,电磁力大,可使活动铁心迅速吸下,当两铁心快要接触时,连杆将辅助触点顶开,保持线圈接入电路,因总电阻较大,使电磁铁的安匝数减小,但此时接触器的触点已经接通,气隙已很小,电磁力仍大于弹簧力,触点仍能可靠地保持在接通状态。

图 10-26 MZJ 型接触器

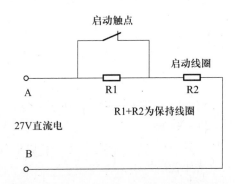

图 10-27 MZJ 型接触器线圈电路原理图

4. 智能功率模块

智能功率模块(以下简称模块)采用功率 MOSFET 技术,具有数字化接口和 CAN 总线通信能力,能够完成对 28V 单线制直流电源的控制。模块具有对电压、电流和温度的实时采样和监控功能,当所监控的电压、电流或温度超出设定的告警值并超过允许时间时,模块建立告警标志并向上位机或控制板上传告警类型;当所监控的电压、电流或温度超出设定的保护值并超过允许时间时,模块自动关断输出以达到自我保护和保护后续设备的目的,同时建立故障标志并向上位机或控制板上传故障类型。模块还具有短路保护功能,当输出发生短路故障时能够快速关断并建立短路故障标志。同时模块有总线控制和外部手动控制两种控制方式,可以通过总线控制模块的接通和断开,也可以在需要时直接通过外部手动开关控制模块的通断。

智能功率模块如图 10-28 所示,其具有保护功能全面、工作状态实时监控、无机械触点、通断动作速度快、工作寿命长、环境适应性强等显著特点,是目前各类设备或系统中所采用的保险丝、继电器、直流接触器和自保开关等产品的理想替代品。

图 10-28 智能功率模块

1) 工作原理

上位机或控制板通过 CAN 总线控制单片机来驱动 MOS 管驱动电路,从而控制 MOS 管的通断实现配电功能。单片机通过 AD 口采样电流、电压、温度信号,当电流、电压或温度超过设置的故障保护值时,利用软件控制模块关断,并上报相应故障状态。当短路保护电路检测到模块输出发生短路故障时,利用硬件关断模块输出,同时产生短路信号反馈至单片机实现短路保护。通过在手动控制口施加电压信号可以控制单片机相应 IO 口电平,单片机根据电平高低控制模块通断以实现手动控制功能。智能功率模块原理框图如图 10-29 所示。

2) 产品特点

目前轮式装甲车所采用的智能功率模块选用 MOSFET 作为功率开关管,其特点如下:

(1) 导通电阻小,导通电压低;

(2) 功率损耗低;

(3) 可并联使用实现均流,以提高带载能力,并联后导通电阻减小降低了功耗;

(4) 无晶体管的二次击穿现象;

(5) 无 IGBT 的电流拖尾现象;

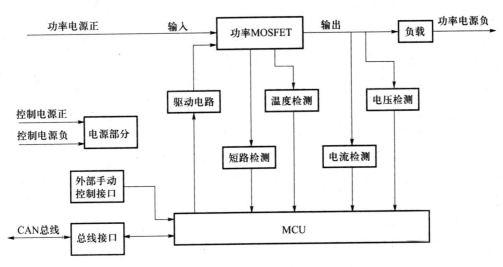

图 10-29　智能功率模块原理框图

(6) 电压型驱动器件,功耗小,电路设计简单。

目前,智能功率模块的容量还较小,最大电流为 80A,因而针对某些大功率负载仍需采用传统配电控制技术。

3) 技术参数

智能功率模块具有 1 路、2 路和 4 路 3 种系列,其中双路模块根据额定电流不同分为 3 种型号,模块的主要技术参数如表 10-5 所列。

表 10-5　智能功率模块技术参数表

项目	技术参数				
模块型号	TZS28PC-80	TZD28PC-60	TZD28PC-40	TZD28PC-20	TZF28PC-10
输出路数	1 路	2 路			4 路
输入控制电压	DC12V~DC36V(额定电压:DC24V)				
静态输入控制电流/mA	≤50	≤60			≤50
工作电压	DC12V~DC36V(额定电压:DC28V)				
额定工作电流/A	80	60	40	20	10
接通、关断时间/ms	≤1				
输出漏电流/μA	≤200	≤100			≤50
导通电阻/mΩ ($T_J=25℃$)	2.3	4.5			9
电流采样误差/%	±5				±7
电压采样误差/%	±2.5				
温度采样误差/℃	±3				
工作温度/℃	-43~+85				
贮存温度/℃	-50~+105				
外形尺寸/mm×mm×mm	长×宽×高:(84±1)×(34±1)×(60±1)				
质量/g	≤250				

三、负载管理

配电及负载管理除完成配电控制之外还负责车辆离散的电气设备的负载综合管理,其中包括:发动机起动装置、蓄电池加温装置、照明及指示设备等。

(一)发动机起动装置[18]

启动电机是用来带动发动机旋转,使之进入工作状态的动力装置。

1. 发动机的起动条件

为了保证发动机迅速起动,起动装置应有足够的功率,它应能克服阻碍曲轴转动的起动阻力矩,而且能在较短的时间内使发动机曲轴达到一定的起动转速。

1)起动转速

起动转速是保证发动机正常工作所需的最低转速。柴油发动机的起动转速取决于气体压缩时能否达到自燃温度和燃油的雾化情况,一般要求转速为 80~150r/min。

2)起动阻转矩

起动转速确定后,要求起动装置有一定的起动转矩,这个转矩应大于阻碍曲轴转动的起动阻转矩。对于轮式装甲车而言,起动时除克服发动机本身的阻力矩外,还要克服与发动机曲轴不可解脱或不可彻底解脱的传动和冷却系统的附加阻力矩,同时还应考虑在低温状态下,由于润滑油黏度的增加和带排而引起的起动阻力的显著增加,以及由于蓄电池容量的下降而引起启动电机功率下降等不利因素。

3)起动功率

起动装置的功率必须使发动机转动达到稳定阻转矩时,具有足够的起动转速。由发动机稳定阻转矩 M_c 和起动转速 n_0,即可求出起动装置所必需的起动功率:

$$P = M_c \frac{2\pi n_0}{60} \times \frac{1}{735} = \frac{M_c n_0}{7022} \quad (10-22)$$

式中 P——起动发动机所需的功率,kW;

　　　M_c——发动机的稳定阻转矩,N·m;

　　　n_0——发动机的起动转速,r/min。

2. 影响发动机起动的因素

启动电机功率和转矩下降,会引起起动无力,起动次数增加,甚至无法起动。下面对电路中的总电阻、蓄电池容量和温度变化对启动电机的功率和转矩的影响进行分析。

1)电路中总电阻的影响

电路中的总电阻是指电枢电阻、电刷接触电阻、导线电阻和导线连接处的接触电阻。这些电阻越大,起动电机的功率和转矩减小越多,使起动越困难。

2)蓄电池容量的影响

蓄电池容量越大,它的内阻越小,因而起动功率和起动转矩越大。但是,如果无限增大蓄电池容量,并不能显著增加启动电机的额定功率。

3)温度的影响

在低温环境中,随着温度的降低,润滑油黏度明显增加,引起起动阻力显著增大;对于液力机械式变速箱,低温时往往存在带排,更加增大了起动阻力;如果润滑油的耐低温性能不好,情况会更严重。对于自动变速箱,由于没有传统变速箱的离合器,传动装置无法与发动机曲轴分离,在低温下将明显增大起动初始的最大阻力矩。

低温时,蓄电池容量亦会随着温度的降低而下降,引起起动机输入功率减小。在低温环境中,发动机需要进行加温起动,预期时间在 40min～1h 之间,加温系统以及相关系统消耗的蓄电池容量也必须考虑。

由于初始条件有一些不确定因素,无法定量计算有关数据,再考虑到传统启动电机设计时,过载能力较小、可靠性储备系数较低等因素,需要适当考虑增大启动电机的功率。

3. 启动电机的选型

启动电机的堵转扭矩必须大于起动的最大阻力矩,在发动机达到稳定起动转速时,输出功率应大于起动发动机所需的功率,否则会出现启动电机无法驱动发动机运转,或发动机达不到最低起动转速,从而无法起动。

目前轮式装甲车广泛采用的康明斯发动机,启动电机均由发动机自带,因此起动电机的选型不属于电气系统设计范畴,仅对其作基本的技术约束。

4. 起动控制

起动控制在传统配电系统中由独立的起动控制器实现,而在智能配电系统中则取消了起动控制器,由智能配电管理系统综合实现。

1) 起动控制功能

起动控制的目的是在发动机起动过程中对蓄电池和启动电机实施保护,防止蓄电池过放电、启动电机过热、打齿,在驾驶员接通起动按钮后,起动控制器自动实施全部控制功能:

(1) 限制每次起动时间不超过 5～8s,以免蓄电池过放电损坏以及启动电机过载损坏;

(2) 完成发动机起动后,自动闭锁起动系统,确保发动机工作时不再发生起动动作,从而保护发动机的飞轮齿圈以及启动电机;

(3) 每次起动结束后,到下一次起动的时间间隔一般不少于 10s,以保证启动电机小齿轮恢复静止状态,避免打齿。

2) 起动控制流程

图 10-30 所示为某车发动机的起动控制流程。智能配电管理系统接收到程序起动控制指令,首先判断起动次数是否小于 3 次、起动间隔是否小于 10s,挡位是否为空挡,发动机转速是否小于 300r/min,有一项不满足时,将禁止起动;条件满足时判断机油压力是否大于 0.1MPa,若小于则接通电动预润泵;当机油压力满足使用要求时,接通起动支路电源,当起动时间大于 5s 后,自动断开起动支路电源,起动流程结束。

(二) 蓄电池加温装置

1. 加温的实现方式

蓄电池加温方式有两种:内加温和外加温。目前国内的主流加温方式是外加温,即远红外加温。远红外加温是利用电流通过电阻产生热量,再通过远红外材料将热量以远红外线的形式辐射给蓄电池的电解液,这种加温方式的主要缺点是加温效率较低,中间经过多种形式的能量转化,而每次转化都存在能量损失,尤其是远红外线通过电池外壳,将损

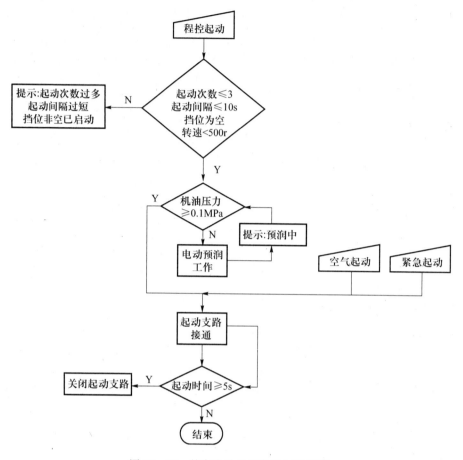

图 10-30 某车发动机起动控制流程图

失大量能量。

内加温是通过高频振荡电流通过蓄电池极柱流入极板,利用极板内阻发热。这种形式能量转换次数少,而且从蓄电池内部直接加热,效率较高。不过,目前我国蓄电池的整体发展水平不适合直接利用内加温方式。其主要原因是国外车辆上的蓄电池大多为贫液式密封电池,而我国主要是采用富液式电池。

2. 远红外加温系统构成

蓄电池加温系统由加温控制盒、感温塞、远红外加温板及底座构成。配备智能配电系统的轮式装甲车中则取消了加温控制盒,由智能配电管理系统综合实现。

远红外加温板如图 10-31 所示。

加温系统采用闭环滞回控制,如图 10-32 所示。工作时,远红外加温板施加 28V 电源,当电阻丝的温度超过 60℃ 时,电阻丝的电阻增加,电流减小,加温板的温度稳定在 65℃ 左右,通过单面远红外搪瓷板发射 5.6~15μm 的远红外线。远红外线传热的形式是辐射传热,因为没有介质,故中间没有能量损失。当远红外线照射在蓄电池上,一小部分射线被反射回来,绝大部分渗透到蓄电池内部,由于远红外线是一种能量,当发射的远红外线波长和蓄电池电解液吸收的波长一致时,蓄电池电解液内部分子或原子吸收红外线能量,产生强烈的振动并促使蓄电池电解液分子和原子发生共振,蓄电池电解液分子和原子之

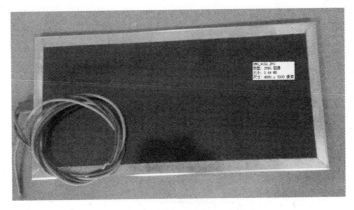

图 10-31 蓄电池远红外加温板

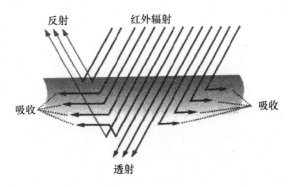

图 10-32 远红外线加热原理图

间的高速摩擦产生热量而使其温度升高,达到为蓄电池加温的目的。

加温系统的主要技术指标如下:

(1) 电解液升温速率:≥10℃/h;

(2) 功率消耗:≤500W。

由于远红外加温效率低,蓄电池加温必须在车辆处于发电状态才能加温,否则会迅速消耗蓄电池本身的电能,造成发动机无法正常起动。

3. 蓄电池加温控制

蓄电池加温控制是通过温度传感器监测蓄电池电解液的温度以实现蓄电池加温的自动控制。由于普通铅酸蓄电池在环境温度低于零度时,蓄电池的充电和放电能力急剧下降,为了保持蓄电池具有较好的充放电性能,采用远红外加温方式给蓄电池加温,尽量保持蓄电池电解液的温度在零度以上,使蓄电池保持较高的充放电能力。在实际应用中,当蓄电池电解液的温度小于5℃,同时发电机处于发电状态,即电网电压≥26.5V 时,控制电路自动接通远红外加温板的电源。当蓄电池电解液温度大于15℃,或发电机处于不发电的状态,即电网电压≤25.5V 时,控制电路自动关断远红外加温板的电源。加温控制逻辑如图 10-33 所示。

(三) 照明及指示

1. 组成

照明及指示通常由车内和车外照明及指示灯组成。车内外信号及照明系统所有灯具

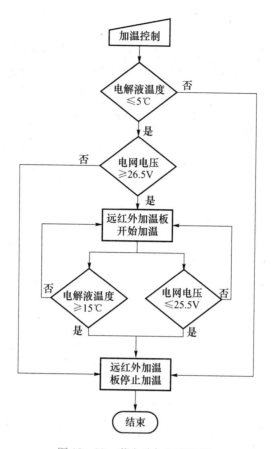

图 10-33 蓄电池加温流程图

采用 LED 照明技术,该技术具有功率低、使用寿命长、质量轻、抗冲击振动能力强以及免维护等特点。

车内照明灯、车外照明和信号照明由仪表面板开关控制。

车外照明分为工作照明和信号照明两种。工作照明灯为两个前大灯,信号照明灯有转向灯、刹车灯、示廓灯 3 种。

2. 产品性能特点

1) 车外照明灯

(1) 前大灯。如图 10-34 所示。

光源:为 LED 固态光源、冷光源、抗振性强,可靠性高。

抗震性:抗强烈的冲击和振动。

电源适应性:额定工作电压应为 DC26±4V(满足 GJB 298——1987 中的浪涌、尖峰的要求)。

防水性:IP68。

(2) 前组合灯。如图 10-35 所示。

前组合灯为双目灯,包括前示廓灯(白色),前转向灯(黄色)。

电源适应性:额定工作电压应为 DC26±4V(满足 GJB 298——1987 中的浪涌、尖峰的要求)。

图 10-34 前大灯

图 10-35 前组合灯

防水性：IP68。

(3) 后组合灯。如图 10-36 所示。

后组合灯为四目灯，包括后示廓灯（红色），后转向灯（黄色），刹车灯（红色）。

电源适应性：额定工作电压应为 DC26±4V（满足 GJB 298——1987 中的浪涌、尖峰的要求）。

防水性：IP68。

2) 车内照明灯

车内照明灯如图 10-37 所示。

车内照明灯内置照明和防空两种灯光形式。舱内照明用白光，防空照明为红光。一般选用抗振性好、可靠性高的 LED 固态光源。

电源适应性：额定工作电压应为 DC26±4V（满足 GJB 298——1987 中的浪涌、尖峰的要求）。

防水性：IP65。

图 10-36 后组合灯

图 10-37 车内照明灯

3. 灯具的控制

1) 车外照明灯组合开关

车外照明灯的控制一般由组合开关实施。该组合开关在水平及竖直方向上的挡位如图 10-38 所示，分别由左侧组合开关和右侧组合开关组成。

(1) 左侧组合开关。

图 10-39 中左侧手柄为喇叭、远近光、转向灯、示廓灯控制开关，垂直方向有下、中、上 3 挡，水平方向有 R、N、L 3 挡。

最左侧为喇叭按钮，临近一级为灯光开关，OFF 为关闭，▨为示廓，▨为近光灯开启。方向盘中间位置也是喇叭按钮。

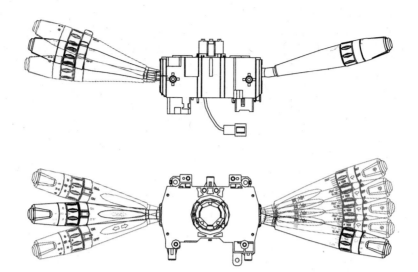

图 10-38 车外照明灯组合开关

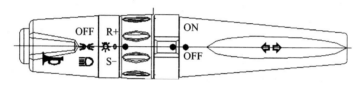

图 10-39 灯组合开关左手柄

垂直方向的中位置,为空挡位置,不激活灯光。下位置为远光常开位,上位置为超车远光闪烁位,操作的同时组合仪表右下侧的图标点亮。左侧组合开关水平方向 R、N、L 三挡为转向操作,R 为右转向灯开启,同时仪表的图标闪烁,L 为左转向灯开启,同时仪表显示屏上闪烁,N 为转向灯关闭。方向盘回轮可自动回位,转向灯熄灭。

(2) 右侧组合开关。

右侧组合开关如图 10-40 所示。其承担雨刮控制功能和排气制动操作功能。旋转雨刮挡位置,可以使雨刮高速、低速工作或关闭回位。回拨开关,发动机接收控制信号,实现发动机熄火并关闭进排气活门,通过活塞压缩空气产生的阻力以降低车辆速度。

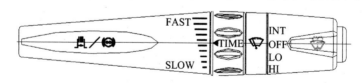

图 10-40 灯组合开关右手柄

2) 车内照明灯的控制

(1) 功能。

① 实现应急照明,直接由车体电瓶供应的电源进行供电,不受电源总开关控制;

② 具有照明/防空切换的灯光管制功能;

③ 行程开关触点处并出一路信号给到武器站,当舱门打开时,无法进行射击,以保证人员安全。

(2)控制流程。

根据车辆目前所处状态可选择防空或照明模式。

① 当处于照明模式时,可通过操作照明开关控制照明灯的通断。

② 当处于防空模式时,照明开关不起作用。此时受行程开关控制,舱门打开,对应舱内的照明灯自动熄灭,防空灯亮;舱门关闭,照明灯亮,防空灯熄灭。

四、电缆的设计

轮式装甲车电缆是连接电源、配电设备、用电设备的装置,是电能输送与信号传递的通道。

(一)电缆的设计原则

电缆按传输的类型可以粗略的分为电源类、数据类、射频类。

(1)根据线束所处环境及功率选取导线。导线选取必须考虑其所处的环境。特别是动力舱环境相对恶劣,环境温度高。因此动力舱选用导线时,绝缘层一般要达到耐200℃高温。

(2)根据传输信号的不同,可以选取普通耐高温导线、屏蔽导线、双绞线。对于功率传输线、控制线、低电压信号线等通常选用耐高温导线。对于某些弱信号或者易受干扰的信号,就需要选择屏蔽导线或者双绞线。

(3)当信号传输频率较低时,可以认为电路的运行遵循电子线路的基本理论,例如戴维宁定律、基尔霍夫定律。

(4)当电路运行频率较高时,必须采用传输线理论进行设计。根据公式 $\lambda = 3 \cdot 108/f$(λ——波长;f——频率),当电缆上传输信号的最高频率的波长小于电缆长度的10倍时,传输线效应不可忽略,必须利用传输线理论进行分析。本书主要讨论频率较低时电缆设计应注意的问题。

(二)电缆导线截面计算和选择[21]

导线的截面积选择过小,不仅会导致导线过热,使导线绝缘加速老化,大大缩短导线使用寿命,严重时还会损坏绝缘发生事故,甚至可能造成线间压降过大,影响设备的正常工作;如果导线截面面积选择过大,则会增加电网质量,又会因导线过粗而增加安装的困难。因此,选择合适的电缆导线截面积是电缆设计的关键。

导线截面选择的原则:导线上的电压损失必须在允许范围内,导线的温升不能超过允许的限度,导线还要有足够的机械强度。

1. 导线的电压降计算

一段导线的电压降为

$$\Delta U = U_1 - U_2 = IR = \frac{Il}{\gamma S} \qquad (10-23)$$

式中 I——负载电流(A);
R——导线电阻(Ω);
l——导线长度(m);
S——导线截面积(mm^2);

γ——铜的导电率,在 20℃时,$\gamma_0 = 54.5\mathrm{m}/(\Omega \cdot \mathrm{mm}^2)$

2. 导线温升的计算

导线温升的计算,其目的在于根据允许温升求出发热所允许的导线的电流密度。而允许温升又取决于导线材料的耐热性能和环境温度。导线允许电流密度跟导线的工作状态、工作条件、导线截面以及绝缘体材料的性质等因素都相关。因此,应根据最恶劣的工作环境来确定导线的截面或允许的导线电流密度。

导线长期处于负载发热工作状态,由近似发热计算得导线的允许电流密度为

$$j = \sqrt{\frac{4\beta\tau_g}{\rho d}} \quad (10-24)$$

式中 β——导线表面向周围介质散热的系数(W/cm^2·℃);

τ_g——允许温升(℃);

ρ——导线材料电阻率(Ω·cm);

d——导线直径(cm)。

由上式可以看到,导线的允许电流密度与导线的允许温升、导线截面积、导线的散热条件和导线的绝缘性能都有关系,但是考虑所有这些因素的理论计算很困难,因此设计时一般按电缆厂家提供的参数(表 10-6),再根据导线的实际工作环境来选取。

表 10-6 导线的最大允许电流

导线截面/mm^2	最大允许电流/A	
	持续工作状态	短时工作状态(不超过30s)
0.5	10	15
0.75	12	36
1	15	45
1.5	20	60
2.5	25	75
4	30	90
10	60	180
25	100	300
35	120	360
50	160	480
70	200	600
95	270	1000

(三)电缆的电磁兼容性设计

根据经验,电磁兼容性(EMC)故障有 90% 来自电缆,因此电缆设计已成为 EMC 设计的重点之一。电缆的电磁兼容性设计应遵守以下原则:

(1)插头、插座均应采用屏蔽型插头、插座,插头、插座之间有良好的电连续性,连接可靠。

(2)电缆制作时,应实现电缆和连接器之间的连续屏蔽,防波套与插头间实现 360°全方向连续屏蔽。

（3）电缆走向布置时，应将大电流和信号电缆分开布线，并在大电流电缆外加上屏蔽罩。

（4）电缆外屏蔽层即防波套与车体之间，根据传输信号的频率设置单点或多点接地。对于小于 100K 的信号屏蔽，应采用单点接地。

（5）对于底盘系统的电源地，在发电机与车体之间，应铺设专用低阻接地线，作为电源回流的通路，这样可大大减少底盘上的地电位差，减少各个部件在地上的耦合。

（6）接地结构上应采取防止松动的措施，接地用连接件应进行镀锡处理，并在接地处涂油脂，防止电化学锈蚀，保证较长时间接地的可靠性。

（7）传感器信号地线通过专用回路与指示仪表连接，以避免地电流干扰的串入。

（8）每一对信号电缆都应采用扭绞和屏蔽。

（9）设置电源滤波器一般安装在主电网发电机输出电缆穿动力舱隔板处，充分利用滤波器与动力舱隔板来控制整车供电网络的传导干扰和电磁辐射，以净化车内的电磁环境，从而保证各种设备的正常工作。

（10）在空间允许的情况下尽可能多地铺设电缆导线槽。

（四）电缆的选型与制作

1. 导线的选型要求

1）耐高温单股屏蔽线

导线截面积在 16mm² 以下的导线，推荐选用工作温度在 -60 ~ +200℃、AFP - 200 氟 - 46 绝缘安装线，其结构数据及主要性能如表 10 - 7 所列。截面积大于 16mm² 以上的耐高温导线，推荐选用工作温度在 -60 ~ +180℃、JGGFRP 硅橡胶绝缘高压引接线。

表 10 - 7　AF - 200、AFP - 200 结构数据及主要性能

标称截面/mm²	导电线芯根数/直径/mm	最大外径/mm		20℃时直流电阻≤Ω/km	计算质量/(kg/km)	
		AF - 200	AFP - 200		AF - 200	AFP - 200
0.013	7/0.05	0.85	1.25	1570	1.22	4.11
0.035	7/0.08	0.95	1.35	545	1.69	4.59
0.06	7/0.10	1.05	1.45	349	2.16	5.12
0.12	7/0.15	1.2	1.7	151	3.21	7.52
0.2	7/0.20	1.35	1.85	84.8	4.51	8.94
0.35	19/0.16	1.6	2.1	54.3	6.51	12.56
0.5	19/0.18	1.75	2.25	41.3	8.43	14.56
0.75	19/0.23	2	2.6	24.1	12.17	21
1	19/0.26	2.2	2.75	19.3	15.05	24.03
1.5	19/0.32	2.6	3.3	12.7	22.02	33.16
2	19/0.37	2.9	3.6	10.2	28.47	39.98
2.5	19/0.41，49/0.26	3.5	4.1	7.4	36.77	50.76
3	49/0.28，37/0.32	3.7	4.3	6.45	41.79	55.95

（续）

标称截面/mm²	导电线芯根数/直径/mm	最大外径/mm		20℃时直流电阻≤Ω/km	计算质量/(kg/km)	
		AF-200	AFP-200		AF-200	AFP-200
4	49/0.32, 37/0.37	4.2	4.8	5	54.68	73.49
5	49/0.36	4.6	5.3	4.1	67.62	92.1
6	49/0.39, 37/0.45	4.9	5.6	3.3	77.73	102.48

2）双股绞合线屏蔽电缆、同轴电缆

根据电缆所传输信号种类和电缆所处电磁环境选择合适的双股绞合线屏蔽电缆或同轴电缆，电缆的具体选择要求应满足项目电磁兼容设计的要求。

3）导线的颜色

屏蔽电线电缆的颜色是指其绝缘层的颜色。全车各种电路的线缆颜色建议按表10-8选用。

表10-8 导线颜色

线缆类型	线缆颜色
正电压线	暖色系列：红色、橙色等
信号线	中性色系列：黄色、白色等
负电压线、地线	冷色系列：蓝色、黑色等

2. 连接器的选择要求

连接器是线束的核心部件，连接器的性能直接决定着线束整体的性能，而且对全车的电气性能稳定性、可靠性起着决定性的作用。

1）选取原则

（1）根据导线截面积和通过的电流大小合理选择连接器；

（2）优先选用双弹簧式压紧结构的连接器，以减小接触电阻；

（3）从方便使用维护的角度，选择高可靠的卡口式快速连接器，不是特殊需要，不选用螺纹连接的连接器；

（4）由于动力舱内环境恶劣，腐蚀性气体、液体较多，应选用密封式连接器；

（5）由于金的导电性好，又不易被氧化，一般选取插针插孔镀金的连接器；

（6）根据车辆使用环境的特殊要求，如水陆两栖车，就必须选取密封、防盐雾连接器，此外选用的连接器还应具有防尘、防腐蚀、密封性好等特点；

（7）若条件具备，优先选用可盲插和防错位、防斜插的连接器；

（8）对电磁兼容性有特殊要求的部件和部位，应选用带滤波和抗电磁干扰功能的连接器；

（9）同时应注意在同一部件上或安装位置相邻的部位上，严格禁止选用同一型号、同一规格的连接器，实在避不开时，可采用不同键位形式或插头座的针、孔互换的办法解决。

2）推荐型号

除专用连接器（如电台、电旋等定型产品）外，推荐选用以下系列的连接器：KH、XC、

XCE、XCG、YB、Y8、Y11、GP、J599、ZH8525 等系列型号,对有防水、防盐雾要求的部位建议选择铜镀镍或不锈钢材质的密封连接器。

3. 电缆制作辅料的选用

电缆附件包括缩头、热缩管、电缆护套等。缩头和热缩管的选取一般是参照连接器和线束的线径根据经验进行选取。

对于电缆护套的选取一般遵循以下规则:动力舱线束工作环境恶劣,选用高阻燃性、防水的玻璃布缠绕进行保护;前舱线工作环境相对较好,一般只需用胶带分段缠绕;对于易磨损的电缆采用纹波管包扎,在与车体接触部分加入橡胶垫防止磨损。

1) 热缩材料的选用

要求选用135℃以上阻燃绝热收缩管,建议用黑色热收缩管热缩电线(缆),透明热收缩管热缩标记,用其他颜色热收缩管热缩副标记或组别编号等,表10-9为C-9 135℃阻燃绝热收缩管的产品规格。

表10-9 C-9 135℃阻燃绝热收缩管产品规格

规格/mm	收缩尺寸/mm		收缩后尺寸/mm	
	内径	平均壁厚	内径(max)	壁厚(min)
0.8	1.1±0.2	0.18	0.4	0.3
1	1.5±0.2	0.18	0.5	0.3
1.5	2.1±0.3	0.2	0.75	0.4
2	2.6±0.3	0.22	1	0.4
2.5	3.1±0.3	0.25	1.25	0.4
3	3.6±0.3	0.25	1.5	0.45
3.5	4.1±0.3	0.25	1.75	0.45
4	4.6±0.3	0.25	2	0.5
4.5	5.3±0.3	0.25	2.5	0.5
5	5.6±0.3	0.25	2.5	0.5
6	6.6±0.3	0.25	3	0.55
7	7.5±0.3	0.25	3.5	0.55
8	8.5±0.4	0.3	4	0.6
9	9.5±0.4	0.3	4.5	0.6
10	10.5±0.4	0.3	5	0.6
11	11.5±0.4	0.3	5.5	0.6
12	12.5±0.4	0.3	6	0.6
13	13.5±0.4	0.3	6.5	0.6
14	14.6±0.4	0.3	7	0.6
15	15.6±0.4	0.35	7.5	0.65
16	16.8±0.5	0.35	8	0.65
18	18.8±0.5	0.4	9	0.75
20	21.2±0.5	0.4	10	0.8

(续)

规格/mm	收缩尺寸/mm		收缩后尺寸/mm	
	内径	平均壁厚	内径(max)	壁厚(min)
22	23.2±0.5	0.4	11	0.8
25	26.5±0.5	0.45	12.5	0.9
28	29.5±0.5	0.42	14	0.9
30	31.5±0.5	0.42	15	0.9
35	36.5±0.5	0.5	17.5	1
40	42.0±0.8	0.5	20	1.1
50	52±0.8	0.5	25	1.1

2) 异型管(缩头)的选用

异型管产品有多种形式,我们通常只选用其中的两种,即直式和弯式,一般选用标准型号:直式的为 RSFrIr/I,弯式的为 RSFrIr/L。电缆插头热缩异型管后插拔空间会加大,建议根据电缆安装要求尽量选用弯式异型管,以节省电缆的安装空间。异型管的规格详见表10-10、表10-11。

表10-10 RSFrIr/I 规格

型号	收缩前/mm		收缩后/mm				
	H	J	H	J	P	S	T	U&V
RSFrIr/I-0	19	6	13.8	3.9	52.5	3	10	1
RSFrIr/I-1	18	18	5	3.8	3	3	10	
RSFrIr/I-2	24	10.4	5.6	3.8	3	3	10	12
RSFrIr/I-3	30	30	14.2	5.9	60	3	1	12
RSFrIr/I-4	31	31	18	7.1	70	3	1	20
RSFrIr/I-5	36	36	22.4	8.4	85	3	1	20
RSFrIr/I-6	43	43	28.2	9.9	105	3	1.7	20
RSFrIr/I-7	60	60	35.1	15.7	115	3	1.7	20
RSFrIr/I-8	66	66	44.5	16.8	170	3	2	20

表10-11 RSFrIr/L 规格

型号	收缩前/mm		收缩后/mm		
	H	J	H	J	P
RSFrIr/L-2	24	24	10.2	5.3	21
RSFrIr/L-3	30	30	14.2	6.4	27
RSFrIr/L-4	32	30	17.3	6.9	37
RSFrIr/L-5	36	36	21.8	8.4	44
RSFrIr/L-6	43	43	27.4	9.4	54
RSFrIr/L-7	53	53	33.8	15	76
RSFrIr/L-8	67	67	44.2	20.3	98

3）防波套的选用

凡在连接器端采用大小屏蔽罩压接防波套的，推荐选用 HTPQ 型镀锡铜线编织轻型防波套，特殊需要可以采用瑞侃公司生产的防波套。凡是在连接器端采用镀银铜丝绑扎后，再钎焊的，推荐选用 P 型防波套。以上型号防波套规格如表 10-12、表 10-13 所列。

表 10-12　P 型防波套

型号	铜线直径/mm	防波套直径/mm		计算质量/(g/m)
		最小	最大	
P-2×4	0.12	2	4	10
P-1×5	0.12	4	5	14
P-3×6	0.15	3	6	17
P-6×10	0.15	6	10	33
P-10×16	0.2	10	16	60
P-16×24	0.3	16	24	13.5
P-24×30	0.3	24	30	171
P-30×40	0.3	30	40	202
P-40×55	0.3	40	55	286

表 10-13　HTPQ 型防波套

规格	最小内径/mm	最大内径/mm	结构股数×根数/单芯直径/mm	最大编织密度	参考质量/(kg/km)
1×2	1	2	16×3/0.1	87.9	3.8
2×4	2	4	24×5/0.1	99.5	9.4
4×5	4	5	24×6/0.1	90.4	11.3
3×6	3	6	24×6/0.1	100	11.3
6×10	6	10	48×7/0.1	99.8	26.4
10×16	10	16	48×9/0.12	98.9	48.9
16×24	16	24	48×11/0.12	93.9	59.7
24×30	24	30	48×11/0.15	91.8	93.3
30×40	30	40	48×14/0.1	90.7	118.8
40×50	40	50	48×14/0.2	92.6	211.1
50×60	50	60	48×13/0.26	92.1	331.3

第四节　仪表控制与传感器

仪表控制与传感器是轮式装甲车电气系统重要的组成部分，传感器主要用来获取车辆行驶数据和工作状态，仪表显示是数据的重要窗口和界面，主要用来指示车辆在运行状态下的各种行车参数和状态参数，使驾驶员能够实时全面掌握车辆工作过程中各系统部件的工作状态，以保证车辆可靠稳定的运行。

一、仪表控制

仪表控制主要包含仪表显示和驾驶员操控面板。

仪表显示主要完成车辆数据的显示、记录、监测。操控面板是驾驶员与车辆设备的交互接口,以满足对设备的快速、便捷的操作。

轮式装甲车仪表显示和操控面板涉及人机环的整体性能,因此通常需进行一体化设计,图 10-41 为某轮式装甲车的仪表显示和操控面板。

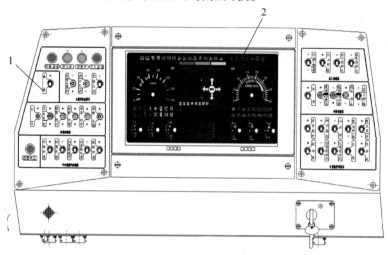

图 10-41　某轮式装甲车仪表显示和操控面板
1—操控区;2—显示区。

(一) 仪表显示[31]

轮式装甲车仪表可以按照其技术和功用进行分类。按技术来分,主要分为机械式、电气式、模拟电路式、步进电机式和虚拟仪表式,如表 10-14 所列。

表 10-14　轮式装甲车仪表分类(按技术分类)

第一代	机械式仪表	基于机械作用力而工作的仪表
第二代	电气式仪表	基于电测原理,通过各类传感器元件将被测非电量转换成信号加以测量
第三代	模拟电路电子式仪表	与电气式仪表原理基本相同,用电子器件代替原来的电气器件。其结构包含动圈式机芯和动磁式机芯两种类型
第四代	步进电机数字式仪表	信号处理方式由模拟信号转变为数字信号
第五代	虚拟式仪表	仪表内置微处理器

机械式仪表是基于机械作用力而工作的仪表,其优点是结构简单、工作可靠、成本低廉。缺点是因推动指针移动的能量来自敏感元件的信号源,且能量很小,因此其灵敏度较低,指示误差较大。电气化仪表是基于电测的原理,将非电量转换成电量加以测量,以实现仪表信号的远距离传输。为克服电气式仪表的原理误差和工艺误差,出现了电子器件代替电气器件,仪表进入模拟电路电子式仪表阶段。近年来随着微电子技术、控制技术、

网络通信技术的发展,总线技术在车载电控系统中得到了广泛应用,数字式组合仪表将采集到的各种信息数字化,通过总线技术与其他电子控制系统进行数据交换。尤其是步进电动机式仪表显示装置已经成为轮式装甲车仪表显示装置的主导技术。随着电子设备在车辆上的广泛应用,使得大量的车辆参数信息需要通过车载仪表及时准确地进行显示,这就要求仪表能够显示更多的信息,具有更高的响应速度。并且随着嵌入式实时系统被广泛使用,以及微处理和图形显示技术的快速发展,虚拟仪表如今已被广泛应用。

轮式装甲车仪表按功用进行分类,主要分为发动机用仪表、变速箱用仪表、电气用仪表和其他仪表,如表10-15所列。

表10-15 轮式装甲车仪表分类(按功用)

仪表名称		功用
发动机用仪表	发动机转速	用来指示发动机当前转速、记录单次摩托小时和累计摩托小时
	发动机油压	用来指示发动机当前主油道油压
	发动机油温	用来指示发动机当前机油温度
	发动机水温	用来指示发动机当前散热水温
变速箱用仪表	变速箱操纵油压	用来指示变速箱当前操纵油压
	变速箱润滑油压	用来指示变速箱当前润滑油压
电气用仪表	电压表	用来指示电网当前电压
	电流表	用来指示电网当前电流
其他	车速表	用来指示车辆当前车速,记录单次行驶里程和总行驶里程
	挡位	用来指示当前挡位
	油量	用来指示当前油量

当前,轮式装甲车上应用的仪表一般分为:传统仪表、组合仪表和虚拟仪表。

1. 传统仪表

传统仪表是同传感器紧密结合的,也就是仪表需有专门的传感器用以提供测量参数,经过匹配计算后用于显示。

传统仪表多采用电气式仪表。电气仪表的基本结构原理如图10-42所示。它主要由传感器和指示器两部分组成。传感器包括敏感元件和变换装置,其远离仪表板;指示器包括接收装置和指示装置,在仪表板上,两者之间通过信号传输线路构成工作系统。

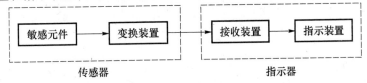

图10-42 电气仪表基本原理方框图

这类仪表的基本结构是电磁机械式的,它利用电磁测量原理,借助指针的移动或电子束的偏移来显示最终结果。目前轮式装甲车中最常用的电气仪表是磁电式仪表,其作用原理是永久磁铁在气隙中产生的磁场和可动线圈通入电流后,相互作用而产生的旋转力矩。磁电式仪表多用于测量电流和电压,加上变换器后可以进行多种非电量的测量,如温度、压力等。随着电子技术的发展,电子器件已代替了原来的电气器件。目前仪表多为模拟式动圈机芯(线圈连同指针一起转动)或动磁式机芯(磁钢连同指针一起转动)仪表,其主要是利用电磁感应原理来实现仪表的指示,指针的回零则是利用弹簧游丝的弹性来实现的。动圈式机芯仪表存在抗振性能差、过载能力弱、指针易抖动等弱点;动磁式机芯(主要是十字交叉机芯)仪表虽然比较先进,但也存在一致性、通用性差,且体积大、质量大、生产工艺复杂等问题。图 10-43 所示为某轮式装甲车的仪表。

图 10-43 某轮式装甲车的仪表

2. 组合仪表

传统仪表的输入信号采用的是点到点的接入方式,传感器测量的物理量以电压形式直接馈送到仪表输入端,每个物理量至少需要两根信号线,随着车辆电子电气系统越来越复杂,仪表较多的连线对于整车系统是一个沉重的负担;其次,模拟电量的传送精度低,在车辆复杂的内部环境下,测量信号极易受到干扰,因此传统仪表已无法适应车辆的实际使用需求。

目前部分轮式装甲车采用了一种已在汽车上成熟应用的步进电机数字式仪表,也被称为组合仪表。组合仪表是以微处理器为核心,仪表所需的发动机转速、车速、水温、挡位、告警信息等主要信号可以通过相应的车载控制系统的协议接口直接读取,这避免了由于每个仪表均采用传感器到仪表点对点的信号获取与传输方式带来的线束多、质量大、故障率高等不足,减少了传感器和线束的数量,提高了系统工作的可靠性。输出信号主要包括转速、车速、水温和油量信号、LED 显示信息和液晶显示信号。通过稳压电源抑制电压波动幅度,以保证仪表工作的稳定性。组合仪表功能完善,性能优越,解决了传统模拟仪表难以解决的问题。

在轮式装甲车组合仪表的总成中通常会设置一个液晶显示屏驱动模块,如图 10-44 所示,该模块可显示数字里程、传感器数据、挡位及告警提示等。上部也可包含一个由发光二极管组成的提示告警区域。

步进电机式组合仪表由电源模块、CAN 接口模块、CPU 模块、存储模块、LED 驱动模块、液晶显示驱动模块、步进电机驱动模块等部分构成,如图 10-45 所示。

步进电机是一种以脉冲信号作为驱动信号的特殊电机,用该电机来驱动仪表指针。目前所采用的步进电机是综合了永磁式和反应式优点的混合式步进电机。在非超载的情况下,电机的转速、停止位置只取决于脉冲信号的频率和脉冲数,而不受负载变化的影响。

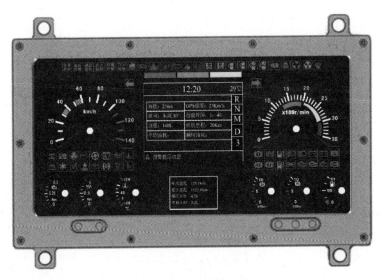

图 10-44　组合仪表示意图

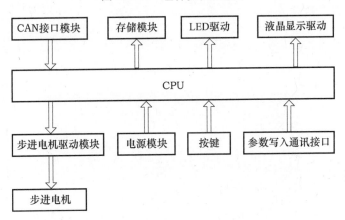

图 10-45　步进电机式组合仪表系统结构图

当步进驱动器接收到一个脉冲信号,它就驱动步进电机按设定的方向转动一个固定的角度(即步进角)。通过控制脉冲个数来控制角位移量,从而达到准确定位的目的;通过控制脉冲频率来控制电机转动的速度和加速度,从而达到调速的目的。

步进电机与先前模拟式机芯仪表相比具有体积小、重量轻、指示精确、一致性好、便于控制的特点,特别适合单片机控制。而单片机具有集成度高,抗干扰能力强等优点,并且其具有较强的数据处理能力和接口能力,所有功能由软件实现,应用灵活,它既保留了传统仪表的显示模式,又具有比传统仪表更好的一致性和通用性。

3. 虚拟仪表

随着电子设备在轮式装甲车上的广泛应用,使得大量的车辆参数信息需要通过车载仪表及时准确地显示。这就要求仪表能够显示更多的内容,具有更高的响应速度。单纯的利用物理特性来显示众多的车况信息显得力不从心,随着嵌入式实时系统被广泛使用,以及微处理和图形显示技术的快速发展,从车辆内部的综合控制传输入手,对仪表显示方式进行革新,虚拟仪表显示是大势所趋。虚拟仪表是以计算机为核心,液晶显示器为实体。将仪表板从空间分制布局阶段过渡到以时分制为主的布局阶段,仪表能够在不同的工作时段根据实际使用需求,调取不同界面以显示不同的工作参数。图10-44中的液晶显示屏驱动模块就是应用的虚拟仪表技术。

同机械表盘相比,虚拟仪表更新和升级的裕度较大,便于故障的查找和排除,其在显示效果方面也不逊色。通过菜单键便可进入次级显示界面,了解电气信息、总线信息等车辆的各种参数信息,并可提供维护支持服务。虚拟仪表的功能也不再局限于现在的车速、里程、发动机转速、油量、水温、方向指示灯,还可以增添告警提示信息、自动警报、导航、后视信息等新功能,如图10-46所示。

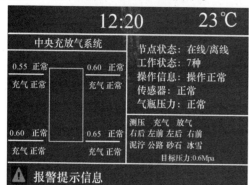
中央充放气界面

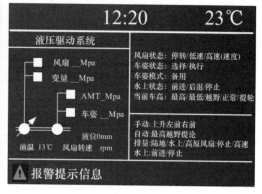
液压驱动界面

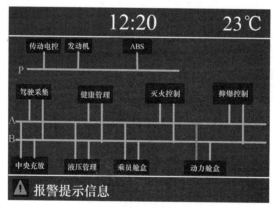
网络监控界面

图10-46 虚拟仪表截面

(二)驾驶员操控面板

驾驶员操控面板是人机交互的重要组成部分,为满足夜间驾驶需求,可采用背光板并采取分区的办法,实现车辆多个功能系统的操控,如图10-47所示。

1. 驾驶员操控面板设计原则

(1)合理设置按钮布局,在保证功能分区的基础上,将部分应急按钮隐藏,以简化布局;

(2)合理设计背光配色,以提高驾驶的舒适度;

(3)驾驶员操作面板应合理安装,以减少振动,且对甲板变型不敏感;

(4)可提供基色和按钮形式的定制化开发;

图 10-47　驾驶员操控面板

（5）用于直接配电的开关通过保险分组对各个按钮配电进行隔离或采用热保护开关，保证发生故障时互不影响。

2. 驾驶员操控面板分类

驾驶员操控面板根据工作原理不同可分为传统操控面板和总线式操控面板。

在传统配电控制系统中采用传统操控面板，它由按钮、拨断开关、热保护开关、保险丝组成，以实现用电设备的直接配电控制。但是这种方式需要有大量的功率电缆进入仪表板，由于其体积较大、接口复杂，因此布置困难。

总线式操控面板是利用总线技术，将配电指令通过总线发送至智能配电装置，再由智能配电装置向周围的用电设备实施配电控制。

图 10-48 是总线式操控面板原理框图。操控面板内置单片机，除接受总线信息外，还具有开关信号采集、开关状态采集、指令逻辑控制等功能。

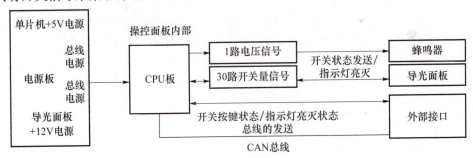

图 10-48　总线式操控面板原理框图

总线式操控面板具有接口简单，无大功率电缆，布置灵活等特点，其已逐步在轮式装甲车中推广应用。

二、传感器

传感器亦被称为换能器、变换器、变送器或探测器。其主要特征是能感知和检测某一形态的信息，并将其转换成另一形态的信息。因此，传感器是指那些对被测对象的某一确定的信息具有感受（或响应）与检出功能，并使之按照一定规律转换成与之对应的有用输出信号的元器件或装置。

传感器是车辆自动控制系统和信息系统关键的基础器件。电气系统内的传感器主要被用于测定和控制轮式装甲车的行车参数、工作状态等,将传感器获取的信号输送至仪表和自动控制系统,从而完成车辆控制。因此,传感器是轮式装甲车不可缺少的重要组成部分,它通过对车辆各种信息的感知、采集、转换、传输和处理,使车辆各设备和系统自动、正常地运行在最佳状态,以保证车辆各部分功能的可靠达成。

(一)传感器的组成[32]

传感器由敏感元件、转换元件和其他辅助部件组成,如图10-49所示。敏感元件是指传感器中能直接感受(或响应)与检出被测对象的待测信息(非电量)的部分。转换元件是指传感器中能将敏感元件所感受(或响应)出的信息直接转换成电信号的部分。并不是所有的传感器都必须包含敏感元件和转换元件。如果敏感元件直接输出的是电量,它就同时兼为转换元件,因此,敏感元件和转换元件两者合一的传感器很多。例如:压电晶体、热电偶、热敏电阻、光电器件等。

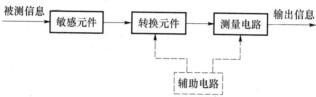

图10-49 一般传感器组成框图

1) 敏感元件

它是直接感受被测量,并且输出与被测量成确定关系的某一物理量的元件。

2) 转换元件

将敏感元件输出的非电量直接转换成电量的器件称为转换元件。

3) 测量电路

将转换元件输出的电量变成便于显示、记录、控制和处理的有用电信号的电路,称为测量电路。测量电路的类型随转换元件的分类而定,经常采用的类型有电桥电路及其他特殊电路。

(二)传感器分类[33]

一般来说,所需的被测量有多少,传感器就应该有多少种。并且对于同一种被测量,可能采用的传感器有多种。同样地,同一种传感器原理也可能被用于多种不同类型被测量的检测。因此,传感器的种类繁多,分类方法也不尽相同。

轮式装甲车用传感器因受安装空间、尺寸等指标的限制,需要求其结构尺寸小、重量轻、供电电源单一,在使用中还要求对其进行电源隔离、信号地悬浮等设计以防止互耦影响,同时轮式装甲车用传感器使用环境恶劣,还需考虑振动冲击、温度范围宽及强腐蚀性的工作环境。

以典型轮式装甲车为例,电气系统内所需测试的部位及需涵盖的传感器类型如表10-16所列。

因此,依据轮式装甲车电气系统所用传感器的用途可将传感器分为以下5大类:温度传感器、压力传感器、油量传感器、电流传感器和转速传感器。

将电气系统常用传感器依照原理进行分类,其各类传感器的名称及典型应用如表10-17所列。

表 10-16 轮式装甲车电气系统传感器按用途分类

序号	类型	名称	安装部位	测试对象	测试环境
1	温度传感器	发动机油温传感器	发动机润滑油路	液体温度	
		发动机水温传感器	发动机水路	液体温度	
		变速箱传动油温传感器	变速箱传动油路	液体温度	
		变速箱转向油温传感器	变速箱转向油路	液体温度	
2	压力传感器	发动机主油道压力传感器	发动机主油道	液体压力	
		发动机润滑油压传感器	发动机润滑油道	液体压力	
		变速箱操纵油压传感器	变速箱操纵油道	液体压力	
		变速箱润滑油压传感器	变速箱润滑油道	液体压力	
		变速箱转向油压传感器	变速箱转向油道	液体压力	
3	油量传感器	左油量传感器	左侧油箱	液体电容量	
		主油量传感器	主油箱	液体电容量	
4	电流传感器	发电电流传感器	主配电盒输入端	磁信号	
		起动电流传感器	主配电盒附近	磁信号	
5	转速传感器	车速传感器	变速箱	磁信号	
		发动机转速传感器	发动机	磁信号	

表 10-17 电气系统常用传感器分类表

传感器分类表				
转换形式	中间参量	转换原理	传感器名称	典型应用
电参数	电阻	改变电阻丝或电阻片的尺寸	电阻丝应变传感器 半导体应变传感器	力、负荷、形变
		利用电阻的温度效应（电阻温度系数）	电阻温度传感器	温度、辐射热
			热敏电阻传感器	温度
	电容	改变电容的几何尺寸	电容传感器	压力、位移
		改变电容的介电常数		液位
	电感	利用压磁效应	压磁传感器	力、压力
电量	电动势	霍耳效应	霍耳传感器	磁通、电流
		电磁感应	磁电传感器	速度、加速度

（三）温度传感器[34]

温度传感器是指能够感受温度变化，并将变化转换成可用于输出信号的器件。其主要用来测量发动机水温、排气温度、润滑油温、大气温度等参数，以实现系统温度的监测。对温度的检测非常重要，因为在不同的温度下，物质会有不同的物理特性，体现不同的状态。温度传感器按照其工作原理可分为热电阻和热电偶两类，当前轮式装甲车电气系统主要采用铂电阻测量油、水等液态温度。

随着温度的变化，导体或半导体的电阻会发生变化，利用这一关系测温的方法，就称为热电阻测温法,而用于测量的元件则称为热电阻。通常,热电阻是金属导体材料的称为金属热电阻;为半导体材料的称为热敏电阻。热电阻测温法通常可测量 -200~850℃ 范围内的温度。

目前应用最广泛的是铂电阻和铜电阻,其他还有镍、铁、铑等电阻。铂丝的纯度高,其化学与物理性能稳定,电阻与温度线性关系良好,电阻率高,复制与加工性能好,长时间稳定的复现性可达 0.0001K。另外它的测温范围广,最低可低至 -270℃,最高可达到 850℃,因此在轮式装甲车中铂电阻被广泛应用于油、水等液态温度的测量。应用中通常有 Pt10、Pt100、Pt1000 等分度号,即 0℃ 时的标称电阻 R_0 分别为 10Ω、100Ω、1000Ω。

金属热电阻的结构如图 10-50 所示。它主要由 4 部分组成:感温元件(金属热电阻丝)、绝缘骨架、引出线和保护套管。

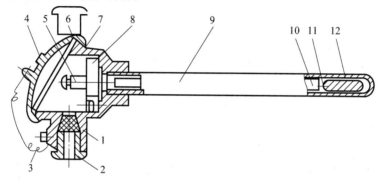

图 10-50　金属热电阻的一般结构

1—出线孔密封圈;2—出线孔螺母;3—链条;4—盖;5—接线柱;6—盖的密封圈;
7—接线盒;8—接线座;9—保护套管;10—绝缘骨架;11—引出线;12—感温元件。

热敏电阻是利用半导体材料的电阻率随温度变化而变化的性质制成的。其常用的半导体材料有铁、镍、锰、钴、钼、钛、镁、铜等的氧化物或其他化合物。热敏电阻传感器可用于微型检测,因为对于微小的变化,它们有很好的重复性,常用来检测电子电路的温度。由于它们易与固体表面结合,所以也可以测量固体表面温度。

热敏电阻是由热敏电阻感温元件、引线及壳体构成,其结构如图 10-51 所示。通常将热敏电阻做成两端器件,但有时也做成三端或四端器件。两端或三端器件为直热式,即

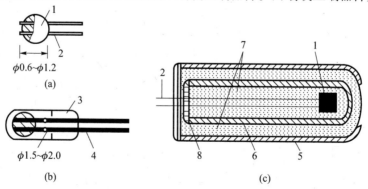

图 10-51　热敏电阻结构

1—感温元件;2—引线;3—玻璃壳层;4—杜美思;5—耐热钢管;
6—氯化铝保护管;7—耐热氧化铝粉末;8—玻璃黏结密封。

热敏电阻直接由连接的电路中获得功率,而四端器件则为旁热式。

热敏电阻是一种电阻值随其温度变化呈指数变化的热敏感元件。其灵敏度高,电阻温度系数 α 值较金属的大 10~100 倍。

总结热电阻传感器的特点如表 10-18 所列。

表 10-18　热电阻测温方法、类型及特点

传感器类型		测量范围/(℃)	精度/(%)	线性化	响应速度	特点
热电阻	铂	-260~1000	0.1~0.3	良	中	精度及灵敏度均较好,需注意环境温度的影响
	镍	-500~300	0.2~0.5			
	铜	0~180	0.1~0.3			
	热敏电阻	-50~350	0.3~0.5	非	快	体积小,响应快,灵敏度高,线性差,需注意环境温度的影响

(四) 压力传感器[35]

压力传感器是轮式装甲车电气系统中应用最广泛的传感器之一,其主要用来测量燃油压力、润滑压力、液压压力、大气压力等参数,并将测量的压力信号转换为电信号。压力传感器检测过程中的基准压力通常是指大气压,其基本工作原理是靠测定压力差来工作的。

压力传感器常见的形式有应变式、压阻式、电容式、压电式、振频式等。这些传感器大都以弹性材料(膜片或其他)作为感受压力的元件,然后再按照传感器的原理将压力信号转换成电信号。目前轮式装甲车电气系统选用的压力传感器通常是硅压阻式压力传感器。

硅压阻式压力传感器是利用半导体的压阻效应制成的。压阻效应是指当对半导体材料施加应力作用时,半导体材料的电阻率将随着应力的变化而发生变化,同时电阻值也会发生变化。

硅压阻式压力传感器的核心部分是一块单晶硅膜片,通过半导体扩散工艺在硅膜片上扩散出 4 个阻值相等的电阻,构成惠斯顿电桥的 4 个桥臂,因此这种传感器也被称为扩散型硅压阻式压力传感器。

如图 10-52 所示,硅压阻式压力传感器由外壳、硅环和引出线组成,在硅膜片上扩散出 4 个电阻作为应变片,4 个电阻构成惠斯顿全桥,硅片的表面用二氧化硅薄膜覆盖保护。硅膜片底部被加工成中间薄(用于产生应变)、周边厚(其支撑作用)的环形,成为硅

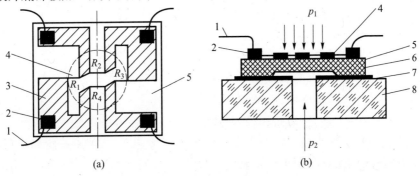

图 10-52　扩散硅压力传感器

1—引出线;2—电极;3—扩散电阻引线;4—扩散型应变片;5—单晶硅膜片;
6—硅环;7—玻璃黏结剂;8—玻璃基板。

环。硅环在高温作用下用玻璃黏接剂黏接在热胀冷缩系数相近的玻璃基板上,然后一同封装在壳体内。

当半导体应变片受到外界应力的作用时,其电阻率的变化与受到应力的大小成正比。当膜片受到外界压力作用,电桥失去平衡时,若对电桥加激励电源(恒流和恒压),便可得到与被测压力成比例的输出电压,从而达到测量压力的目的。

通过弹性敏感元件,可将压力转换为应变,用应变片测量压力值。硅压力传感器采用内置温度补偿、信号补偿及信号调理等电路,将传感器毫伏信号转换成标准电压、电流、频率或总线信号输出,其可直接与计算机、控制仪表、显示仪表等相连。

(五)电流传感器[32]

电流传感器是电气系统中用来测量大电流信号的传感器,目前所采用的传感器主要为霍耳式。

霍耳式电流传感器是基于磁平衡式霍耳原理,即闭环原理制成的,如图 10-53、图 10-54 所示。当主回路有电流通过时,由导线所产生的磁场被聚磁环所聚集,感应霍耳器件使之有一信号输出,这一信号驱动相应的功率管导通,从而获得一个补偿电流 I_S。这一电流通过多匝绕组产生的磁场正好相反,因而补偿了原来的磁场,使霍耳器件的输出逐渐减小。当 I_P 和匝数相乘所产生的磁场与 I_S 和匝数相乘所产生的磁场相等时,I_S 不再增加,霍耳器件起到零磁通的作用。此时可以通过 I_S 来测试 I_P,当 I_P 变化时平衡受到破坏,霍耳器件就有信号输出,即重复上述过程重新达到平衡,霍耳器件就有信号输出,经放大后,立即有响应的电流流过次级绕组,对平衡的磁场进行补偿。从磁场的失衡到再次平衡所需要的时间不到 $1\mu s$,这是一个动态平衡的过程。因此,从宏观上来看,次级补偿电流的安匝数在任何时间都与初级被测电流的安匝数相等。

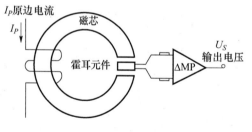

图 10-53 直检式工作原理图

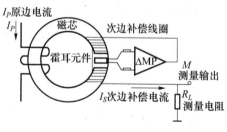

图 10-54 磁补偿式工作原理图

(六)转速传感器[33]

转速传感器是将旋转物体的转速转换成脉冲输出的传感器。其主要用于测量发动机转速、传动轴转速、车速等。按照工作原理划分,转速传感器可分为磁电感应式、光电效应式、霍耳式等。转速传感器的输出信号为正弦波或方波信号,感应对象为磁性材料或导磁材料,如磁钢、铁和电工钢等。当被测体上带有凸起(或凹陷)的磁性或导磁材料,随着被测物体转动时,传感器输出与旋转频率相应的脉冲信号,以达到测速或位移检测的目的。转速传感器可用于非接触测量各种导磁材料如齿轮、叶轮、带孔(或槽、螺钉)圆盘的转速及线速度。

1. 磁电感应式转速传感器

磁电感应式传感器也称为感应式传感器或电动式传感器。它是利用导体和磁场发生相对运动产生感应电动势的一种机—电能量变换型传感器。

根据电磁感应定律，N 匝线圈中的感应电动势 e 决定于穿过线圈的磁通 φ 的变化率，即

$$e = N \frac{\mathrm{d}\varphi}{\mathrm{d}t} \tag{10-25}$$

式中 N——为线圈在工作气隙场中的匝数。

转速传感器一般采用变磁通式磁电感应传感器，产生感应电动势的频率作为输出，而电动势的频率取决于磁通变化的频率。变磁通式转速传感器的结构有开磁路和闭磁路两种。

如图 10-55 所示，开磁路变磁通式转速传感器是将齿轮 4 安装在被测转轴上与其一起旋转，当齿轮旋转时，齿的凹凸引起磁阻的变化，从而使磁通发生变化，因而在线圈 3 中感应出交变的电势，其频率等于齿轮的齿数 Z 和转速 N 的乘积，即

$$f = ZN/60 \tag{10-26}$$

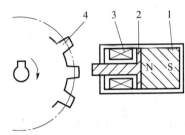

图 10-55 开磁路变磁通式磁电转速传感器结构示意图
1—永久磁铁；2—软磁铁；3—线圈；4—测量齿轮；5—测量齿轮。

式中 Z——齿轮齿数；

N——被测轴转速（r/min）；

f——感应电动势频率（Hz）。

但是当被测轴振动较大时，这种传感器的输出波形失真较大，因此在振动强的场合应采用闭磁路式转速传感器。同开磁路变磁通传感器不同的是，闭磁路式转速传感器的被测转轴带动测量齿轮转动，使气隙平均长度周期性变化，从而使磁路磁阻和磁通同样周期性变化，在线圈内产生感应电动势，其输出信号频率 f 同式（10-26）。

变磁通式传感器对环境要求不高，能在 -150℃ ~ +90℃ 温度下工作，而不影响测量精度，也能在油、水、灰尘等条件下工作，同时其还具有灵敏度高、可靠性高、寿命长、触发距离远，抗电磁干扰能力强等优点。

2. 霍耳式转速传感器

霍耳式转速传感器也是利用霍耳效应研制的一种传感器。霍耳式转速传感器是将霍耳器件与测速齿盘配合，测速齿盘的齿顶靠近霍耳器件时，霍耳器件产生电脉冲信号，齿根靠近霍耳器件时，没有电脉冲信号产生。

霍耳效应是将半导体薄片（霍耳元件）放置于磁场中，给导体通以电流，导体中的电流使金属中自由电子在电场作用下做定向运动。置于磁场中的静止载流导体，当它的电流方向与磁场方向不一致时，载流导体上平行于电流和磁场方向上的两个面之间产生电动势，该电动势称为霍耳电动势。

$$K_H = R_H \frac{BI}{d} \tag{10-27}$$

式中 K_H——霍耳电动势（V）；

R_H——霍耳系数；

B——磁感应强度(T);
I——激励电流(A);
d——霍耳元器件厚度(cm)。

由上式可以看到霍耳电动势正比于激励电流 I 及磁感应强度 B,其霍耳强度的灵敏度与霍耳系数 R_H 成正比,与霍耳元件的厚度 d 成反比。为提高灵敏度,霍耳元件常制成薄片形状,要使霍耳效应最强,一般采用半导体材料制造霍耳元件。目前常用的霍耳元件材料有锗、硅、砷化铟、锑化铟等。

(七) 油量传感器[32]

电容式油量传感器是轮式装甲车用以检测油量的主要传感器形式。

电容式油量传感器是利用被测物的介电常数与空气(或真空)的介电常数不同的特点进行检测,通过电容传感器把物位变化转换成电容量的变化,然后再用测量电容量的方法求得物位的数值。

柴油因为是有机液体,因此不导电,可采用一个内电极,外部套上一根金属管,两者彼此绝缘,以被测介质为中间绝缘物质构成同轴套筒型电容器,绝缘垫上有小孔,外套管上也有孔和槽,以便被测液体自由地流进或流出。电极浸没的长度 l 与电容量 ΔC 成正比关系,因此可以测出电容增量的数值便可知道液位的高度,如图 10 - 56 所示。

$$\Delta C = \frac{2\pi(\varepsilon_2 - \varepsilon_1)l}{\ln \frac{R}{r}} \quad (10-28)$$

式中　ε_2、ε_1——介电常数;
　　　l——电极浸没长度;
　　　R——绝缘覆盖层外半径;
　　　r——内电极的外半径。

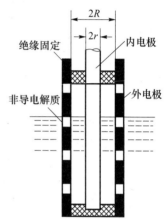

图 10 - 56　柴油油量传感器原理示意图

电容式油量传感器主要由电极(敏感元件)和电容检测电路组成。因测量过程中电容的变化很小,因此准确地检测电容量的大小是关键。目前所采用的电容式油量传感器的检测电路是把传感器本身作为振荡器谐振回路的一部分,当输入量导致电容量发生变化时,振荡器的振荡频率就发生变化,由振荡频率来表征油量值。

(八) 传感器的正确选用[32,33]

由于传感器的应用范围十分广泛,类型五花八门,使用要求千差万别,在实际应用中,传感器是在特定而具体的环境中使用的,因此,针对具体测量对象、测量目的、选择合适的测量传感器就必须依照一定的选用要求。

1. 传感器选型的一般要求

对于各种传感器的原理、结构不同,使用环境、条件、目的不同,其技术指标也不可能相同,但是其一般要求是共同的。这些要求如下:

(1) 应有足够的容量及传感器的工作范围或量程应足够大,并具有一定的过载能力。

(2) 灵敏度高,精度适当,抗干扰,即要求其输出信号与被测信号成确定的关系(通常为线性),且比值要大;传感器的静态响应与动态响应的准确度要能满足要求。

(3)响应速率高,应具备可重复性、抗老化、抗环境影响(热、振动、酸、碱、空气、水、沙尘)的能力。

(4)使用性和适应性强,即体积小、质量轻、动作能量小、对被测对象的状态影响小;内部噪声小又不易受外界干扰的影响;其输出力求采用通用或标准形式,以便同系统对接方便。

(5)经济适用,即成本低,寿命长,安全、无污染,有互换性、低成本且便于使用、维修和校准。

以上是传感器的一般选用要求,满足上述所有性能要求的传感器是很少的。选择时应根据应用目的、使用环境,被测对象状况、精度要求和原理等具体条件进行全面而综合的考虑。

2. 影响传感器性能的因素

传感器本身的结构、电子电路器件、电路系统结构以及各种环境因素的存在均可能影响到传感器的整体。因而对于传感器的选型,并不要求全部指标都必需达标,需要根据实际应用的要求保证主要的参数满足要求。表10-19列出了传感器的主要性能指标,包括一些常用的基本参数和比较重要的环境参数,以作为传感器选用的依据。必须说明,想选择某一各个指标都优良的传感器,实际上没有太大的必要,选择的基准不是选用"万能"的传感器去满足不同的使用需求,而是应该根据实际使用需要,保证主要的参数满足基本使用需求即可。

传感器的选用与信号的类型、精度需求、环境参数、可靠性指标等多方面紧密相关。

表10-19 传感器主要性能指标

基本参数指标	环境参数指标	可靠性指标	其他指标
量程指标:量程范围、过载能力等	温度指标:工作温度范围、温度误差、温度漂移、灵敏度温度系数、热滞后等	工作寿命、平均无故障间隔时间	使用方面:供电方式(直流、交流、频率、波形等)电压幅度与稳定度、功耗、各项分布参数等
灵敏度指标:灵敏度、满量程输出、分辨力输入输出阻抗	抗冲击振动指标:各向冲击振动容许频率、振幅值、加速度、冲振引起的误差等	疲劳性能	结构方面:外型尺寸、质量、外壳、材质、结构
精度方面指标:精度(误差)、重复性、线性、回差、灵敏度误差、阀值、稳定性、漂移、静态误差	其他环境参数:抗潮湿、抗介质腐蚀、抗电磁场干扰能力	绝缘电阻、耐压	安装连接方面:安装方式、馈线、电缆等
动态性能指标:固有频率、阻尼系数、频响范围、频率特性、时间常数、上升时间、响应时间、过冲量、衰减率、稳态误差、临界速度、临界频率等		抗飞弧性能	

3. 传感器性能指标的选用原则

1）灵敏度

一般来说，传感器灵敏度越高越好。灵敏度越高说明传感器能检测到的变化量越小，这随之带来了外界噪声信号进入检测系统形成干扰的问题。因为噪声信号一般情况下都是较微弱的，只有高灵敏的传感器才能感知到。同时灵敏度越高，稳定性越差，所以对于实际测量对象而言，选择能够满足测量要求的灵敏度指标即可。

对于输入—输出为线性关系的传感器，要求其最大输入量不应使传感器进入饱和区。另外过高的灵敏度也会缩小其适用的测量范围。因此，就选择传感器灵敏度指标而言，要考虑灵敏度过高会带来干扰和有效测量范围变小等问题。

2）精度

传感器的精度表示传感器的输出与被测量真值的一致性程度。精度越高所测的量值与真值的误差越小。由于传感器处于检测系统的输入端，其测量值是否能够真实地反应被测量值，对于整个检测系统的测量质量有直接影响。然而，在实际测量中，也并非精度越高越好，因为传感器的精度等级越高，价格就越昂贵。因此，从实际出发不但要考虑测量对精度指标的要求，还要考虑成本。

为了提高测量精度，应注意平常使用时的显示值应在满量程的50%左右来选择测量范围或刻度范围。

3）可靠性

可靠性是指传感器在规定工作条件下和规定工作时间内，保持原有技术性能的能力。为了保证传感器在应用中有较高的可靠性，在选用时必须考虑制造良好、使用条件适宜的传感器。在使用过程中，严格保持规定的使用条件，尽量减小因使用条件不当而形成的不良影响。

例如电阻应变式传感器，湿度会影响其绝缘性，温度会影响其零漂，长期使用会产生蠕变现象等；磁电式传感器、霍耳元件等，当在电场、磁场中工作时，也会带来测量误差。

4）线性范围

任何传感器都有一定的线性范围，在线性范围内输出与输入成比例关系。线性范围越宽，说明传感器的工作量程越大。

传感器工作在线性区域内，是保证测量精度高的基本条件。然而任何传感器都不可能保证绝对的线性，在允许限度内可以在其近似线性区域应用。

5）频率响应

频率响应主要有两项指标：一是响应时间，它表示传感器能否迅速反映输入信号变化的一个指标；另一个是频率响应范围，它表征传感器能够通过多宽的频带。实际上传感器的响应总有一定的延迟，通过的频带宽度也是有限的。但是对于使用者来说，总是希望响应时间越短越好，通过频带越宽越好。

结构型传感器如电感式传感器、电容式传感器、磁电式传感器等，往往由于结构中机械系统的惯性限制，其固有频率低，工作频率也低。在动态测量中，传感器的响应特性对测量结果有直接的影响，在选用时应充分考虑被测量体的变化特点如稳态、瞬态、随机等。

6）稳定性

作为长期使用的测量传感器，其工作稳定性显得特别重要。稳定性好的传感器在长时间工作下,对同一测量输出量发生变化很小。另一情况是当传感器受到扰动后,能够迅速恢复到原来的状态。

在常用的传感器中,考虑稳定性最多的是温度稳定性,又称为温度漂移,它是传感器在外界温度变化下输出量发生的变化。造成传感器性能不稳定的主要原因是随着时间的推移和环境条件的变化,构成传感器的各种材料和元件性能发生了变化。为了提高传感器性能的稳定性,应对材料、元器件或传感器的整体进行必要的稳定性处理。

第五节　供耗电平衡计算

供耗电平衡计算是电气系统设计的一项重要工作。它主要是根据轮式装甲车用电设备的功率需求来确定电源系统容量和组成方案。功耗电平衡的计算目的就是保证电源容量在满足各种工况的功率需求的前提下,尽可能经济高效地运行,以节省能量、减轻质量。

供耗电平衡计算在轮式装甲车电气设计中是一项很重要的工作,如果计算不正确,结果导致发电机选择不恰当,将直接影响整车用电设备的正常工作、整车空间布局困难以及影响整车运行的经济性、可靠性。供耗电平衡计算也是一项很重要的工作,这是因为计算的基础是用电设备的实际使用工况和具体负荷情况,以及整车用电设备在不同时刻同时使用的情况。但这些情况受多种因素影响,而且其随机性大、动态多变,很难考虑周全,因此,在实际计算中,需详细分析整车使用工况,应对各用电设备的实际负荷和具体使用情况作周密细致的调查研究,全面加以考虑和分析,才能得到比较准确的计算结果。

一、轮式装甲车用电设备工作剖面分析

按典型战斗任务各个阶段对全车电气、电子设备进行电平衡关系计算,通常是以全战斗循环结束后蓄电池总容量不降低为平衡原则。按照现代供电系统的综合技术性能要求,电网供电品质已成为车辆电源系统的动态指标之一,因此应考虑以合理的瞬态功率要求对供耗电平衡计算值予以修正。

(一) 全寿命周期基本剖面

轮式装甲车全寿命期内的任务包含了采购接装、战备贮存、日常训练、作战演习、公路机动输送、越野突击作战、巩固阵地、保养维修等任务类型。通过对以上任务类型的分析,非战争时期,其中以运输贮存、训练演习等任务最为典型;在战争期间,以突击作战和阵地反击等两种任务最为典型。

轮式装甲车全寿命周期基本剖面如图 10 – 57 所示。

(二) 典型任务剖面

1. 运输贮存剖面

运输贮存剖面是指军方从接装到战备封存这段时间的工作任务与工作时序,一般情况下按照以下时序完成运输贮存任务。

运输任务剖面时序:工厂 300km 磨合跑车→工厂到火车站机动运行→出发火车站装

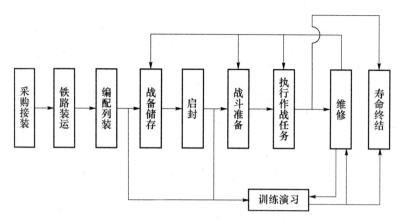

图 10-57　轮式装甲车寿命剖面示意图

载→火车机动运输→目的地火车站卸装→火车站到师团营房机动运行→师团营房到连队营房机动运行→各连队新接装设备初始磨合使用→各连队新接装设备适应性训练。

在完成新装备适应性训练之后，装备按照部分使用、其余战备就近贮存的原则进入战略贮存剖面，战略贮存任务剖面时序为：战备车封存→入库→半年换季启封保养→入库→半年换季启封保养→重复保养、贮存等任务时序→战备启用→演习或作战剖面。

2. 训练演习剖面

在非战争时期，大部分装备是按照训练与演习剖面工作的。按照部队对装甲装备管理的要求，一般情况下，部分列装装备用于训练演习，其余装备为战备存储。

演习剖面：装备启封（属于战备）→战斗准备→连营装备从公路向师团部集结→师团部装备从公路（或火车）向演习目的地集结（战略机动）→师团部装备向演习地域机动→演习准备（弹药、备件、后勤）→起伏路面战术展开（战役机动）→越野起伏路面进攻→巩固阵地→演习结束→演习地域向目的地集结→从公路（或火车）向驻地机动→从公路向营连驻地机动→二级保养→封存或战备储备。

训练剖面：装备启封（属于训练）→一级保养→连营装备从驻地向训练场集结→起伏路面编队训练→营连装备从训练场向驻地机动→二级保养→连营装备从驻地向训练场集结→起伏路面编队训练→营连装备从训练场向驻地机动→营连装备向师团修理营机动→三级保养（中修）→（重复中修期间的任务）→营连装备向师修理基地机动→大修（重复大修期间的任务）→报废。

3. 突击作战剖面

执行突击作战任务，任务目的是快速突破敌方防御阵地，快速穿插到敌后方或侧翼，围歼敌步兵、装甲部队或其他武装力量，此任务剖面内主要面对常规步兵战斗力量、常规反坦克步兵、敌装甲部队及陆航部队的火力打击，或陆军地面阵地及固定的防御堡垒。

突击作战的任务时序为：

装备启封与战斗准备→二级保养→连营装备从公路向师团部集结→师团部装备从公路（或火车）向作战目的地集结→战略机动和战术展开→快速穿插与冲击突破→防敌火力拦阻和空中打击→构筑防御反击阵地→向后续目的地集结；

或在快速穿插与冲击突破后,继续进攻,实施突击作战任务,其任务时序为:快速穿插与冲击突破→进攻(冲击突破)→巩固阵地并扩大突破口→抗击敌人反冲击→攻击敌二线阵地→纵深突击→分割包围→消灭被围之敌→追歼逃敌→转入防御→退出战斗→向后续目的地集结。

4. 阵地反击作战剖面

阵地反击作战与突击作战的主要区别在于我方为主动防御方,我方首先将依托装甲装备、工事、地形等有利条件构筑防御阵地,在防敌突击中伺机反击并消灭敌人。其任务剖面时序如下:

装备启封与战斗准备→从连营向师团部集结→从师团部公路向作战目的地集结→二级保养→进入作战地域→构筑防御阵地→警戒并防敌空中打击和步兵火力打击→抗击敌人冲击→反击突破口→封闭突破口→坚守阵地→退出防御地域与防御作战→撤离战斗→向后续目的地集结。

通过对以上4种典型任务剖面时序的分析,轮式装甲车各任务剖面下的用电设备用电分析如表10-20~表10-23所列。

二、用电设备的分类与统计

(一)用电设备分类

电气设备按其重要性来分,可分为关键负载,即保证车辆安全和关键任务的用电设备;重要负载,即完成正常工作任务需要的用电设备;非重要负载,即不影响车辆工作任务的用电设备。

电气设备按照工作方式来分,可分为以下3类。

(1)第一类:连续工作制。是指车辆在某一任务阶段中连续使用的用电设备,工作时间一般大于30min。如:车长计算机从上电后一直持续使用,空调在某一状态时需要持续使用。

(2)第二类:区间工作制。是指车辆短时或重复短时使用的用电设备,工作时间一般小于30min。如:中央充放气工作充气时间小于12min,放气时间小于6min。

(3)第三类:短时工作制。是指偶然短时使用或工作时间小于10s的用电设备,例如,电台发射时工作时间小于5s。

(二)用电设备统计

用电设备统计是按照用电设备的工作方式,列出所有用电设备的名称、型号以及工作方式与用电需求,以求得车辆每一种任务剖面下所需的用电量。用电设备统计通常采用表格形式。

车辆用电设备的统计数据来源于用电设备的相关技术资料,通过试验和计算获得。

表10-24以某轮式装甲车为例进行用电设备统计。

(三)任务剖面下的用电设备统计

在不同的任务剖面下,用电设备的使用需求也是不同的,表10-25列出了某轮式装甲车4个主要任务剖面的用电设备,其中有"√"表示使用。

表 10-20　典型运输贮存剖面用电设备的用电分析

序号	任务类型	任务内容	机动里程/km	时间/h	环境剖面	速度/(km/h)	用电设备的载荷工况
1	出厂磨合	暴露潜在装配质量问题,磨合机械产品,使车辆达到稳定工作状态	70	4	起伏路面,常温地区	20~40	发动机:输出功率小于60%额定功率,转速从怠速到最高转速。变速箱:负载达到70%左右;行动系统:中等负载;液压系统:中等负载;武器系统:不工作;观瞄火控系统:不工作;防护及光电对抗:不工作;三防及通信系统:不工作;车辆信息与电源管理系统:工作。工作时间是发动机摩托小时的1.2倍
2	机动	工厂到火车站台机动	3~15	1	铺面路;常温地区	20~40	发动机、变速箱:输出功率小于60%额定功率,中等负载;行动系统、液压系统:中等负载;武器、观瞄火控、防护及光电对抗系统均不工作;车辆信息与电源管理系统:工作。工作时间是发动机摩托小时的1.2倍以下
3	运输	火车装卸、运输	铁路机动500~3000		铁路运输环境	火车运行速度为80~150	所有系统均不工作
4	机动	从火车站到营房机动	10~100	<4	部署地区环境;铺面路;起伏路	20~40	发动机、变速箱及辅助系统工作;车辆电子系统工作;其他系统,如:武器系统、观瞄火控系统、防护系统、三防系统、电子对抗等与任务有关的系统均不工作
5	初始使用磨合	按照使用要求,对车辆进行磨合行驶	<50	<4	部署地区环境;铺面路;起伏路	20 30 40 50 60	发动机、变速箱及辅助系统工作;车辆电子系统工作;其他系统,如:武器系统、观瞄火控系统、防护系统、三防系统、电子对抗、通讯等与任务有关系统均通电检查,但不工作

(续)

序号	任务类型	任务内容	机动里程/km	时间/h	环境剖面	速度/(km/h)	用电设备的载荷工况
6	适应性训练	熟悉产品操作、使用、维修等工作	<100	<8	部署地区环境；铺面路、起伏路	20 30 40 50 60	发动机、变速箱、辅助系统中等负载；车电及信息系统全部通电工作，并实现信息与通讯上下的连通。此时，车电及信息系统的工作时间为发动机摩托小时的1.5倍。武器、观瞄、火控系统适应性训练，模拟射击训练
7	战备封存	对可拆卸武器、电台、火控、观瞄、GPS等重要装备分开保存，车辆底盘保养封存		半年	部署战备洞库环境；露天库房；坦克连队营房		所有系统均不工作
8	战备库贮存	战备库贮存	5	4	部署战备洞库环境；露天库房；坦克连队营房		所有系统均不工作
9	换季保养	更换换季润滑油和冷却液，擦拭武器，添加润滑脂，为电瓶充电，检查车辆状态，定期保养		半年	营区铺面路；部署地区气象环境	20~40	发动机、变速箱中低等负载；武器、火控、观瞄等系统不工作。通信、信息、指挥等重要的电气系统上电检查
10	战备贮存	战备库贮存			部署地区环境洞库；露天库房；坦克连队营房		所有系统均不工作
11	战备贮存	重复贮存、换保养等工序8、9任务时序		贮存期最长为12年	部署地区环境洞库；露天库房；坦克连队营房		所有系统均不工作

表 10-21 典型作战演习剖面用电设备的用电分析

序号	任务类型	任务内容	机动里程/km	时间/h	环境剖面	速度/(km/h)	用电设备的载荷工况
1	装备启封	擦拭车辆及武器,安装通信,武器,观瞄,GPS,火控,电瓶等设备,补充油液,加注燃料,补充弹药,校准观瞄设备及武器装备。完成车辆启封后的一级、二级保养	5	6	部署地区环境;铺面路;起伏路	20~40	发动机、变速箱、辅助系统全部工作,时间是发动机摩托小时的1.2倍,GPS、导航、电台、火控、观瞄、校准武器系统通信系统、校准武器系统
2	师团集结	从连、营到师团总部集结机动	10~50	2	铺面路;起伏路	20~50	发动机、变速箱、辅助系统中低负载,车辆电子系统及信息系统全部工作,时间是发动机摩托小时的1.1倍,GPS、导航、电台、火控、观瞄、防护等系统不工作
3	演习战略机动	火车装卸、运输	铁路机动 500~2000	24	铁路运输环境	火车速度 60~100	所有系统不工作
		公路机动(平板运输车)	500~2000	36	公路汽车运输环境	汽车速度 40~100	所有系统不工作
4	演习地域战略机动	从火车站或集结地域向演习地域战略开进	<20	2	铺面路;起伏路;原始地貌	20~50	发动机、变速箱、辅助系统中低负载,车辆电子系统及信息系统中低负载,车辆电子系统及信息系统全部工作,时间是发动机摩托小时的1.2倍,GPS、导航、电台、火控、观瞄、防护等系统不工作
5	演习准备	装填弹药,向预定区域开进	<30	2	起伏路及原始地貌	20~50	发动机、变速箱、辅助系统中等负载,车辆电子系统及信息系统全部工作,时间是发动机摩托小时的1.2倍,GPS、导航、电台、火控、观瞄、防护等系统通电检查,工作时间与车电系统工作时间相同
6	战役机动及演习作战第一阶段	进入作战地域;作战队形展开;对敌方阵地发起冲击	<100	4	起伏路,原始地貌,水网稻田,沼泽地,沙滩等	20~80	发动机、变速箱、辅助系统最大负载,武器、火控、防护、三防等系统全部工作,工作时间是发动机摩托小时的1.2倍。车电系统及信息系统全部工作,工作时间是发动机摩托小时的1.2倍

(续)

序号	任务类型	任务内容	机动里程/km	时间/h	环境剖面	速度/(km/h)	用电设备的载荷工况
7	战役机动及演习作战第二阶段	追逃与巩固阵地	<70	4	同上	20~80	同上
8	战役机动及演习作战第三阶段	从演习地域向师团暂驻地战略机动	<50	4	同上	20~50	同上
9	演习战略机动	通过火车装卸、运输、返回原师团驻地	铁路机动500~2000	24	铁路运输环境	火车速度60~100	所有系统不工作
		通过公路机动、返回师团原驻地	500~2000	36	公路汽车运输环境	汽车速度40~100	所有系统不工作
10	回营休整	从师团到连、营机动	10~50	2	铺面路；起伏路	20~50	发动机、变速箱、辅助系统中低负载；车辆电子系统及信息系统全部工作，时间是发动机摩托小时的1.1倍。电台、导航、GPS、火控、观瞄、防护等系统不工作
11	二级保养	排故、更换损坏部件及易耗品，拆卸武器、电台、GPS、火控、观瞄等需要单独存储的设备，保养车辆底盘，使其恢复到战备状态		8h	营房		所有系统不工作
12	战备车封存	对武器、电台等重要装备分开保存，车辆底盘保养封存		8	洞库；露天库房；营房		

表 10-22 典型突击作战剖面用电设备

序号	任务类型	任务内容	机动里程/km	时间/h	环境剖面	速度/(km/h)	用电设备的载荷工况
1	装备启封	擦拭车辆及武器,安装通信,武器,观瞄,GPS,火控,电瓶等设备,补充油液,加注燃料,补充弹药,校准观瞄设备及武器装备。完成车辆启封前后的一级、二级保养及战斗前准备工作	5	6	部署地区环境;铺路;起伏路	20~40	发动机、变速箱、辅助系统中低负载;车辆电子系统及信息系统全部工作,时间是发动机摩托小时的1.2倍。电台、导航、GPS、火控、观瞄、防护等系统上电检查,连通通信系统,校准武器系统
2	师团集结	从连、营到师团部集结机动	10~50	2	铺面路;起伏路	20~50	发动机、变速箱、辅助系统中低负载;车辆电子系统及信息系统全部工作,时间是发动机摩托小时的1.1倍。电台、导航、GPS、火控、观瞄、防护等系统工作
3	战略机动	火车运输装备到作战前线的二线地区及集结地域	铁路机动500~2000	24	铁路运输环境	火车速度60~100	所有系统工作
4	战略机动	公路机动,通过平板车运输装备到作战前线的二线地域	500~2000	36	公路汽车运输环境	汽车速度40~100	所有系统工作
5	作战地域战略机动	从集结地域向作战区域警戒开进	<100	4	铺面路;起伏路;原始地貌	20~50	发动机、变速箱、辅助系统中等负载,车辆电子系统及信息系统全部工作,时间是发动机摩托小时的1.2倍。电台、导航、GPS、火控、观瞄、防护等系统通电伺服工作。工作时间与车辆电子系统相同
6	战术展开	突击机动;战术展开	<50	2	起伏路;原始地貌	20~50	同上

(续)

序号	任务类型	任务内容	机动里程/km	时间/h	环境剖面	速度/(km/h)	用电设备的载荷工况
7	冲击突破	突破敌方防御阵地;防敌火力拦阻和空中打击	<10	1	起伏路;原始地貌	20~50	
8	巩固阵地	巩固阵地并扩大突破口	<5	1	起伏路;原始地貌	20~50	同上
9	反冲击	抗击敌人反冲击	<10	1	起伏路;原始地貌	20~50	同上
10	纵深突击	攻击敌二线阵地,纵深突击	<50	2	起伏路;原始地貌	20~50	同上
11	清剿战场残敌	分割包围;消灭被围之敌;追歼逃敌	<5	1	起伏路;原始地貌;	20~50	同上
12	战略防御	构筑阵地;战略防御;战场警戒	<5	10	起伏路;原始地貌	20~50	同上
13	战略机动	向后续目的地机动集结	<100	2	起伏路;原始地貌	20~50	同上
14	休整	在目的地休整、保养、维修、排故	20~50	4	铺面路;起伏路	20~50	发动机、变速箱中等负载;武器系统不工作

表 10-23 典型反击作战任务剖面用电设备的用电需求

序号	任务类型	任务内容	机动里程/km	时间/h	环境剖面	速度/(km/h)	用电设备的载荷工况
1	装备启封	擦拭车辆及武器,安装通信武器、观瞄、GPS、火控、电瓶等设备,补充油液,加注燃料,补充弹药,校准观瞄设备及武器装备,完成车辆启封后的一级、二级保养及战斗前准备工作	5	6	部署地区环境;铺面路;起伏路	20～40	发动机、变速箱、辅助系统中低负载;车辆电子系统及信息系统全部工作,时间是发动机摩托小时的 1.2 倍。电台、导航、GPS、火控、观瞄、防护等系统上电检查,连通通信系统,校准武器系统
2	师团集结	从连、营驻到师团总部集结机动	10～50	2	铺面路;起伏路	20～50	发动机、变速箱、辅助系统中低负载;车辆电子系统及信息系统全部工作,时间是发动机摩托小时的 1.1 倍。电台、导航、GPS、火控、观瞄、校准武器系统
3	战略机动	火车运输装备到作战前线的二线地区及集结地域	铁路机动 500～2000	24	铁路运输环境	火车速度 60～100	所有系统不工作
4	战略机动	公路机动,通过平板车运输装备到作战前线的二线地区或集结地域	500～2000	36	公路汽车运输环境	汽车速度 40～100	所有系统不工作
5		二级保养	5	2	作战地域		发动机辅助系统中等负载;车辆电子系统及信息系统 1.2 倍全部工作,时间是发动机摩托小时的 1.2 倍。电台、导航、GPS、火控、观瞄、校准武器系统,连通通信系统
6	战略机动	进入作战地域	<100	4	铺面路;起伏路;原始地貌	20～50	发动机、变速箱、辅助系统工作,时间是发动机摩托小时的 1.2 倍。信息系统全部工作,时间是发动机摩托小时的 1.2 倍。电台、导航、GPS、火控、观瞄、防护等系统通电服工作。工作时间与车辆电子系统相同

(续)

序号	任务类型	任务内容	机动里程/km	时间/h	环境剖面	速度/(km/h)	用电设备的载荷工况
7	巩固阵地	构筑防御阵地	5	2	起伏路；原始地貌	20~50	同上
8	战略防御	警戒并防敌空中打击和反坦克步兵火力打击	5	24	起伏路；原始地貌	20~50	同上
9	反冲击	抗击敌人冲击	5	2	起伏路；原始地貌	20~50	同上
10	纵深突击	反击突破口	5	2	起伏路；原始地貌	20~50	同上
11	巩固阵地	封闭突破口并坚守阵地	5	4	起伏路；原始地貌	20~50	同上
12	战略防御	退出防御地域与防御作战	<100	2	铺面路；起伏路；原始地貌	20~50	发动机、变速箱、辅助系统中等负载；车辆电子系统及信息系统全部工作，时间是发动机摩托小时的1.2倍。电台、导航、GPS、火控、观瞄、防护等系统通电伺服工作。工作时间与车辆电子系统相同
13	战略机动	向后续目的地集结	<100	2	起伏路；原始地貌	20~50	同上

表 10-24 用电设备耗电表

用电设备名称	代号	使用工况	消耗功率/W
电台	1	短时工作	480
车内通话器	2	短时工作	20
燃油加温	3	区间工作	100×2
起动电机	4	发动机工作前	6000
进气预热	5	短时工作	300
车长计算机	6	长期工作	120
前大灯	7	长期工作	100×2
前组合灯	8	长期工作	5×4
后组合灯	9	长期工作	5×6
玻璃加温	10	长期工作	300×2
排水泵	11	区间工作	250×2
液压管理系统	12	长期工作	288
车内照明	13	长期工作	5×3
蓄电池充电	14	长期工作	480
电控发动机	15	长期工作	720
中央充放气	16	区间工作	272
组合仪表	17	长期工作	120
动力舱电气控制盒	18	长期工作	480
乘员舱电气控制盒	19	长期工作	480
AMT 传动电控	20	长期工作	134
空调(制冷)	21	区间工作	986
三防	22	短时工作	150(监视)
增压风机	23	区间工作	1560
ABS 防抱死	24	长期工作	288
雨刮器	25	区间工作	60×2
乘员加温装置	26	区间工作	300
武器系统	27	区间工作	2800
制氧机	28	长期工作	60
北斗	29	长期工作	60
抑爆系统	30	短时工作	80
灭火系统	31	短时工作	80
敌我识别	32	长期工作	80
潜望镜加温	33	区间工作	200
喇叭	34	短时工作	26

注:部分用电功率较小的用电设备以及个别用电设备的瞬时功耗未列入表内。

表 10－25　各任务剖面下用电设备统计

代号	用电设备名称	运输贮存剖面	作战演习剖面	突击作战剖面	反击作战剖面
1	电台		✓	✓	✓
2	车内通话器		✓	✓	✓
3	燃油加温		✓	✓	✓
4	起动电机	✓	✓	✓	✓
5	进气预热		✓	✓	✓
6	车长计算机	✓	✓	✓	✓
7	前大灯	✓	✓	✓	✓
8	前组合灯	✓	✓	✓	✓
9	后组合灯	✓	✓	✓	✓
10	玻璃加温		✓	✓	✓
11	排水泵		✓	✓	✓
12	液压管理系统	✓	✓	✓	✓
13	车内照明	✓	✓	✓	✓
14	蓄电池充电	✓	✓	✓	✓
15	电控发动机	✓	✓	✓	✓
16	中央充放气	✓	✓	✓	✓
17	组合仪表	✓	✓	✓	✓
18	动力舱电气控制盒	✓	✓	✓	✓
19	乘员舱电气控制盒	✓	✓	✓	✓
20	AMT 传动电控	✓	✓	✓	✓
21	空调（制冷）		✓	✓	✓
22	三防		✓	✓	✓
23	增压风机		✓	✓	✓
24	ABS 防抱死	✓	✓	✓	✓
25	雨刮器		✓	✓	✓
26	乘员加温装置		✓	✓	✓
27	武器系统		✓	✓	✓
28	制氧机		✓	✓	✓
29	北斗	✓	✓	✓	✓
30	抑爆系统		✓	✓	✓
31	灭火系统		✓	✓	✓
32	敌我识别		✓	✓	✓
33	潜望镜加温		✓	✓	✓
34	喇叭	✓	✓	✓	✓

三、用电设备的分析

由表 10-25 可以看到,作战演习、突击作战和反击作战用电设备工作需求基本一致,但是,作为同一种用电设备在不同任务剖面下的用电量也是不同的,并且用电设备在同一任务剖面下的工作及工作的时间长短,又取决于不同任务剖面的具体使用需求,因此,需要将用电设备的工作状态按使用需求具体进行分析,才能更为准确地为功耗电平衡计算提供依据。目前应用比较广泛的是系数法。

对于长期工作的设备来说,一直处于工作状态,不存在不同任务剖面不同的使用时间和频次,因此其使用系数为 1。

对于区间工作和短时工作的设备来说,一般不会在同一时间全部投入工作,某任务剖面下某工作阶段内的使用系数可定义为用电负载的使用时间和工作阶段的时间之比,即

$$K = \frac{用电设备在一个工作阶段内的平均工作时间}{用电设备一个工作阶段时间} \quad (10-29)$$

实际上许多用电设备的工作及工作时间长短,取决于不同任务的具体使用需求,又同使用环境息息相关,不会是一个确定值,该值主要为经验数据的累积,根据实际的使用情况可做动态调整。

表 10-26 为某轮式装甲车用电负载在突击作战剖面下各工作阶段的系数。

表 10-26 用电负载的使用系数

工作阶段	6h	2h	4h	2h	1h	1h	1h	2h	1h	10h	2h	4h
名称	装备启封	师团集结	战略机动	战术展开	冲击突破	巩固阵地	反冲击	纵深突击	清剿战场残敌	战略防御	战略机动	休整
电台	—	—	0.2	0.5	0.5	0.5	0.5	0.5	0.5	0.5	0.5	0.1
车内通话器	—	—	0.2	0.5	0.5	0.5	0.5	0.5	0.5	0.5	0.5	0.2
燃油加温	—	—	—	—	—	—	—	—	—	—	—	—
起动电机	—	—	—	—	—	—	—	—	—	—	—	—
进气预热	—	—	—	—	—	—	—	—	—	—	—	—
车长计算机	1	1	1	1	1	1	1	1	1	1	1	1
前大灯	0.2	0.2	0.2	0.2	0.2	0.2	0.2	0.2	0.2	0.2	0.2	0.2
前组合灯	0.1	0.1	0.1	0.1	0.1	0.1	0.1	0.1	0.1	0.1	0.1	0.1
后组合灯	0.1	0.1	0.1	0.1	0.1	0.1	0.1	0.1	0.1	0.1	0.1	0.1
玻璃加温	—	0.1	0.1	0.1	0.1	0.1	0.1	0.1	0.1	0.1	0.1	0.1
排水泵	—	0.2	0.3	0.3	0.3	0.3	0.3	0.3	0.3	0.3	0.3	0.3
液压管理系统	1	1	1	1	1	1	1	1	1	1	1	1
车内照明	0.3	0.3	0.3	0.3	0.3	0.3	0.3	0.3	0.3	0.3	0.3	0.3
蓄电池充电	0.2	0.2	0.3	0.3	0.3	0.3	0.3	0.3	0.3	0.3	0.3	0.2
电控发动机	1	1	1	1	1	1	1	1	1	1	1	1
中央充放气	—	0.3	0.4	0.4	0.4	0.4	0.4	0.4	0.4	0.4	0.4	0.2

（续）

工作阶段 名称	6h 装备启封	2h 师团集结	4h 战略机动	2h 战术展开	1h 冲击突破	1h 巩固阵地	1h 反冲击	2h 纵深突击	1h 清剿战场残敌	10h 战略防御	2h 战略机动	4h 休整
组合仪表	1	1	1	1	1	1	1	1	1	1	1	1
动力舱电气控制盒	1	1	1	1	1	1	1	1	1	1	1	1
乘员舱电气控制盒	1	1	1	1	1	1	1	1	1	1	1	1
AMT传动电控	1	1	1	1	1	1	1	1	1	1	1	1
空调（制冷）	—	0.5	0.1	0.1	0.1	0.1	0.1	0.1	0.1	0.1	0.1	0.5
三防	—	—	0.3	0.3	0.3	0.3	0.3	0.3	0.3	0.3	0.3	—
增压风机	—	—	0.3	0.3	0.3	0.3	0.3	0.3	0.3	0.3	0.3	—
ABS防抱死	—	0.2	0.2	0.2	0.2	0.2	0.2	0.2	0.2	0.2	0.2	—
雨刮器	0.2	0.3	0.3	0.3	0.3	0.3	0.3	0.3	0.3	0.3	0.3	0.3
乘员加温装置	—	—	—	—	—	—	—	—	—	—	—	—
武器系统	—	—	0.3	0.6	0.6	0.6	0.6	0.6	0.6	0.6	0.6	—
制氧机	—	—	0.3	0.3	0.3	0.3	0.3	0.3	0.3	0.3	0.3	—
北斗	—	1	1	1	1	1	1	1	1	1	1	1
抑爆系统	—	—	0.2	0.2	0.2	0.2	0.2	0.2	0.2	0.2	0.2	—
灭火系统	—	—	0.3	0.3	0.3	0.3	0.3	0.3	0.3	0.3	0.3	—
敌我识别	—	—	0.5	0.5	0.5	0.5	0.5	0.5	0.5	0.5	0.5	—
潜望镜加温	—	0.2	0.2	0.2	0.2	0.2	0.2	0.2	0.2	0.2	0.2	0.2
喇叭	0.1	0.1	0.1	0.1	0.1	0.1	0.1	0.1	0.1	0.1	0.1	0.1

四、发电机功率计算

（一）计算依据

发电机功率计算依据车辆在典型任务剖面下开启的用电设备及用电设备的功率进行计算，以突击作战剖面内事件循环结束后蓄电池总容量不降低为平衡原则。

（二）计算的边界条件

（1）发电机容量主要考虑用电设备在额定条件下的功率需求，峰值功率由蓄电池组补充。

（2）起动用电负荷按用电量较大的冬季使用工况计算。

（3）应考虑用电设备的梯次使用关系，按照实际工作情况进行最大负荷计算。

（4）功率计算时考虑环境的影响因素，例如：夏季用电量较大的空调，冬季用电量较大的加温设备。

（三）计算方法

典型任务剖面下各任务阶段所需的电功率是依照用电设备的工作系数求其平均功率，然后将长期工作制、区间工作制与短时工作制用电设备的平均功率相加，通过对典型任务剖面下各任务阶段用电设备所消耗的电功率进行计算、比较,取其消耗电功率最大任务阶段的功率作为发电机功率选取的基础。

用电设备功率的基本计算公式:

$$P = \sum K P_i \tag{10-30}$$

式中 P_i——典型任务剖面下各阶段由发电机供电的各用电设备所消耗的功率,W;
  K——用电设备使用系数;
  i——典型任务剖面下各工作阶段使用的用电设备的代号。

五、蓄电池容量的计算

(一)蓄电池的作用

蓄电池的主要功能是保障车辆起动时起动电机电能的供给,确保车辆的正常起动。同时在车辆静止状态时为车内照明和维修检测设备提供短时的电能供给;车辆起动后,蓄电池与电网并联,能够提高电网耐冲击能力,保持低压电网的稳定性。

(二)蓄电池容量的计算

由于起动时的功率需求是蓄电池容量确定的基本依据,因此,蓄电池选择额定电压24V的铅酸蓄电池时可根据如下经验公式计算:

$$Q = (600 \sim 800) P/V \tag{10-31}$$

式中 Q——蓄电池的总容量(A·h);
  P——起动机的额定功率(kW);
  V——蓄电池的额定电压(V)。

(三)蓄电池容量校核

蓄电池除具备起动能力外,还能够以蓄电池的供电能力进行容量计算的校核。

统计蓄电池供电时各用电设备所需功率(P_i)和工作时间(t_i),并按蓄电池平均供电电压24V,计算出所需电流(I_i),对$I_i t_i$求和,得出在蓄电池供电时间内所需的总安时数Q_p。根据供电系统要求,确定蓄电池放电工作时间t_p,以求得放电工作时间内的平均放电电流I_{cp},进而求得对应的放电容量Q_m。蓄电池供电负载所需的用电安时数Q_p与其放电量Q_m之间应满足

$$Q_p \leq (0.75 \sim 0.8) Q_m \tag{10-32}$$

分析时还应考虑低温对放电电流的影响。低温时,蓄电池容量随着温度的降低而下降,引起起动机输出功率减小。低温起动时还应考虑低温起动前的蓄电池消耗,应减去起动前蓄电池的放电容量后,再校核起动发动机时所消耗的容量。

参 考 文 献

[1] 毛明,刘勇,胡建军.坦克装甲车辆综合电子系统的总体设计研究[J].兵工学报,2017,38(6):1192-1202.
[2] 刘勇,毛明,陈旺.坦克装甲车辆信息系统设计理论与方法[M].北京:兵器工业出版社,2017.
[3] 毛明,马士奔,黄诗喆.主战坦克火力、机动和防护性能与主要总体尺寸的关系研究[J].兵工学报,2017,38(7):1443-1450.
[4] 高建锋.装甲车辆驾驶室 CAD 研究[D].北京:中国北方车辆研究所,2003.
[5] АГЕЙКИН. Я. С. ПРОХОДИМОСТЬ АВТОМОБИЛЕЙ. МОСКА МАШИНООСТРОЕНИЕ,1981.
[6] 戚昌滋.现代设计方法[M].北京:机械工业出版社,1985.
[7] 庞剑,等.汽车噪声与振动:理论与应用[M].北京:北京理工大学出版社,2006.
[8] 严济宽.机械振动隔离技术[M].上海:上海科学技术文献出版社,1985.
[9] 吴炎庭,袁卫平.内燃机噪声与振动控制[M].北京:机械工业出版社,2005.
[10] 霍玉荣.空气滤清器的设计与计算[J].内燃机与配件,2011(7).
[11] 王长民,杨继贤,孙业宝,等.车辆发动机动力学[M].北京:国防工业出版社,1981.
[12] 赵健.电控机械式自动变速器中电控系统的研究[D].北京:中国农业大学,2004.
[13] 余志生.汽车理论[M].4版.北京:机械工业出版社,2000.
[14] 张炳力.汽车设计[M].合肥:合肥工业大学出版社,2010.
[15] 毛明,程瑞庭,张相麟.考虑几何误差的十字轴万向节的运动学分析[J].汽车工程,1991(4).
[16] 刘武.多轴轮式车辆动力分配研究[D].北京:中国北方车辆研究所,2001.
[17] 毛明,程瑞庭.行星变速箱动力学模拟程序[J].汽车工程,1992,(3).
[18] 赵健.四轮驱动汽车 TCS 制动压力调节装置及附着系数分离路面控制方法的研究[D].长春:吉林大学,2003.
[19] 刘惟信.汽车设计[M].北京:清华大学出版社,2001.
[20] 张景骞.装甲车辆双横臂独立悬架运动学分析 CAD 系统[D].北京:中国北方车辆研究所,1995.
[21] 李玉.轮式装甲车辆转向 CAD 系统的研究与应用[D].北京:中国北方车辆研究所,1998.
[22] 方泳龙.汽车制动理论与设计[M].北京:国防工业出版社,2005.
[23] (德)B 布勒伊尔,K 比尔.制动技术手册[M].刘希恭,等译.北京:机械工业出版社,2011.
[24] NATO STANAG 4569 - 2004, Protection Levels for Occupants of Logistic and Light Armoured Vehicles ED1[S].
[25] AEP - 55 VOL 2 ED2(2011). Procedures for Evaluating the Protecion Level of Armoured Vehicles[S].
[26] 周璧华,陈彬,高成.现代战争面临的高功率电磁环境分析[J].微波学报,2002,18(1):88-92.
[27] 冯益柏.坦克装甲车辆设计——电子信息系统卷[M].北京:化学工业出版社,2015.
[28] 魏民祥.车辆电子学[M].北京:科学出版社,2016.
[29] 严东超.飞机供电系统[M].北京:国防工业出版社,2010.
[30] 沈颂华.航空航天器供电系统[M].北京:北京航空航天大学出版社,2005.
[31] 王世锦.飞机仪表[M].北京:科学出版社,2013.
[32] 黄贤武,郑筱霞.传感器原理与应用[M].二版.北京:高等教育出版社,2004.
[33] 宋文绪,杨帆.传感器与检测技术[M].北京:高等教育出版社,2009.
[34] 程军.传感器及实用检测技术[M].西安:西安电子科技大学出版社,2008.
[35] 金发庆.传感器技术与应用[M].3版.北京:机械工业出版社,2012.